数字图像检测与控制技术
——理论及实例

谭 彧　陈兵旗　主　编

王　伟　副主编

U0389902

化学工业出版社

·北京·

内 容 简 介

本书较为全面地介绍了图像检测与控制技术及其应用实例，旨在为智能装备的开发提供技术思路和方案参考。

上篇"图像检测与控制技术"，主要介绍智能装备中常用的图像处理算法、专业图像处理系统、近红外光谱与高光谱成像和自动控制理论。下篇"应用实例"，从图像检测实例、近红外光谱与高光谱成像技术应用实例、图像检测与控制实例3个方面，精选了19个实例进行细致讲解。

本书内容全面，技术先进，实例丰富，贴近实践，不仅可为从事智能装备设计与开发、图像检测与处理、自动控制技术等相关领域工作的科研人员和技术人员提供专业参考，还可供高等院校相关专业师生学习使用。

图书在版编目（CIP）数据

数字图像检测与控制技术：理论及实例/谭彧，陈兵旗主编. —北京：化学工业出版社，2020.10
ISBN 978-7-122-37450-9

Ⅰ.①数… Ⅱ.①谭… ②陈… Ⅲ.①数字图像处理 Ⅳ.①TN911.73

中国版本图书馆 CIP 数据核字（2020）第 134135 号

责任编辑：贾　娜　　　　　　　　　　文字编辑：赵　越
责任校对：边　涛　　　　　　　　　　装帧设计：王晓宇

出版发行：化学工业出版社（北京市东城区青年湖南街 13 号　邮政编码 100011）
印　　装：大厂聚鑫印刷有限责任公司
787mm×1092mm　1/16　印张 32　字数 841 千字　2021 年 1 月北京第 1 版第 1 次印刷

购书咨询：010-64518888　　　　　　　　售后服务：010-64518899
网　　址：http://www.cip.com.cn
凡购买本书，如有缺损质量问题，本社销售中心负责调换。

定　　价：158.00 元

前 言

　　智能装备是指具有感知、分析、推理、决策、控制功能的装备。《中国制造 2025》明确了未来中国制造业的发展方向：以智能制造为主线，推动中国制造业在生产效率和产品质量方面的提升，从而降低生产成本，增强产品竞争力。智能装备制造业是将人工智能、自动化等先进制造技术应用于整个制造业生产加工过程，从而实现生产的精密化、自动化、信息化、柔性化、图形化、智能化、可视化、多媒体化、集成化和网络化。

　　本书的目的是介绍智能装备的核心技术——图像检测与控制技术及其应用实例，为智能装备的开发提供技术思路和方案参考。

　　上篇"图像检测与控制技术"，主要介绍智能装备中常用的图像处理算法及专业图像处理系统、近红外光谱与高光谱成像和自动控制理论。

　　在常用图像处理算法里，主要介绍：（1）彩色图像和灰度图像的概念、HIS 变换以及相关的 C 语言函数；（2）边缘检测的基本原理、各种检测算子、处理例图及 C 语言函数；（3）灰度图像的阈值处理、模态法确定阈值、大津法确定阈值、颜色差分二值化处理、帧间差分二值化处理以及相关 C 语言函数；（4）去噪声处理的移动平均、中值滤波、二值图像的去噪声处理以及相关 C 语言函数；（5）二值图像的特征参数、区域标记、特征提取与去噪及相关 C 语言函数；（6）一般 Hough 变换和过已知点 Hough 变换的直线检测以及相关 C 语言函数；（7）深度学习的发展历程、常用方法和典型结构，深度学习擅长图像分类，由于算法较多且更新快，所以没有介绍相关函数。在专业图像处理系统里，介绍了国产的图像处理专业软件：通用图像处理系统 ImageSys、二维运动图像测量分析系统 MIAS 和三维运动图像测量分析系统 MIAS3D。

　　在近红外光谱与高光谱成像技术和理论基础方面，主要介绍：（1）近红外光谱技术的优点和适用性、检测工作原理、检测系统的构成与常用数据分析软件、检测过程以及光谱数据分析流程；（2）高光谱成像技术的优越性、检测工作原理、成像光谱仪的光谱成像方式、高光谱的数据表达，高光谱系统构成与常用数据分析软件、检测过程、数据采集存储与分析流程；（3）近红外光谱及高光谱成像共性和个性的数据统计分析方法，包括数据预处理、数据降维及特征变量选择、定性模型和定量模型的建立，以及模型性能验证与评价等。

　　自动控制理论部分，介绍了：（1）控制理论的闭环系统基本概念、数学模型建立、时域分析、频域分析、稳定性和误差分析、基于 MATLAB 的仿真分析方法；（2）控制系统 PID 控制主要介绍 PID 控制规律及参数确定方法、基于 MATLAB 的 PID 仿真分析及数字 PID 编程方法；（3）自抗扰及自适应迭代学习 ADRC 控制原理，结合四旋翼无人机动力学模型介绍自抗扰及间接型迭代学习 ADRC 控制器的设计方法，并基于四旋翼无人机平台进行抗扰实验。

　　下篇"应用实例"，从图像检测实例、近红外光谱与高光谱成像技术应用实例、图像检测与控制实例 3 个方面进行讲解。

　　图像检测实例，介绍了：（1）车辆尺寸颜色图像检测；（2）玉米粒在穗图像识别计数；（3）马铃薯种薯芽眼识别及点云模型重构方法；（4）蝗虫图像识别计数等装备；（5）基于机器视觉的果树靶标识别；（6）苗草图像识别。

在近红外光谱与高光谱成像技术应用实例中，介绍了编写组近年来涉及的农产品和食品品质安全、大田作物营养状态监测和微生物检测等的系列研究成果，包括：（1）苹果糖度的近红外光谱检测方法；（2）小麦叶片叶绿素含量的高光谱成像检测方法；（3）异质鸡肉的近红外光谱检测鉴别研究；（4）猪肉细菌总数的高光谱成像检测；（5）霉菌单菌落的生长光学特征分析及种类判别；（6）可见/近红外高光谱图像无损鉴别八角茴香与伪品莽草；（7）基于高光谱成像技术的生鲜鸡肉糜中大豆蛋白含量检测；（8）酿酒葡萄成熟度光谱图像检测。

在图像检测与控制实例中，介绍了：（1）农田视觉检测与导航系统；（2）玉米种粒图像精选及定向定位装置；（3）基于鹰眼视觉的仿生无人机避障控制；（4）谷物联合收割机视觉导航控制；（5）穴盘苗图像识别与补栽控制。

本书由中国农业大学工学院谭彧、陈兵旗、王伟、吕昊暾、陈建、郑永军、张春龙、杨圣慧，华南农业大学工程学院付函，湖北民族大学新材料与机电工程学院田芳，广西科技大学机械与交通工程学院张成涛，南华大学机械工程学院肖章共同完成。谭彧、陈兵旗任主编，王伟任副主编。每位作者撰写自己专业特长的内容，使得本书能够比较全面地涵盖智能装备的最新技术理论和应用实例。其中，陈兵旗编写第1章、第2章、第5章5.1节和5.2节、第7章7.1节和7.2节；王伟编写第3章、第6章6.1~6.7节，褚璇、贾贝贝协助进行编校工作；谭彧编写第4章4.1节；吕昊暾编写第4章4.2节；陈建编写第4章4.3节、第7章7.3节；田芳编写第5章5.3节；郑永军编写第5章5.4节；付函编写第5章5.5节；张春龙编写第5章5.6节；杨圣慧编写第6章6.8节；张成涛编写第7章7.4节；肖章编写第7章7.5节。全书的总体编排与审校由谭彧完成。

由于作者水平所限，书中疏漏在所难免，敬请广大专家和读者批评指正。

谭　彧

目录

目录

目录

下篇
应 用 实 例

目录

目录

上篇
图像检测与控制技术

第1章
常用图像处理算法

1.1　彩色图像和灰度图像

1.1.1　彩色图像

　　彩色图像由红（R）、绿（G）、蓝（B）三种基本颜色（单色）构成。如图 1.1.1 所示，在计算机的内存中，彩色图像可以看作是三个基本颜色的灰度图像组合。1 个灰度像素用 1 个字节来表示，1 个字节由 8 位组成，1 位有 0 或 1 两种状态，这样 1 个字节就可以表示 $2^8 = 256$（0～255）种状态。所以彩色图像的 R、G、B 三个字节，就可以组合表示 $256 \times 256 \times 256 = 16777216$ 种颜色。

　　上述用 R、G、B 三原色表示的图像被称为位图（bitmap），有压缩和非压缩格式，后缀是 BMP。除了位图以外，图像的格式还有许多。例如，TIFF 图像，一般用于卫星图像的压缩格式，压缩时数据不失真；JPEG 图像，是被数码相机等广泛采用的压缩格式，压缩时有

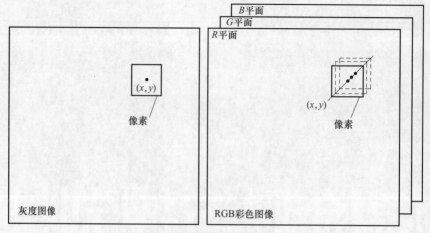

图 1.1.1　彩色图像的内存与灰度图像的内存比较

部分信号失真。

1.1.2　灰度图像

　　灰度图像是指只含亮度信息，不含色彩信息的图像。在 BMP 格式中没有灰度图像的概念，但是如果每个像素的 R、G、B 完全相同，也就是 $R=G=B$，该图像就是灰度图像（或称单色图像）。彩色图像可以由式（1.1.1）变为灰度图像，其中 Y 为灰度值，各个颜色的系数是由国际电讯联盟（International Telecommunication Union，ITU）根据人眼的适应性确定。

$$Y=0.299R+0.587G+0.114B \tag{1.1.1}$$

　　彩色图像的 R、G、B 分量，可以作为 3 个灰度图像来看待，根据实际情况对其中的一个分量处理即可，没有必要用式（1.1.1）进行转换，特别是对于实时图像处理，这样可以显著提高处理速度。图 1.1.2 是彩色图像由式（1.1.1）转换的灰度图像及 R、G、B 各个

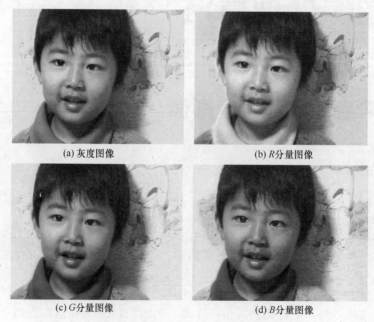

(a) 灰度图像　　　　　　　　　　(b) R 分量图像

(c) G 分量图像　　　　　　　　　(d) B 分量图像

图 1.1.2　灰度图像及各个分量图像

分量的图像，可以看出灰度图像与 R、G、B 等的分量图像比较接近。

　　除了彩色图像的各个分量以及彩色图像经过变换获得的灰度图像之外，还有专门用于拍摄灰度图像的数码摄像机，这种灰度摄像机一般用于工厂的在线图像检测。历史上的黑白电视机、黑白照相机等，显示和拍摄的也是灰度图像，这种设备的灰度图像是模拟灰度图像，现在已经被淘汰。

1.1.3　HSI 颜色变换

　　除了 RGB 三原色表示之外，还有多种颜色描述方法，这里介绍常用的 HSI 表示方法。
H（hue）是色调或者色相，代表颜色的种类；I（intensity）用来表示明亮度，也称明度 V（value）或者亮度 Y（brightness，为了与 B 区分，用 Y 而不用 B 表示）；S（saturation）表示颜色鲜明程度的饱和度或彩度。这三个特性被称为颜色的三个基本属性，可以用一个理想化的双锥体 HSI 模型来表示，图1.1.3 显示了颜色的双锥体 HSI 模型。双锥体轴线代表亮度值，垂直于轴线的平面表示色调与饱和度，用极坐标形式表示，即夹角表示色调，径向距离表示在一定色调下的饱和度。

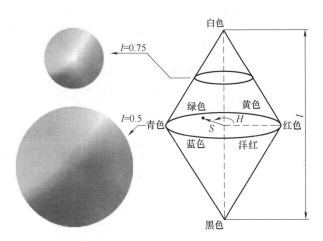

图 1.1.3　颜色的双锥体 HSI 模型

　　模拟彩色信号将 R、G、B 信号变到亮度信号 Y 和色差信号 C_1、C_2，其关系如式（1.1.2）所示。

$$Y = 0.3R + 0.59G + 0.11B$$
$$C_1 = R - Y = 0.7R - 0.59G - 0.11B \tag{1.1.2}$$
$$C_2 = B - Y = -0.3R - 0.59G + 0.89B$$

　　其中，亮度信号 Y 相当于灰度图像，色差信号 C_1、C_2 是除去了亮度信号所剩下的部分。从亮度信号、色差信号求 R、G、B 的公式如式（1.1.3）所示。

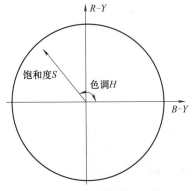

图 1.1.4　色差信号与色调、饱和度、亮度的关系

$$R = Y + C_1$$
$$G = Y - \frac{0.3}{0.9}C_1 - \frac{0.11}{0.59}C_2 \tag{1.1.3}$$
$$B = Y + C_2$$

　　上述的色差信号与色调、饱和度之间的关系如图1.1.4 所示，这个图与图 1.1.3 所示垂直于亮度轴线方向上的投影平面，即彩色圆是一致的。

　　从图 1.1.4 可看出，色调 H 表示从以色差信号 $B - Y$（即 C_2）为基准的坐标轴开始旋转的角度，饱和度 S 表示离开原点的距离，色调 H、饱和度 S 与色差的关系如式（1.1.4）所示。

$$H = \arctan(C_1/C_2)$$
$$S = \sqrt{C_1^2 + C_2^2} \tag{1.1.4}$$

相反，从色调 H、饱和度 S 变换到色差信号的公式如式（1.1.5）所示。

$$C_1 = S \times \sin H$$
$$C_2 = S \times \cos H \tag{1.1.5}$$

把彩色图像 R、G、B 变换为亮度、色调、饱和度的图像。将亮度信号图像可视化得到的就是灰度图像。色调和饱和度是各自将它们的差值作为灰度差来进行图像可视化。色调的表示是从某基准的颜色开始计算在 $0°\sim180°$ 之间旋转多少角度，当与基准颜色相同（色调的旋转角为 $0°$）时为 255，相对方向的补色（色调的旋转角为 $180°$）时为 0，中间用 254 级的灰度表示。在色调表示中，当饱和度为 0（即无颜色信号）时将不计算色调，常常给予 0 灰度级。饱和度的图像，是将饱和度的最小值作为像素的最小值 0，将饱和度的最大值作为像素的最大值 255，依次按比例将饱和度的数据转换为图像数据。

对实际图像进行上述变换的结果如图 1.1.5 所示，其中图 1.1.5（a）是原始图像，图 1.1.5（b）是其亮度信号的图像。原始图像中宠物兔的红色成分较多，由于色调信号以红色为基准，因此图 1.1.5（c）所示的色调信号图像整体偏亮。由于整个图像的颜色不是很深，所以图 1.1.5（d）的饱和度信号偏暗，特别是背景地板砖的饱和度最低。

对于该图像，利用 S 信号图像，对目标物兔子进行二值化提取，应该更容易一些。因此将 RGB 转换成 HSI 有时更有利于目标物的提取，与利用 RGB 信号相比，将会花费更多时间处理。

(a) 原始图像

(b) 亮度信号

(c) 以红色为基准的 H 信号

(d) S 信号

图 1.1.5 原图及 HSI 分量图像

1.1.4　C 语言函数

1.1.4.1　彩色转灰度函数

```
/* --------------------------------------------------------------------
    image_color:输入彩色图像数据指针
    image_mono:输出灰度图像数据指针
    xsize:   输入图像宽度
    ysize:   输入图像高度
------------------------------------------------------------------- */

void Color_to_Mono(BYTE * image_color, BYTE * image_mono, int xsize, int ysize)
{
    int   i,j;
    int   xofset;
    BYTE  R, G, B;
    Xofset= 3 * xsize;
    for(j= 0; j< ysize; j+ + )
    {
        for( i= 0; i< xsize; i+ + )
        {
            R= * (image_color+ j * xofset+ i * 3+ 2);
            G= * (image_color+ j * xofset+ i * 3+ 1);
            B= * (image_color+ j * xofset+ i * 3 ));
             * (image_mono+ j * ysize+ i)= 0.299 * R+ 0.587 * G+ 0.114 * B;
        }
    }
}
```

1.1.4.2　彩色转 RGB 函数

```
/* --------------------------------------------------------------------
    image_color:     输入彩色图像数据指针
    image_r:         输出 R 图像数据指针
    image_g:         输出灰度图像数据指针
    image_b:         输出灰度图像数据指针
    xsize:   输入图像宽度
    ysize:   输入图像高度
------------------------------------------------------------------- */

void Color_to_Mono(BYTE * image_color, BYTE * image_r, BYTE * image_g, BYTE * image_b,
int xsize, int ysize)
{
    int   i,j;
    int   xofset;
    xofset= 3 * xsize;
    for(j= 0; j< ysize; j+ + )
    {
        for( i= 0; i< xsize; i+ + )
        {
            * (image_r+ j * ysize+ i)= * (image_color+ j * xofset+ i * 3+ 2);
```

```
            * (image_g+ j * ysize+ i) = * (image_color+ j * xofset+ i * 3+ 1);
            * (image_b+ j * ysize+ i) = * (image_color+ j * xofset+ i * 3 ));
        }
    }
}
```

1.1.4.3 由 R、G、B 变换为亮度、色差信号

```
/ * -------------------------------------------------------------------------
    image_r:    输入图像数据 R 分量指针
    image_g:    输入图像数据 G 分量指针
    image_b:    输入图像数据 B 分量指针
    y:          输出数据指针 Y
    c1:         输出数据指针 R-Y
    c2:         输出数据指针 B-Y
    xsize:      图像宽度
    ysize:      图像高度
-------------------------------------------------------------------------- * /
void Rgb_to_yc(BYTE * image_r, BYTE * image_g, BYTE * image_b,
    int * y, int * c1, int * c2, int xsize, int ysize)
{
    int    i, j;
    float  fr, fg, fb;
    for(j= 0; j< ysize; j+ + ) {
        for(i= 0; i< xsize; i+ + ) {
            fr= (float)(* (image_r+ j * xsize+ i));
            fg= (float)(* (image_g+ j * xsize+ i));
            fb= (float)(* (image_b+ j * xsize+ i));
            * (y+ j * xsize+ i) = (int)(0.3 * fr+ 0.59 * fg+ 0.11 * fb);
            * (c1+ j * xsize+ i) = (int)(0.7 * fr- 0.59 * fg- 0.11 * fb);
            * (c2+ j * xsize+ i) = (int)(- 0.3 * fr- 0.59 * fg+ 0.89 * fb);
        }
    }
}
```

1.1.4.4 由色差信号计算饱和度和色调

```
/ * -------------------------------------------------------------------------
    c1:      输入数据指针 R- Y
    c2:      输入数据指针 B- Y
    sat:     饱和度数据指针
    hue:     色调数据指针
    xsize:   数列宽度
    ysize:   数列高度
-------------------------------------------------------------------------- * /
void C_to_SH(int * c1, int * c2, int * sat, int * hue, int xsize, int ysize)
{
    int      i, j;
    float    fhue, length;
    for(j= 0; j< ysize; j+ + ) {
```

```
    for(i= 0; i< xsize; i+ + ) {
        length= (float)( * (c1+ j * xsize+ i)) * (float)( * (c1+ j * xsize+ i))
                + (float)( * (c2+ j * xsize+ i)) * (float)( * (c2+ j * xsize+ i));
        * (sat+ j * xsize+ i) = (int)(sqrt((double)length));
        if( * (sat+ j * xsize+ i) >  THRESHOLD){
            fhue= (float)(atan2((double)( * (c1+ j * xsize+ i)),
                (double)( * (c2+ j * xsize+ i))) * 180. 0/PI);
            if(fhue< 0 ) fhue= fhue+ (float)360. 0;
            * (hue+ j * xsize+ i)= (int)fhue;
            }
        else * (hue+ j * xsize+ i)= (int)NONE; //彩度小于阈值
    }
  }
}
```

1. 1. 4. 5　由色调数据变换灰度图像

```
/ * -----------------------------------------------------------------------------
    sat:       饱和度数据指针
    hue:       色调数据指针
    stdhue:    基准色相值
    image_out: 输出图像数据
    xsize:     数列宽度
    ysize:     数列高度
------------------------------------------------------------------------------- / *
void Hue_to_image(int * sat, int * hue, double stdhue, BYTE * image_out, int xsize, int
ysize)
{
    int      i, j;
    int      ihue;
    double   delt;
    for(j= 0; j< ysize; j+ + ){
        for(i= 0; i< xsize; i+ + ){
            if( * (sat+ j * xsize+ i) >  0){
                delt= fabs((double)( * (hue+ j * xsize+ i))- (double)stdhue);
                if(delt >  180. 0) delt= 360. 0- delt;
                ihue= (int)(255. 0- delt * 255. 0/180. 0);
                * (image_out+ j * xsize+ i)= (BYTE)ihue;
            }
            else * (image_out+ j * xsize+ i)= 0;
        }
    }
}
```

1. 1. 4. 6　由饱和度数据变换灰度图像

```
/ * -----------------------------------------------------------------------------
    sat:       饱和度数据指针
    image_out: 输出图像数据指针
    xsize:     数列宽度
```

```
    ysize:        数列高度
/* ------------------------------------------------------------------------------------------------------- /*
int Sat_to_image(int * sat, BYTE * image_out, int xsize, int ysize)
{
    int i, j;
    int min, max;
    int isat;
    min= 255;
    max= 0;
    for(j= 0; j< ysize; j+ + ){
        for(i= 0; i< xsize; i+ + ){
            if(* (sat+ j* xsize+ i) > max) max= * (sat+ j* xsize+ i);
            if(* (sat+ j* xsize+ i)< min) min= * (sat+ j* xsize+ i);
        }
    }
    if(min= = max) return- 1;
    for(j= 0; j< ysize; j+ + ){
        for(i= 0; i< xsize; i+ + ){
            isat= 255 * (* (sat+ j* xsize+ i)- min)/(max- min);
            * (image_out+ j* xsize+ i)= (BYTE)(isat);
        }
    }
    return 0;
}
```

1.2 边缘检测

1.2.1 边缘与图像处理

在图像处理中，边缘（edge，或称 contour，轮廓）不仅是指表示物体边界的线，还应该包括能够描绘图像特征的线要素，这些线要素就相当于素描画中的线条。当然，除了线条之外，颜色以及亮度也是图像的重要因素，但是日常所见到的说明图、图表、插图、肖像画、连环画等，很多是用描绘对象物的边缘线的方法来表现的，尽管有些单调，但我们还是能够非常清楚地明白在那里画了一些什么。所以，似乎有点不可思议，简单的边缘线就能使我们理解所要表述的物体。对于图像处理来说，边缘检测（edge detection）也是重要的基本操作之一。利用所提取的边缘可以识别出特定的物体、测量物体的面积及周长、求两幅图像的对应点等，边缘检测与提取的处理进而也可以作为更为复杂的图像识别、图像理解的关键预处理来使用。

由于图像中的物体与物体或者物体与背景之间的交界是边缘，所以能够将图像的灰度及颜色急剧变化的地方看作边缘。由于自然图像中颜色的变化必定伴有灰度的变化，因此对于边缘检测，只要把焦点集中在灰度上就可以了。

图 1.2.1 是把图像灰度变化的典型例子模型化的表现。图 1.2.1（a）表示了阶梯型边缘的灰度变化，这是一个典型的模式，可以很明显地看出是边缘，也称之为轮廓。物体与背

景的交界处会产生这种阶梯状的灰度变化。图 1.2.1（b）是线条本身的灰度变化，当然这个也可明显地看作是边缘。线条状的物体以及照明程度不同使物体上带有阴影等情况都能产生线条型边缘。图 1.2.1（c）有灰度变化，但变化平缓，边缘不明显。图 1.2.1（d）是灰度以折线状变化的，这种情况不如图 1.2.1（b）明显，但折线的角度变化急剧，还是能看出边缘。

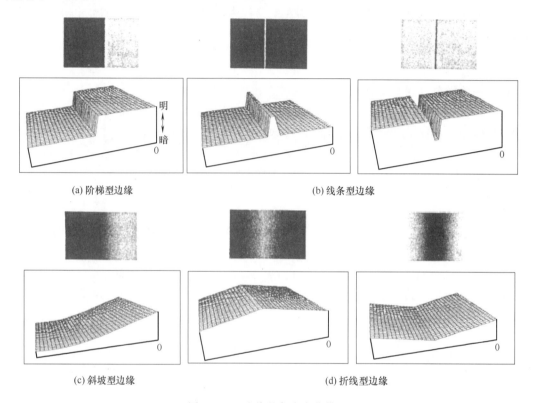

图 1.2.1   边缘的灰度变化模型

图 1.2.2 是人物照片轮廓部分的灰度分布，相当清楚的边缘也不是阶梯状，有些变钝了，呈现出斜坡状，即使同一物体的边缘，地点不同，灰度变化也不同，可以观察到边缘存在模糊部分。由于多数传感元件具有低频特性，使得阶梯型边缘变成斜坡型边缘，线条型边缘变成折线型边缘是不可避免的。

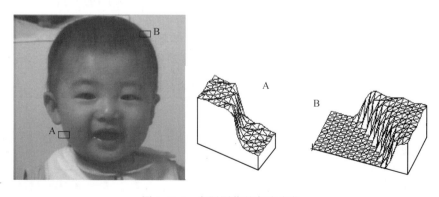

图 1.2.2   实际图像的灰度变化

因此，在实际图像中（由计算机图形学制作出的图像另当别论），即使用眼睛可清楚地确定为边缘，也或多或少会变钝、灰度变化量会变小，从而使得提取清晰的边缘变得意想不到的困难，因此人们提出了各种各样的算法。

1.2.2 基于微分的边缘检测

边缘为灰度值急剧变化的部分，很明显微分作为提取函数变化部分的运算能够在边缘检测与提取中利用。微分运算中有一阶微分 [first differential calculus，也称梯度运算（gradient）] 与二阶微分 [second differential calculus，也称拉普拉斯运算（laplacian）]，都可以应用于边缘检测与提取中。

（1）一阶微分（梯度运算）

作为坐标点 (x, y) 处的灰度倾斜度的一阶微分值（也称为梯度运算），可以用具有大小和方向的向量 $G(x, y) = (f_x, f_y)$ 来表示。其中 f_x 为 x 方向的微分，f_y 为 y 方向的微分。

f_x、f_y 在数字图像中是用式（1.2.1）计算的。

$$\left.\begin{array}{ll} x \text{ 方向的微分} & f_x = f(x+1, y) - f(x, y) \\ y \text{ 方向的微分} & f_y = f(x, y+1) - f(x, y) \end{array}\right\} \tag{1.2.1}$$

微分值 f_x、f_y 被求出后，由式（1.2.2）和公式（1.2.3）算出边缘的强度与方向。

$$【强度】\quad G = \sqrt{f_x^2 + f_y^2} \tag{1.2.2}$$

$$【方向】\quad \theta = \arctan(f_x / f_y) \quad 向量(f_x, f_y)\text{的朝向} \tag{1.2.3}$$

边缘的方向是指其灰度变化由暗朝亮的方向。可以说梯度算子更适于边缘（阶梯状灰度变化）的检测。

（2）二阶微分（拉普拉斯运算）

二阶微分 $L(x, y)$（被称为拉普拉斯运算）是对梯度再进行一次微分，只用于检测边缘的强度（不求方向），在数字图像中用式（1.2.4）表示。

$$L(x, y) = 4f(x, y) - |f(x, y-1) + f(x, y+1) + f(x-1, y) + f(x+1, y)| \tag{1.2.4}$$

因为在数字图像中的数据是以一定间隔排列着，不可能进行真正意义上的微分运算。因此，如式（1.2.1）或式（1.2.4）那样用相邻像素间的差值运算实际上是差分（calculus of finite differences），为方便起见称为微分（differential calculus）。用于进行像素间微分运算的系数组被称为微分算子（differential operator）。梯度运算中的 f_x、f_y 的计算式（1.2.1），以及拉普拉斯运算式（1.2.4），都是基于这些微分算子而进行的微分运算。这些微分算子如表 1.2.1、表 1.2.2 所示，有多个种类。实际微分运算，就是计算目标像素及其周围像素分别乘上微分算子对应数值矩阵系数的和，其计算结果被用作微分运算后目标像素的灰度值。扫描整幅图像，对每个像素都进行这样的微分运算，被称为卷积（convolution）。

表 1.2.1 梯度运算的微分算子

算子名称	一般差分			Roberts 算子			Sobel 算子		
求 f_x 的模板	0	0	0	0	0	0	-1	0	1
	0	1	-1	0	1	0	-2	0	2
	0	0	0	0	0	-1	-1	0	1
求 f_y 的模板	0	0	0	0	0	0	-1	-2	-1
	0	1	0	0	0	1	0	0	0
	0	-1	0	0	-1	0	1	2	1

表 1.2.2　拉普拉斯运算的微分算子

算子名称	拉普拉斯算子 1	拉普拉斯算子 2	拉普拉斯算子 3
模　板	0　−1　0 −1　4　−1 0　−1　0	−1　−1　−1 −1　8　−1 −1　−1　−1	1　−2　1 −2　4　−2 1　−2　1

1.2.3　基于模板匹配的边缘检测

模板匹配（template matching）就是研究图像与模板（template）的一致性（匹配程度）。为此，准备了几个表示边缘的标准模式，与图像的一部分进行比较，选取最相似的部分作为结果图像。如图 1.2.3 所示的 Prewitt 算子，共有对应于 8 个边缘方向的 8 种掩模（mask）。

	(1)	(2)	(3)	(4)	(5)	(6)	(7)	(8)
掩模模式	1　1　1 1　−2　1 −1　−1　−1	1　1　1 1　−2　−1 1　−1　−1	1　1　−1 1　−2　−1 1　1　−1	1　−1　−1 1　−2　−1 1　1　1	−1　−1　−1 1　−2　1 1　1　1	−1　−1　−1 −1　−2　1 1　1　1	−1　1　1 −1　−2　1 −1　1　1	1　1　1 −1　−2　1 −1　−1　1
所对应的边缘								

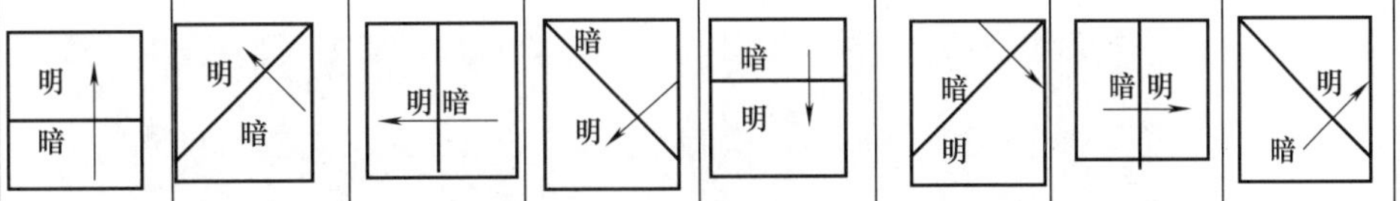

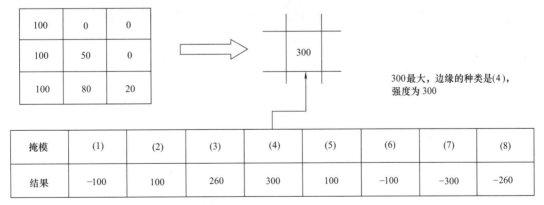

图 1.2.3　用于模板匹配的各个掩模模式（Prewitt 算子）

图 1.2.4 说明了这些掩模与实际图像如何进行比较。与微分运算相同，目标像素及其周围（3×3 邻域）像素分别乘以对应掩模的系数值，然后对各个积求和。对 8 个掩模分别进行计算，其中计算结果中最大的掩模的方向即为边缘的方向，其计算结果即为边缘的强度。

100	0	0
100	50	0
100	80	20

300最大，边缘的种类是(4)，
强度为 300

掩模	(1)	(2)	(3)	(4)	(5)	(6)	(7)	(8)
结果	-100	100	260	300	100	-100	-300	-260

对于当前像素的 8 邻域，计算各掩模的一致程度

例如，掩模（1）：1×100＋1×0＋1×0＋1×100＋(－2)×50＋1×0＋(－1)×100＋(－1)×80＋(－1)×20＝－100

图 1.2.4　模板匹配的计算例

　　图 1.2.5 是一帧图像采用不同微分算子处理的结果。可以看出，采用不同的微分算子，处理结果是不一样的。在实际应用时，可以根据具体情况选用不同的微分算子，如果处理效果差不多，要尽量选用计算量少的算子，这样可以提高处理速度。

　　另外，当目标对象的方向性已知时，如果使用模板匹配算子，就可以只选用方向性与目标对象相同的模板进行计算，这样可以在获得良好检测效果的同时，大大减少计算量。例如，在检测公路上的车道线时，由于车道线是垂直向前的，也就是说需要检测左右边缘，如果选用 Prewitt 算子，可以只计算、检测左右边缘的掩模（3）和（7），这样就可以使计算量减少到使用全部算子的 1/4。减少处理量，对于实时处理，具有非常重要的意义。

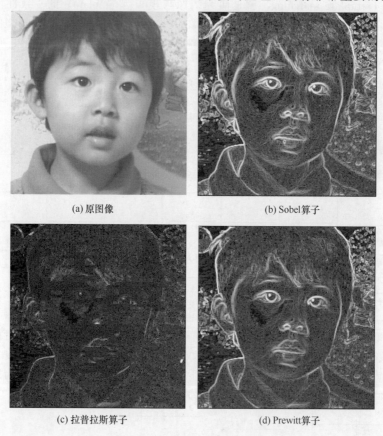

(a) 原图像　　　　　　　　　　　　　　　　(b) Sobel算子

(c) 拉普拉斯算子　　　　　　　　　　　　　(d) Prewitt算子

图 1.2.5　不同算子的微分图像

　　此外，在模板匹配中经常使用如图 1.2.6 所示的 Kirsch 算子和如图 1.2.7 所示的 Robinson 算子。

M1	M2	M3	M4	M5	M6	M7	M8
5　5　5	-3　5　5	-3　-3　5	-3　-3　-3	-3　-3　-3	-3　-3　-3	5　-3　-3	3　5　-3
-3　0　-3	-3　0　5	-3　0　5	-3　0　5	-3　0　-3	5　0　-3	5　0　-3	5　0　-3
-3　-3　-3	-3　-3　-3	-3　-3　5	-3　5　5	5　5　5	5　5　-3	5　-3　-3	-3　-3　-3

图 1.2.6　Kirsch 算子

M1	M2	M3	M4	M5	M6	M7	M8
1　2　1	2　1　0	1　0　-1	0　-1　-2	-1　-2　-1	-2　-1　0	-1　0　1	0　1　2
0　0　0	1　0　-1	2　0　-2	1　0　-1	0　0　0	-1　0　1	-2　0　2	-1　0　1
-1　-2　-1	0　-1　-2	1　0　-1	2　1　0	1　2　1	0　1　2	-1　0　1	-2　-1　0

图 1.2.7　Robinson 算子

1.2.4　边缘图像的二值化处理

　　微分处理后的图像还是灰度图像，一般需要进行二值化处理。对于微分图像的二值化处理，采用 p 参数法，设定直方图上位（明亮部分）5％的位置为阈值会获得较好且稳定的处理效果。图 1.2.8 是对图 1.2.5 中的微分图像采用此方法的二值化效果。

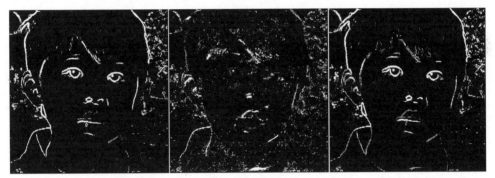

(a) 图1.2.5(b)二值化效果　　　　(b) 图1.2.5(c)二值化效果　　　　(c) 图1.2.5(d)二值化效果

图 1.2.8　图 1.2.5 微分图像上位 5％像素提取结果

1.2.5　C 语言函数

1.2.5.1　一阶微分边缘检测（梯度算子）

```
/* --------------------------------------------------------------------
    image_in:   输入图像数据指针
    image_out:  输出图像数据指针
    xsize:      图像宽度
    ysize:      图像高度
    amp:        输出像素值倍数
--------------------------------------------------------------------- */
void Differential(BYTE * image_in,BYTE * image_out,int xsize,int ysize,float amp)
{
    //以下算子可以自由设定
    static int cx[9]= { 0,0,0,//算子 x(Roberts)
                        0,1,0,
                        0,0,- 1};
    static int cy[9]= { 0,0,0,//算子 y(Roberts)
```

```
                            0,0,1,
                            0,-1,0};
    int    d[9];
    int    i,j,dat;
    float  xx,yy,zz;
    for(j=1; j< ysize-1; j++) {
        for(i=1; i< xsize-1; i++) {
                d[0]= *(image_in+ (j-1)*xsize+ i-1);
                d[1]= *(image_in+ (j-1)*xsize+ i);
                d[2]= *(image_in+ (j-1)*xsize+ i+1);
                d[3]= *(image_in+ j*xsize+ i-1);
                d[4]= *(image_in+ j*xsize+ i);
                d[5]= *(image_in+ j*xsize+ i+1);
                d[6]= *(image_in+ (j+1)*xsize+ i-1);
                d[7]= *(image_in+ (j+1)*xsize+ i);
                d[8]= *(image_in+ (j+1)*xsize+ i+1);
                xx= (float)(cx[0]*d[0]+ cx[1]*d[1]+ cx[2]*d[2]
                                + cx[3]*d[3]+ cx[4]*d[4]+ cx[5]*d[5]
                                + cx[6]*d[6]+ cx[7]*d[7]+ cx[8]*d[8]);
                yy= (float)(cy[0]*d[0]+ cy[1]*d[1]+ cy[2]*d[2]
                                + cy[3]*d[3]+ cy[4]*d[4]+ cy[5]*d[5]
                                + cy[6]*d[6]+ cy[7]*d[7]+ cy[8]*d[8]);
                zz= (float)(amp*sqrt(xx*xx+ yy*yy));
                dat= (int)zz;
                if(dat > 255) dat= 255;
                *(image_out+ j*xsize+ i)= dat;
        }
    }
}
```

1.2.5.2　二阶微分边缘检测（拉普拉斯算子）

```
/*---------------------------------------------------------------
    image_in:   输入图像数据指针
    image_out:  输出图像数据指针
    xsize:      图像宽度
    ysize:      图像高度
    amp:        输出像素值倍数
---------------------------------------------------------------*/
void Differential2(BYTE *image_in,BYTE *image_out,int xsize,int ysize,float amp)
{
    //以下算子可以自由设定
    static int c[9]= {-1,-1,-1     // 算子(laplacian)
                      -1,8,-1
                      -1,-1,-1};
    int   d[9];
```

```
    int   i,j,dat;
    float z,zz;
    for(j= 1; j< ysize- 1; j+ + ) {
        for(i= 1; i< xsize- 1; i+ + ) {
            d[0]= * (image_in+ (j- 1) * xsize+ i- 1);
            d[1]= * (image_in+ (j- 1) * xsize+ i);
            d[2]= * (image_in+ (j- 1) * xsize+ i+ 1);
            d[3]= * (image_in+ j * xsize+ i- 1);
            d[4]= * (image_in+ j * xsize+ i);
            d[5]= * (image_in+ j * xsize+ i+ 1);
            d[6]= * (image_in+ (j+ 1) * xsize+ i- 1);
            d[7]= * (image_in+ (j+ 1) * xsize+ i);
            d[8]= * (image_in+ (j+ 1) * xsize+ i+ 1);
            z= (float)(c[0] * d[0]+ c[1] * d[1]+ c[2] * d[2]
                      + c[3] * d[3]+ c[4] * d[4]+ c[5] * d[5]
                      + c[6] * d[6]+ c[7] * d[7]+ c[8] * d[8]);
            zz= amp * z;
            dat= (int)(zz);
            if(dat < 0) dat= - dat;
            if(dat > 255) dat=   255;
            * (image_out+ j * xsize+ i)= dat;
        }
    }
}
```

1.2.5.3　Prewitt 算子边缘检测

```
/ * -------------------------------------------------------------------
    image_in:     输入图像数据指针
    image_out:    输出图像数据指针
    xsize:        图像宽度
    ysize:        图像高度
    amp:          输出像素值倍数
-------------------------------------------------------------------- * /
void Prewitt(BYTE * image_in,BYTE * image_out,int xsize,int ysize,float amp)
{
    int         d[9];
    int         i,j,k,max,dat;
    int         m[8];
    float zz;
    for(j= 1; j< ysize- 1; j+ + ) {
        for(i= 1; i< xsize- 1; i+ + ) {
            d[0]= * (image_in+ (j- 1) * xsize+ i- 1);
            d[1]= * (image_in+ (j- 1) * xsize+ i);
            d[2]= * (image_in+ (j- 1) * xsize+ i+ 1);
            d[3]= * (image_in+ j * xsize+ i- 1);
            d[4]= * (image_in+ j * xsize+ i);
            d[5]= * (image_in+ j * xsize+ i+ 1);
```

```
            d[6]= * (image_in+ (j+ 1) * xsize+ i- 1);
            d[7]= * (image_in+ (j+ 1) * xsize+ i);
            d[8]= * (image_in+ (j+ 1) * xsize+ i+ 1);
        m[0]= d[0]+ d[1]+ d[2]+ d[3]- 2 * d[4]+ d[5]- d[6]- d[7]- d[8];
        m[1]= d[0]+ d[1]+ d[2]+ d[3]- 2 * d[4]- d[5]+ d[6]- d[7]- d[8];
        m[2]= d[0]+ d[1]- d[2]+ d[3]- 2 * d[4]- d[5]+ d[6]+ d[7]- d[8];
        m[3]= d[0]- d[1]- d[2]+ d[3]- 2 * d[4]- d[5]+ d[6]+ d[7]+ d[8];
        m[4]= - d[0]- d[1]- d[2]+ d[3]- 2 * d[4]+ d[5]+ d[6]+ d[7]+ d[8];
        m[5]= - d[0]- d[1]+ d[2]- d[3]- 2 * d[4]+ d[5]+ d[6]+ d[7]+ d[8];
        m[6]= - d[0]+ d[1]+ d[2]- d[3]- 2 * d[4]+ d[5]- d[6]+ d[7]+ d[8];
        m[7]= d[0]+ d[1]+ d[2]- d[3]- 2 * d[4]+ d[5]- d[6]- d[7]+ d[8];
        max= 0;
        for(k= 0; k< 8; k+ + )if(max< m[k]) max= m[k];
    zz= amp * (float)(max);
        dat= (int)(zz);
        if(dat > 255) dat= 255;
        * (image_out+ j * xsize+ i)= dat;
        }
    }
}
```

1.3　二值化处理

判断目标为何物或者测量其尺寸大小的第一步是将目标从复杂的图像中提取出来。例如：人脸识别，车牌照识别，零件缺陷检测，水果大小检测等。

人眼在杂乱的图像中搜寻目标物体时，主要依靠颜色和形状差别，具体过程人们在无意识中完成，其实是利用了人们常年生活积累的常识（知识）。同样道理，机器视觉在提取物体时，也是依靠颜色和形状差别，只不过电脑里没有这些知识积累，需要人们利用计算机语言（程序）通过某种方法将目标物体知识输入或计算出来，形成判断依据。

1.3.1　灰度图像的阈值处理

二值化处理（binarization）是把目标物从图像中提取出来的一种方法。二值化处理的方法有很多，最简单的一种叫作阈值处理（thresholding），就是对于输入图像的各像素，当其灰度值在某设定值（称为阈值，threshold）以上或以下时，赋予对应的输出图像的像素为白色（255）或黑色（0）。可用式（1.3.1）或式（1.3.2）表示。

$$g(x,y)= \begin{cases} 255 & f(x,y) \geqslant t \\ 0 & f(x,y) < t \end{cases} \qquad (1.3.1)$$

$$g(x,y)= \begin{cases} 255 & f(x,y) \geqslant t \\ 0 & f(x,y) > t \end{cases} \qquad (1.3.2)$$

式中，$f(x,y)$、$g(x,y)$ 分别是处理前和处理后的图像在 (x,y) 处像素的灰度值；t 是阈值。

根据图像情况，有时需要提取两个阈值之间的部分，如式（1.3.3）所示。这种方法称为双阈值二值化处理。

$$g(x,y) = \begin{cases} \text{HIGH} & t_1 \leqslant f(x,y) \leqslant t_2 \\ \text{LOW} & \text{其他情况} \end{cases} \qquad (1.3.3)$$

在实际应用中，一般需要自动确定阈值。一般有模态法（mode method）、大津法（Otsu method）、p 参数法（p-tile method）等。另外，为了有利于二值化处理，根据不同情况，有时需要进行颜色差分、帧间差分、背景差分等前处理。

1.3.2　模态法确定分割阈值

通常灰度图像像素的最大值是 255（白色），最小值是 0（黑色），从 0 到 255，共有 256 级，一幅图像上每级有几个像素，把它数出来（计算机程序可以瞬间完成），做个图表，就是直方图。如图 1.3.1 所示，直方图的横坐标表示 0～255 的像素级，纵坐标表示像素的个数或者占总像素的比例。计算出直方图，是灰度图像目标提取的重要步骤之一。

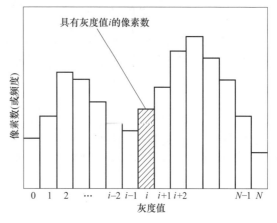

图 1.3.1　直方图

对于背景单一的图像，一般在直方图上有两个峰值，一个是背景的峰值，一个是目标物的峰值。例如，图 1.3.2（a）是一粒水稻种子的 G 分量灰度图像，图 1.3.2（c）是其直方图。直方图左侧的高峰（暗处）是背景峰，像素数比较多，右侧的小峰（亮处）是籽粒，像素数比较少。对这种在直方图上具有明显双峰的图像，把阈值设在双峰之间的凹点，即可较好地提取出目标物。图 1.3.2（b）是将阈值设置为双峰之间的凹点 50 时的二值图像，提取效果比较好。模态法就是取直方图的波谷作为阈值的方法。

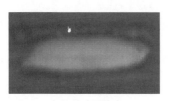

(a) 籽粒G分量图像

(b) 阈值50的二值图像

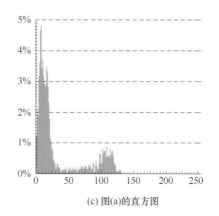

(c) 图(a)的直方图

图 1.3.2　籽粒图像及其直方图

如果原始图像的直方图凹凸激烈，计算机程序处理时就不好确定波谷的位置。为了比较容易地发现波谷，经常在直方图上对邻域点进行平均化处理，以减少直方图的凹凸不平。图

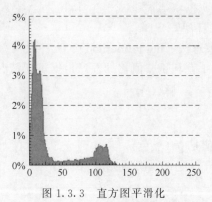

图 1.3.3　直方图平滑化

1.3.3 是图 1.3.2（c）经过 5 个邻域点平均化后的直方图，该直方图就比较容易通过算法编写来找到其波谷位置。

1.3.3　大津（Otsu）法确定分割阈值

大津法也叫最大类间方差法，是由日本学者大津于 1979 年提出的。它是按图像的灰度特性，将图像分成背景和目标两部分。背景和目标之间的类间方差越大，说明构成图像的两部分的差别越大。因此，使类间方差最大的分割意味着错分概率最小。

设定包含两类区域，t 为分割两区域的阈值。由直方图经统计可得：被 t 分离后的区域 1 和区域 2 占整个图像的面积比为 θ_1 和 θ_2，以及整幅图像、区域 1、区域 2 的平均灰度为 μ、μ_1、μ_2。整幅图像的平均灰度与区域 1 和区域 2 的平均灰度值之间的关系为式（1.3.4）。

$$\mu = \mu_1 \theta_1 + \mu_2 \theta_2 \tag{1.3.4}$$

同一区域常常具有灰度相似的特性，而不同区域之间则表现为明显的灰度差异，当被阈值 t 分离的两个区域间灰度差较大时，两个区域的平均灰度 μ_1、μ_2 与整幅图像的平均灰度 μ 之差也较大，区域间的方差就是描述这种差异的有效参数，其表达式为式（1.3.5）。

$$\sigma_B^2(t) = \theta_1(\mu_1 - \mu)^2 + \theta_2(\mu_2 - \mu)^2 \tag{1.3.5}$$

式中，$\sigma_B^2(t)$ 表示了图像被阈值 t 分割后两个区域间的方差。

显然，不同的 t 值，就会得到不同的区域间方差，也就是说，区域间方差、区域 1 的均值、区域 2 的均值、区域 1 面积比、区域 2 面积比都是阈值 t 的函数，因此式（1.3.5）可以写成式（1.3.6）。

$$\sigma_B^2(t) = \theta_1(t)[\mu_1(t) - \mu]^2 + \theta_2(t)[\mu_2(t) - \mu]^2 \tag{1.3.6}$$

经数学推导，区域间方差可表示为式（1.3.7）。

$$\sigma_B^2(t) = \theta_1(t)\theta_2(t)[\mu_1(t) - \mu_2(t)]^2 \tag{1.3.7}$$

被分割的两区域方差达到最大时，是两区域的最佳分离状态，由此确定阈值 T，如式（1.3.8）。

$$T = \max[\sigma_B^2(t)] \tag{1.3.8}$$

以最大方差决定阈值不需要人为地设定其他参数，是一种自动选择阈值的方法。但是大津法的实现比较复杂，在实际应用中，常常用简单迭代的方法进行阈值的自动选取。其方法如下：首先选择一个近似阈值作为估计值的初始值，然后连续不断地改进这一估计值。比如，使用初始阈值生成子图像，并根据子图像的特性来选取新的阈值，再用新阈值分割图像，这样做的效果将好于用初始阈值分割图像的效果。

阈值的改进策略是这一方法的关键，例如，一种方法如下：

① 选择图像的像素均值作为初始阈值 T；
② 利用阈值 T 把图像分割成两组数据 R_1 和 R_2；
③ 计算区域 R_1 和 R_2 的均值 μ_1，μ_2；
④ 选择新的阈值 $T = (\mu_1 + \mu_2)/2$；
⑤ 重复②～④步，直到 μ_1 和 μ_2 不再发生变化。

图 1.3.4 是采用大津法对 G 分量图像进行二值化处理的结果，对于该图像，大津法计算获得的分割阈值为 52。

(a) G分量图像

(b) 二值化图像

图 1.3.4　大津法二值化图像

1.3.4　基于颜色差分的二值化处理

对于自然界的目标提取，可以根据目标的颜色特征，尽量使用 R、G、B 分量及它们之间的差分组合，这样可以有效避免自然光变化的影响，快速有效地提取目标。以下通过实例说明基于颜色差分的二值化处理方法。

1.3.4.1　果树上红色桃子的提取

图 1.3.5 为采集的果树上桃子原图像的例图像，分别代表了单个果实、多个果实成簇、果实相互分离或相互接触等生长状态以及不同光照条件和背景下的图像样本。

(a) 单果实树叶遮挡

(b) 多果实树叶遮挡

(c) 直射光多果实接触

(d) 弱光多果实接触

(e) 顺光多果实枝干干扰

(f) 多果实接触枝干干扰

图 1.3.5　原图像

　　由于成熟桃子一般带红色，因此对原彩色图像，首先利用红、绿色差信息提取图像中桃子的红色区域，然后再采用与原图进行匹配膨胀的方法来获得桃子的完整区域。

　　对图像中的像素点 (x_i, y_i)（x_i、y_i 分别为像素点 i 的 x 坐标和 y 坐标，$0 \leqslant i < n$，n 为图像中像素点的总数），设其红色（R）分量和绿色（G）分量的像素值分别为 $R(x_i, y_i)$ 和 $G(x_i, y_i)$，其差值为 $\beta_i = R(x_i, y_i) - G(x_i, y_i)$，由此获得一个灰度图像（RG 图像）。设若 $\beta_i > 0$，则灰度图像上该点的像素值为 β_i，否则为 0（黑色）。之后计算 RG 图像中所有非零像素点的均值 α（作为二值化的阈值）。逐像素扫描 RG 图像，若 $\beta_i > \alpha$，则将该点像素值设为 255（白色），否则设为 0（黑色），获得二值图像 f_b，并对其进行补洞和面积小于 200 像素的去噪处理。

　　图 1.3.6 为分别对图 1.3.5 中原图采用 $R - G$ 色差均值为阈值提取桃子红色区域的二值图像。从图 1.3.6 的提取结果可以看出，该方法对图 1.3.5 中的各种光照条件和不同背景情况，都能较好地提取出桃子的红色区域。

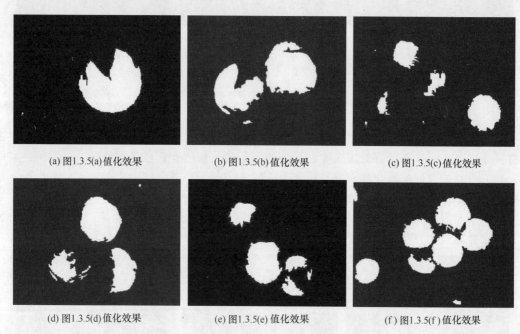

(a) 图1.3.5(a)值化效果　　　　(b) 图1.3.5(b)值化效果　　　　(c) 图1.3.5(c)值化效果

(d) 图1.3.5(d)值化效果　　　　(e) 图1.3.5(e)值化效果　　　　(f) 图1.3.5(f)值化效果

图 1.3.6　提取图 1.3.5 桃子红色区域的二值图像

　　对于图 1.3.6 的二值图像，再进行边界跟踪、匹配膨胀、圆心点群计算、圆心点群分组、圆心及半径计算等步骤，可以检测获得图 1.3.7 所示的桃子中心及半径的检测结果。

1.3.4.2　绿色麦苗的提取

　　小麦从出苗到灌浆，需要进行许多田间管理作业，其中包括松土、施肥、除草、喷药、灌溉、生长检测等。不同的管理作业又具有不同的作业对象。例如，在喷药、灌溉、生长检测等作业中，作业对象为小麦列（苗列）；在松土、除草等作业中，作业对象为小麦列之间的区域（列间）。无论何种作业，首先都需要把小麦苗提取出来。虽然在不同季节小麦苗的颜色有所不同，但是都是呈绿色。如图 1.3.8 所示，图（a）为 11 月（秋季）小麦生长初期阴天的图像，土壤比较湿润；图（b）为 2 月（冬季）晴天的图像，土壤干旱，发生干裂；图（c）为 3 月（春季）小麦返青时节阴天的图像，土壤比较松软；图（d）～图（f）分别为以后不同生长阶段不同天气状况的图像。这 6 幅图分别代表了小麦的不同生长阶段和不同天

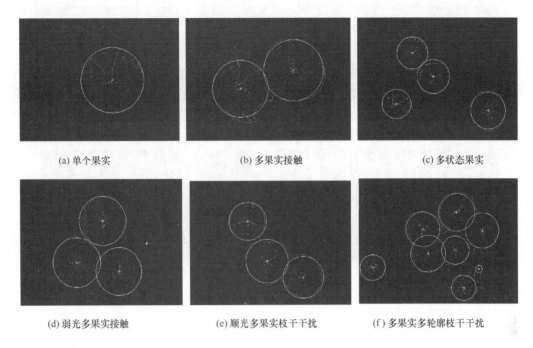

(a) 单个果实　　　　　　(b) 多果实接触　　　　　　(c) 多状态果实

(d) 弱光多果实接触　　　(e) 顺光多果实枝干干扰　　(f) 多果实多轮廓枝干干扰

图 1.3.7　轮廓提取及拟合结果

气下的状况。

由于麦苗的绿色成分大于其他两个颜色成分，为了提取绿色的麦苗，可以通过强调绿色成分、抑制其他成分的方法把麦田彩色图像变化为灰度图像，具体算法如式（1.3.9）所示。

$$\mathrm{pixel}(x,y)=\begin{cases}0 & 2G-R-B\leqslant 0\\ 2G-R-B & \text{其他情况}\end{cases}\qquad(1.3.9)$$

式中，G、R、B 表示点（x，y）在彩色图像中的绿、红、蓝颜色值；$\mathrm{pixel}(x,y)$ 表示点（x，y）在处理结果灰度图像中的像素值，图 1.3.9 是经过上述处理获得的灰度图像。

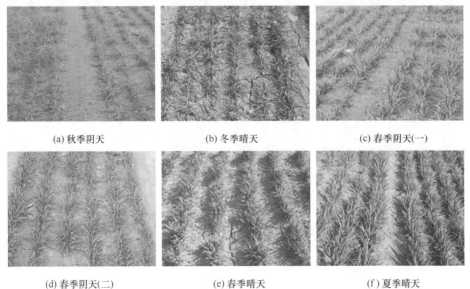

(a) 秋季阴天　　　　　　(b) 冬季晴天　　　　　　(c) 春季阴天(一)

(d) 春季阴天(二)　　　　(e) 春季晴天　　　　　　(f) 夏季晴天

图 1.3.8　不同生长期麦田原图像示例

(a) 秋季阴天   (b) 冬季晴天   (c) 春季阴天(一)

(d) 春季阴天(二)   (e) 春季晴天   (f) 夏季晴天

图 1.3.9 $2G-R-B$ 的灰度图像

　　针对灰度图 1.3.9 的灰度图像，利用大津法确定二值化处理的分割阈值 T，设像素值大于 T 的像素为白色（255）代表苗列，像素值小于 T 的像素为黑色（0）代表列间。处理结果如图 1.3.10 所示，二值图像上的白色细线是后续处理检测出的导航线，处理结果表明，该自适应阈值方法不受光照、背景等自然条件的影响，能够把麦苗较好地提取出来，并且不需要消除噪声、滤波等其他的辅助处理。由于阈值的确定不需要人为设定，而是完全根据图像本身的像素值信息来自动确定，大大提高了处理精度。

(a) 秋季   (b) 冬季   (c) 春季(一)

(d) 春季(二)   (e) 春季(三)   (f) 夏季

图 1.3.10   大津法二值化处理结果

1.3.5　基于帧间差分的二值化处理

　　基于差分的目标提取，一般用于运动图像的目标提取，有帧间差分和背景差分两种方式，以下分别利用工程实践项目来说明两种差分目标提取方式。

1.3.5.1　相邻帧差分

所谓帧间差分，就是将前帧图像的每个像素值减去后帧图像上对应点的像素值（或者反之），获得的结果如果大于设定阈值，就在输出图像上设为白色像素，否则设为黑色像素，用式（1.3.10）表示。

$$f(x,y)=|f_1(x,y)-f_2(x,y)|=\begin{cases}255 & \geqslant\text{thr} \\ 0 & \text{其他情况}\end{cases} \qquad (1.3.10)$$

式中　$f_1(x,y)$，$f_2(x,y)$ 和 $f(x,y)$——序列图像 1、序列图像 2 和结果图像的（x，y）点像素值；

thr——设定的阈值。

这里通过羽毛球战术统计项目，说明帧间差分提取羽毛球目标的方法。图 1.3.11 是一段视频中的相邻两帧及差分后的二值化图像，阈值设定为 5。二值图像上的白色像素表示检测出来的羽毛球和运动员的运动部分。由于摄像机没有动，因此序列帧上固定部分的像素值基本相同，差分后接近于零，而羽毛球、运动员等运动区域，会差分出较大值来，由此提取出运动区域。

(a) 序列图像的前帧　　　　(b) 序列图像的后帧　　　　(c) 两帧差分及阈值处理结果

图 1.3.11　帧间差分及二值化结果

1.3.5.2　背景差分

交通流量检测是智能交通系统（intelligent transportation system，ITS）中的一个重要课题。传统的交通流量信息的采集方法有地埋感应线圈法、超声波探测器法和红外线检测法等，这些方法的设备成本高、设立和维护也比较困难。随着机器视觉技术的飞速发展，交通流量的视觉检测技术正以其安装简单、操作容易、维护方便等特点，逐渐取代传统的方法。

背景差分采集彩色图像，以其红色分量 R 为处理对象。首先计算没有车辆的背景图像，而且由于昼夜转换，背景图像需要不断计算和定时更新。此处内容不介绍背景图像的计算、更新以及其他相关算法，只关注基于背景差分的目标车辆提取方法。如果已知背景图像，则将当前图像与背景进行差分处理，即可提取运动的车辆。利用帧间差分算式（1.3.10），将 f_1 代入当前的图像，f_2 代入背景图像，阈值设定为背景图像像素值的标准偏差，对处理结果图像 f 再进行去噪声处理（参考 1.4 节），即可获得理想的车辆提取结果。图 1.3.12 是一组背景差分的图像示例。其中，图 1.3.12（a）是公路的背景图像，图 1.3.12（b）是某一瞬间的现场图像，图 1.3.12（c）是对图 1.3.12（a）与图 1.3.12（b）差分图像进行阈值分割和去噪声处理的结果，背景图像是由一段实际图像计算获得。

(a) 背景图像　　　　　　　　　(b) 现场图像　　　　　　　　(c) 车辆提取结果

图 1.3.12　基于背景差分的车辆提取

1.3.6　C 语言函数

1.3.6.1　二值化处理

```
/* --------------------------------------------------------------------------------
    image_in:  输入图像数据指针
    image_out: 输出图像数据指针
    xsize:  图像宽度
    ysize:  图像高度
    thresh:  阈值(0～255)
    mode:  处理方法(1,2)
-------------------------------------------------------------------------------- */
void Threshold(BYTE * image_in, BYTE * image_out, int xsize, int ysize, int thresh, int
mode)
{
    int  i,j;
    for(j= 0; j< ysize; j+ + )
    {
        for( i= 0; i< xsize; i+ + )
        {
            switch(mode)
            {
            case 0:
                if( * (image_in+ j * xsize+ i) > = thresh)
                    * (image_out+ j * xsize+ i)= HIGH;
                else    * (image_out+ j * xsize+ i)= LOW;
                break;
            default:
                if( * (image_in+ j * xsize+ i) < = thresh)
                    * (image_out+ j * xsize+ i)= HIGH;
                else    * (image_out+ j * xsize+ i)= LOW;
                break;
            }
        }
    }
}
```

1.3.6.2 双阈值二值化处理

```
/ * --------------------------------------------------------------------------
    image_in:    输入图像数据指针
    image_out:   输出图像数据指针
    xsize:       图像宽度
    ysize:       图像高度
    thresh_low:  低阈值(0～255)
    thresh_high: 高阈值(0～255)
-------------------------------------------------------------------------- * /
void Threshold_mid(BYTE * image_in,BYTE * image_out,int xsize,
                   int ysize,int thresh_low,int thresh_high)
{
    int  i,j;
    for(j= 0; j< ysize; j+ + )
    {
        for( i= 0; i< xsize; i+ + )
        {
            if( * (image_in+ j * xsize+ i) > = thresh_low &&
                * (image_in+ j * xsize+ i) < = thresh_high)
                * (image_out+ j * xsize+ i)= HIGH;
            else    * (image_out+ j * xsize+ i)= LOW;
        }
    }
}
```

1.3.6.3 直方图

```
/ * --------------------------------------------------------------------------
    image:   图像数据指针
    xsize:   图像宽度
    ysize:   图像高度
    hist:直方图配列
-------------------------------------------------------------------------- * /
void Histgram(BYTE * image,int xsize,int ysize,long hist[256])
{
    int  i,j,n;
    for(n= 0; n< 256; n+ + ) hist[n]= 0;
    for(j= 0; j< ysize; j+ + ) {
        for( i= 0; i< xsize; i+ + ) {
            n= * (image+ j * xsize+ i);
            hist[n]+ + ;
        }
    }
}
```

1.3.6.4 直方图平滑化

```
/ * --------------------------------------------------------------------------
    hist_in:   输入直方图数组
    hist_out:  输出直方图数组
```

```
------------------------------------------------------------------------ * /
void Hist_smooth(long hist_in[256],long hist_out[256])
{
    int   m,n,i;
    long sum;
    for(n= 0; n< 256; n+ + ) {
        sum= 0;
        for(m= - 2; m < = 2; m+ + ) {
            i= n+ m;
            if(i < 0) i= 0;
            if(i > 255) i= 255;
            sum= sum+ hist_in[i];
        }
        hist_out[n]= (long)((float)sum/5.0+ 0.5);
    }
}
```

1.3.6.5 大津法（Otsu）二值化处理

```
/ * ----------------------------------------------------------------------
    image_in:   输入图像数据指针
    image_out:  输出图像数据指针
    xsize:      图像宽度
    ysize:      图像高度
    thresh:     输出阈值
------------------------------------------------------------------------ * /
void Threshold_Otsu(BYTE * image_in,BYTE * image_out,int xsize,int ysize,int &thresh)
{
    int   i,j,p;
    double m0,m1,M0,M1,u,v,w[256],max;
    int * pHist;
    pHist= new int[256];
    /计算直方图
    for(i= 0 ; i< 256 ; i+ + )
        pHist[i]= 0;
    for(j= 0;j< ysize;j+ + )
    {
        for(i= 0;i< xsize;i+ + )
        {
          pHist[ * (image_in+ j * xsize+ i)]+ + ;
        }
    }
    //计算阈值
    M0= M1= 0;
    for(i= 0;i< 256;i+ + )
    {
        M0+ = pHist[i];
        M1+ = pHist[i] * i;
```

```
    }
    for(j= 0;j< 256;j+ + )
    {
        m0= m1= 0;
        for(i= 0; i < = j; i+ + )
        {
            m0+ = pHist[i];
            m1+ = pHist[i] * i;
        }
        if(m0)
            u= m1/m0;
        else
            u= 0;
        if(M0- m0)
            v= (M1- m1)/(M0- m0);
        else
            v= 0;
        w[j]- m0 * (M0- m0) * (u- v) * (u- v);
    }
    delete []pHist;
    p= 128;
    max= w[128];
    for(i= 0;i< 256;i+ + ) {
        if(w[i]> max) {
            max= w[i];
            p= i;
        }
    }
    thresh= p;
    //二值化处理
    for(j= 0; j< ysize; j+ + )
    {
        for( i= 0; i< xsize; i+ + )
        {
            if( * (image_in+ j * xsize+ i) > = thresh)
                    * (image_out+ j * xsize+ i)= HIGH;
            else      * (image_out+ j * xsize+ i)=    LOW;
        }
    }
}
```

1.4　去噪声处理

　　图像在获取和传输过程中会受到各种噪声（noise）的干扰，使图像质量下降。为了抑制噪声、改善图像质量，就要对图像进行平滑处理。噪声这一词，简单说是指障碍物。图像

图 1.4.1　带有随机噪声的图像

的噪声可以理解为图像上的障碍物。例如电视机因天线的状况不佳，图像变得混乱，难以观看，这样的状态称为图像的劣化。这种图像劣化可以大致分成两类：一种是幅值基本相同，但出现的位置很随机的椒盐（salt & pepper）噪声；另一种则是位置和幅值均随机分布的随机噪声（random noise）。

图 1.4.1 是带有噪声的图像，可以看出，噪声的灰度与其周围的灰度之间有急剧的灰度差，也正是这些急剧的灰度差才造成了观察障碍。消除图像中这种噪声的方法称为图像平滑（image smoothing），或简称为平滑（smoothing）。只是目标图像的边缘部分也具有急剧的灰度差，所以如何把边缘部分与噪声部分区分开，只消除噪声是图像平滑的技巧所在。

去噪声处理就是在尽量保留图像细节特征的条件下对图像噪声进行抑制，根据噪声的性质不同，消除噪声的方法也不同，以下介绍几种常用消除噪声（滤波）方式。

1.4.1　移动平均

移动平均法（moving average model），或称均值滤波器（averaging filter），是最简单的消除噪声方法。如图 1.4.2 所示，这是用某像素周围 3×3 像素范围的平均值置换该像素值的方法。它的原理是，通过使图像模糊，达到看不到细小噪声的目的。但是，这种方法的缺点是不管噪声还是边缘都一视同仁地模糊化，结果是噪声被消除的同时，目标图像也模糊了。

消除噪声最好的结果应该是，噪声被消除了，而边缘还完好地保留着。达到这种处理效果的最有名的方法是中值滤波（median filter）。

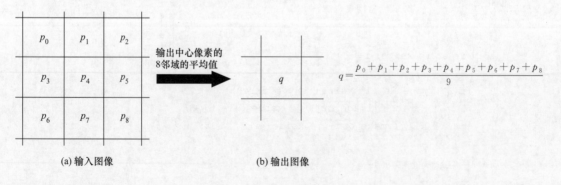

图 1.4.2　移动平均法

$$q = \frac{p_0 + p_1 + p_2 + p_3 + p_4 + p_5 + p_6 + p_7 + p_8}{9}$$

1.4.2　中值滤波

如图 1.4.3 所示的灰度图像的数据，为了求由○所围的像素值，查看 3×3 邻域内（黑框线所围的范围）的 9 个像素的灰度，按照从小到大的顺序排列，即

　　2　2　3　3　④　4　4　5　10

　　这时的中间值（也称中值，medium）应该是排序后全部 9 个像素的第 5 个像素的灰度值 4。灰度值 10 的像素是作为噪声故意输入进去的，通过中值处理确实被消除了。为什么？原因是，与周围像素相比，噪声的灰度值极端不同，按大小排序时它们将集中在左端或右端，作为中间值是不会被选中的。

　　那么，其右侧像素（由□所围的像素）又如何呢？查看一下细框线所围的邻域内的像素，顺序为

　　2　3　3　4　④　4　4　5　10

　　中间值是 4，实际上是 3 却成了 4。这是由于处理所造成的损害。但是，视觉上还是看不出来。

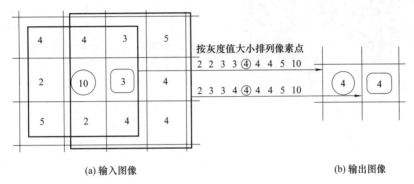

(a) 输入图像　　　　　　　　　　　　　　　(b) 输出图像

图 1.4.3　中值滤波

　　问题是边缘部分是否保存下来，如图 1.4.4（a）所示，它是具有边缘的图像，求由○所围的像素，得到图 1.4.4（b）所示的结果，可见边缘被完全地保存下来了。

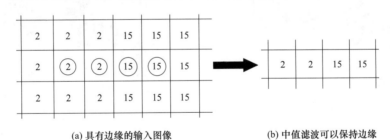

(a) 具有边缘的输入图像　　　　　　　　(b) 中值滤波可以保持边缘

图 1.4.4　对具有边缘的图像进行中值滤波

　　在移动平均法中由于噪声成分被放入平均计算之中，所以输出受到了噪声的影响。但是在中值滤波中由于噪声成分难以被选择上，所以几乎不会影响到输出。因此，用同样的 3×3 区域进行比较，中值滤波的去噪声能力会更胜一筹。

　　图 1.4.5 是采用中值滤波和移动平均法除去噪声的结果，由图可以很清楚地表明中值滤波无论在消除噪声上还是在保存边缘上都是一个非常优秀的方法。但是，中值滤波算法花费计算时间是移动平均法的许多倍。

1.4.3　二值图像的去噪声处理

　　二值图像的噪声如图 1.4.6 所示，一般都是椒盐噪声。当然这种噪声能够用中值滤波消除，但是由于它只有二值，也可以采用膨胀与腐蚀的处理方法来消除。

(a) 原始图像　　　　　　　　(b) 中值滤波　　　　　　　　(c) 移动平均法

图 1.4.5　中值滤波与移动平均法的比较

图 1.4.6　椒盐噪声

膨胀（dilation）是某像素的邻域内只要有一个像素是白像素，该像素就由黑变为白，其他保持不变的处理方法；腐蚀（erosion）是某像素的邻域内只要有一个像素是黑像素，该像素就由白变为黑，其他保持不变的处理方法。

经过膨胀→腐蚀处理后，膨胀变粗，腐蚀变细，结果是图像几乎没有什么变化；相反，经过腐蚀→膨胀处理后，白色孤立点噪声在腐蚀时被消除了。图 1.4.7 是对图 1.4.6 经过不同顺序处理的效果。

(a) 膨胀2次　　　　　　　　　　　　　　　　　(b) 腐蚀2次

（增粗了2像素，除去了黑色噪声）　　　　　　（除去了黑色噪声，白色噪声还残留）

(c) 腐蚀2次　　　　　　　　　　　　　　　　　(d) 膨胀2次

（削减了2像素，除去了白色噪声）　　　　　　（除去了白色噪声，黑色噪声还残留）

图 1.4.7　对图 1.4.6 进行膨胀与腐蚀处理（膨胀与腐蚀的顺序不同，处理结果也不同）

　　除了膨胀与腐蚀之外，还可以用计算面积大小的方法来去噪。面积的大小，其实就是连接区域包含的像素个数，将在第 1.5 节的几何参数检测中介绍。图 1.4.8 是水田苗列的二值图像及 50 像素白色区域去噪后的结果图像。面积去噪与膨胀腐蚀相比，不会破坏区域间的连接性。

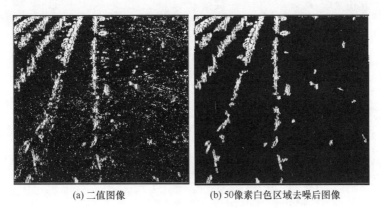

(a) 二值图像　　　　　　　　　(b) 50 像素白色区域去噪后图像

图 1.4.8　二值图像的面积去噪声处理

1.4.4　C 语言函数

1.4.4.1　移动平均

```
/ *---------------------------------------------------------------
    image_in:   输入图像数据指针
    image_out:  输出图像数据指针
    xsize:      图像宽度
    ysize:      图像高度
---------------------------------------------------------------- * /
void Image_smooth(BYTE * image_in,BYTE * image_out,int xsize,int ysize)
{
    int   i,j,buf;
    for(j= 1; j< ysize- 1; j+ + ) {
        for(i= 1; i< xsize- 1; i+ + ) {
            buf= (int)( * (image_in+ (j- 1) * xsize+ i- 1))
                + (int)( * (image_in+ (j- 1) * xsize+ i))
                + (int)( * (image_in+ (j- 1) * xsize+ i+ 1))
                + (int)( * (image_in+ j * xsize+ i- 1))
                + (int)( * (image_in+ j * xsize+ i))
                + (int)( * (image_in+ j * xsize+ i+ 1))
                + (int)( * (image_in+ (j+ 1) * xsize+ i- 1))
                + (int)( * (image_in+ (j+ 1) * xsize+ i))
                + (int)( * (image_in+ (j+ 1) * xsize+ i+ 1));
             * (image_out+ j * xsize+ i)= (BYTE)(buf/9);
        }
    }
}
```

1. 4. 4. 2 中值滤波

```
/*---------------------------------------------------------------------------
    image_in:   输入图像数据指针
    image_out: 输出图像数据指针
    xsize:     图像宽度
    ysize:     图像高度
---------------------------------------------------------------------------*/
int median_value(BYTE c[9]);
void Median(BYTE * image_in,BYTE * image_out,int xsize,int ysize)
{
    int   i,j;
    unsigned char  c[9];
    for(i= 1; i< ysize- 1; i+ + ) {
        for(j= 1; j< xsize- 1; j+ + ) {
            c[0]= * (image_in+ (i- 1) * xsize+ j- 1);
            c[1]= * (image_in+ (i- 1) * xsize+ j);
            c[2]= * (image_in+ (i- 1) * xsize+ j+ 1);
            c[3]= * (image_in+ i * xsize+ j- 1);
            c[4]= * (image_in+ i * xsize+ j);
            c[5]= * (image_in+ i * xsize+ j+ 1);
            c[6]= * (image_in+ (i+ 1) * xsize+ j- 1);
            c[7]= * (image_in+ (i+ 1) * xsize+ j);
            c[8]= * (image_in+ (i+ 1) * xsize+ j+ 1);
            * (image_out+ i * xsize+ j)= median_value(c);
        }
    }
}
/*---------------------------------------------------------------------------
    c:像素数组
---------------------------------------------------------------------------*/
int median_value(BYTE c[9])
{
    int    i,j,buf;
    for(j= 0; j< 8; j+ + ) {
        for(i= 0; i< 8; i+ + ) {
            if(c[i+ 1]<  c[i]) {
                buf= c[i+ 1];
                c[i+ 1]= c[i];
                c[i]= buf;
            }
        }
    }
    return c[4];
}
```

1. 4. 4. 3 腐蚀处理

```
/*---------------------------------------------------------------------------
```

```
    image_in:   输入图像数据指针
    image_out: 输出图像数据指针
    xsize:      图像宽度
    ysize:      图像高度
------------------------------------------------------------------------------ * /
void Erodible(BYTE * image_in,BYTE * image_out,int xsize,int ysize)
{
    int   i,j;
    for(j= 1; j< ysize- 1; j+ + ) {
        for(i= 1; i< xsize- 1; i+ + ) {
            * (image_out+ j * xsize+ i)= * (image_in+ j * xsize+ i);
            if( * (image_in+ (j- 1) * xsize+ i- 1)= = 0)
                * (image_out+ j * xsize+ i)= 0;
            if( * (image_in+ (j- 1) * xsize+ i)= = 0)
                * (image_out+ j * xsize+ i)= 0;
            if( * (image_in+ (j- 1) * xsize+ i+ 1)= = 0)
                * (image_out+ j * xsize+ i)= 0;
            if( * (image_in+ j * xsize+ i- 1)= = 0)
                * (image_out+ j * xsize+ i)= 0;
            if( * (image_in+ j * xsize+ i+ 1)= = 0)
                * (image_out+ j * xsize+ i)= 0;
            if( * (image_in+ (j+ 1) * xsize+ i- 1)= = 0)
                * (image_out+ j * xsize+ i)= 0;
            if( * (image_in+ (j+ 1) * xsize+ i)= = 0)
                * (image_out+ j * xsize+ i)= 0;
            if( * (image_in+ (j+ 1) * xsize+ i+ 1)= = 0)
                * (image_out+ j * xsize+ i)= 0;
        }
    }
}
```

1.4.4.4　膨胀处理

```
/ * ----------------------------------------------------------------------------
    image_in:   输入图像数据指针
    image_out: 输出图像数据指针
    xsize:      图像宽度
    ysize:      图像高度
------------------------------------------------------------------------------ * /
void Dilation(BYTE * image_in,BYTE * image_out,int xsize,int ysize)
{
    int   i,j;
    for(j= 1; j< ysize- 1; j+ + ) {
        for(i= 1; i< xsize- 1; i+ + ) {
            * (image_out+ j * xsize+ i)= * (image_in+ j * xsize+ i);
            if( * (image_in+ (j- 1) * xsize+ i- 1)= = 255)
                * (image_out+ j * xsize+ i)= 255;
```

```
        if(* (image_in+ (j- 1) * xsize+ i)= = 255)
                * (image_out+ j * xsize+ i)= 255;
        if(* (image_in+ (j- 1) * xsize+ i+ 1)= = 255)
                * (image_out+ j * xsize+ i)= 255;
        if(* (image_in+ j * xsize+ i- 1)= = 255)
                * (image_out+ j * xsize+ i)= 255;
        if(* (image_in+ j * xsize+ i+ 1)= = 255)
                * (image_out+ j * xsize+ i)= 255;
        if(* (image_in+ (j+ 1) * xsize+ i- 1)= = 255)
                * (image_out+ j * xsize+ i)= 255;
        if(* (image_in+ (j+ 1) * xsize+ i)= = 255)
                * (image_out+ j * xsize+ i)= 255;
        if(* (image_in+ (j+ 1) * xsize+ i+ 1)= = 255)
                * (image_out+ j * xsize+ i)= 255;
    }
  }
}
```

1.5　几何参数检测

　　目前，通过计算机调查图像特征，对物体进行自动判别的例子已经很多。例如自动售货机的钱币判别、工厂内通过摄像机自动判别产品质量、通过判别邮政编码自动分检信件、基于指纹识别的电子钥匙以及最近出现的通过脸型识别来防范恐怖分子等。本节就对这些特征（feature）尤其是图像的特征选择（feature selection）进行说明。

　　为了便于理解，本节以简单的二值图像为对象，通过调查物体的形状、大小等特征，介绍提取所需要的物体、除去不必要的噪声的方法。

1.5.1　二值图像的特征参数

　　所谓图像的特征（feature），换句话说就是图像中包括具有何种特征的物体。如果想从图 1.5.1 中提取香蕉，该怎么办？对于计算机来说，它并不知道人们讲的香蕉为何物。人们只能通过所要提取物体的特征来指示计算机，例如，香蕉是细长的物体。也就是说，必须告诉计算机图像中物体的大小、形状等特征，指出诸如大的东西、圆的东西、有棱角的东西等。当然，这种指示依靠的是描述物体形状特征（shape representation and description）的参数。

图 1.5.1　原始图像

　　以下说明几个有代表性的特征参数及计算方法，表 1.5.1 列出了几个图形以及相应的参数。

（1）面积（area）

计算物体（或区域）中包含的像素数。

表 1.5.1　图形及其特征

种类	圆	正方形	正三角形
图像	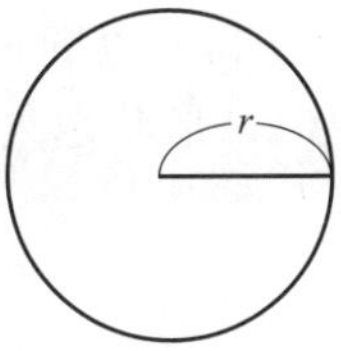 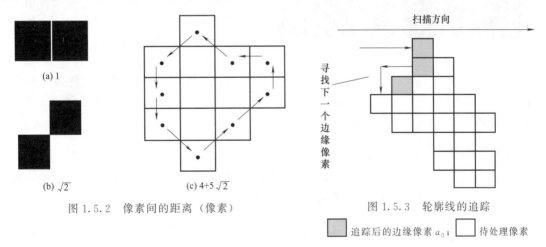	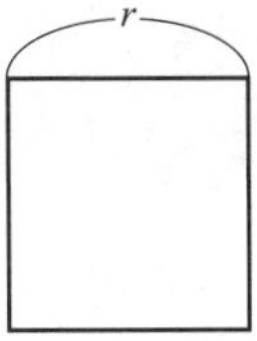	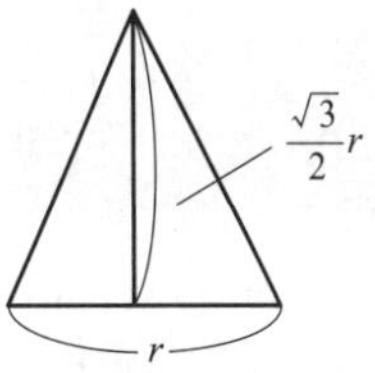
面积	πr^2	r^2	$\dfrac{\sqrt{3}}{4}r^2$
周长	$2\pi r$	$4r$	$3r$
圆形度	1.0	$\dfrac{\pi}{4}=0.79$	$\dfrac{\sqrt{3}\,\pi}{9}=0.60$

（2）周长（perimeter）

物体（或区域）轮廓线的周长是指轮廓线上像素间距离之和。

像素间距离有图 1.5.2 两种情况。图 1.5.2（a）表示并列的像素，当然并列方式可以是上、下、左、右 4 个方向，这种并列像素间的距离是 1 个像素。图 1.5.2（b）表示的是倾斜方向连接的像素，倾斜方向也有左上角、左下角、右上角、右下角 4 个方向，这种倾斜方向像素间的距离是 $\sqrt{2}$ 像素。在进行周长测量时，需要根据像素间的连接方式，分别计算距离，图 1.5.2（c）是一个周长的测量例。

（a）1

（b）$\sqrt{2}$

（c）$4+5\sqrt{2}$

图 1.5.2　像素间的距离（像素）

扫描方向

寻找下一个边缘像素

图 1.5.3　轮廓线的追踪

追踪后的边缘像素 a_0；□ 待处理像素

如图 1.5.3 所示，提取轮廓线需要按以下步骤对轮廓线进行追踪。

① 扫描图像，顺序调查图像上各个像素的值，寻找没有扫描标志 a_0 的边界点。

② 如果 a_0 周围全为黑像素（0），说明 a_0 是个孤立点，停止追踪。

③ 否则，按图 1.5.3 的顺序寻找下一个边界点。用同样的方法，追踪一个一个的边界点。

④ 到了下一个交界点 a_0，证明已经围绕物体一周，终止扫描。

（3）圆形度（compactness）

圆形度是基于面积和周长而计算物体（或区域）的形状复杂程度的特征量。

例如，可以考察一下圆和五角星。如果五角星的面积和圆的面积相等，那么它的周长一定比圆长。因此，圆形度 e 可由式（1.5.1）求得。

$$e = \frac{4\pi \times 面积}{周长^2} \tag{1.5.1}$$

对于半径为 r 的圆来说，面积等于 πr^2，周长等于 $2\pi r$，所以圆形度 e 等于 1。

由表 1.5.1 可知，形状越接近于圆，e 越大，最大为 1，形状越复杂 e 越小，e 值在 0 和 1 之间。

（4）重心（center of gravity 或 centroid）

重心就是物体（或区域）中像素坐标的平均值。

某白色像素的坐标为 (x_i, y_i) $(i=0, 1, 2, \cdots, n-1)$，其重心坐标 (x_0, y_0) 可由式（1.5.2）求得。

$$(x_0, y_0) = \left(\frac{1}{n} \sum_{i=0}^{n-1} x_i, \frac{1}{n} \sum_{i=0}^{n-1} y_i \right) \tag{1.5.2}$$

图 1.5.4　图 1.5.1 的二值图像

除了上面的参数以外，还有长度（length）和宽度（breadth）、欧拉数（Euler's number）以及物体的长度方向的矩（moment）等许多特征参数，这里就不一一介绍。

利用上述参数，好像能把香蕉与其他水果区别开来。香蕉是那些水果中圆形度最小的。不过，首先需要把所有的东西从背景中提取出来，这可以利用二值化处理提取明亮部分来得到。图 1.5.4 是图 1.5.1 的图像经过二值化处理（阈值为 40 以上），再通过 2 次中值滤波去噪声后的图像。

到此为止还不够，还必须将每一个物体区分开来。为了区分每个物体，必须调查像素是否连接在一起，这样的处理称为区域标记（labeling）。

1.5.2　区域标记

区域标记是指给连接在一起的像素［称为连接成分（connected component）］附上相同的标记，不同的连接成分附上不同标记的处理方法。区域标记在二值图像处理中，占有非常重要的地位。图 1.5.5 表示了区域标记后的图像，通过该处理将各个连接成分区分开来，然后就可以调查各个连接成分的形状特征。

区域标记也有许多方法，下面介绍一种简单的方法。步骤如下（参考图 1.5.6）：

① 扫描图像，遇到没加标记的目标像素（白像素）P 时，附加一个新的标记（label）。

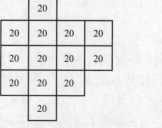

标记值为22的连接成分

图 1.5.5　区域标记后图像

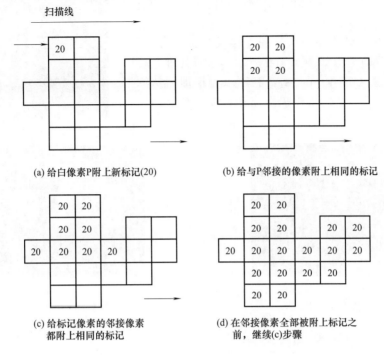

图 1.5.6 给一个连接成分附加标记（标号 20）

② 给与 P 连接在一起（即相同连接成分）的像素附加相同的标记。

③ 进一步，给所有与加标记像素连接在一起的像素附加相同的标记。

④ 在连接在一起的像素全部被附加标记之前，继续第③步骤。这样一个连接成分就被附加了相同的标记。

⑤ 返回到第①步，重新查找新的没加标记的像素，重复上述各个步骤。

图像全部被扫描后，结束处理。

1.5.3 基于特征参数提取物体

通过以上处理，完成了从图 1.5.1 中提取香蕉的准备工作，调查各个物体特征步骤如图 1.5.7 所示，处理结果表示见表 1.5.2。图 1.5.8 表示处理后的图像，轮廓线和重心位置的像素表示得比较亮。

图 1.5.7 调查物体特征的步骤

表 1.5.2 各个物体的特征参数　　　　　　　　　　　　　　单位：像素

物体序号	面积	周长	圆形度	重心位置
0	21718	894.63	0.3410	(307,209)
1	22308	928.82	0.3249	(154,188)
2	9460	362.685	0.8785	(401,136)
3	14152	495.14	0.7454	(470,274)
4	8570	352.98	0.8644	(206,260)

由表 1.5.2 可知，圆形度小的物体有两个，可能就是香蕉。如果要提取香蕉，则按照图 1.5.7 的步骤进行处理，然后再把具有某种圆形度的连接成分提取即可。提取的连接成分的图像如图 1.5.9 所示。这些处理获得了一个掩模图像（mask image），利用该掩模即可从原始图像（图 1.5.1）上把香蕉提取出来，提取结果如图 1.5.10 所示。

图 1.5.8　表示追踪的轮廓线和重心的图像

图 1.5.9　图 1.5.8 中圆形度小于
0.5 的物体的抽出结果

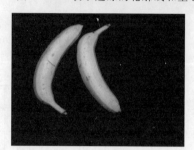

图 1.5.10　利用图 1.5.9 从
图 1.5.1 中提取香蕉

1.5.4　基于特征参数消除噪声

到现在为止，都是以提取物体为目标所进行的处理，当然也可以用于除去不必要的东西，例如，可以用于消去噪声。利用面积消除二值图像的噪声，在 1.4 节中做了简单说明，通过区域标记处理将各个连接成分区分开后，除去面积小的连接成分即可。处理流程表示在图 1.5.11 中，处理结果如图 1.5.12 所示（以青椒样本为例）。将由微分处理（Prewitt 算子）所获得的图像［图 1.5.12（c）］作为输入图像，消除噪声处理后的结果图像表示在图 1.5.12（d），被除去的噪声是面积小于 80 的连接成分，可见图中点状噪声完全消失了。

图 1.5.11　由特征参数消除噪声的步骤

(a)原始图像

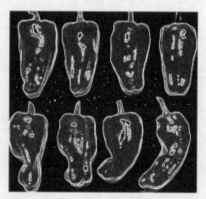

(b) 微分图像(Prewitt算子)

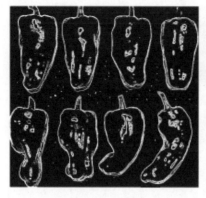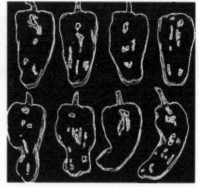

(c) 二值图像(阈值100)　　　　　　　(d) 面积80像素去噪处理后的图像

图 1.5.12　利用面积参数消除噪声的示例

1.5.5　C 语言函数

1.5.5.1　区域标记

```
void labelset(BYTE * image,int xsize,int ysize,int xs,int ys,int label);
/* ------------------------------------------------------------------
    image_in:   输入图像数据指针(二值图像)
    image_out:  输出图像数据指针(标记图像)
    xsize:      图像宽度
    ysize:      图像高度
    cnt:        标记个数
--------------------------------------------------------------------- */
int Labeling(BYTE * image_in,BYTE * image_out,int xsize,int ysize,int * cnt)
{
    int  i,j,label;
    for(j= 0; j< ysize; j+ + )
        for(i= 0; i< xsize; i+ + )
            * (image_out+ j * xsize+ i)= * (image_in+ j * xsize+ i);
    label= L_BASE;
    for(j= 0; j< ysize; j+ + )
        for(i= 0; i< xsize; i+ + ) {
            if( * (image_out+ j * xsize+ i)= = 255) {
                if(label > = HIGH) {
                    AfxMessageBox("Error! too many labels ");
                    return- 1;
                    }
                labelset(image_out,xsize,ysize,i,j,label);
                label+ + ;
            }
        }
    * cnt= label-L_BASE;
```

```
        return 0;
}
/ * ---labelset---区域像素加标记-----------------------------------------
    image:      图像数据指针
    xsize:      图像宽度
    ysize:      图像高度
    xs,ys:      开始位置
    label:      标记值
---------------------------------------------------------------------- * /
void labelset(BYTE * image,int xsize,int ysize,int xs,int ys,int label)
{
    int   i,j,cnt,im,ip,jm,jp;
    * (image+ ys * xsize+ xs)= label;
    for(;;) {
        cnt= 0;
        for(j= 0; j< ysize; j+ + )
            for(i= 0; i< xsize; i+ + )
                if( * (image+ j * xsize+ i)= = label) {
                    im= i- 1; ip= i+ 1; jm= j- 1; jp= j+ 1;
                    if(im< 0) im= 0; if(ip > = xsize) ip= xsize- 1;
                    if(jm< 0) jm= 0; if(jp > = ysize) jp= ysize- 1;
                    if( * (image+ jm * xsize+ im)= = 255) {
                        * (image+ jm * xsize+ im)= label; cnt+ + ;
                    }
                    if( * (image+ jm * xsize+ i )= = 255) {
                        * (image+ jm * xsize+ i )= label; cnt+ + ;
                    }
                    if( * (image+ jm * xsize+ ip)= = 255) {
                        * (image+ jm * xsize+ ip)= label; cnt+ + ;
                    }
                    if( * (image+ j * xsize+ im)= = HIGH) {
                        * (image+ j * xsize+ im)= label; cnt+ + ;
                    }
                    if( * (image+ j * xsize+ ip)= = 255) {
                        * (image+ j * xsize+ ip)= label; cnt+ + ;
                    }
                    if( * (image+ jp * xsize+ im)= = HIGH) {
                        * (image+ jp * xsize+ im)= label; cnt+ + ;
                    }
                    if( * (image+ jp * xsize+ i )= = 255) {
                        * (image+ jp * xsize+ i )= label; cnt+ + ;
                    }
                    if( * (image+ jp * xsize+ ip)= = 255) {
                        * (image+ jp * xsize+ ip)= label; cnt+ + ;
                    }
                }
```

```
        if(cnt= = 0) break;
    }
}
```

1.5.5.2　计算图像特征参数

```
# define   L_BASE   100
# include < stdio. h>
float calc_size(BYTE * image_label,int xsize,int ysize,
    int label,int * cx,int * cy);
float calc_length(BYTE * image_label,int xsize,int ysize,int label);
float trace(BYTE * image_label,int xsize,int ysize,int xs,int ys);
/ * --------------------------------------------------------------------------------
    image_label_in:        输入标记图像指针
    image_label_out:       输出标记图像指针
    xsize:                 图像宽度
    ysize:                 图像高度
    cnt:                   对象物个数
    size:                  面积
    length:                周长
    ratio:                 圆形度
    center_x:              重心 x 坐标
    center_y:              重心 y 坐标
-------------------------------------------------------------------------------- * /
void Features(BYTE * image_label_in,BYTE * image_label_out,int xsize,int ysize,
    int cnt,float size[],float length[],float ratio[],int center_x[],int center_y[])
{
    int     i,j,cx,cy;
    floatL;

    for(j= 0; j< ysize; j+ + ){
        for(i= 0; i< xsize; i+ + ){
            * (image_label_out+ j * xsize+ i)= * (image_label_in+ j * xsize+ i);
        }
    }

    for(i= 0; i< cnt; i+ + ) {
        size[i]= calc_size(image_label_out,xsize,ysize,i+ L_BASE,
            &cx,&cy);
        center_x[i]= cx;
        center_y[i]= cy;
        L= calc_length(image_label_out,xsize,ysize,i+ L_BASE);
        length[i]= L;
        ratio[i]= 4 * PI * size[i]/(L * L);
        * (image_label_out+ cy * xsize+ cx)= HIGH; //重心
    }
}
/ * --- calc_size --- 求面积和重心位置 -------------------------------------------
```

```
    image_label:    标记图像指针
    xsize:          图像宽度
    ysize:          图像高度
    label:          标记号
    cx, cy:         重心位置
--------------------------------------------------------------------------------------------- * /
float calc_size(BYTE * image_label, int xsize, int ysize,
    int label, int * cx, int * cy)
{
    int     i, j;
    floattx, ty, total;
    tx= 0; ty= 0; total= 0;
    for(j= 0; j< ysize; j+ + )
        for(i= 0; i< xsize; i+ + )
            if( * (image_label+ j * xsize+ i)= = label) {
                    tx+ = i; ty+ = j; total+ + ;
                }
    if(total= = 0. 0) return 0. 0;
     * cx= (int) (tx/total); * cy= (int) (ty/total);
    return total;
}
/ * --- calc_length --- 求周长 -------------------------------------------
    image_label:    标记图像指针
    xsize:          图像宽度
    ysize:          图像高度
    label:          标记号
--------------------------------------------------------------------------------------------- * /
float calc_length(BYTE * image_label, int xsize, int ysize, int label)
{
    int     i, j;
    float leng= 1;
    for(j= 0; j< ysize; j+ + ){
        for(i= 0; i< xsize; i+ + ){
            if( * (image_label+ j * xsize+ i)= = label)
            {
                leng= trace(image_label, xsize, ysize, i- 1, j);
                 return leng;
            }
        }
    }
    return 0;
}
/ * --- trace ---追踪轮廓线 -------------------------------------------
    image_label:    标记图像指针
    xsize:          图像宽度
    ysize:          图像高度
```

```
    xs,ys:           开始位置
------------------------------------------------------------------------- */
float trace(BYTE * image_label,int xsize,int ysize,int xs,int ys)
{
    int    x,y,no,vec;
    floatl;
    l= 0;x= xs; y= ys; no= * (image_label+ y* xsize+ x+ 1); vec= 5;
    for(;;) {
        if(x= = xs && y= = ys && l ! = 0) return l;
        * (image_label+ y* xsize+ x)= HIGH;
        switch(vec) {
            case 3:
                if( * (image_label+ y* xsize+ x+ 1) ! = no &&
                    * (image_label+ (y- 1) * xsize+ x+ 1)= = no)
                    {x= x+ 1; y= y  ; l+ +      ; vec= 0; continue; }
            case 4:
                if( * (image_label+ (y- 1) * xsize+ x+ 1) ! = no &&
                    * (image_label+ (y- 1) * xsize+ x)= = no)
                    {x= x+ 1; y= y- 1; l+ = ROOT2; vec= 1; continue; }
            case 5:
                if( * (image_label+ (y- 1) * xsize+ x) ! = no &&
                    * (image_label+ (y- 1) * xsize+ x- 1)= = no)
                    {x= x  ; y= y- 1; l+ +      ; vec= 2; continue; }
            case 6:
                if( * (image_label+ (y- 1) * xsize+ x- 1) ! = no &&
                    * (image_label+ y* xsize+ x- 1)= = no)
                    {x= x- 1; y= y- 1; l+ = ROOT2; vec= 3; continue; }
            case 7:
                if( * (image_label+ y* xsize+ x- 1) ! = no &&
                    * (image_label+ (y+ 1) * xsize+ x- 1)= = no)
                    {x= x- 1; y= y  ; l+ +      ; vec= 4; continue; }
            case 0:
                if( * (image_label+ (y+ 1) * xsize+ x- 1) ! = no &&
                    * (image_label+ (y+ 1) * xsize+ x)= = no)
                    {x= x- 1; y= y+ 1; l+ = ROOT2; vec= 5; continue; }
            case 1:
                if( * (image_label+ (y+ 1) * xsize+ x) ! = no &&
                    * (image_label+ (y+ 1) * xsize+ x+ 1)= = no)
                    {x= x  ; y= y+ 1; l+ +      ; vec= 6; continue; }
            case 2:
                if( * (image_label+ (y+ 1) * xsize+ x+ 1) ! = no &&
                    * (image_label+ y* xsize+ x+ 1)= = no)
                    {x= x+ 1; y= y+ 1; l+ = ROOT2; vec= 7; continue; }
                vec= 3;
        }
    }
```

```
}
```

1.5.5.3 根据圆形度抽出物体

```
/ * ------------------------------------------------------------------------------------
    image_label_in:       输入标记图像指针
    image_label_out:      输出标记图像指针
    xsize:                图像宽度
    ysize:                图像高度
    cnt:                  对象物个数
    ratio:                圆形度
    ratio_min,ratio_max:  最小值,最大值
-------------------------------------------------------------------------------- * /
void Ratio_extract(BYTE * image_label_in,BYTE * image_label_out,int xsize,int ysize,
int cnt,float ratio[],float ratio_min,float ratio_max)
{
    int   i,j,x,y;
    int   lno[256];
    for(i= 0,j= 0; i< cnt; i+ + )
    {
        if(ratio[i]> = ratio_min && ratio[i]< = ratio_max)
             lno[j+ + ]= L_BASE+ i;
    }
    for(y= 0 ; y< ysize; y+ + ) {
        for(x= 0; x< xsize; x+ + ) {
             * (image_label_out+ y * xsize+ x)= 0;
             for(i= 0; i< j; i+ + )
             {
                 if( * (image_label_in+ y * xsize+ x)= = lno[i])
                 * (image_label_out+ y * xsize+ x)= * (image_label_in+ y * xsize+ x);
             }
        }
    }
}
```

1.5.5.4 复制掩模领域的原始图像

```
/ * ------------------------------------------------------------------------------------
    image_in:     输入图像指针
    image_out:    输出图像指针
    image_mask:   输入模块图像(二值图像)
    xsize:        图像宽度
    ysize:        图像高度
-------------------------------------------------------------------------------- * /
void Mask_copy(BYTE * image_in,BYTE * image_out,
    BYTE * image_mask,int xsize,int ysize)
{
    int   i,j;
    for(j= 0; j< ysize; j+ + ) {
        for(i= 0; i< xsize; i+ + ) {
```

```
            if( * (image_mask+ j * xsize+ i) ! = LOW)
                * (image_out+ j * xsize+ i)= * (image_in+ j * xsize+ i);
            else * (image_out+ j * xsize+ i)= 0;
        }
    }
}
```

1.5.5.5　根据面积提取对象物

```
/ * --------------------------------------------------------------------------------
    image_label_in:       输入标记图像指针
    image_label_out:      输出标记图像指针
    xsize:                图像宽度
    ysize:                图像高度
    cnt:                  对象物个数
    size:                 面积
    size_min,size_max:  最小值,最大值
    -------------------------------------------------------------------- * /
void Size_extract(BYTE * image_label_in,BYTE * image_label_out,int xsize,int ysize,int
cnt,float size[],float size_min,float size_max)
{
    int  i,j,x,y;
    int  lno[256];
    for(i= 0,j= 0; i< cnt; i+ + )
        if(size[i]> = size_min && size[i]< = size_max)  lno[j+ + ]= L_BASE+ i;
    for(y= 0; y< ysize; y+ + ) {
        for(x= 0; x< xsize; x+ + ) {
            * (image_label_out+ y * xsize+ x)= 0;
        for(i= 0 ; i< j ; i+ + )
            if( * (image_label_in+ y * xsize+ x)= = lno[i])
                * (image_label_out+ y * xsize+ x)= * (image_label_in+ y * xsize+ x);
        }
    }
}
```

1.6　Hough 变换

　　Hough 变换是实现边缘检测的一种有效方法,其基本思想是将测量空间的一点变换到参量空间的一条曲线或曲面,而具有同一参量特征的点变换后在参量空间中相交,通过判断交点处的积累程度来完成特征曲线的检测。基于参量性质的不同,Hough 变换可以检测直线、圆、椭圆、双曲线等。本书将主要介绍利用 Hough 变换检测直线的方法。

1.6.1　传统 Hough 变换的直线检测

　　保罗·哈夫于 1962 年提出了 Hough 变换法,并申请了专利。该方法将图像空间中的检测问题转换到参数空间,通过在参数空间里进行简单的累加统计完成检测任务,并用大多数边界点满足的某种参数形式来描述图像的区域边界曲线。这种方法对于被噪声干扰或间断区

域边界的图像具有良好的容错性。Hough 变换最初主要应用于检测图像空间中的直线,最早的直线变换是在两个笛卡儿坐标系之间进行的,这给检测斜率无穷大的直线带来了困难。1972 年,杜达(Duda)将变换形式进行了转化,将数据空间中的点变换为 ρ-θ 参数空间中的曲线,改善了其检测直线的性能。该方法被不断地研究和发展,在图像分析、计算机视觉、模式识别等领域得到了非常广泛的应用,已经成为模式识别的一种重要工具。

直线的方程可以用式(1.6.1)来表示。

$$y = kx + b \tag{1.6.1}$$

式中,k 和 b 分别是斜率和截距。过 x-y 平面上的某一点(x_0,y_0)的所有直线的参数都满足方程 $y_0 = kx_0 + b$。即过 x-y 平面上点(x_0,y_0)的一族直线在参数 k-b 平面上对应于一条直线。

由于式(1.6.1)形式的直线方程无法表示 $x = c$(c 为常数)形式的直线(这时候直线的斜率为无穷大),所以在实际应用中,一般采用式(1.6.2)的极坐标参数方程的形式。

$$\rho = x\cos\theta + y\sin\theta \tag{1.6.2}$$

式中 ρ——原点到直线的垂直距离;

θ——ρ 与 x 轴的夹角(如图 1.6.1 所示)。

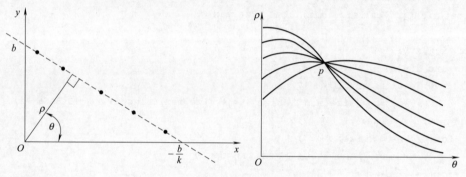

图 1.6.1　Hough 变换对偶关系示意图

根据式(1.6.2),直线上不同的点在参数空间中被变换为一簇相交于 p 点的正弦曲线,因此可以通过检测参数空间中的局部最大值 p 点,来实现 x-y 坐标系中直线的检测。

一般 Hough 变换的步骤如下:

① 将参数空间量化成 $m \times n$(m 为 θ 的等分数,n 为 ρ 的等分数)个单元,并设置累加器矩阵 $Q[m \times n]$;

② 给参数空间中的每个单元分配一个累加器 $Q(\theta_i, \rho_j)$($0 < i < m-1$,$0 < j < n-1$),并把累加器的初始值置为零;

③ 将直角坐标系中的各点(x_k,y_k)($k = 1, 2, \cdots, s$,s 为直角坐标系中的点数)代入式(1.6.2),然后将 $\theta_0 \sim \theta_{m-1}$ 也都代入其中,分别计算出相应的值 ρ_j;

④ 在参数空间中,找到每一个(θ_i,ρ_j)所对应的单元,并将该单元的累加器加 1,即 $Q(\theta_i, \rho_j) = Q(\theta_i, \rho_j) + 1$,对该单元进行一次投票;

⑤ 待 x-y 坐标系中的所有点都进行运算之后,检查参数空间的累加器,必有一个出现最大值,这个累加器对应单元的参数值作为所求直线的参数输出。

由以上步骤看出,Hough 变换的具体实现是利用表决的方法,即曲线上的每一点可以表决若干参数组合,赢得多数表决的参数就是胜者。累加器阵列的峰值就是表征一条直线的参数。Hough 变换的这种基本策略还可以推广到平面曲线的检测。

图 1.6.2 表示了一个二值图像经过传统 Hough 变换的直线检测结果。图像大小为 512×480 像素，运算时间为 652ms（CPU 速度为 1GHz）。

Hough 变换是一种全局性的检测方法，具有极佳的抗干扰能力，可以很好地抑制数据点集中存在的干扰，同时还可以将数据点集拟合成多条直线。但是，Hough 变换的精度不容易控制，因此，不适合对拟合直线的精度进行控制。同时，它所要求的巨大计算量使它的处理速度很慢，从而限制了它在实时性要求很高的领域内的应用。

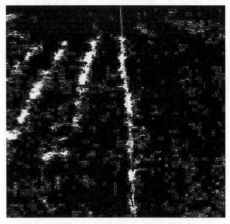

图 1.6.2　二值图像经过传统 Hough 变换的处理结果

1.6.2　过已知点 Hough 变换的直线检测

以上介绍的 Hough 变换直线检测方法是一种穷尽式搜索，计算量和空间复杂度都很高，很难在实时性要求较高的领域内应用。为了解决这一问题，多年来许多学者致力于 Hough 变换算法的高速化研究。例如将随机过程、模糊理论等与 Hough 变换相结合，或者将分层迭代、级联的思想引入到 Hough 变换过程中，大大提高了 Hough 变换的效率。本小节以过已知点的改进 Hough 变换为例，介绍一种直线的快速检测方法。

过已知点的改进 Hough 变换方法，是在 Hough 变换基本原理的基础上，将逐点向整个参数空间的投票转化为仅向一个"已知点"参数空间投票的快速直线检测方法。其基本思想是：首先找到属于直线上的一个点，将这个已知点 p_0 的坐标定义为 (x_0, y_0)，将通过 p_0 的直线斜率定义为 m，则坐标和斜率的关系可用式（1.6.3）表示。

$$(y-y_0)=m(x-x_0) \tag{1.6.3}$$

定义区域内目标像素 p_i 的坐标为 (x_i, y_i)，$0\leqslant i<n$，n 为区域内目标像素总数，则 p_i 点与 p_0 点之间连线的斜率 m_i 可用式（1.6.4）表示。

$$m_i=(y_i-y_0)/(x_i-x_0) \tag{1.6.4}$$

将斜率值映射到一组累加器上，每求得一个斜率，将使其对应的累加器的值加 1，因为同一条直线上的点求得的斜率一致，所以当目标区域中有直线成分时，其对应的累加器出现局部最大值，将该值所对应的斜率作为所求直线的斜率。

当 $x_i=x_0$ 时，m_i 为无穷大，这时式（1.6.4）不成立。

为了避免这一现象，当 $x_i=x_0$ 时，令 $m_i=2$，当 $m_i>1$ 或 $m_i<-1$ 时，采用式（1.6.5）的计算值替代 m_i，这样无限域的 m_i 被限定在了（-1，3）的有限范围内。在实际操作时设定斜率区间为 $[-2, 4]$。

$$m_i'=1/m_i+2 \tag{1.6.5}$$

过已知点 Hough 变换的具体步骤如下：

① 将设定的斜率区间等分为 10 个子区间，即每个子区间的宽度为设定斜率区间宽度的 1/10；

② 为每个子区间设置一个累加器 n_j（$1\leqslant j\leqslant 10$）；

③ 初始化每个累加器的值为 0，即 $n_j=0$；

④ 从上到下、从左到右逐点扫描图像，遇到目标像素时，由式（1.6.4）及式（1.6.5）计算其与已知点 p_0 之间的斜率 m，m 值属于哪个子区间就将哪个子区间累加器的值加 1；

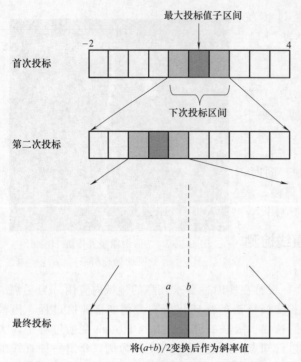

图 1.6.3　过已知点 Hough 变换直线检测过程

⑤ 当扫描完全部处理区域之后，将累加器的值最大的子区间及其相邻的两个子区间（共 3 个子区间）作为下一次投票的斜率区间，重复上述①～④步，直到斜率区间的宽度小于设定斜率检测精度为止，例如 $m = 0.05$，这时将累加值最大的子区间的中间值经过式（1.6.5）设定条件的逆变换后作为所求直线的斜率值。

过已知点 Hough 变换的直线检测过程如图 1.6.3 所示。

图 1.6.4 为过已知点 Hough 变换的直线检测结果，已知点设置在目标苗列像素的中间位置，处理时间为 35ms。也就是说，对于该图，在同等条件下，过已知点 Hough 变换的处理速度比一般 Hough 变换快将近 20 倍。

过已知点 Hough 变换的直线检测方法的关键问题是如何正确地选择已知点。在实际操作中，一般选择容易获取的特征点为已知点，例如某个区域内的像素分布中心等。

在实际应用中，往往通过对检测对象特征的分析，获取少量的目标像素点，通过减少处理对象，来提高 Hough 变换的处理速度。检测对象的特征，一般采用亮度或者颜色特征。例如，在检测公路车道线时，可以通过分析车道线的亮度或者某个颜色分量，首先找出车道线在每条横向扫描线上的分布中心点，然后仅对这些中心点进行 Hough 变换，这种操作可以极大地提高处理速度。在进行特征点提取时，某些特征点可能会出现误差，但是由于 Hough 变换的统计学特性，部分误差不会影响最终检测结果。

1.6.3　Hough 变换的曲线检测

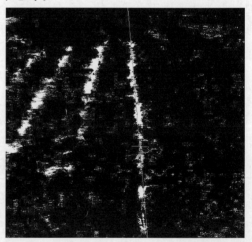

图 1.6.4　过已知点 Hough 变换的直线检测结果

Hough 变换不仅能检测直线，还能够检测曲线，例如弧线、椭圆线、抛物线等。但是，随着曲线复杂程度的增加，描述曲线的参数也增加，即 Hough 变换时参数空间的维数也增加。Hough 变换的实质是将图像空间具有一定关系的像素进行聚类，寻找能把这些像素用某一解析式联系起来的参数空间的积累对应点。在参数空间不超过二维时，这种变换有着理想的效果，然而，当超过二维时，这种变换在时间上的消耗和所需存储空间的急剧增大，使得其仅仅在理论上是可行的，而在实际应用中几乎不能实现。这时往往要求从具体的应用情况中寻找特点，如利用一些被检测图像的先验知识来设法降低参数空间的维数，以降低变换过程的时间。

1.6.4　C语言函数

1.6.4.1　传统 Hough 变换的直线检测

```
/ * ------------------------------------------------------------------------
    image_in:   输入图像指针
    image_out: 输出图像指针
    xsize:      图像宽度
    ysize:      图像高度
------------------------------------------------------------------------ * /
void Hough_general(BYTE * image_in,BYTE * image_out,int xsize,int ysize)
{
    int   i,j;
    int   r,r_max,angle;
    double   angle2;
    int * num;
    double cosa,sina,re_angle;
    int   re_maxnow,re_r;
    //复制图像
    for(j= 0; j< ysize; j+ + ) {
        for(i= 0; i< xsize; i+ + ){
            * (image_out+ j * xsize+ i)= * (image_in+ j * xsize+ i);
        }
    }
    //设定最大半径
    r_max= xsize+ ysize;
    // 建立数组
    int maxNum= r_max * ANGLE_MAX;
    num= new int[maxNum];
    for(r= 0; r< maxNum; r+ + )
        num[r]= 0;
    // 计算斜率并投票
    for( j= 0; j< ysize; j+ + )
    {
        for( i= 0; i< xsize; i+ + )
        {
            if( * (image_in+ j * xsize+ i)= = 255)
            {
                for(angle= 0; angle< ANGLE_MAX ;angle+ + )
                {
                    angle2= (double)angle   * PI/180. 0;
                    r= (int)fabs((double)i * cos(angle2)+ (double)j * sin(angle2));

                    * (num+ angle * r_max+ r)= * (num+ angle * r_max+ r)+ 1;
                }
```

```
        }
    }
}
re_maxnow= 0;
re_angle= 0.0;
re_r= 0;
//获取最大值
for( r= 0; r< r_max;r+ + )
{
    for(angle= 0; angle< 180 ; angle+ + )
    {
        if( * (num+ angle * r_max+ r) > re_maxnow  )
        {
            re_maxnow= * (num+ angle * r_max+ r);
            re_angle= (double)angle;
            re_r= r;
        }
    }
}

// 计算并描画直线点
cosa= cos(re_angle * PI/180.0);
sina= sin(re_angle * PI/180.0);
for( j= 0; j< ysize; j+ + )
{
    for(i= 0; i< xsize; i+ + )
    {
        r= (int)fabs((double)i * cosa+ (double)j * sina);
        if(r= = re_r )
        {
            * (image_out+ j * xsize+ i)= 128;

        }
    }
}
delete []num;
}
```

1.6.4.2　过已知点 Hough 变换的直线检测

```
/ * ----------------------------------------------------------------------------
    image_in:   输入图像指针
    image_out:  输出图像指针
    xsize:      输入图像宽度
    ysize:      输入图像高度
    px:         输入已知点 x 坐标
    py:         输入已知点 y 坐标
---------------------------------------------------------------------------- * /
__inline static float point_to_point( int x,int y,int xx,int yy);
```

```
__inline static float make_slope(int posi_x,int posi_y,int s_i,int s_j);

void Hough_based_point(BYTE * image_in,BYTE * image_out,int xsize,int ysize,int px,int py)
{
    int       i,j;
    int       n,k,m,e;
    int       table_buf[10];
    int       table_num;
    int       peak_section_buf;
    int       peak_section;
    float     table_left ;
    float     section_left[TABLE_NUM+ 1];
    float     table_width ;
    float     sec_num_n;
    float     * slope_buf;
    float     slope;
    int   bufsize;
    //复制图像
    for(j= 0; j< ysize; j+ + ) {
        for(i= 0; i< xsize; i+ + ){
            * (image_out+ j * xsize+ i)= * (image_in+ j * xsize+ i);
        }
    }
    bufsize= xsize * ysize;
    slope_buf= new float[bufsize];   //整个区域内的点数总和
    table_num= 10;
    table_left= - 2.0;
    table_width= 6.0;
    peak_section_buf= 0;
    peak_section= 1;
    //计算斜率
    m= 0;
    for(j= 0; j< ysize; j+ + )
    {
        for(i= 0; i< xsize; i+ + )
        {
            if( * (image_in+ j * xsize+ i)= = HIGH)
            {
                slope_buf[m]= make_slope(px,py,i,j);
                m+ + ;
            }
        }
    }
    int sec1,sec2;
    for(n= 0; n< MAXTIME; n+ + )
    {
```

```
        sec_num_n= (float)1;
        peak_section_buf= 0;
        //给 10 个累加器各缓存器赋初值 0
        for(k= 0; k< table_num;k+ + )     table_buf[k]= 0;
        for(i= 0; i< n;i+ + )sec_num_n= sec_num_n * ((float)3/(float)table_num);

        table_left= (float)(table_left+ (table_width/(float)table_num) * (peak_section- 1));
        table_width= (float)TABLE_WIDTH * sec_num_n;
        //求各个区域的左端点值
        for(k= 0; k< table_num+ 1; k+ + )
        {
            section_left[k]= table_left
                    + (table_width/(float)table_num) * k;
        }
        //判断基于已知点所求的斜率 slope_buf[i]所在的范围,进行映射
        for(i= 0; i< m; i+ + )
        {
            for(k= 0; k< table_num; k+ + )
            {
                if(k= = table_num- 1)
                {
                    if(section_left[k]< = slope_buf[i]&& slope_buf[i]< = section_left[k+ 1])
                    {
                        table_buf[k]+ + ;
                        break;
                    }
                }
                else if(section_left[k]< = slope_buf[i]&&
                  slope_buf[i]< section_left[k+ 1])
                {
                    table_buf[k]+ + ;
                    break;
                }
            }
        }
}
//找出 10 个累加器中最大值,标记出映射后最大值所在区域
for(k= 0;k< table_num;k+ + )
{
  if(table_buf[k]> peak_section_buf)
    {
        peak_section_buf= table_buf[k];
        peak_section= k;
    }
}
//幅值小于设定精度时退出
if((table_width/(float)table_num) < = 0.05)
```

```
        break;
    if(peak_section= = 0)    peak_section= peak_section+ 1;
    if(peak_section= = table_num- 1)        peak_section= peak_section- 1;
    e= 0;
    sec1= peak_section- 1;
    if(sec1< 0) sec1= 0;
    sec2= peak_section+ 2;
    if(sec2 > = 10) sec2= 10;
    //将累加器最大值左右 3 个子区域作为下次映射区域
    for(i= 0;i< m;i+ + )
    {
            if(section_left[sec1]< = slope_buf[i]&&slope_buf[i]< = section_left[sec2])
            {
                slope_buf[e]= slope_buf[i];
                e+ + ;
            }
    }
    m- c;
    }
    //确定直线斜率
    slope= (float)(table_left+ (table_width/(float)table_num) * peak_section) ;
    if(slope > (float)1)
    {
        if(slope-(float)2= = (float)0) slope= (float)9999;
        else                                slope= (float)1/(slope-(float)2);
    }
    //画直线
    int x;
    for(j= ysize- 1; j > = 0; j--)
    {
        for(i= 0; i< xsize; i+ + )
        {
            x= (int)((float)(j-py)/slope+ (float)px);
            if(i= = x)
                    * (image_out+ j * xsize+ i)= 128;
        }
    }
    delete []slope_buf;
}
__inline static float make_slope(int posi_x,int posi_y,int s_i,int s_j)
{
    float       slope;
    slope= point_to_point(s_i,s_j,posi_x,posi_y);
    if(slope= = (float)9999) slope= (float)2;
    else if(slope< (float)- 1 ||(float)1< slope){
      slope= ((float)1/slope+ (float)2);
```

```
    }
    return(slope);
}
__inline static float point_to_point( int x,int y,int xx,int yy)
{
    float r_slope;
    if(xx! = x)
      r_slope= (float)(yy-y)/(float)(xx-x);
    else
    r_slope= (float)9999;
    return(r_slope);
}
```

1.7　深度学习

1.7.1　深度学习基本概念

（1）深度学习概念

深度学习（deep learning，DL）是机器学习（machine learning，ML）领域的一个子集，而机器学习是人工智能（artificial intelligence，AI）领域的一个子集。

机器学习是一门专门研究计算机怎样模拟或实现人类的学习行为的学科。人的视觉机理如下：首先摄入原始信号，接着做初步处理（大脑皮层某些细胞发现边缘和方向），然后抽象（大脑判定眼前的物体的形状，例如是圆形的），最后进一步抽象（大脑进一步判定该物体是具体的什么物体，例如是只气球）。

总的来说，人的视觉系统的信息处理是分级的。高层的特征是低层特征的组合，从低层到高层的特征表示越来越抽象，越来越能表现语义或者意图。而抽象层面越高，存在的可能猜测就越少，就越利于分类。例如，单词集合和句子的对应是多对一的，句子和语义的对应又是多对一的，语义和意图的对应还是多对一的，这是个层级体系。深度学习的"deep"就是表示这种分层体系。

特征是机器学习系统的原材料，如果数据被很好地表达成了特征，通常线性模型就能达到满意的精度。学习算法在一个什么粒度上的特征表示，才能发挥作用？就一个图像来说，像素级的特征根本没有价值。例如一辆汽车的照片，从像素级别，根本得不到任何信息，其无法进行汽车和非汽车的区分。而如果是一个具有结构性（或者说有含义）的特征，比如是否具有车灯，是否具有轮胎，就很容易把汽车和非汽车区分开，学习算法才能发挥作用。复杂图形，往往由一些基本结构组成。

小块的图形可以由基本边缘构成，更结构化、更复杂、具有概念性的图形，就需要更高层次的特征表示。深度学习就是找到表述各个层次特征的小块，逐步将其组合成上一层次的特征。

那么每一层该有多少个特征呢？特征越多，给出的参考信息就越多，准确性会得到提升。但是特征多，意味着计算复杂、探索的空间大，可以用来训练的数据在每个特征上就会稀疏，会带来各种问题，并不一定特征越多越好。还有，多少层才合适呢？用什么架构来建模呢？怎么进行非监督训练？这些需要有个整体的设计。

（2）深度学习基本思想

假设有一个系统 S，它有 n 层（S_1，…，S_n），它的输入是 I，输出是 O，形象地表示为：

$$I > S_1 => S_2 => \cdots => S_n => O$$

如果输出 O 等于输入 I，即输入 I 经过这个系统变化之后没有任何的信息损失，保持了不变，这意味着输入 I 经过每一层 S_i 都没有任何的信息损失，即在任何一层 S_i，它都是原有信息（即输入 I）的另外一种表示。深度学习需要自动地学习特征，假设有一堆输入 I（如一堆图像或者文本），设计了一个系统 S（有 n 层），通过调整系统中参数，使得它的输出仍然是输入 I，那么就可以自动地获取到输入 I 的一系列层次特征，即 S_1，…，S_n。对于深度学习来说，其思想就是设计多个层，每一层的输出都是下一层的输入，通过这种方式，实现对输入信息的分级表达。

上面假设输出严格等于输入，这实际上是不可能的，信息处理不会增加信息，大部分处理会丢失信息。可以略微地放松这个限制，例如只要使得输入与输出的差别尽可能地小即可，这个放松会导致另外一类不同的 DL 方法。

（3）浅层学习和深度学习

浅层学习是机器学习的第一次浪潮。BP 神经网络（back-propagation neural network）发明于 20 世纪 80 年代末期，其带来的机器学习热潮一直持续到今天。人们发现，利用 BP 算法可以让一个人工神经网络模型从大量训练样本中学习统计规律，从而对未知事件做预测。这种基于统计的机器学习方法比起过去基于人工规则的系统，在很多方面显出优越性。这个时候的人工神经网络，虽也被称作多层感知机（multi-layer perceptron），但实际是只含有一个隐层节点的浅层模型，因此也被称为浅层学习（shallow learning）。

20 世纪 90 年代，各种各样的浅层机器学习模型相继被提出，例如支撑向量机（support vector machines，SVM）、Boosting、最大熵方法［如逻辑回归（logistic regression，LR）］等。这些模型的结构基本上可以看成带有一个隐层节点（如 SVM、Boosting），或没有隐层节点（如 LR）。这些模型无论是在理论分析还是在应用中都获得了巨大的成功。相比之下，由于理论分析的难度大，训练方法又需要很多经验和技巧，这个时期浅层人工神经网络反而相对沉寂。

深度学习是机器学习的第二次浪潮。2006 年，加拿大多伦多大学教授、机器学习领域泰斗 Geoffrey Hinton 和他的学生在《科学》上发表了一篇文章，开启了深度学习在学术界和工业界的浪潮。这篇文章有两个主要观点：①多隐层的人工神经网络具有优异的特征学习能力，学习得到的特征对数据有更本质的刻画，从而有利于可视化或分类；②深度神经网络在训练上的难度，可以通过"逐层初始化"（layer-wise pre-training）来有效克服，在这篇文章中逐层初始化是通过无监督学习实现的。

当前多数分类、回归等学习方法为浅层结构算法，其局限性在于在有限样本和计算单元情况下对复杂函数的表示能力有限，针对复杂分类问题其泛化能力受到一定制约。深度学习可通过学习一种深层非线性网络结构，实现复杂函数逼近，使输入数据分布式表示，并展现了强大的从少数样本集中学习数据集本质特征的能力。也就是说，多层的好处是可以用较少的参数表示复杂的函数。

深度学习的实质，是通过构建具有很多隐层的机器学习模型和海量的训练数据，来学习更有用的特征，从而最终提升分类或预测的准确性。因此，"深度模型"是手段，"特征学习"是目的。区别于传统的浅层学习，深度学习的不同在于：①强调了模型结构的深度，通常有 5 层、6 层，甚至 10 多层的隐层节点；②明确突出了特征学习的重要性，也就是说，通过逐层特征变换，将样本在原空间的特征表示变换到一个新特征空间，从而使分类或预测更加容易。与人工规则构造特征的方法相比，利用大数据来学习特征，更能够刻画数据的丰富的内在信息。

（4）浅层学习与神经网络

深度学习是机器学习研究中的一个新的领域，其动机在于建立、模拟人脑中进行分析学习的神经网络，它模仿人脑的机制来解释数据，例如图像、声音和文本。深度学习是无监督学习的一种。

深度学习的概念源于人工神经网络的研究。含多隐层的多层感知器就是一种深度学习结构。深度学习通过组合低层特征形成更加抽象的高层表示属性类别或特征，以发现数据的分布式特征表示。深度学习是机器学习的一个分支，可以简单理解为神经网络的发展。大约二三十年前，神经网络曾经是 ML 领域特别火热的一个方向，但是后来慢慢淡出了，原因包括以下两个方面：

① 比较容易过拟合，参数比较难调整（tune），而且需要很多训练（trick）；

② 训练速度比较慢，在层次比较少（小于等于 3）的情况下效果并不比其他方法更优。

所以中间有大约 20 多年的时间，神经网络被关注很少，这段时间基本上是 SVM 和 Boosting 算法的天下。但是，一个痴心的老先生 Hinton，他坚持了下来，并最终和其他人（Bengio、Yann Lecun 等）一起提出了一个实际可行的深度学习框架。

深度学习与传统的神经网络之间既有相同的地方也有很多不同之处。相同之处在于深度学习采用了与神经网络相似的分层结构，系统包括由输入层、隐层（多层）、输出层组成的多层网络，只有相邻层节点之间有连接，同一层以及跨层节点之间相互无连接，每一层都可以看作是一个逻辑回归（logistic regression）模型。这种分层结构，是比较接近人类大脑的结构的。

为了克服神经网络训练中的问题，DL 采用了与神经网络很不同的训练机制。传统神经网络中，采用的是反向传播（back propagation）的方式进行，简单来讲就是采用迭代的算法来训练整个网络，随机设定初值，计算当前网络的输出，然后根据当前输出和标记（label）之间的差去改变前面各层的参数，直到收敛（整体是一个梯度下降法）。而深度学习整体上是一个逐层（layer-wise）训练机制。这样做是因为：如果采用反向传播机制，对于一个深层网络（7 层以上），残差传播到最前面的层已经变得太小，会出现所谓的梯度扩散（gradient diffusion）。

（5）浅层学习训练过程

如果对所有层同时训练，复杂度就会很高。如果每次训练一层，偏差就会逐层传递。这会面临跟上面监督学习中相反的问题，因为深度网络的神经元和参数太多，会严重欠拟合。

2006 年，Hinton 提出了在非监督数据上建立多层神经网络的一个有效方法，简单地分为两步：

① 首先逐层构建单层神经元，这样每次都是训练一个单层网络。

② 当所有层训练完后，使用 Wake-Sleep 算法进行调优。

将除最顶层之外的其他层间的权重变为双向的，这样最顶层仍然是一个单层神经网络，而其他层则变为了图模型。向上的权重用于"认知"，向下的权重用于"生成"。然后使用 Wake-Sleep 算法调整所有的权重。让认知和生成达成一致，也就是保证生成的最顶层表示能够尽可能正确地复原底层的节点。比如顶层的一个节点表示人脸，那么所有人脸的图像都应该激活这个节点，并且这个结果向下生成的图像应该能够表现为一个大概的人脸图像。

Wake-Sleep 算法分为 Wake（醒）和 Sleep（睡）两个阶段。

① Wake 阶段。认知过程，通过外界的特征和向上的权重（认知权重）产生每一层的抽

象表示（结点状态），并且使用梯度下降修改层间的下行权重（生成权重）。也就是"如果现实跟我想象的不一样，改变我的权重使得我想象的东西就是这样的"。

② Sleep 阶段。生成过程，通过顶层表示（醒时学得的概念）和向下权重，生成底层的状态，同时修改层间向上的权重。也就是"如果梦中的景象不是我脑中的相应概念，改变我的认知权重使得这种景象在我看来就是这个概念"。

深度学习具体训练过程如下：

① 使用自下而上的非监督学习。从底层开始，一层一层地往顶层训练。采用无标定数据（有标定数据也可）分层训练各层参数，这一步可以看作是一个无监督训练过程，是和传统神经网络区别最大的部分。这个过程可以看作是特征学习（feature learning）过程。首先用无标定数据训练第一层，训练时先学习第一层的参数（这一层可以看作是得到一个使得输出和输入差别最小的三层神经网络的隐层），由于模型容量（capacity）的限制以及稀疏性约束，使得得到的模型能够学习到数据本身的结构，从而得到比输入更具有表示能力的特征；在学习得到第 $n-1$ 层后，将 $n-1$ 层的输出作为第 n 层的输入，训练第 n 层，由此分别得到各层的参数。

② 自顶向下的监督学习。通过带标签的数据去训练，误差自顶向下传输，对网络进行微调。基于第一步得到的各层参数进一步调整整个多层模型的参数，这一步是一个有监督训练过程。第一步类似神经网络的随机初始化初值过程，由于深度学习的第一步不是随机初始化，而是通过学习输入数据的结构得到的，因而这个初值更接近全局最优，从而能够取得更好的效果。所以，深度学习的效果好坏，很大程度上归功于第一步的特征学习过程。

1.7.2 深度学习的常用方法

1.7.2.1 自动编码器

深度学习最简单的一种方法是利用人工神经网络。人工神经网络（ANN）本身就是具有层次结构的系统，如果给定一个神经网络，我们假设其输出与输入是相同的，然后训练调整其参数，得到每一层中的权重，自然就得到了输入 I 的几种不同表示（每一层代表一种表示），这些表示就是特征。自动编码器（autoencoder）就是一种尽可能复现输入信号的神经网络。为了实现这种复现，自动编码器就必须捕捉可以代表输入数据的最重要的因素，找到可以代表原信息的主要成分。

具体过程简单说明如下。

（1）给定无标签数据用非监督学习特征

在之前的神经网络中，输入的样本是有标签的，如图 1.7.1（a）所示，即（input, target），这样根据当前输出和 target（label）之间的差去改变前面各层的参数，直到收敛。但现在只有无标签数据，如图 1.7.1（b）所示，那么这个误差怎么得到呢？

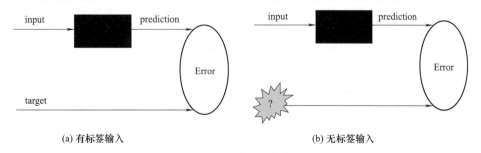

(a) 有标签输入   (b) 无标签输入

图 1.7.1 神经网络输入

如图 1.7.2 所示，将 input 输入一个 encoder 编码器，就会得到一个 code，这个 code 也就是输入的一个表示，那么怎么知道这个 code 表示的就是 input 呢？再加一个 decoder 解码器，这时候 decoder 就会输出一个信息，那么如果输出的这个信息和一开始的输入信号 input 是很像的（理想情况下就是一样的），那很明显，就有理由相信这个 code 是靠谱的。所以，就通过调整 encoder 和 decoder 的参数，使得重构误差最小，这时候就得到了输入 input 信号的第一个表示了，也就是编码 code。因为是无标签数据，所以误差的来源就是直接重构后与原输入相比得到。

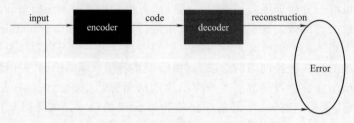

图 1.7.2　编码器与解码器

（2）通过编码器产生特征然后逐层训练下一层

上面得到了第一层的 code，根据重构误差最小说明这个 code 就是原输入信号的良好表达，或者说它和原信号是一模一样的（表达不一样，反映的是一个东西）。第二层和第一层的训练方式一样，将第一层输出的 code 当成第二层的输入信号，同样最小化重构误差，就会得到第二层的参数，并且得到第二层输入的 code，也就是原输入信息的第二个表达。其他层如法炮制就行了（训练这一层，前面层的参数都是固定的，并且它们的 decoder 已经没用了，都不需要了），图 1.7.3 表示逐层训练模型。

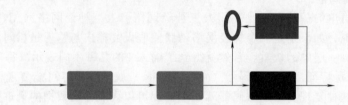

图 1.7.3　逐层训练模型

（3）有监督微调

经过上面的方法，可以得到很多层。至于需要多少层（或者深度需要多少，目前没有一个科学的评价方法），需要自己试验。每一层都会得到原始输入的不同表达。当然，越抽象越好，就像人的视觉系统一样。到这里，这个 autoencoder 还不能用来分类数据，因为它还没有学习如何去连接一个输入和一个类。它只是学会了如何去重构或者复现它的输入而已。或者说，它只是学习获得了一个可以良好代表输入的特征，这个特征可以最大程度代表原输入信号。为了实现分类，可以在 autoencoder 最顶的编码层添加一个分类器（例如罗杰斯特回归、SVM 等），然后通过标准的多层神经网络的监督训练方法（梯度下降法）去训练。也就是说，这时候，需要将最后层的特征 code 输入到最后的分类器，通过有标签样本，通过监督学习进行微调。微调分两种：一种是只调整分类器，如图 1.7.4 黑色部分；另一种如图 1.7.5 所示，通过有标签样本，微调整个系统，如果有足够多的数据，这种方法最好，end-to-end learning 端对端学习。

一旦监督训练完成，这个网络就可以用来分类了。神经网络的最顶层可以作为一个线性

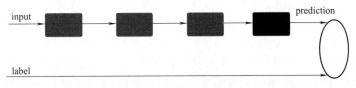

图 1.7.4　只调整分类器示意图

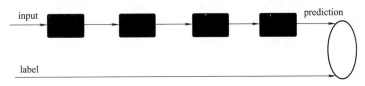

图 1.7.5　微调整个系统示意图

分类器，然后可以用一个更好性能的分类器去取代它。在研究中可以发现，如果在原有的特征中加入这些自动学习得到的特征可以大大提高精确度。

autoencoder 存在一些变体，这里简要介绍两个。

（1）稀疏自动编码器

可以继续加上一些约束条件得到新的深度方法，例如如果在 autoencoder 的基础上加上 L1 的 Regularity 限制（L1 主要是约束每一层中的节点大部分都要为 0，只有少数不为 0，这就是稀疏（sparse）名字的来源），就可以得到稀疏自动编码器（sparse autoencoder）。其实就是限制每次得到的表达 code 尽量稀疏。因为稀疏的表达往往比其他的表达要有效。人脑好像也是这样的，某个输入只是刺激某些神经元，其他大部分神经元是受到抑制的。

（2）降噪自动编码器

降噪自动编码器（denoising autoencoders，DA）是在自动编码器的基础上，训练数据加入噪声，所以自动编码器必须学习去除这种噪声而获得真正的没有被噪声污染过的输入。因此，这就迫使编码器去学习输入信号的更加鲁棒的表达，这也是它的泛化能力比一般编码器强的原因。DA 可以通过梯度下降算法去训练。

1.7.2.2　稀疏编码

如果不限制输出必须和输入相等，同时利用线性代数中基的概念，即

$$O = a_1\Phi_1 + a_2\Phi_2 + \cdots + a_n\Phi_n \tag{1.7.1}$$

式中　Φ_n——基；

　　　a_n——系数。

由此可以得到这样一个优化问题：$\min|I-O|$，其中 I 表示输入，O 表示输出。通过求解这个最优化式子，可以求得系数 a_n 和基 Φ_n。

如果在式（1.7.1）上加上 L1 的 Regularity 限制，得到式（1.7.2）。

$$\min|I-O| + u(|a_1| + |a_2| + \cdots + |a_n|) \tag{1.7.2}$$

这种方法被称为稀疏编码（sparse coding）。

通俗地说，就是将一个信号表示为一组基的线性组合，而且要求只需要较少的几个基就可以将信号表示出来。

"稀疏性"定义：只有很少的几个非零元素或只有很少的几个远大于零的元素。要求系数 a_n 是稀疏的意思就是说，对于一组输入向量，只有尽可能少的几个系数远大于零。选择使用具有稀疏性的分量来表示输入数据，是因为绝大多数的感官数据，比如自然图像，可以被表示成少量基本元素的叠加，在图像中这些基本元素可以是面或者线。人脑有大量的神经

元，但对于某些图像或者边缘只有很少的神经元兴奋，其他都处于抑制状态。

稀疏编码算法是一种无监督学习方法，它用来寻找一组"超完备"基向量来更高效地表示样本数据。虽然形如主成分分析技术（PCA）能方便地找到一组"完备"基向量，但是这里想要做的是找到一组"超完备"基向量来表示输入向量（也就是说，基向量的个数比输入向量的维数要大）。超完备基的好处是它们能更有效地找出隐含在输入数据内部的结构与模式。然而，对于超完备基来说，系数 a_i 不再由输入向量唯一确定。因此，在稀疏编码算法中，另加了一个评判标准"稀疏性"来解决因超完备而导致的退化（degeneracy）问题。比如在图像的特征提取（feature extraction）的最底层，要生成边缘检测器（edge detector），这里的工作就是从原图像中随机（randomly）选取一些小块（patch），通过这些小块生成能够描述他们的"基"，然后给定一个测试小块（test patch）。之所以生成边缘检测器是因为不同方向的边缘就能够描述出整幅图像，所以不同方向的边缘自然就是图像的基了。

稀疏编码分为两个阶段。

（1）训练阶段

训练（training）阶段是给定一系列的样本图像 $[x_1, x_2, \cdots]$，通过学习得到一组基 $[\Phi_1, \Phi_2, \cdots]$，也就是字典。

稀疏编码是聚类算法（k-means）的变体，其训练过程也差不多，就是一个重复迭代的过程。其基本的思想如下：如果要优化的目标函数包含两个变量，如 $L(W, B)$，那么就可以先固定 W，调整 B 使得 L 最小，然后再固定 B，调整 W 使 L 最小，这样迭代交替，不断将 L 推向最小值。按上面方法，交替更改 a 和 Φ 使得下面这个目标函数最小，如式（1.7.3）所示。

$$\min_{a, \Phi} \sum_{i=1}^{m} \left\| x_i - \sum_{j=1}^{k} a_{i,j} \Phi_j \right\|^2 + \lambda \sum_{i=1}^{m} \sum_{j=1}^{k} |a_{i,j}| \tag{1.7.3}$$

每次迭代分两步：

① 固定字典 $\Phi[k]$，然后调整 $a[k]$，使得上式，即目标函数最小，即解回归模型（least absolute shrinkage and selectionator operator，LASSO）问题。

② 然后固定 $a[k]$，调整 $\Phi[k]$，使得上式，即目标函数最小，即解凸二次规划（quadratic programming，QP）问题。

不断迭代，直至收敛。这样就可以得到一组可以良好表示这一系列 x 的基，也就是字典。

（2）编码阶段

编码（coding）阶段是给定一个新的图像 x，由上面得到的字典，通过解一个 LASSO 问题得到稀疏向量 a。这个稀疏向量就是这个输入向量 x 的一个稀疏表达了，如式（1.7.4）所示。

$$\min_{a} \sum_{i=1}^{m} \left\| x_i - \sum_{j=1}^{k} a_{i,j} \Phi_j \right\|^2 + \lambda \sum_{i=1}^{m} \sum_{j=1}^{k} |a_{i,j}| \tag{1.7.4}$$

编码示例如图 1.7.6 所示。

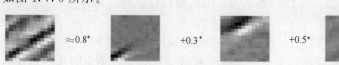

Represent X_i as: $a_i = [0, 0, \cdots, 0, 0.8, 0, \cdots, 0, 0.3, 0, \cdots, 0, 0.5, \cdots]$

图 1.7.6 编码示例

1.7.2.3　限制玻尔兹曼机

假设有一个二层图，如图 1.7.7 所示，每一层的节点之间没有链接，一层是可视层，即输入数据层（v），另一层是隐藏层（h）。如果假设所有的节点都是随机二值变量节点（只能取 0 或者 1），同时假设全概率分布 $p(v,h)$ 满足波尔兹曼（Boltzmann）分布，则称这个模型是限制波尔兹曼机（restricted boltzmann machine，RBM）。

由于该模型是二层图，所以在已知 v 的情况下，所有的隐藏节点之间是条件独立的（因为节点之间不存在连接），即 $p(h|v)=p(h_1|v)\cdots p(h_n|v)$。同理，在已知隐藏层 h 的情况下，所有的可视节点

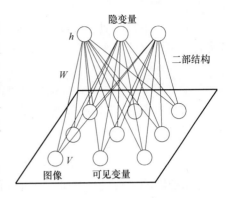

图 1.7.7　二层图

都是条件独立的。同时又由于所有的 v 和 h 满足 Boltzmann 分布，因此，当输入 v 的时候，通过 $p(h|v)$ 可以得到隐藏层 h，而得到隐藏层 h 之后，通过 $p(v|h)$ 又能得到可视层。如果通过调整参数，可以使从隐藏层得到的可视层 v_1 与原来的可视层 v 一样，那么得到的隐藏层就是可视层另外一种表达，因此隐藏层可以作为可视层输入数据的特征，所以它就是一种深度学习方法。

如何训练，即可视层节点和隐节点间的权值怎么确定？需要做一些数学分析，也就是建立模型。

联合组态（joint configuration）的能量可以表示为式（1.7.5）。

$$E(v,h;\theta)=-\sum_{ij}W_{ij}v_ih_j-\sum_ib_iv_i-\sum_ja_jh_j$$
$$\theta=\{W,a,b\}\text{模型参数}\tag{1.7.5}$$

而某个组态的联合概率分布可以通过 Boltzmann 分布（和这个组态的能量）来确定，如式（1.7.6）所示。

$$P_\theta(v,h)=\frac{1}{Z(\theta)}\exp[-E(v,h;\theta)]=\underbrace{\frac{1}{Z(\theta)}}\prod_{ij}\underbrace{\mathrm{e}^{W_{ij}v_ih_j}}\prod_i\mathrm{e}^{b_iv_i}\prod_j\mathrm{e}^{a_jh_j}$$

配分函数　势函数

$$Z(\theta)=\sum_{h,v}\exp[-E(v,h;\theta)]\tag{1.7.6}$$

隐藏节点之间是条件独立的（因为节点之间不存在连接），如式（1.7.7）所示。

$$P(h|v)=\prod_jP(h_j|v)\tag{1.7.7}$$

可以比较容易得到［对上式进行因子分解（factorizes）］在给定可视层 v 的基础上，隐层第 j 个节点为 1 或者为 0 的概率，如式（1.7.8）所示。

$$P(h_j=1|v)=\frac{1}{1+\exp(-\sum_iW_{ij}v_i-a_j)}\tag{1.7.8}$$

同理，在给定隐层 h 的基础上，可视层第 i 个节点为 1 或者为 0 的概率也容易得到，如式（1.7.9）所示。

$$P(v|h)=\prod_iP(v_i|h)P(v_i=1|h)=\frac{1}{1+\exp(-\sum_jW_{ij}h_j-b_i)}\tag{1.7.9}$$

给定一个满足独立同分布的样本集：$D=\{v(1),v(2),\cdots,v(N)\}$，需要学习参数 $\theta=$

$\{W, a, b\}$。

最大化以下对数似然函数（最大似然估计：对于某个概率模型，需要选择一个参数，让当前的观测样本的概率最大），计算公式为式（1.7.10）。

$$L(\theta) = \frac{1}{N}\sum_{n=1}^{N}\lg P_\theta(v^{(n)}) - \frac{\lambda}{N}\parallel W \parallel_F^2 \qquad (1.7.10)$$

也就是对最大对数似然函数求导，就可以得到 L 最大时对应的参数 W 了，如式（1.7.11）所示。

$$\frac{\partial L(\theta)}{\partial W_{ij}} = E_{P_{data}}[v_i h_j] - E_{P_\theta}[v_i h_j] - \frac{2\lambda}{N}W_{ij} \qquad (1.7.11)$$

如果把隐藏层的层数增加，就可以得到玻尔兹曼机（deep Boltzmann machine，DBM）；如果在靠近可视层的部分使用贝叶斯信念网络（即有向图模型，这里依然限制层中节点之间没有链接），而在最远离可视层的部分使用 RBM，则可以得到深信度网络（deep belief network，DBN），如图 1.7.8 所示。

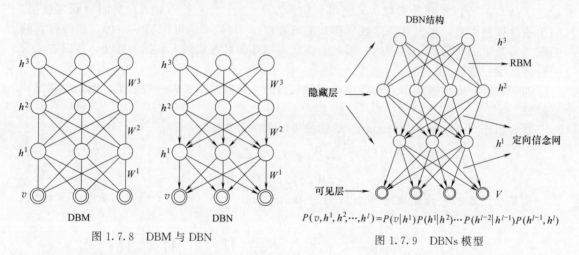

图 1.7.8　DBM 与 DBN

图 1.7.9　DBNs 模型

1.7.2.4　深信度网络

如图 1.7.9 所示，深信度网络（deep belief networks，DBNs）是一个概率生成模型，与传统的判别模型的神经网络相对，生成模型是建立一个观察数据和标签之间的联合分布，对 P（Observation|Label）和 P（Label|Observation）都做了评估，而判别模型仅仅评估了后者而已，也就是 P（Label|Observation）。对于深度神经网络应用传统的 BP 算法的时候，DBNs 遇到了以下问题：

① 需要为训练提供一个有标签的样本集；

② 学习过程较慢；

③ 不适当的参数选择会导致学习收敛于局部最优解。

DBNs 由多个限制玻尔兹曼机（restricted Boltzmann machines）层组成，一个典型的神经网络类型如图 1.7.10 所示。这些网络被"限制"为一个可视层和一个隐层，层间存在连接，但层内的单元间不存在连接。隐层单元被训练去捕捉在可视层表现出来的高阶数据的相关性。

首先，先不考虑最顶构成一个联想记忆（associative memory）的两层，一个 DBN 的连接是通过自顶向下的生成权值来指导确定的，RBMs 就像一个建筑块一样，相比传统和深度分层的 S 型（sigmoid）信念网络，它能易于连接权值的学习。

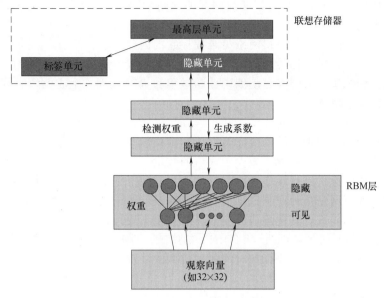

图 1.7.10　DBN 框架图解

　　开始，通过一个非监督贪婪逐层方法去预训练获得生成模型的权值，非监督贪婪逐层方法被 Hinton 证明是有效的，并被其称为对比分歧（contrastive divergence）。在这个训练阶段，在可视层会产生一个向量v，通过它将值传递到隐层。反过来，可视层的输入会被随机地选择，以尝试去重构原始的输入信号。最后，这些新的可视的神经元激活单元将前向传递重构隐层激活单元，获得 h。这些后退和前进的步骤就是常用的吉布斯（Gibbs）采样，而隐层激活单元和可视层输入之间的相关性差别就作为权值更新的主要依据。

　　这样训练时间会显著地减少，因为只需要单个步骤就可以接近最大似然学习。增加进网络的每一层都会改进训练数据的对数概率，可以理解为越来越接近能量的真实表达。这个有意义的拓展和无标签数据的使用，是任何一个深度学习应用的决定性的因素。

　　在最高两层，权值被连接到一起，这样更低层的输出将会提供一个参考的线索或者关联给顶层，这样顶层就会将其联系到它的记忆内容，而最后想到的就是判别性能。

　　在预训练后，DBN 可以利用带标签数据用 BP 算法去对判别性能做调整。在这里，一个标签集将被附加到顶层（推广联想记忆），通过一个自下向上的、学习到的识别权值获得一个网络的分类面，这个性能会比单纯的 BP 算法训练的网络好。这可以很直观地解释，DBNs 的 BP 算法只需要对权值参数空间进行一个局部的搜索，这相比前向神经网络来说，训练是要快的，而且收敛的时间也少。

　　DBNs 的灵活性使得它的拓展比较容易。一个拓展就是卷积 DBNs（convolutional deep belief networks，CDBNs）。DBNs 并没有考虑到图像的二维结构信息，因为输入是简单地将一个图像矩阵进行一维向量化。而 CDBNs 考虑到了这个问题，它利用邻域像素的空域关系，通过一个称为卷积 RBMs 的模型区达到生成模型的变换不变性，而且可以容易地变换到高维图像。DBNs 并没有明确地处理目标变量与时间联系的学习，虽然目前已经有这方面的研究，例如堆叠时间 RBMs，以此为推广，有序列学习的所谓的暂时卷积机（dubbed temporal convolution machines），这种序列学习的应用，给语音信号处理问题带来了一个让人激动的未来研究方向。

　　目前，和 DBNs 有关的研究包括堆叠自动编码器，它是用堆叠自动编码器来替换传统

DBNs 里面的 RBMs。这就使得可以通过同样的规则来训练产生深度多层神经网络架构，但它缺少层的参数化的严格要求。与 DBNs 不同，自动编码器使用判别模型，这样这个结构就很难采样输入采样空间，这就使得网络更难捕捉它的内部表达。但是，降噪自动编码器却能很好地避免这个问题，并且比传统的 DBNs 更优。它能在训练过程添加随机的污染并堆叠产生场泛化性能。训练单一的降噪自动编码器的过程和 RBMs 训练生成模型的过程一样。

1.7.2.5 卷积神经网络

卷积神经网络（convolutional neural networks，CNN）是人工神经网络的一种，已成为当前语音分析和图像识别领域的研究热点。它的权值共享网络结构使之更类似于生物神经网络，降低了网络模型的复杂度，减少了权值的数量。该优点在网络的输入是多维图像时表现得更为明显，使图像可以直接作为网络的输入，避免了传统识别算法中复杂的特征提取和数据重建过程。卷积网络是为识别二维形状而特殊设计的一个多层感知器，这种网络结构对平移、比例缩放、倾斜或者其他形式的变形具有高度不变性。

CNNs 受早期的延时神经网络（TDNN）的影响。延时神经网络通过在时间维度上共享权值降低学习复杂度，适用于语音和时间序列信号的处理。

CNNs 是第一个真正成功训练多层网络结构的学习算法。它利用空间关系减少需要学习的参数数目以提高一般前向 BP 算法的训练性能。CNNs 作为一个深度学习架构提出为了最小化数据的预处理要求。在 CNN 中，图像的一小部分（局部感受区域）作为层级结构的最底层的输入，信息再依次传输到不同的层，每层通过一个数字滤波器去获得观测数据的最显著的特征。这个方法能够获取观察数据对平移、缩放和旋转不变的数据特性，因为图像的局部感受区域允许神经元或者处理单元可以访问到最基础的特征，例如定向边缘或者角点。

（1）卷积神经网络的历史

1962 年，Hubel 和 Wiesel 通过对猫视觉皮层细胞的研究，提出了感受野（receptive field）的概念。1984 年，日本学者 Fukushima 基于感受野概念提出的神经认知机（neocognitron）可以看作是卷积神经网络的第一个实现网络，也是感受野概念在人工神经网络领域的首次应用。神经认知机将一个视觉模式分解成许多子模式（特征），然后进入分层递阶式相连的特征平面进行处理，它试图将视觉系统模型化，使其能够在即使物体有位移或轻微变形的时候，也能完成识别。

通常神经认知机包含两类神经元，即承担特征抽取的 S-元和抗变形的 C-元。S-元中涉及两个重要参数，即感受野与阈值参数，前者确定输入连接的数目，后者则控制对特征子模式的反应程度。许多学者一直致力于提高神经认知机性能的研究，在传统的神经认知机中，每个 S-元的感光区中由 C-元带来的视觉模糊量呈正态分布。如果感光区的边缘所产生的模糊效果要比中央来得大，则 S-元将会接受这种非正态模糊所导致的更大的变形容忍性。一般希望得到的是，训练模式与变形刺激模式在感受野的边缘与其中心所产生的效果之间的差异变得越来越大。为了有效地形成这种非正态模糊，Fukushima 提出了带双 C-元层的改进型神经认知机。

Van Ooyen 和 Niehuis 为提高神经认知机的区别能力引入了一个新的参数。事实上，该参数作为一种抑制信号，抑制了神经元对重复激励特征的激励。多数神经网络在权值中记忆训练信息。根据 Hebb 学习规则，某种特征训练的次数越多，在以后的识别过程中就越容易被检测。也有学者将进化计算理论与神经认知机结合，通过减弱对重复性激励特征的训练学习，而使得网络注意那些不同的特征以助于提高区分能力。上述都是神经认知机的发展过程，而卷积神经网络可看作是神经认知机的推广形式，神经认知机是卷积神经网络的一种特例。

（2）卷积神经网络的网络结构

如图 1.7.11 所示，卷积神经网络是一个多层的神经网络，每层由多个二维平面组成，而每个平面由多个独立神经元组成。

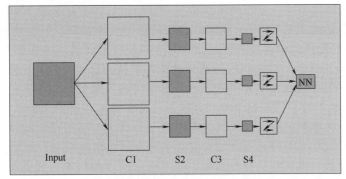

图 1.7.11　卷积神经网络的概念示意图

输入图像通过和三个可训练的滤波器和可加偏置进行卷积，滤波过程如图 1.7.11 所示，卷积后在 C1 层产生三个特征映射图，然后特征映射图中每组的四个像素再进行求和，加权值，加偏置，通过一个 Sigmoid 函数得到三个 S2 层的特征映射图。这些映射图再经过滤波得到 C3 层。这个层级结构再和 S2 一样产生 S4。最终，这些像素值被光栅化，并连接成一个向量输入到传统的神经网络，得到输出。

一般地，C 层为特征提取层，每个神经元的输入与前一层的局部感受野相连，并提取该局部的特征，一旦该局部特征被提取后，它与其他特征间的位置关系也随之确定；S 层是特征映射层，网络的每个计算层由多个特征映射组成，每个特征映射为一个平面，平面上所有神经元的权值相等。特征映射结构采用影响函数核小的 Sigmoid 函数作为卷积网络激活函数，使得特征映射具有位移不变性。

此外，由于一个映射面上的神经元共享权值，因而减少了网络自由参数个数，降低了网络参数选择复杂度。卷积神经网络中的每一个特征提取层（C-层）都紧跟着一个用来求局部平均与二次提取的计算层（S-层），这种特有的两次特征提取结构使网络在识别时对输入样本有较高的畸变容忍能力。

（3）关于参数减少与权值共享

上面提到 CNN 的一个重要特性就在于通过感受野和权值共享减少了神经网络需要训练的参数的个数。如图 1.7.12（a）所示，如果有 1000×1000 像素的图像，有 100 万个隐层神经元，那么它们全连接的话（每个隐层神经元都连接图像的每一个像素点），就有 1000×

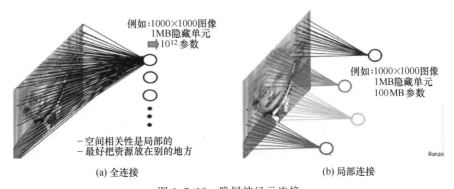

图 1.7.12　隐层神经元连接

$1000 \times 1000000 = 10^{12}$ 个连接，也就是 10^{12} 个权值参数。然而图像的空间联系是局部的，就像人是通过一个局部的感受野去感受外界图像一样，每一个神经元都不需要对全局图像做感受，每个神经元只感受局部的图像区域，然后在更高层将这些感受不同局部的神经元综合起来就可以得到全局的信息了。这样就可以减少连接的数目，也就是减少神经网络需要训练的权值参数的个数。如图 1.7.12（b）所示，假如局部感受野是 10×10，隐层每个感受野只需要和这 10×10 的局部图像相连接，所以 100 万个隐层神经元就只有 1 亿个连接，即 10^{8} 个参数。比原来减少了四个 0（数量级），这样训练起来就没那么费力了，但还是感觉很多。

隐含层的每一个神经元都连接 10×10 个图像区域，也就是说每一个神经元存在 $10 \times 10 = 100$ 个连接权值参数。如果每个神经元这 100 个参数是相同的，也就是说每个神经元用的是同一个卷积核去卷积图像，这样就只有 100 个参数了。不管隐层的神经元个数有多少，两层间的连接只有 100 个参数，这就是权值共享，也是卷积神经网络的重要特征。

假如一种滤波器，也就是一种卷积核，提出图像的一种特征，如果需要提取多种特征，就加多种滤波器，每种滤波器的参数不一样，表示它提出输入图像的不同特征，例如不同的边缘。这样每种滤波器去卷积图像就得到对图像的不同特征的放映，称之为 Feature Map。所以 100 种卷积核就有 100 个 Feature Map，这 100 个 Feature Map 就组成了一层神经元。

隐层的神经元个数与输入图像的大小、滤波器的大小及滤波器在图像中的滑动步长都有关。例如，输入图像是 1000×1000 像素，而滤波器大小是 10×10，假设滤波器没有重叠，也就是步长为 10，这样隐层的神经元个数就是 $(1000 \times 1000)/(10 \times 10) = 100 \times 100$ 个神经元了，假设步长是 8，也就是卷积核会重叠两个像素，那么神经元个数就不同了。这只是一种滤波器，也就是一个 Feature Map 的神经元个数，如果 100 个 Feature Map 就是 100 倍了。由此可见，图像越大，神经元个数和需要训练的权值参数个数的贫富差距就越大。

总之，卷积网络的核心思想是，将局部感受野、权值共享（或者权值复制）以及时间或空间亚采样这三种结构思想结合起来获得了某种程度的位移、尺度、形变不变性。

1.7.3 卷积神经网络的典型结构

1.7.3.1 LeNet

LeNet 是 1989 年由 LeCun 提出的，是卷积神经网络的鼻祖。如今在各大深度学习框架中自带的用作 Demo 目的的 LeNet 结构，是简化改进版的 LeNet-5，和原始的 LeNet-5 有一些微小差别，比如把 tanh 激活函数换成了 ReLU 等，原版 LeNet-5 可以参考 LeCun 的 LeNet 网址 http：yann. lecun. com/exdb/lenet/。

LeNet-5 解决的是手写数字识别问题，输入图像均为单通道灰度图像，分辨率为 28×28。MNIST（mixed national institute of standards and technology）是 NIST 数字集中的一个子集，一共 70000 个样本，其中 60000 个是训练集，10000 个是测试集。这些样本都是数字已经置于图像中央的分辨率为 28×28 的灰度图像，其中一半是书写比较工整的，另一半比较潦草，这两种书写在训练集和测试集中也各占一半。在 MNIST 上训练一个模型，目的是区分和识别手写的 $0 \sim 9$，也就是分 10 种类型的问题，一般分类准确率在 98% 以上。

1.7.3.2 AlexNet

AlexNet 是 2012 年由 Alex Krizhevsky 开发的，针对的是 ILSVRC（imagenet large scale visual recognition challenge）的分类问题，输入图像是 256×256 的三通道彩色图像。为了增强泛化能力，训练的时候 Alex 的数据增加手段中包含随机位置裁剪，就是在 256×256 的图像中，随机产生位置裁剪 224×224 的子区域，输入的维度是 $3 \times 224 \times 224$。整个网络的结构层数和参数比 LeNet 多了很多。

ImageNet 数据集是 ILSVRC 竞赛使用的数据集，由斯坦福大学李飞飞教授主导，包含了超过 1400 万张全尺寸的有标记图像。ILSVRC 竞赛会每年从 ImageNet 数据集中抽出部分样本，以 2012 年为例，比赛的训练集包含 1281167 张图像，验证集包含 50000 张图像，测试集为 100000 张图像。

ILSVRC 竞赛的项目主要包括以下几个问题：

（1）图像分类与目标定位（CLS-LOC）

图像分类的任务是要判断图像中物体在 1000 个分类中所属的类别，主要采用 top-5 错误率的评估方式，即对于每张图给出 5 次猜测结果，只要 5 次中有一次命中真实类别就算正确分类，最后统计没有命中的错误率。

2012 年之前，图像分类最好的成绩是 26％的错误率，2012 年 AlexNet 的出现降低了 10 个百分点，错误率降到 16％。2016 年，我国公安部第三研究所选派的“搜神”（Trimps-Soushen）代表队在这一项目中获得冠军，将成绩提高到仅有 2.9％的错误率。

目标定位是在分类的基础上，从图像中标识出目标物体所在的位置，用方框框定，以错误率作为评判标准。目标定位的难度在于图像分类问题可以有 5 次尝试机会，而在目标定位问题上，每一次都需要框定得非常准确。

目标定位项目在 2015 年 ResNet 从上一年的最好成绩 25％的错误率提高到了 9％。2016 年，公安部第三研究所选派的“搜神”（Trimps-Soushen）代表队的错误率仅为 7％。

（2）目标检测（DET）

目标检测是在定位的基础上更进一步，在图像中同时检测并定位多个类别的物体。具体来说，是要在每一张测试图像中找到属于 200 个类别中的所有物体，如人、勺子、水杯等。评判方式是看模型在每一个单独类别中的识别准确率，在多数类别中都获得最高准确率的队伍获胜。平均检出率（mean average precision，mean AP）也是重要指标，一般来说，平均检出率最高的队伍也会在多数的独立类别中获胜，2016 年这一成绩达到了 66.2。

（3）视频目标检测（VID）

视频目标检测是要检测出视频每一帧中包含的多个类别的物体，与图像目标检测任务类似。要检测的目标物体有 30 个类别，是目标检测 200 个类别的子集。此项目的最大难度在于要求算法的检测效率非常高。评判方式是独立类别识别最准确的队伍获胜。

2016 年南京信息工程大学队伍在这一项目上获得了冠军，他们提供的两个模型分别在 10 个类别中胜出，并且达到了平均检出率超过 80％的好成绩。

（4）场景分类（scene）

场景分类是识别图像中的场景，比如森林、剧场、会议室、商店等。也可以说，场景分类要识别图像中的背景。这个项目由 MIT Places 团队组织，使用 Places2 数据集，包括 400 个场景的超过 1000 万张图像。评判标准与图像分类相同（top-5），5 次猜测中有一次命中即可，最后统计错误率。2016 年最佳成绩的错误率仅为 9％。

场景分类问题中还有一个子问题是场景分割，是将图像划分成不同的区域，比如天空、道路、人、桌子等。该项目由 MIT CSAIL 视觉组织，使用 ADE20K 数据集，包含 2 万张图像，150 个标注类别，如天空、玻璃、人、车、床等，这个项目会同时评估像素及准确率和分类并集交集（intersection of union，IOU）。

1.7.3.3　GoogLeNet

GoogLeNet 是谷歌团队为了参加 ILSVRC 2014 比赛而精心准备的，发表在 CVPR2015 的论文《Going Deeper with Convolutions》中。作为深度神经网络发展中重要的结构，不仅仅因为 GoogLeNet 把层数推进到了 22 层，并且接近了人类在成像网（ImageNet）数据上的识别水平，也因为 GoogLeNet 跳出了 AlexNet 的基本结构，创新地提出了构建网络的单元开始（inception）模块。除了扩展网络结构外，还做了大量的辅助工作，包括训练多个模型（model）求平均、裁剪不同尺度的图像做多次验证等等。

1.7.3.4 ResNet

ResNet（residual neural network）由微软研究院的 Kaiming He 等四名华人提出，通过使用 ResNet Unit 成功训练出了 152 层的神经网络，并在 ILSVRC 2015 比赛中取得冠军，在 top-5 上的错误率为 3.57%，同时参数量比 VGGNet 低，效果非常突出。ResNet 的结构可以极快地加速神经网络的训练，模型的准确率也有比较大的提升。同时 ResNet 的推广性非常好，甚至可以直接用到起始网（InceptionNet）网络中。

ResNet 的主要思想是在网络中增加了直连通道，即主干网（highway network）的思想，也就是允许保留之前网络层的一定比例的输出。这样一层的神经网络可以不用学习整个输出，而是学习上一个网络输出的残差，因此 ResNet 又叫作残差网络。

传统的卷积网络或者全连接网络在信息传递的时候会或多或少存在信息丢失、损耗等问题，同时还会导致梯度消失或者梯度爆炸，导致很深的网络无法训练。ResNet 在一定程度上解决了这个问题，通过直接将输入信息绕道传到输出，保护信息的完整性，整个网络只需要学习输入、输出差别的那一部分，简化学习目标和难度。

在 ResNet 网络结构中会用到两种残差模块，一种是以两个 3×3 的卷积网络串接在一起作为一个残差模块，另外一种是 1×1、3×3、1×1 的 3 个卷积网络串接在一起作为一个残差模块。ResNet 有不同网络层数，比较常用的是 50-layer、101-layer、152-layer。它们都是由上述残差模块堆叠在一起实现的。

第2章

专业图像处理系统

2.1 通用图像处理系统 ImageSys

2.1.1 系统简介

ImageSys 是一部大型图像处理系统，主要功能包括图像/多媒体文件处理、图像/视频捕捉、图像滤波、图像变换、图像分割、特征测量与统计、开发平台等，可处理彩色、灰度、静态和动态图像。可处理的文件类型有位图文件（bmp）、TIFF 图像文件（tif，tiff）、JPEG 图像文件（jpg，jpeg）、文档图像文件（txt）和多媒体视频图像文件（avi，dat，mpg，mpeg，mov，vob，flv，mp4，wmv，rm 等）等。图像/视频捕捉采用国际标准的 USB 接口和 IEEE1394 接口，适用于台式计算机和笔记本计算机，可支持一般民用 CCD 数码摄像机（IEEE1394 接口）和 PC 相机（USB 接口）。

ImageSys 以其广泛丰富的功能，以及伴随这些功能提供给用户的大量可利用的函数，使本系统能够适应于不同专业不同层次的需要。用于教学可以向学生展示现代图像处理技术的多种功能；在实际应用上可以代替使用者自动计算、测量多种数学数据；可以利用提供的函数组合各种功能用于机器人视觉判断；特别是对于利用图像处理的科学研究，可以用本系统提供的丰富功能简单地进行各种试验，快速找到最佳方案，用提供的函数库简单地编出自己的处理程序。

ImageSys 还提供了一个框架源程序，

图 2.1.1 ImageSys 界面

包括图像文件的读入、保存、图像捕捉、视窗程序的基本系统设定等程序，也包括部分图像处理程序，可以简单地将自己的程序写入框架程序，不仅能节省大量宝贵的时间，还能参考函数的使用方法。图 2.1.1 是 ImageSys 的操作界面。

2.1.2 系统主要功能

2.1.2.1 直方图

可以选择直方图的类型：灰度，彩色 RGB、R 分量、G 分量、B 分量，彩色 HSI、H 分量、S 分量、I 分量。

可以依次显示所选类型的像素区域分布直方图的最小值、最大值、平均值、标准差、总像素等。显示所选类型的像素区域分布直方图，可以剪切和打印直方图。

可以查看直方图上数据的分布情况，可以读出以前保存的数据、保存当前数据、打印当前数据。保存的数据可以用 Microsoft Excel 将其打开，重新做分布图，图 2.1.2 为直方图功能界面。

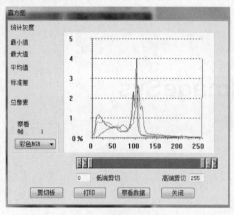 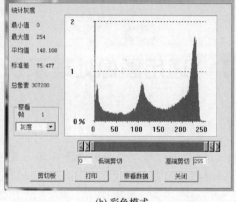

(a) 灰度模式   (b) 彩色模式

图 2.1.2 直方图功能界面

2.1.2.2 线剖面

线剖面表示鼠标所画直线上的像素值分布，可选择线剖面的分布图类型包括：灰度，彩色 RGB、R 分量、G 分量、B 分量，彩色 HSI、H 分量、S 分量、I 分量等。

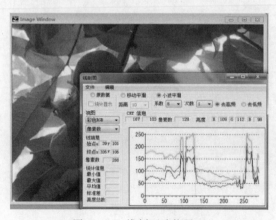

选择单个分量时，在窗口左侧会显示该分量线剖面信息的平均值和标准偏差。可以对线剖面进行移动平滑和小波平滑。移动平滑可以设定平滑距离；小波平滑可以设定平滑系数、平滑次数、去高频和去低频。去高频是将高频信号置零，留下低频信号，即平滑信号；去低频是将低频信号置零，留下高频信号，是为了观察高频信号。图 2.1.3 为线剖面的功能界面，线剖面是很有用的图像解析工具。

图 2.1.3 线剖面功能界面

2.1.2.3 3D 剖面

X 轴表示图像的 x 坐标，Y 轴表示图

像的 y 坐标，Z 轴表示像素的灰度值。可以采用自定义表示和 OpenGL 三维显示。可以设定采样空间、反色。可设定分布图的 Z 轴高度尺度、最大亮度、基亮度 、涂抹颜色、背景颜色等。图 2.1.4 是 3D 剖面示例图。

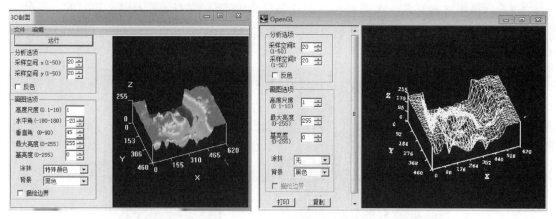

图 2.1.4　3D 剖面

2.1.2.4　累计分布图

累计分布图是指垂直方向或者水平方向的像素值累加曲线。打开功能窗口即显示处理窗口内像素的累计分布情况，若未选择处理窗口，显示的则是整幅图内像素的累计分布情况。

可选择的累计分布图类型有：灰度，彩色 RGB、R 分量、G 分量、B 分量，彩色 HSI、H 分量、S 分量、I 分量等。选择单个分量时，显示所选类型累计分布图的最小值、最大值、平均值、标准差、总像素等。图 2.1.5 显示了图像上虚线窗口区域彩色 RGB 的垂直方向累计分布图，横坐标表示处理窗口的横坐标，纵坐标表示像素的累加值。

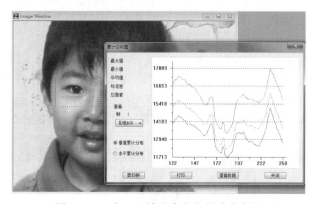

图 2.1.5　窗口区域垂直方向累计分布图

可以剪切和打印累计分布图，可以查看数据，打开数据窗口"文件"菜单，可以读出以前保存的数据、保存当前数据、打印当前数据。保存的数据可以用 Microsoft Excel 将其打开，重新做分布图。

2.1.2.5　颜色测量

颜色测量是根据 R、G、B 的亮度值以及国际照明委员会（CIE）倡导的［XYZ 颜色系统］、［HSI 颜色系统］进行坐标变换、测量色差等等。

可以用图像及数字表示基准色、测量颜色及色差。内容包括：R、G、B 的亮度值，

HSI 颜色系统下的取值，变换到 CIE XYZ 颜色系统时的 3 刺激值，3 刺激值在 [XYZ 颜色系统的色度图] 上的色度坐标 x、y，在 CIE 的 L * a * b * 色空间值，以及变换成 CIE UCS 颜色空间时的坐标 u *、v *。

可选择摄影时的光源。A 光源：相关色温度为 2856K 左右的钨丝灯；B 光源：可见光波长域的直射太阳光；C 光源：可见光波长域的平均光；D 65 光源：包含紫外域的平均自然光。图 2.1.6 是颜色测量功能界面。

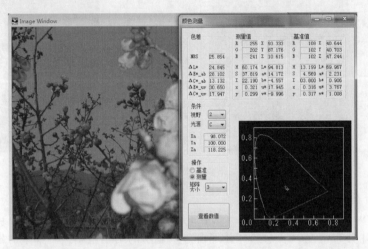

图 2.1.6　颜色测量功能界面

2.1.2.6　颜色亮度变换

用于彩色或灰度图像的亮度变换，可选择线性变换、灰度提取、灰度范围移动、N 值化、L（朗格）变换、γ（伽马）变换、动态范围变换等亮度变换的方法。

可对图像进行反色处理，将图像的浓淡信息反转。可通过均衡化像素分布，使图像变得鲜明，可对雾霾图像进行清晰化处理。

可根据变换类型分别设定相应的参数。"灰度提取"的背景可选"黑色"和"白色"；"灰度范围移动"的位移量可设定"位移量 Y"和"位移量 X"；"N 值化"可选择 2、4、8、16、32、64、128、256"；"γ（伽马）变换"的 γ 系数可在 0～1.0 之间设定，初始值为 0.5；灰度值的设定，可通过输入灰度值或灰度调节柄来实现。图 2.1.7 是颜色亮度变换的功能界面。

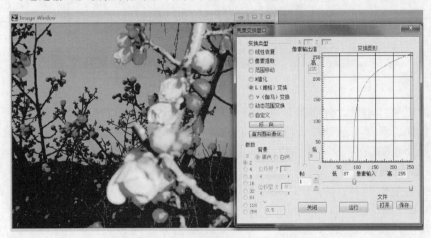

图 2.1.7　颜色亮度变换功能界面

2.1.2.7　HSI 变换

HSI 变换可将图像的 RGB 颜色值转换成 HSI 颜色值。可以分别表示色相 H、饱和度 S、亮度 I、色差 $R-I$ 和 $B-I$ 的图像。自由调节 HSI 各个分量后，改变图像颜色，如图 2.1.8 所示。

2.1.2.8　自由变换

如图 2.1.9 所示，自由变换可对图像进行平移、90 度旋转、亮度轮廓线、马赛克、窗口涂抹、积分平均等处理。

图 2.1.8　HSI 变换

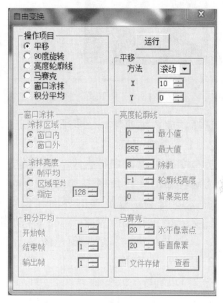

图 2.1.9　自由变换

① 平移。执行图像的滚动或移动。

② 亮度轮廓线。画出各个亮度范围的轮廓线。可设定亮度范围的下限和上限，也可设定把亮度范围分割成等份的除数、设定轮廓线的亮度值、设定轮廓线以外的背景的亮度。

③ 马赛克。计算设定范围内像素的亮度平均值，画出马赛克图像。可设定水平方向像素范围和垂直方向像素范围。

④ 窗口涂抹。以任意的亮度涂抹处理窗口内或处理窗口外。设定涂抹亮度方法：a. 帧平均，处理窗口周围的像素的平均亮度；b. 区域平均，处理窗口内的像素的平均亮度；c. 指定，指定亮度。

⑤ 积分平均。设定多帧图像，计算出平均图像。用于除去随机噪声，改善图像。

2.1.2.9　RGB 变换

如图 2.1.10 所示，RGB 变换用于彩色图像 R、G、B 三分量之间的加减运算，可以方便地提取彩色图像中 R、G、B 上的分量图，强化某些分量。

2.1.2.10　仿射变换

如图 2.1.11 所示，仿射变换可选平移、旋转、放大缩小等变换项目。

选择旋转或放大缩小时，可设定旋转或放大缩小的 x、y 方向的中心坐标，默认值为图像中心的 x、y 坐标。

选择"旋转"时，设定旋转角后，窗口上自动表示旋转后的图像。

选择"平移"时，设定平移量后，窗口上自动表示平移后的图像。

图 2.1.10 RGB 颜色变换

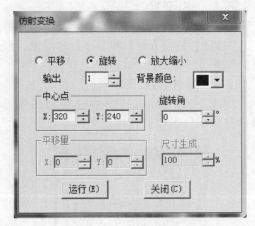

图 2.1.11 仿射变换

选择"放大缩小"时，按照所设定的比例，窗口上自动表示尺寸生成后的图像。

2.1.2.11 透视变换

透视变换可以设定扩大率，视点位置，屏幕位置，X、Y、Z 方向的移动量，以 X、Y、Z 轴为旋转轴的旋转角度。

图 2.1.12 为透视变换的界面和预览图，设定参数如下：扩大率 $X=1.2$，$Y=1.2$；视点位置 $Z=50$；屏幕位置 $Z=50$；移动量 $X=1$，$Y=1$，$Z=1$；回转度 $X=10°$，$Y=10°$，$Z=10°$，点击"确认"后，预览图显示到图像界面。

2.1.2.12 小波变换

图 2.1.13 是小波变换界面，可以进行一维行变换、一维列变换和二维变换。小波变换时可以在消除任意分量后进行逆变换，可以对选择区域进行小波放大处理。

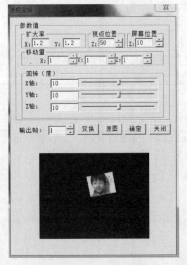

图 2.1.12 透视变换

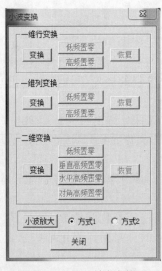

图 2.1.13 小波变换

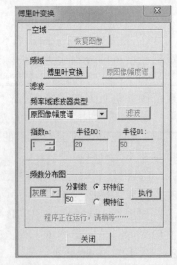

图 2.1.14 傅里叶变换界面

2.1.2.13 傅里叶变换

图 2.1.14 是傅里叶变换的界面。对变换后的傅里叶图像，可以选择各种类型的滤波器进行滤波处理，然后进行图像恢复。滤波器的种类包括用户自定义、理想低通滤波器、梯形

低通滤波器、布特沃斯低通滤波器、指数低通滤波器、理想高通滤波器、梯形高通滤波器、布特沃斯高通滤波器、指数高通滤波器等。可以设定各个滤波器的参数。

可以查看频率图像的环特征和楔特征。环特征是指频率图像在极坐标系中沿极半径方向划分为若干同心环状区域，分别计算每个同心环状区域上的能量总和。楔特征是指频率图像在极坐标系中沿极角方向划分为若干楔状区域，分别计算每个楔状区域上的能量总和。

图 2.1.15 为傅里叶变换处理示例。

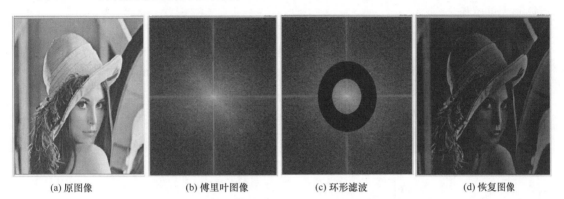

(a) 原图像　　　　　　(b) 傅里叶图像　　　　　(c) 环形滤波　　　　　(d) 恢复图像

图 2.1.15　傅里叶变换示例

2.1.2.14　单模板滤波增强

滤波增强是对图像各个像素及其周围的像素乘一个系数列（滤波算子），得出的和再除以某一个系数（除数），将最后结果作为该像素的值。通过上述处理，达到增强图像某一特征或改善图像质量的目的。

可选的滤波器类型包括简单均值、加权均值、4 方向锐化、8 方向锐化、4 方向增强、8 方向增强、平滑增强、中值滤波、排序、高斯滤波、自定义。选择以上几种滤波算子时，滤波算子和除数的数据将自动在窗口表示。滤波算子的大小可以选择 3×3、5×5、7×7、9×9 等。

图 2.1.16 是单模板滤波增强的功能界面和处理示例，对一帧彩色图像进行了 3×3 区域的 8 方向锐化处理。

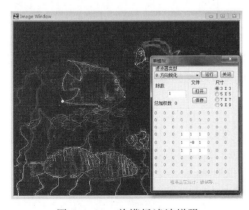

图 2.1.16　单模板滤波增强

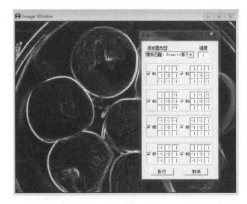

图 2.1.17　多模板滤波增强

2.1.2.15　多模板滤波增强

如图 2.1.17 所示，多模板滤波增强可选滤波器类型有 Prewitt 算子 、Kirsch 算子、

Robinson 算子、一般差分、Roberts 算子、Sobel 算子、拉普拉斯运算（算子 1 、算子 2 、算子 3）、用户自定义等。

以上算子中，Prewitt 算子、Kirsch 算子、Robinson 算子是基于模板匹配的边缘检测与提取算子，它们各自有 9 个模板可供用户选择。一般差分、Roberts 算子、Sobel 算子以及 3 种拉普拉斯算子是基于微分的边缘检测与提取算子。用户选定滤波器种类后，对于基于模板匹配的算子，可同时选择其对应的多个模板，以达到最好效果，而对于基于拉普拉斯算子的运算则为单模板。

2.1.2.16　Canny 边缘检测

如图 2.1.18 所示，Canny 边缘检测可以选择分步检测和一键检测。分步检测时，按顺序一步一步执行，显示各步处理结果图像。一键检测时，点击"Canny 检测"键，只显示最终检测结果。选择滤波器尺寸后，自动采用默认平滑尺度，也可以手动设定平滑尺度。高阈值（占比）和低阈值（占比）可以根据检测效果设定。

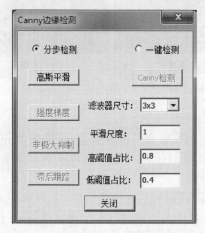

图 2.1.18　Canny 边缘检测

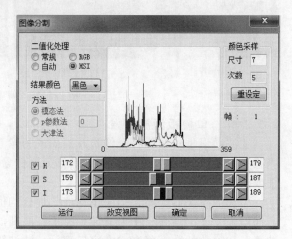

图 2.1.19　二值化处理的功能界面

2.1.2.17　图像分割

图 2.1.19 是二值化处理的功能界面。灰度图像或以灰度模式显示的彩色图像的二值化处理，可以人工自由设定阈值，也可以由系统自动求出阈值将图像二值化。可选择的自动二值化方法包括模态法、p 参数法和大津法。

基于 RGB 颜色系统的彩色图像二值化处理，可以分别设定 R、G、B 的有效、无效及阈值范围；基于 HSI 颜色系统的彩色图像二值化处理，可以分别设定 H、S、I 的有效、无效及阈值范围。两种彩色二值化处理的阈值，还可以通过鼠标在图像上点击要提取部位，自动获得阈值范围，可以设定鼠标点击区域大小。

2.1.2.18　二值图像基本运算

如图 2.1.20 所示，二值图像基本运算可以选择处理的目标对象为"黑色"或者"白色"，可以选择"8 邻域"或者"4 邻域"处理，处理的项目包括去噪声、补洞、膨胀、腐蚀、排他膨胀、细线化、去毛刺、清除窗口、轮廓提取等。

① 去噪声处理时，可在参数项设定去噪声的像素数，选择小于或大于该像素数作为噪声去除。

② 膨胀或者腐蚀处理：执行一次，根据邻域设定（8 邻域或 4 邻域）膨胀或者腐蚀一圈。反复执行膨胀和腐蚀命令，可以有效地修补图像的表面、断裂、孔洞等。

③ 排他膨胀：膨胀后对象物的个数不变，可以用于修补图像，而不改变对象物个数。

执行一次，根据邻域设定（8 邻域或 4 邻域）膨胀一次，靠近其他对象物的部位不膨胀。

④ 细线化：一个像素一个像素地缩小对象物的轮廓，直到缩小为一个像素宽（细线）的"骨架"为止。可以设定"细线化次数"，设定值为"0"时（默认的情况），表示执行到细线为止。本细线化处理，只将线条变细，而不变短。

⑤ 去毛刺：对细线化后图像的修正，可以设定毛刺的长度（毛刺像素数）。

⑥ 清除窗口：清除窗口上的不想处理的对象物。可以设定清除方向：上、下、左、右。

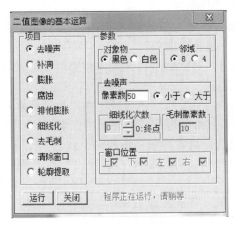

图 2.1.20　二值图像基本运算

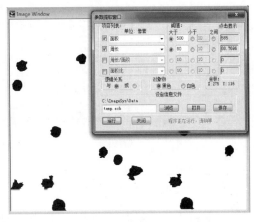

图 2.1.21　特殊提取的功能界面及提取示例

2.1.2.19　二值图像特殊提取

二值图像特殊提取可测定对象的 26 项几何数据，根据最多 4 个"与"或"或"的条件提取对象。

设定项目包括面积、周长、周长/面积、面积比、孔洞数、孔洞面积、圆形度、等价圆直径、重心（X）、重心（Y）、水平投影径、垂直投影径、投影径比、最大径、长径、短径、长径/短径、投影径起点 X、投影径起点 Y、投影径终点 X、投影径终点 Y、图形起点 X（扫描初接触点的 x 坐标）、图形起点 Y（扫描初接触点的 y 坐标）、椭圆长轴、椭圆短轴、长轴/短轴。

选择两个项目以上时有效。表示提取对象物时所选项目之间的逻辑关系，可选择"与"或者"或"。

鼠标点击目标后，自动获得目标的选定几何参数，可以参考这些参数设定提取阈值。设定范围包括大于阈值、小于阈值和取两阈值之间。

可以打开和保存设定的处理条件。

图 2.1.21 是特殊提取的操作界面及一个提取示例，该示例是提取面积大于 500 像素和周长大于 80 像素的黑色目标。

2.1.2.20　二值图像几何参数测量

二值图像几何参数测量可以选择一般处理和手动处理。一般自动参数测量共有 49 个项目；手动测量，可测量两点间距离、连续距离、3 点间角度、两线间夹角等。

在测量之前，可以通过鼠标设定比例尺，设定比例尺之后，测量的就是实际数据，如果不设定比例尺，默认测量的单位是像素数。比例尺的单位有 pm、nm、μm、mm、cm、m、km 等，图 2.1.22 为几何参数测量的功能界面。

（1）一般自动参数测量

可以选择处理对象为"黑色"或者"白色"，可以选择"8 邻域"或者"4 邻域"处理，

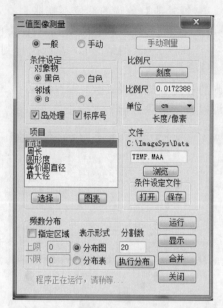

图 2.1.22 几何参数测量功能界面

可以设定岛处理和非岛处理，可以设定处理结果上标注序号或者不标注序号。岛处理时，"岛"被作为单独的一个对象物；非岛处理时，"岛"与其外侧的对象物作为一体进行处理。

① 测量项目。共有以下 40 个可选择项目（实际测量项目为 49 个）。

a. 面积、周长类

• 面积：可用对象物所占区域中像素的个数进行计算，不包括孔洞面积。

• 周长 1：对象物所占区域中相邻边缘像素间的距离之和。

• 周长 2：对象物所占区域中相邻边缘像素间的距离之和，不包括处理窗口边界上的像素。

• 孔洞数：对象物领域内洞的个数。

• 孔洞面积：对象物所占区域中所有孔洞的像素的个数。

• 总面积：对象物面积和孔洞面积的总和。

• 面积比：对象物面积（不含孔洞）除以处理窗口的总面积。

• 周长/面积：周长÷面积。

• NCI 比：周长÷$\sqrt{\text{总面积}}$。

• 圆形度 (D)：$D = \dfrac{4\pi \times \text{总面积}}{\text{周长}^2}$。$D \leqslant 1$，圆的圆形度为 1（最大）。

• 等价圆直径：与对象物的面积相等的圆的直径。

• 球体体积：以等价圆的直径为直径的球体的体积。

• 圆的形状系数 (C)：$C = 1/D$。圆形度的倒数，表示圆凹凸程度，数值越大，凹凸程度越大。

• 线长（细线化图像）：周长÷2。

b. 重心、投影径类（图 2.1.23）

• 重心：重心的横坐标 (X)、纵坐标 (Y)。

$$X = \frac{\sum x}{n}; Y = \frac{\sum y}{n}$$

式中　n——像素数；

x——各个像素坐标值 x；

y——各个像素坐标值 y。

• 水平投影径：投影到 x 坐标轴的水平径。

• 垂直投影径：投影到 y 坐标轴的垂直径。

• 投影径角：由投影径构成的长方形（与坐标轴平行的外接长方形）的对角线与 x 轴的夹角。

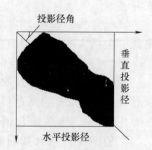

图 2.1.23　重心、投影径类参考图

$$\text{投影径角} = \arctan(\text{垂直投影径}/\text{水平投影径})$$

• 占有率：在投影径构成的长方形内，对象物所占的比例。

$$\text{占有率} = \text{总面积} \div (\text{水平投影径} \times \text{垂直投影径})$$

c. 最大径类

• 最大径：对象物内最长的直线。除了最大径的长度以外，选择最大径后，还自动测量最大径端点 x_1、最大径端点 y_1、最大径端点 x_2、最大径端点 y_2。

• 最大径角：最大径与 x 轴的夹角。

• 直径的形状系数：$\frac{\pi}{4} \times$（最大径^2÷总面积）。最小为 1（圆），数值越大离圆越远。

• 长径：对象物外接长方形中面积最小的长方形的长边。椭圆时相当于长半轴。

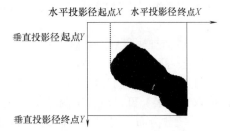

图 2.1.24　水平投影径坐标

• 短径：对象物外接长方形中面积最小的长方形的短边。椭圆时相当于短半轴。

• 长径角：长径与 x 轴所成的夹角。

d. 帧上的坐标类

• 水平投影径坐标：选择该项后，将测量水平投影径起点 X、垂直投影径起点 Y、水平投影径终点 X、垂直投影径终点 Y（图 2.1.24）。

• 图形起点坐标：选择后将测量图形起点 X、图形起点 Y 两项内容。

e. 椭圆类

• 椭圆长轴：假定的惯性椭圆体的长轴。

$$m_{\theta\max} = \{0.5(M_{x2}+M_{y2}) \pm 0.5[(M_{x2}-M_{y2})^2 + 4M_{xy}^2]^{1/2}\}_{\max}$$

式中　$m_{\theta\max}$——对椭圆长轴的惯性矩；

M_{x2}，M_{y2}，M_{xy}——对 x 轴的 2 阶矩，对 y 轴的 2 阶矩和对 x、y 轴的 2 阶矩，请参考下文的"区域矩类"部分。

$$椭圆长轴 = (1/m_{\theta\max})^{1/2}$$

• 椭圆短轴：假定的惯性椭圆体的短轴。

$$m_{\theta\min} = \{0.5(M_{x2}+M_{y2}) \pm 0.5[(M_{x2}-M_{y2})^2 + 4M_{xy}^2]^{1/2}\}_{\min}$$

式中，$m_{\theta\min}$ 为对椭圆短轴的惯性矩。

$$椭圆短轴 = (1/m_{\theta\min})^{1/2}$$

• 椭圆方向角：椭圆长轴与 x 轴的夹角 θ。

$$\theta = 0.5\arctan[2M_{xy} \div (M_{y2}-M_{x2})]$$

• 椭圆长短轴比。

• 椭圆体体积：以惯性椭圆体的长轴为中心轴回转所得到的体积。

$$椭圆体体积 = \frac{4}{3}\pi \times (长轴/2) \times (短轴/2)^2$$

• 椭圆的形状系数：表示与圆的近似程度。

$$a = \pi \times (长轴 + 短轴) \div (2 \times 长轴)$$

圆或椭圆 $a=1$，不规则形状 $a<1$，$0<a<1$。

f. 区域矩类（图 2.1.25）

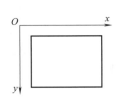

图 2.1.25　区域矩类图像坐标系

• 0 阶矩（M_0）：M_0＝对象物的面积。

• 1 阶矩 $X(M_{x1})$：对 x 轴的一阶矩。

$$M_{x1} = \sum y$$

• 1 阶矩 $Y(M_{y1})$：对 y 轴的一阶矩。

$$M_{y1} = \sum x$$

• 2 阶矩 $X(M_{x2})$：对 x 轴的 2 阶矩。

$$M_{x2} = \sum (y - y_0)^2$$

式中，y_0 为重心的 y 坐标。

- 2 阶矩 $Y(M_{y2})$：对 y 轴的 2 阶矩。

$$M_{y2} = \sum (x - x_0)^2$$

式中，x_0 为重心的 x 坐标。

- 二阶矩 $XY(M_{xy})$：对 x、y 轴的 2 阶矩。

$$M_{xy} = \sum \sum (x - x_0)(y - y_0)$$

- 极惯性矩（M_o）：$M_o = M_{x2} + M_{y2}$。

注：上述公式只对二值图像有效。

可以文档表示测量结果，打开表示文档后，可以保存测量结果，保存数据可以用其他软件读取、做表。可以对多次测量结果进行合并处理。

② 频数分布。可以对不同的测量项目进行频数分布表示，可以选择分布图或者分布表表示，这些图表都可以保存、拷贝和打印，图 2.1.26 是对面积测量结果的频数分布图和频数分布表的表示示例。

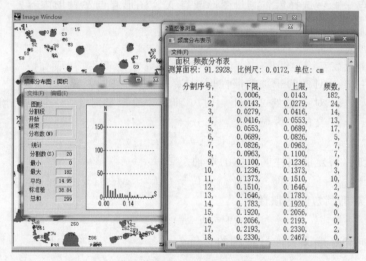

图 2.1.26 面积测量结果的频数分布图和表示例

（2）手动测量

手动测量是测量鼠标指定的距离、角度等，图 2.1.27 是手动测量界面及测量示例。

① 两点间距离：在图像上先后点击两点，将在两点间自动画出直线，在后一点处标出测量序号，测量结果表示在窗口上。

② 连续测量两点间距离：连续显示鼠标点击位置的距离。

③ 3 点间的角度：点击 3 个点后，再点击要测量的角度，自动表示角度和测量序号，测量结果表示在窗口上。

④ 两线间的夹角：分别点击两条线的起点和终点，然后点击要测量的角度，自动表示两条线和测量序号，测量结果表示在窗口上。

2.1.2.21 二值图像直线参数测量

如图 2.1.28 所示，在二值图像中，利用不同的方法对目标区域进行直线检测，并显示检测结果和参数，可以选择以下测量方法。

① 一般 Hough 变换：利用一般 Hough 变换检测图像中的直线要素。

图 2.1.27　手动测量

② 过一点的 Hough 变换：检测过设定点的直线要素。

③ 过一条线的 Hough 变换：检测过基准线与目标像素群相交点的直线要素。

④ 最小二乘法：利用最小二乘法检测图像中的直线要素。

2.1.2.22　二值图像圆形分离

如图 2.1.29 所示，二值图像圆形分离是用来分离圆形物体，并测量其直径、面积和圆心坐标。对于非圆形物体，以其内切圆的方式进行测量分离，还可表示处理结果的频数分布情况。

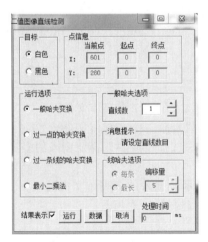

图 2.1.28　直线参数测量

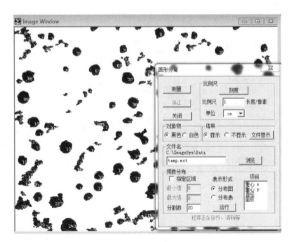

图 2.1.29　圆形分离

2.1.2.23　二值图像轮廓测量

如图 2.1.30 所示，二值图像轮廓测量可以测量对象物的个数、各个对象物轮廓线长度（像素数）及轮廓线上各个像素的坐标，测量数据可以文档表示和保存。

2.1.2.24　查看

如图 2.1.31 所示，可以实时查看鼠标周围 7×7 区域的彩色 RGB 或者灰度的像素值。可以放大、缩小表示的图像；可以保存放大、缩小的图像；可以打开或者关闭状态窗口。

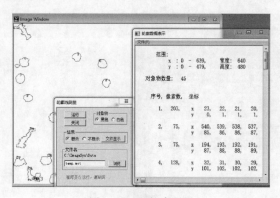

图 2.1.30 轮廓测量

图 2.1.31 像素值查看功能

2.1.2.25 画图

画图是指可以在图像上直接描绘自由线、折线、直线、矩形、圆、涂抹（填充）等，用于修正或自由绘制图像；具备悔步功能；圆的绘制分为中心/半径画圆和 3 点画圆；在彩色模式下，可进行颜色及 RGB 各分量的选取。

2.1.2.26 多媒体文件编辑

如图 2.1.32 所示，多媒体文件编辑功能可以进行 1 个或 2 个视频（图像）文件的编辑。

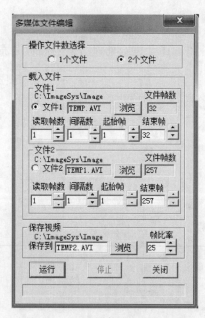

图 2.1.32 多媒体文件编辑界面

载入两个视频文件时可以两个视频文件进行穿插编辑。可以把单个图像文件插入视频中或者可以从视频中截取单个图像文件。多媒体文件编辑的优点在于内存的大小对其没有限制，可以对所要获取的视频帧数进行任意设置和编辑。能够编辑的多媒体文件格式包括 avi、mp4、wmv、mkv、flv、rm、dat、mov、vob、mpg、mpeg 等多种。

① 操作文件数选择：选择对 1 个或 2 个文件进行编辑。

② 文件 1：选择载入第一个多媒体文件。

③ 文件 2：选择载入第二个多媒体文件。

④ 浏览：载入文件选择窗口，选择要读入的多媒体文件。

⑤ 文件帧数：显示所载入的多媒体文件的帧数。

⑥ 读取帧数：设定连续读取帧数。

⑦ 间隔数：设定读入间隔数。

⑧ 起始帧：设定要读入视频文件的起始帧。

⑨ 结束帧：设定要读入视频文件的结束帧。

⑩ 保存到：设置保存的文件路径和文件名字。

⑪ 运行：开始按设置编辑图像。

⑫ 停止：停止正在执行的编辑操作。

⑬ 关闭：关闭窗口。

2.1.2.27 添加水印

主要功能是对多媒体文件或者图像文件添加水印，可以对单帧的多媒体文件或者图像文件添加单条水印或者多条水印，也可以多帧视频文件添加水印 。其主要优点在于操作简便，灵活自由。图 2.1.33 是添加水印的界面及示例。

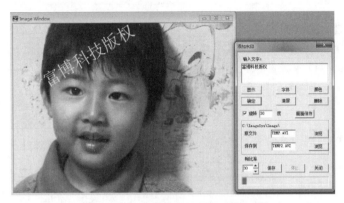

图 2.1.33　添加水印功能界面及示例

操作功能界面说明：

① 输入文字：在输入文字编辑框内输入水印文字。

② 显示：按照"字体"以及"颜色"设置，将编辑窗口内的水印文字显示在屏幕上。

③ 字体：设置水印文字的属性，单击后弹出字体设置窗口。

④ 颜色：设置水印颜色，单击颜色后弹出颜色选择窗口。

⑤ 确定：将显示在处理屏幕上的水印文字保存至当前显示帧图像中。

⑥ 清屏：清除已显示在屏幕上的水印文字。

⑦ 删除：添加多条水印时，选择"删除"，从尾到首逐条删除已确定在屏幕上的水印文字。

⑧ 旋转：选择后，按设定角度旋转水印文字。

⑨ 画面保存：保存当前显示的画面图像及水印。

⑩ 原文件：显示读入的文件名称。可以通过其后的"浏览"选择要读入的多媒体文件。单击"浏览"选择视频文件后，自动弹出播放器，可以通过播放器观看选择的视频文件。

⑪ 保存到：输入或者浏览保存的多媒体文件名。

⑫ 帧比率：设定保存视频文件播放速度。如，该数为 30 时，表示播放速度为每秒 30 帧图像。

⑬ 保存：执行添加水印操作。

⑭ 停止：停止正在执行的操作。

⑮ 关闭：关闭窗口。

2.1.2.28　图像/视频文件旋转

对图像文件和多媒体文件的图像进行任意角度的旋转和保存。其主要特点是从文件中读出图像数据，执行旋转预览或者旋转保存，不受系统帧设置影响，图 2.1.34 是操作界面。

操作功能说明如下：

① 浏览：载入文件选择窗口，选择要读入的多媒体文件或图像文件。

② 旋转角度：选择对多媒体文件或图像文件

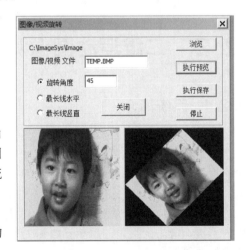

图 2.1.34　图像/视频文件旋转

进行任意角度旋转，默认值为 $45°$。

③ 最长线水平：选择对图像进行水平变换（以图像上最长直线为基准），该功能只适用于图像文件。

④ 最长线垂直：选择对图像进行垂直变换（以图像上最长直线为基准），该功能只适用于图像文件。

⑤ 执行预览：对读入文件执行旋转，并预览执行结果（不保存）。

⑥ 执行保存：对读入文件执行旋转，预览结果并保存。保存文件名为原文件名后面加"1"。

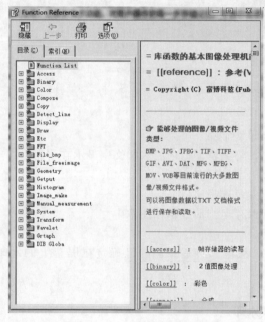

图 2.1.35　开发平台函数库

⑦ 停止：停止正在执行的预览或保存。

⑧ 关闭：关闭窗口。

2.1.3　系统开发平台 Sample

ImageSys 提供了一个 Visual Studio 2010 框架源程序的开发平台，图像文件、多媒体文件、查看、状态窗、系统帧设定等完全采用 ImageSys 的功能模块，并且提供了灰度图像处理和彩色图像处理的例程序。在该平台上，可以轻松地添加自己的菜单和对话框，不需要考虑图像的表示以及文件操作等繁杂的辅助功能，使用户能够专注于自己的图像处理算法研究。

如图 2.1.35 所示，ImageSys 向用户提供了总计 360 多条图像处理、图像显示和图像存取的函数，把几乎所有功能都以函数形式提供给了用户，从而奠定了本系统作为图像处理开发平台的地位。用户可以用 ImageSys 来寻找解决方案，用提供的函数来编写自己的程序，可以大大提高研究和开发效率。

2.2　二维运动图像测量分析系统 MIAS

2.2.1　系统简介

二维运动图像测量分析系统 MIAS 主要对选定目标进行运动轨迹的追踪、测量和表示。测量项目包括坐标位置、速度、加速度、角度、角速度、角加速度、移动距离等多组数据，并能根据需要采取自动、手动和标识跟踪的方式进行测量。追踪轨迹可以与图像进行同步表示，测量数据可以以图表等易于理解、直观的方式进行表示等。

本系统可应用于以下领域：人体动作的解析；物体运动解析；动物、昆虫、微生物等的行为解析；应力变形量的解析；浮游物体的振动、冲击解析；下落物体的速度解析；机器人视觉反馈等。

本系统的主要功能及特征如下。

（1）多种测量及追踪方式

通过对颜色、形状、亮度等信息的自动追踪，测量运动点的移动轨迹。追踪方式有全自动、半自动、手动和标识点追踪。

（2）多个目标设定功能

在同一帧内，最多可以对 4096 个目标进行追踪测量。

（3）丰富的测量和表示功能

可测量位置、距离、速度、加速度、角度、角速度、角加速度、两点间的距离、两线间夹角（三点间角度）、角变量、位移量、相对坐标位置等十余个项目，并可以图表或数据形式表示出来，也可对指定的表示画面单帧或连续帧（动态）存储，同时还具有强大的动态表示功能：动态表示轨迹线图、矢量图等各种计测结果以及与数据的同期表示。

（4）便捷实用的修正功能

对指定的目标轨迹进行修改校正。可进行平滑化处理，对目标运动轨迹去掉棱角噪声，更趋向曲线化。可以进行内插补间修正，消除图像（轨迹）外观的锯齿。还可以进行数据合并，将两个结果文件（轨迹）进行连接。亦可设置对象轨迹的基准帧，添加或删除目标帧等。

图 2.2.1 是二维运动图像测量分析系统 MIAS 的初始界面。

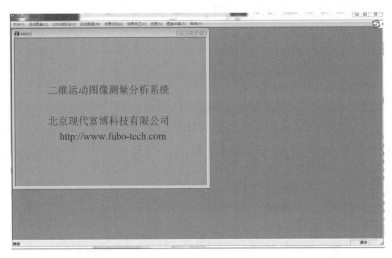

图 2.2.1 二维运动图像测量分析系统 MIAS

2.2.2 系统主要功能

2.2.2.1 文件

MIAS 系统可对 2D 结果文件进行多项操作，具体包括：打开以前保存的 2D 结果轨迹文件，供后续查看或处理；合并多个 2D 结果文件，有帧合并和目标合并两种方式；保存当前"结果修正"后的轨迹文件；保存当前的图像为 .BMP 类型文件；打印当前显示的图像，打印前还可设定打印机及预览图像效果。

图 2.2.2 是 2D 结果文件合并界面，其功能如下。

（1）帧合并

以帧为单位，将两个或两个以上的 2D 结果文件中相同帧号上的目标合并到一个序列图像上。

图 2.2.2　2D 结果文件合并界面

（2）目标合并

以目标为单位，将两个或两个以上的 2D 结果文件进行连接。每个 2D 文件的目标数必须相同。该合并方式主要用于同一场合下多个 2D 结果文件的合并。

（3）第一个 2D 文件

选择一个 2D 测量文件，以该文件测量结果为基准进行合并。选择"帧合并"时，合并后浏览时播放的为该文件所对应的视频图像。选择"目标合并"时，该文件的图像和目标在合并后文件中首先出现。

（4）其它 2D 文件

打开其它 2D 测量文件。

（5）合并

执行目标合并。

（6）合并结果文件

设定合并结果文件的保存路径及文件名。

（7）AVI 文件

选择"目标合并"方式时有效。是将两个或两个以上的 2D 结果文件进行合并后，将结果图像保存为 AVI 格式。

2.2.2.2　运动图像及 2D 比例标定

点击"运动图像"菜单，可读入连续图像文件和视频图像文件。连续图像文件是指相同名字加连续序号的图像文件，文件类型包括 bmp、jpg、tif 等。视频文件包括 avi、flv、mp4、wmv、mpeg、rm、mov 等。

点击"2D 比例标定"菜单，弹出图 2.2.3 所示的 2D 标定界面，可对距离比例、坐标方位、拍摄帧率、图像帧读取间隔等参数进行计算或设定。

（1）刻度

选择刻度标定，刻度标定包括以下内容。

① 距离：

图像距离：图像上比例尺的像素距离。

实际距离：设定比例尺的图像距离所表示的实际距离。

单位：选择实际距离的单位，包括 pm、nm、μm、mm、cm、m、km。

图 2.2.3　2D 标定界面

计算比例：根据设定的图像距离和实际表示的距离计算出比例尺。

② 时间：

拍摄帧数/单位：设定单位时间内拍摄的帧数。

读取间隔：设定图像帧读入的间隔数。

（2）坐标变换

选择坐标变换，具体内容如下。

① 固定坐标设置

原点：表示实际坐标原点在图像上的位置。默认左上角为原点（0，0）。

旋转角：表示坐标 X 轴逆时针旋转角度。X 轴水平向右为 0°。

Y 轴方向：表示坐标的 Y 轴方向。以 X 轴为基准，面向 X 轴方向时，Y 轴的方向。表示为"向左"或"向右"。

初始化：点击后依次表示"原点在左上""原点在左下""原点在右下""原点在右上"等，原点、旋转角、Y 轴方向等随设置内容的变化相应地自动改变，如图 2.2.4 所示。

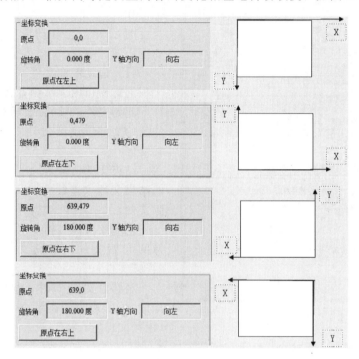

图 2.2.4　原点位置设置

② 自由设定坐标方位的方法

a. 选择"坐标变换"。

b. 设定 X 轴方向：鼠标左击图像上两点，前后两点的连线方向即为 X 轴方向。右击鼠标可以取消设定。

c. 设定原点：设定完 X 轴方向后，移动鼠标到原点位置，左击即可。右击鼠标可以取消设定。设定后相关参数显示在坐标变换栏目内。

d. 读入设定：读入以前保存的标定设置条件。

e. 保存设定：保存当前设置的标定条件。

f. 读入图像：读入标定用的图像。

g. 确定：标定有效，关闭标定窗口。

h. 取消：取消标定，关闭标定窗口。

2.2.2.3　自动测量

自动测量是对设定的目标自动追踪其运行轨迹并测量运动参数。一般来说，自动测量方法适用于待测运动目标有良好"识别环境"的情况，如目标的 RGB 值或灰度值与其周边背景色有较好的对比度，比较容易分辨，环境噪声值较小时。

　　读入运动图像之后，对图像执行测量处理之前，需先设定测量目标，该系统提供了两种目标设定方法：手工和自动。其中，手动设定目标的方法是通过拖动鼠标选择目标范围，然后点击要抽取目标的中心位置，而自动设定目标的方法是按用户设定的阈值提取目标，并自动测量每个目标的中心位置。同时，系统提供了两种追踪方式：半自动和自动。半自动方式在追踪过程中，当不能自动追踪时，辅以手工点击表示帧上的目标点，而自动方式全程追踪不需要任何手工操作。

　　图 2.2.5 是自动测量界面，其功能如下。

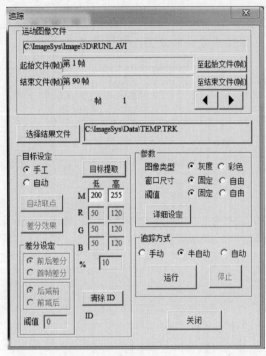

图 2.2.5　自动测量界面

　　（1）运动图像文件

　　上方窗口内表示测量文件的路径。

　　起始文件（帧）：表示被测量运动图像的起始文件（连续文件）或者起始帧（视频文件）。

　　结束文件（帧）：表示被测量运动图像的结束文件（连续文件）或者结束帧（视频文件）。

　　至起始文件（帧）：显示被测量运动图像的起始文件（连续文件）或者起始帧（视频文件）。

　　至结束文件（帧）：显示被测量运动图像的结束文件（连续文件）或者结束帧（视频文件）。

　　帧：显示当前窗口表示帧，点击右侧的翻转键可以改变表示图像。

　　（2）选择结果文件

　　设定测量结果文件的保存路径及文件名。

　　（3）目标设定

　　① 手工。手动设定测量目标点的中心位置。

　　手工目标的设定方法：选择"手工"后，按住"SHIFT"键，再按住鼠标左键拖动鼠标选择目标范围，然后点击要抽取目标的中心位置。如果有多个目标要多次点击，则点击的目标个数显示在"ID"后面。如果每次点击目标前都设定一次范围大小，且在窗口尺寸中选择自由格式，则可以实现不同目标不同测量范围大小的设定。在目标设定的过程中若目标设定错误，则可在图像的任意位置点击右键，取消最近一次目标范围的设定，且可多次取消。点击的目标个数将被显示在"ID"后面。执行"运行"时，在设定的目标范围内，按"详细设定"中设定的方法提取目标，并自动进行目标追踪。

　　② 自动。选择后"自动取点"键有效，执行"自动取点"命令，将按"详细设定"中设定的方法提取目标，并自动测量每个目标的中心位置。

　　自动目标的设定方法：选择"自动"后，按"手工"的方法设定自动测量范围（默认为整幅图像），点击"自动取点"键，将按"详细设定"中设定的方法提取目标，并自动测量每个目标的中心位置，并提示测量的目标个数询问是否正确，如果正确，再按"手工"的方法设定目标的跟踪区域大小，然后点击"运行"键进行追踪测量。

自动取点：当目标设定选择"自动"后，该键有效。

差分效果："详细设定"中选择"差分"时该键有效。将运动图像向后走 1 帧以上，执行该键后，显示差分效果。

差分设定：设定差分方法和差分后的二值化阈值。设定以后，可以执行"差分效果"，如果差分效果不好，可以改变参数设定。

目标提取：对设定的目标进行提取，执行后弹出图像分割窗口。在目标提取窗口点击"确定"后，分割阈值自动表示在各个阈值窗口。

（4）参数

① 图像类型。读取图像后，系统自动判断图像是彩色还是灰度，并自动设定。如果读取的是彩色图像，但人为选择了灰度图像，系统将把彩色图像的 R 分量作为灰度图像进行测量。

② 窗口尺寸。选择提取目标窗口尺寸的格式：固定或自由。固定：在追踪执行时，目标窗口尺寸自动统一为最后一个目标所设定的尺寸大小；自由：在追踪执行时，目标窗口尺寸仍保持为原有设定的尺寸大小。

③ 阈值。选择目标提取时阈值的设定格式：固定或自动。一般选择固定。

④ 详细设定。点击后出现图 2.2.6 所示的参数明细窗口，设定"二值化方法"等参数。设定后点击"确定"，关闭窗口，设定有效。

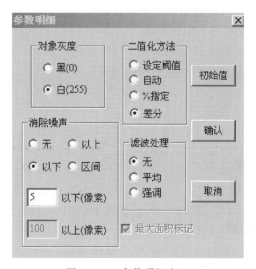

图 2.2.6　参数明细窗口

2.2.2.4　手动测量

手动测量是对设定的目标通过手工操作追踪其运行轨迹。当待测运动目标有较复杂的"识别环境"，不太容易与周边背景区分时，通过手工操作方式逐帧对目标的运动轨迹进行追踪。

追踪时，手工点击追踪目标在每一帧的相应位置。若在追踪过程中，点击了错误位置，可返回到上一点的追踪，并可多次返回，返回之后，需要重新追踪当前点和当前点之后的所有点。

图 2.2.7 是手动测量的操作界面，窗口内项目及功能如下。

运动文件和选择结果文件请参考"2.2.2.3　自动测量"一部分。

设定目标个数：设定目标的数量。

帧单位追踪：以帧为单位，在执行手动测量的过程中，每一帧的每一个 ID 目标都要逐一进行追踪，然后再进行下一帧的各个目标的相应追踪。

ID 单位追踪：以目标为单位，单个追踪 ID 目标在所有的帧数中的整个轨迹，完成后再进行下一个目标的

图 2.2.7　手动测量界面

追踪。

执行：运行以上设置，执行追踪。

状态条窗口：显示当前表示的帧和 ID。

停止：中断执行。

上一帧：返回至前一帧。

下一帧：翻转至后一帧。

前一目标：翻转至上一目标。

后一目标：翻转至下一目标。

关闭：退出手动测量窗口。

2.2.2.5 标识测量

标识测量是对设定的标识进行追踪。追踪之前，需在测量对象上贴上彩色标识点。包括可控追踪和快速追踪两种追踪方式。

图 2.2.8 是标识检测的操作界面，其功能如下。

运动文件和选择结果文件的功能请参考"2.2.2.3 自动测量"一部分。

播放：播放连续图像文件或者视频文件。

停止播放：停止播放连续图像文件或者视频文件。

追踪方式：分为"可控追踪"和"快速追踪"。

（1）可控追踪

通过播放器控制追踪的速度，并且可通过点击鼠标调整各个点在追踪过程中的位置；选择"可控追踪"时，"测距修正""选定修正"和"修正目标序号"选项有效。

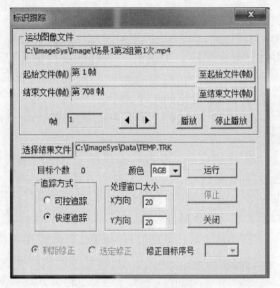

图 2.2.8 标识测量界面

测距修正：选择修正位置后，自动将本帧上距离点击位置最近的目标移到点击位置。用于分散目标的情况。

选定修正：在修正目标序号一栏中选择要修正的目标，鼠标点击后，将选择目标移动到点击位置。用于集中目标的情况。

（2）快速追踪

以最快的方式自动追踪。

处理窗口大小：设定追踪窗口的大小。

颜色：分为 RGB、R、G、B 四类模式，根据标识目标颜色和背景颜色合理选择其中之一。

图 2.2.9～图 2.2.11 是 3 个追踪测量示例。

2.2.2.6 结果视频表示

结果视频表示主要对测量的结果进行图表表示、数据查看、复制、打印等，并且可以更改显示的颜色、线型等视觉效果，图 2.2.12 是结果视频表示的界面。

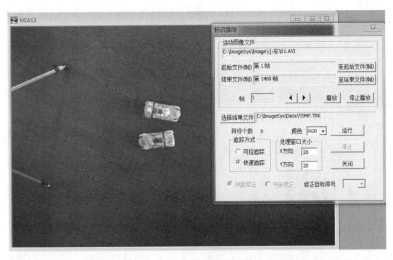

图 2.2.9　小车上蓝色标识的 RGB 追踪测量

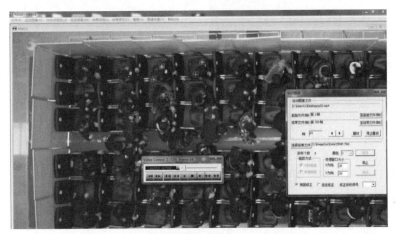

图 2.2.10　人体上红色标识点的 R 追踪测量

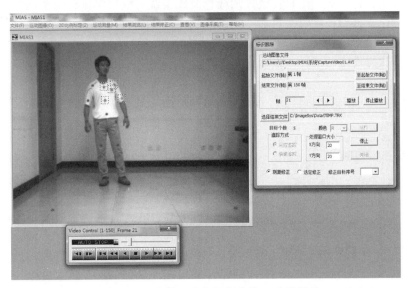

图 2.2.11　人体上蓝色标识点的 R 追踪测量

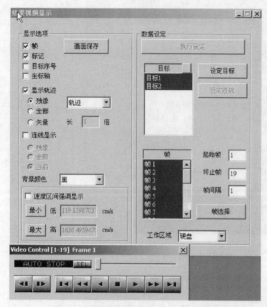

图 2.2.12　结果视频表示界面

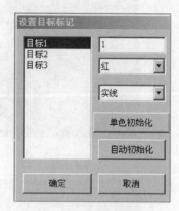

图 2.2.13　设定目标

（1）设定目标

选择"显示轨迹"时有效，用于设置目标的运动轨迹颜色及线型，执行后如图 2.2.13 所示。

目标列表：窗口中左上部为目标列表显示框。

目标序号：窗口中右上部第一个选项框表示当前的对象目标序号。

颜色选择：窗口中右上部第二个选项框表示当前选择的颜色，颜色选项包括红、绿、蓝、紫、黄、青、灰。

线型选择：窗口中右上部第三个选项框表示当前线型，线型选项包括实线、断线、点线、一点断线、两点断线。

单色初始化：将所有对象目标轨迹的颜色及线型统一成选定目标的颜色和线型。

自动初始化：自动设定每个目标轨迹的颜色。

确定：执行设定的项目。

取消：不执行设定的项目，退出窗口。

图 2.2.14　设定连线

（2）设定连线

选择"连线显示"时有效，用于设置、添加、删除任意两个目标间的连线，执行后如图 2.2.14 所示。

连接线：在测量框内，表示目标与目标的连线，下方是目标连线列表框。

删除：在测量框内，表示删除目标连线列表框指定的目标连线。

全部删除：在测量框内，表示删除目标连线列表框全部目标连线。

目标选择：在连接线设定框内，上边两个选项框表示用来设定要添加的两个对象目标。

颜色选择：在连接线设定框内，下边选项框表示设定连线的颜色，连线颜色选项包括红、绿、蓝、紫、黄、青、灰。

添加：执行以上三个选项框的设定，添加目标连线。

确认：执行连接线窗口的设定。

取消：退出连接线窗口。

（3）目标

显示目标列表，图 2.2.12 中方框内容为 2 个目标的显示列表，当前操作对象是目标 1 和目标 2。

起始帧：设定要表示的开始帧。图 2.2.12 中表示的起始帧是第 1 帧。

终止帧：设定要表示的结束帧。图 2.2.12 中表示的终止帧是第 19 帧。

帧间隔：设定要表示的帧与帧之间的间隔帧数。图 2.2.12 中表示的帧间隔是 1。

帧选择：执行以上"起始帧""终止帧""帧间隔"的帧设定。

帧：显示帧列表。图 2.2.12 中方框内容为执行"帧选择"后的帧列表。

工作区域：选项为硬盘或内存。

执行设定：运行"数据设定"范围内的项目设置。

（4）显示选项

帧：表示当前窗口内读入的连续图像画面。点击单选框设定是否显示"帧"。

标记：表示目标的记号。点击单选框设定是否显示"标记"。

目标序号：表示目标的顺序标号。点击单选框设定是否显示"目标序号"。

坐标轴：点击单选框设定是否显示"坐标轴"。

（5）显示轨迹

残像：显示当前帧之前的运动轨迹。选项为轨迹、轨迹加矢量、连续矢量。

全部：显示目标所有的运动轨迹。

矢量：表示目标运动轨迹的方向。右边的小方框是用来设定矢量的长度倍数。图 2.2.12 中所示的设定为矢量显示 1 倍长度。

（6）连线显示

残像：显示运动过的帧上的连线。

全部：显示从指定的起始帧至终止帧上的连线。

当前：显示当前帧上的连线。

（7）背景颜色

当前表示窗口的背景颜色，黑或白。注："帧"选择为显示的状态下，背景颜色的选择无效。

（8）速度区间强调显示

选择感兴趣的速度区间，目标在此区间的轨迹将以粗实线表示。选择"速度区间强调显示"后，最小、最大设定有效。"最小"：设定目标的最小速度；"最大"：设定目标的最大速度。"最小"默认的低值为所有目标速度的最低值，"最大"默认的高值为所有目标速度的最高值。

（9）画面保存

保存当前图像窗口内的画面（连续），可保存为连续的 bmp 类型的文件和 avi 视频类型的文件。

保存为 bmp 图像类型时，设定文件名并保存，系统自动将连续的运动画面从首帧至尾帧逐帧按序号递增存储。

保存为 avi 视频类型时，设定文件名并保存，系统提示选择压缩程序，可根据实际需要选择，如对保存的结果质量要求较高时，最好选择"（全帧）非压缩"的方式；反之对图像质量要求较低时（存储占用空间相对较小），可选择其他的压缩方式及其压缩率。点击"确定"后，系统将连续的运动画面从首帧至尾帧存储为视频文件。

在执行存储处理过程中，如需中断存储任务，可点击处理进程界面的"停止"。保存 bmp 或 avi 结果文件，其具体图像内容与当前所设定的"显示选项"和"数据设定"表示结果一致。

图 2.2.15 列出了上述显示方法中的几种效果。其中，图 2.2.15（a）是以连续矢量显示方式显示全部运动轨迹；图 2.2.15（b）为显示全部标记、目标序号、坐标轴以及全部轨迹、全部连线的结果，在该图中，窗口背景被设置成白色；图 2.2.15（c）为任意选择的感兴趣速度区间；图 2.2.15（d）粗实线部分为目标在该区间的运动轨迹。

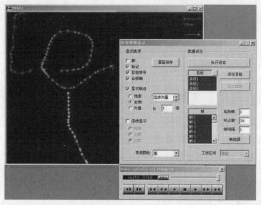

(a) 矢量显示方式全部运动轨迹显示

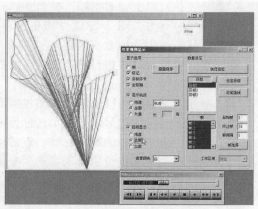

(b) 全部连线的结果显示

(c) 速度区间选择

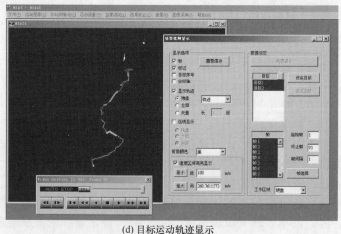

(d) 目标运动轨迹显示

图 2.2.15 轨迹追踪结果的几种显示方法

2.2.2.7 位置速率

位置速率指目标轨迹在不同帧的位置和速率。在该栏目中，可查看、复制、打印各参数的图表、数据，以及更改显示的颜色、线型等视觉效果。显示的参数具体为目标的坐标 X、坐标 Y、移动距离、速度和加速度 5 个结果数据，有图表和数据两种查看方式，图 2.2.16 是位置速度的操作界面。

设置目标：设定目标标记及其运动轨迹线的显示颜色和线型，点击后如图 2.2.13 所示。

查看图表：查看测量参数设定范围的目标和项目的图形表示，图 2.2.17 是已经打开的某个 2D 结果文件执行"查看图表"后的结果窗口。图中的 3 条曲线分别表示 3 个目标的相应数值，该图表可以保存和拷贝。

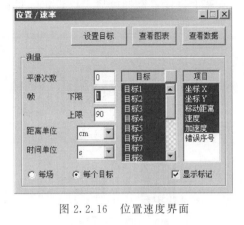

图 2.2.16　位置速度界面

查看数据：查看测量参数设定范围的目标和项目的数值。图 2.2.18 是执行"查看数据"的界面，数据可以保存成 txt 文件。

目标：表示目标列表，可点击选择对象目标。

项目：表示项目列表，可对坐标 X、坐标 Y、移动距离、速度、加速度进行选择，可点击选择对象项目。

错误序号：1，2，3，4（详见 2.2.2.14 内容）。

每场：以场为单位。

每个目标：以目标为单位。

显示标记：显示各个目标的记号。

平滑次数：设定平滑化修正的次数。

帧：表示设置或查看对象的帧数范围。上限表示起始帧。下限表示结束帧。

距离单位：选择距离的单位，pm、nm、μm、cm、m、km。

时间单位：选择时间的单位，ps、ns、μs、ms、s、min、h。

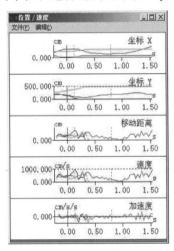

图 2.2.17　查看图表界面

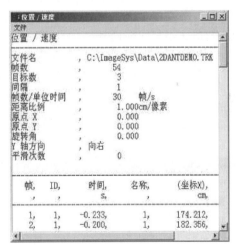

图 2.2.18　查看数据界面

2.2.2.8　偏移量

偏移量反映目标轨迹在不同帧的位置变化，在该栏目，可查看指定目标相对于设定基准的 X 方向偏移、Y 方向偏移以及绝对值偏移，有图表和数据两种查看方式。

图 2.2.19 是其操作界面，其中设置目标、查看图表、查看数据以及测量的各项功能与图 2.2.13～图 2.2.18 相同，基准位置功能如下。

平滑次数：设定执行平滑修正的次数。

基准帧：选择以后，以设定的帧为基准，计算各个目标的偏移量。

基准位置：选择以后，以设定的位置为基准，计算各个目标的偏移量。

基准目标：选择以后，以设定的目标为基准，计算各个目标的偏移量。

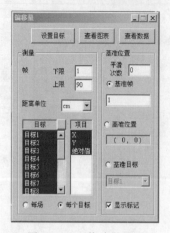

图 2.2.19 偏移量界面

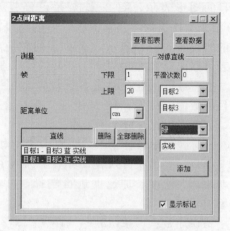

图 2.2.20 2 点间距离界面

2.2.2.9 2 点间距离

2 点间距离指目标与目标间的直线间隔，用户在操作界面可添加多条目标直线，设置成不同的颜色和线型，以便区分。图 2.2.20 是其操作界面，界面上各项功能与前文介绍的各操作界面基本一样，不再详细说明。

2.2.2.10 2 线间夹角

即两个以上目标组成的连线之间的角度，包括 3 点间角度、2 线间夹角、X 轴夹角和 Y 轴夹角 4 种类型。图 2.2.21 是其操作界面，界面功能大多和前文介绍的项目相同，这里只说明与前文不相同的栏目。

3 点间角度：表示 3 点之间顺侧或逆侧的角度。

2 线间夹角：表示 3 个或 4 个点组成的 2 条连线之间的夹角角度。

X 轴夹角：表示 2 点组成的连线与 X 轴的夹角角度。

Y 轴夹角：表示 2 点组成的连线与 Y 轴的夹角角度。

选定要查看的角度类型之后，可查看角度、角变异量、角速度及角加速度 4 个相关项目。

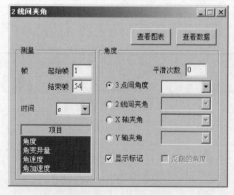

图 2.2.21 2 线间夹角界面

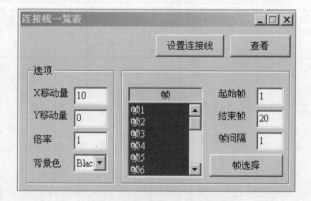

图 2.2.22 连接线一览界面

2.2.2.11 连接线一览表

该栏目可添加多个目标之间的连线；设置目标连线的颜色；设定 X 方向和 Y 方向连线的分布间隔（像素数）、放大倍数、背景颜色及帧间隔等参数。图 2.2.22 是其操作界面。

设置连接线：设定目标连线。可以参考 2.2.2.6（2）设定连线。

查看：执行设定的参数，浏览连接线表示图。

X 移动量：设定 X 移动量。

Y 移动量：设定 Y 移动量。

倍率：设定放大倍数。

背景色：设定背景颜色，黑或白。

帧：显示帧列表。

起始帧：设定开始帧。

结束帧：设定终止帧。

帧间隔：设定帧间隔。

帧选择：执行以上的帧设定。

2.2.2.12　平滑化

对目标运动轨迹去掉棱角噪声，使轨迹更趋向曲线化。每点击一次"平滑化"菜单，就对每个目标都执行一次 3 步长的轨迹数据平滑。可以根据需要，多次执行平滑处理。

2.2.2.13　手动修正

点击"手动修正"菜单，弹出如图 2.2.23 所示的手动修正界面。

放大倍数：选定放大倍数，2 倍、4 倍、8 倍、16 倍。

移动目标：将对象目标移至视频窗口内中心位置。

目标设定框：选择对象目标。

修正：执行以上设定。

取消：取消以上设定，关闭窗口。

图 2.2.23　手动修正界面

图 2.2.24　内插补间界面

2.2.2.14　内插补间

用于样条曲线插值，消除图像（轨迹）外观的锯齿，执行窗口如图 2.2.24 所示。内插补间可修正以下 4 项错误：

① 可能有错误（自动检出窗口内出现了 2 个以上对象物）；

② 错误可能性很大（自动检出窗口内的噪声大于 60 个）；

③ 错误可能性很大（自动检出窗口内没有对象物）；

④ 错误（手动、半自动追踪时没有指定）。

在执行内插补间修正时，如果当前要修正的迹线存在该 4 项错误中的某项错误，则在执行修正所选定的错误类型时有效；反之，则原轨迹线及相关数据保持原状。

2.2.2.15　坐标变换

坐标变换可设置标准帧（要变换坐标的帧序号）、基准位置、基准轴等参数，实现帧坐标变换。图 2.2.25 是坐标变换界面。图中项目参数设置：标准帧 5；基准位置为目标 1；基准轴为目标 2 与目标 3 的连线。

图 2.2.25 坐标变换界面

图 2.2.26 人体重心测量界面

2.2.2.16 人体重心测量

人体重心测量项目可同时测量人体多个部位的重心，如全身、上肢、右大臂、左小腿等。图 2.2.26 是人体重心测量界面。选择部位的重心轨迹，和运动轨迹一起表示出来。

2.2.2.17 设置事项

设置事项项目可设置基准帧、添加目标帧以及删除目标帧。操作"Video Control"改变当前显示帧，根据需要设定当前显示帧为基准帧，或者添加当前显示帧为目标帧。在此设定的基准帧，将作为整个测算的基准帧，显示在各项数据分布和图表中；设定的目标帧，将在各项数据分布的画面上，在该目标帧前面增加标识号"＋"。

2.2.2.18 查看

包括像素值、图像缩放、状态栏 3 个项目。

像素值：显示以鼠标位置为中心的 7×7 范围内的像素值。彩色显示模式时为 RGB 值，灰度表示模式时为亮度值。

图像缩放：画面的放大缩小表示。从 50%到 500%用六个比例表示倍率，即 1/2、1 倍、2 倍、3 倍、4 倍、5 倍。

状态栏：控制状态窗的开关。

2.2.2.19 实时测量

在 MIAS 系统的基础上，开发了运动目标实时跟踪测量系统 RTTS，与 MIAS 相比，该系统主要增加了实时目标测量和实时标识测量两项功能。

（1）实时目标测量

操作界面上显示与计算机相连接的有效摄像装置，以供用户选择，并且用户可设置摄像装置的功能。视频图像输入之后，可在窗口上预览动态图像，也可停止预览，窗口上保留最后一帧图像，在图像上进行追踪设定。执行追踪之前，需对背景和追踪目标类型进行设定。

背景设定：当非动态显示图像时，通过在背景上画一条线，获得背景信息。

目标类型设定：当非动态显示图像时，通过在目标上画一个"十"字，获取一种类型目标信息。

设定完背景信息和目标类型信息后，开始执行目标追踪，可同时选中多个目标进行无标识追踪。

（2）实时标识测量

与实时目标测量不同之处在于，实时标识测量在测量之前，需在跟踪的目标上贴上彩色标识点，然后对标识点进行追踪。而其他功能及追踪过程与实时目标测量相似，在此不再赘述。另外，对于实时标识测量，用户可设定是否显示目标序号。若想增减追踪目标的数量，可设定目标，利用左右键添加或删除目标；若暂时不再增减目标个数，可锁定目标，即鼠标在视图窗口中的任何操作将不影响目标的数量。图 2.2.27 是对小车上的颜色标识点进行实时追踪测量的结果。

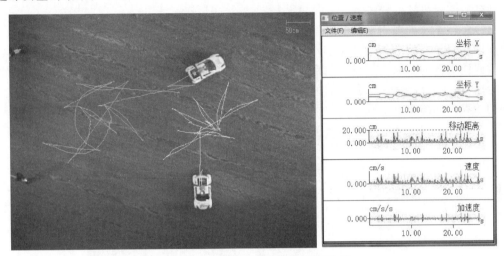

图 2.2.27　小车的实时追踪测量结果

2.2.3　系统开发平台 MSSample

MIAS 系统提供了一个框架源程序的开发平台 MSSample。该框架平台具有保存当前图像等各种文件操作功能，并提供了一个 avi 视频文件的差分处理演示，以供用户更直观地了解此开发平台。用户在该平台上可任意添加自己的图像处理界面以及处理函数，以实现更多的功能。另外，MSSample 与系统配备的大型图像处理函数库建立了默认连接，用户开发时可直接调用库里的函数。此平台提供的函数库与第 2.1 节通用系统开发平台 Sample 提供的函数库一样，库里封装了 360 多条实用的图像处理、图像显示及图像存取的函数，为用户开发提供了许多选择。

本系统的初始设置、系统语言设置、图像采集功能与通用图像处理系统 ImageSys 基本一样，这里不再重述。

2.3　三维运动测量分析系统 MIAS3D

2.3.1　系统简介

MIAS3D 是一套集多通道同步图像采集、二维运动图像测量、三维数据重建、数据管理、三维轨迹联动表示等多种功能于一体的软件系统。

主要应用领域：人体动作解析，人体重心测量，动物昆虫行为解析，刚体姿态解析，浮游物体的震动冲击解析，机器人视觉的反馈，科研教学等。

主要功能特点：简体中文及英语界面，操作使用简单；多通道同步图像采集、单通道切换图像采集功能；全套二维运动图像测量功能；三维比例设定功能；二维测量数据的三维合成功能；多视觉动态表示三维运动轨迹及轨迹与图像联动表示功能；基于 OpenGL 的 3D 运动轨迹自由表示功能；强调表示指定速度区间轨迹功能；各种计测结果的图表和文档表示功能；人体各部位重心轨迹的三维、二维测量表示功能；多个三维测量结果数据的合并、连接功能。

测量的二维三维参数包括位置、距离、速度、加速度、角度、角速度、角加速度、角变位、位移、相对坐标位置等。

MIAS3D 系统的图面窗口的初始默认设置为 640×480 像素，可以通过系统的初始设置来改变图面窗口的大小。当打开 3D 结果文件或者 2D 追踪文件时，如果要读入的图像文件或者多媒体文件的图像大小与目前系统的图像大小不同时，会弹出填入要读入图像大小的系统设定窗口，选择确定后，会自动关闭系统，按设定图像大小和系统帧数重新启动系统。系统的初始界面如图 2.3.1 所示。

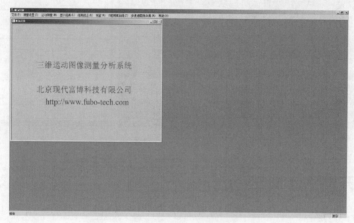

图 2.3.1　MIAS3D 系统初始界面

本系统包含了二维运动图像测量分析系统 MIAS（参考第 2.2 节）和一套独立的多通道同步图像采集系统，在此只介绍 MIAS3D 的界面功能。

2.3.2　系统主要功能

2.3.2.1　文件

MIAS3D 系统具有丰富的文件处理功能，可以对保存的结果文件及追踪文件进行进一步处理，具体功能有：读入以前保存的 3D 测量结果文件；改变指定相机的追踪文件，改变 3D 测量数据与追踪文件的连接路径；合并多个 3D 测量文件；导出 3DS 运动数据，使保存后的文件可以用 3DMax、AutoCAD 等软件读取；以位图文件格式保存当前显示的图像等。

2.3.2.2　2D 结果导入、3D 标定及测量

MIAS3D 系统由两个以上 2D 测量结果（追踪）文件和一个 3D 标定文件合成 3D 测量结果。在 3D 测量前，需要读入两个以上的 2D 测量结果文件，进行 3D 标定或者读入保存的 3D 标定文件。具体操作包括：

（1）打开 2D 追踪文件

为了进行 3D 数据合成，需要读入两个以上的 2D 同步测量结果文件。

（2）3D 标定

在进行 3D 数据合成时,需要导入 3D 标定文件,3D 标定功能可以生成 3D 标定文件。读入各个相机标定图像的起始文件和结束文件;设定标定结果文件的存储路径及文件名;选定刻度单位。执行上述步骤后便可以以半自动或者手动的方式进行 3D 标定。标定完成后,系统会提示标定误差,对于标定误差大的点,可以重新进行标定。

图 2.3.2 是 3D 标定界面,其功能如下。

标定图像:选择首尾标定图像文件。

结果选项:设定标定结果文件的路径及文件名,文件类型为 clb。

单位:选定刻度单位,pm、nm、μm、cm、m、km。

手动:手工方式确定标定点的图像坐标并输入各点的空间坐标。

半自动:在执行过程中辅以手工操作,利用图像分割的方法来确定标定点位置。

关闭:退出 3D 标定窗口。

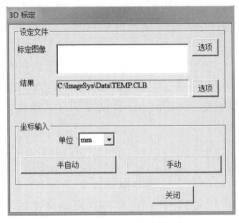

图 2.3.2　3D 标定界面

图 2.3.3　3D 棋盘标定界面

（3）3D 棋盘标定

棋盘标定一般用于标定小视场,例如室内的桌面等,操作方便,标定精度高。

图 2.3.3 是 3D 棋盘标定界面,其功能如下。

① 棋盘文件:执行"生成保存",生成棋盘图像并保存。生成的棋盘格像素大小 100×100,实际尺寸大小 25mm×25mm（A4 纸打印）。

② 标定图像:执行"选项",选择首尾标定图像文件。

③ 标定结果:执行"选项",设定标定结果文件的路径及文件名,文件类型根据原点选择不同而不同:左目光心,chs;棋盘角点,clb。

④ 图像浏览:可以浏览左右两路的所有图像。

⑤ 图像数据:需要重新设置时,点击"棋盘参数设置",点击后显示如图 2.3.4 所示的参数设置界面。

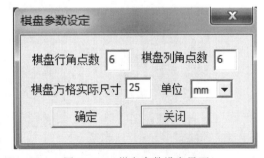

图 2.3.4　棋盘参数设定界面

棋盘行、列角点数:棋盘角点是指由四个方格（两个黑格两个白格）组成的角点。

棋盘方格实际尺寸:每个棋盘方格的尺寸。

棋盘方格尺寸的刻度单位:可选择的刻度包括 pm、nm、μm、mm、cm、m。

⑥ 左目光心：在原点框中，以左目摄像头的光心作为世界坐标系的原点。

⑦ 棋盘角点：在原点框中，以第一个棋盘图像左上角第一个角点作为世界坐标系的原点。

⑧ 开始标定：系统开始进行摄像机标定。

⑨ 显示参数：在标定结束后，点击"显示参数"，可以查看摄像机内外参数。

⑩ 关闭：结束标定，关闭对话框。

执行"运动测量"，将读入 2D 轨迹文件和 3D 标定文件进行 3D 数据合成，生成 3D 轨迹文件。

对于棋盘的拍摄，需要注意以下事项：

① 两摄像头应保持平行；

② 棋盘在标定空间中的摆放位置应平均分布；

③ 棋盘平面与摄像机镜头平面之间的角度应保持在 45°以内，角度太大会影响精度；

④ 如果采用打印的纸质棋盘，应粘贴在坚硬的物体上，保证棋盘的平整度。

2.3.2.3 结果显示

通过运动测量后，MIAS3D 系统的测量结果可以通过多种方式进行表示。例如视频、点位速率、偏移量、点间距离、线间夹角、连接线一览表示等。显示结果的各项操作界面与第 2.2 节的二维运动图像测量分析系统 MIAS 大致相同，只是由 2D 数据变成了 3D 数据，因此下面只介绍各种表示方法，不再对操作界面进行说明。

（1）多方位 3D 表示

多方位 3D 表示可以对读入的 3D 结果文件进行上面、正面、旋转、侧面及任意角度的图表表示、数据查看、复制、打印等，可以更改显示的颜色、线型等视觉效果。其中轨迹及目标点的连线可以以残像、矢量等方式进行显示。对于轨迹，可以选择感兴趣的速度区间，选择后目标在此区间的轨迹将以粗实线表示。此外，在表示过程中可以通过控制播放操作面板实现结果的快进、快退、单帧等回放操作。

多方位 3D 表示结果示例如图 2.3.5 所示。图中测量的目标点共有 20 个，依次分布在人体各个关节处。测量结果分别以上面、正面、旋转、侧面方式显示。通过控制播放操作面板可以观察人体各关节在各个时刻的运动情况。

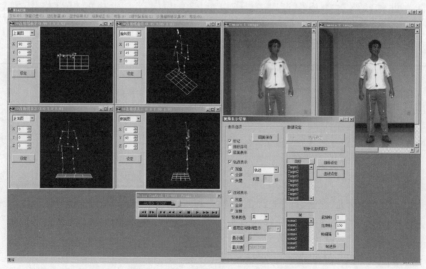

图 2.3.5　多方位 3D 表示结果示例

（2）OpenGL3D 表示

OpenGL3D 表示可以对读入的 3D 结果文件进行 OpenGL 打开，能够导出 3DS 文件，导出后可以用 3DMax、AutoCAD、ProE 等软件读取。使用时可以设定显示的颜色、线型、目标点球形大小等视觉效果。对于轨迹，可以选择感兴趣的速度区间，选择后目标在此区间的轨迹将以粗实线表示。此外，在表示过程中可以通过控制播放操作面板实现结果的快进、快退、单帧等回放操作。

OpenGL3D 表示结果示例如图 2.3.6 所示，其中目标点球形大小为 3，背景为黑色。对于 OpenGL 窗口内显示的目标及轨迹，可以利用鼠标进行放大、缩小、任意旋转等多种灵活操作，从而实现对目标点及其运动轨迹的全方位观测。

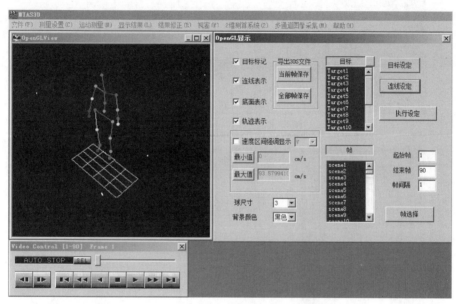

图 2.3.6　OpenGL3D 表示结果示例

（3）点位速率

点位速率功能可以获得目标在任意时刻的位置坐标、移动距离、速度、加速度等参数，结果数据不仅可以以文本的方式显示、保存及打印，还可以以分布曲线的形式进行直观的图形显示、复制及打印等。

点位速率测量结果如图 2.3.7 所示，图中表示了右腿 4 个目标点（右脚拇指、右脚、右膝、右髋关节）的移动距离、速度、加速度 3 个参数，测量结果数据分别以文本及分布曲线的形式进行显示。

（4）位移量

位移量功能可以获得目标点在任意时刻相对于基准帧、基准点或基准目标的位移。测量结果数据可以以文本或者分布曲线的方式显示、保存、复制及打印等。

位移量测量结果示例如图 2.3.8 所示。图中分别测量右腿 4 个目标点（右脚拇指、右脚、右膝、右髋关节）相对于基准帧第一帧的 X、Y、Z 及绝对值的位移量，测量结果数据分别以文本及分布曲线的形式进行显示。

（5）2 点间距离

2 点间距离功能可以获得指定的目标与目标间的距离，测量结果数据可以以文本或者分布曲线的方式显示、保存、复制及打印等。

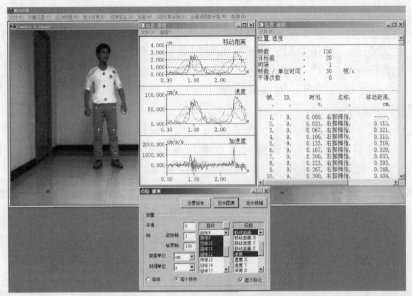

图 2.3.7 点位速率测量结果

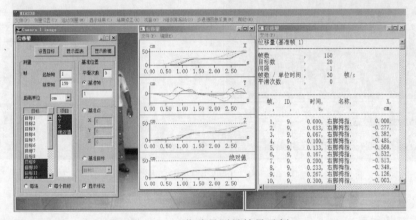

图 2.3.8 位移量测量结果示例

2 点间距离测量结果示例如图 2.3.9 所示，图中测量目标为左、右脚拇指间的距离，测量结果数据分别以文本及分布曲线的形式进行显示。

（6）2 线间夹角

2 线间夹角功能可以获得目标与目标间的夹角，其中可测量的夹角类型有 3 点间夹角、2 线间夹角、X 轴夹角、Y 轴夹角、Z 轴夹角等。此外，测量夹角时，可以选择不同的角度计算基准，如实际空间角度、XY 平面投影角度、ZY 平面投影角度和 XZ 平面投影角度等。

2 线间夹角测量结果示例如图 2.3.10 所示，图中测量目标为右腿上右脚拇指、右脚连线与右脚、右膝连线的夹角。其中，角度的计算基准为实际空间角度，测量的参数有角度、角变异量、角速度及角加速度等 4 个。

（7）连接线一览图

连接线一览图功能可以表示目标间的连接线。表示时可以设置不同的帧间隔，选择不同的投影面，如上面图、旋转图、正面图、侧面图等。

连接线一览图结果示例如图 2.3.11 所示，其中参数设置为正面图，黑色背景，帧间隔为 2。

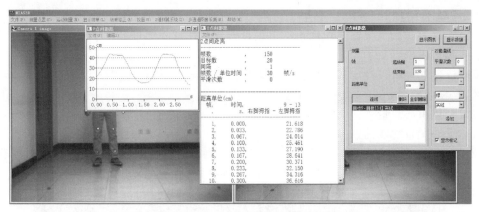

图 2.3.9　2 点间距离测量结果示例

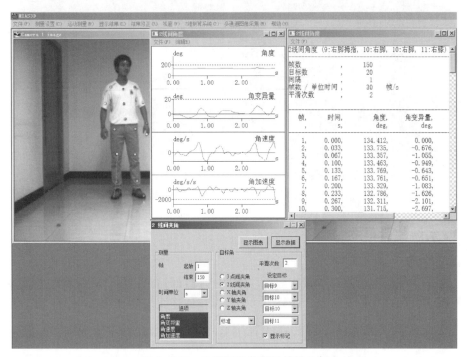

图 2.3.10　2 线间夹角测量结果示例

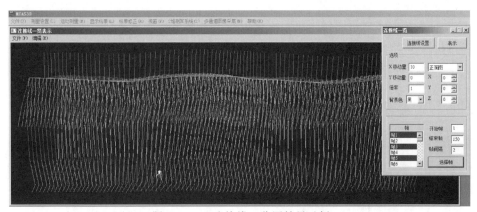

图 2.3.11　连接线一览图结果示例

2.3.2.4 结果修正

MIAS3D 系统的结果修正功能包括事项设定和人体重心测量等，下面分别说明其功能。

（1）事项设定

事项设定功能可以设定基准帧、添加事项帧、删除事项帧。所谓事项帧是指用户特别关注的帧。

（2）人体重心测量

人体重心测量功能的点位与 MIAS 相同，只是由 MIAS 的 2D 数据变成了 3D 数据。图 2.3.12 表示了一个测量事例，图中 1、2 点即为所测得的重心点。通过结果回放可以获得重心点 1、2 的运动轨迹、点位速率、位移、距离等参数。

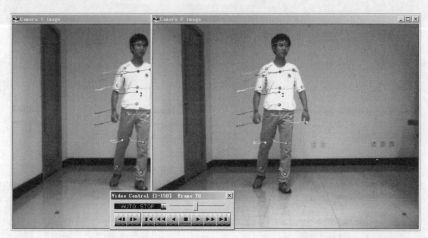

图 2.3.12 人体重心测量示例结果图

2.3.3 系统其他功能

（1）视窗

MIAS3D 系统的视窗菜单可以新建立一个 3D 连线的显示窗口。如果同时想观察 4 个以上立体侧面，则可以执行该命令。此外它可以设定 3D 连线表示视窗的大小，可以设置显示比例，如 1/4 倍、1/2 倍、1 倍、2 倍、8 倍、16 倍等。

（2）二维测算系统

MIAS3D 系统的二维测算系统菜单可以打开二维运动图像测算系统 MIAS。

（3）多通道图像采集

MIAS3D 系统的多通道图像采集菜单可以打开多通道图像采集系统。

第3章

近红外光谱与高光谱成像

3.1 近红外光谱

3.1.1 近红外光谱检测技术简介

3.1.1.1 近红外光谱基本知识

光是一种电磁波，具有波粒二象性，当光照射在样品表面时，部分光发生镜面反射，另一部分入射光会进入样品组织内。当电磁辐射与物质分子作用时，物质内部会发生量子化的能级之间的跃迁。分子光谱分析则是测量由此产生的反射、吸收或散射辐射的波长与强度而进行分析的方法。根据物质吸收光子频率不同，将分子吸收谱划分为红外光谱、近红外光谱和紫外-可见光谱。

近红外光谱（near-infrared spectroscopy，NIRS）是一种波长介于可见（visible，VIS）光与中红外（mid-infrared，MIR）之间（波长范围为780～2526nm）的电磁波谱，与可见光及红外光相邻的短波一端为紫外光和 X 射线（－0.01nm），长波一端为远红外以及微波（－107nm）等。不同类型分子吸收光谱波长范围与位置关系如图3.1.1所示。

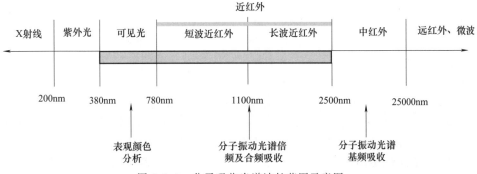

图 3.1.1　分子吸收光谱波长范围示意图

近红外光谱主要是由分子振动的非谐振性迫使分子振动从基态向高能级跃迁时产生，化合物中的含氢基团，如 C—H、O—H、N—H、S—H 等分子键会发生包括拉伸振动和弯曲振动等，导致相关分子中基团在近红外区域形成适当强度的合频及倍频吸收带，而近红外光谱则主要反映有机分子的合频、倍频振动信息，通过判断样本中这些化学键以及官能团等的吸收特点，不仅可以对农产品中营养成分的种类和含量进行检测，还可以对其品质和劣变掺伪等安全问题进行分析。

早期人们逐渐认识到每种原子或分子都有反映其能级结构的特征吸收光谱，研究吸收光谱的特征和规律是了解原子和分子内部结构的一种重要手段。鉴于红外光谱难以测定，这一时期只能通过摄谱法得到物质的可见光和紫外光谱。1892 年 Julius 发表了 20 多种有机红外光谱图，并将 $3.45\mu m$（$2900cm^{-1}$）处的吸收带指认为甲基的特征吸收峰，这是人们第一次将分子的结构特征和光谱吸收峰的位置直接联系起来。这一研究也驱使更多学者测定了羟基、羰基化合物的红外光谱。由于每一种化合物都有其独特的光谱，因此这种光谱也成为化合物的"指纹"。

与中红外吸收特征相比，NIR 的吸收非常微弱，且谱带宽而交叠严重，依靠传统的光谱分析方法很难对其进行应用。20 世纪初期，研究者便采用摄谱的方法首次获取有机化合物的近红外光谱，并对有关基团的光谱特征进行了解释，但由于缺乏仪器基础，20 世纪 50 年代前，近红外光谱的研究仅限于少数实验室中，且没有得到实际应用。50 年代中后期，随着一些简易的近红外光谱仪逐渐出现，以及美国农业部 Norris 等科学家在近红外光谱漫反射技术上的不断研究与推进，基于传统光谱定量检测的农副产品的应用逐渐增多。这些应用中，虽然近红外分析仪器采用多元线性回归技术建立定标模型得到了较为满意的结果，但当样品的背景、颗粒度、基体等发生变化时，测量结果往往有较大误差，且多回归变量如何能够在特定的组合下完成待测成分近红外光谱吸光度数据与参考化学数据之间的相关计算、各个光谱变量与待测成分之间的特征关系如何、样品颗粒度及散射影响所导致的不稳定性等问题仍是急需得到合理解释的。与此同时随着（中）红外光谱技术的发展及其在化合物结构表征方面所发挥的巨大作用，近红外在分析测试中的应用逐渐淡出人们视野，这使得近红外光谱相关研究除在农产品的传统应用外几乎"停滞不前"。

随着化学计量学的诞生，近红外光谱和化学计量学相互结合产生了现代近红外光谱学。20 世纪 80 年代后，光谱仪器和计算机技术水平有了很大程度的提高，再加上过去在（中）红外光谱技术方面积累的经验，使得近红外光谱分析技术的应用迅速广泛起来，成为一门独立的分析技术。到目前为止，近红外光谱技术（NIRS）在果蔬、植物、肉类与谷物等各种类型农产品品质的检测研究方面已得到了十分广泛的应用。

3.1.1.2 近红外光谱检测技术的特点

近红外光谱检测技术在众多领域中都有广泛的应用，并且在数据处理及仪器制造方面有如此迅速的发展，与其独有的优越性分不开，近红外光谱具有以下特点：

① 不破坏样品、不用试剂、不污染环境。近红外光谱数据通过反射、透射及漫反射等方式获取，因此样品可以是气、液、固的任一形态，不必做什么形态的改变。试样经分析后，仍可送回生产线，分析过程不产生任何污染。

② 仪器设备简单、可靠。近红外光谱仪器的结构十分简单，可通过简单仪器获取可靠的分析数据。另外，由于近红外可以在玻璃和适应材料中顺利传播，因此近红外可以由一般光纤传输，使得近红外光谱能够用于在线测量。

③ 提取含氰氢基团的丰富信息。含氰氢基团的泛频和倍频吸收带主要出现在 700～1900nm 的近红外光谱区，而其他化学基团对该区的影响较小，从而获取丰富的含氰氢基团

的信息。

④ 化学计量学的广泛应用。近红外光谱带严重重叠，依据常用的建立工作曲线的方法进行定量分析是十分困难的，这也是使近红外光谱分析发展停滞不前的主要原因，化学计量学的发展为这一问题的解决奠定了基础。

⑤ 非化学性质的测量。近红外光谱包含了大量关于样品结构组成的信息，而样品的性质与其结构组成密切相关，因此可以应用近红外光谱预测样品的有关性质，这也是近红外光谱在石油产品品质分析中最具特色的地方。

3.1.1.3 近红外光谱分析技术存在的问题

近红外光谱分析技术现阶段已相对成熟，但仍然存在一些问题。

由于近红外光谱本质上是样本多种信息的叠加，同一基团的倍频与合频常发生于近红外光谱区的多个波段，谱峰较宽。因此，近红外光谱数据具有重复性与复杂性，数据解析是近红外光谱技术的重要组成部分，需要借助合适的化学计量学算法进行光谱有效信息的提取，数据分析方面具有一定的技术难度。

市场上也已有许多不同类型和型号的近红外分析仪，如傅里叶变换型（如美国 Nicolet 公司）、光栅扫描型（丹麦 FOSS 公司）等高精度分析仪，但是这些分析仪器的价格相对较高，普通商业用户难以承受。如何降低仪器研制成本并保持足够的分析精度是研究人员关心的主要问题之一。

滤光片型近红外光谱分析仪成本相对较低，而且定标模型的长期稳定性较好，以及仪器的操作和维护很方便，但由于滤光片有限，难以应对复杂样品。该型仪器研制中定标模型的优选以及同型号仪器间定标模型的转移问题一直以来是近红外工作者讨论的热点。

近红外光谱分析仪器的定量分析精度除了与自身的信噪比及稳定性有关外，作为标准参照的理化分析方法的精度也直接影响了定标模型所给出的测量结果精度，如何进一步提高理化参照分析方法的精度以提高仪器测得的近红外光谱吸光度数据与理化分析值的相关性需要理化学科的进一步发展。

尽管化学计量学的发展成功地解释了定标模型波长通道信息与物质化学信息之间的相关性，同时对定标数据的前处理提高了模型的稳定性和精度，然而，为从根本上解决物质成分光谱之间以及外界因素对定标模型的干扰问题，需要对物质与光作用机制进行进一步的研究。

3.1.2 近红外光谱检测工作原理

近红外光谱分析技术的成功发展与其所依赖的统计处理方法是分不开的，这种方法被称为"黑盒子"技术，即对所观察到的谱带归属和潜在于近红外光谱中的振动光谱规则了解很少。然而，了解近红外光谱的起源对于该技术的深入研究和正确应用仍是非常必要的。

当一束红外单色光或复合光射穿过样品时，如果被照射样品的分子选择性地吸收辐射光中某些频率波段的光，则产生吸收光谱，分子吸收了光子后会改变自身的震动能态。通常，分子基频震动产生的吸收谱带位于中红外区域（$400\sim4000cm^{-1}$）。与中红外相邻区域及 $4000\sim14285cm^{-1}$（$700\sim2500nm$）区域，称为近红外区域，习惯上又划分为短波近红外区（$700\sim1100nm$）和长波近红外区（$1100\sim2500nm$）。发生在该区域内的吸收谱带对应于分子基频震动的倍频和组合频。

3.1.2.1 理想谐振子模型

分子吸收红外辐射（光子或能量）后会引起构成分子中各化学链的振动，这些化学键振动的方式类似于双原子振子。为此，先分析双原子分子振动，然后再将概念扩展到多原子体

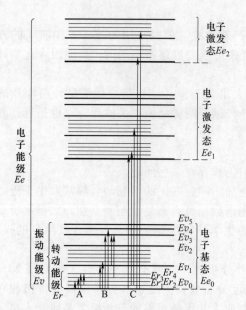

图 3.1.2 电子跃迁与分子能级变化

A—转动能级跃迁（远红外区）；B—振动-转动能级跃迁（中、近红外区）；C—电子-振动-转动能级跃迁（可见-紫外区）

系的解释。分子由原子构成，原子通过一定的作用力，以一定的次序和排列方式组合成分子。原子由原子核和绕核运动的电子组成。

在分子内部，运动主要分为三种形式，分别是电子相对原子核的运动、原子在平衡位置附近的振动和分子本身绕其重心的转动。这三种运动分别对应三种能级，即电子能级、振动能级和转动能级。当光照射物体时，物体内部处于低能量基态的分子从外界吸收能量，发生能级跃迁，当其跃迁到另一个能级时吸收定量光能产生的光谱，称为分子吸收光谱。当分子能级变化时，电子能级的改变会不可避免地伴随振动能级和转动能级的变化，而振动能级的变化中也存在转动能级的改变。如图 3.1.2 所示，电子光谱带由不同电子态上不同振动能级和转动能级之间的跃迁产生，形成许多吸收带，分布在可见-紫外波段；振动-转动光谱带由不同振动能级上的各种转动能级间跃迁产生，分布在中、近红外波段；分子的纯转动光谱由分子转动能级之间的跃迁产生，分布在远红外波段。

两个质量分别为 m_1 和 m_2 的原子组成的双原子分子，可模拟为由弹簧连在一起的两个小球组成的弹簧振子。假定该振子振动完全服从胡克定律，称简谐振动，该振子称为谐振子。谐振子势能为相对于平衡位置位移的函数。谐振子势能函数 V 中只含有一个二次项，如公式（3.1.1）所示。

$$V = \frac{1}{2}k(r-r_c)^2 = \frac{1}{2}kx^2 \qquad (3.1.1)$$

式中 k——键力常数，取决于两个原子间能量大小；

　　r——两原子核间距；

　　r_c——平衡核间距；

　　x——$r-r_c$，为位移坐标。

势能曲线呈抛物线形状，与平衡键长度 r_c 对称，如图 3.1.3 所示。以上通过经典力学处理得到的谐振子势能（即弹性势能）是连续的，势能 U 与振子所处的坐标取位 x（振动物体的位移）有关，量值关系满足公式（3.1.1）。理论上谐振子可以吸收很多种频率的光来近似实现连续分子能级的变动。然而，分子振动只能选择吸收某些固定频率的红外光，这是经典力学处理微观粒子所遇到的问题，

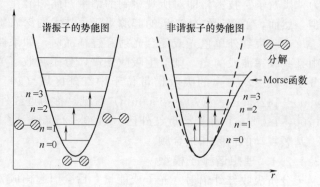

图 3.1.3 双原子的谐振和非谐振势能函数

需用量子力学来表明分子中的振动能级是量子化的而非连续的。

假定一个双原子分子振动为简谐振动，根据经典力学，其振动频率 v 如公式（3.1.2）所示。

$$\nu = \frac{1}{2\pi}\sqrt{\frac{K}{\mu}} \tag{3.1.2}$$

式中　μ——折合分子质量，$\mu = m_1 m_2 / (m_1 + m_2)$，$m_1$ 和 m_2 分别为两个原子的质量；

K——化学键的力常数，N/m。

如果知道化学键的力常数，就可得出特定化学键伸缩振动的谐振频率。反之，由分子振动光谱的振动频率可求得特定化学的力常数。单键的力常数约为双键的 1/2、三键的 1/3。随着原子质量的增加，谐振频率减小。

根据量子力学，分子振动能只能取离散整数值，即振动能级如公式（3.1.3）所示。

$$E_{振动} = h\nu\left(n + \frac{1}{2}\right) \tag{3.1.3}$$

式中　h——普朗克常数；

ν——振动频率；

n——振动量子数，取值只能为整数值，如 0，1，2，3。

用波数 $H(n)$ 表示能级，则式（3.1.3）可写为式（3.1.4）。

$$H(n) = E_{振动}/(hc) = \nu\left(n + \frac{1}{2}\right) \tag{3.1.4}$$

式中　c——光速；

ν——振动跃迁的频率，cm^{-1}。

谐振子的能级分布呈等间距分布，能量间隔均为 ν（单位为 cm^{-1}）。

对于多原子分子，分子的能摄振动比双原子分子复杂得多。在理想情况下，可以将多原子分子看作是由一系列独立的双原子谐振子构成的，即分子中所有原子以一定频率和相位在平衡位置附近做简谐振动，其振动形式如图 3.1.4 所示。但是特征峰的个数受限于分子的振动自由度，每个振动自由度代表一个独立的简正振动，理论上一个分子在基频区的振动特征峰个数等于分子振动自由度。其中，自由度是物体运动方程中可写成的独立坐标数。在三维空间（X，Y，Z）中，每个原子有 3 个自由度，对于一个原子数为 N 的分子来说，总共有 $3N$ 个运动自由度。对于非线性分子而言，分子运动包括 3 个平移运动和 3 个转动运动，从而该分子振动自由度为 $3N-6$。

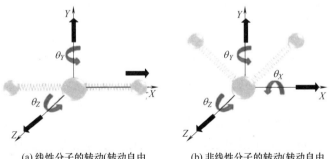

(a) 线性分子的转动（转动自由度=2）和平动（平动自由度=3)　　(b) 非线性分子的转动（转动自由度=3）和平动（平动自由度=3)

图 3.1.4　分子的变形运动（转动和平动）

$$3N = 平动自由度 + 转动自由度 + 振动自由度 \tag{3.1.5}$$

这样多原子分子的能量可以表达为式（3.1.6）。

$$E(n_1,n_2,\cdots)_{振动} = \sum_{i=1}^{3N-6} h\nu_i\left(n_i+\frac{1}{2}\right) \tag{3.1.6}$$

在通常情况下，分子大都处于基态振动，分子吸收红外光从基态跃迁至第一激发态所产生的吸收带称基频吸收带，这种跃迁是选律允许的。由基态到第二、三、四……激发态的跃迁所产生的吸收带称为第一、二、三泛频吸收。如果从基态同时跃迁至多个第一激发态，所产生的吸收带称为组频吸收带。理论上讲，泛频和组频是禁阻的，但由于非谐性和费米共振，使它们的出现成为可能。泛频和组频以弱峰出现，并且由于存在红外非活性振动，振动频率相同的不同振动形式发生兼并，灵敏度不够，仪器检测不出弱的吸收峰等原因，红外吸收峰的数目在十几种，常少于振动自由度的数目。

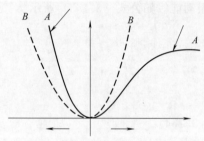

图 3.1.5 双原子分子势能图

3.1.2.2 非谐振模型

事实上，理想谐振子模型存在局限性。当质点接近到定程度时，真实压缩力受到弹簧自身的限制。当弹簧伸张时，弹簧伸张到定程度时会变形，不能恢复原形，理想谐振子模型势能变化曲线如图 3.1.5 中抛物线 B。

实际上，在分子中，振动振幅减小的过程中由于两个成键原子的电子云阻碍原子核的接近，存在个势能垒。在振动振幅增大过程中，如果振动能级达到离解能，化学键最终会断裂。图 3.1.5 中 A 给出了这种情形。随着原子间距离的减小，势能迅速增加。当原子间距离增加时，势能则逐渐接近零。且对于非谐振子，能级间距是非均匀的。随着能量的增加，能级逐渐靠近。非谐振子的能量如式（3.1.7）所示。

$$E_n = \left(n+\frac{1}{2}\right)hn - \left(n+\frac{1}{2}\right)^2 Xhn + \cdots \tag{3.1.7}$$

其中

$$n = \frac{1}{2\pi}\sqrt{\frac{K}{\dfrac{1}{m_1}+\dfrac{1}{m_2}}} \tag{3.1.8}$$

式中　X——非谐性常数；

　　　K——化学键的力常数。

实际中，某基频吸收谱带的泛频吸收带的位置可以由公式（3.1.9）计算，这里由于非谐性引起的位移大约为 1%～5%。

$$l = \frac{l_1}{K} + l_1(1\%,2\%,\cdots,5\%) \tag{3.1.9}$$

吸收近红外光的分子有两种基本的振动形式：伸缩振动和弯曲振动。伸缩振动指的是原子沿原子直线方向的运动，而弯曲振动指的是两原子间键角的变化。如前所述，为了便于理解，以谐振子模型来处理分子的振动。近红外光谱为带状光谱，其吸收带由分子伸缩和弯曲振动的组频和泛频吸收产生。伸缩振动通常出现在高频区（低波长区），其有对称伸缩振动和非对称伸缩振动之分。弯曲振动则分为面内弯曲振动和面外弯曲振动，面内弯曲振动又分为剪式振动和面内摇摆振动，面外弯曲振动分为扭曲振动和面外摇摆振动，振动示意图如图 3.1.6 所示。

各种振动形式的高低次序如下：

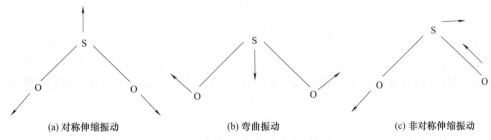

图 3.1.6　分子振动（伸缩振动和弯曲振动）示意图

$$n_{伸缩振动} > n_{面内弯曲(剪式)} > n_{面外弯曲(面外摇摆)} > n_{面内弯曲(扭曲)} > n_{面内弯曲(摇摆)}$$

近红外光谱区最常见的谱带有 O—H、N—H 和 C—H 键基频的组频和第二、三泛频吸收带。但在近红外光谱区，谱带的归属是难以确定的，原因在于单一的谱带也许是各种基频的组频吸收，且泛频吸收带的重叠相当严重。氢键的形成使谱带向低频（长波）方向移动，稀释及温度升高将削弱氢键，从而使吸收谱带向高频（短波）方向移动。谱带位移的幅度大致为 $10 \sim 100 \mathrm{cm}^{-1}$（几毫米到 50nm）。因此在构造校正样品集和设计试验时，应注重氢键的影响。

同样对多原子分子，存在 $3N-6$ 种振动形式。当分子振动从基态跃迁至第一激发态时，即产生基频吸收带。多原子分子将出现系列的基频吸收带，在分子光谱中也存在一系列组频和泛频吸收带。

另外，近红外光谱区的吸收峰通常隐藏在宽的、相互重叠的谱峰之中，这一区域吸收峰定位远比中红外区域困难，特别是对于短波近红外而言，需要根据实际检测对象和测量条件，进行大量的试验，依托理论频率值来考察样品光谱信息，逐步分析得到较为可靠的特征波段或波长。

3.1.2.3　近红外光谱仪工作原理

近红外光谱方法的优越性在于其快速响应，同时其分析原理有赖于大量光谱和基础数据的关联。因此，近红外光谱仪一直沿着稳定、小型化和方便采样的方向发展。近红外光谱仪一般都是由光学系统、电子系统、机械系统和计算机系统等部分组成。其中，电子系统由光源电源电路、检测器电源电路、信号放大电路、A/D 变换、控制电路等部分组成；计算机系统则通过接口与光学和机械系统的电路连接，主要用来操作和控制仪器的运行，同时还有采集、处理、存储、显示等功能。

光学系统为近红外光谱仪的核心，主要包括光源、分光系统、测样附件和检测器等部分。

① 光源在所需光谱区域内，发射一定强度的稳定光辐射，其光强度大、稳定性高及均匀性好。

② 分光系统的作用是将复合光转化为单色光，包括滤光片、光栅、干涉仪、声光调谐滤光器等。不同的分光系统对应不同的近红外光谱仪类型。

③ 测样附件是指承载样品的器件。液体样品可使用玻璃或石英样品格，固体样品可使用积分球或漫反射探头，现场分析和在线分析可使用光纤附件。

④ 检测器用于把携带样品信息的 NIR 光信号转变为电信号，再通过 A/D 转换器转变为数字形式输出。其评价指标主要有响应范围、灵敏度、线性范围等。

近红外光谱仪常用的分光方法主要分为 4 种：滤波片型（多个光学滤波器或单色光源组合）、光栅型（扫描型和阵列型）、傅里叶变换型和声光可调谐滤光器型（acousto-optic tunable filter，AOTF）。

（1）滤波片型光谱仪

滤波片型光谱仪分为固定滤波片式和可调滤波片式。前者根据被测样品特点确定合适波长的滤波片，该类型仪器设计简单、成本低，但只能在固定单一波长下测定，灵活性差。对于可调滤波片式，尽管可以依靠滤光轮测定一个或几个波长下的光谱，但由于滤波片数量有限，只能用作特定对象检测的专用仪器。图 3.1.7 为典型固定旋转盘滤波片式近红外光谱仪的光路简图。在转盘上安装多个近红外干涉滤波片（一般含有 6～44 个），通过转动转盘，便可依次测量样品在多个波长处的近红外光谱数据。

除固定旋转盘滤波片式近红外光谱仪外，还有种倾斜滤波片式近红外光谱仪器。其分光原理与固定式滤波片仪器基本相同，只是装在转轮内的滤波片是倾斜的，如图 3.1.8 所示。在工作时，倾斜的滤波片与平行入射光束之间通过转轮转动产生的夹角变化，使仪器具有一个连续的波长覆盖范围，从而可测定试样在一定范围内连续的光谱数据，所以这种仪器也可称为扫描滤波片仪器。

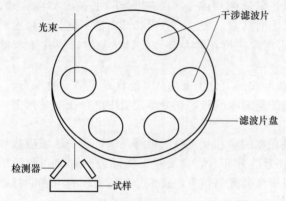

图 3.1.7　固定旋转盘滤波片式反射近红
外光谱仪的光路简图

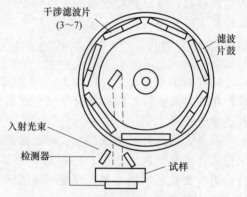

图 3.1.8　倾斜转盘滤波片式近红外
光谱仪的光路简图

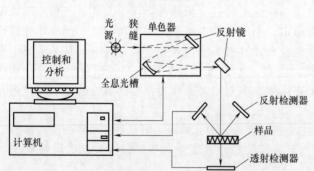

图 3.1.9　光栅扫描型近红外光谱仪的光路简图

（2）光栅型光谱仪

光栅扫描型光谱仪通过光栅的转动获得单色光，并使其按照波长高低顺序依次进入测量系统，其原理如图 3.1.9 所示。与滤波片型分光方式相比，其可以获得全波段光谱信息，分辨率较高。但是由于光栅等分光器件的长时间使用，其机械轴承等部件容易磨损，影响测量的精度和重现性，且抗震性差，对

使用环境有一定要求。阵列型分光系统中光栅不转动，而是采用多通道光敏检测器来实现确定波长下光通量信息的采集。常用的多通道检测器一般为二极管阵列（photodiode array，PDA）和电荷耦合器（charger coupled device，CCD）。与扫描型相比，其稳定性和抗干扰性好，扫描速度快，但其分辨率除了受到光栅性能、狭缝尺寸的影响，还受到检测器尺寸和像素数量的影响。此外，杂散光对探测器的影响增加，因此分辨率和精度比扫描型较差。

（3）傅里叶变换型光谱仪

傅里叶变换型分光方法通过对测得的干涉图进行傅里叶变换而获得光谱信息。与光栅型

相比，傅里叶变换型光谱仪可以同时测量和记录所有波长下的信号，对光信号的辐射能量具有更高的采集效率，且分辨率、精度和信噪比都更高。同时，由于内部干涉仪中设置有动镜，对使用环境要求也更高。傅里叶变换型光谱仪的核心部件是迈克尔逊干涉仪，其结构如图 3.1.10 所示，由移动反射镜 M_1、固定反射镜 M_2 和分束器 BS 组成。其中 M_1 和 M_2 为两块相互垂直的平面。光源发出的光经准直成为平行光，按 45°角入射到分束器上，其中一半强度的光被分束器反射，射向 M_2，另一半强度的光透过分束器射向 M_1，射向固定镜和动镜的光经反射后实际上又会合到一起，但此时的光已成为具有干涉光特性的相干光，当动镜运动时，可调节光程差。当峰峰同相位时，光强加强；当峰谷值同相位时，光强被抵消。对于一个纯单色光，在动镜连续运动中将得到强度不断变化的余弦干涉波，因而检测器可以得到样品的干涉图，样品干涉图经傅里叶变换后与空白时光源的强度按频率分布的比值即为样品的近红外光谱图。

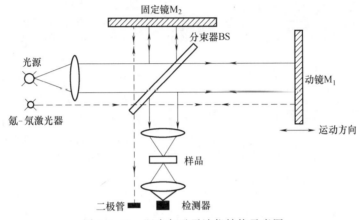

图 3.1.10　迈克尔逊干涉仪结构示意图

　　为了提高干涉系统的稳定性、可靠性，干涉仪结构逐渐改进，如图 3.1.11 为光楔运动形式的折射扫描干涉仪，这种干涉仪以角镜替代了平面镜但均固定不动，以光楔移动来改变光程差。还有"叉骨"干涉仪如图 3.1.12 所示，通过"叉骨"摆动，带动其固定的两个角镜来产生光程差，以获得干涉图。

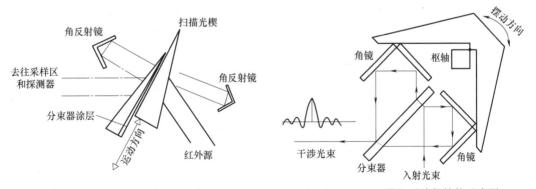

图 3.1.11　光楔运动形式的折射　　　　　　　图 3.1.12　"叉骨"干涉仪结构示意图

　　除此之外还有偏振干涉仪，如图 3.1.13 所示，由起偏器、固定楔状双折射石英晶体、移动楔状双折射石英晶体和分析器组成。光源发出自然光经起偏器后，成为一束沿偏振化方向振动的线偏振光，进入固定双折射石英晶体后，分为两束偏振光，运动的双折射石英晶体

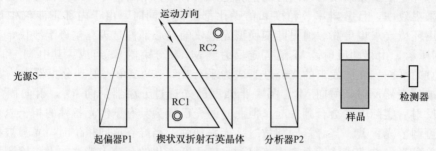

图 3.1.13　偏振傅里叶干涉仪分光示意图

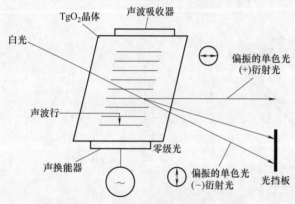

图 3.1.14　声光可调谐滤光器原理图

使其产生光程差和相位移,再经过分析器后形成干涉光。

（4）声光可调谐滤光器型

声光可调谐滤光器是一种利用超声波与特定晶体作用实现分光的光电器件。其分光示意图如图 3.1.14 所示。其分光原理为:高频电信号由电声转换器转换成超声波信号并耦合到双折射晶体内,在晶体内可形成一个声行波场,当一束复色光以一个特定的角度射到声行该场后,通过光与声的相互作用,入射光被超声波衍射成两束正交偏振的单色光和一束未被衍射的光。这两束被衍射的光的波长与高频电信号的频率有一一对应的关系。当改变入射超声波频率,晶体内的声行波就会相应发生变化,衍射光波长也会随之变化。因此,自动连续改变超声波频率,就可以实现衍射光波长的快速扫描,进而达到分光的目的。声光可调谐滤光器的突出优点是通过声光调制即超声射频的变化实现光谱扫描,分光系统无移动部件,波长切换快,重现性好,还可通过程序控制设定测量波长,因此具有更高的应用灵活性,非常适合工业领域的在线应用。缺点是分辨率相对较低,价格更高。四种类型的近红外光谱仪各有优缺点,使用时要根据具体的检测需求选择合适的类型。

近红外光谱仪探测器的选用要求不在于微弱光的高灵敏度检出,而在于稳定地检测到包含样品信息的光信号。常用探测器材料为 Si、InGaAs、PbS。其中硅检测器在 400～1050nm 波长范围的灵敏度和稳定性较好,因此短波近红外仪器的受光元件常采用硅材 CCD 阵列检测器。InGaAs 和 PbS 探测器常用于长波区域的检测。InGaAs 探测器灵敏度和信噪比较高,响应速度快,但检测光谱范围相对较窄,价格较高。PbS 探测器响应光谱范围较宽,价格更便宜。但响应非线性程度较高,使用时常需配备半导体或液氮等制冷装置,保持较低的恒定运行温度,以提高检测的灵敏度和更宽的响应范围。

3.1.3　检测过程与方法

近红外检测方法由三个因素组成:一是能够准确、稳定地测定样品吸收或漫反射光谱的硬件技术（光谱仪）,在实际应用中,要求硬件技术必须保持长时间的稳定性,以获得优质光谱信号;二是利用多种校正方法计算测定结果的软件技术;三是针对分析任务建立的校正模型。

3.1.3.1　近红外光谱检测系统构成

近红外光谱检测系统一般由光源、光谱仪、探头、样品支架（样品池）、计算机等部分构成，如图 3.1.15 所示。光源发出的光经过光纤传输进入样品池，从样品池射出带有样品信息的光束，同样经过光纤传输进入光谱仪，通过光谱仪内部的光学系统进行准直耦合与分光后，投射到光电探测器上。光信号通过光电探测器变为电信号，电信号经过一系列滤波、放大、A/D 转换等处理后，被传输给计算机，由计算机进行数据整合与后续分析处理。

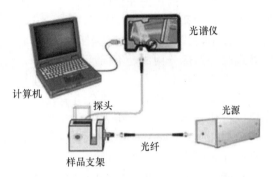

图 3.1.15　近红外光谱检测系统结构

光源用于发出检测的光信号，根据不同被测样品与检测目的确定光源发光范围。光源质量决定了采集到的光谱信号的质量，以及发光强度影响光谱信号携带的有效信息的多少。光源的稳定性也影响光谱的稳定性。因此，选定一个合适和稳定的光源是近红外检测系统的关键。近红外光源主要选用卤钨灯，卤钨灯是内部填充卤族元素或卤化物气体的新一代白炽灯。基于物体受热发光和热辐射发光原理，发射连续光谱，波长范围为 350～2500nm，具有发光效率高、色温稳定、光衰小、寿命长的优点。

3.1.3.2　数据测量方式

在近红外光谱测量中，根据被测样品的种类、物态、形状等特征，以及需要测量的波长范围，测量方式主要分为漫反射、透射和漫透射，如图 3.1.16 所示。三种测量方式主要由被测样品与光源和检测器之间的不同放置位置决定，反映了光与被测样品不同类型的相互作用关系。漫反射方式主要检测从样品上反射回来的光信号，结构简单，检测速度快，主要获得样品浅表层的信息，适用于粉状均质、果皮较薄的果蔬和光不容易透过的固体样品等的测量。透射方式中光源与检测器分别位于被测物的两侧，检测从被测物内部穿透的光信号。因此，需要足够强的光线透过被测物，以获得整个样品的信息，适用于液体、厚皮果蔬和透明及半透明固体样品。透射方式获得的信号强度较弱，易受样品厚度的影响。漫透射方式中，检测器检测穿过部分样品的透射光，与透射方式相比，漫透射方式信号强度更高，受外界杂光影响较小，检测结果更准确。短波近红外光谱范围内吸收较弱，采取反射方式的话，不一定能够获得足够强的吸收信号，同时短波穿透力更强，有利于透射和漫透射测量方式的进行。长波近红外波段吸收较强，穿透能力较弱，更适用于反射测量方式。

此外，为了方便不同方式对不同物态样品的测量，有多种测样附件可供选择。例如，积

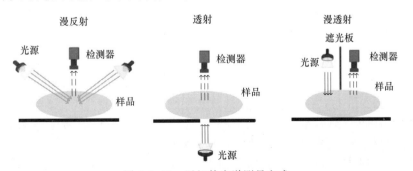

图 3.1.16　近红外光谱测量方式

分球和光纤探头为反射光谱采集的常用附件。比色皿和自动吸入式流通池可用于静态和流动情况下液态样品的透射光谱的采集。

3.1.3.3 数据分析软件

软件是现代近红外光谱仪器的重要组成部分。软件一般由光谱采集软件和光谱化学计量学处理软件两部分构成。不同厂家的仪器，前者没有很大的区别，而后者在软件功能设计和内容上则差别很大。光谱化学计量学处理软件一般由谱图的预处理、定性或定量校正模型的建立和未知样品的预测三大部分组成，软件功能的评价要看软件的内容能否满足实际工作的需要。目前常用的光谱分析软件有 MATLAB、Unscrambler 与 SPSS 等。

MATLAB 是由 Mathworks 公司开发的一种主要应用于数值计算以及图形可视化处理的高级计算语言，是数据处理的一款常用软件。它将数值分析、图像处理、矩阵计算和仿真等多功能集成在一个极易使用的交互式环境中，为科学工作者提供了一种极其高效的编程工具。近年来，经过很多相关研究者的不断努力，编写了大量免费的 MATLAB 光谱数据处理工具箱和源代码，为光谱数据分析提供了可靠的支持。本书中基于个人及各研究者编写提供的 MATLAB 工具箱，在光谱数据处理方面进行了光谱预处理、特征变量选择、定性定量模型建立、图像可视化以及软件设计等应用。

Unscrambler 软件是一套专门用于光谱数据分析的软件，内部包含最常用、目前最受认可的相关光谱数据预处理、光谱数据定性定量模型建立方法，同时还可以实现异常样本剔除、光谱模式转换、参数选择等功能，方便了研究者对于化学计量学方法的选择对比，简化了数据处理步骤。

SPSS（Statistical Product and Service Solutions）数据处理系统，是 IBM 公司推出的一款具有数理统计和数学模型处理等多功能的统计软件。它能进行数值计算、统计分析、模拟模型及制表画线等操作。

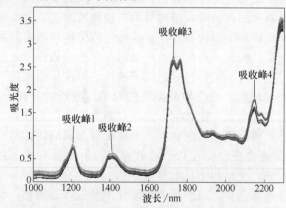

图 3.1.17 四种食用油在 1000～2300nm
范围内的原始吸收光谱曲线

3.1.3.4 近红外光谱数据分析流程

样品不同波段的光谱由光谱检测系统检出，经数字化后存入电脑，如图 3.1.17 为山茶油、花生油、玉米油、葵花籽油四种食用油在 1000～2300nm 范围内的原始吸收光谱曲线。图 3.1.17 中，虽然四种食用油样品性质有一定差别，但其整体光谱曲线之间轮廓相似，吸光度值相近。在 1000～2300nm 范围内均具有 4 个明显的吸收峰，其对应的波段范围分别是 1111～1265nm、1342～1492nm、1639～1887nm 和 2083～2222nm。文献表明，1111～1265nm 处吸收峰与甲基和亚甲基基团中 C—H 键的伸缩振动的第二泛音有关，1342～1492nm 与 C—H 键的伸缩振动有关，1639～1887nm 与甲基和亚甲基基团中 CH_2 的伸缩振动的第一泛音有关，2083～2222nm 与 C—H 键伸缩振动及其他振动模式有关。从这个例子可以看出近红外光谱的分辨率稍低，常常是较宽的几个谱带，虽然已知的基团有一定的吸收谱带，但对于仅在结构上有细小差别的化合物，常常会重现重叠的谱图。

为实现不同类型样本鉴别分析，需利用化学计量学（chemometrics）方法将物质的标准值与分析仪器测定值之间建立联系。如图 3.1.18 所示为近红外光谱数据分析流程。将光谱数据包含的信息与被测物质参数之间的相关性建立起计量关系，对于后续未知样本进行预测具有模型建立的意义。首先，在光谱数据分析前应进行光谱预处理来消除近红外光谱中与被测样品信息不相关的干扰噪声。这些噪声可能来自样品状态和粒径、环境光变化、光散射、杂散光以及仪器内部响应、暗电流等干扰，这些都会导致光谱曲线出现抖动、基线漂移等干扰信息。然后，在建立校正模型前，需将样品划分为训练集与验证集，采用全光谱数据或几个特定波段的吸收数据，研究变量之间的函数关系，建立分类或回归模型用于后续的进一步判别或预测分析，最后基于模型对验证集样本的预测结果给予模型优劣的评价。在测定未知样品时，需将位置样品的光谱带入这个已建立并验证稳定的模型，实现其性质计算。

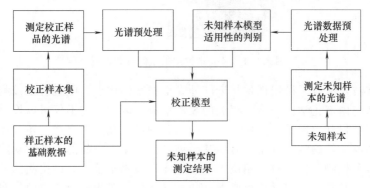

图 3.1.18　近红外光谱数据分析流程

近红外光谱分析技术实际上是一个二级分析方法，其所得准确度不会超过在建立模型时所用标准检测方法得到的准确度。同时，为得到稳定的预测模型，需通过大量样本对模型进行训练。

3.2　高光谱成像

3.2.1　光谱成像技术简介

3.2.1.1　高光谱成像基本知识

高光谱成像（hyperspectral imaging）技术是 20 世纪 80 年代发展起来的一种新兴的多学科交叉光电探测检测技术，它融合了光学、电子学、计算机科学、信息处理技术以及统计学等领域的先进技术。早期高光谱成像技术主要应用于航空遥感，如森林探火、地质勘探以及海洋监测等方面，现阶段已逐步在农业、食品、环境、工业、医药等领域快速地发展应用。

高光谱成像技术是基于多波段的影像数据技术。相较于基于 R、G、B 三通道的彩色图像，高光谱图像是在光谱维度上细分为很多个窄波段通道的图像数据的集合。高光谱图像是一个三维立体方体数据（$x \times y \times \lambda$），数据结构如图 3.2.1 所示。其中 x、y 表示图像空间尺寸的二维信息，λ 表示光谱维度的反射率或吸光度等信息。高光谱数据可以理解为由每个光谱波段下的反射率或吸光度二维空间图像叠加而成，也可以理解为二维空间图像上的每个像素点均包含了一条光谱曲线。图像的横纵坐标信息反映待检测样品的形状、大小和缺陷等外部品质。由于成分不同，光谱吸收会出现差异，因此在某个特定波长下的图像会有明显的不同；光谱信息则可以充分反映样品物理结构和其内部品质变化。

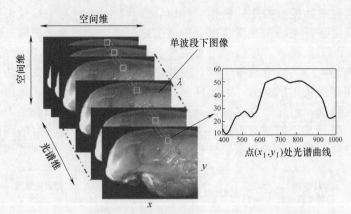

图 3.2.1　高光谱数据的空间分布示意

高光谱成像技术结合了机器视觉与近红外光谱技术的优点，既包含了被测样品的空间形态信息，也具有与内部化学成分高度相关的光谱信息。因此，它不仅可以检测样品的物理结构参数，也可以获得其内部品质信息。进一步结合图谱交互分析方法，还可以获得样品化学成分、质量品质参数等的空间分布。目前其已被广泛应用于食品的内外部缺陷检测、质量分级判别、化学成分检测等。同时，相比于近红外光谱技术基于点光谱检测的原理，高光谱成像技术可以获得样品整体图像上单个像素点的光谱信息，对于食品中真菌代谢毒素、食品掺假等样本可能出现的局部成分密集的情况，可避免点光谱的平均效应，可以获得更好的检测效果。还可以获得该成分的空间分布，提供可视化结果图，增强人机信息交互，优化检测过程，同时为后续识别剔除提供位置信息。

3.2.1.2　高光谱成像特点

与传统的多光谱扫描仪相比，成像光谱仪（imaging spectrometer）能够得到上百波段的连续图像，且每个图像像元都可以提取一条光谱曲线。它的出现，解决了传统科学领域"成像无光谱"和"光谱不成像"的历史问题。其特点在于：

① 高光谱分辨率高。成像光谱仪能够获得整个可见光、近红外、短波近红外、热红外波段的多而窄的连续光谱，波段数多至几十个甚至数百个，光谱分辨率甚至可以达到纳米级，以推扫式高光谱成像仪为例，其光谱分辨率不大于 5nm。

② 图谱合一。高光谱技术将影像、辐射与光谱这三个重要特征结合在一起。

③ 光谱波段多，在某一光谱段范围内连续成像。传统的全色和多光谱，在光谱波段数上是非常有限的，在可见光和反射红外区，其光谱分辨率通常在 100nm 量级。而成像光谱仪的光谱波段多，一般是几十个或者几百个，有的甚至高达上千个，而且这些光谱波段在成像范围内一般都是连续成像。因此能够获得样品在一定范围内连续的精细的光谱曲线。不同物之间千差万别的光谱特征和形态特征也正是利用高光谱技术实现精细检测的应用基础。

3.2.2　高光谱图像检测工作原理

3.2.2.1　高光谱成像关键技术

成像光谱仪是高光谱成像系统的核心，主要用于准直入射、分光以及成像等功能，主要由狭缝、透镜、棱镜等色散元件以及感光元件等部分组成，图 3.2.2 是成像光谱仪的组成部件及原理示意图。成像原理较为复杂，首先，采集的对象反射或透过光线通过物镜之后变为垂直于狭缝的平行光，平行光通过狭缝后，经过准直光透镜打在棱镜等色散元件上变为随波长展开的单色光，该单色光经过重聚焦透镜最终打在成像 CCD 探测器上实现光谱成像。

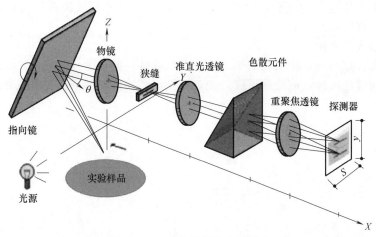

图 3.2.2　成像光谱仪主要组成

高光谱成像包括空间维成像和光谱维成像。其空间维成像是成像光谱仪与样品相对运动时，成像光谱仪以一定的工作模式来实现的，常用的工作模式为摆扫型和推扫型。

（1）摆扫型成像光谱仪

光谱仪由光机左右摇摆和平台承载样品向前运动完成二维空间成像，其线阵探测器完成每个瞬时视场像元的光谱维获取。如图 3.2.3 所示为摆扫型成像光谱仪的成像方式与光谱获取。图中，IFOV 为仪器的瞬时视场角（instantaneous field of view），FOV 为仪器的视场角（field of view）。摆扫型成像光谱仪具有一个呈 45°斜面的扫描镜（rotating scan mirror），在电机带动下进行 360°旋转，其旋转水平轴与平台运动方向平行。扫描镜对样品左右平行扫描成像，即扫描运动方向与平台运动方向垂直。光学分光系统一般主要由光栅和棱镜组成，然后色散光再被汇集到探测器上。这样成像光谱仪所获取的图像就具有了两方面特性：光谱分辨率与空间分辨率。

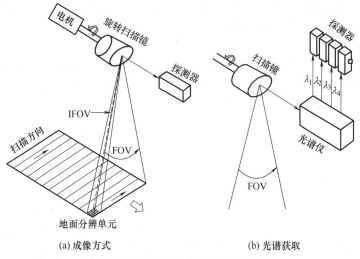

(a) 成像方式　　　　　　　(b) 光谱获取

图 3.2.3　摆扫型成像光谱仪工作原理

摆扫型成像光谱仪的优点在于可以得到很大的总视场（FOV 可达 90°），像元配准好，不同波段任何时候都凝视同一像元；在每个光谱波段只有一个探测元件需要定标，增强了数据的稳定性；由于是进入物镜后再分光，因此一台仪器的光谱波段范围可以做得很宽，比如，从可见光一直到热红外波段。

（2）推扫型成像光谱仪

推扫型成像方式与光谱获取如图 3.2.4 所示，面阵探测器的一维通过载荷平台的运动完成沿轨方向空间维的成像，成像光谱仪分光系统及面阵探测器的另一维完成光谱维的成像。

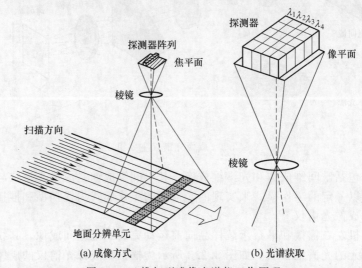

(a) 成像方式   (b) 光谱获取

图 3.2.4 推扫型成像光谱仪工作原理

推扫型成像光谱仪的优点首先是像元的凝视时间大大增加，因为它只取决于平台运动的速度，相对于摆扫型成像光谱仪，它的凝视时间的增加量可以达到 10^3 数量级。凝视时间的增加可以大大提高系统灵敏度和信噪比，进而能够更大地提高系统的空间分辨率和光谱分辨率。另外，由于没有光机扫描运动设备，仪器的体积相对比较小。

推扫型成像光谱仪的不足之处是，由于探测器器件尺寸和光学设计的困难，总视场角不可能做得很大，一般只能达到 30°左右。另外，面阵 CCD 器件上万个探测元件的标定也很困难。而且，现今的面阵器件主要集中在可见光、近红外波段。

（3）凝视型成像光谱仪

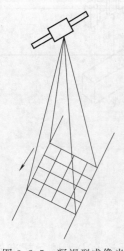

图 3.2.5 凝视型成像光谱仪的成像方式

凝视型成像光谱仪的成像方式如图 3.2.5 所示，面阵探测器同时对二维场进行探测，探测器单元与系统观察范围的目标一一对应，成像光谱仪分光系统及面阵探测器完成光谱维的成像。

凝视型成像方式的优点在于取消了扫描机构，系统结构变得简单紧凑，像元凝视时间变长，对目标辐射的响应更快。不足之处在于数据处理后期处理困难，空间分辨率及光谱通道数受限。

3.2.2.2 成像光谱仪的光谱成像方式

从光谱成像原理上分，成像光谱仪可以分为色散型、干涉型、滤光片型、计算机层析型、二元光学元件型、三维成像型。

（1）色散型成像光谱仪

色散型成像光谱技术出现较早。入射狭缝位于准直系统的前焦面上，入射的辐射光经准直光学系统准直后，经棱镜和光栅狭缝色散后由成像系统将光能按波长顺序成像在探测器的不同位置上。色散型成像光谱仪按照探测器的构造可分为线阵与面阵两大类，它们分别称为摆扫型成像光谱仪和推扫型成像光谱仪，其原理如图 3.2.6 所示。

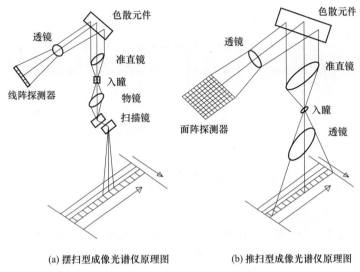

(a) 摆扫型成像光谱仪原理图　　　　(b) 推扫型成像光谱仪原理图

图 3.2.6　色散型成像光谱仪

在摆扫型成像光谱系统中，线阵探测器用于探测任一瞬时视场（即目标上所对应的某一空间像元）内目标点的光谱分布。扫描镜的作用是对目标表面进行横向扫描，一般空间的第二维扫描（即纵向或帧方向扫描）由仪器与目标的相对运动所产生。在某些特殊情况下，空间第二维扫描也可用扫描镜实现。一个空间像元的所有光谱分布由线阵探测器同时输出。

在推扫型成像光谱仪中，面阵探测器用于同时记录目标上排列成一行的多个相邻像元的光谱，面阵探测器的一个方向的探测器数量应等于目标行方向上的像元数，另一个方向的探测器数量与所要求的光谱波段数量一致。同样，空间第二维扫描既可以由相对运动实现，也可使用扫描反射镜。一行空间像元的所有光谱分布由面阵探测器同时输出。

传统的色散型成像光谱仪都是应用在准直光束中。与传统的准直光束色散系统相比，将色散型成像光谱技术应用在发散光束中有较多优点，如没有准直镜可以简化系统结构；色散像按波长线性分布在像面上，色散像没有几何失真。

（2）干涉型成像光谱仪

干涉型成像光谱仪的基本原理在获取目标空间维信息方面与色散型技术类似，都是通过摆扫或推扫得到目标上的像元，通过探测像元辐射的干涉图和利用计算机对干涉图进行傅里叶变换，来获得每个像元的光谱分布。目前，获取像元辐射干涉图的方法主要有三种：迈克尔逊干涉法、双折射型干涉法和三角共路型干涉法。基于这三种干涉方法，形成了三种典型的干涉成像光谱仪。

① 迈克尔逊干涉成像光谱仪——时间调制型。迈克尔逊干涉成像光谱仪是通过动镜机械扫描，引入光程差，产生物面像元辐射的时间序列干涉图，再对干涉图进行傅里叶变换，便得到相应物面像元辐射的光谱图。它由前置光学系统、狭缝、准直镜、分束器、动镜、静镜、成像镜和探测器等部分组成，其光学原理如图 3.2.7 所示。

从图 3.2.7 可知，迈克尔逊型干涉成像光谱仪有一对精密磨光平面镜，分别为动镜和静镜（系统）。

从物面目标射来的光线通过狭缝经准直镜对准后，直射向分束器。分束器是由厚度和折射率都很均匀的一对相同的玻璃板组成。靠近准直镜的一块玻璃板的背面镀有银膜（分束

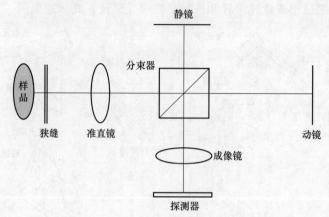

图 3.2.7 迈克尔逊干涉成像光谱仪原理图

板），可以将入射的光线分为强度均匀的两束（反射和透射），其中，反射部分射到静镜，经静镜反射后再透过分束板通过成像镜进入探测器；透射部分射到动镜上，经反射后经分束板的镀银顶反向成像镜，进入探测器。这两束相干光线的光程差各不相同，在探测器上就能形成干涉图样。通过移动动镜进行调整，就可以进行不同的干涉测量。分束器中靠近动镜的一块玻璃板是起补偿光程的作用（补偿板）。

迈克尔逊干涉成像光谱仪的动镜和静镜主要分为平面镜、角反射体以及猫眼镜三种。平面镜的优点是对于镜子二维方面的横移无严格要求，但对镜子的倾斜角度非常敏感。而猫眼镜和角反射体则对镜子的倾斜无严格要求，但是对横移非常敏感。

② 双折射型干涉成像光谱仪——空间调制型。双折射型干涉成像光谱仪是利用双折射偏振干涉方法，在垂直于狭缝（用于在推扫型仪器中选出目标上的一个行）的方向同时产生物面像元辐射的整个干涉图。它由前置光学系统、狭缝、准直镜、起偏器、渥式（Wollaston）棱镜、检偏器、再成像系统和探测器等部分构成，其光学原理如图 3.2.8 所示。可以看出，前置光学系统将目标成像于入射狭缝上（即准直镜的前焦面），然后经准直镜入射到起偏器。沿起偏器偏振化方向的线偏振光入射到渥式棱镜，该棱镜将入射光分解为两束强度相等的寻常光（o 光，垂直于主平面振动）和非寻常光（e 光，平行于主平面振动）。这两束振动方向垂直的线偏振光经检偏器后，变成与检偏器偏振化方向一致的二线偏振光，经过再成像后，在探测器方向上就可以得到干涉图。探测器上每一行对应于入射狭缝上不同的点，这样就可以得到沿狭缝长度方向的空间分辨率。

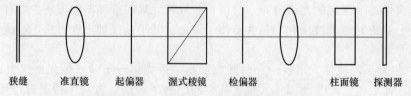

狭缝 准直镜 起偏器 渥式棱镜 检偏器 柱面镜 探测器

图 3.2.8 双折射型干涉成像光谱仪原理图

双折射型干涉成像光谱仪具有如下优点：

a. 探测器所探测的不是像元辐射中的单个窄波段成分，而是整个光谱的傅里叶（Fourier）变换，又因 Fourier 变换的积分过程是一种"平均"过程，故有改善信噪比的作用。并且个别探测器单元的失效不会造成相应波段信息的丢失。

b. 狭缝高度和宽度只确定成像空间分辨力，而不影响光谱分辨力，所以光通量和视场可以较大。

c. 该装置运动部件结构紧凑，抗外界扰动和震动能力强。

d. 属空间调制，实时性好，可用于测量光谱和空间变化的目标。双折射型干涉成像光谱仪的缺点是分辨能力有限，光学系统结构复杂。另外，它只是在"一行"测量中因无动镜扫描而可"瞬时"完成，但是在推扫过程中也不允许光谱和空间发生变化。

③ 三角共路型干涉成像光谱仪——空间调制型。三角共路（Sagnac）型干涉成像光谱仪是用三角共路干涉方法，通过空间调制，产生物面的像和像元辐射的干涉图。它由前置光学系统、狭缝、分束器、反射镜、傅里叶透镜、柱面镜和探测器构成，其光学原理如图 3.2.9 所示。可以看出，前置光学系统将被测光线聚焦于狭缝，狭缝射出的光经分束器分为反射光和透射光，再经过静镜和动镜两个反射面及分束面反射或透射后入射到傅里叶透镜上。当动镜与静镜相对于分束器完全对称时，没有光程差，就没有干涉

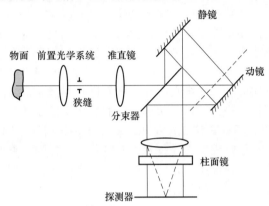

图 3.2.9　三角共路型干涉成像光谱仪原理图

效应。当动镜移动，与静镜不对称时，由于存在光程差，经傅里叶透镜后就形成干涉。由于光路设置，使入射光阑置于傅里叶透镜的前焦面处。则当动镜与静镜非对称时，两束光相对于光轴向两边分开，形成相对于傅里叶透镜的两个虚物点。由虚物点发出的光束经傅里叶透镜后，变成平行光，在探测器处合束产生干涉。

三角共路型干涉成像光谱仪有如下优点：

a. 狭缝长度和宽度只确定成像空间分辨力，而不影响光谱分辨率，所以光通量和视场可以较大。

b. 两束光沿相同路径反向传播，外界扰动和震动的影响自动补偿。

c. 实时性好，可测量光谱和空间变化的目标。

上述三种类型的干涉成像光谱仪结构不同，性能各有所长。但归根结底，都是对两束光的光程差进行时间或空间调制，在探测面处得到光谱信息。

（3）滤光片型成像光谱仪

滤光片型成像光谱仪也是每次只测量目标上一个行的像元的光谱分布，它采用相机加滤光片的方案，原理简单，并有很多种类，如可调谐滤光片型、光模滤光片型等。可调谐滤光片的种类较多，包括声光可调谐滤光片、电光可调谐滤光片、双折射可调谐滤光片、液晶可调谐滤光片、法布里-佩罗（Fabry-Perot）可调谐滤光片等，应用在成像光谱仪上的主要有声光和液晶可调谐滤光片。液晶调谐的调制速度较慢，波长切换时间较长，而声光调谐的调制速度较快，采用具有良好的光学性能、较高的声光品质因数和较低声光衰减的光学材料所制作的器件可以获得较好的效果。

光模成像光谱仪包括一个靠近面阵探测器的模形多层膜介质干涉滤光片，如图 3.2.10 所示，探测器的每一行探测像元接收与滤光片透过波长

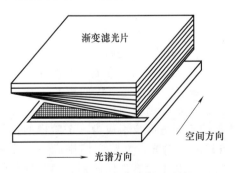

图 3.2.10　光模成像光谱仪

对应的光谱带的能量。随着光模滤光片工艺水平的提高,光模成像光谱仪已开始走向实用化。

由于各光模的顶角不同,光线通过光模时不同波段的色光的相位延迟和偏转角度就不同,从而可以分离出多个波段,在底板的探测器上成像。

(4)计算机层析成像光谱仪

计算机层析成像光谱仪(computed-tomography imaging spectrometer,CTIS)将成像光谱图像数据立方体视为三维目标,利用特殊的成像系统记录数据立方体在不同方向上的投影图像,然后利用层析算法重建出数据立方体。图 3.2.11 显示了 CTIS 的原理:一个沿三维方向分布(二维空间和一维光谱)的多光谱图像数据的立方体,可以压缩或投影成沿二维方向分布(一维空间和一维光谱)的多光谱光学图像序列。被压缩的二维多光谱光学图像序列被一个或多个二维焦平面阵列传感器接收。通过计算机层析(computed tomography,CT)重建算法就可将压缩的二维多光谱光学图像序列重建为原始目标光谱图像数据立方体。

层析成像光谱技术可同时获得目标的二维空间影像和光谱信息,并且能够对空间位置和光谱特征快速变化的目标进行光谱成像,但由于探测器格式及色散元件的精度限制及较高成本,较难实用化。

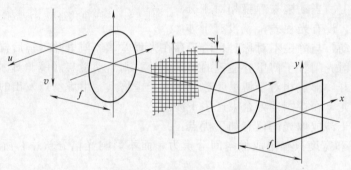

图 3.2.11 计算机层析成像光谱仪光学系统原理图

(5)二元光学元件成像光谱仪

二元光学元件既是成像元件又是色散元件,与棱镜或光栅元件垂直于光轴方向色散的特性不同,二元光学元件沿轴向色散,利用面阵 CCD 探测器沿光轴方向对所需波段的成像范围进行扫描,每一位置对应相应波长的成像区。由 CCD 接收的辐射是准确聚焦所成的像与其他波长在不同离焦位置所成像的重叠。利用计算机层析技术对图像进行消卷积处理就可获得物面的图像立方体。采用二元光学元件的成像光谱仪其光谱分辨力由探测器的尺寸决定。二元光学元件是微浮雕位相结构,设计困难,制作难度较大,多次套刻的误差对衍射效率影响很大。

(6)三维成像光谱仪

三维成像光谱仪是在光栅(棱镜)色散型成像光谱仪的基础上改进而来的。传统的色散型成像光谱仪中,光谱仪系统的入射狭缝位于望远系统的焦面上,而三维成像光谱仪在望远系统的焦面上放置的是一个像分割器(image slicer),这是三维成像光谱仪的核心,它的作用是将二维图像分割转换为长带状图像。像分割器由两套平面反射镜组成,第一套反射镜将望远系统所成的二维图像分割成多个条带,并将各条带按不同方向反射成为一个阶梯型长条带,如图 3.2.12 所示,第二组反射镜接收每个单独条带的出射光,并将它们排成一个连续的长带,从几何光学的角度来看,重新组合的长带与长狭缝几乎没有任何区别。但是仪器的安装和调试困难,加长狭缝高度,也势必造成仪器的结构变大。利用像分割器作为棱镜和光栅色散型光谱仪的入射狭缝就可以组成一台三维成像光谱仪。

3.2.2.3　高光谱数据表达

（1）图像立方体——成像光谱信息集

设图像灰度值 DN，我们可以简单定义构成成像光谱图像立方体的三维：空间方向维 X，空间方向维 Y，光谱波段维 Z，其构成坐标系如图 3.2.13 所示。

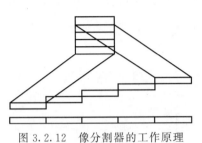

图 3.2.12　像分割器的工作原理　　　　　　　图 3.2.13　图像立方体构成

空间直线 X 与空间直线 Y 决定的空间平面，即 OXY 平面；空间维与波段维构成的平面，即 OXZ、OYZ 平面。其中 OXY 平面的图像与传统的图像是相同的，它可以是黑白灰度图像，反映某一个波段的信息；也可以是三个波段的彩色合成图像，同时表达三个波段的合成信息，这时三个波段可以根据需要任意选择以突出某方面的信息。

OXZ、OYZ 平面的图像则与传统图像不尽相同，它反映的不是地物特征的二维空间分布，而是某一条直线上的地物光谱信息。从直观上说，是成像光谱数据立方体在光谱维上的切面。

成像光谱切面是一单色平面，该切面数据反映了各波段的辐射能量，不能显示出图像的光谱特征。考虑到人对彩色的敏感程度更高，采用密度分割的方法，给各灰度级赋予不同的色彩值，可将光谱切面的灰度图转换成彩色图，再用一个 256 级的彩色查找表来完成 DN 值到影色的转换。为了使彩色值有尽量大的动态范围，可以在彩色表中尽量均匀地分布红（R）、绿（G）、蓝（B）三色的取值范围，彩色表计算方式如式（3.2.1）～式（3.2.3）所示。

设彩色表的第 i 项为 $R(i)$、$G(i)$、$B(i)$，则有

$$i=0,\cdots,85,R(i)=i\times3,G(i)=B(i)=0 \tag{3.2.1}$$

$$i=86,\cdots,172,R(i)=0,G(i)=(i-86)\times3,B(i)=0 \tag{3.2.2}$$

$$i=173,\cdots,255,R(i)=255,G(i)=255,B(i)=(i-173)\times30 \tag{3.2.3}$$

为更好地显示出光谱的吸收特征，须将光谱切面数据进行相对反射率转换，即将 DN 值转换为相对反射率值 r，转换公式如式（3.2.4）所示。

$$DN(i,j,b)\rightarrow r(i,j,b) \tag{3.2.4}$$

再对 r 做包络线消除，得 r' 的取值范围为 $0\sim1.0$，为了显示的需要，将 r' 线性拉伸到 $0\sim255$，得到 r''，如式（3.2.5）所示。

$$r''(i,j,b)=255r(i,j,b) \tag{3.2.5}$$

显示 $r''(i,j,b)$ 能够直接反映出光谱的吸收特征。

（2）二维光谱信息表达——光谱曲线

对于某一点的光谱特征，最直观的表达方式就是二维的光谱曲线。如果已知某一点的反射率数据为 $r(i)$（$i=1$，…，N，i 为光谱的波段序号），则对应每一波段都有光谱的波长数据 $\lambda(i)$（$i=1$，…，N）。如图 3.2.13 所示，用直角坐标系表示光谱数据，横轴表示波长，

纵轴表示反射率，则光谱的吸收特征可以从曲线的极小值获得。在显示曲线时须将波段序号转换到光谱波长值，映射到水平轴上。由于成像光谱图像的波段数有限，光谱曲线只是一些离散的样点，通过这些样点再现光谱曲线需进行插值，最简单也最常用的插值方法是线性插值，即用折线连接样点构成光谱曲线。然而，这样连成的曲线不够光滑，特别是在波段数较少时尤为明显，如果要获得光滑的曲线就要采用三次样条插值或其他方法。用参数方程表示逼近曲线，方程表达如式（3.2.6）所示。

$$x = \sum_{i=1}^{4} x_i B_i(t)$$
$$y = \sum_{i=1}^{4} y_i B_i(t)$$

（3.2.6）

式中，$B_i(t)$ 为混合函数。

$B_i(t)$ 的计算公式如式（3.2.7）~式（3.2.10）所示。

$$B_1(t) = -\frac{1}{6} t(t-1)(t-2)$$

（3.2.7）

$$B_2(t) = -\frac{1}{2}(t+1)(t-1)(t-2)$$

（3.2.8）

$$B_3(t) = -\frac{1}{2}(t+1)t(t-2)$$

（3.2.9）

$$B_4(t) = \frac{1}{6}(t+1)t(t-1)$$

（3.2.10）

三次样条插值法生成的曲线为光滑的三次曲线，曲线在样点处为二阶连续。

（3）三维光谱信息表达——光谱曲面图

二维光谱图只能表示某一像元地物的特征，反映的信息量较少，不利于对整个成像光谱、图像光谱特征的整体表达。为了同时表达出更多的光谱信息，选取一簇光谱曲线，构成三维空间的曲面，用投影方式显示在二维平面上，形成三维光谱曲面图。三维光谱曲面用函数表示，如式（3.2.11）所示。

$$r = f(X, \lambda)$$

（3.2.11）

式中　X——空间轴，例如沿扫描线方向或飞行方向；

　　　λ——波长轴，对应于图像的波段；

　　　r——反射率，可由 DN 值经反射率转换得到。

实际上 f 是一个不连续函数，只知道光谱曲面上的一些离散的点即光谱曲面上的一些网格点，用简单的线性插值法即可计算曲面上网格点以外的点。在显示光谱曲面时，用直线段连接相邻的网格点就可以表达出光谱曲面的形状。为了在二维显示设备上表达三维的光谱曲面图，还需进行三维视图变换以及隐藏线、隐藏面消除等处理。

3.2.3　检测过程与方法

3.2.3.1　高光谱系统构成

一个典型的高光谱成像系统包括相机、光谱仪、镜头、光源、步进电机、电动平移台以及计算机等装置。常用光源为卤素灯，作为一种宽波段照明光源，常用于可见光或近红外光谱区域的照明。相机常使用的是 CCD 相机检测器，根据不同的采集模式而选择线阵 CCD 或面阵 CCD。CMOS 检测器也较为常用，但 CMOS 检测器上因放大信号芯片上的电路会产生比 CCD 更多的噪声和暗电流，会比 CCD 的动态范围小且灵敏度低。常见的高光谱成像系统

的波段范围包括 $400\sim1000$nm、$900\sim$ 1700nm 和 $1000\sim2500$nm。

如图 3.2.14 所示为一种常见高光谱成像系统，其中运动控制平台根据高光谱成像系统的数据获取方式的差异而有所不同。

3.2.3.2　数据获取形式

根据采集方式，高光谱数据的获取方法可分为四种，其扫描原理示意图如图 3.2.15 所示。

图 3.2.15（a）为点扫描方式，即每次只能获取样品一个像素点的光谱，

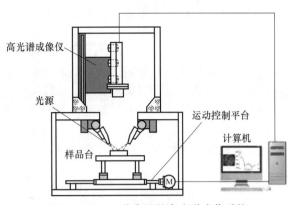

图 3.2.14　一种常见的高光谱成像系统

在扫描过程中需要逐行逐列移动高光谱相机或者被测对象才能获取完整的高光谱信息，以这种形式获取的高光谱数据通常以 BIP（band interleaved by pixel）格式存储。这种方式不利于快速检测，因此常用于对微观对象进行检测。

图 3.2.15（b）为线扫描方式，即每次获取扫描线上所有像素点的光谱，在扫描过程中只需要将高光谱相机或被测对象沿一个方向推扫，即可获取完整的高光谱信息，以这种形式获取的高光谱数据通常以 BIL（band interleaved by line）格式存储。这种扫描方式常用于传送带系统上的食品加工。但这种扫描方式只能对所有的波长设置同一个曝光时间，为了避免任何波长的频谱饱和，必须要求曝光时间很短，这样就会导致一些波段的曝光率较低。

以上两种扫描方式为空间扫描方式。

图 3.2.15（c）为面扫描方式，可以依次获取样品在单个波长下的完整空间图像，这种方式下获取的数据以 BSQ（band sequential format）格式存储，在扫描过程中不用移动相机或样品，只需要切换获取的波段，也可以为每一个波段设置合适的曝光时间。但这种方式由于波长切换时间的需要，样品需要静置一段时间，因此这种方式不太适合在线检测，而主要用于波长数目较少的光谱成像系统。

图 3.2.15（d）为全扫描方式，这种方式利用一个大的区域检测器来同时获取空间和光谱信息。这种方式使高光谱信息获取更加快速，但是这种方式仍在初步发展阶段。

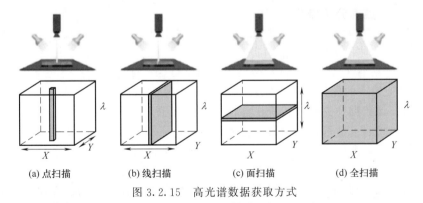

(a) 点扫描　　　　(b) 线扫描　　　　(c) 面扫描　　　　(d) 全扫描

图 3.2.15　高光谱数据获取方式

3.2.3.3　数据获取模式

根据光源和光谱相机之间的位置关系，高光谱图像的获取模式可分为反射、透射和漫透射三种，如图 3.2.16 所示。这三种不同的获取方式反映了光和检测对象之间的作用关系，

经过不同形式作用后的光承载了丰富的内部和外部信息，根据这些信息便可以对样品进行快速无损检测。在反射模式中，高光谱仪获取从样品表面反射的光，这种模式通常反映样品外部质量特征，如尺寸、形状、颜色、表面纹理和外部缺陷。在透射模式中，光源与光谱仪在样品两侧，这种模式下，光谱仪能够获取光源穿透样品的信息，这个信息虽然微弱但是能够反映样品内部信息。这种获取模式下，信号强弱受样品厚度的影响。漫透射能够测定相对透明材料内部成分浓度及进行内部缺陷检测。相比反射模式，它可以减少样品表面对光谱的影响；相比透射模式，它可以减少样品厚度对光谱信息的影响。另外，漫透射模式需要一个特殊设置来避免反射光信息直接进入光谱仪。

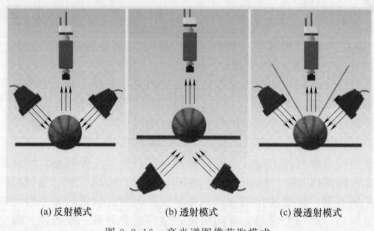

(a) 反射模式　　　　　　(b) 透射模式　　　　　　(c) 漫透射模式

图 3.2.16　高光谱图像获取模式

3.2.3.4　数据分析软件

高光谱图像处理一般采用的是 ENVI（the Environment for Visualizing Image）软件，ENVI 是一款功能强大的遥感图像处理软件，可以十分快速、便捷、准确地从高光谱图像中提取信息。ENVI 可以进行高光谱图像的感兴趣区域选择、图像预处理、纹理分析、黑白校正、波段运算、数据降维等操作，此处使用的 ENVI 软件版本为 ENVI 5.1（Research Systems Inc.，Boulder，CO，USA）。除此之外，对高光谱数据的分析也可以用 MATLAB、Unscrambler 与 Evince 等完成。

3.2.3.5　高光谱数据分析流程

基于高光谱数据为立方体的特殊属性，可以分三种方式对高光谱数据进行分析：

① 对某一特定波段下的图像进行分析；

② 对某些感兴趣区域（region of interest，ROI）中的像素光谱进行分析；

③ 将每个波段下的图像和每个像素的光谱进行协同分析。

不同波段图像数据，克服了传统机器视觉只含有 RGB 三个波段信息的不足；而在高光谱数据分析中，可以灵活选择任何感兴趣区域进行，克服了近红外光谱技术中，只能获取平均光谱的不足；最后图像光谱的协同分析使高光谱成像能够更完整地描述任何种类的非均匀样品的成分浓度和分布。

高光谱图像处理的工作流程从根本上不同于传统彩色图像处理的工作流程，尽管这两种数据类型都是多维和多变量的。典型的高光谱图像处理工作流程包括校准和大气校正（仅用于遥感）、创建反射数据立方体、降维、波谱库和数据处理。在工作流程中同时需要做光谱和空间的预处理也是高光谱独一无二的特征。高光谱数据处理过程中包含了高光谱图像处理技术的基础知识，如校准、光谱和空间预处理等，也包括了特征提取和选择的降维处理等。

图 3.2.17 为典型的高光谱图像处理工作流程。

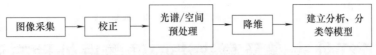

图 3.2.17　典型高光谱图像处理工作流程

具体的建立定性定量模型的典型步骤如图 3.2.18 所示。

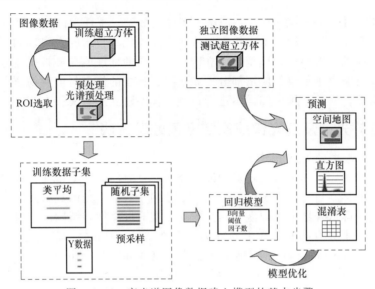

图 3.2.18　高光谱图像数据建立模型的基本步骤

首先，必须选择光谱预处理选项，如一阶或二阶导数、去趋势或归一化，以最大限度地提高类间方差，同时最小化类内方差，以及去除由如仪器不稳定性引起的系统差异的影响。这种转换通常是针对具体应用的，必须进行简单的测试，以选择在不同的特定情况下最合适的转换。

模型构建的第二步，也可能是最关键的一步，包括从高光谱成像数据中选择合适的光谱，来充分表示每个感兴趣目标的类别。必须选择能尽可能多的捕获每个类别方差的 ROI，当所需的类包含由于物理条件（例如样品高度或由表面纹理产生的阴影效应）导致的光谱变化时，这一点尤其重要。如果所有感兴趣类别的差异都存在于该图像中，则 ROI 可以仅从一幅高光谱图像中选择。另外，从多个立方体中选择光谱也是可取的，以便在模型中包含由不同时间拍摄引起的其他潜在差异（例如，由检测器响应或样品制备和呈现方法中的变化引起的光谱差异）。

为了达到分类目的，必须保持一个与光谱数据矩阵长度相同的分类变量，同时包含关于每个光谱所属类别的信息。每个类必须单独计算分类模型，为每个类创建一个"Y"参考向量，通常包含值为 1 或 0，指示每个光谱"是"或"不是"属于该类别。一旦训练出一个合适的分类器，它就可以应用于整个展开的超立方体（或用于新的超立方体的分类），为每个光谱提供分类预测。由于高光谱数据量巨大，应该探索结果的其他表示方法：

① 预测结果可以被重新折叠，从而产生被称为"预测图"的空间图像。通常，每个类都被分配了唯一的颜色或灰度值，用于识别预测图像中被分类的像素。

② 可以创建直方图来检查一个类的预测值分布。

③ 可以创建分类混淆矩阵，汇总正确和错误分类数据的计数，同时显示这些结果的交

互式软件产生的分类模型。例如，通过检查空间映射和混淆矩阵，立即修改对类阈值（即限定类别成员的边界值）的定义。

3.3　近红外光谱及高光谱成像数据处理方法

化学计量学（chemometrics）是一门融合了应用数学、统计学以及计算机技术的新兴重要学科。将其应用于光谱检测技术中极大地推动了光谱检测技术的发展，如光谱的信息处理方法和方式对数据的影响很大，模型的建立即是将物质的标准值与分析仪器测定值之间建立联系，也是化学计量学中重要的应用部分。光谱数据包含的信息与被测物质参数之间的相关性建立起计量关系，对于后续未知样本进行预测是模型建立的意义所在。

3.3.1　近红外光谱及高光谱成像数据预处理方法

3.3.1.1　近红外数据预处理方法

在农产品样本中，因其中含有较多的散射介质，且由周围环境条件、仪器测量、人为操作、参数设置以及样本自身状态及形态等因素的影响，获取的光谱数据曲线一般会包含噪声和干扰信息。为了降低外界干扰因素并提高建立模型的可靠性和精确性，对所获取的光谱数据进行相应的校正十分有必要。常用的方法有平滑（smoothing）、基线校正（baseline correction）、归一化（normalization）、标准正态变量（standard normal variate）、多元散射校正（multiplicative scatter correction）和微分（derivative）等。

（1）光谱转换

将光谱转换为吸光度和库贝尔卡-蒙克光谱，是降低反射率测量非线性的有效途径。依据比尔-朗伯定律（也称比尔定律），材料样品的透光率与其吸光度有关。因此，反射测量与光学密度读数相似，通过光谱转换可放大差异，反射光谱、吸收光谱及库贝尔卡-蒙克光谱间的转换公式如式（3.3.1）和式（3.3.2）所示。

$$A = -\lg(1/R) \tag{3.3.1}$$
$$K\text{-}M = (1-R^2)/(2R) \tag{3.3.2}$$

式中，R 为反射光谱；A 为吸收光谱；$K\text{-}M$ 为库贝尔卡-蒙克光谱。

（2）归一化

归一化（normalization）预处理用于消除不同类型测量数据之间数量级的差异或传感器响应信号之间的数值差异。归一化方法有极值归一化、矢量归一化等。近红外光谱中常使用矢量归一化用于消除光程变化所产生的影响。计算方法为光谱减去光谱吸光度的平均值，再除以所有光谱的平方和，光谱归一化计算方式如式（3.3.3）所示。

$$x'_{ik} = \frac{x_{ik}}{\sqrt{\sum_{i=1}^{n} x_{ik}^2}} \tag{3.3.3}$$

式中，$k=1,2,3,\cdots,m$，m 为最大波长点数；n 为样品数。

（3）平滑

平滑（smoothing）预处理主要用于消除由于仪器稳定性和传感器响应等导致光谱曲线出现的抖动与毛刺。这些噪声会影响后续特征吸收峰等的提取及其他一系列的数据分析。常用的两种平滑方法包括移动平均平滑和 Savitzky-Golay 卷积平滑方法。移动平均平滑是最简单的平滑方法。首先定义奇数个相邻数据点构成一个窗口，计算窗口内所有数据点的平均值，用所得均值替换窗口中心数据点处的值，依次移动窗口重复上述操作，直到完成从第一个数据点到最后一个数据点的所有计算。处理后数据点 x_i 可用式（3.3.4）表示。

$$x_{i,\text{smooth}} = \frac{1}{2m+1} \sum_{j=-m}^{m} x_{i+j} \tag{3.3.4}$$

Savitzky-Golay 卷积平滑方法采用最小二乘拟合多项式作为数字滤波响应函数实现光谱数据的卷积平滑处理。其对窗口内所有数据点进行多项式最小二乘拟合，根据拟合后多项式计算所得的值代替窗口中心数据点的原始数据值，处理后数据点 x_i 可用式（3.3.5）表示。

$$x_{i,\text{smooth}} = \frac{1}{H} \sum_{j=-m}^{m} x_{i+j} h_j , \quad H = \sum_{j=-m}^{m} h_i \tag{3.3.5}$$

数据噪声的类型不同，不同的平滑方法对数据信噪比的改善情况也不相同。在应用过程中，需要根据数据实际情况选择适合的平滑方法。同时窗口的不同大小设置，对平滑效果也有不同的影响，一般窗口设置过小会导致平滑效果不明显，窗口设置过大会导致分辨率降低，造成一些有效信息丢失。

（4）微分

微分（differential）算法能够较好地净化图谱信息，平缓背景干扰和基线漂移的影响，起到分隔峰值、强调强烈吸收中的微小峰值、明确吸收波长等作用，但它有时也会对噪声起强调作用，甚至出现伪谐波峰值，因此是否需要微分处理需根据实际情况确定，并且为消除光谱变换带来的噪声，通常在求导前需对原始光谱进行平滑。式（3.3.6）和式（3.3.7）分别表示了离散光谱 x_k 在波长 k 处进行差分宽度为 g 的一阶导数和二阶导数后的光谱。

$$x_{k,\text{1st}} = \frac{x_{k+g} - x_{k-g}}{g} \tag{3.3.6}$$

$$x_{k,\text{2nd}} = \frac{x_{k+g} - 2x_k + x_{k-g}}{g^2} \tag{3.3.7}$$

（5）标准化

标准化（standardization）是基于光谱阵的列对一组光谱进行处理的预处理方法，能够消除光程差异、散射、样品稀释等引起的误差。标准化算法的基本思路是：认定一组光谱中的反射率（或吸光度）满足一定的分布规律，并在这一规律上进行标准化处理。其方法是首先对未知光谱进行均值中心化，再除以校正集样品的标准偏差光谱。算法如式（3.3.8）所示。

$$\boldsymbol{x}_{\text{atuoscaled}} = \frac{\boldsymbol{x} - \overline{x}}{\sqrt{\dfrac{\displaystyle\sum_{i=1}^{n}(x_{i,k} - \overline{x}_k)^2}{(n-1)}}} \tag{3.3.8}$$

$$\overline{x} = \frac{\displaystyle\sum_{k=1}^{m} x_k}{m} \tag{3.3.9}$$

式中　m——波长点数，$k = 1, 2, \cdots, m$；

　　　n——校正集样品数。

经过标准化处理后光谱中所有波长变量具有相同权重，其列的均值为 0，方差为 1。

另外，与标准化属性相同的预处理方法还有变量标准化（single nucleotide variations，SNV）和多元散射校正（multiplicative scatter correction，MSC）。SNV 算法与 MSC 算法

相类似，但对于组分变化较大的样本光谱数据，SNV 算法对光谱的校正能力通常高于 MSC 算法。

多元散射校正的计算原理为：以所有光谱的平均值作为理想光谱。假设该理想光谱与样本中成分含量存在直接线性关系。计算每个样本近红外光谱对理想光谱的一元线性回归，根据获得的回归常数与回归系数对每个样本的原始光谱进行修正。多元散射校正是基于多个样品的光谱矩阵进行运算的，其计算结果受到样本集的影响。具体计算公式如式（3.3.10）所示。

$$\overline{x} = \frac{\sum\limits_{i=1}^{n} x_i}{n}$$

$$x_i = a_i \overline{x} + b_i$$

$$x_{i,\mathrm{msc}} = \frac{x_i - b_i}{a_i} \tag{3.3.10}$$

（6）去趋势

去趋势（De-trending）算法是消除漫反射光谱基线漂移的有效方法。在光谱采集过程中，会发生基线偏移，而去趋势算法采用多项式拟合对光谱 x_i 拟合出一条趋势线 d_i，从 x_i 中减掉 d_i 即为去除趋势之后的光谱。De-trending 预处理可以去除背景趋势，从而突出光谱曲线峰谷。通常 De-trending 算法用于 SNV 预处理光谱之后的光谱预处理，二者一般结合使用。

3.3.1.2 高光谱数据预处理方法

（1）数据校准

高光谱图像数据的校准（calibration）对于保证高光谱图像系统得到结果的准确性和可重复性是很重要的，高光谱图像校准包含三种形式：光谱的校准、空间的校准和辐射域的校准。其中，辐射域的校准包括反射率校准和平场校准。

光谱（或波长）校准是将波段数与波长联系起来的过程。铅笔式校准灯或单色激光光源能够在几个已知波长处产生窄而强烈的峰值，而被广泛用于波长校准。商用校准灯的常用气体类型有氩、氪、氖、氙、汞-氖和汞-氩，再结合线性或非线性回归分析来预测未知波段处的波长。波长校准通常是由产品供应商在高光谱图像摄像机交付给客户之前完成。因此，终端用户只需偶尔或仅在必要时才执行波长校准。

空间（或几何）校准（或校正）是将每个图像像素与已知单位（如米）或已知特征（例如网格图案）相关联的过程。空间校准提供有关材料表面上每个传感器像素的空间尺寸或材料绝对位置和尺寸的信息，能校正光学像差（"微笑"和"梯形"效应）。"微笑"和"梯形"效应是指二维图像检测器中的曲率，"微笑"是指沿空间方向弯曲的光谱信息，而"梯形"指的是沿着光谱方向弯曲的空间线。近年来，成像光谱仪的制造商已经改进设计，以尽量减少"微笑"和"梯形"效应，使其远低于大多数应用所必需的空间分辨率公差。

反射率校准利用已知漫反射材料（白色或灰色），如 Spectralon（Labsphere）和 Teflon，计算视场中每个像素处的相对（百分比）反射率值。透射率校准可以使用透明或半透明的已知材料，如 Teflon 和中性密度滤光片，进行类似处理。然而，由于强散射现象，透射率校准更难估计出准确的相对（百分比）条件下的透射率，尤其是在测量生物材料等混浊介质时更加困难。常用的百分比反射率校准方程如式（3.3.11）所示。

$$R(x,y,\lambda) = \frac{I_{\mathrm{white}}(x,y,\lambda) - I_{\mathrm{m}}(x,y,\lambda)}{I_{\mathrm{white}}(x,y,\lambda) - I_{\mathrm{dark}}(x,y,\lambda)} \times C(\lambda) \tag{3.3.11}$$

式中　I_{white}，I_{dark}，I_m——白色（或灰色）参考图像、暗电流图像和测量图像；

　　　　x，y——空间坐标；

　　　　λ——波长；

　　　　$C(\lambda)$——在每个波长处定义的乘法比例因子（例如 100％和 40％），其通常由制造商提供。

　　如果 $C(\lambda)$ 在所有波长上都不可用或几乎恒定，则标称反射值或 $C(\lambda)$ 的平均值可当作常数使用。在实际应用中，通常由 99％的 Spectralon 反射白板而确定的常数 99（或 100）被广泛用于高光谱图像校准。

　　平场校正是计算表观（相对）反射率的另一种方法。当图像包含一个具有相对平滑光谱曲线和表面平坦的均匀区域时，平场校正是有用的。通过将每个图像光谱除以平场平均光谱使得其转换为"相对"反射率（或透射率）。平均相对反射率转换也通过除以从整个图像计算的平均光谱来归一化图像光谱。基于行校正和列校正的高光谱图像亮度校正方法，可用于去除条状亮度噪声。该校正方法对高光谱数据每一波长下的图像进行校正，具体计算公式如式（3.3.12）所示。

$$DN_{rc_i} = k_i \times DN_i$$

$$k_i = \frac{m_i}{M_w}$$

$$DN_{c_j} = p_j \times DN_{rc_j}$$

$$p_j = \frac{m_{rc_j}}{M_{rc_w}} \tag{3.3.12}$$

式中　DN_{rc_i}——第 i 行像素行校正后的值；

　　　　k_i——第 i 行的行校正系数；

　　　　DN_i——原始高光谱数据一波长下图像的第 i 行的灰度值；

　　　　m_i——原始图像第 i 行所有像素点的平均值；

　　　　M_w——原始图像所有像素点的平均值；

　　　　DN_{c_j}——第 j 列像素列校正后的值；

　　　　p_j——第 j 列的列校正系数；

　　　　DN_{rc_j}——行校正后图像第 j 列像素点的灰度值；

　　　　m_{rc_j}——行校正后图像第 j 列像素点的平均值；

　　　　M_{rc_w}——行校正后图像所有像素点的平均值。

　　（2）图像裁剪

　　通过对原始图像大小进行尺寸规划，可以对高光谱图像以及波段进行按需求裁剪（resize data），去除掉不需要的图像部分以及波段。主要目的是提取出需要研究的图像或波段部分便于分析，同时也减小数据大小，提高运算速度。图像裁剪是经过 ENVI 软件中的"resize"命令进行图像维度和光谱维度的图像区域及波段选择，完成数据降维。

　　（3）图像镶嵌

　　一幅基于镶嵌（mosaicking）的图像是将多个高光谱图像拼接成的高光谱图像，可以促进数据分析和分类算法的开发。校准的高光谱图像根据预先定义的规则，如复制类型、重复类型、材料类型等，被不重叠地拼接在图像中。例如，每次重复试验获得的图像，如果重复测量两次，则从每次重复试验获得的所有图像都可以被拖到两个相邻的列中。然后，下一组重复可以按时间顺序从左向右排列。图像镶嵌可以加快单个高光谱数据立方体的图像分析以及分类的开发和评价。

（4）感兴趣区提取

高光谱图像处理前期步骤之一是确定待检测的空间位置，此过程通常从图像二值化（或分割）开始，并在光谱波段图像上进行阈值运算。在必要时可以用任意类型的图像分割方法替换阈值运算。图像二值化可产生背景被掩模的二值图像，所以这个二值化过程也被称为背景掩模。一种启发式但实用的背景掩模的方法是浏览整个光谱波段范围的图像，并选取几个最佳波段，然后用相同的分割过程将所有波段的图像二值化。另一个有用的方法是构造一个成像条件，使背景掩模更容易。例如，当对白色物体进行成像时，黑色背景更好。寻找用于背景掩模波段的更系统的方法，是使用如主成分分析（PCA）中的因子分析来找到反射率（或吸光度）方差最大的波段。例如中值滤波和形态滤波等空间图像处理方法，通常可以用来消除二值掩模上的杂散噪声、多余孔或过多的边界边缘。

背景掩模后，检查剩余像素是否存在镜面反射现象。通常反射率值接近或超过100%的镜面像素会产生高度无效的光谱响应。因此，在任何需进行光谱处理的数据集中都不建议包含镜面像素。镜面反射通常是由镜头中待测物潮湿或表面光滑引起的，并且当入射光与相机之间的角度很小或有过多的光入射到待测物表面时这种现象更为明显。因此，无论镜面反射的来源如何，任何反射率值接近饱和度的像素都应被谨慎处理。如有必要，这些像素应该通过阈值处理或分类的方法掩盖掉。与镜面反射相关的反射率值明显高于镜头中正常的特征，因此这些像素可以区分。

在高光谱图像处理中创建感兴趣区（region of interest，ROI）类似于统计中的采样或样本设计，即对单个样本子集进行选择，然后根据所选样本推断整个样本集。感兴趣区建立的关键思想是用每个感兴趣区内的样本来表示每种材料的总体。通常，如果有多种材料需要检测，则在为每种材料创建感兴趣区时，感兴趣区内的像素点应具有纯净的光谱。同时感兴趣区不包括闪光和阴影的区域以及每种材料边缘的像素。经验法则是排除任何带有混合光谱响应的像素，除非在有必要情况下才保留。还会创建二进制掩模（感兴趣区内的每个像素的值设置为1，其他像素的值设置为0个），或者一个带有与每个感兴趣区类型关联的类标签的灰度图像。感兴趣区可用于构建波谱库、设计分类模型以及评价分类模型的性能。

① 平均光谱：在每个ROI内，随机选择200个像素的光谱，并将这200个像素光谱的平均值与描述其类别的类别变量相匹配用于建立模型。

② 像素光谱：在每个ROI内，随机选择200个像素的光谱。每一个像素光谱都与分类变量相匹配用于建立模型。

③ 重采样：在每个ROI内，随机选择200个像素的光谱。每一个像素光谱都被匹配到相同的分类变量进行模型构建。这个随机选择操作重复了50次。然后对50个来自得到的校准模型的回归向量进行平均。

（5）其他预处理

大多数高光谱图像的光谱预处理方法根据相关任务大致可分为两类。第一类是端元提取，其中端元是指纯光谱特征。端元提取是遥感中的一项重要任务，受矿物学影响很大。端元可以通过光谱仪在地面或实验室获得，以便建立一个纯净特征的波谱库。然而，如果要从给定的图像中提取端元，则它们通常通过纯净象元指数（PPI）和N-finder算法（N-FINDR）等光谱预处理方法获得。提取的端元被广泛应用于光谱解混、目标检测和分类。第二类是化学计量学，在提取纯净光谱数据后，可按照3.3.1.1所提到的近红外光谱数据的预处理方法对光谱数据进行处理。

3.3.2 数据降维及特征变量选择方法

3.3.2.1 近红外光谱数据特征变量选择方法

使用光谱仪获取的光谱数据都是一个连续波段下的光谱信息，每一条光谱曲线包含数百甚至更多波长数据点，以代表样本的光谱信息反映样本的理化性质。然而光谱数据量大，波段数众多，包含一些冗余、共线性和重叠的信息，同时也含有大量噪声会对建模造成干扰。另外大量的数据变量会明显地影响建模速度，对于便携式仪器的开发十分不利。挑选出共线性小、冗余少且包含与被检测物质成分有关的信息波长，以利于减少噪声及无用信息干扰，可在尽量不降低模型的预测能力的同时简化计算，使模型更简便和稳健。使用的波长选择方法如下。

（1）连续投影算法

连续投影算法（successive projections algorithm，SPA）是多变量建模中常用的特征变量选择方法，是一种迭代正向选择方法。它采用投影运算来选择共线性最小的变量，能够较大程度地减少建模所需变量数。假设光谱矩阵共有 J 列，即共有 J 个波长，要提取的变量数记为 N，SPA 算法步骤如下：

① 从校正集光谱矩阵中随机选择第 j 列向量，并赋值给 x_j，记为 $x_{k(0)}$；

② 剩余列向量位置的集合记为 s，$s=\{j, 1 \leqslant j \leqslant J, j \notin \{k(0), \cdots, k(n-1)\}\}$；

③ 计算 x_j 对剩下列向量的投影，$P_{x_j}=x_j-(x_j^T x_{k(n-1)})x_{k(n-1)} (x_{k(n-1)}^T x_{k(n-1)})^{-1}$，$j \in s$；

④ 记 $k(n)=\arg(\max(\|P_{x_j}\|), j \in s)$；

⑤ 令 $x_j=P_{x_j}$，$j \in s$；

⑥ $n=n+1$，如果 $n<N$，则回到第②步再计算，提取出的变量为 $\{x_{k(n)}=0, \cdots, N-1\}$。

对应每一对 $k(0)$ 和 N，循环一次后进行多元线性回归分析，获得验证集的预测标准偏差，最小的预测标准偏差对应的 $k(0)$ 和 N 为最优值。

（2）无信息变量消除

无信息变量消除（uninformative variable elimination，UVE）是分析化学中广泛使用的变量选择方法之一，它能够去除建模时信息量小于等于噪声的变量，从而提高模型的预测精度。相比 SPA，UVE 方法有时得到的特征波长数量依然较多。UVE 对于特征波长的选择基于偏最小二乘（partial least squares，PLS）回归系数，其计算原理如下。

在 PLS 回归模型中，光谱矩阵 X 和浓度矩阵 Y 存在如下关系：

$$Y=Xb+e \tag{3.3.13}$$

式中　b——回归系数向量；

　　　e——误差向量。

UVE 是把一定变量数目的随机变量矩阵加入光谱矩阵中，再通过交叉验证建立 PLS 模型，获得系数矩阵 B，分析 B 中系数向量 b 的平均值和标准偏差的商 C 的稳定性（或可靠性），其稳定性（或可靠性）的分析方法如式（3.3.14）所示。

$$C_i=\frac{\text{mean}(b_i)}{S(b_i)} \tag{3.3.14}$$

式中，i 为光谱矩阵中向量的列数。

根据 C 绝对值的大小确定是否将第 i 列变量作为最后 PLS 模型的输入。

（3）竞争自适应重加权采样

竞争自适应重加权采样（competitive adaptive reweighted sampling，CARS）算法是通过评估全光谱 PLS 回归模型每个波长的绝对回归系数，根据"适者生存"原则来选择最佳波长的特征变量选择算法。研究表明，CARS 可以获得比 UVE 更好的表现。CARS 计算过程中通过自适应重加权采样（adaptive reweighted sampling，ARS）方法选出 PLS 模型中对应回归系数绝对值较大的波长变量，去掉权重较小的波长变量，获得一系列波长变量子集。对每个波长变量子集交叉验证建模，交叉验证均方根误差（RMSECV）最小的模型对应的波长变量子集为最优结果。

在 PLS 回归模型中，光谱矩阵 $\boldsymbol{X}$ 和浓度矩阵 $\boldsymbol{Y}$ 存在如式（3.3.15）所示的关系。

$$Y = Xb + e \tag{3.3.15}$$

式中　$\boldsymbol{b}$——回归系数向量；

　　　$\boldsymbol{e}$——误差向量。

b_i 表示第 i 个波长下光谱值对应的回归系数，其绝对值大小表示该波长变量对 $\boldsymbol{Y}$ 的贡献率，绝对值越大，该变量贡献率越大。对应的权重定义如式（3.3.16）所示。

$$w_i = \frac{|b_i|}{\sum_{i=1}^{p} |b_i|} \quad i = 1, 2, \cdots, p \tag{3.3.16}$$

权重作为变量筛选标准。筛选过程如下：利用蒙特卡罗采样（MCS）法采样 N 次，每次随机抽取样品集 80% 的样本作为校正集，分别建立 PLS 回归模型。采用指数衰减函数去掉 $|b_i|$ 值相对较小的波长变量。通过 N 次 ARS 方法选出 PLS 模型中回归系数绝对值较大的波长变量。使用每次产生的变量子集作为输入数据建立 PLS 模型，RMSECV 最小的模型对应的变量子集为最优解。

（4）主成分载荷法

主成分分析的载荷反映的是主成分与光谱的原波长变量之间的相关程度，因此主成分的载荷越大说明对应的波长越重要，即包含更多的有用信息。主成分载荷法（PC loadings）选择特定波长的步骤为：①根据不同主成分的方差贡献率或载荷曲线等，选定需要使用的主成分及个数；②利用选定不同主成分的载荷曲线，设定选择阈值，对于绝对值大于阈值的载荷极值峰和极值谷选定为特征波长。但因为主成分载荷法仅仅针对光谱数据进行分析，未考虑对应的检测理化性质，因此选择的波长建立模型不一定会达到最理想的效果。

（5）回归系数法

回归系数法（regression coefficients，RC），又叫做 β 系数法，它以最优的偏最小二乘回归（partial least squares regression，PLSR）模型为基础，一般也可以基于阈值选择绝对值大于阈值的波峰/谷或波段作为特征波长或特征波段。绝对值大的回归系数波长或波段代表其对光谱矩阵的影响大，因此对整体建模后预测的结果也大，可以作为特征波长或特征波段。回归系数可以根据 PLSR 的权重及潜在变量计算出来，如公式（3.3.17）所示。

$$\beta = \boldsymbol{W}^* \boldsymbol{Q}^T = W(\boldsymbol{P}_T W)^{-1} \boldsymbol{Q}^T \tag{3.3.17}$$

式中　W——PLSR 的权重；

　　　$\boldsymbol{W}^*$——光谱矩阵权重的矩阵；

　　　T——波长得分；

　　　$\boldsymbol{P}$——光谱载荷矩阵；

　　　Q——预测值载荷。

（6）区间偏最小二乘

区间偏最小二乘（interval partial least squares，iPLS）将全光谱分为若干个光谱区间，对每个区间光谱数据进行偏最小二乘回归，挑选建模精度最高的区间作为入选区间，再进行优化，其具体步骤如下：

① 根据全光谱数据建立全局偏最小二乘模型；

② 将全光谱均分为 n 个子区间；

③ 对每个子区间数据进行偏最小二乘回归建模，获得 n 个局部回归模型；

④ 对比全局偏最小二乘模型和局部回归模型，取交叉验证均方根误差（RMSECV）最小的模型为最优模型，对应的建模子区间为入选区间；

⑤ 以步骤④获得的区间为中心，单侧或双侧扩充波长区间以优化区间结果获得最佳光谱区间。

（7）联合区间偏最小二乘

联合区间偏最小二乘（synergy interval partial least squares，siPLS）方法基于 iPLS，计算过程中将同一次区间划分中建模效果好的几个子区间联合起来，共同建立预测模型，其步骤如下：

① 根据全光谱数据建立全局偏最小二乘模型；

② 将全光谱均分为 n 个子区间；

③ 对每个子区间数据进行偏最小二乘回归建模，获得 n 个局部回归模型；

④ 对比全局偏最小二乘模型和局部回归模型，取交叉验证均方根误差（RMSECV）最小的模型为最优模型，对应的建模子区间为入选区间；

⑤ 以步骤④获得的区间为中心，单侧或双侧扩充波长区间以优化区间结果获得最佳光谱区间。

⑥ 将同一次区间划分中建模效果好的几个子区间联合起来，共同建立预测模型，选择 RMSECV 值最小对应的区间为最佳联合区间。

（8）二维相关谱

假设外扰变量 t 在最小值 T_{min} 与最大值 T_{max} 之间的光谱强度为 $y(\nu,t)$，其中外扰变量 t 可以是时间，也可以是浓度、压力、温度等其他合理的变量，变量 ν 可以是任意合适的光谱量化参数，则系统受外扰所引发的动态光谱 $y(\nu,t)$ 可定义为

$$\widetilde{y}(\nu,t)=\begin{cases}y(\nu,t)-\bar{y}(\nu),T_{min}\leqslant t\leqslant T_{max}\\0,其他情况\end{cases} \tag{3.3.18}$$

式中，$\bar{y}(\nu)$ 是变量 ν 处的光谱强度参考值。

虽然光谱强度参考值的选择并不固定，但一般来说可以选择整个微扰过程得到的样品光谱中变量 ν 的光谱平均值，如式（3.3.19）所示。

$$\bar{y}(\nu)=\frac{1}{T_{max}-T_{min}}\int_{T_{min}}^{T_{max}}y(\nu,t)\mathrm{d}t \tag{3.3.19}$$

实际的试验过程中，动态光谱是离散形式，$\bar{y}(\nu)$ 可表示为向量形式，如式（3.3.20）所示。

$$\widetilde{y}(\nu)=\begin{bmatrix}y(\nu,t_1)\\y(\nu,t_2)\\\cdots\\y(\nu,t_m)\end{bmatrix} \tag{3.3.20}$$

平均参考光谱可用式（3.3.21）表示。

$$\bar{y}(\nu)=\frac{\sum_{j=1}^{m}y(\nu,t_j)}{m} \tag{3.3.21}$$

在计算得到动态光谱之后，需要对二维相关的同步谱和异步谱进行计算，同步谱的强度 $\Phi(\nu_1,\nu_2)$ 和异步谱的强度 $\Psi(\nu_1,\nu_2)$ 分别等于（ν_1，ν_2）处动态光谱强度的矢量积和 Hilbert-Noda 矩阵矢量积，如式（3.3.22）和式（3.3.23）所示。

$$\Phi(\nu_1,\nu_2)=\frac{1}{m-1}\overline{y}(\nu_1)^T\overline{y}(\nu_2) \tag{3.3.22}$$

$$\Psi(\nu_1,\nu_2)=\frac{1}{m-1}\overline{y}(\nu_1)^T N\overline{y}(\nu_2) \tag{3.3.23}$$

式中，N 为 m 阶的 Hilbert-Noda 方阵，其矩阵元如式（3.3.24）所示。

$$N_{jk}=\begin{cases}0,j=k\\\dfrac{1}{\pi(k-j)},j\neq k\end{cases} \tag{3.3.24}$$

二维相关光谱可以用二维等高线或三维立体图进行可视化显示，以对信息进行直观解析。在二维等高线图中，包含同步谱和异步谱两部分，同步谱表征的是两个动态光谱信号的系统同步程度，是关于主对角线对称的。同步谱上的相关峰在对角线和非对角线区域出现，自相关峰出现在对角线上且总是正，代表的是外扰带来的变化程度，扰动过程中峰的强度变化越大自相关峰就越强，如图 3.3.1 中 $A\sim D$ 就是自相关峰。同步谱的对角线谱线被称为功率谱，能够表征整个扰动中光谱强度升降的总程度，倘若光谱中某个吸收峰强度在外界扰动下有明显的变化，则功率谱的相应波长位置就会出现自相关峰。对角线以外的区域出现的峰称为交叉峰，如图 3.3.1 中 A 与 C、B 与 D 形成的就是交叉峰，其代表的是两波长或波数变化方向，如果是相同的则出现正交叉峰，反之则出现负交叉峰。

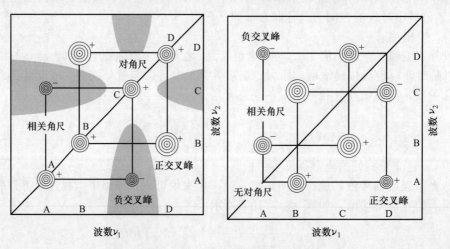

图 3.3.1　二维相关光谱示意图

异步谱以对角线反向对称，只能出现交叉峰不会出现自相关峰，这种交叉峰表征的是不同波数或波长处光谱强度不同步变化特征，只当两个波长下光谱强度变化信号的傅里叶频率成分相位不同时方会出现，这种性质在分辨不同光谱来源之间形成的重叠峰或区别不同吸收峰的同源性时比较有效。

3.3.2.2　高光谱数据特征变量选择方法

（1）主成分分析

主成分分析（principal component analysis，PCA）法是一种正交线性变换的方法，用于捕捉光谱域中的最大差异。通过线性变换，把一组多元数据、矩阵变换到新坐标系中一组线性不相关的变量，转换后的这组变量叫主成分（principal component，PC）。在主成分空间，这些主成分依据相关特征值降序排列，即第一主成分包含最大方差，第二主成分包含剩余的最大方差，依此类推。然后，新的主成分得分矩阵通过式（3.3.25）计算。

$$T = XP + E \tag{3.3.25}$$

式中　T——得分矩阵；

　　　P——载荷矩阵；

　　　E——光谱残差矩阵；

　　　X——原始光谱矩阵。

高光谱成像超立方体具有三维数据结构（空间×空间×波长），三维超立方体必须在分析之前进行重新排列。通常是将每个像素光谱依次叠加在一起，将三维超立方展开为二维光谱矩阵，如图 3.3.2 所示。然后才可适应用于二维结构的化学计量学技术。

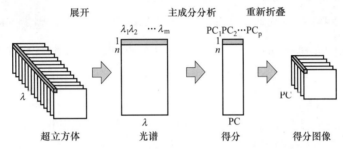

图 3.3.2　高光谱数据的展开、处理和重新折叠

在主成分分析后，主成分得分图与二维散点图的结合，使每个像素的主成分得分与其在高光谱图像中的位置联系起来，即可以在散点图中选择有特定得分的像素并将其映射到相应图像（主成分得分图）上，从而在图像上显示其位置分布。具有相似光谱特征的像素往往表现出相似的强度，不同类别的对象会在散点图中形成一个个聚类。因此，图像中的不同对象可以通过散点图中的聚类提取出来，这是利用图像与光谱的交互分析来提取感兴趣区域的方法。与二维可视化类似的还有 N-维可视化技术，其可以允许更多的图像同时构成得分图，并且可以通过旋转不同维度的坐标轴，更清晰地显示不同的聚类，如图 3.3.3 所示。此外，从六个特征类中随机选择 500 个光谱（均值中心化）绘制在 3D 得分空间中。各种数据云中类的颜色显示出各个类的分离和重叠以及类内方差的差异。

图 3.3.3 为可视化 PC 得分图像的替代策略。连接自动缩放后的得分图像 1、2 和 3，得到 "RGB" 伪彩色图、整个图像中每个像素点的 PC_1 和 PC_2 得分的 2D 散点图和从 6 个特征类中随机挑选的 500 个光谱（均值中心化）的 3D 散点图。

（2）最小噪声分离

最小噪声分离（minimum noise fraction，MNF）方法也是一种常用的降维去噪方法，是 PCA 方法的改进。在 PCA 中，通过最大方差的方法将有用信息集中到相互正交的主成分变量上，使各个变量具有统计独立性，便于分别采用相应的融合建模方法。然而，PCA 变换不能识别噪声，因此某些信息量大的主成分可能也包含较大噪声，当主成分变量中包含的噪声方差大于信号方差时，该主成分变量下的图像质量差。针对上述不足，MNF 方法进行了改进，可以在 PCA 变换的基础上将噪声与有用信息分离。MNF 算法本质上是两次层叠的主成分变换，第一次变换基于估计的噪声协方差矩阵作相关和重定标处理，使变换后的数据具有最小方差，且波段间不相关。第二次是对噪声白化数据做标准主成分变换，再通过检查特征值和相关图像将数据空间分为两部分。一部分与较大特征值和相应特征图像相关，另一部分与近似相同的特征值和噪声占主导地位的图像相关。变换后的 MNF 分量之间相互正交，且按照信噪比降序排列，第一分量同样包含较大信息量。MNF 变换后，选取前几个包含较多相关信息的分量做逆变换可以去除数据中的噪声。

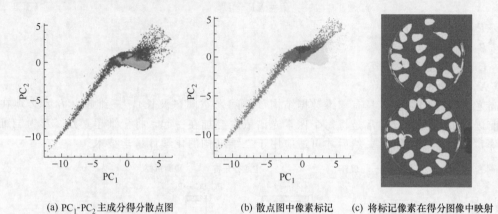

(a) PC$_1$-PC$_2$主成分得分散点图　　　(b) 散点图中像素标记　　(c) 将标记像素在得分图像中映射

（红色＝标签，紫色＝背景，绿色＝培养皿，黄色＝玉米籽粒）

图 3.3.3　可视化 PC 得分图像的替代策略

与 PCA 分析相似，MNF 变换结合 ENVI 软件中的 n-维可视化工具，可以观察在选定的 MNF 变量坐标空间中具有相似光谱特征的像素点在高光谱图像上的分布，能够交互式分析被测对象的光谱特征与空间分布信息。且由于 MNF 可以进一步实现去噪，通常能获得比 PCA 更好的效果。

图 3.3.3 彩色图形

（3）灰度直方图统计矩

灰度直方图统计矩（grayscale histogram statistics，GHS）是较为简单的一种纹理描述方法，该方法可以定量地描述区域的平滑、粗糙、规则性等纹理特征，但其与纹理在空间的位置无关，无法描述纹理图像邻域像素的空间关系。

基于灰度直方图提取的纹理特征值主要有如下 6 个参数：

① 平均灰度（mean intensity）：平均灰度主要反映的是整体的亮暗程度，值越高代表图像越亮。其计算公式如式（3.3.26）所示。

$$\text{mean intensity} = \sum_{i=0}^{L-1} h(i) \times i \tag{3.3.26}$$

② 平均对比度（mean contrast）：平均对比度主要表示的是整幅图像的亮暗程度差异。其计算公式如式（3.3.27）所示。

$$\text{mean contrast} = \sqrt{\sum_{i=0}^{L-1} (i - MI)^2 h(i)} \tag{3.3.27}$$

③ 平滑度（roughness）：平滑度表征的是图像的均匀性，当值为 0 时代表图像不均匀，当值为 1 时代表图像很均匀。其计算公式如式（3.3.28）所示。

$$\text{roughness} = 1 - \frac{1}{MC^2} \tag{3.3.28}$$

④ 三阶矩（third-order moment）：三阶矩是灰度直方图偏斜度的度量值，如果直方图是对称的则三阶矩值为 0，向右偏斜时该值为正，向左偏斜时该值为负。其计算公式如式（3.3.29）所示。

$$\text{third-order moment} = \sum_{i=0}^{L-1} (i - MI)^3 h(i) \tag{3.3.29}$$

⑤ 一致性（consistency）：一致性的度量值用于表征纹理的平滑程度，该值越大代表图像一致性越好，越平滑；反之，则图像越粗糙。其计算公式如式（3.3.30）所示。

$$\text{consistency} = \sum_{i=0}^{L-1} h^2(i) \tag{3.3.30}$$

⑥ 平均熵（entropy）：平均熵反映的是灰度图像像素点的随机性，是一种可变性的度量，该值越大代表图像越粗糙。其计算公式如式（3.3.31）所示。

$$\text{entropy} = - \sum_{i=0}^{L-1} h(i) \log_2 h(i) \tag{3.3.31}$$

式中 i 为表征灰度级别的变量，取值范围为 $0 \sim L$（灰度图像中，L 值为 255），图像中 i 的概率表示为 $h(i)$。

（4）灰度共生矩阵

灰度的分布反复出现于图像的空间位置上，从而形成了纹理，因此图像空间中两个相隔一定距离的像素灰度值会存在一定的联系，即图像中灰度具有空间的相关性。灰度共生矩阵（gray level cooccurrence matrix，GLCM）就是一种通过计算灰度的空间相关分布来描述图像纹理的常用方法。GLCM 通过计算图像中某段距离和某一方向下的两像素点灰度之间的相关性，来反映图像在距离、方向、变化快慢及幅度的综合信息。通常不会应用得到的灰度共生矩阵直接作为纹理分析的计算特征量，而是以灰度共生矩阵为基础再次提取纹理的特征量，将其称为二次统计量。一幅图像一般具有 256 灰度级数，但这样计算得到的灰度共生矩阵通常较大，常在计算灰度共生矩阵前将图像压缩为 16 级来解决这个问题。常用的 8 个 GLCM 二次统计量包括：

① 均值（mean）：均值反映的是图像纹理的规则程度，纹理难以描述、杂乱无章时，均值较小；规律性强时数值较大。其计算公式如式（3.3.32）所示。

$$\text{mean} = \sum_{i=0}^{X} \sum_{j=0}^{Y} \boldsymbol{p}(i,j) \times i \tag{3.3.32}$$

② 对比度（contrast）：图像中局部灰度的变化总量用对比度表示。在图像中，如果局部的像素对间灰度差别越大，则图像的对比度越大，反映到视觉上效果越清晰。其计算公式如式（3.3.33）所示。

$$\text{contrast} = \sum_{i=0}^{X} \sum_{j=0}^{Y} (i-j)^2 \boldsymbol{g}(i,j) \tag{3.3.33}$$

③ 相关度（correlation）：相关度表征的是 GLCM 中各行列元素之间的相似性，它描述的是选定的某灰度值沿着某一方向下的延伸长度，相关性越大则表示延伸越长，其是灰度线性关系的度量值。自相关反映了图像纹理的一致性。如果图像中有水平方向纹理，则水平方向矩阵的相关度大于其余矩阵的相关度。它度量空间灰度共生矩阵元素在行或列方向上的相似程度，因此，相关度大小反映了图像中局部灰度相关性。当矩阵元素值均匀、相等时，相关度就大；相反，如果矩阵元素值相差很大，则相关度小。其计算公式如式（3.3.34）所示。

$$\text{correlation} = \sum_{i=0}^{X} \sum_{j=0}^{Y} \frac{(i-\mu_i i)(j-\mu_j j) \boldsymbol{g}(i,j)}{\sigma_i \sigma_j} \tag{3.3.34}$$

其中：

$$\mu_i = \sum_{j=0}^{Y} i \sum_{i=0}^{X} g(i,j) \tag{3.3.35}$$

$$\mu_j = \sum_{j=0}^{Y} j \sum_{i=0}^{X} g(i,j) \tag{3.3.36}$$

$$\sigma_i = \sqrt{\sum_{i=0}^{X} (1-\mu_i)^2 \sum_{j=0}^{Y} g(i,j)} \tag{3.3.37}$$

$$\sigma_j = \sqrt{\sum_{j=0}^{Y} (1-\mu_j)^2 \sum_{i=0}^{X} g(i,j)} \tag{3.3.38}$$

④ 能量（energy）：能量也叫角二阶矩，是度量图像灰度分布均匀性的特征值。当元素的分布在主对角线附近集中时，表明局部区域内的图像灰度分布比较均匀，能量值较大；相反，若所有元素的值都相等，则能量值较小。其计算公式如式（3.3.39）所示。

$$energy = \sum_{i=0}^{X} \sum_{j=0}^{Y} g(i,j)^2 \tag{3.3.39}$$

⑤ 同质性（homogeneity）：同质性也叫逆差距，是局部灰度均匀性的度量值，若图像的局部灰度均匀，则同质性统计值较大。其计算公式如式（3.3.40）所示。

$$homogeneity = \sum_{i=0}^{X} \sum_{j=0}^{Y} g(i,j) \tag{3.3.40}$$

⑥ 方差（variance）：方差反映的是像元值与均值偏差的度量，当图像中灰度变化较大时，则方差值较大。具体计算公式如式（3.3.41）所示。

$$variance = \sum_{i=0}^{X} \sum_{j=0}^{Y} g(i,j) \times (i-\mu_i)^2 \tag{3.3.41}$$

⑦ 差异性（dissimilarity）：差异性的度量值与对比度类似，但是差异性是线性增加的，如果局部的对比度越高，则差异性也就越高。其计算公式如式（3.3.42）所示。

$$dissimilarity = \sum_{i=0}^{X} \sum_{j=0}^{Y} g(i,j) \times |i-j| \tag{3.3.42}$$

⑧ 熵（entropy）：熵是能够反映图像所具有总信息量的度量值，它是衡量灰度分布随机性和表征图像纹理复杂性的特征参数。熵的值越大说明图像的纹理越复杂；相反，熵的值越小表示图像中灰度值比较均匀。其计算公式如式（3.3.43）所示。

$$entropy = -\sum_{i=0}^{X} \sum_{j=0}^{Y} g(i,j) \lg[g(i,j)] \tag{3.3.43}$$

式中　$g(i,j)$——灰度共生矩阵；

　　　X——灰度共生矩阵的列数；

　　　Y——灰度共生矩阵的行数。

3.3.3 定性及定量模型的建立方法

3.3.3.1 定量建模分析方法

定量分析是对被研究对象所含成分的数量关系或所具备性质建立的数量关系进行量化的分析过程。回归分析是数理统计中最常用的方法只之一。

（1）多元线性回归

多元线性回归（multiple linear regression，MLR）是两个或两个以上自变量与一个因变量之间的数量变化关系，由公式表示：

$$Y = XB + E \tag{3.3.44}$$

式中　Y——校正集样品实测含量矩阵（$n \times m$），其中 n 表示校正集样本数，m 表示组分数；

　　　X——校正集光谱矩阵（$n \times k$），同样 n 表示样本数，k 表示个波长个数；

　　　B——回归系数矩阵；

　　　E——实测值残差矩阵。

系数矩阵 B，可通过最小二乘法得到，其解为式（3.3.45）。

$$B = (X^T X)^{-1} X^T Y \tag{3.3.45}$$

但是需要注意，B 的最小二乘解可求的前提是（$X^T X^{-1}$）存在。当光谱矩阵存在共线性问题时，即 X 中至少有一列或一行可用其他几列或几行约线性组合表示出来时，$X^T X$ 为零或接近于零，无法求其逆矩阵，进而也就无法解系数矩阵 B。

另外，多元线性回归方法基于逆矩阵的运算会引入计算误差，这就要求从各种波长点中选择出正确的波长点来建模，与此同时，波长点的数量也不应超出样品的数量。

（2）主成分回归

对于主成分模型 $T = XP + E$，得分矩阵 T 可作为特征变量用于定量分析，如作为 MLR 的输入变量，即为主成分回归（principal component regression，PCR）。

主成分回归分析可分为两步：

① 测定主成分数，用光谱矩阵 X 主成分分析降维。

② 利用得到的前 f 个得分向量组成的矩阵 $T = [t_1, t_2, \cdots, t_f]$ 代替光谱变量进行 MLR 回归，得到主成分回归模型，如式（3.3.46）所示。

$$Y = Tb + E \tag{3.3.46}$$

$Y = Tb + E$ 回归系数 B 的最小二乘解为公式（3.3.47）。

$$B = (T^T T)^{-1} T^T Y \tag{3.3.47}$$

对待测样品的光谱 X，首先由主成分分析得到的载荷矩阵，求取其得分向量 $t = xP$。然后，通过主成分回归模型 b 得到最终的结果：$y = tb$。

PCR 有效解决了 MLR 由于光谱数据间共线性导致的计算结果不稳定的问题。其核心是选取主成分的个数，如果选取的主成分较少，会致使模型精度降低，建模准确率下降。

（3）偏最小二乘回归

偏最小二乘法（partial least squares，PLS）集成了多元线性回归、典型相关分析和主成分分析，是目前定量分析中应用最广泛的多元分析方法之一。不同于主成分回归，PLS 同时对自变量和应变量矩阵进行分解，并将因变量信息引入到自变量矩阵分解过程中，每计算新的主成分之前，交换自变量与因变量矩阵的得分，可以使自变量主成分与浓度含量信息关联。因此，PLS 提取的主成分既能较好地概括自变量矩阵信息，又能较好地预测因变量，减少系统噪声干扰，更好地解决了自变量多重相关条件下的回归建模问题。PLS 的计算步骤如下：

① 对光谱矩阵 X 和浓度矩阵 Y 进行分解，如式（3.3.48）所示。

$$X = TP + E$$
$$Y = UQ + F \tag{3.3.48}$$

式中　T，U——X 和 Y 的得分矩阵；

　　　P，Q——X 和 Y 的载荷矩阵；

　　　E，F——X 和 Y 的偏最小二乘拟合残差矩阵。

② 将 T 和 U 做线性回归，如式（3.3.49）所示。

$$U = TB$$
$$B = (T^T T)^{-1} T^T Y \tag{3.3.49}$$

③ 预测时，先根据 P 求出未知样本光谱矩阵 $X_{未知}$ 的得分 $T_{未知}$，而后根据式（3.3.50）计算得出浓度预测值。

$$Y_{未知} = T_{未知} BQ \tag{3.3.50}$$

（4）支持向量机回归

支持向量机回归（support vector regression，SVR）是非线性回归，其主要优势是可以计对有限样本信息，在模型的复杂性和学习能力之间寻求最佳折中，得到最佳的预测能力。

支持向量机通过线性回归函数（3.3.51）对数据 $\{x_i, y_i\}$（$i=1, \cdots, n$，$x_i \in R_d$，$y_i \in R$）进行拟合，并假定所有的校正数据可以通过线性拟合，精度为 ε 且无拟合误差。

$$f(\boldsymbol{x}) = \boldsymbol{\omega}^T \boldsymbol{x} + b \tag{3.3.51}$$

同时，引入松弛因子 ζ_i 和 ζ_i^*（ζ_i，$\zeta_i^* \geqslant 0$）。与分类分析类似，支持向量机回归问题可以转化为在约束条件下求解公式（3.3.52）的最小值。

$$L(\boldsymbol{\omega}, \zeta, \zeta^*) = \frac{1}{2} \boldsymbol{\omega}^T \boldsymbol{\omega} - C \sum_{i=1}^{n} (\zeta_i + \zeta_i^*) \tag{3.3.52}$$

式中，第一项用于使回归函数更加平滑；第二项用于减少偏差。

计算回归函数采用拉格朗日回归法使拉格朗日乘子 α_i、α_i^* 目标函数最大，如式（3.3.53）所示。

$$f(\boldsymbol{x}) = \sum_{i=1}^{n} (\alpha_i^* - \alpha_i)(x_i^T x_j) + b \tag{3.3.53}$$

对于非线性问题，SVR 通过非线性变换，将非线性问题转换成高维空间的线性问题，并采用核函数 $K(x_i, x)$ 替代回归函数中的点积运算，SVR 的非线性回归函数如式（3.3.54）所示。

$$f(\boldsymbol{x}) = \sum_{i=1}^{n} (\alpha_i^* - \alpha_i) K(\boldsymbol{x}_i, \boldsymbol{x}_j) + b \tag{3.3.54}$$

3.3.3.2 定性建模分析方法

定性识别是对传感器所获取的数据进行处理分析、归纳和分类的过程。按样本所属的类别是否预先已知来划分，定性识别分为有监督识别（线性判别、支持向量机等）和无监督识别（如聚类分析等）两种；按照分类函数的线性度划分，定性识别又可分为线性识别（Fisher 判别分析等）和非线性识别（神经网络等）两种。

（1）聚类分析

聚类分析（cluster analysis）不需要训练集，是无管理模式识别方法的典型代表，适用于样本归属不清楚的情况。其基本思想是在多维模式空间中，任何一个子集内部样本之间的相似性高于子集和子集之间的相似性（即类与类之间的相似性）。

其基本思想是将待聚类的样本集的 $n-1$ 个样本各自看成一类，然后规定样本之间的距离或相似性量度以及类与类之间的距离后即可开始聚类。聚类开始时每个样本各自形成一类，类与类之间的距离和样本与样本之间的距离是相同的，选择距离最小的一堆，即相似性最大的一对样本合并成一个新类；进而计算该新类和其他所有类之间的距离。比较各距离之后，将距离最小的两类又合并成另一个新类；再计算类间样本中样本与样本或类与样本的距离，按照距离大小再合并成新类，以此类推，直到所有样本归为一类为止。整个聚类过程，进行 $n-1$ 步合并新类的操作，并得到 $n-1$ 个并类距离。

样本与样本间的相似程度常用距离表示，不同的类与类之间的距离的定义会产生不同的系统聚类方法。常用的定义距离的方法有最短距离关联法、最长距离关联法、中间距离关联法、重心法、类平均关联法及平方和关联法等。

对于一个给定的测量数据矩阵 $x_{n \times p}$，可以得到一个对称的 $n \times p$ 阶的含有每一对样本相似性的"距离"矩阵。从中，我们可以找到两个最相似的样板，即这两个样本的距离 D_{ij} 最小，假设在所有目标中样本 p 和样本 q 是最相似的，因此我们可以合并组成一个新类 p^*，而相似性矩阵便可降维为 $(n-1) \times (p-1)$ 阶。

在平均距离关联法（average linkage）中，p^* 与其他样本或类间的相似性等于 p 和 q 与其他样本或类相似性的平均值，如式（3.3.55）所示。

$$D_{ip}^* = (D_{ip} + D_{iq})/2 \tag{3.3.55}$$

在最短距离关联法（single linkage）中，D_{ip}^* 等于样本 i 与样本 p 和 q 间距离中最小的一个，如式（3.3.56）所示。

$$D_{ip}^* = \min(D_{ip} + D_{iq}) \tag{3.3.56}$$

最长距离关联法（complete linkage）与最短距离关联法相反，D_{ip}^* 等于样本 i 与样本 p 和样本 q 间距离中最大的一个，如式（3.3.57）所示。

$$D_{ip}^* = \max(D_{ip} \mid D_{iq}) \tag{3.3.57}$$

（2）偏最小二乘判别

偏最小二乘判别（partial least squares discrimination analysis，PLSDA）是基于 PLS 的判别分析算法，以类别变量取代回归分析中的浓度变量。PLSDA 计算光谱矩阵 $\boldsymbol{X}$ 和类别矩阵 $\boldsymbol{Y}$ 之间的相关关系，获得 $\boldsymbol{X}$ 和 $\boldsymbol{Y}$ 的最大协方差 $\mathrm{Cov}(\boldsymbol{X}, \boldsymbol{Y})$。因此，PLSDA 可以看作是主成分分析的旋转，且使得所预测的类之间的贡献值的正交性最大。类别矩阵中通常以 "1" 表示属于该类，"0" 表示属于他类，一般通过设定一个临界值判定样本归属。

（3）线性判别分析

线性判别分析（linear discriminant analysis，LDA）是有监督分类算法中最简单也是最常见的一种分类方法。它的基本思想如下：首先设 d 维空间中的某个样品 x，则它的表达式如式（3.3.58）所示。

$$g(\boldsymbol{x}) = \boldsymbol{w}^T \boldsymbol{x} + w_0 \tag{3.3.58}$$

式中　w_0——阈值权，是一个常数；

　　　$\boldsymbol{w}$——权向量；

　　　$\boldsymbol{x}$——d 维特征向量。

如果仅对两类问题构成线性分类器，则可采用以下决策规则：令 $g(\boldsymbol{x}) = g_1(\boldsymbol{x}) - g_2(\boldsymbol{x})$，如式（3.3.59）所示。

$$\begin{cases} g(\boldsymbol{x}) > 0, 则决策 \ \boldsymbol{x} \in w_1 \\ g(\boldsymbol{x}) < 0, 则决策 \ \boldsymbol{x} \in w_2 \\ g(\boldsymbol{x}) = 0, 则可将 \ \boldsymbol{x} \ 任意分到某一类, 或拒绝 \end{cases} \tag{3.3.59}$$

常用的线性判别分析有马氏距离、距离判别法、Bayes 判别法及 Fisher 判别法。下面将重点介绍 Fisher 判别法的原理及方法。

Fisher 判别是一种广泛应用的分类分析方法，其基本思想是将多维数据投影到某（几个）方向上，使同一类间的距离最小，不同类间的距离最大，从而使样本投影到该方向后分开的效果最好。

以两类的判别为例，首先借助方差分析思想构造一个线性判别函数，如式（3.3.60）

所示。

$$U(X) = u_1 X_1 + u_2 X_2 + \cdots + u_p X_p = u'X \tag{3.3.60}$$

另外，记两个总体的均值分别为 μ_1 和 μ_2。当 $X \in G_i$ 时，如式（3.3.61）与式（3.3.62）所示。

$$E(u'X) = E(u'X|G_i) = u'E(X|G_i) = u'\mu_i \underline{\triangle \overline{\mu_i}} \quad i=1,2 \tag{3.3.61}$$

$$D(u'X) = D(u'X|G_i) = u'D(X|G_i) = u'\mu_i \underline{\triangle \sigma_i^2} \quad i=1,2 \tag{3.3.62}$$

为实现总体之间差异大，即 $u'\mu_1 - u'\mu_2$ 尽可能地大，同时要求每一个总体内的离差平方和即 $\sigma_1^2 + \sigma_2^2$ 最小，则建立一个目标函数，如式（3.3.63）所示。

$$\Phi(u) = \frac{u'\mu_1 - u'\mu_2}{\sigma_1^2 + \sigma_2^2} \tag{3.3.63}$$

计算 u 使得目标函数 $\Phi(u)$ 达到最大，从而可以构造出所要求的线性判别函数。建立判别函数后，逐例计算判别函数值 u_i，如式（3.3.64）所示。

$$\begin{cases} u_i > u_c, \text{判为 1 类} \\ u_i < u_c, \text{判为 2 类} \\ u_i = u_c, \text{判为任意一类} \end{cases} \qquad u_c = \frac{u'\mu_1 + u'\mu_2}{2} \tag{3.3.64}$$

从而实现对样品的判别。

（4）支持向量机判别

支持向量机（support vector machine，SVM）的基本思想来自于线性判别分析的最优超平面，它能够准确地将样本分为两类，并使样本间的分离间隔最大，可以转化为约束优化问题。首先，在样本可线性分类的条件下，拉格朗日函数可以定义为式（3.3.65）。

$$L(w,b,\alpha) = \frac{1}{2} w^T w - \sum_{i=1}^{n} \alpha_i [y_i(w^T x_i + b) - 1] \tag{3.3.65}$$

式中，α_i 为拉格朗日乘子，$\geqslant 0$。

计算拉格朗日函数有关 w 和 b 的最小值，可以进行转化使其满足公式（3.3.66）。

$$\sum_{i=1}^{n} \alpha_i y_i = 0 \tag{3.3.66}$$

并且在 $\alpha_i \geqslant 0$ 条件下如下函数的最大值，最终计算公式如式（3.3.67）所示。

$$Q(\partial) = \sum_{i=1}^{n} \alpha_i - \frac{1}{2} \sum_{i=1}^{n} \sum_{j=1}^{n} \alpha_i \alpha_j y_i y_j (x_i^T x_j) \tag{3.3.67}$$

如果得到最优解 α_i^*，那么就可计算阈值 b^* 为：

$$b^* = y_i - \sum_{i=1}^{n} y_i \alpha_i^* K(x_i - x_j) \tag{3.3.68}$$

以及构建如下的最优分类函数，如式（3.3.69）所示。

$$f(x) = \text{sgn}(\sum_{i=1}^{n} \alpha_i^* y_i x_i^T x + b^*) \tag{3.3.69}$$

在线性不可分的情况下，通过非线性映射函数，将数据从低维映射到高维特征空间，在高维空间找到最优线性分类平面，以此将输入空间的线性不可分隔问题转换为线性可分问题，在操作映射函数被选的同时，利用核函数计算内积，避免"维数灾难"。判别函数的核函数 $K(x_i, x)$ 如式（3.3.70）所示。

$$f(x) = \text{sgn}\left[\sum_{i=1}^{n} \alpha_i^* y_i K(x_i, x) + b^*\right] \tag{3.3.70}$$

经常使用的核函数包括线性函数、多项式函数（poly）、径向基函数（RBF）和 S 型函数（Sigmoid）。本书选择了径向基函数。

（5）人工神经网络方法

人工神经网络（artificial neural network，ANN）是模仿延伸人脑认知功能的新型智能信息处理系统。它是由大量简单处理单元（人工神经元）广泛互联而成的一个具有自学习、自适应和自组织性的非线性动力系统。目前应用最多的是误差反向传播神经系统（BP 神经网络模型）、径向基神经网络（RBF）。

如图 3.3.4 所示，在 BP 神经网络中，一个神经网络由三个部分组成：输入层、隐含层（中间层）和输出层。每一层都有许多线性处理单元，成为神经元或节点，每个节点有多个输出通道，把输出送到下一层所有节点。同层中的处理单元通常有相同的转换函数，不同层的处理单元可能具有相同或不同的转换函数。每个处理单元都有一个局部存储期，存放其他处理单元与该处理单元间的由学习规则所确定的可以修改的联结权重。

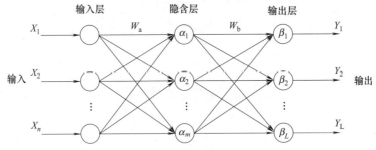

图 3.3.4　神经网络结构

在网络中隐含层可以为一层或者是多层。各神经元层次中的每个神经元之间采用的是全部相互连接的方式，同一个神经元层次中的神经元之间互不连接。在 BP 神经网络运算的过程中，数据首先由输入层输入，经数据归一化处理后被赋予权值，传入到隐含层。而后，在隐含层中经过权值、阈值和激励函数的运算后传入到输出层，输出层则输出该神经网络模型运算的预测值。至此，第一轮信号前向传播过程结束，误差反向传播过程开始。将输出的预测值与实际测定值进行对比，如存在误差，则将该误差从输出层开始向输入层进行反向传播。在传播过程中，误差会被分散到各神经元层次中的每一个神经元上，从而得到每个神经元的误差值。然后，分别对每个神经元的权值与阈值进行调整。最后，应用新的权值与阈值重新对输入数据进行运算。BP 神经网络就是通过不断重复上面的运算步骤，直到使网络模型输出的预测值与实际测定值相等。

由于 BP 神经网络应用了激活函数，故使它不仅可以解决线性问题，同时还可以解决非线性问题。激活函数的作用就是使网络中引入非线性因素，从而解决了线性函数模型不能解决的非线性问题。在 BP 神经网络中最常用的激活函数为 Sigmoid 函数，该激活函数的计算如式（3.3.71）所示。

$$\text{Sigmoid}(x) = \frac{1}{1+\mathrm{e}^{-x}} \tag{3.3.71}$$

Sigmoid 函数的输出范围在（0，1）之间，在数据波动幅度不大的情况下，起到压缩数据的作用。

隐含层的神经元节点数的选择十分重要，若隐含层节点数过少，则会导致网络在学习能力与数据处理能力上表现欠佳。而如果隐含层节点数过多，则又会导致网络的结构过于复杂，网络的运算量增大，并且在对数据的训练学习过程中容易陷入局部最小值。常用于确定隐含层节点数的计算公式如下。

$$m = \sqrt{i + o} + a \tag{3.3.72}$$

式中 m——隐含层节点数；

i——输出层节点数；

o——输出层节点数，为 $1 \sim 10$ 之间的常数。

目前，并没有一种可以高效准确地求得隐含层神经元节点数的方法，在实际运算的过程中，通常先通过公式确定隐含层节点数的取值范围，再通过多次试验最终确定隐含层的神经元节点个数。

RBF 神经网络由三层前馈网络即输入层、隐含层和输出层组成。隐含层节点中的作用函数（基函数）对输入信号将在局部产生相应，即当输入信号靠近基函数的中央范围时，隐含层节点将产生较大的输入，由此看出这种网络具有局部逼近能力，其神经网络结构如图 3.3.5 所示。

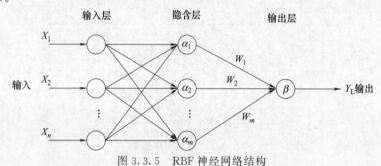

图 3.3.5　RBF 神经网络结构

一般 RBF 神经网络，隐含层各神经元采用相同的径向基函数，当基函数取高斯函数时，网络输入与输出之间可认为是一种映射关系，最常用的高斯函数表达如式（3.3.73）所示。

$$f(x) = \exp\left(-\frac{x^2}{2\sigma^2}\right) \tag{3.3.73}$$

式中，σ 为基函数的宽度参数。

RBF 神经网络的输入神经元为隐含神经元给出的基函数输入的线性组合，其中隐含层中的基函数对输入机理产生一个局部化的响应，即每个隐含层神经元有一个"中心"参数矢量，用来与网络输入矢量相比较以产生镜像对称响应。σ 过小，会对网络噪声太敏感，σ 过大，会使网络丧失区分和拟合的能力，因此 RBF 神经网络需选择合适的 σ 值。

3.3.3.3　模型评价方法

（1）定量模型的评价指标

定量模型的评价指标主要有以下参数：

① 决定系数（determination coefficient）。

决定系数（R^2）也称为拟合优度，是相关系数的平方，表示模型中自变量对因变量的解释程度，数值范围为 $0 \sim 1$。R^2 的值越接近 1，表示模型的拟合度越好，其计算公式如式（3.3.74）所示。

$$R^2 = 1 - \frac{\sum\limits_{i=1}^{n}(\hat{y}_i - y_i)^2}{\sum\limits_{i=1}^{n}(\hat{y}_i - \overline{y})^2} \tag{3.3.74}$$

式中　$\hat{y}_i$ 和 y_i——第 i 个样本的预测值和实际值；

　　　　$\overline{y}$——所有样本实际值的平均值。

② 校正集均方根误差（root mean square error of calibration set，RMSEC）。

校正集均方根误差是模型对校正集样本预测的均方根误差，用于评价模型对建模样本的预测能力，计算公式如式（3.3.75）所示。

$$RMSEC = \sqrt{\frac{\sum\limits_{i=1}^{n}(\hat{y}_i - y_i)^2}{n}} \tag{3.3.75}$$

式中　$\hat{y}_i$ 和 y_i——第 i 个样本的预测值和实际值；

　　　　n——校正集样本数。

③ 交叉验证均方根误差（root mean square error of cross-validation，RMSECV）。

交叉验证均方根误差通过计算交互验证过程中的均方根误差来评价所得模型的预测能力。交互验证步骤为：

a. 从校正集中选择一个或一组样本 i，从校正集中剔除该样本的光谱矩阵 x_i 和浓度矩阵 y_i；

b. 利用剩余样本组成的新校正集建立模型；

c. 利用所建模型预测被剔除的样本，获得预测值 $\hat{y}_i$；

d. 从原始校正集中剔除另外一个或一组样本回到 b 步骤循环计算直到完成校正集中所有样本的预测，RMSECV 计算公式如式（3.3.76）所示。

$$RMSECV = \sqrt{\frac{\sum\limits_{i=1}^{n}(\hat{y}_i - y_i)^2}{n}} \tag{3.3.76}$$

④ 验证集均方根误差（root mean square error of prediction set，RMSEP）。

验证集均方根误差是模型对验证集样本预测的均方根误差，用于评价模型对外部样本的预测能力，计算公式如式（3.3.77）所示。

$$RMSEP = \sqrt{\frac{\sum\limits_{i=1}^{n}(\hat{y}_i - y_i)^2}{n}} \tag{3.3.77}$$

式中　$\hat{y}_i$ 和 y_i——第 i 个样本的预测值和实际值；

　　　　n——验证集样本数。

⑤ 偏差（Bias）。

偏差是预测模型对样本的预测值与真实值之间的误差，反映了模型的精准度和算法的拟合能力，计算公式如式（3.3.78）所示。

$$Bias = \frac{\sum\limits_{i=1}^{n}(\hat{y}_i - y_i)}{n} \tag{3.3.78}$$

（2）定性分析的评价指标

分类模型的评价指标主要有混淆矩阵、特异性、灵敏度、精确率和总体准确率。其中混淆矩阵和总体准确率为分类模型总体的评价指标。精确率、灵敏度和特异性为分类模型对每一类样本分类效果的评价指标。

① 混淆矩阵（confusion matrix）。

混淆矩阵是评价分类模型最基本的方法。混淆矩阵将每类样本的分类结果与实际类别显示在同一表格中,可以最直观地反映预测结果。下面以一个 3 分类结果的混淆矩阵为例介绍混淆矩阵的格式,如表 3.3.1 所示。

表 3.3.1　混淆矩阵的格式

项目	预测值		
	类别 1	类别 2	类别 3
类别 1	a	b	c
类别 2	d	e	f
类别 3	g	h	i

② 特异性(Specificity)。

以类别 1 的特异性为例,特异性表示真实值是非类别 1 的所有结果中,模型预测为非类别 1 结果的比例,反映了模型检验负样本的能力,计算公式如式(3.3.79)所示。

$$\text{Specificity}_{\text{class1}} = \frac{e+f+h+i}{d+e+f+g+h+i} \tag{3.3.79}$$

③ 灵敏度(Sensitivity)。

以类别 1 的灵敏度为例,灵敏度表示真实值是类别 1 的所有结果中,模型预测对的比例,反映了模型检测正样本的能力,计算公式如式(3.3.80)所示。

$$\text{Sensitivity}_{\text{class1}} = \frac{a}{a+b+c} \tag{3.3.80}$$

④ 精确率(Precision)。

以类别 1 的精确率为例,精确率表示模型预测为类别 1 的所有结果中,模型预测对的比例,计算公式如式(3.3.81)所示。

$$\text{Precision}_{\text{class1}} = \frac{a}{a+d+g} \tag{3.3.81}$$

⑤ 总体准确率(Accuracy)。

总体准确率表示样本中所有类别的总体准确率,计算公式如式(3.3.82)所示。

$$\text{Accuracy} = \frac{a+e+i}{a+b+c+d+e+f+g+h+i} \tag{3.3.82}$$

第4章

自动控制理论

4.1 控制系统分析

4.1.1 闭环系统基本概念

4.1.1.1 控制系统概述

图 4.1.1 是一个典型的工作机构位置自动控制系统，它主要由工作台和控制部分组成，自动实现操作者通过指令电位器使工作台到达设置的期望位置上。工作台由直流伺服电机、减速器、滚珠丝杠和导轨等组成，控制部分由指令电位器和控制器组成。其工作过程为操作者通过指令电位器发出工作台期望位置指令 x_i，指令电位器对应输出一个电压 u_i。工作台在导轨上的实际位置 x_o 由装在导轨侧向的位置传感器检测，并将实际位置 x_o 转换为电压 u_o 输出，将 u_i 和 u_o 电压送入控制器。当 x_o 和 x_i 存在偏差时，通过控制器的检测和处理，输出控制信号给驱动器带动直流伺服电机转动，再通过减速器和滚珠丝杠驱动工作台向给定位置 x_i 运动。当工作台实际位置与给定位置 x_i 相等时，u_o 和 u_i 也相等，没有偏差电压，

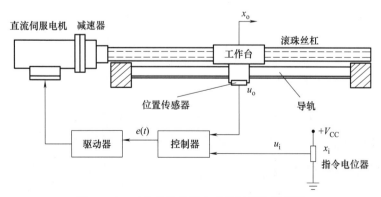

图 4.1.1 工作机构位置自动控制系统原理图

工作台不改变当前位置。当不断改变指令电位器的给定位置时，工作台就不断改变位置，以保持 $x_o = x_i$ 的状态。在系统机械结构设计合理的情况下，控制器的设计是系统性能好坏的关键。

图 4.1.2 为工作机构位置自动控制系统框图，由图可知这是一个闭环控制系统。

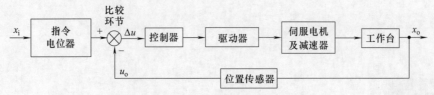

图 4.1.2　工作机构位置控制框图

控制系统通常是按反馈情况分为开环系统和闭环系统，控制框图中是否有反馈回路是判断开环和闭环系统的标志，控制框图没有反馈回路是开环系统，否则是闭环系统。

4.1.1.2　开环控制系统

如图 4.1.3 所示，该控制系统输入与输出之间只有从输入端到输出端一条前向通道，而无反馈回路，其输出只受控于输入，此系统称为开环控制系统。开环控制系统响应比较快，一般控制精度不高，只能满足一般系统的控制要求，控制精度取决于各个环节的精度。

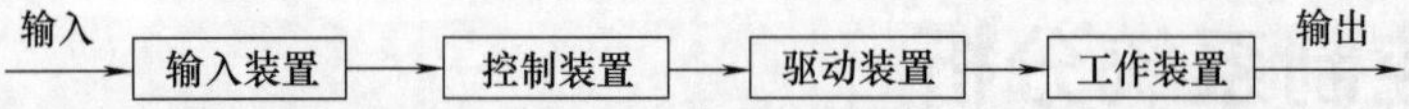

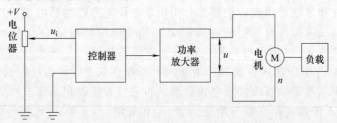

图 4.1.3　开环控制系统框图

图 4.1.4 是直流电机的转速开环控制系统，被控对象为电机，控制装置为电位器和控制器，电机所需电枢电压 u 由输入电压 u_i 经控制器和功率放大器提供。在励磁电流与负载恒定条件下，电枢电压 u 决定了电机转速 n，而 u 又与电位器电压 u_i 成正比。当电位器的位置变化时，输入电压 u_i 发生变化，使功率放大器的输出电压，即电机电枢电压 u 也随之变化，从而达到了改变电机转速 n 的目的。

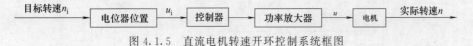

图 4.1.4　直流电机转速开环控制系统

图 4.1.5 为电机转速开环控制系统框图。由图可知，电机转速的大小只是取决于系统的输入信号，控制信号沿着箭头方向顺序传递，输出信号不参与系统的控制，控制作用传递路径不是闭合的，控制精度取决于各环节的精度，故该系统属于开环控制系统。

目标转速 n_i → 电位器位置 → u_i → 控制器 → 功率放大器 → u → 电机 → 实际转速 n

图 4.1.5　直流电机转速开环控制系统框图

4.1.1.3　闭环控制系统及组成

（1）闭环控制系统

如图 4.1.6 所示，闭环控制系统结构较为复杂，信息传递有 2 条通道：一条是自输入端传递到输出端的前向通道，另一条是输出端信息反传到输入端比较环节的反馈回路，输出对系统有控制作用。闭环控制系统具有较高控制精度和抗干扰能力，因此一般都采用闭环控制。

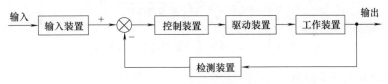

图 4.1.6　闭环控制系统框图

图 4.1.7 是直流电机转速闭环控制系统，测速传感器检测电机输出转速并反馈到比较控制器，其输出电压 u_b 与实际转速 n 成正比。反馈电压 u_b 与给定电压 u_i 进行比较，其偏差信号经功率放大器控制电机电压，使电机实际转速维持在给定转速值上。

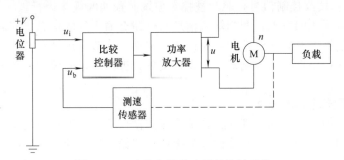

图 4.1.7　直流电机转速闭环控制系统

图 4.1.8 为直流电机转速闭环控制系统框图。由图可知，电机转速的大小不仅与系统的输入信号有关，还与反馈信号有关，使电机实际转速 n 保持在给定的转速，故该系统属于闭环控制系统。闭环控制系统的控制作用由输入信号与实际输出反馈信号的偏差量决定，只要偏差存在，对电机的控制作用就不会停止，因此闭环控制可以降低或消除多种扰动对系统的影响，对系统自身的参数不敏感，从而具有较高的控制精度及较强的抗干扰能力，广泛应用于对控制精度要求较高的场合。

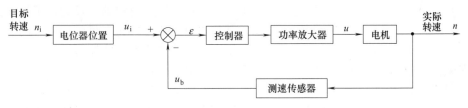

图 4.1.8　直流电机转速闭环控制系统框图

闭环控制又称反馈控制，是一种基本的控制规律，它具有自动修正被控量偏离给定值的作用，因而可以抑制内扰和外扰引起的误差，达到自动控制的目的。

（2）闭环控制系统组成

图 4.1.9 为典型闭环控制系统组成框图，典型闭环自动控制系统主要由控制部分和被控部分组成。控制部分（即控制器）的功能是接收指令信号和反馈信号，比较放大后对被控部分发出控制信号。被控部分的功能是接收控制信号，对被控对象实现控制运动，同时发出反馈信号。

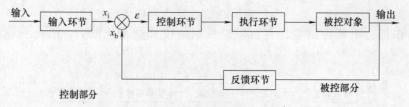

图 4.1.9　典型闭环控制系统的基本组成

控制部分由五个环节组成:

① 输入环节:它是给出输入信号 x_i 的环节,用于确定被控对象的"目标值"。

② 反馈环节:将被控量转换为反馈信号的装置,一般为检测元件。

③ 比较环节:输入信号 x_i 与反馈信号 x_b 进行比较,得到偏差信号 ε,$\varepsilon = x_i - x_b$。

④ 控制环节:将偏差信号做必要的处理,按照一定的规律放大后,给出控制信号。

⑤ 执行环节:接收控制信号,驱动被控对象按照预期的规律运行。

闭环自动控制系统的特点:利用输入信息与反馈至输入处的信息之间的偏差对系统输出参数进行控制,使被控对象按一定的规律运动。将输入环节、反馈环节、比较环节、控制环节和执行环节组成控制系统的控制器,主要是实现对被控对象的控制,系统控制效果主要取决于控制器的设计。

4.1.1.4　控制系统的基本要求

控制系统应用的场合不同,其评价系统性能指标也不同,但对控制系统的基本要求都是一样的,一般可归纳为稳定性、快速性及准确性,即稳、快、准。

（1）响应的稳定性

稳定性是控制系统正常工作的首要条件,且是重要条件。稳定性是指动态过程的振荡倾向和系统能够恢复平衡状态的能力,具体说,对于一个稳定控制系统,其输出量对给定的输入量的偏差应该随着时间增长逐渐减小并趋近于零。

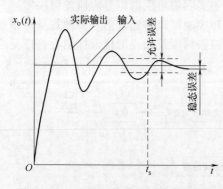

图 4.1.10　二阶系统单位阶跃响应曲线

如图 4.1.10 所示为系统在恒值信号作用下系统输出随时间变化的动态过程,这个过程也称为系统响应。由图可知,该系统输出在经过一定时间后能够稳定在一个恒定值上,或者在一个很小范围内波动,说明该系统是稳定的。反之,不稳定的控制系统其输出量对给定的输入量的偏差会随着时间增长而增大,无法实现预定的控制任务。

（2）响应的快速性

响应的快速性是指控制系统在稳定情况下,当系统的输出量与给定的输入量之间产生偏差时,消除这种偏差的快慢程度,它是在满足系统稳定性的条件下提出的衡量控制系统性能的一个重要指标。

如图 4.1.10 所示,在时域分析中,在存在允许误差的条件下,系统输出值达到允许误差范围所需要的时间 t_s,即可说明系统的快速性。

（3）响应的准确性

响应的准确性是指控制系统在稳定情况下,在过渡过程结束后输出量的稳态值与给定的输入量的偏差,或称为稳态误差或稳定精度。准确性是衡量控制系统的又一个重要性能指标。

如图 4.1.10 所示,系统输出在经过无穷时间后已经稳定在一个值上,即系统实际输出稳态值，该值与给定输入值的差值，即是系统的稳态误差。系统存在稳态误差，说明系统在一定时间内实际输出误差总是大于稳态误差，对于机械加工来说，误差越大，加工精度越低，产品质量越差。

由于控制系统的控制对象不同，对稳、快、准的侧重要求也不同。例如温度控制系统对系统的稳定性要求比较高，达到 $\pm 0.1℃$；而直流伺服电机控制系统则对快速性要求高，响应速度越快越好。同一个控制系统，稳、快、准也是相互制约的，改善系统的稳定性，可能会降低系统的快速性；提高系统的快速性，可能会导致系统稳态误差增加。

综上所述，控制系统中被控对象的输出应尽可能迅速而准确地实现各种变化规律，实现不同的性能，这可以通过设计不同控制器实现。

4.1.2 数学模型

为了从理论上对控制系统进行定性的分析和定量的计算，首先要建立系统的数学模型，系统的数学模型是描述系统输入、输出变量以及内部其他变量之间关系的数学表达式。数学模型可以采用不同的表达形式，包括传递函数、状态空间表达、方框图和 MATLAB 仿真模型。其中传递函数数学模型是经典控制理论采用的数学模型之一，它不仅反映了输入、输出变量之间的动态特性，而且反映了系统结构和参数对输出变量的影响；状态空间表达数学模型是现代控制理论常用模型；方框图是复杂系统表达最方便的一种形式；MATLAB 仿真模型是数字仿真的基础。

4.1.2.1 传递函数

（1）传递函数定义

在外界输入作用前，输入、输出的初始条件为零的条件下，线性定常系统、环节或元件的输出 $x_o(t)$ 的拉普拉斯（Laplace）变换 $X_o(s)$ 与输入 $x_i(t)$ 的拉普拉斯变换 $X_i(s)$ 之比，称为该系统、环节或元件的传递函数 $G(s)$。

设线性定常系统的微分方程式为

$$a_n x_o^n(t) + a_{n-1} x_o^{n-1}(t) + \cdots + a_1 \dot{x}_o(t) + a_0 x_o(t)$$
$$= b_m x_i^m(t) + b_{m-1} x_i^{m-1}(t) + \cdots + b_1 \dot{x}_i(t) + b_0 x_i(t) \qquad (n \geqslant m) \tag{4.1.1}$$

当初始条件为零时，即当外界输入作用前，输入、输出的初始条件 $x_i(0^-)$、$x_i^1(0^-)$、$\cdots$、$x_i^{m-1}(0^-)$ 和 $x_o(0^-)$、$x_o^1(0^-)$、$\cdots$、$x_o^{n-1}(0^-)$ 均为零时，对式（4.1.1）进行 Laplace 变换可得

$$(a_n s^n + a_{n-1} s^{n-1} + \cdots + a_1 s + a_0) X_o(s) = (b_m s^m + b_{m-1} s^{m-1} + \cdots + b_1 s + b_0) X_i(s)$$
$$\tag{4.1.2}$$

由此可得传递函数 $G(s)$ 为

$$G(s) = \frac{L[x_o(t)]}{L[x_i(t)]} = \frac{X_o(s)}{X_i(s)} = \frac{b_m s^m + b_{m-1} s^{m-1} + \cdots + b_1 s + b_0}{a_n s^n + a_{n-1} s^{n-1} + \cdots + a_1 s + a_0} \qquad (n \geqslant m) \tag{4.1.3}$$

传递函数方框图表达形式如图 4.1.11 所示。

由图 4.1.11 可知，输入、输出和传递函数之间的关系为

$$X_o(s) = G(s) X_i(s) \tag{4.1.4}$$

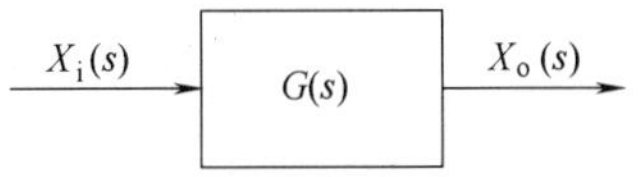

（2）传递函数的形式

① 传递函数的零点、极点形式。式（4.1.3）经因式分解后可得系统的传递函数零、极点形式如式（4.1.5）所示。

图 4.1.11 传递函数方框图

$$G(s) = \frac{K^*(s-z_1)(s-z_2)\cdots(s-z_m)}{(s-p_1)(s-p_2)\cdots(s-p_n)} \tag{4.1.5}$$

式中，K^* 为常数。

当 $s=z_j(j=1,2,\cdots,m)$ 时，均能使 $G(s)=0$，故称 z_j 为 $G(s)$ 的零点；

当 $s=p_i$（$i=1,2,\cdots,n$）时，均能使 $G(s)$ 的分母为 0，即可使 $G(s)$ 取得极大值，故称 p_i 为 $G(s)$ 的极点，传递函数的极点即是微分方程的特征根。

根据微分方程的解特性可知，系统的瞬态输出，由以下形式的分量构成

$$e^{pt}, e^{\sigma t}\sin(\omega t), e^{\sigma t}\cos(\omega t)$$

式中 p——实数极点；

σ——复数极点 $\sigma+j\omega$ 中的实数；

ω——复数极点 $\sigma+j\omega$ 中的虚数。

假设所有的极点是负实数或具有负实部的复数，即 $p<0$，$\sigma<0$，即传递函数所有极点均位于 $[s]$ 平面的左半平面，当 $t\to\infty$ 时，上述分量趋向于零，输出的瞬态值为零。在这种情况下，系统输出是收敛的，系统是稳定的，即系统是否稳定由极点性质决定。

当系统输入信号一定时，系统的零、极点决定着系统的动态性能，极点决定系统的稳定性，零点对系统的稳定性没有影响，但它对瞬态响应曲线的形状有影响。

[例 4.1.1] 4 个传递函数分别为

$$G_1(s)=\frac{6}{(s+2)(s+3)} \quad G_2(s)=\frac{1.2s+6}{(s+2)(s+3)} \quad G_3(s)=\frac{6s+6}{(s+2)(s+3)} \quad G_4(s)=\frac{10s+6}{(s+2)(s+3)}$$

它们的极点都是 -2 和 -3，但零点不一样，4 个传递函数的响应曲线如图 4.1.12 所示，由图可知，零点对系统的影响只是瞬态响应曲线的形状。

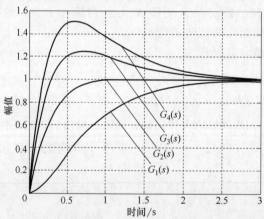

图 4.1.12   相同极点不同零点的传递函数响应曲线

② 传递函数的标准形式及放大系数。式（4.1.3）经变换将常数项化为 1 后可得系统的传递函数标准形式如式（4.1.6）所示。

$$G(s)=\frac{b_0(b'_n s^n+b'_{n-1}s^{n-1}+\cdots+b'_1 s+1)}{a_0(a'_n s^n+a'_{n-1}s^{n-1}+\cdots+a'_1 s+1)}=K\frac{\displaystyle\prod_{j=1}^{m}(\tau_j s+1)}{\displaystyle\prod_{i=1}^{n}(T_i s+1)} \tag{4.1.6}$$

式中，K 为系统的放大增益，或称放大系数，$K=\dfrac{b_0}{a_0}$。

当 $s=0$ 时，$G(0)=\dfrac{b_0}{a_0}$，由此可知，$G(0)$ 即为系统的放大增益。

假设系统输入为单位阶跃信号，$X_i=1/s$，系统的稳态输出值如式（4.1.7）所示。

$$\lim_{t \to \infty} x_o(t)=x_o(\infty)=\lim_{s \to 0} s X_o(s)=\lim_{s \to 0} s G(s) X_i(s)=\lim_{s \to 0} G(s)=G(0) \qquad (4.1.7)$$

由式（4.1.7）可知，系统单位阶跃响应的稳态输出值，也是系统的放大增益。

（3）传递函数的建立

建立系统传递函数的一般步骤：

① 确定系统输入变量和输出变量；

② 将系统分成若干个环节，列写各个环节的微分方程；

③ 将微分方程进行拉普拉斯变换；

④ 消除中间变量，整理得出传递函数。

[例 4.1.2] 如图 4.1.13 所示的电路是由电阻 R 和电容 C 组成的无源网络电路，试求系统的传递函数。

解：① 确定输入和输出变量。

由图 4.1.13 可知，当输入电压 $u_i(t)$ 变化时，电路中的电流发生变化，输出 $u_o(t)$ 也随之变化。取 $u_i(t)$ 为输入量，$u_o(t)$ 为输出量。

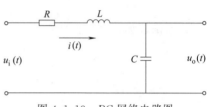

图 4.1.13 RC 网络电路图

② 根据克希荷夫定律，可得出系统微分方程为

$$u_o(t)=L\frac{\mathrm{d}i(t)}{\mathrm{d}t}+Ri(t)+u_i(t) \qquad (4.1.8)$$

$$i(t)=C\frac{\mathrm{d}u_o(t)}{\mathrm{d}t} \qquad (4.1.9)$$

③ 在初始条件为零下进行拉普拉斯变换，得

$$U_o(s)=(Ls+R)I(s)+U_i(s) \qquad (4.1.10)$$

$$I(s)=CsU_o(s) \qquad (4.1.11)$$

④ 消除中间变量，系统的传递函数为

$$G(s)=\frac{U_o(s)}{U_i(s)}=\frac{1}{LCs^2+RCs+1}$$

[例 4.1.3] 工作机构位置自动控制系统如图 4.1.1 所示，试建立系统各环节的传递函数。

解：① 指令环节。

指令环节是将期望值转化为电压值，为比例关系，其比例系数为 K_p，期望位置 $x_i(t)$ 为输入，$u_i(t)$ 为输出，因此微分方程如式（4.1.12）所示。

$$u_i(t)=K_p x_i(t) \qquad (4.1.12)$$

传递函数如式（4.1.13）所示。

$$\frac{U_i(s)}{X_i(s)}=K_p \qquad (4.1.13)$$

② 控制器环节。

控制器环节起到比较、放大作用。比较环节是输入信号 $u_i(t)$ 与反馈信号 $u_b(t)$ 进行比较，得到偏差信号 $e(t)$，经放大环节放大后输出控制信号；放大环节为比例环节，其比

例系数为 K_q，其输入为电压 $e(t)$，输出为电压 $u_{ob}(t)$，因此可得偏差信号和输出电压分别如式 (4.1.14) 和式 (4.1.15)。

$$e(t) = u_i(t) - u_b(t) \tag{4.1.14}$$

$$u_{ob}(t) = K_q e(t) \tag{4.1.15}$$

传递函数如式 (4.1.16) 和式 (4.1.17)。

$$E(s) = U_i(s) - U_b(s) \tag{4.1.16}$$

$$\frac{U_{ob}(s)}{E(s)} = K_q \tag{4.1.17}$$

③ 功率放大环节。

功率放大环节为比例环节，其输入电压为 $u_{ob}(t)$，输出电压为 $u_d(t)$，其比例系数为 K_g，因此输出电压如式 (4.1.18)。

$$u_d(t) = K_g u_{ob}(t) \tag{4.1.18}$$

传递函数如式 (4.1.19)。

$$\frac{U_d(s)}{U_{ob}(s)} = K_g \tag{4.1.19}$$

④ 直流伺服电机。

减速机、丝杠和工作台是直流伺服电机的负载，将直流伺服电机的输入电压 u_d 作为输入，电机输出角位移 θ_o 作为输出，则可得微分方程如式 (4.1.20) 所示。

$$R_a J \ddot{\theta}_o(t) + (R_a C + K_T K_e) \dot{\theta}_o(t) = K_T u_d(t) \tag{4.1.20}$$

式中　R_a——电枢绕组的电阻；

　　　J——电机转子及负载折合到电机轴上的等效转动惯量；

　$\theta_o(t)$——电机的输出转角；

　　　C——电机转子及负载折合到电机轴上的等效黏性阻尼系数；

　　K_T——电机的力矩常数；

　　K_e——反电动势常数。

若减速器的减速比为 i_1，丝杠到工作台的减速比为 i_2，则从电机转子到工作台的总减速比 i 如式 (4.1.21) 所示。

$$i = \frac{\theta_o(t)}{x_o(t)} = i_1 i_2 \tag{4.1.21}$$

式中，$i_2 = 2\pi / L$；L 为丝杠螺距。

⑤ 直流伺服电机等效转动惯量计算。

电机转子的转动惯量为 J_1；减速器的转动惯量为 J_2；滚珠丝杠的转动惯量为 J_s（定义在丝杠轴上），等效到电机转子上为 $J_3 = J_s / i_1^2$；工作台的运动为平移，若工作台的质量为 m_t，等效到转子的转动惯量为 $J_4 = m_t / i^2$。因此，电机、减速器、滚珠丝杠和工作台的等效转动惯量 J 如式 (4.1.22) 所示。

$$J = J_1 + J_2 + J_3 + J_4 = J_1 + J_2 + J_s / i_1^2 + m_t / i^2 \tag{4.1.22}$$

⑥ 直流伺服电机等效阻尼系数计算。

电机、减速器、滚珠丝杠和工作台的黏性系数等效到电机轴上的计算与等效转动惯量的计算同理，因此等效阻尼系数为

$$C = C_d + C_i + C_s / i_1^2 + C_t / i^2 \tag{4.1.23}$$

式中　C_d——电机的黏性阻尼系数；

　　　C_i——减速器的黏性阻尼系数；

　　　C_s——丝杠转动黏性阻尼系数；

　　　C_t——工作台与导轨间的黏性阻尼系数。

输入为电机电枢电压 u_d、输出为工作台位移 x_o 的微分方程为

$$R_aJ\ddot{x}(t)+(R_aD+K_TK_e)\dot{x}(t)=K_Tu_d(t)/i \tag{4.1.24}$$

输入为电机电枢电压、输出为工作台位移的传递函数为

$$G_d(s)=\frac{X_o(s)}{U_d(s)}=\frac{K_T/i}{R_aC+K_eK_T}\times\frac{1}{s\left(\dfrac{R_aJ}{R_aC+K_eK_T}s+1\right)}=\frac{K}{s(Ts+1)} \tag{4.1.25}$$

式中，$T=\dfrac{R_aJ}{R_aC+K_eK_T}$；$K=\dfrac{K_T/i}{R_aC+K_eK_T}$。

⑦ 检测环节。

检测环节通过位置传感器将所有工作台位移信号变为电压信号，通常传感器都是线性的，因此是比例关系，其比例系数为 K_f，工作台的位移 $x_o(t)$ 作为输入，电压 u_b 作为输出，其关系如式（4.1.26）所示。

$$u_b(t)=K_fx_o(t) \tag{4.1.26}$$

传递函数如式（4.1.27）所示。

$$\frac{U_b(s)}{X_o(s)}=K_f \tag{4.1.27}$$

此系统比较复杂，直接消除中间变量获得传递函数比较麻烦，因此常采用传递函数方框图形式表达，再对传递函数方框图简化得到传递函数。

4.1.2.2　方框图

（1）传递函数方框图的组成

控制系统一般由若干环节按一定的关系组合而成，为了将系统中各环节间的关系和信号的传递过程表示清晰，常采用方框图来表示。方框图表示的控制系统也是系统数学模型的一种表达方式，尤其对复杂系统，通过微分方程化简很难得到传递函数，这时根据方框图通过一定的变换就可得到传递函数，或者直接利用方框图进行仿真分析。

方框图由 4 个基本元素组成：信号线、分支点、综合点和环节方框，如图 4.1.14 所示。

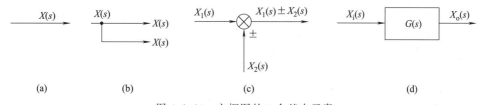

图 4.1.14　方框图的 4 个基本元素

图 4.1.14（a）为信号线，是带箭头的线段，箭头表示信号的流向，在实线上标记信号的象函数。

图 4.1.14（b）为分支点，表示信号从该点引出或测量的位置，从同一位置引出的信号数值和性质完全相同。

图 4.1.14（c）为综合点，是两个及两个以上信号进行代数求和的图解表示，在综合点处，输出信号等于各输入信号的代数和，每一个指向综合点的箭头前方的"＋"号或"－"

号表示该输入信号在代数运算中的符号。综合点可以有多个输入，但输出只有一个。

图 4.1.14（d）为环节方框，是将输入信号数学变换成输出信号，指向方框的箭头表示输入信号的拉普拉斯变换；离开方框的箭头表示输出信号的拉普拉斯变换；方框中表示的是该输入与输出之间环节的传递函数。所以方框的输出应该是方框中的传递函数乘以其输入。

（2）传递函数方框图的建立

建立系统传递函数方框图的步骤：

① 根据基本的物理、化学等定律，建立系统各环节的微分方程；

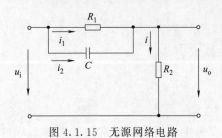

图 4.1.15　无源网络电路

② 将微分方程在初始条件为零时进行拉普拉斯变换，并做出各环节传递函数的方框图；

③ 根据信号的流向，将各方框图依次连接起来，便可得到系统的传递函数方框图。

[例 4.1.4]　如图 4.1.15 所示为无源网络，试建立系统的传递函数方框图。

解：根据克希荷夫定律，可得出微分方程如式（4.1.28）～式（4.1.31）所示。

$$u_i = i_1 R_1 + u_o \tag{4.1.28}$$

$$i_1 R_1 = \frac{1}{C} \int i_2 \, \mathrm{d}t \tag{4.1.29}$$

$$u_o = i R_2 \tag{4.1.30}$$

$$i = i_1 + i_2 \tag{4.1.31}$$

对上述微分方程进行拉普拉斯变换可得式（4.1.32）。

$$U_i(s) = I_1(s) R_1 + U_o(s)$$

$$I_1(s) R_1 = \frac{1}{Cs} I_2(s)$$

$$U_o(s) = I(s) R_2 \tag{4.1.32}$$

$$I(s) = I_1(s) + I_2(s)$$

将式（4.1.32）4 个代数方程用方框图表示，如图 4.1.16 所示。

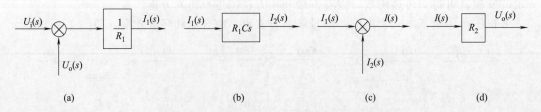

图 4.1.16　无源网络各环节传递函数方框图

根据图 4.1.16 和系统各信号的传递关系，用信号线将各方框图有序连接起来，便得到无源网络系统的传递函数方框图，如图 4.1.17 所示。

[例 4.1.5]　图 4.1.18 为电枢电压控制式直流电机原理图，设 u_a 为电枢两端的控制电压，ω 为电机旋转角速度，T 为折合到电机轴上的总的负载转矩。当励磁不变时，用电枢控制的情况下，u_a 为给定输入，T_L 为干扰输入，ω 为输出。系统中 e_d 为电机旋转时电枢两端的反电动势，i_a 为电机的电枢电流，试建立电机系统传递函数方框图。

解：根据克希荷夫定律，电机电枢回路的方程如式（4.1.33）所示。

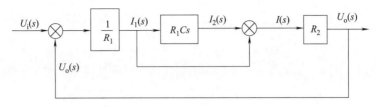

图 4.1.17　无源网络传递函数方框图

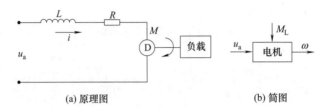

(a) 原理图　　　　　　　(b) 简图

图 4.1.18　电枢电压控制式直流电机

$$L\frac{\mathrm{d}i}{\mathrm{d}t}+iR+e_\mathrm{d}=u_\mathrm{a} \tag{4.1.33}$$

式中　L——电机内部电感；

　　　R——电机内部电阻。

当磁通固定不变时，e_d 与转速 ω 成正比，如式（4.1.34）所示。

$$e_\mathrm{d}=k_\mathrm{d}\omega \tag{4.1.34}$$

式中，k_d 为反电动势常数。

根据刚体的转动定律，电机转子的运动方程如式（4.1.35）所示。

$$J\frac{\mathrm{d}\omega}{\mathrm{d}t}=M-M_\mathrm{L} \tag{4.1.35}$$

式中，J 为转动部分折合到电机轴上的总的转动惯量。

当励磁磁通固定不变时，电机的电磁力矩 T 与电枢电流 i 成正比，如式（4.1.36）所示。

$$M=k_\mathrm{m}i \tag{4.1.36}$$

式中，k_m 为电机电磁力矩常数。

对式（4.1.33）～式（4.1.36）在初始条件为零时进行拉普拉斯变换，得式（4.1.37）。

$$\begin{aligned}
&(Ls+R)I(s)+E_\mathrm{d}(s)=U_\mathrm{a}(s)\\
&E_\mathrm{d}(s)=k_\mathrm{d}(s)\Omega(s)\\
&Js\Omega(s)=M(s)-M_\mathrm{L}(s)\\
&M(s)=k_\mathrm{m}I(s)
\end{aligned} \tag{4.1.37}$$

建立式（4.1.37）中各代数式传递函数方框图，如图 4.1.19 所示。

将图 4.1.19 各方框图按信号传递关系有序连接起来，得到电机系统的传递函数方框图，如图 4.1.20 所示。

[例 4.1.6]　建立 4.1.2.1 节中 [例 4.1.3] 工作机构位置自动控制系统的传递函数方框图。

解：根据 4.1.2.1 节 [例 4.1.3] 中的各环节传递函数建立的方框图如图 4.1.21 所示。

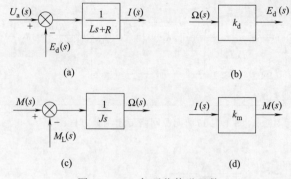

图 4.1.19 各环节传递函数

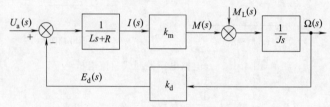

图 4.1.20 系统传递函数方框图

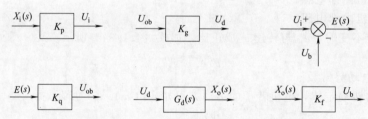

图 4.1.21 各环节工作机构位置控制系统方框图

将各环节传递函数方框图按信号传递关系有序连接起来，得到工作机构位置系统的传递函数方框图，如图 4.1.22 所示。

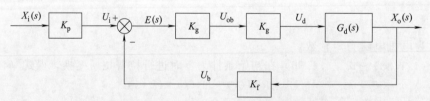

图 4.1.22 工作机构位置控制系统传递函数方框图

（3）传递函数方框图等效变换原则

通过对系统框图进行等效变换便可得到系统的闭环传递函数，但框图的等效变换必须遵循一个基本原则，即变换前后各变量间的传递函数保持不变。在控制工程中，任何复杂系统的方框图主要由各环节的方框图经串联、并联和反馈三种基本形式连接而成。

1）串联连接

如图 4.1.23（a）所示，两个环节的传递函数 $G_1(s)$ 和 $G_2(s)$ 串联连接，则系统输出为

$$X_o(s) = G_2(s)X_1(s) = G_2(s)G_1(s)X_i(s) \tag{4.1.38}$$

等效后的系统传递函数为

$$G(s)=\frac{X_o(s)}{X_i(s)}=G_1(s)G_2(s) \tag{4.1.39}$$

等效后的系统传递函数框图如图 4.1.23 (b) 所示。

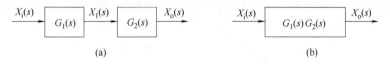

图 4.1.23　环节的串联连接

结论： 两个环节串联连接其等效传递函数为两个环节传递函数的乘积。由此可推出，当多个环节串联连接时，其等效传递函数为各个环节传递函数的乘积，如图 4.1.24 所示。

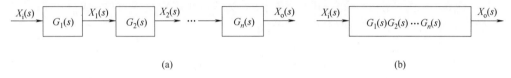

图 4.1.24　多个环节的串联连接

2) 并联连接

如图 4.1.25 (a) 所示，两个环节的传递函数 $G_1(s)$ 和 $G_2(s)$ 并联连接，则系统输出为

$$X_o(s)=G_1(s)X_i(s)\pm G_2(s)X_i(s)=[G_1(s)\pm G_2(s)]X_i(s) \tag{4.1.40}$$

等效后的系统传递函数为

$$G(s)=\frac{X_o(s)}{X_i(s)}=G_1(s)\pm G_2(s) \tag{4.1.41}$$

等效后的系统传递函数框图如图 4.1.25 (b) 所示。

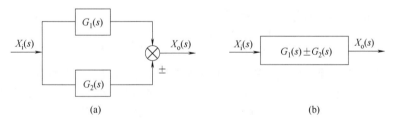

图 4.1.25　环节的并联连接

结论： 两个环节并联连接其等效传递函数为两个环节传递函数的代数和。由此可推出，当多个环节并联连接时，其等效传递函数为各个环节传递函数的代数和，如图 4.1.26 所示。

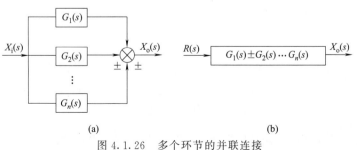

图 4.1.26　多个环节的并联连接

3）反馈连接

若两个环节的传递函数 $G(s)$ 和 $H(s)$ 连接如图 4.1.27（a）所示，则称其为反馈连接。"－"表示负反馈，"＋"表示正反馈，一般系统都具有反馈作用，等效后的系统传递函数，即闭环传递函数框图如图 4.1.27（b）所示。

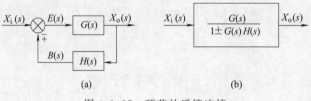

(a)　　　　　　　　　　　(b)

图 4.1.27　环节的反馈连接

根据图 4.1.27 可知，系统输出为

$$X_o(s)=G(s)E(s)=G(s)[X_i(s)\mp B(s)]=G(s)[X_i(s)\mp H(s)X_o(s)] \quad (4.1.42)$$

等效后的系统传递函数，即闭环传递函数为

$$G_B(s)=\frac{X_o(s)}{X_i(s)}=\frac{G(s)}{1\pm G(s)H(s)} \quad (4.1.43)$$

$G_B(s)$ 称为系统的闭环传递函数，即系统输出与输入的拉普拉斯变换之比。

$$G_B(s)=\frac{X_o(s)}{X_i(s)} \quad (4.1.44)$$

$G(s)$ 称为系统的前向通道传递函数，即系统输出与偏差的拉普拉斯变换之比。

$$G(s)=\frac{X_o(s)}{E(s)} \quad (4.1.45)$$

$H(s)$ 称为系统的反馈传递函数，即反馈信号与系统输出的拉普拉斯变换之比。

$$H(s)=\frac{B(s)}{X_o(s)} \quad (4.1.46)$$

由此可推到系统的开环传递函数为

$$G_K(s)=\frac{B(s)}{E(s)}=\frac{B(s)}{X_o(s)}\frac{X_o(s)}{E(s)}=H(s)G(s) \quad (4.1.47)$$

$G_K(s)$ 称为系统的开环传递函数，即反馈信号与偏差的拉普拉斯变换之比。

在复杂的闭环系统中，除了主反馈外，还有相互交错的局部反馈。为了简化系统的传递函数框图，还需要将信号的分支点和综合点进行前移和后移，以便进行简化。

4）分支点的前移和后移

① 分支点前移。

如图 4.1.28 所示，将分支点从环节的输出端移到输入端称为分支点前移。

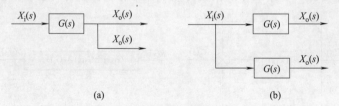

(a)　　　　　　　　　　　(b)

图 4.1.28　分支点前移等效变换

结论：分支点前移，应在分支路上串入具有相同传递函数的方框。

② 分支点后移。

将分支点从环节的输入端移到输出端称为分支点后移，如图 4.1.29 所示。

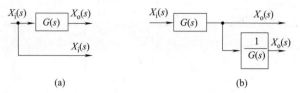

图 4.1.29　分支点后移等效变换

结论： 分支点后移，应在分支路上串入具有相同传递函数倒数的方框。

③ 相邻两个分支点可以相互换位。

当两个分支点之间没有其他任何环节时，可以相互交换位置，其等效变换如图 4.1.30 所示。

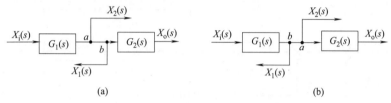

图 4.1.30　相邻两个分支点的换位

由图 4.1.30 可知，相邻两个引出点 a 和 b 交换位置后，引出的信号不变。

5）综合点的前移和后移

① 综合点前移。

综合点前移的等效变换如图 4.1.31 所示。

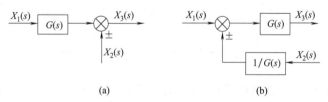

图 4.1.31　综合点前移的等效变换

② 综合点后移。

综合点后移的等效变换如图 4.1.32 所示。

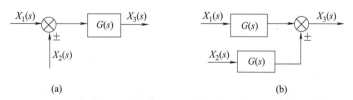

图 4.1.32　综合点后移的等效变换

③ 相邻综合点之间的等效变换。

当两个综合点之间没有其他任何环节时，称这两个综合点为相邻综合点，此时既可以将它们交换位置，也可以合并成一个综合点，等效变换如图 4.1.33 所示。

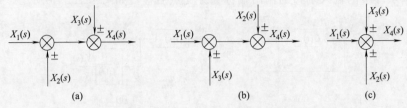

图 4.1.33 相邻综合点等效变换

根据传递函数方框图等效变换的几种基本法则，对于一个比较复杂的方框图，总可以经过相应的变换，求出系统的传递函数。

[**例 4.1.7**] 已知系统方框图如图 4.1.34 所示，求系统传递函数 $\dfrac{X_{o}(s)}{X_{i}(s)}$。

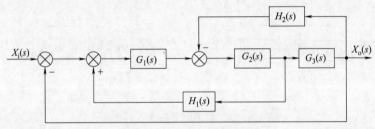

图 4.1.34 系统方框图

解： ① 将 $G_{2}(s)$ 后面的分支点移到 $G_{3}(s)$ 后，可得

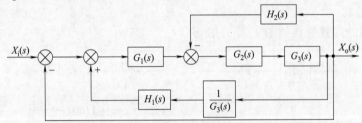

② 将 $G_{1}(s)$ 后面的综合点移到 $G_{1}(s)$ 前，可得

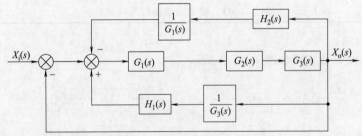

③ 将 3 条反馈通道合并后，可得

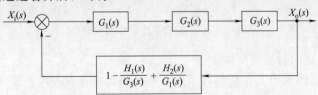

④ 根据串联连接和反馈连接原则化简后，可得

$$X_i(s) \longrightarrow \boxed{\dfrac{G_1G_2G_3}{1-G_1G_2H_1+G_2G_3H_2+G_1G_2H_3}} \longrightarrow X_o(s)$$

⑤ 系统的传递函数为

$$\frac{X_o(s)}{X_i(s)} = \frac{G_1(s)G_2(s)G_3(s)}{1-G_1(s)G_2(s)H_1(s)+G_2(s)G_3(s)H_2(s)+G_1(s)G_2(s)G_3(s)}$$

[例 4.1.8]　化简 4.1.2.2 节 [例 4.1.6] 中的方框图，求系统传递函数。

解：按照反馈连接和串联连接原则可对 4.1.2.2 节 [例 4.1.6] 中的方框图进行化简，可得系统的闭环传递函数如式（4.1.48）所示。

$$G_B(s) = \frac{X_o(s)}{X_i(s)} = \frac{K_p K_q K_g K}{Ts^2 + s + K_q K_g K_f K} \tag{4.1.48}$$

取 $K_p = K_f$，$\omega_n = \sqrt{\dfrac{K_q K_g K_f K}{T}}$，$\xi = \dfrac{1}{2\sqrt{K_q K_g K_f K T}}$

则式（4.1.48）简化后为式（4.1.49）。

$$G_B(s) = \frac{\omega_n^2}{s^2 + 2\xi\omega_n s + \omega_n^2} \tag{4.1.49}$$

式中　ω_n——系统的固有频率；

$\quad\quad$ ξ——系统的阻尼比。

系统的开环传递函数为式（4.1.50）。

$$G_k(s) = \frac{U_b(s)}{E(s)} = K_p K_q K_g G_d(s) K_f = \frac{K_p K_q K_g K_f K}{s(Ts+1)} \tag{4.1.50}$$

假设系统的参数如下：

$J = 0.004\text{kg} \cdot \text{m}^2$　　$D = 0.005\text{N} \cdot \text{m} \cdot \text{s/rad}$　　$R_a = 4\Omega$　　$K_T = 0.2\text{N} \cdot \text{m/A}$　　$K_e = 0.15\text{V} \cdot \text{s/rad}$　　$i = 4000$　　$K_g = 10$　　$K_p = 10$　　$K_f = 10$　　$K_q = 10$

$$T = \frac{R_a J}{R_a D + K_e K_T} = 0.32 \quad K = \frac{K_T/i}{R_a D + K_e K_T} = 0.001$$

则系统的开环传递函数和闭环传递函数分别为式（4.1.51）和式（4.1.52）。

$$G_k(s) = \frac{U_b(s)}{X_i(s)} = \frac{K_p K_q K_g K_f K}{s(Ts+1)} = \frac{10}{0.32s^2 + s} \tag{4.1.51}$$

$$G_B(s) = \frac{X(s)}{X_i(s)} = \frac{K_p K_q K_g K}{Ts^2 + s + K_q K_g K_f K} = \frac{1}{0.32s^2 + s + 1} \tag{4.1.52}$$

4.1.2.3　典型反馈控制系统传递函数

在控制系统工作过程中，通常会受到两类输入信号作用：一类是给定输入或者是参考输入信号；另一类是干扰信号。为了尽可能消除干扰对系统输出的影响，一般会采用闭环控制系统。

典型的闭环控制系统方框图如图 4.1.35 所示。图中 $X_i(s)$ 为系统的输入信号，$X_o(s)$ 为系统的输出信号，$N(s)$ 为作用在系统前向通道上的扰动信号，$E(s)$ 为偏差信号，$B(s)$ 为反馈信号。

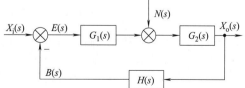

图 4.1.35　典型闭环系统方框图

（1）给定输入信号下的传递函数

在输入信号 $X_i(s)$ 作用下系统的传递函数，此时认为 $N(s)=0$。

① 开环传递函数。

系统的开环传递函数为

$$G_K(s)=\frac{B(s)}{E(s)}=G_1(s)G_2(s)H(s) \tag{4.1.53}$$

式中 $G_1(s)$ $G_2(s)$ ——系统前向通道的传递函数；

$H(s)$ ——反馈通道的传递函数。

由此可见，系统的开环传递函数即为前向通道的传递函数与反馈通道的传递函数的乘积。

② 闭环传递函数。

系统闭环传递函数为

$$G_B(s)=\frac{X_{oi}(s)}{X_i(s)}=\frac{G_1(s)G_2(s)}{1+G_1(s)G_2(s)H(s)} \tag{4.1.54}$$

当 $H(s)=1$ 时，称为单位负反馈控制系统，即

$$G_B(s)=\frac{G_1(s)G_2(s)}{1+G_1(s)G_2(s)}=\frac{G_K(s)}{1+G_K(s)} \tag{4.1.55}$$

式（4.1.55）表明了单位负反馈系统闭环传递函数与开环传递函数之间的关系。

③ 偏差传递函数。

系统偏差传递函数是指偏差信号的拉普拉斯变换与输入信号的拉普拉斯变换之比，即

$$G_{Ei}(s)=\frac{E(s)}{X_i(s)}=\frac{1}{1+G_1(s)G_2(s)H(s)} \tag{4.1.56}$$

（2）干扰输入信号下的传递函数

在干扰信号 $N(s)$ 作用下系统的传递函数，此时认为 $X_i(s)=0$。

① 干扰作用下的传递函数。

干扰信号作用下系统传递函数是输出信号与干扰信号的拉普拉斯变换之比，即

$$G_N(s)=\frac{X_{oN}(s)}{N(s)}=\frac{G_2(s)}{1+G_1(s)G_2(s)H(s)} \tag{4.1.57}$$

② 干扰作用下的偏差传递函数。

干扰信号作用下偏差传递函数是指偏差信号与干扰信号的拉普拉斯变换之比，即

$$G_{EN}(s)=\frac{E(s)}{N(s)}=\frac{-G_2(s)H(s)}{1+G_1(s)G_2(s)H(s)} \tag{4.1.58}$$

（3）系统总输出

由式（4.1.54）和式（4.1.57）可分别得出输入信号和干扰信号作用下系统的输出，即

$$X_{oi}(s)=G_B(s)X_i(s)=\frac{G_1(s)G_2(s)}{1+G_1(s)G_2(s)H(s)}X_i(s) \tag{4.1.59}$$

$$X_{oN}(s)=G_N(s)N(s)=\frac{G_2(s)}{1+G_1(s)G_2(s)H(s)}N(s) \tag{4.1.60}$$

根据线性叠加原理，当输入信号和干扰信号同时作用时，系统输出为

$$X_o(s)=X_{oi}(s)+X_{oN}(s)=\frac{G_1(s)G_2(s)}{1+G_1(s)G_2(s)H(s)}X_i(s)+\frac{G_2(s)}{1+G_1(s)G_2(s)H(s)}N(s)$$

$$\tag{4.1.61}$$

若设计系统时能保证 $|G_1(s)G_2(s)H(s)| \gg 1$，且 $|G_1(s)H(s)| \gg 1$，则干扰引起输出为

$$X_{oN}(s) = \frac{G_2(s)}{1 + G_1(s)G_2(s)H(s)} N(s) \approx \frac{G_2(s)}{G_1(s)G_2(s)H(s)} N(s)$$

$$\approx \frac{1}{G_1(s)H(s)} N(s) \approx \delta N(s) \tag{4.1.62}$$

由于 δ 为极小值，干扰引起的输出即为极小值，因此闭环系统的优点之一就是使干扰引起的误差极小，此时通过反馈回路组成的闭环系统能使输出只跟随输入而变化，不管干扰怎样，只要输入不变，输出总保持不变或变化很小。

如果系统为开环系统，此时干扰引起的输出无法被消除，全部形成误差。

4.1.2.4　典型环节传递函数

控制系统组成元件是多种多样的，一般是机械、电子、液压、光学或其他类型装置，无论其物理性质，还是其结构用途等都有很大的差异，但是一个复杂的控制系统都是由一些典型环节组成，如比例环节、惯性环节、微分环节、积分环节、振荡环节和延时环节。

（1）比例环节

比例环节的输出量与输入量成正比，不失真也不延迟，其微分方程为

$$x_o(t) = K x_i(t) \tag{4.1.63}$$

式中　$x_i(t)$——比例环节的输入量；

　　　$x_o(t)$——比例环节的输出量；

　　　K——比例系数。

对应的传递函数为

$$G(s) = \frac{X_o(s)}{X_i(s)} = K \tag{4.1.64}$$

（2）惯性环节

惯性环节的微分方程为

$$T \frac{\mathrm{d}x_o(t)}{\mathrm{d}t} + x_o(t) = x_i(t) \tag{4.1.65}$$

其传递函数为

$$G(s) = \frac{1}{Ts + 1}$$

式中，T 为惯性环节的时间常数。

（3）微分环节

理想的微分环节，其输出信号与输入信号对时间的微分成正比，其微分方程为

$$x_o(t) = T \dot{x}_i(t) \tag{4.1.66}$$

其传递函数为

$$G(s) = \frac{X_o(s)}{X_i(s)} = Ts \tag{4.1.67}$$

式中，T 为微分环节的时间常数。

（4）积分环节

积分环节是指输出量与输入量对时间的积分成正比，其微分方程为

$$x_o(t) = \frac{1}{T} \int x_i(t) \mathrm{d}t \tag{4.1.68}$$

传递函数为

$$G(s) = \frac{X_o(s)}{X_i(s)} = \frac{1}{Ts} \tag{4.1.69}$$

式中，T 为积分环节的时间常数。

（5）振荡环节

二阶环节系统传递函数为

$$G(s) = \frac{\omega_n^2}{s^2 + 2\xi\omega_n s + \omega_n^2} \tag{4.1.70}$$

或写为

$$G(s) = \frac{1}{T^2 s^2 + 2\xi Ts + 1} \tag{4.1.71}$$

式中　ω_n——无阻尼固有频率；

　　　T——振荡环节时间常数，$T = 1/\omega_n$；

　　　ξ——阻尼比，$0 < \xi < 1$。

（6）延时环节

延时环节是输入信号作用时间 τ 之后才有输出，而且不失真的反应输入环节，延时环节是线性环节，符合叠加原理，微分方程为

$$x_o(t) = x_i(t - \tau) \tag{4.1.72}$$

传递函数为

$$G(s) = \frac{L[x_o(t)]}{L[x_i(t)]} = \frac{L[x_i(t-\tau)]}{L[x_i(t)]} = \frac{X_i(s)e^{-\tau s}}{X_i(s)} = e^{-\tau s} \tag{4.1.73}$$

式中，τ 为延迟时间。

4.1.2.5　MATLAB 数学模型表达

（1）MATLAB 传递函数表达

在 MATLAB 中，常用的控制系统数学模型主要包括多项式模型（TF 模型）、零极点模型（ZPK 模型）和状态空间模型（SS 模型）。为了使用方便，控制系统数学模型的创建使用了句柄数据结构，创建为 LTI 对象（linear time invariant object）。控制系统数学模型的对象函数如表 4.1.1 所示。

表 4.1.1　控制系统数学模型对象函数一览表

sys=tf(num,den)	多项式模型,num 为分子多项式系数向量,den 为分母多项式系数向量
sys=zpk(z,p,k)	零极点模型,z 为系统的零点向量,p 为系统的极点向量,k 为增益值
sys=ss(A,B,C,D)	状态空间模型,A、B、C、D 为状态空间模型 $\begin{cases} \dot{x} = Ax + Bu \\ y = Cx + Du \end{cases}$ 参数矩阵

① 传递函数多项式模型（TF 模型）。

线性系统以复变量 s 表示的传递函数有理式为

$$G(s) = \frac{C(s)}{R(s)} = \frac{b_0 s^m + b_1 s^{m-1} + \cdots + b_{m-1} s + b_m}{a_0 s^n + a_1 s^{n-1} + \cdots + a_{n-1} s + a_n} \qquad n \geqslant m$$

调用格式：sys=tf (num, den)

式中，num $= [b_0, b_1, \cdots, b_{m-1}, b_m]$、den $= [a_0, a_1, \cdots, a_{n-1}, a_n]$ 分别是传递函数分子和分母按 s 的降幂排列的多项式系数向量。返回值 sys 是一个 tf 对象，包含了传递函数的分子和分母的信息。

[例 4.1.9] 传递函数为

$$G(s)=\frac{2s+1}{s^3+3s^2+5s+7}$$

在 MATLAB 命令窗口输入以下命令并回车：

```
>> num= [2,1];
>> den= [1 3 5 7];
>> sys= tf(num,den)
```

显示结果为

```
Transfer function:
      2 s+ 1
---------------------
s^3+ 3 s^2+ 5 s+ 7
```

对于传递函数的分母或分子为多项式相乘的情况，可通过两个向量的卷积函数——conv() 函数求。conv() 函数允许任意地多层嵌套，可进行复杂的计算。

[例 4.1.10] 较复杂的传递函数模型为

$$G(s)=\frac{15(s+2.6)(s^2+6.3s+12.8)}{(s+5)(s^3+3s^2+5)(3s+1)}$$

在 MATLAB 命令窗口输入以下命令并按回车键：

```
>> num= 15* conv([1 2.6],[1 6.3 12.8]);
>> den= conv(conv(conv([1 5],[1 5]),[1 3 0 5]),[3 1]);
>> sys= tf(num,den)
```

则结果显示为：

```
Transfer function:
        15 s^3+ 133.5 s^2+ 437.7 s+ 499.2
-----------------------------------------------
3 s^6+ 40 s^5+ 178 s^4+ 295 s^3+ 230 s^2+ 425 s+ 125
```

② 传递函数零极点模型（ZPK 模型）。

传递函数的零极点模型一般可以表示为

$$G(s)=k\frac{(s-z_1)(s-z_2)\cdots(s-z_n)}{(s-p_1)(s-p_n)}$$

式中，z_i、p_i、k 为系统的零点、极点和增益。

调用格式：sys＝zpk（z，p，k）；

[例 4.1.11] 假设系统的零极点模型为

$$G(s)=35\frac{(s+5)(s+2\pm j3)}{(s+\sqrt{13}\pm j\sqrt{22})(s-6\pm j1.87)}$$

在 MATLAB 命令窗口输入以下命令并按回车键：

```
>> k= 35;
>> z= [15;- 2+ 3* j;- 2- 3* j];
>> p= [-sqrt(13)-sqrt(22)* j;-sqrt(13)+ sqrt(22)* j;6-1.87* j;6+ 1.87* j];
>> sys= zpk(z,p,k)
```

则结果显示为

```
      35 (s-15) (s^2+ 4s+ 13)
-----------------------------------
(s^2-12s+ 39.5) (s^2+ 7.211s+ 35)
```

③ 传递函数状态空间模型（SS 模型）。

状态空间模型主要应用于现代控制理论的多输入多输出系统，也适用单入单出系统。

状态方程为

$$\begin{bmatrix} \dot{x}_1 \\ \dot{x}_2 \end{bmatrix} = \begin{bmatrix} 0 & 1 \\ -12 & -5 \end{bmatrix} \begin{bmatrix} x_1 \\ x_2 \end{bmatrix} + \begin{bmatrix} 0 \\ 12 \end{bmatrix} u$$

简化的状态方程为

$$\begin{cases} \dot{x} = Ax + Bu \\ y = Cx + Du \end{cases}$$

调用格式：sys＝ss(A，B，C，D)

[例 4.1.12] 状态方程为

$$\dot{x} = \begin{bmatrix} 2 & 4 & 3 & 8 \\ 0 & 3 & 1 & 5 \\ 2 & 1 & 4 & 6 \\ 3 & 5 & -5 & 9 \end{bmatrix} x + \begin{bmatrix} 1 & 2 \\ 2 & 1 \\ 4 & 3 \\ 3 & 7 \end{bmatrix} u'$$

在 MATLAB 命令窗口输入以下命令并按回车键：

```
>> A= [2,4,3,8;0,3,1,5;2,1,4,6;3,5,- 5,9];
>> B= [1,2;2,1;4,3;3,7];
>> C= [1,0,3,2;3,1,5,0];
>> D= zeros(2,2);
>> sys= ss(A,B,C,D)
```

则结果显示为：

```
a =
      x1  x2  x3  x4
  x1   2   4   3   8
  x2   0   3   1   5
  x3   2   1   4   6
  x4   3   5  - 5   9
b =
      u1  u2
  x1   1   2
  x2   2   1
  x3   4   3
  x4   3   7
c =
      x1  x2  x3  x4
  y1   1   0   3   2
  y2   3   1   5   0
d =
      u1  u2
  y1   0   0
  y2   0   0
```

（2）MATLAB 方框图表达

① 串联连接。

两个环节的传递函数 $G_1(s)$、$G_2(s)$ 串联后，总的传递函数为

$$G(s)=G_1(s)G_2(s)$$

方法 1 利用 series 命令

命令格式为：

[nums，dens]＝series (num1，den1，num2，den2)

式中 num1——模块 1 的分子多项式系数；

den1——模块 1 的分母多项式系数；

num2——模块 2 的分子多项式系数；

den2——模块 2 的分母多项式系数；

方法 2 利用多项式相乘 conv () 命令

命令格式为：

nums＝conv (num1，num2)；

dens＝conv (den1，den2)；

方法 3 利用 LTI 对象相乘

假设在 MATLAB 下模块 $G_1(s)$ 的 LTI 对象为 sys1，模块 $G_2(s)$ 的 LTI 对象为 sys2，则整个串联系统的 LTI 的对象 sys 可以由下列 MATLAB 命令得出

sys＝sys1 * sys2

[**例 4.1.13**] 已知系统的结构图如图 4.1.36 所示，求整个系统的 TF 模型。

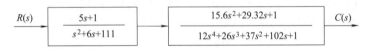

图 4.1.36 系统的结构图

解：方法 1 利用 series 命令，在 MATLAB 命令窗口输入以下命令并按回车键：

＞＞ num1= [5,1];

＞＞ den1= [1,6,111];

＞＞ num2= [15.6,29.32,1];

＞＞ den2= [12,26,37,102,1];

＞＞ [nums,dens]= series(num1,den1,num2,den2)

运行结果如下：

nums =

    0   0   0   78.0000 162.2000 34.3200   1.0000

dens =

   12   98   1525   3210   4720   11328   111

方法 2 利用多项式相乘 conv () 命令，在 MATLAB 命令窗口输入以下命令并按回车键：

＞＞ num1= [5,1];

＞＞ num2= [15.6,29.32,1];

＞＞ den1= [1,6,111];

＞＞ den2= [12,26,37,102,1];

＞＞ nums= conv(num1,num2)

nums =

   78.0000 162.2000 34.3200   1.0000

dens= conv(den1,den2)

```
dens =
     12      98     1525     3210     4720     11328     111
```
方法 3　利用 LTI 对象相乘，在 MATLAB 命令窗口输入以下命令并按回车键：
```
> > G1= tf([5,1],[1,6,111]);
> > G2= tf([15.6,29.32,1],[12,26,37,102,1]);
> > G= G1* G2
```
运行结果如下：
```
Transfer function:
                    78 s^3+ 162.2 s^2+ 34.32 s+ 1
   -------------------------------------------------------------
   12 s^6+ 98 s^5+ 1525 s^4+ 3210 s^3+ 4720 s^2+ 11328 s+ 111
```
② 并联连接。

两个环节的传递函数 $G_1(s)$、$G_2(s)$ 串联后，总的传递函数为
$$G(s)=G_1(s)+G_2(s)$$
方法 1　利用 parallel 命令

命令格式为：

[num，den] ＝parallel（num1，den1，num2，den2）

方法 2　利用 LTI 对象相加

假设在 MATLAB 下模块 $G_1(s)$ 的 LTI 对象为 sys1，模块 $G_2(s)$ 的 LTI 对象为 sys2，则整个串联系统的 LTI 的对象 sys 可以由下列 MATLAB 命令得出：
$$sys＝sys1＋sys2$$

[例 4.1.14]　已知系统的结构图如图 4.1.37 所示，求整个系统的 TF 模型。

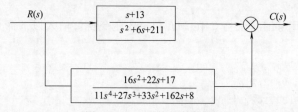

图 4.1.37　系统的结构图

解：方法 1　利用 parallel 命令，在 MATLAB 命令窗口输入以下命令并按回车键：
```
> > num1= [1,13];
> > den1= [1,0,6,211];
> > num2= [16,22,17];
> > den2= [11,27,33,162,8];
> > [num,den]= parallel(num1,den1,num2,den2)
```
运行结果如下：
```
num =
     0    0    27    192    497    4099    6858    3691
den =
    11   27   99  2645   5903   7935   34230   1688
```
方法 2　利用 LTI 对象相加，在 MATLAB 命令窗口输入以下命令并按回车键：
```
> > G1= tf([1,13],[1,0,6,211]);
> > G2= tf([16,22,17],[11,27,33,162,8]);
> > G= G1+ G2
```

运行结果如下：
```
Transfer function:
      27 s^5+ 192 s^4+ 497 s^3+ 4099 s^2+ 6858 s+ 3691
-------------------------------------------------------------
11 s^7+ 27 s^6+ 99 s^5+ 2645 s^4+ 5903 s^3+ 7935 s^2+ 34230 s+ 1688
```

③ 反馈连接。

反馈连接框图如图 4.1.38 所示。

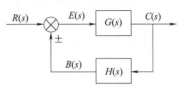

图 4.1.38　反馈连接框图

调用格式：

sys＝feedback（sys1，sys2，sign）

［nc，dc］＝feedback（n1，d1，n2，d2，sign）

式中　sys1——前向通道模块的 LTI 对象；

　　　sys2——反馈通道模块的 LTI 对象；

　　　sign——＋1 表示正反馈，－1 表示负反馈，缺省时代表负反馈；

　　　sys——总的系统模型。

当 $H(s)=1$ 时，称为单位反馈或输出反馈，调用格式：

sys＝cloop（sys1，sign）

［nc，dc］＝cloop（n1，d1，sign）

式中　［nc，dc］——总的系统的分子、分母多项式系数；

　　　［n1，d1］——前向通道模块的分子、分母多项式系数。

［例 4.1.15］　前向通道为 $G(s)=\dfrac{10}{s^2\,(s+2)\,(s+5)}$，反馈通道为 $H(s)=\dfrac{13.6\,(s+8)}{(s+13)\,(s+15)}$，采用负反馈连接时，求整个系统的闭环传递函数模型。

解：在 MATLAB 命令窗口输入以下命令并按回车键：

```
＞＞ n1= 10;d1= conv([1 0 0],conv([1 2],[1 5]));sys1= tf(n1,d1);
＞＞ n2= conv([13 6],[1 8]);d2= conv([1 13],[1 15]);sys2= tf(n2,d2);
＞＞ sys= feedback(sys1,sys2)
```

运行结果如下：

```
Transfer function:
          10 s^2+ 280 s+ 1950
-------------------------------------------------------------
s^6+ 35 s^5+ 401 s^4+ 1645 s^3+ 1950 s^2+ 136 s+ 1088
```

4.1.3　时域分析

所谓系统的时域分析，就是对一个特定的输入信号，通过拉普拉斯反变换，求取系统的输出响应，也称为时间响应。在控制理论中将时间响应分为瞬态响应和稳态响应。

瞬态响应是当特征根实部小于零，即 $\mathrm{Res}_i<0$ 时，随着时间的增加，自由响应逐渐衰减，当 $t\to\infty$ 时自由响应趋于零，此时所有的极点均位于 ［s］ 平面的左半平面，称为系统稳定，自由响应为瞬态响应。反之，系统不稳定，自由响应就不是瞬态响应。因此，$\mathrm{Res}_i<0$ 还是 $\mathrm{Res}_i>0$ 决定了系统是否稳定。当系统稳定时，$|\mathrm{Res}_i|$ 的大小决定了自由响应衰减的快慢，决定了系统响应趋向于稳态的快慢。

稳态响应是指强迫响应，即输出的稳态值。

4.1.3.1　一阶系统的时域分析

用一阶微分方程描述的控制系统称为一阶系统。它的传递函数为

$$G(s)=\frac{X_o(s)}{X_i(s)}=\frac{1}{Ts+1} \tag{4.1.74}$$

式中，T 为系统的时间常数，是一阶系统的固有特性，与外界作用无关。

当系统的输入信号 $x_i(t)$ 是单位阶跃函数 $1(t)$ 时，其输入信号的拉普拉斯变换为

$$X_i(s)=L[1(t)]=\frac{1}{s} \tag{4.1.75}$$

系统的输出 $x_o(t)$ 为

$$X_o(s)=G(s)X_i(s)=\frac{1}{Ts+1}\times\frac{1}{s} \tag{4.1.76}$$

$$x_o(t)=1-e^{-t/T}$$

式中　$-e^{-t/T}$——瞬态项；
　　　　1——稳态项。

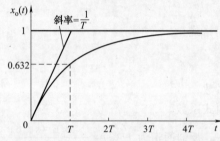

图 4.1.39　一阶系统的单位阶跃响应

当 $t=0$ 时，$x_o(t)=0$；当 $t=4T$ 时，$x_o(t)=0.982$；当 $t=\infty$ 时，稳态值 $x_o(t)=1$。一阶系统的单位阶跃响应曲线如图 4.1.39 所示。

由图 4.1.39 可知一阶系统没有超调量，输出值达到稳态值的 2% 内，响应时间 $t_s=4T$，稳态误差为零。根据响应曲线，$t=T$ 时，$x_o(t)=0.632$，可求得时间常数 T。

4.1.3.2　二阶系统的时域分析

二阶系统的传递函数为

$$G(s)=\frac{X_o(s)}{X_i(s)}=\frac{\omega_n^2}{s^2+2\xi\omega_n s+\omega_n^2} \tag{4.1.77}$$

式中，ω_n 为无阻尼固有频率；ξ 为阻尼比。它们是二阶系统的特征参数。

典型二阶系统框图如图 4.1.40 所示。

二阶系统的开环传递函数为

$$G_K(s)=\frac{X_o(s)}{E(s)}=\frac{\omega_n^2}{s(s+2\xi\omega_n)} \tag{4.1.78}$$

当系统的输入信号 $x_i(t)$ 是单位阶跃函数

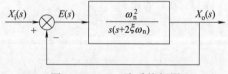

图 4.1.40　二阶系统框图

$1(t)$ 时，系统的输出为

$$X_o(s)=G(s)X_i(s) \tag{4.1.79}$$

$$x_o(t)=L^{-1}[X_o(s)]=L^{-1}\left[\frac{\omega_n^2}{s^2+2\xi\omega_n s+\omega_n^2}\times\frac{1}{s}\right] \tag{4.1.80}$$

当 $0<\xi<1$，系统欠阻尼时，二阶系统的单位阶跃响应为

$$x_o(t)=1-e^{-\xi\omega_n t}\left[\cos(\omega_d t)+\frac{\xi}{\sqrt{1-\xi^2}}\sin(\omega_d t)\right] \tag{4.1.81}$$

$$=1-e^{-\xi\omega_n t}\frac{1}{\sqrt{1-\xi^2}}\sin\left(\omega_d t+\arctan\frac{\sqrt{1-\xi^2}}{\xi}\right)\quad(t\geqslant0)$$

由此可知，阻尼比取值不同，二阶系统响应也不同，其响应曲线如图 4.1.41 所示。

由图 4.1.41 可知，在欠阻尼系统中，其响应曲线是振荡的，当 $\xi=0.4\sim0.8$ 时，不仅

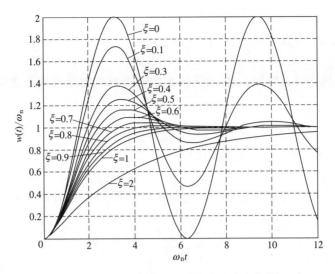

图 4.1.41　二阶系统的单位阶跃响应曲线

其过渡过程时间比 $\xi=1$ 时更短，而且振荡也不太严重，因此实际系统常采用 0.707 作为最佳阻尼比。

4.1.3.3　控制系统的时域性能指标

控制系统的时域性能指标，是根据系统在单位阶跃函数作用下的时间响应确定的，控制系统的性能指标常分为动态性能指标和稳态性能指标。

如图 4.1.42 所示为典型一阶系统单位阶跃响应——单调上升曲线，如图 4.1.43 所示为典型二阶系统阶跃响应——振荡曲线，其性能指标定义如下。

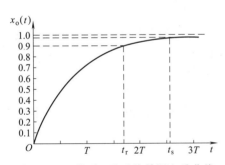

图 4.1.42　典型一阶系统单调上升曲线

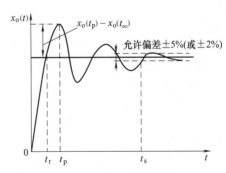

图 4.1.43　二阶系统典型的阶跃响应曲线

（1）动态性能指标

① 上升时间 t_r。

对于一阶系统：上升时间 t_r 指系统输出响应从开始第一次上升到稳态值的 90% 所需的时间。

对于二阶振荡系统：上升时间 t_r 指系统输出响应从开始第一次上升到稳态值所需的时间。

$$t_r=\frac{\pi-\beta}{\omega_d} \qquad (4.1.82)$$

式中，$\beta=\arctan\dfrac{\sqrt{1-\xi^2}}{\xi}$；$\omega_{\mathrm{d}}=\omega_{\mathrm{n}}\sqrt{1-\xi^2}$。

上升时间 t_{r} 越小，表明系统动态响应越快。

② 峰值时间 t_{p}。

对二阶振荡系统：峰值时间 t_{p} 指系统从开始输出响应到越过第一次稳态值到达峰值所需时间。

$$t_{\mathrm{p}}=\frac{\pi}{\omega_{\mathrm{d}}} \tag{4.1.83}$$

峰值时间 t_{p} 越小，表明系统动态响应越快。

③ 超调量 σ。

对于二阶振荡系统：超调量 σ 指系统输出响应超出稳态值的最大偏离量占稳态值的百分比。

$$\sigma=\frac{x_{\mathrm{o}}(t_{\mathrm{p}})-x_{\mathrm{o}}(\infty)}{x_{\mathrm{o}}(\infty)}\times100\% \tag{4.1.84}$$

超调量 σ 只与阻尼比 ξ 有关，而与无阻尼固有频率 ω_{n} 无关。当 $\xi=0.4\sim0.8$ 时，超调量为 $25\%\sim1.5\%$。

④ 响应时间（调节时间）t_{s}。

响应时间 t_{s} 指输出响应达到稳态值并保持在稳态值的 $\pm5\%$（或 $\pm2\%$）误差范围内所需的时间。

对于一阶系统：在误差为 $\pm2\%$ 范围内，响应时间为 $4T$。

对于二阶振荡系统：当 $0<\xi<0.7$ 时，可得到时间响应的近似值。

$$\Delta=0.02,t_{\mathrm{s}}\approx\frac{4}{\xi\omega_{\mathrm{n}}}$$
$$\Delta=0.05,t_{\mathrm{s}}\approx\frac{3}{\xi\omega_{\mathrm{n}}} \tag{4.1.85}$$

由式（4.1.85）可知，当 $\Delta=0.02$，$\xi=0.76$ 时，t_{s} 达到最小值；当 $\Delta=0.05$，$\xi=0.68$ 时，t_{s} 达到最小值。由此 $\xi=0.707$ 可作为最佳阻尼比。

响应时间 t_{s} 越小，表示系统动态响应过程越短，快速性越好。

⑤ 振荡次数 N。

对于二阶振荡系统：振荡次数 N 指在响应时间 t_{s} 内，系统输出值在稳态值上下波动的次数。

振荡次数越少，表明系统稳定性越好。

（2）稳态性能指标

控制系统的稳态性能一般是指稳态精度，常用稳态误差 e_{ss} 来表示。稳态误差 e_{ss} 是指系统期望值与实际输出稳态值之间的差值，其计算将在 4.1.5 节中进行讲解。e_{ss} 越小，说明系统稳态精度越高。

4.1.3.4 MATLAB 时域分析实现

（1）常用函数

① 函数 step（）。

功能：求线性定常系统的单位阶跃响应。

step（num，den）：绘制系统的单位阶跃响应曲线。

step（sys）：绘制系统 sys 的单位阶跃响应曲线。

step（sys，t）：绘制在用户定义时间向量 *t* 范围内系统的单位阶跃响应曲线。

step（sys 1，sys 2，…，t）：同时绘制多个系统（sys 1，sys 2 等）的单位阶跃响应曲线。可以同时定义不同系统的线性、颜色、标记等属性。例如

$$step(sys1,'r',sys2,'y--',sys3,'gx')$$

［y，t］＝ step（sys）：求取系统 sys 的输出响应 *y* 和响应的时间向量 *t*，不绘制输出曲线。

［y，t，x］＝step（sys）：求取状态空间系统 sys 输出响应 *y*、时间向量 *t*、状态响应 *x*，不绘制输出曲线。

② 函数 impulse（）。

功能：求线性定常系统的单位脉冲响应，调用格式同 step。

③ 函数 lsim（）。

功能：求线性定常系统的任意输入函数响应。

lism（sys，u，t）：绘制动态系统 sys 在输入信号为 *u* 时的时间响应曲线（*u* 为 *t* 的函数）。例如

$$t = 0：0.01：5；\quad u = \sin（t）；\quad lsim（sys，u，t）$$

lism（sys1，sys2，…，u，t，x0）：同时显示多个系统（sys1，sys2 等）在输入信号为 *u* 时的时间响应曲线。可以同时定义不同系统的线性、颜色、标记等属性。例如

$$lsim（sys1，'r'，sys2，'y--'，sys3，'gx'，u，t）$$

（2）LTI Viewer 仿真

LTI Viewer 是一种简化分析、观察及处理线性定常系统响应曲线的图形用户界面，应用 LTI Viewer 不仅可以观察与比较相同时间内单输入单输出系统、多输入多输出系统及多个线性系统的响应曲线，还可以绘制频率响应曲线，可获得系统的时域和频域性能指标。

首先通过分子和分母多项式系数（或其他方法）得到传递函数，在 MATLAB 命令窗口输入

＞＞ltiview

回车后得到 LTI Viewer 的缺省界面，在 file 菜单中，点击"Import"，选择系统传递函数即可得到该系统的单位阶跃响应曲线。

（3）Simulink 仿真

Simulink 是 Mathworks 公司开发的一款有重要影响力的软件产品，它具有仿真（SIMU）和连接（LINK）2 个功能，Simulink 提供了一个图形化的用户界面，可以方便地在模型窗口上建立系统的各个环节传递函数模型图，使复杂的模型建立变得简单、直观、灵活，然后可对系统进行仿真与分析。

Simulink 包含输出方式（Sink）、输入源（Source）、连续环节（Continus）、非线性（Nonlinear）、离散系统（Discrete）、信号与系统（Signals&System）、数学运算（Math）和函数和查询表（Function&Tables）等模型库。随着该软件的发展，模型库也会不断得到丰富和发展，用户也可以定制和创建自己的模块。

界面如图 4.1.44 所示，在 MATLAB 主界面上点击 图标，得到 Simulink Library Browser 界面，然后点击 图标，即完成模型窗口的建立。然后将功能模块由模型库窗口复制（或拖拉）到模型窗口，对各模块进行连接，即可构成需要的系统模型。

建立好系统模型后如图 4.1.45 所示，Simulink 仿真运行可以使用菜单方式，点击 即可运行。

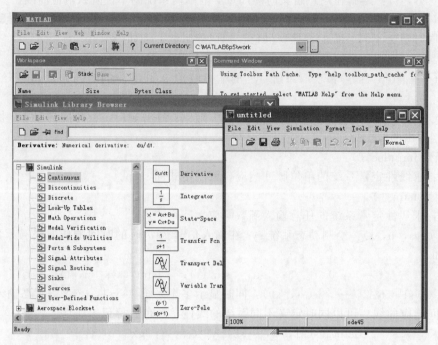

图 4.1.44 Simulink 仿真界面

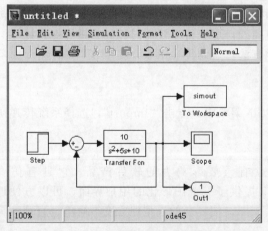

图 4.1.45 系统仿真模型的建立

输出结果可以采用 4 种方式。

① 将信号输出到显示模块。

在 Sink 库中，使用比较多的是示波器（Scope），双击 Scope 即可得到如图 4.1.46（a）所示的结果。

② 将输出数据写到返回变量。

在 Sink 库中，使用"out1"的模块，运行后将数据输出到命令窗口，并用 yout 变量保存，时间用 tout 变量保存，利用命令 plot（tout，yout）即可绘制曲线，如图 4.1.46（b）所示。

③ 使用 To Workspace 模块将输出写到工作空间。

双击 To Workspace 将 save format 修改为 Array，运行后数据输出到命令窗口，并用 simout 变量保存，时间用 tout 变量保存，利用命令 plot（tout，simout）可绘制曲线，如图 4.1.46（b）所示。

④ Simulink 中的 LTI Viewer。

首先在 Simulink 模型窗口建立仿真模型，点击 Simulink 模型窗口上的［Tool：Linear analysis］，在弹出的界面中将输入输出节点分别复制到仿真模型的输入和输出，如图 4.1.47 所示，再次点击 Simulink 模型窗口上的［Tool：Linear analysis］，打开 LTI Viewer 界面，点击该界面［Simulink：get Linearized Model］选项，即可绘制系统的单位阶跃响应，表明 Simulink 模型已和 LTI Viewer 相连接，可利用 LTI Viewer 对系统进行分析。

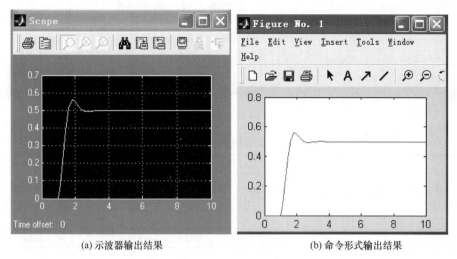

|（a）示波器输出结果|（b）命令形式输出结果|

图 4.1.46　输出结果

（4）用 MATLAB 求系统时间响应

在利用 MATLAB 进行系统仿真时，一般要经过以下几步：首先，建立系统模型；然后，利用 impulse 函数、step 函数或 lsim 函数或者 Simulink 等对系统的时间响应进行仿真计算。

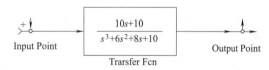

图 4.1.47　仿真模型

[例 4.1.16]　已知某二阶系统的传递函数为 $G(s) = \dfrac{\omega_n^2}{s^2 + 2\xi\omega_n s + \omega_n^2}$，其中 $\omega_n = 0.3$，求 ξ 分别为 0.2、0.6、1、1.4 时此系统的单位阶跃响应曲线。

解： 采用 MATLAB 绘制的响应曲线如图 4.1.48 所示。

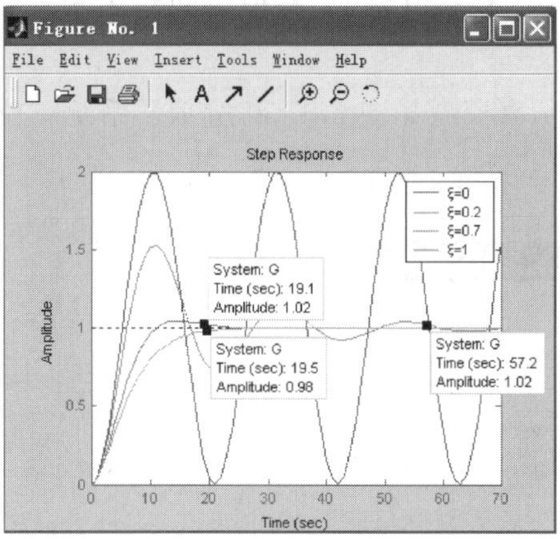

图 4.1.48　[例 4.1.16] 响应曲线

所用的 MATLAB 代码及注释如下：

```
for zeta= [0,0.2,0.7,1]              确定 ξ 的取值范围
    wn= 0.3;                         wn 为恒值
G= tf([wn^2],[1 2* wn* zeta wn^2]);  建立系统模型
```

```
        step(G,[0:70]);                    对系统进行阶跃响应仿真
        hold on;                           锁定输出
end
legend('ξ= 0','ξ= 0.2','ξ= 0.7','ξ= 1');   添加说明栏
grid off
```

由图 4.1.48 可知，对于不同阻尼比，该二阶系统的瞬态响应性能指标不同，如表 4.1.2 所示。

表 4.1.2　二阶系统的瞬态响应性能指标

ξ	上升时间/s	峰值时间/s	最大超调量/%	响应时间/s
0	—	—	—	—
0.2	6	11	52	57.6
0.7	11	13	4	19.1
1			无	19.5

[例 4.1.17] 求系统 $G(s) = \dfrac{10(s+1)}{s^3+6s^2+8s+10}$ 的阶跃响应曲线及时域指标。

解：① 利用命令绘制系统响应曲线

```
>> num= [10,10];
>> den= [1 6 8 10];
>> sys= tf(num,den)
```

显示结果为

```
Transfer function:
        10 s+ 10
-------------------------------
s^3+ 6 s^2+ 8 s+ 10
```

绘制的响应曲线见图 4.1.49。

由图 4.1.49 可知，系统的稳态值为 1，峰值时间约 1.66s，响应时间约 5.32s，超调量约为 66%。

② 利用 Simulink 建立仿真模型如图 4.1.50 所示，系统单位阶跃响应曲线如图 4.1.51 所示。

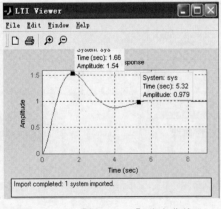

图 4.1.49 ［例 4.1.17］响应曲线 1

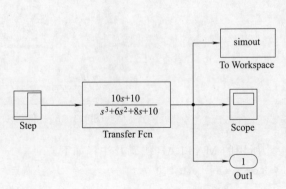

图 4.1.50 ［例 4.1.17］仿真模型

由图 4.1.51 可知，系统的稳态值为 1，上升时间约 0.5s，峰值时间约 1.5s，响应时间约 6.5s，超调量约为 50%。与图 4.1.49 相比有着明显的误差，主要原因是对此图只能进行数据估计。

[**例 4.1.18**]　单位反馈系统开环传递函数为 $G(s) = \dfrac{10(s+1)}{s^3+6s^2+8s+10}$，由阶跃响应曲线给出时域指标。

解：利用 Simulink 建立仿真模型如图 4.1.52 所示，系统单位阶跃响应曲线如图 4.1.53 所示。

由图 4.1.53 可知，系统的稳态值为 0.5，上升时间为 0.504s，峰值时间 0.963s，响应时间 2.1s，超调量为 46.3%。

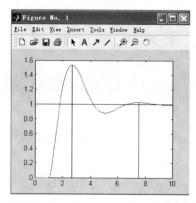

图 4.1.51　[例 4.1.17] 响应曲线 2

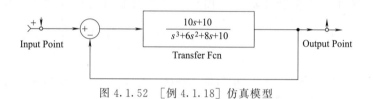

图 4.1.52　[例 4.1.18] 仿真模型

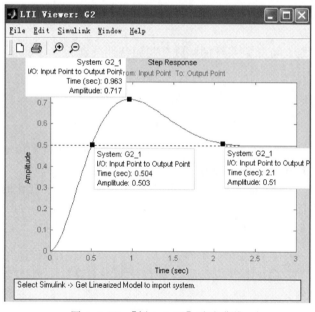

图 4.1.53　[例 4.1.18] 响应曲线

4.1.4　频域分析

4.1.4.1　频域分析概念

频域分析法是一种图解分析方法，其特点是可以根据系统的开环频率特性图形直观地分析闭环系统的性能，并能判别某些环节或参数对系统性能的影响，从而进一步指出改善系统性能的途径。因而，频域分析法已十分广泛地用于线性定常系统的分析与设计。

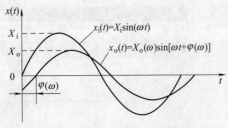

图 4.1.54 谐波信号输入时的响应曲线

对于稳定的线性定常系统，当输入谐波信号 $x_i(t) = X_i \sin(\omega t)$ 时，根据微分方程解的理论，系统的稳态输出 $x_o(t) = X_o(\omega) \sin[\omega t + \varphi(\omega)]$ 也是同一频率的谐波信号，但幅值和相位发生了变化，输出幅值 $X_o(\omega)$ 和输入信号幅值 X_i 成正比，且是输入谐波频率 ω 的非线性函数，输出相位与输入信号相位之差 $\varphi(\omega)$ 也是 ω 的非线性函数，与输入信号幅值 X_i 无关，如图 4.1.54 所示。

频率响应只是时间响应的一个特例。当谐波频率不同时，其输出的幅值与相位差也不同。因此频率响应是研究系统在频域中稳态响应的动态特性，而时域是研究系统瞬态响应的动态特性。

频率特性分为幅频特性 $A(\omega)$ 和相频特性 $\varphi(\omega)$。

幅频特性是线性系统在谐波输入作用下，其稳态输出与输入的幅值比，即 $A(\omega) = \dfrac{X_o(\omega)}{X_i}$。该特性研究的是系统在输入不同频率的谐波信号时，其幅值随输入频率变化的特性。

相频特性是稳态输出信号与输入信号的相位差 $\varphi(\omega)$。该特性研究的是系统在输入不同频率谐波信号时，其相位产生超前[$\varphi(\omega) > 0$]或者滞后[$\varphi(\omega) < 0$]的特性。相位超前为正，相位滞后为负。对物理系统来说相位一般都是滞后的，因此 $\varphi(\omega)$ 一般为负值。

频率特性也可记作 $A(\omega) \cdot \angle\varphi(\omega)$ 或 $A(\omega) \cdot e^{j\varphi(\omega)}$，即频率特性是 ω 的复变函数，其幅值为 $A(\omega)$，相位为 $\varphi(\omega)$。

根据频率特性的定义可知，系统的幅频和相频特性分别为

$$A(\omega) = \frac{X_o(\omega)}{X_i} = |G(j\omega)|$$

$$\varphi(\omega) = \angle G(j\omega) \tag{4.1.86}$$

$G(j\omega) = |G(j\omega)| e^{j\angle G(j\omega)}$ 即为系统的频率特性，频率特性的量纲就是传递函数量纲。

4.1.4.2 频率特性的极坐标图（Nyquist 图）

频率特性 $G(j\omega)$ 是输入频率 ω 的复变函数，当 ω 从 $0 \to +\infty$ 变化时，$G(j\omega)$ 作为一个矢量，其端点在复平面的轨迹就是频率特性的极坐标图，也称为 Nyquist 图。通过计算不同频率对应的频率特性 $G(j\omega)$ 的幅值和相位，即可画出 Nyquist 图。

（1）比例环节

比例环节的频率特性为

$$G(j\omega) = K \tag{4.1.87}$$

幅频特性为 $|G(j\omega)| = K$；相频特性为 $\angle G(j\omega) = 0°$。其 Nyquist 曲线如图 4.1.55 所示。

（2）积分环节

积分环节的频率特性为

$$G(j\omega) = \frac{1}{j\omega} \tag{4.1.88}$$

幅频特性为 $|G(j\omega)| = \dfrac{1}{\omega}$； 相频特性为 $\angle G(j\omega) = -90°$。其 Nyquist 曲线如图 4.1.56 所示。

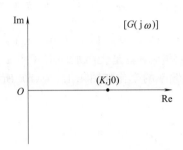

图 4.1.55　比例环节的 Nyquist 图

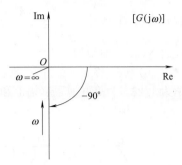

图 4.1.56　积分环节的 Nyquist 图

（3）微分环节

微分环节频率特性为

$$G(j\omega) = j\omega \tag{4.1.89}$$

幅频特性 $|G(j\omega)| = \omega$，相频特性 $\angle G(j\omega) = 90°$，如图 4.1.57 所示。

（4）惯性环节

惯性环节的频率特性为

$$G(j\omega) = \frac{K}{1+jT\omega} = \frac{K(1-jT\omega)}{1+T^2\omega^2} \tag{4.1.90}$$

幅频特性为 $|G(j\omega)| = \dfrac{K}{\sqrt{1+T^2\omega^2}}$，相频特性为 $\angle G(j\omega) = -\arctan(T\omega)$，其 Nyquist

曲线如图 4.1.58 所示。实际上惯性环节频率特性曲线为一下半圆。

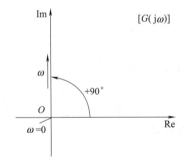

图 4.1.57　微分环节的 Nyquist 图

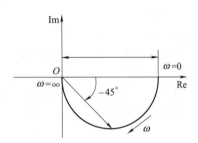

图 4.1.58　惯性环节的 Nyquist 图

（5）振荡环节

振荡环节的传递函数为

$$G(s) = \frac{\omega_n^2}{s^2 + 2\xi\omega_n s + \omega_n^2} \quad (0<\xi<1) \tag{4.1.91}$$

其频率特性为

$$G(j\omega) = \frac{\omega_n^2}{-\omega^2 + \omega_n^2 + j2\xi\omega_n\omega} \tag{4.1.92}$$

对 $G(j\omega)$ 的分子分母同时除以 ω_n^2，并令 $\lambda = \omega/\omega_n$，得

$$G(j\omega) = \frac{1}{(1-\lambda^2)+j2\xi\lambda} = \frac{1-\lambda^2}{(1-\lambda^2)^2+4\xi^2\lambda^2} - j\frac{2\xi\lambda}{(1-\lambda^2)^2+4\xi^2\lambda^2} \tag{4.1.93}$$

幅频特性 $|G(j\omega)| = \dfrac{1}{\sqrt{(1-\lambda^2)^2 + 4\xi^2\lambda^2}}$，相频特性 $\angle G(j\omega) = -\arctan\dfrac{2\xi\lambda}{1-\lambda^2}$，振荡环节的频率特性的 Nyquist 曲线如图 4.1.59（a）所示。由图 4.1.59（a）可知，振荡环节 Nyquist 曲线始于（1，j0）点，终于（0，j0）原点。曲线与虚轴的交点的频率就是无阻尼固有频率 ω_n，此时幅值为 $1/2\xi$。为更好地了解幅值和频率的关系，幅值随频率的变化如图 4.1.59（b）所示。

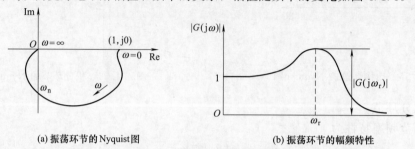

(a) 振荡环节的 Nyquist 图　　　　　　　(b) 振荡环节的幅频特性

图 4.1.59　振荡环节的频率特性

由图 4.1.59（b）可知，在阻尼比 ξ 较小时，在频率为 ω_r 处出现峰值，此峰值称为谐振峰值 M_r，对应的频率 ω_r（或频率比 $\lambda_r = \omega_r/\omega_n$）称为谐振频率。

当 $\lambda_r = \sqrt{1-2\xi^2}$ 时，$\omega_r = \omega_n\sqrt{1-2\xi^2}$，对应的最大峰值和相位分别为

$$M_r = |G(j\omega_r)| = \dfrac{1}{2\xi\sqrt{1-\xi^2}}, \quad \angle G(j\omega_r) = -\arctan\dfrac{\sqrt{1-2\xi^2}}{\xi} \tag{4.1.94}$$

当阻尼比 $\xi \geqslant 0.707$ 时，不存在最大峰值；阻尼比 ξ 越小，峰值越大；为避免峰值的出现，在设计系统时选取 $\xi = 0.707$ 作为最佳阻尼比。

4.1.4.3　频率特性的对数坐标图（Bode 图）

（1）比例环节

比例环节的频率特性　　　　　　　　　$G(j\omega) = K$

对数幅频特性　　　　　$L(\omega) = 20\lg|G(j\omega)| = 20\lg K$ $\hfill$ (4.1.95)

对数相频特性　　　　　$\varphi(\omega) = \angle G(j\omega) = 0°$ $\hfill$ (4.1.96)

由此可知，比例环节频率特性的幅值和相位均不随 ω 变化，故其对数幅频特性为一水平线，而对数相频特性恒为 $0°$，图 4.1.60 为 $K=10$ 时的 Bode 图。

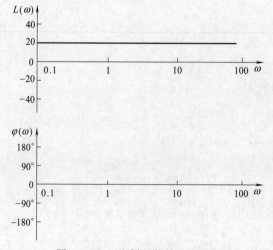

图 4.1.60　比例环节的 Bode 图

（2）积分环节

积分环节的频率特性
$$G(j\omega) = \frac{1}{j\omega}$$

对数幅频特性
$$L(\omega) = 20\lg|G(j\omega)| = 20\lg\frac{1}{\omega} = -20\lg\omega \tag{4.1.97}$$

对数相频特性
$$\varphi(\omega) = \angle G(j\omega) = -90° \tag{4.1.98}$$

可见，积分环节的对数幅频特性是一条必通过（1，0）点的直线，其斜率为 −20dB/dec（dec 表示十倍频程，即横坐标的频率由 ω 增加到 10ω），即频率每扩大 10 倍，对数幅频特性下降 20dB。对数相频特性恒为一条 −90°的水平线，如图 4.1.61 所示。

（3）微分环节

微分环节的频率特性
$$G(j\omega) = j\omega$$

对数幅频特性
$$L(\omega) = 20\lg|G(j\omega)| = 20\lg\omega \tag{4.1.99}$$

对数相频特性
$$\varphi(\omega) = \angle G(j\omega) = 90° \tag{4.1.100}$$

当 $\omega = 1$ 时
$$L(\omega) = 0dB, \varphi(\omega) = 90°$$

可见，微分环节的对数幅频特性是一条过（1，0）的直线，其斜率为 20dB/dec，即频率每扩大 10 倍，对数幅频特性上升 20dB。对数相频特性是恒为一条 +90°的水平线，如图 4.1.62 所示。

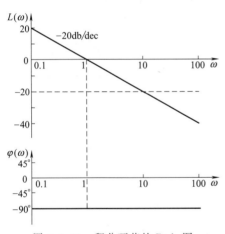

图 4.1.61　积分环节的 Bode 图

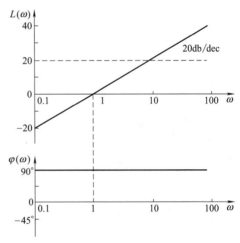

图 4.1.62　微分环节的 Bode 图

（4）惯性环节

惯性环节的频率特性
$$G(j\omega) = \frac{1}{1+jT\omega}$$

设转折频率 $\omega_T = \frac{1}{T}$，则 $G(j\omega) = \frac{\omega_T}{\omega_T + j\omega}$。

对数幅频特性
$$L(\omega) = 20\lg|G(j\omega)| = 20\lg\omega_T - 20\lg\sqrt{\omega_T^2 + \omega^2} \tag{4.1.101}$$

对数相频特性
$$\varphi(\omega) = \angle G(j\omega) = -\arctan\left(\frac{\omega}{\omega_T}\right) \tag{4.1.102}$$

当 $\omega = 0$ 时，$\varphi(\omega) = 0°$；当 $\omega = \omega_T$ 时，$\varphi(\omega) = -45°$；当 $\omega = \infty$ 时，$\varphi(\omega) = -90°$。

对数相频特性是一条反正切函数曲线，一阶惯性环节的 Bode 图如图 4.1.63 所示。在

$\omega=\omega_T$ 处误差最大，达到 -3dB。

（5）一阶微分环节

一阶微分环节的频率特性为 $G(\mathrm{j}\omega)=1+\mathrm{j}T\omega$，它与惯性环节的频率特性互为倒数。

设转折频率 $\omega_T=\dfrac{1}{T}$，则 $G(\mathrm{j}\omega)=\dfrac{\omega_T+\mathrm{j}\omega}{\omega_T}$。

对数幅频特性为
$$20\lg|G(\mathrm{j}\omega)|=20\lg\sqrt{\omega_T^2+\omega^2}-20\lg\omega_T \tag{4.1.103}$$
对数相频特性为
$$\angle G(\mathrm{j}\omega)=\arctan\omega/\omega_T \tag{4.1.104}$$

由此可见，它与惯性环节比较，频率特性仅相差一个符号。所以一阶微分环节的对数频率特性与惯性环节的对数频率特性关于 ω 轴对称，如图 4.1.64 所示。

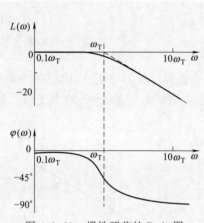

图 4.1.63　惯性环节的 Bode 图

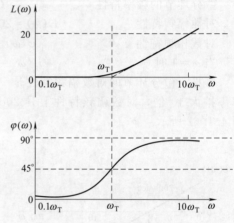

图 4.1.64　一阶微分环节 Bode 图

（6）振荡环节

振荡环节的传递函数为

$$G(s)=\frac{\omega_n^2}{s^2+2\xi\omega_n s+\omega_n^2} \quad (0<\xi<1)$$

其频率特性为

$$G(\mathrm{j}\omega)=\frac{\omega_n^2}{-\omega^2+\omega_n^2+\mathrm{j}2\xi\omega_n\omega}$$

对 $G(\mathrm{j}\omega)$ 表达式的分子分母同时除以 ω_n^2，并令 $\lambda=\omega/\omega_n$，得

$$G(\mathrm{j}\omega)=\frac{1}{(1-\lambda^2)+\mathrm{j}2\xi\lambda}=\frac{1-\lambda^2}{(1-\lambda^2)+4\xi^2\lambda^2}-j\frac{2\xi\lambda}{(1-\lambda^2)+4\xi^2\lambda^2}$$

幅频特性
$$|G(\mathrm{j}\omega)|=\frac{1}{\sqrt{(1-\lambda^2)^2+4\xi^2\lambda^2}}$$

对数幅频特性
$$L(\omega)=20\lg|G(\mathrm{j}\omega)|=-20\lg\sqrt{(1-\lambda^2)^2+4\xi^2\lambda^2} \tag{4.1.105}$$

对数相频特性
$$\angle G(\mathrm{j}\omega)=-\arctan\frac{2\xi\lambda}{1-\lambda^2} \tag{4.1.106}$$

低频渐进线与高频渐近线在 $\omega=\omega_n$ 处相交，采用渐近线代替实际曲线，因此存在着误差。

当 $\omega=0$ 时，$\varphi(\omega)=0°$；当 $\omega=\omega_n$ 时，$\varphi(\omega)=-90°$；当 $\omega=\infty$ 时，$\varphi(\omega)=-180°$。

不同 ξ，振荡环节对应的 Bode 图不同，如图 4.1.65 所示。在 $\omega = \omega_n$ 处误差最大，当 $\xi = 0.707$ 时，达到 -3dB。

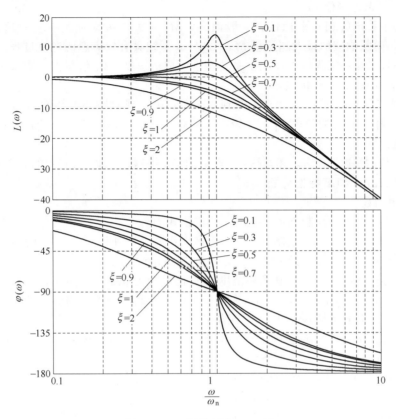

图 4.1.65 振荡环节 Bode 图

4.1.4.4 闭环频率特性频域性能指标

闭环频率特性的频域性能指标是根据闭环控制系统的性能要求制定的，用闭环频率特性曲线的特征值表示，如图 4.1.66 所示。

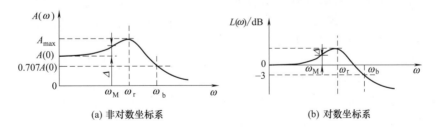

(a) 非对数坐系   (b) 对数坐标系

图 4.1.66 系统闭环幅频特性

（1）零频幅值 $A(0)$

零频幅值 $A(0)$ 表示当频率 ω 接近于零时，闭环系统输出的幅值与输入的幅值之比。

（2）复现频率 ω_m 与复现带宽 $0 \sim \omega_m$

若规定 Δ 为反映低频输入信号的允许误差，当幅频特性值 $A(\omega)$ 与 $A(0)$ 的差第一次达到 Δ 时的频率值 ω_m 称为复现频率。$0 \sim \omega_m$ 称为复现带宽。

（3）谐振频率 ω_r 及相对谐振峰值 M_r

当幅频特性 $A(\omega)$ 出现最大值 A_{max} 时的频率 ω_r 称为谐振频率。最大值 A_{max} 与零频值 $A(0)$ 之比称为谐振峰值 M_r。

M_r 反映了系统的相对平稳性。一般而言，M_r 越大，系统阶跃响应的超调量也越大，当 $M_r < 1.4$，阶跃响应的最大超调量 $M_p < 25\%$，系统具有较满意的过渡过程。

谐振频率 ω_r 在一定程度上反映了系统瞬态响应的速度。ω_r 值越大，则瞬态响应越快。

（4）截止频率 ω_b 和截止频宽 $0 \sim \omega_b$

当幅频特性 $A(\omega)$ 值由 $A(0)$ 下降到 $0.707A(0)$，或对数幅频特性 $A(\omega)$ 由对数零幅频值 $A(0)$ 下降 3dB 时的频率 ω_b，称为系统的截止频率。频率 $0 \sim \omega_b$ 的范围称为系统的截止频宽或频宽。

对系统响应的快速性而言，频宽越大，响应的快速性越好，即过渡过程的响应时间越小。

4.1.4.5 MATLAB 频率特性分析实现

（1）常用函数

① nyquist（）用于绘制 Nyquist 图，调用格式为

nyquist（num，den）　绘制分子、分母多项式系数分别为 num、den 的系统 Nyquist 图

nyquist（sys）　　　　绘制系统为 sys 的 Nyquist 图

nyquist（sys，w）　　　绘制频率范围 w 内的系统为 sys 的 Nyquist 图

nyquist（sys1，sys2，…，sysn）在同一坐标内绘制多个系统的 Nyquist 图

② bode（）用于绘制 Bode 图，调用格式为

bode（num，den）　　　绘制分子、分母多项式系数分别为 num、den 的系统 Bode 图

bode（sys）　　　　　　绘制系统为 sys 的 Bode 图

bode（sys，w）　　　　　绘制频率范围 w 内的系统为 sys 的 Bode 图

bode（sys1，sys2，…，sysn）在同一坐标内绘制多个系统的 Bode 图

（2）采用 LTI Viewer 绘制频率特性曲线

首先通过分子和分母多项式系数（或其他方法）得到传递函数，在 MATLAB 命令窗口输入

＞＞ltiview

回车后得到 LTI Viewer 的缺省界面，在 file 菜单中，点击"Import"，选择系统传递函数即可得到该传递函数的单位阶跃响应曲线（默认形式）。点击鼠标右键选择 Nyquist 图或 Bode 图（如图 4.1.67 所示），即可绘制相应的频率特性曲线。

（3）频率特性曲线绘制实例

[例 4.1.19]　已知系统的开环传递函数为 $G(s) = \dfrac{20(0.2s+1)}{s(5s+1)(s+4)}$，通过 MATLAB 绘制其 Nyquist 图。

解：MATLAB 代码为

```
num= conv([0 20],[0.2 1]);
den= conv([1 0],conv([5 1],[1  4]));
sys= tf(num,den)
```

回车后结果为

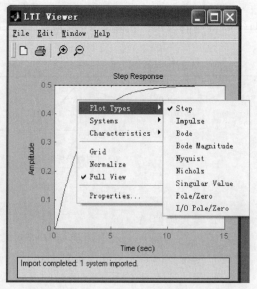

图 4.1.67　LTI Viewer 界面及绘图选择

```
Transfer function:
    4 s+ 20
-------------------------------
    5 s^3+ 21 s^2+ 4 s
nyquist(sys)
```

运行结果如图 4.1.68（a）所示，将图的坐标修改进行局部放大如图 4.1.68（b）所示，以便清楚地看到包围（-1，j0）点的情况，便于对曲线进一步分析。

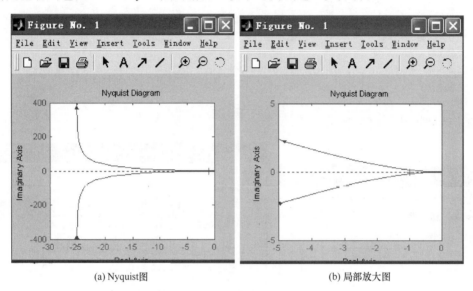

(a) Nyquist图　　　　　　　　　(b) 局部放大图

图 4.1.68　［例 4.1.19］Nyquist 图及局部放大图

采用 LTI Viewer 绘制 Nyquist 图，则在得到传递函数 sys 之后，输入

＞＞ltiview

回车后即得到 LTI Viewer 界面，选择相应的传递函数后，点击鼠标右键选择 Nyquist 图，即可得到 Nyquist 图，如图 4.1.69 所示。

［例 4.1.20］　已知单位反馈系统开环传递函数为 $G(s)H(s)=\dfrac{10(s+1)}{s(0.1s+1)(s+2)}$，绘制其 Bode 图。

解： MATLAB 代码为

```
num= conv([0 10],[1 1]);
den= conv([1 0],conv([0.1 1],[1 2]));
sys= tf(num,den)
```

回车后结果为

```
Transfer function:
           10 s+ 10
-----------------------------
    0.1 s^3+ 1.2 s^2+ 2 s
bode(sys)
grid
```

运行结果如图 4.1.70 所示。

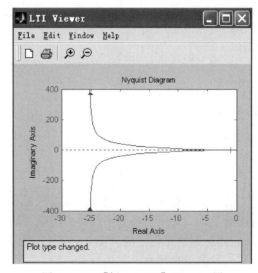

图 4.1.69　［例 4.1.19］Nyquist 图

采用 LTI Viewer 绘制 Bode 图，方法同 ［例 4.1.19］。

［**例 4.1.21**］　已知单位反馈系统的开环传递函数为 $G(s) = \dfrac{100(s+2)}{(0.1s+1)(s+40)}$，绘制系统开环和闭环传递函数的 Bode 图。

解： MATLAB 代码为

```
num= 100* [1 2];
den= conv([0.1 1],[1 40]);
sys= tf(num,den);
sysb= feedback(sys,1);
bode(sys)
hold on
bode(sysb)
grid
```

输出结果如图 4.1.71 所示。

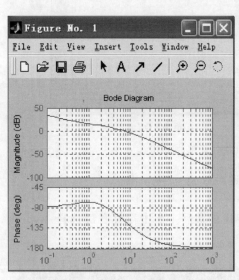

图 4.1.70　［例 4.1.20］Bode 图

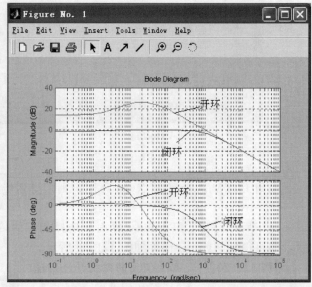

图 4.1.71　［例 4.1.21］Bode 图

采用 LTI Viewer 绘制 Bode 图，方法同 ［例 4.1.19］，注意在 Import 中选择系统时要同时选择 "sys" 和 "sysb"，即可在同一坐标中绘制开环和闭环 Bode 图。

4.1.5　稳定性与误差分析

稳定是自动控制系统能正常工作的必要条件，也是控制系统的一个重要性能。分析系统稳定性是古典控制理论的重要组成部分。

4.1.5.1　控制系统稳定条件

若系统在初始状态（无论是无输入时的初态，还是由输入引起的初态，还是两者之和）的影响下，由它所引起的系统的时间响应随着时间的推移逐渐衰减并趋于零（即回到平衡位置），则称系统是稳定的。反之，若在初始状态下，由它所引起的系统的时间响应随时间的推移而发散（即偏离平衡位置越来越远），则称该系统为不稳定的。

若对线性系统在初始状态为零时输入单位脉冲函数，则相当于干扰信号的作用。当单位脉冲响应随时间的推移趋于零时，系统则稳定，否则系统不稳定。

设线性系统的传递函数为

$$G(s) = \frac{N(s)}{D(s)} = \frac{b_m s^m + b_{m-1} s^{m-1} + \cdots + b_1 s + b_0}{a_n s^n + a_{n-1} s^{n-1} + \cdots + a_1 s + a_0}$$

系统单位脉冲响应为

$$w(t) = L^{-1}[G(s)] = L^{-1}\left[\frac{N(s)}{D(s)}\right] = \sum_{i=1}^{n} A_i e^{s_i t} \tag{4.1.107}$$

可见，当系统的全部特征根都具有负实部时，$\lim\limits_{t \to \infty} w(t) = 0$。

综上所述，系统稳定的充要条件：系统的全部特征根都具有负实部，即系统传递函数的全部极点均位于 $[s]$ 平面的左半平面，系统则稳定。反之，若特征根有一个或一个以上具有正实部，即系统传递函数的极点位于 $[s]$ 平面的右半平面，则系统不稳定。

判别系统的稳定性，可以直接计算出系统的所有特征根，但这样烦琐且复杂，一般很少采用。应用较多的方法是采用 Routh 稳定判据、Nyquist 稳定判据和 Bode 稳定判据等方法。

4.1.5.2　Nyquist 稳定判据

（1）开环传递函数 Nyquist 稳定判据条件

线性定常系统稳定的充要条件是其闭环系统的特征方程的全部根具有负实部，即 $G_B(s)$ 在 $[s]$ 平面的右半平面没有极点。根据幅角原理，通过开环传递函数 $G_K(s)$ 的 Nyquist 曲线，判断闭环传递函数稳定的 Nyquist 稳定判据为：当 ω 由 $-\infty$ 到 $+\infty$ 时，若 $G_K(s)$ 平面上的开环频率特性 $G_K(j\omega)$ 逆时针方向包围 $(-1, j0)$ 点 P 圈，则闭环系统稳定。P 为 $G_K(j\omega)$ 在 $[s]$ 平面的右半平面的极点数。

对于开环稳定的控制系统，有 $P = 0$，则闭环系统稳定的充要条件是：系统的开环频率特性 $G_K(j\omega)$ 不包含 $(-1, j0)$ 点。

由此可知，当系统开环传递函数已知，即在 $[s]$ 右半平面的极点数 P 已知，同时绘制开环系统的 Nyquist 曲线，包围 $(-1, j0)$ 点的圈数 N 也已知时，即可确定 Z 是否等于 0，如果 $Z = 0$，则闭环系统稳定，反之闭环系统不稳定。

如果闭环系统稳定，即 $Z = 0$，则要求 $N = -P$。

结论：

① Nyquist 判据并不是在 $[s]$ 平面而是在 $[G_K(j\omega)]$ 平面判别系统的稳定性。根据 $G_K(j\omega)$ 曲线包围 $(-1, j0)$ 点的情况来判别闭环系统的稳定性。

② 在 $P = 0$，即 $G_K(s)$ 在 $[s]$ 平面的右半平面无极点时，习惯称为开环系统稳定。否则开环系统不稳定。开环系统不稳定，闭环系统仍可能稳定；开环系统稳定，闭环系统也可能不稳定。

（2）Nyquist 稳定判据应用方法

① 开环传递函数不含积分环节。

当 $-\omega$ 变为 $+\omega$ 时，$G_K(-j\omega)$ 与 $G_K(j\omega)$ 的幅值相同，而相位异号，因此开环系统频率特性 $G_K(j\omega)$ 的 Nyquist 曲线是实轴对称的，只要画出 ω 从 $0 \to +\infty$ 的 Nyquist 曲线，按照对称原则即可得到 ω 从 $-\infty \to 0$ 的 Nyquist 曲线，如图 4.1.72 所示，Nyquist 曲线包围 $(-1, j0)$ 点的圈数 N 即可得到，已知 N 和

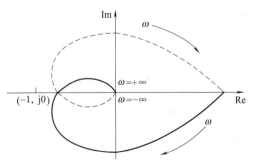

图 4.1.72　全频率范围内的 Nyquist 曲线

P，即可求得 Z。

通常情况下，只画出 ω 从 $0 \to +\infty$ 的 Nyquist 曲线，即可判别系统稳定性。

正半部分 Nyquist 曲线稳定判据：

当 ω 从 $0 \to +\infty$ 变化时，若 $[G_K(j\omega)]$ 平面上开环频率特性 $G_K(j\omega)$ 逆时针方向包围 $(-1, j0)$ 点的圈数 $N = P/2$ 时，则闭环系统稳定，否则闭环系统不稳定。

包围 $(-1, j0)$ 点的圈数 N 的确定方法：

在 Nyquist 曲线上以 $(-1, j0)$ 点为原点做 Nyquist 曲线的向量，从 $\omega = 0$ 出发到 $\omega = +\infty$ 为止，计算转过的角度，按照顺时针为正、逆时针为负的原则即可确定 N 方向，顺时针转过 $360°$ 时 $N = 1$，逆时针转过 $360°$ 时 $N = -1$，如图 4.1.73 所示。

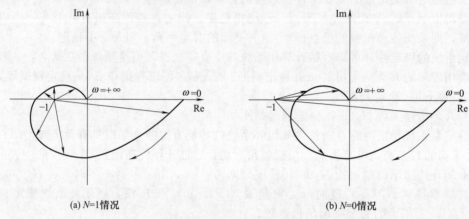

(a) $N=1$ 情况　　　　　　　　　(b) $N=0$ 情况

图 4.1.73　N 的确定方法

由图 4.1.73 可知，$N = 0$，开环传递函数中如 $P = 0$，则 $Z = 0$，可以判断该闭环系统稳定。

② 开环传递函数含有积分环节。

当开环传递函数中含有积分环节时，即 $s = 0$ 时，$[s]$ 平面封闭曲线 L_s 包含了这个奇点，不满足幅角定理，因此 L_s 曲线以 $s = 0$ 为圆心，以无穷小 ε 为半径的圆弧按逆时针方向绕过该点，如图 4.1.74 所示。由于 ε 无穷小绕过原点，因此其他在 $[s]$ 右平面的极点、零点仍在 L_s 曲线包围之内。

当开环传递函数含 1 个积分环节，s 沿无穷小半径逆时针移动时，有

$$s = \varepsilon e^{j\theta}$$

映射到 $[G_K(j\omega)]$ 平面上的 Nyquist 曲线为

$$G_K(\varepsilon e^{j\theta}) \approx \frac{K}{\varepsilon e^{j\theta}} \approx \frac{K}{\varepsilon} e^{-j\theta} \tag{4.1.108}$$

当 θ 从 $-\dfrac{\pi}{2} \to 0 \to \dfrac{\pi}{2}$ 变化时，幅值则 $|G_K(\varepsilon e^{j\theta})| \to \infty$，相位 $\angle G_K(\varepsilon e^{j\theta})$ 从 $\dfrac{\pi}{2} \to 0 \to -\dfrac{\pi}{2}$ 之间变化。即当 $\omega = 0^-$ 变化到 $\omega = 0^+$ 时，Nyquist 曲线从 $\omega = 0^-$ 起点顺时针转过 π 角到 $\omega = 0^+$ 终点，形成封闭的 Nyquist 曲线，如图 4.1.75 所示，由此可判别闭环系统的稳定性。

当开环传递函数含有 υ 个积分环节时，当 $\omega = 0^-$ 变化到 $\omega = 0^+$ 时，Nyquist 曲线从 $\omega = 0^-$ 起点顺时针转过 $\upsilon\pi$ 角到 $\omega = 0^+$ 终点。

由图 4.1.75 可以看出，当只采用正半部分判别系统稳定性时，只需以 $\omega = 0^+$ 为起点逆时针转过 $\pi/2$，刚好与实轴相交。由此可知，当开环传递函数含有 υ 个积分环节时，只需从

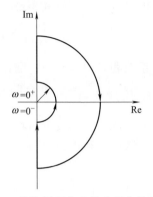

图 4.1.74 [s] 平面含有积分环节的封闭曲线

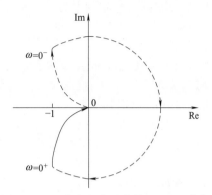

图 4.1.75 含有积分环节的 Nyquist 曲线

$\omega=0^+$ 为起点逆时针转过 $\upsilon\pi/2$ 角与实轴相交，如图 4.1.76 所示。

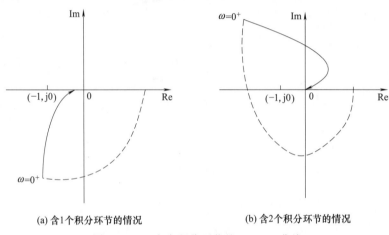

(a) 含1个积分环节的情况   (b) 含2个积分环节的情况

图 4.1.76 含有积分环节的 Nyquist 曲线

由图 4.1.76（a）可知，$N=0$，若开环传递函数中 $P=0$，则 $Z=0$，则该闭环系统稳定。

由图 4.1.76（b）可知，$N=-1$，若开环传递函数中 $P=0$，则 $Z=-1$，可以判断该闭环系统不稳定。若开环传递函数中 $P=1$，则 $Z=0$，可以判断该闭环系统稳定，此时开环系统不稳定，而闭环系统稳定，在设计系统时应避免这种情况。

③ 比较复杂的开环频率特性 Nyquist 曲线。

对于比较复杂的开环频率特性 Nyquist 曲线如图 4.1.77 所示，确定包围（-1，j0）点的圈数 N 有时不是很方便，采用穿越的概念比较方便。

所谓"穿越"是指在频率为正的频率范围内，开环 Nyquist 曲线穿越（-1，j0）点左边的负实轴情况，即幅值大于 1 的曲线部分穿越负实轴情况。若曲线由上到下穿越负实轴则称为"正"，若曲线由下到上穿越负实轴则称为"负"，穿过负实轴一次，则穿越次数为 1。若曲线始于或终止于（-1，j0）点，则穿越次数为 1/2。

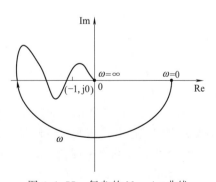

图 4.1.77 复杂的 Nyquist 曲线

因此，Nyquist 稳定判据为：当 ω 从 $0 \to +\infty$ 变化时，若 $[G_K(j\omega)]$ 平面上的开环频率特性 $G_K(j\omega)$ 曲线在负实轴上的正穿越和负穿越的次数之差等于 $P/2$ 时，则闭环系统稳定，否则闭环系统不稳定。

如图 4.1.77 所示，正穿越 1 次，负穿越 2 次，若开环系统稳定（$P=0$），则该闭环系统不稳定。

4.1.5.3　Bode 稳定判据

Nyquis 稳定判据是根据系统的开环频率特性的 Nyquist 图判定闭环系统的稳定性，同一个系统的 Nyquist 图与 Bode 图有着对应关系，因此，也应该可以利用系统开环频率特性的 Bode 图来判定闭环系统的稳定性，这种方法称为 Bode 稳定判据，Nyquist 图和 Bode 图的对应关系如图 4.1.78 所示。

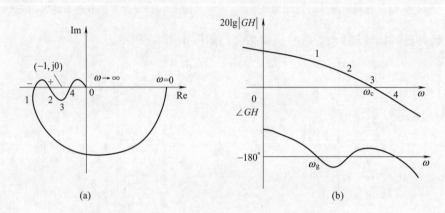

图 4.1.78　Nyquist 图与 Bode 图的对应关系

Nyquist 图和 Bode 图的对应关系如下：

① Nyquist 图上的单位圆对应于 Bode 图上的 0 分贝线；

② Nyquist 图上的负实轴相当于 Bode 图上的 $-180°$ 线；

③ Nyquist 曲线与单位圆交点的频率，对应于对数幅频特性曲线与横轴交点的频率，即输入与输出幅值相等的频率，称为剪切频率或幅值穿越频率、幅值交界频率，记作 ω_c；

④ Nyquist 曲线与负实轴交点的频率，对应于对数相频特性曲线与 $-180°$ 线交点的频率，称为相位穿越频率或相位交界频率，记作 ω_g。

根据 Nyquist 稳定判据可知，闭环系统 Bode 稳定判据的充要条件：在 Bode 图上，当 ω 由 0 变到 $+\infty$ 时，在开环对数幅频特性为正值的频率范围内，开环对数相频特性对 $-180°$ 线正穿越与负穿越次数之差为 $P/2$ 时，闭环系统稳定；否则不稳定。其中 P 为开环传递函数 $G(s)H(s)$ 在 $[s]$ 平面的右半平面的极点数。

在开环稳定，即 $P=0$ 时，若开环对数幅频特性比其对数相频特性先交于横轴，即 $\omega_c < \omega_g$，则闭环系统稳定；否则，即 $\omega_c > \omega_g$，则闭环系统不稳定。

4.1.5.4　相对稳定性

从 Nyquist 稳定判据可知，开环传递函数 Nyquist 曲线离临界点（-1, j0）越远，闭环系统稳定性就越好，否则稳定性就越差。这种描述系统稳定的程度就是系统的相对稳定性，由相位裕度 γ 和幅值裕度 K_g 表示稳定性的大小，称为稳定裕度。

在 Bode 图上也可以表示稳定裕度大小，而且 Bode 图更直观，裕度计算也更方便。Nyquist 图与 Bode 图的稳定裕度表示如图 4.1.79 所示。

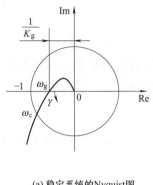

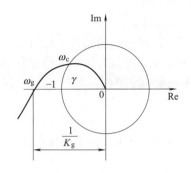

(a) 稳定系统的 Nyquist 图　　　　　　　　　　　(b) 不稳定系统的 Nyquist 图

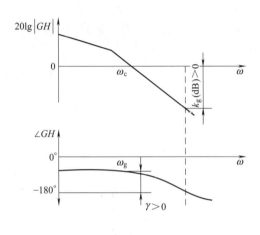

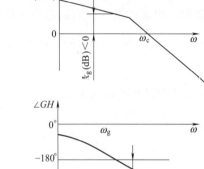

(c) 稳定系统的 Bode 图　　　　　　　　　　　　(d) 不稳定系统的 Bode 图

图 4.1.79　稳定和不稳定系统的相位裕度和幅值裕度

（1）相位裕度 γ

在 ω 为剪切频率 ω_c（$\omega_c > 0$）时，开环相频特性 $\angle GH$ 距 $-180°$ 线的相位差值 γ 称为相位裕度，其表达式为

$$\gamma = 180° + \varphi(\omega_c) \tag{4.1.109}$$

式中，$\varphi(\omega_c)$ 一般为负值。

对于稳定系统，γ 在 Bode 图相频特性中的 $-180°$ 线以上为正相位裕度，$\gamma > 0$；对于不稳定系统，γ 在 Bode 图相频特性中的 $-180°$ 线以下为负相位裕度，$\gamma < 0$。

（2）幅值裕度 K_g

在 ω 为相位交界频率 ω_g（$\omega_g > 0$）时，开环幅频特性 $|G(j\omega)H(j\omega)|$ 的倒数，称为系统的幅值裕度，其表达式为

$$K_g = \frac{1}{|G(j\omega)H(j\omega)|} \tag{4.1.110}$$

幅值裕度以分贝表示为

$$K_g(\text{dB}) = 20\lg K_g = 20\lg \frac{1}{|G(j\omega)H(j\omega)|} = -20\lg|G(j\omega)H(j\omega)| \tag{4.1.111}$$

对于稳定系统，$K_g(\text{dB})$ 在 Bode 图幅频特性中的 0 分贝线以下为正幅值裕度，$K_g(\text{dB}) > 0$；对于不稳定系统，$K_g(\text{dB})$ 在 Bode 图幅频特性中的 0 分贝线以上为负幅值裕度，

$K_g(\text{dB}) < 0$。

综上所述可知：

① 对于闭环稳定的系统，应有 $\gamma > 0$，$K_g > 1$ 或者 $K_g(\text{dB}) > 0\text{dB}$。

② 为了使系统具有满意的稳定性储备量，得到满意的性能指标，在工程中一般希望稳定裕度在一定的范围内。

$$\gamma = 30° \sim 60°$$

$$K_g(\text{dB}) > 6\text{dB} \text{ 或 } K_g > 2$$

必须指出，对于开环不稳定的系统，不能用相位裕度和幅值裕度来判别其闭环系统的稳定性。

4.1.5.5 MATLAB 系统稳定性分析

（1）系统稳定性指令

在 MATLAB 中，可利用函数 roots（p）求得闭环系统特征根（极点），其中 p 为特征方程的系数，根据极点的性质判定系统稳定性。

[例 4.1.22] 系统的开环传递函数 $G(s) = \dfrac{600}{0.0005s^3 + 0.3s^2 + 15s + 200}$，判定其闭环系统的稳定性。

解： MATLAB 代码如下

```
>> num= 600;
>> den= [0.0005 0.3 15 200];
>> Gk= tf(num,den);
Gb= feedback(Gk,1)
```

输出结果为

```
Gb=

              600
    ----------------------------------
    0.0005 s^3+ 0.3 s^2+ 15 s+ 800
```

```
>> p= [0.0005 0.3 15 800];
>> roots(p)
```

输出结果为

```
ans=
    1.0e+ 02 *
    - 5.5081+ 0.0000i
    - 0.2460+ 0.4796i
    - 0.2460- 0.4796i
```

由输出结果可知，3 个特征值都具有负实部，或全部特征值都位于 [s] 平面的左半平面，因此闭环系统是稳定的。

（2）采用 Nyquist 曲线判别系统稳定性

在 MATLAB 中，可利用 nyquist（sys）函数来计算并绘制系统的 Nyquist 曲线，参数 sys 为控制系统开环传递函数。

[例 4.1.23] 已知某单位反馈系统开环传递函数为 $G(s) = \dfrac{600}{0.0005s^3 + 0.3s^2 + 15s + 200}$，试用 Nyquist 稳定判据判断闭环系统的稳定性，并用阶跃响应曲线验证。

解： MATLAB 代码如下

```
> > num= 600;
> > den= [0.0005 0.3 15 200];
> > Gk= tf(num,den);
> > nyquist(Gk)
```

程序运行结果如图 4.1.80 所示，由图 4.1.80 可知系统的 Nyquist 曲线不包围（−1，j0）点，因此 $N=0$，由传递函数知 $P=0$，即 $Z=N+P=0$，闭环系统稳定，与［例 4.1.22］结果一致。

采用阶跃响应曲线验证 Nyquist 判据结论：

```
> > syms s Gk sys;  定义符号变量
> > Gk= 600/(0.0005* s^3+ 0.3* s^2+ 15* s+ 200);
> > sys= factor(Gk/(1+ Gk))  因式分解
```

运行结果：

```
sys= 1200000/(s^3+ 600* s^2+ 30000* s+ 1600000)
> > num = 1200000;
> > den = [1 600 30000 1600000];
> > sys= tf(num,den);
> > step(sys)
```

运行结果如图 4.1.81 所示，由图可知响应最后趋于稳定，验证了 Nyquist 稳定性判定的正确性。

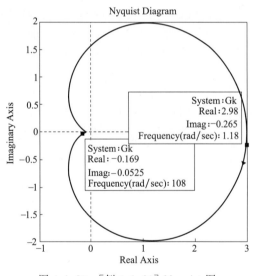

图 4.1.80　［例 4.1.23］Nyquist 图

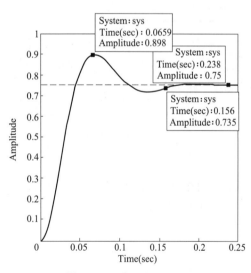

图 4.1.81　［例 4.1.23］系统闭环阶跃响应曲线

（3）采用 Bode 曲线判别系统稳定性

在 MATLAB 中，可利用 bode（sys）函数绘制系统的 Nyquist 曲线，参数 sys 为控制系统开环传递函数。也可以用 margin（）函数绘制系统 Bode 图，此函数还可以从频率响应数据中计算出幅值裕度、相位裕度及其对应的穿越频率。格式为 ［Gm，Pm，Wg，Wc］= margin(sys)，输出结果为幅值裕度 Gm、幅值穿越频率 Wc、相位裕度 Pm、相位穿越频率 Wg。

［**例 4.1.24**］ 已知单位反馈系统的开环传递函数为 $G(s)H(s)=\dfrac{32}{s(s+2)(s+4)}$，试判

断闭环系统的稳定性，并计算相位裕度 γ 和幅值裕度 K_g(dB)。

解： MATLAB 代码如下

```
>> num= 32;
>> den= conv([1 0],conv([1 2],[1 4]));
>> Gk= tf(num,den);
>> margin(Gk)
>> [Gm,Pm,Wg,Wc]= margin(Gk)
```

程序运行结果为

```
Gm=     1.5000
Pm=     11.4304
Wg=     2.8284
Wc=     2.2862
```

运行曲线结果如图 4.1.82 所示。

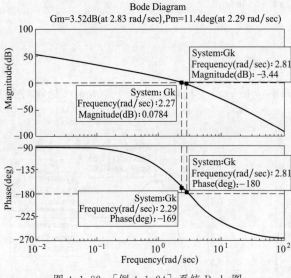

图 4.1.82 ［例 4.1.24］系统 Bode 图

由图 4.1.82 可知，系统的相位裕度为 $\gamma = 11.4°$，相位穿越频率为 2.81rad/s，幅值裕度为 K_g(dB) = 3.44dB，幅值穿越频率为 2.27rad/s，故闭环系统稳定。

由函数 ［Gm，Pm，Wg，Wc］= margin(sys) 计算值可知，幅值裕度 K_g(dB) = 20lg1.5 = 3.52dB，幅值穿越频率为 2.286rad/s，相位裕度为 γ = 11.43°，相位穿越频率为 2.83rad/s，对比计算值和图中得到值可知，两者有一定的误差。

［**例 4.1.25**］ 已知单位反馈控制系统的开环传递函数为 $G(s)H(s) = \dfrac{80(s+5)}{s(s+1)(s+40)}$，求出系统的相位裕度 γ、幅值裕度 K_g(dB) 和系统的频宽。

解： MATLAB 代码如下

```
>> num= 80* [1 5];
>> den= conv([1 0],conv([1 1],[1 40]));
>> Gk= tf(num,den);
>> Gb= feedback(Gk,1);
>> bode(Gk)
>> [Gm,Pm,Wg,Wc]= margin(Gk)
```

程序运行结果为

```
Gm=     Inf
Pm=     45.746
Wg=     Inf
Wc=     3.400
```

运行曲线结果如图 4.1.83 所示。

由图 4.1.83 可以看出系统的幅值裕度 K_g(dB) = ∞，相位裕度 γ = 46°，幅值穿越频率为 3.41rad/s，相位穿越频率为 ∞。由函数 $[Gm，Pm，Wg，Wc]=margin(sys)$ 计算值可知，幅值穿越频率为 3.4rad/s，幅值裕度 $K_g(dB)=\infty$，相位穿越频率为 ∞，相位裕度为 $\gamma=45.7°$。该闭环系统稳定。

Bode 运行曲线结果如图 4.1.84 所示，系统的频宽为 5.05rad/s。

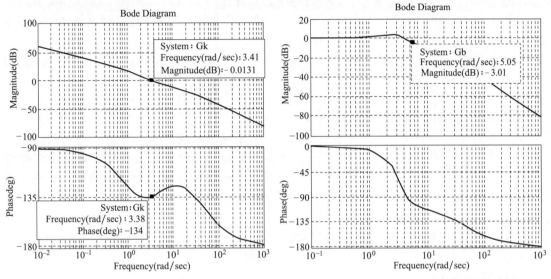

图 4.1.83　[例 4.1.25] 系统开环 Bode 图　　　　图 4.1.84　[例 4.1.25] 系统闭环 Bode 图

4.1.5.6　系统的误差分析

对于稳定的系统来说，当系统没有随机干扰作用，元件也处于理想的线性的情况下，系统实际输出量和希望的输出量之间存在着误差，这个误差大小代表了系统的稳态性能，即稳态精度。系统的稳态性能不仅取决于系统的结构与参数，还与输入的类型有关。

（1）误差 $e(t)$ 与偏差 $\varepsilon(t)$

系统误差是以系统输出端为基准，是控制系统所希望的输出与实际输出之差，若设 $x_{or}(t)$ 是控制系统理想的输出，$x_o(t)$ 为系统实际输出，则误差为

$$e(t)=x_{or}(t)-x_o(t) \tag{4.1.112}$$

拉普拉斯变换后得

$$E_1(s)=X_{or}(s)-X_o(s) \tag{4.1.113}$$

系统的偏差是以系统的输入端为基准，是给定输入与反馈量之差，偏差为

$$\varepsilon(t)=x_i(t)-b(t) \tag{4.1.114}$$

拉普拉斯变换后得

$$E(s)=X_i(s)-B(s)=X_i(s)-H(s)X_o(s) \tag{4.1.115}$$

式中，$H(s)$ 为反馈回路的传递函数。

一个闭环控制系统能够对输出 $x_o(t)$ 起自动控制作用，偏差 $E(s)$ 起到了决定性控制作用。

当 $X_{or}(s)\neq X_o(s)$，$E(s)\neq0$，$E(s)$ 对输出 $x_o(t)$ 起控制作用；

当 $X_{or}(s)=X_o(s)$，$E(s)=0$，$E(s)$ 对输出 $x_o(t)$ 不起控制作用。

由 $X_{or}(s)=X_o(s)$，$E(s)=0$ 可得

$$E(s)=X_i(s)-B(s)=0$$
$$X_i(s)-H(s)X_o(s)=0$$

$$X_i(s) - H(s)X_{or}(s) = 0$$

因此 $X_i(s) = H(s)X_{or}(s)$ (4.1.116)

或 $X_{or}(s) = X_i(s)/H(s)$ (4.1.117)

所以 $E(s) = H(s)E_1(s)$ (4.1.118)

或 $E_1(s) = E(s)/H(s)$ (4.1.119)

由式（4.1.119）可知，求出偏差 $E(s)$ 后即可求出误差，对单位反馈系统来说，偏差与误差相同，偏差和误差的关系如图 4.1.85 所示。

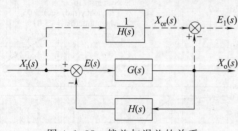

图 4.1.85　偏差与误差的关系

对于图 4.1.85，偏差对给定输入的传递函数为

$$G_E(s) = \frac{E(s)}{X_i(s)} = \frac{1}{1 + G(s)H(s)}$$

(4.1.120)

对于控制系统来说，只要得到偏差传递函数，根据偏差和误差的关系就可以求出误差传递函数，进而可计算出稳态误差值，得到控制系统的控制精度。

（2）稳态误差的计算

系统的稳态误差是指系统进入稳态后的误差，稳态误差定义为

$$e_{ss} = \lim_{t \to \infty} e(t)$$

根据终值定理可求得稳态误差，其计算公式为

$$e_{ss} = \lim_{t \to \infty} e(t) = \lim_{s \to 0} sE_1(s)$$

(4.1.121)

对于单位反馈系统，误差和偏差相同，对于比例反馈控制，误差和偏差只差一个比例系数，因此一般情况下可以先计算偏差，然后再计算误差，稳态偏差计算公式为

$$\varepsilon_{ss} = \lim_{t \to \infty} \varepsilon(t) = \lim_{s \to 0} sE(s)$$

(4.1.122)

对于图 4.1.85，根据偏差传递函数可得偏差为

$$E(s) = \frac{1}{1 + G(s)H(s)} X_i(s)$$

(4.1.123)

由此可得稳态偏差为

$$\varepsilon_{ss} = \lim_{t \to \infty} \varepsilon(t) = \lim_{s \to 0} sE(s) = \lim_{s \to 0} s \frac{1}{1 + G(s)H(s)} X_i(s)$$

(4.1.124)

由式（4.1.124）可知，系统的稳态偏差不仅与开环传递函数 $G(s)H(s)$ 的结构有关，还与输入信号的类型有关。对不同的输入信号，稳态偏差不一样。

[例 4.1.26] 某反馈控制系统如图 4.1.86 所示，当 $x_i(t) = 1(t)$ 时，求稳态误差。

解： 由于该系统是单位反馈，稳态误差和稳态偏差一样，因此误差传递函数与偏差传递函数一样。误差传递函数为

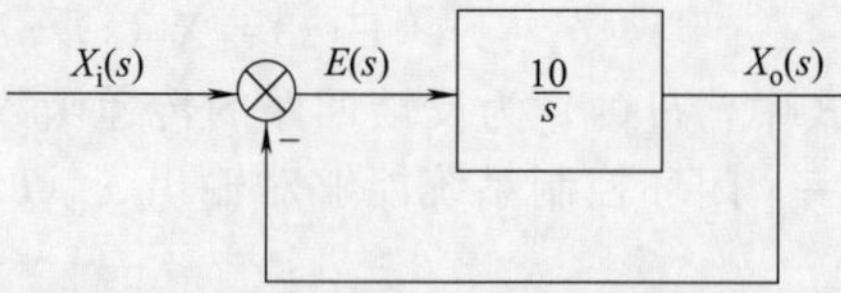

$$E_1 = E(s) = \frac{1}{1 + G(s)} = \frac{1}{1 + \dfrac{10}{s}} = \frac{s}{s + 10}$$

图 4.1.86　系统框图

稳态误差为

$$e_{ss} = \lim_{s \to 0} s \frac{s}{s + 10} X_i(s)$$

因为 $X_i(s) = \dfrac{1}{s}$，故

$$e_{ss} = \lim_{s \to 0} s \, \frac{s}{s+10} \times \frac{1}{s} = 0$$

该系统在单位阶跃信号的作用下，其稳态误差为 0，说明控制系统在一定时间范围内可以达到希望的控制精度。

（3）不同输入信号作用下的稳态偏差

设系统的开环传递函数 $G_K(s)$ 为

$$G_K(s) = G(s)H(s) = \frac{K \prod\limits_{i=1}^{m}(T_i s + 1)}{s^v \prod\limits_{j=1}^{n}(T_j s + 1)} \tag{4.1.125}$$

式中　K——开环增益；

　T_i，T_j——时间常数；

　　v——积分环节的个数，表征了系统的结构特征。

记

$$G_o(s) = \frac{\prod\limits_{i=1}^{m}(T_i s + 1)}{\prod\limits_{j=1}^{n}(T_j s + 1)} \tag{4.1.126}$$

显然

$$\lim_{s \to 0} G_0(s) = 1$$

系统的开环传递函数表示为

$$G_K(s) = G(s)H(s) = \frac{K G_o(s)}{s^v} \tag{4.1.127}$$

在实际应用中，$v = 0$、1、2 时分别称为 0 型、Ⅰ型和Ⅱ型系统。v 愈高，稳态精度越高，但稳定性越差，因此一般不超过Ⅲ型。

① 输入为单位阶跃信号。

当输入为单位阶跃信号时，系统的稳态偏差为

$$\varepsilon_{ss} = \lim_{t \to \infty} \varepsilon(t) = \lim_{s \to 0} s E(s) = \lim_{s \to 0} s \, \frac{X_i(s)}{1 + G(s)H(s)} = \lim_{s \to 0} \frac{1}{1 + G(s)H(s)} = \frac{1}{1 + K_p}$$

式中，K_p 为位置无偏系数。

$$K_p = \lim_{s \to 0} G(s)H(s) = \lim_{s \to 0} \frac{K G_0(s)}{s^v} = \lim_{s \to 0} \frac{K}{s^v}$$

对于 0 型系统，$K_p = K$，$\varepsilon_{ss} = \dfrac{1}{1+K}$，为有差系统，$K$ 越大，ε_{ss} 越小；对于Ⅰ型、Ⅱ型系统，$K_p = \infty$，$\varepsilon_{ss} = 0$，稳态偏差为 0，为位置无差系统。

由此可见，单位阶跃信号对无积分环节的系统是有误差的，为了减少误差可适当增大开环增益 K，但过大的开环增益 K 会影响稳定性；而对有积分环节的系统则是无误差的。

② 输入为单位斜坡信号。

当输入为单位斜坡信号时，系统的稳态偏差为

$$\varepsilon_{ss}=\lim_{t\to\infty}\varepsilon(t)=\lim_{s\to0}sE(s)=\lim_{s\to0}s\frac{X_i(s)}{1+G(s)H(s)}=\lim_{s\to0}\frac{1}{sG(s)H(s)}=\frac{1}{K_v}$$

式中，K_v 为速度无偏系数。

$$K_v=\lim_{s\to0}sG(s)H(s)=\lim_{s\to0}\frac{sKG_0(s)}{s^v}=\lim_{s\to0}\frac{K}{s^{v-1}}$$

对于 0 型系统，$K_v=0$，$\varepsilon_{ss}=\infty$，稳态误差为 ∞；对于 Ⅰ 型系统，$K_v=K$，$\varepsilon_{ss}=\frac{1}{K}$，为有差系统，$K$ 越大，ε_{ss} 越小；对于 Ⅱ 型系统，$K_v=\infty$，$\varepsilon_{ss}=0$，稳态偏差为 0，为速度无差系统。

由此可见，单位斜坡信号对无积分环节的系统稳态误差为 ∞，0 型系统不能跟随斜坡输入信号；对含 1 个积分环节的系统存在稳态偏差，适当增大开环增益 K 可减少误差，但过大的开环增益 K 会影响稳定性；而对含有高于 2 个积分环节的系统则是无误差的。

③ 输入为加速度信号。

当输入为单位加速度信号时，$x_i(t)=\frac{1}{2}t^2$，$X_i(s)=\frac{1}{s^3}$，系统的稳态偏差为

$$\varepsilon_{ss}=\lim_{t\to\infty}\varepsilon(t)=\lim_{s\to0}sE(s)=\lim_{s\to0}s\frac{X_i(s)}{1+G(s)H(s)}=\lim_{s\to0}s\frac{1/s^3}{1+G(s)H(s)}=\lim_{s\to0}\frac{1}{s^2G(s)H(s)}=\frac{1}{K_a}$$

式中，K_a 为加速度无偏系数。

$$K_a=\lim_{s\to0}s^2G(s)H(s)=\lim_{s\to0}\frac{s^2KG_o(s)}{s^v}=\lim_{s\to0}\frac{K}{s^{v-2}}$$

对于 0 型、Ⅰ 型系统，$K_a=0$，$\varepsilon_{ss}=\infty$，稳态误差为 ∞；对于 Ⅱ 型系统，$K_a=K$，$\varepsilon_{ss}=\frac{1}{K}$，为有差系统，$K$ 越大，ε_{ss} 越小。

由此可见，加速度信号对含 1 个积分环节以下的系统稳态误差为 ∞，因此 0 型、Ⅰ 型系统不能跟随加速度输入信号；对含 2 个积分环节的系统存在偏差，适当增大开环增益 K 可减少误差，但过大的开环增益 K 会影响稳定性。

综上所述，在不同输入信号时，不同类型系统的稳态偏差如表 4.1.3 所示。

表 4.1.3　在不同输入信号时不同类型系统的稳态偏差

系统类型	输入信号		
	单位阶跃信号	单位斜坡信号	单位加速度信号
0 型	$\frac{1}{1+K}$	∞	∞
Ⅰ 型	0	$\frac{1}{K}$	∞
Ⅱ 型	0	0	$\frac{1}{K}$

根据上面的讨论，可归纳为如下几点结论。

① 无偏系数的物理意义。

稳定偏差与输入信号的形式有关，在随动系统中一般称阶跃信号为位置信号，斜坡信号为速度信号，抛物线信号为加速度信号，无偏系数越大，精度越高；当无偏系数为零时，稳态偏差为无穷大，精度低，表示不能跟随输出；当无偏系数为无穷大时，稳态偏差为零，精度高。

② 积分环节的作用。

当适当地增加系统型别时，系统的准确性将提高，但是开环传递函数超过Ⅲ型时，系统的稳定性将变差，因此Ⅲ型或更高型的系统实际上极少采用。增大 K 也可以有效地提高系统的准确性，同时也会使系统的稳定性变差。因此，稳定与准确是有矛盾的，需要统筹兼顾。

③ 满足叠加原理。

据线性系统叠加原理，当输入信号是典型信号的线性组合时，即 $x_i(t)=a_0+a_1t+a_2t^2/2$，输出量的稳态误差是它们分别作用时稳态误差之和，即 $\varepsilon_{ss}=\dfrac{a_0}{1+K_p}+\dfrac{a_1}{K_v}+\dfrac{a_2}{K_a}$

④ 稳态误差和稳态偏差。

对于单位反馈系统，稳态偏差等于稳态误差。对于非单位反馈系统，可将稳态偏差换算为稳态误差，然后进行稳态误差的计算，但是不能将系统化为单位反馈系统，再计算偏差得到误差。

（4）干扰作用下的稳态误差计算

在实际情况下，控制系统在工作中不可避免地会受到各种干扰的影响，从而产生误差，系统在干扰作用下的稳态误差反映了系统的抗干扰能力。

输入信号 $X_i(s)$ 与干扰信号 $N(s)$ 同时作用于系统，如图 4.1.87 所示。

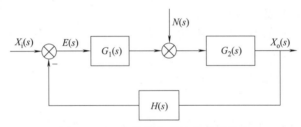

图 4.1.87　有干扰作用下的闭环系统

系统输出 $X_o(s)$ 是 $X_i(s)$ 引起的输出与干扰 $N(s)$ 引起的输出的叠加，其输出为

$$X_o(s)=\frac{G_1(s)G_2(s)}{1+G_1(s)G_2(s)H(s)}X_i(s)+\frac{G_2(s)}{1+G_1(s)G_2(s)H(s)}N(s)$$
$$=G_{xi}(s)X_i(s)+G_N(s)N(s)$$

式中，$G_{xi}(s)$ 为输入与输出之间的传递函数，表达式为 $G_{xi}(s)=\dfrac{G_1(s)G_2(s)}{1+G_1(s)G_2(s)H(s)}$；$G_N(s)$ 为干扰与输出之间的传递函数，表达式为 $G_N(s)=\dfrac{G_2(s)}{1+G_1(s)G_2(s)H(s)}$。

系统的误差为

$$E_1(s)=X_{or}(s)-X_o(s)=\frac{X_i(s)}{H(s)}-G_{xi}(s)X_i(s)-G_N(s)N(s)$$
$$=\left[\frac{1}{H(s)}-G_{xi}(s)\right]X_i(s)+\left[-G_N(s)\right]N(s)$$
$$=\Phi_{xi}(s)X_i(s)+\Phi_N(s)N(s)$$

式中，Φ_{xi} 为无干扰 $n(t)$ 时误差 $e(t)$ 对于输入信号 $x_i(t)$ 的误差传递函数，表达式为 $\Phi_{xi}=\dfrac{1}{H(s)}-G_{xi}(s)$；$\Phi_N$ 为无输入 $x_i(t)$ 时误差 $e(t)$ 对于干扰信号 $n(t)$ 的误差传递函

数，表达式为 $\Phi_N(s)=-G_N(s)$。

系统在干扰作用下的稳态误差反映了系统的抗干扰能力，此时不考虑给定输入作用，即 $X_i(s)=0$，只有干扰信号 $N(s)$ 的作用时，系统的偏差为

$$E(s)=X_i(s)-B(s)=-B(s)=-H(s)X_o(s)$$

$$E(s)=-H(s)X_o(s)=-\frac{H(s)G_2(s)}{1+G_1(s)G_2(s)H(s)}N(s)$$

干扰作用下误差为

$$E_1(s)=\frac{-G_2(s)}{1+G_1(s)G_2(s)H(s)}N(s)$$

干扰引起的稳态误差为

$$e_{ss}=\lim_{s\to0}sE(s)=\lim_{s\to0}\left[sN(s)\frac{-G_2(s)H(s)}{1+G_1(s)G_2(s)H(s)}\right]$$

设

$$G_1(s)=\frac{K_1G_{10}(s)}{s^{v_1}}, \quad G_2(s)=\frac{K_2G_{20}(s)}{s^{v_2}}$$

当 $s\to0$ 时，$G_{10}(s)$ 和 $G_{20}(s)$ 均趋向于 1。

当干扰信号为阶跃信号 $N(s)=1/s$ 时，分析系统结构对误差的影响。

① $G_1(s)$ 及 $G_2(s)$ 都不含积分环节。

当 $G_1(s)$ 及 $G_2(s)$ 都不含积分环节时，即 $v_1=v_2=0$，稳态误差为

$$e_{ss}=\lim_{s\to0}\left[s\times\frac{1}{s}\times\frac{-K_2G_{20}(s)}{1+K_1K_2G_{10}(s)G_{20}(s)}\right]=\frac{-1}{K_1+\frac{1}{K_2}}$$

由此可见，增大 K_1，则稳态误差减小，而增大 K_2，则稳态误差更大。但是当 K_1 比较大时，K_2 对稳态误差的影响不显著，即 $e_{ss}=-\frac{1}{K_1}$。

② $G_1(s)$ 含一个积分环节，$G_2(s)$ 不含积分环节。

当 $G_1(s)$ 含一个积分环节，$G_2(s)$ 不含积分环节时，即 $v_1=1$ $v_2=0$，稳态误差为

$$e_{ss}=\lim_{s\to0}\left[s\times\frac{1}{s}\times\frac{-K_2G_{20}(s)}{1+K_1K_2\frac{1}{s}G_{10}(s)G_{20}(s)}\right]=\frac{-K_2}{\infty}=0$$

由此可见，此种情况下稳态误差为 0。

③ $G_1(s)$ 无积分环节，$G_2(s)$ 含一个积分环节

当 $G_1(s)$ 无积分环节，$G_2(s)$ 含一个积分环节时，即 $v_1=0$，$v_2=1$，稳态误差为

$$e_{ss}=\lim_{s\to0}\left[s\times\frac{1}{s}\times\frac{-K_2G_{20}(s)}{1+K_1K_2G_{10}(s)G_{20}(s)/s}\right]=-\frac{1}{K_1}$$

由此可见，增大 K_1，则稳态误差减小。

综上所述，为了提高系统的准确度，增加系统的抗干扰能力，必须增大干扰作用之前的回路的放大倍数 K_1，以及增加这一段回路中的积分环节的数目。而增加干扰作用点之后到输出量之间这一段回路的放大系数 K_2 或增加这一段回路中积分环节的数目，对减小干扰引起的误差是没有好处的。

4.2　控制系统 PID 控制

　　PID 控制在经典控制理论中技术成熟，自 20 世纪 30 年代末出现模拟 PID 调节器以来，至今仍在非常广泛地应用。随着计算机技术的迅猛发展，用计算机代替模拟 PID 调节器，实现数字 PID 控制，使其控制作用更加灵活、易于改进和完善。

　　PID 控制是指按偏差的比例（proportional）、积分（integral）和微分（derivative）进行控制的一种方式，属于有源校正环节。PID 调节器已经形成了典型结构，其参数整定方便，结构改变灵活（P、PI、PD、PID 等），在许多工业过程控制中获得了良好的应用效果。对于有些数学模型不易精确求得，参数变化较大的被控对象，采用 PID 调节器也往往能得到满意的控制效果。

4.2.1　PID 控制规律

　　所谓 PID 控制规律，就是一种对偏差 $\varepsilon(t)$ 进行比例、积分和微分变换的控制规律，即

$$m(t)=K_P\left[\varepsilon(t)+\frac{1}{T_I}\int_0^t\varepsilon(t)\mathrm{d}\tau+T_D\frac{\mathrm{d}\varepsilon(t)}{\mathrm{d}t}\right]$$

　　式中，$\varepsilon(t)$ 为比例控制项，K_P 为比例系数；$\dfrac{1}{T_I}\int_0^t\varepsilon(t)\mathrm{d}\tau$ 为积分控制项，T_I 为积分时间常数；$T_D\dfrac{\mathrm{d}\varepsilon(t)}{\mathrm{d}t}$ 为微分控制项，T_D 为微分时间常数。

　　比例控制项与微分、积分控制项的不同组合可分别构成 P（比例）、PD（比例微分）、PI（比例积分）和 PID（比例积分微分）等调节器，其中常单独使用的是 PD、PI 和 PID 三种，PID 调节器通常用作串联校正环节。

4.2.1.1　P 调节器

　　（1）P 调节器的控制规律及频率特性

　　P 调节器的控制系统框图如图 4.2.1 所示。

　　P 调节器控制规律为

$$m(t)=K_P\varepsilon(t)$$

　　P 调节器传递函数为

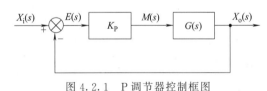

$$G_c(s)=\frac{M(s)}{E(s)}=K_P$$

图 4.2.1　P 调节器控制框图

　　P 调节器频率特性为

$$G_c(\mathrm{j}\omega)=K_P$$

　　如图 4.2.2 所示为 P 调节器 $K_P=10$ 时的 Bode 图，由图 4.2.2 可知，比例控制只改变系统的幅值而不影响系统的相位。

　　如图 4.2.1 所示的单位反馈控制系统，$G(s)$ 开环增益为 1 时，对于 $G(s)$ 为 0 型系统的单位阶跃输入响应输出的稳态误差 $\varepsilon_{ss}=\dfrac{1}{1+K_p}$；对于 $G(s)$ 为 Ⅰ 型系统的单位恒速输入响应输出的稳态误差 $\varepsilon_{ss}=\dfrac{1}{K_P}$；对于 $G(s)$ 为 Ⅱ 型系统的单位恒加速输入响应输出的稳态误

差 $\varepsilon_{ss}=\dfrac{1}{K_P}$。因此，比例控制系数 K_P 的大小对系统的稳态精度有着直接的控制作用，K_P 越大稳态误差越小。比例控制对系统的影响主要反映在系统稳态误差和稳定性上，增大比例系数可提高系统的开环增益，减少系统的稳态误差，但同时会破坏系统的相对稳定性，甚至会导致系统不稳定，因此在系统校正和设计中，比例控制一般不单独使用。

（2）P 调节器的校正环节

如图 4.2.3 所示的有源电路，其传递函数为

$$G_c(s)=\frac{U_o(s)}{U_i(s)}=-\frac{R_2}{R_1}=K_P$$

可见，图 4.2.3 所示电路为 P 调节器。

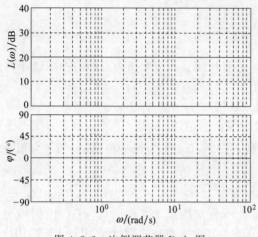

图 4.2.2　比例调节器 Bode 图

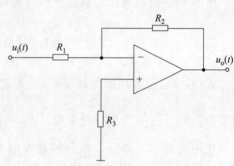

图 4.2.3　比例调节器电路

（3）P 调节器的作用

图 4.2.1 所示的单位反馈控制系统，设被控对象的开环传递函数为

$$G(s)=\frac{10}{(s+1)(s+2)(s+5)}$$

对系统采用比例控制，比例系数分别为 $K_P=1、2、5、10$，系统的开环 Bode 图及单位阶跃响应曲线如图 4.2.4 所示。

由图 4.2.4 可知，随着 K_P 的增大，系统的幅频特性曲线上移，相位不变，幅值穿越频率 ω_c 增大，相位裕度减少，相对稳定性变差；K_P 增大，输出稳态值增大，稳态误差会减小。但是当 K_P 过大时，随着幅频特性曲线的上移，幅值穿越频率 ω_c 的增加，系统相位裕度不断减少，会导致闭环系统不稳定，$K_P=1$ 时，超调量最小，响应时间最短，但稳态误差最大。

4.2.1.2　PD 调节器

（1）PD 调节器的控制规律及频率特性

PD 调节器的控制系统框图如图 4.2.5 所示。

PD 调节器控制规律为

$$m(t)=K_P\left[\varepsilon(t)+T_D\frac{d\varepsilon(t)}{dt}\right]$$

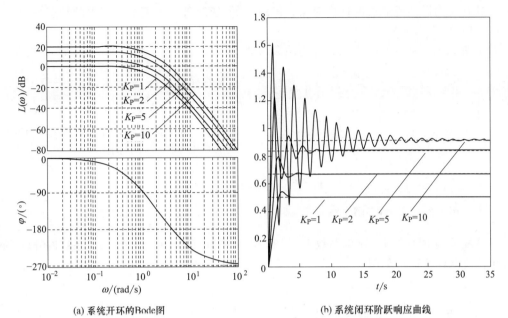

(a) 系统开环的 Bode 图   (b) 系统闭环阶跃响应曲线

图 4.2.4   不同 K_P 作用下系统开环的 Bode 图及闭环阶跃响应曲线

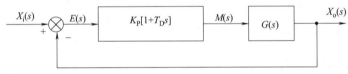

图 4.2.5   PD 调节器控制框图

PD 调节器传递函数为

$$G_c(s)=\frac{M(s)}{E(s)}=K_P[1+T_Ds]$$

当 $K_P=1$ 时，PD 调节器频率特性为

$$G_c(j\omega)=1+jT_D\omega$$

如图 4.2.6 所示为 PD 调节器的 Bode
图，由图 4.2.6 可知，PD 校正使得系统相
位超前。

自动控制系统在克服稳态误差过程中，
可能会出现振荡甚至不稳定，主要是由于
系统存在较大惯性的组件，其具有抑制误
差的作用，使实际输出总是落后于误差的
变化。其解决办法是在系统中增加超前环
节，使得具有惯性环节的相位滞后作用被
抵消，即在误差变化为零时，抑制误差的
作用也为零。因此 PD 控制器能预测误差
变化的趋势，减小抑制误差的作用，提前
系统的相位，增加系统相位裕度和截止频
率，从而提高系统稳定性和响应速度。特

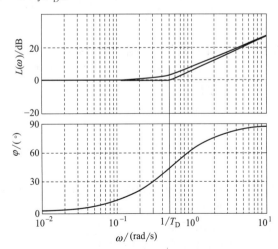

图 4.2.6   PD 调节器的 Bode 图

别对于具有较大惯性或滞后的被控对象，PD 控制器能改善系统调节过程中的动态特性。

（2）PD 调节器的校正环节

对于图 4.2.7 所示的电路，其传递函数为

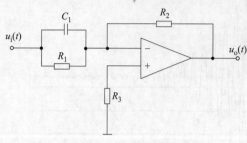

图 4.2.7 PD 调节器电路

$$G_c(s) = \frac{U_o(s)}{U_i(s)} = K_P(T_D s + 1)$$

式中，$T_D = R_1 C_1$，$K_P = -R_2/R_1$。

可见，图 4.2.7 所示的电路为 PD 调节器。

（3）PD 调节器的作用

图 4.2.5 所示的控制系统，设被控对象的开环传递函数为

$$G(s) = \frac{10}{(s+1)(s+2)(s+5)}$$

对系统采用 PD 控制，比例系数 $K_P = 1$，微分系数 $T_D = 0$、1、2、5，系统的开环 Bode 图及单位阶跃响应曲线如图 4.2.8 所示。

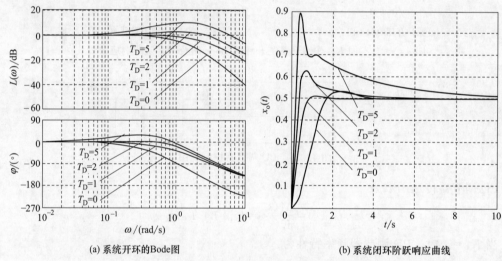

(a) 系统开环的Bode图   (b) 系统闭环阶跃响应曲线

图 4.2.8 不同 T_D 作用下系统开环的 Bode 图及闭环阶跃响应曲线

由图 4.2.8 可看出，随着 T_D 的增加，系统的微分作用加强，系统的相位裕量增加，系统幅值穿越频率增大，稳定性增强，响应速度加快，系统的瞬态性能得到提升。同时，PD 控制对系统的稳态性能没有改变，但是如果 T_D 值过大，就容易增大超调量，使响应速度下降，且具有存在放大高频噪声的缺点，$T_D = 1$ 时超调量最小，响应时间最短。

PD 调节器的控制作用包括：

① 对于欠阻尼系统，可增加系统的阻尼，减少系统的超调量；

② 减少系统的上升时间和响应时间；

③ 增加系统的频带宽度，增加系统的响应速度；

④ 增加系统的幅值裕度、相位裕度及谐振峰值；

⑤ 加强高频噪声。

4.2.1.3 PI 调节器

（1）PI 调节器的控制规律及频率特性

PI 调节器的控制系统框图如图 4.2.9 所示。

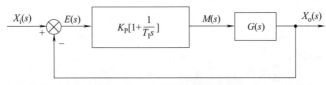

图 4.2.9　PI 调节器控制框图

PI 调节器控制规律可表示为

$$m(t)=K_{\mathrm{P}}\left[\varepsilon(t)+\frac{1}{T_{\mathrm{I}}}\int_0^t\varepsilon(\tau)\mathrm{d}\tau\right]$$

PI 调节器传递函数为

$$G_{\mathrm{c}}(s)=\frac{M(s)}{E(s)}=K_{\mathrm{P}}\left[1+\frac{1}{T_{\mathrm{I}}s}\right]$$

当 $K_{\mathrm{P}}=1$ 时，PI 调节器频率特性为

$$G_{\mathrm{c}}(\mathrm{j}\omega)=\frac{1+\mathrm{j}T_{\mathrm{I}}\omega}{\mathrm{j}T_{\mathrm{I}}\omega}$$

如图 4.2.10 所示为 PI 调节器的 Bode 图，由图 4.2.10 可知，PI 校正使得系统相位滞后。

PI 调节器可以消除系统的稳态误差，因为只要存在偏差，积分作用就不会停止，直到积分值为零，消除稳态误差才停止。由于积分环节会造成系统相位滞后，使得系统的相位裕度、幅值裕度有所减小，系统的稳定性变差，因此只有在稳定裕量足够大时，才能采用该调节器。

（2）PI 调节器的校正环节

对于图 4.2.11 所示的电路，其传递函数为

$$G_{\mathrm{c}}(s)=\frac{U_{\mathrm{o}}(s)}{U_{\mathrm{i}}(s)}=K_{\mathrm{P}}\left(1+\frac{1}{T_{\mathrm{I}}s}\right)$$

式中，$T_{\mathrm{I}}=R_2C_2$，$K_{\mathrm{P}}=-R_2/R_1$。

可见，图 4.2.11 所示电路是 PI 调节器。

（3）PI 调节器的作用

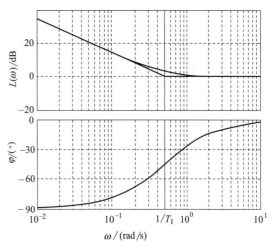

图 4.2.10　PI 调节器的 Bode 图

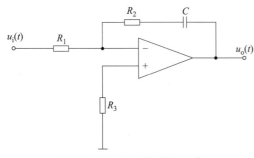

图 4.2.11　PI 调节器的电路

控制系统如图 4.2.9 所示，传递函数为

$$G(s)=\frac{10}{(s+1)(s+2)(s+5)}$$

对系统采用 PI 控制，比例系数 $K_{\mathrm{P}}=1$，积分系数 $T_{\mathrm{I}}=1$、2、5、∞。系统的开环 Bode 图及单位阶跃响应曲线如图 4.2.12 所示。

由图 4.2.12 可知，系统未加入 PI 调节器（$T_{\mathrm{I}}=\infty$），在 0.01rad/s 频率时，幅值为

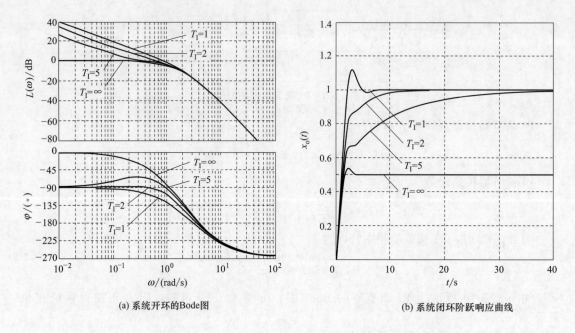

(a) 系统开环的Bode图　　　　　　　　(b) 系统闭环阶跃响应曲线

图 4.2.12　不同 T_I 作用下系统开环的 Bode 图及闭环阶跃响应曲线

0dB，在加入 PI 调节器后，幅值增大，开环增益增大，系统的稳态误差减小。不同的积分时间常数 T_I，消除误差的效果不同。随着 T_I 的减小，系统的积分作用增强，系统响应时间减小，误差消除加快；同时系统相位滞后增大，系统的稳定裕度变小，系统的稳定性变差，在稳态误差为 0 的情况下，$T_I = 1$ 时，超调量最小，响应时间最短。

PI 调节器的控制作用包括：

① 增加系统阻尼，减少超前量；

② 增加系统的上升时间；

③ 减小系统的频带宽度，减小响应速度；

④ 改善系统的幅值裕度、相位裕度及谐振峰值；

⑤ 过滤高频噪声。

4.2.1.4　PID 调节器

（1）PID 调节器的控制规律及频率特性

PID 调节器的控制系统框图如图 4.2.13 所示。

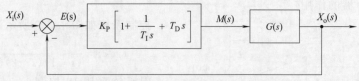

图 4.2.13　PID 调节器的控制系统框图

PID 控制器传递函数为

$$G_c(s) = \frac{M(s)}{E(s)} = K_P \left[1 + \frac{1}{T_I s} + T_D s \right]$$

当 $K_P = 1$ 时，PID 控制器频率特性为

$$G_c(j\omega) = 1 + \frac{1}{jT_I\omega} + jT_D\omega$$

当 $T_I > T_D$ 时，PID 调节器的 Bode 图如图 4.2.14 所示。从图中可以看出，PID 调节器在低频段起积分作用，改善系统的稳态性能；在中频段起微分作用，改善系统的动态性能。

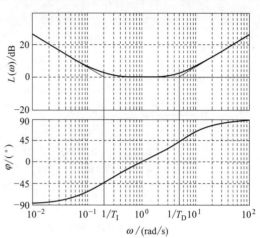

PID 控制器是由 P（比例）、I（积分）、D（微分）三个控制项组成，因此，该控制器同时具有 P 调节器、PI 调节器和 PD 调节器的控制作用。

① 比例系数 K_P 直接决定控制作用的强弱，加大 K_P 可以减小系统的稳态误差，提高系统的动态响应速度，但 K_P 过大会使动态品质变差，甚至导致闭环系统不稳定。

② 在比例调节基础上增加微分控制，其作用与偏差变化的速度有关。微分控制能够预测偏差，产生超前校正作用，有助于减小超调克服振荡，使系统快速趋于稳定，减少调整时间，改善系统快速性的动态性能。微分控制作用输入信号的同时，对干扰信号起到了同样作用，放大了干扰信号的影响。

图 4.2.14　PID 调节器 Bode 图

③ 在比例调节基础上增加积分控制可以消除系统的稳态误差，只要有偏差存在，积分作用就不会停止，直到稳态误差为零，控制作用才停止，因此将使系统的动态过程变慢，过强的积分作用也会使系统的超调量和振荡次数增加，系统的稳定性变坏。

由图 4.2.13 可知，当系统引入 PID 调节器后，系统开环部分增加了一个积分环节，即校正后系统的型次增加一次，可显著地改善系统的稳态性能。由于 PID 调节器能产生较大的相位超前，因而能使系统相位裕量有较大的增加，系统的超调量减小，瞬态响应加快。

（2）PID 调节器的校正环节

对于如图 4.2.15 所示的电路，其传递函数为

$$G_c(s) = \frac{U_o(s)}{U_i(s)} = K_P\left(1 + \frac{1}{T_I s} + T_D s\right)$$

式中，$T_I = R_1 C_1 + R_2 C_2$，$T_D = \dfrac{R_1 C_1 R_2 C_2}{R_1 C_1 + R_2 C_2}$，$K_P = -\dfrac{R_1 C_1 + R_2 C_2}{R_1 C_2}$。

可见，图 4.2.15 所示电路是 PID 调节器。

（3）PID 调节器的作用

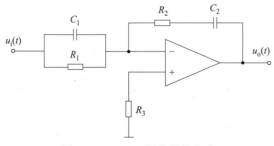

图 4.2.15　PID 调节器的电路

控制系统框图如图 4.2.13 所示，传递函数为

$$G(s) = \frac{10}{(s+1)(s+2)(s+5)}$$

对系统采用 PID 控制，$K_P = 1$，$T_I = 1$，$T_D = 1$，分别采用 PD、PI 及 PID 调节器对系统进行调节，系统的单位阶跃响应曲线如图 4.2.16 所示。

从图 4.2.16 中可看出，校正前系统

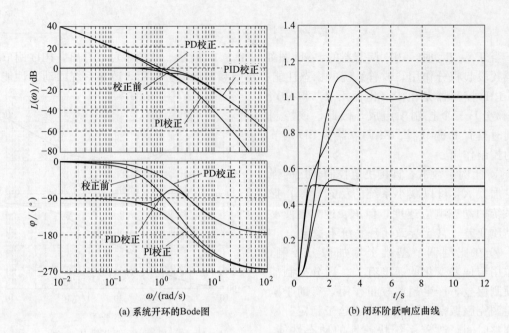

(a) 系统开环的Bode图   (b) 闭环阶跃响应曲线

图 4.2.16 不同控制下系统的单位阶跃响应曲线

存在稳态误差，稳态性能较差，动态特性较好。不同的调节作用其效果不同，各种调节方式作用如下：

① 对于 PD 调节，系统过渡时间减小，动态性能提高，而稳态性能没有改变；

② 对于 PI 调节，系统的稳态误差为零，稳态性能提高，而系统响应时间增大，系统瞬态性能变差；

③ 对于 PID 调节，系统的动态及稳态特性良好，与其他调节器相比具有较好的控制效果。

不同的 PID 参数，3 种 PID 控制方式效果也不一样，因此 PID 参数调整是十分重要的。

4.2.2 控制参数确定方法

4.2.2.1 二阶系统最优模型法

使用二阶系统最优模型（典型 I 型系统）可以确定 PID 控制器的参数，典型的二阶系统的开环 Bode 图如图 4.2.17 所示。

单位反馈系统开环传递函数为

$$G(s) = \frac{K}{s(Ts+1)}$$

闭环传递函数为

$$G_B(s) = \frac{K}{Ts^2+s+K} = \frac{\omega_n^2}{s^2+2\xi\omega_n s+\omega_n^2}$$

式中，$\omega_n = \sqrt{\dfrac{K}{T}}$，为无阻尼固有频率；

$\xi = \dfrac{1}{2\sqrt{KT}}$，为阻尼比。

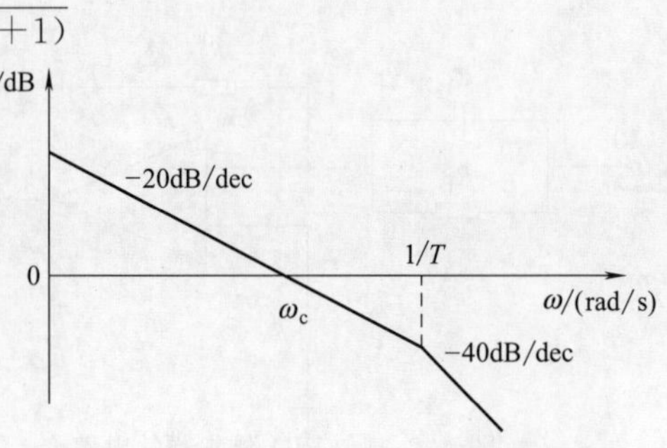

由 图 4.2.17 可知，低频段斜率为

图 4.2.17 二阶系统最优模型开环 Bode 图

$-20\mathrm{dB/dec}$，当 $\omega=1$ 时，$L(\omega)|_{\omega=1}=20(\lg\omega_c-\lg1)=20\lg\omega_c$，且 $L(\omega)|_{\omega=1}=20\lg K$，则有 $K=\omega_c$。

当 $\omega_c<1/T$ 时，则有 $KT<1$。

表 4.2.1 为二阶系统最优模型性能指标与参数的关系。

表 4.2.1 二阶系统性能指标与参数的关系

参数 KT	0.25	0.39	0.5	0.69	1
阻尼比	1	0.8	0.707	0.6	0.5
超调量	0	1.5%	4.3%	9.5%	16.3%
调节时间	9.4T	6T	6T	6T	6T
上升时间	∞	6.67T	4.72T	3.34T	2.41T
相位裕度	76.3°	69.9°	65.3°	59.2°	51.8°
谐振峰值	1	1	1	1.04	1.15
谐振频率	0	0	0	0.44/T	0.707/T
闭环带宽	0.32/T	0.54/T	0.707/T	0.95/T	1.27/T
穿越频率	0.24/T	0.37/T	0.46/T	0.59/T	0.79/T
固有频率	0.5/T	0.62/T	0.707/T	0.83/T	1/T

由表 4.2.1 可知，当 $KT=0.5$ 时，阻尼比 $\xi=0.707$，超调量 $\sigma=4.3\%$，调节时间 $t_s=6T$，因此工程上称此系统为最佳二阶系统。要使 $\xi=0.707$ 不易做到，常取 $0.5\leqslant\xi\leqslant0.8$。

[例 4.2.1] 某单位反馈系统的开环传递函数为

$$G(s)=\frac{K}{s(0.2s+1)(1\times10^{-3}s+1)(8\times10^{-3}s+1)}$$

试设计有源串联校正装置，使系统速度误差系数 $K_v\geqslant20$，幅值穿越频率 $\omega_c\geqslant60\mathrm{rad/s}$，相位裕度 $\gamma\geqslant50°$。

解： 未校正系统为 I 型系统，对斜波输入信号是有差的，根据误差计算公式可知 $K=K_v=20$，则校正前系统开环传递函数为

$$G(s)=\frac{20}{s(0.2s+1)(1\times10^{-3}s+1)(8\times10^{-3}s+1)}$$

采用 MATLAB 软件绘制系统校正前的开环传递函数 Bode 图，如图 4.2.18 所示。

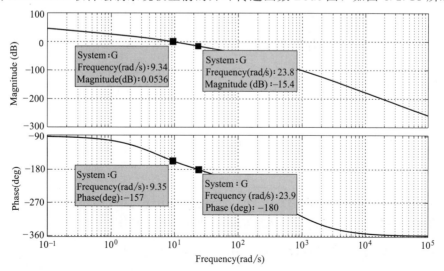

图 4.2.18 系统校正前 Bode 图

从图 4.2.18 中可知，$\omega_c = 9.3\text{rad/s}$，$\gamma = 23.5°$，相位裕度较小，不满足系统动态要求，因此需要对系统进行校正。

系统校正前的 ω_c、γ 均小于设计要求，为保证系统的稳态精度，提高系统的相位裕度，选择串联 PD 校正。校正前系统为四阶系统，而高频惯性环节较低频惯性环节高千倍以上，可忽略，因此系统在低频段符合最优二阶模型，可按照最优二阶模型为希望的频率特性进行校正。

设 PD 校正环节的传递函数为

$$G_c(s) = K_P(T_D s + 1)$$

为使校正后的开环 Bode 图为希望的二阶最优模型，令 $T_D = 0.2s$，这样消去系统校正前的转角频率最小的惯性环节，形成二阶最优模型。

则系统校正后的开环传递函数为

$$G(s)G_c(s) = K_P(T_D s + 1)G(s) = \frac{20 \times K_P}{s(1 \times 10^{-3}s + 1)(8 \times 10^{-3}s + 1)}$$

令 $K_P = 1$，作开环传递函数 Bode 图，如图 4.2.19 所示。

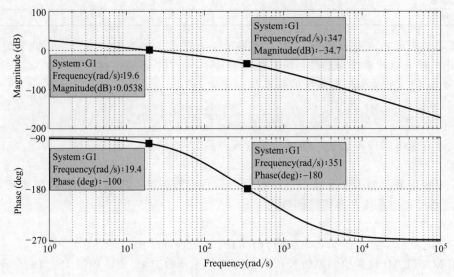

图 4.2.19 系统 PD 校正后 Bode 图

由图 4.2.19 可知，此时幅值穿越频率 $\omega_c = 19.78\text{rad/s}$，$\gamma = 80°$，而系统要求穿越频率 $\omega_c \geq 60\text{rad/s}$，根据二阶系统最优模型 $\omega_c = K = 80$，由 $K = 40K_P$ 得 $K_P = 4$。

校正后系统的传递函数为

$$G(s)G_c(s) = K_P(T_D s + 1)G(s) = \frac{80}{s(1 \times 10^{-3}s + 1)(8 \times 10^{-3}s + 1)}$$

系统校正后的开环 Bode 图和单位阶跃响应如图 4.2.20 所示。由图 4.2.20 可知，幅值穿越频率 $\omega_c = 69\text{rad/s}$，$\gamma = 57°$，$K_v = 80$，满足系统要求。系统校正后的超调量为 4%，响应时间为 0.1s，而校正前超调量为 50%，响应时间为 2s，系统校正后稳态及瞬态性能方面都有了很大的提高。在满足相位裕度的情况下，比例环节还可增加，这样还可增加幅值穿越频率、速度误差系数，则可继续提高系统的响应速度和稳态精度。

[**例 4.2.2**] 如图 4.2.21 所示，单位反馈系统的开环传递函数 $G(s) = \dfrac{3 \times 10^7 K}{s(s^2 + 1160s + 66000)}$。
要求采用 PID 控制器，试确定该控制器参数，使得闭环系统的时域性能指标为：单位恒加

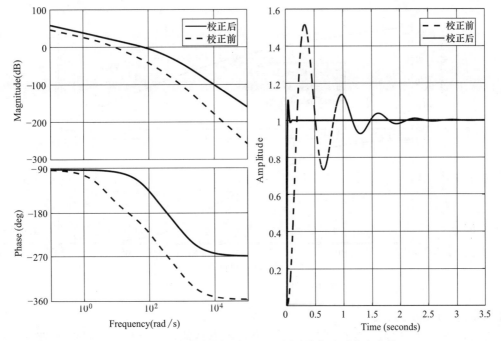

图 4.2.20　校正后系统开环 Bode 图及单位阶跃响应曲线

速输入引起的稳态误差 $e_{ss}=0.0005$；最大超调量 $M_p\leqslant5\%$；上升时间 $t_r\leqslant0.005\text{s}$。

解： 未校正系统为 Ⅰ 型系统，校正后系统要求单位恒加速输入的稳态误差 $e_{ss}=0.0005$。因此，要求通过校正环节增加系统的型别。为了在保证系统稳态精度同时，提高系统动态性能，选用串联 PID 校正。已知 PID 校正的传递函数为

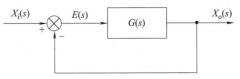

图 4.2.21　单位反馈控制系统框图

$$G_c(s)=K_P\left(1+\frac{1}{T_I s}+T_D s\right)=\frac{K_P(T_I T_D s^2+T_I s+1)}{T_I s}$$

则校正后系统的开环传递函数为

$$G_K(s)=G(s)G_c(s)=\frac{3\times10^7 K}{s(s^2+1160s+66000)}\times\frac{K_P(T_I T_D s^2+T_I s+1)}{T_I s}$$

加速度无偏系数

$$K_a=\lim_{s\to0}s^2 G_K(s)=\frac{3\times10^7 K K_P}{66000 T_I}=\frac{1}{e_{ss}}=\frac{1}{0.0005}$$

先令 $K_P=1$，$T_I=1$，得 $K=4.4$。

然后，先对系统进行 PD 校正，以确定 T_D 的值。

系统校正前的开环传递函数为

$$G_K(s)=G(s)G_c(s)=\frac{1.32\times10^8}{s(s+1100)(s+60)}$$

校正前系统的 Bode 图如图 4.2.22 所示。

首先选择二阶系统最优模型为希望的频率特性，则 $T_D=1/60=0.01667$。当前系统的

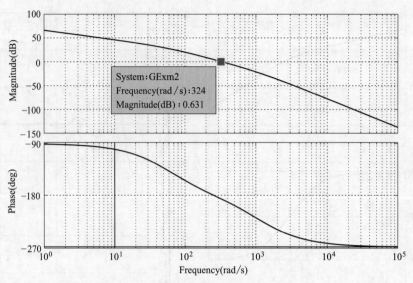

图 4.2.22 校正前系统的 Bode 图

截止频率为 335rad/s。

然后，确定 T_I 的值。为保证校正后系统的动态性能，要求校正后系统的带宽只能增加，因此，要求校正后系统的剪切频率 $\omega_c \geqslant 335\text{rad/s}$。

选择三阶系统最优模型为系统校正后希望的频率特性。则根据 PI 校正特性，选择 PI 校正环节的零点转角频率 $\omega_2 = \omega_c/30 \approx 10\text{rad/s}$。则 $T_I = 1/\omega_2 = 0.1$。

最后，确定 K_P 的值。

当 $K_P = 1$ 时，校正后系统的开环传递函数为

$$G_K'(s) = \frac{2200000(s+12.7)(s+47.3)}{s^2(s+1100)(s+60)}$$

根据其 Bode 图求出剪切频率 $\omega_{cpg} = 1290\text{rad/s}$，则 $K_P = \omega_c/\omega_{cpg} = 0.26$。

于是，得到系统经过 PID 校正后的开环传递函数为

$$G_K(s) = K_P G_K'(s) = \frac{572000(s+12.7)(s+47.3)}{s^2(s+1100)(s+60)}$$

PID 控制的传递函数为

$$G_c(s) = 0.26\left[1 + \frac{1}{0.01667s} + 0.1s\right]$$

绘制校正后系统的 Bode 图及单位阶跃响应曲线如图 4.2.23 所示。

从图 4.2.23 中可知，校正后系统的超调量为 4%，上升时间为 0.00456s，过渡时间为 0.01s。系统单位恒加速输入引起的稳态误差为：

$$e_{ss} = \frac{1100 \times 60}{572000 \times 12.7 \times 47.3} = 1.92 \times 10^{-4} < 0.0005$$

因此，校正后系统的瞬态及稳态性能指标均满足给定的指标要求。

4.2.2.2 Ziegler-Nichols 整定方法

Ziegler-Nichols 法是以带有延时的一阶传递函数模型为基础，系统框图如图 4.2.24 所示。

（1）使用开环阶跃响应曲线来整定控制器的参数

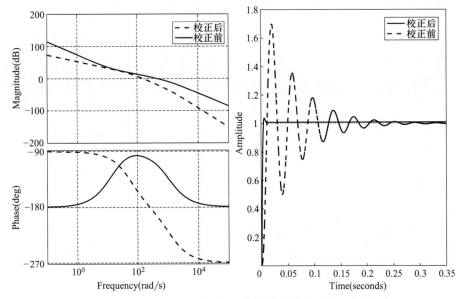

图 4.2.23　校正后系统的 Bode 图及单位阶跃响应曲线

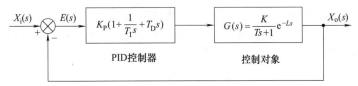

图 4.2.24　带有延时的一阶传递函数模型

过曲线的拐点作一条切线，得到开环增益 K、等效滞后时间 L、等效时间常数 T，如图 4.2.25 所示。

根据 K、L、T 三个参数，查表计算控制器的参数，如表 4.2.2 所示。

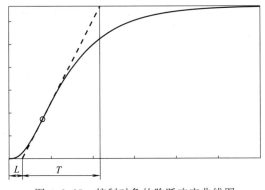

图 4.2.25　控制对象的阶跃响应曲线图

表 4.2.2　Ziegler-Nichols 整定法

控制器类型	控制器的控制参数		
	K_P	T_I	T_D
P	$\dfrac{T}{KL}$	∞	0
PI	$0.9\dfrac{T}{KL}$	$\dfrac{L}{0.3}$	0
PID	$1.2\dfrac{T}{KL}$	$2L$	$0.5L$

[例 4.2.3]　某被控对象开环传递函数为 $G(s)=\dfrac{25}{(s+2)(s+3)(s+8)}$，使用 Ziegler-Nichols 整定法确定控制系统的 PID 参数。

解：编写如下程序，得到 K、L、T 三个参数，并绘制控制对象的单位阶跃响应曲线，如图 4.2.26 所示。

```
num= 25;
den = conv([1,2], conv([1,3],[1,8]));
G= tf(num,den);
step(G);K= dcgain(G);
;K= 0.5208
```

使用 Ziegler-Nichols 方法对 PID 参数进行整定，并绘制闭环控制系统单位阶跃响应曲线，如图 4.2.27 所示。

```
L= 0.215;
T= 1.4-0.215;
Kp= 1.2* T/(K* L);
Ti= 2* L;
Td= 0.5* L;
s= tf('s');Gc= Kp* (1+ 1/(Ti* s)+ Td* s);
GcG= feedback(Gc* G,1);
step(GcG);
;Kp= 12.6988
;Ti= 0.4300
;Td= 0.1075
```

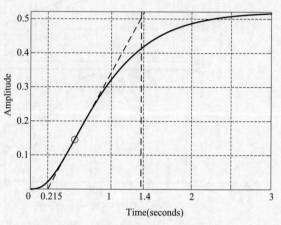

图 4.2.26　控制对象的单位阶跃响应曲线

（2）使用闭环系统等幅振荡曲线对 PID 参数进行整定

具体步骤：先使系统只受比例作用，将积分时间调到最大，微分时间调到最小，而将比例增益 K 的值调在比较小的值上，然后逐渐增大 K 值，直到系统出现等幅振荡的临界稳定状态。此时，比例增益的值为 K_m，从等幅振荡曲线上可以得到临界周期 T_m，如图 4.2.28 所示。

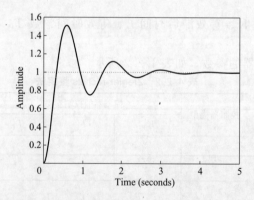

图 4.2.27　闭环控制系统的单位阶跃响应曲线图

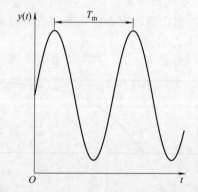

图 4.2.28　控制对象的等幅振荡曲线图

根据 K_m、T_m 查表计算控制器的参数，如表 4.2.3 所示。

表 4.2.3　利用系统等幅振荡曲线的 Ziegler-Nichols 整定法

控制器类型	控制器的控制参数		
	K_P	T_I	T_D
P	$0.5K_m$	∞	0
PI	$0.45K_m$	$\dfrac{T_m}{1.2}$	0
PID	$0.6K_m$	$0.5T_m$	$0.125T_m$

[**例 4.2.4**] 某被控对象开环传递函数为 $G(s) = \dfrac{25}{(s+2)(s+3)(s+8)}$，使用系统等幅振荡曲线的 Ziegler-Nichols 整定法确定控制系统的 PID 参数。

解： 通过以下 MATLAB 代码可得等幅振荡曲线

```
num= 25;
den = conv([1,2], conv([1,3],[1,8]));
G= tf(num,den);
for Km= 0:0.1:1000
Gc= Km;
GcG= feedback(Gc* G,1);
[num,den]= tfdata(GcG,'v');
p= roots(den);
pr= real(p);
prm= max(pr);
pr0= find(prm> = - 0.001);
n= length(pr0);
if n> = 1
break
end;end
step(GcG,0:0.001:2);km
;km= 22
```

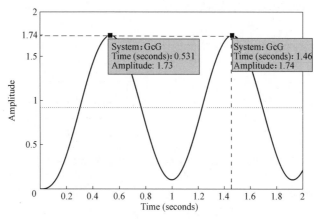

图 4.2.29 控制对象的等幅振荡曲线图

由图 4.2.29 得到 $T_m = 1.46 - 0.531 = 0.929$（s）。

```
num= 25;
den = conv([1,2], conv([1,3],[1,8]));
G= tf(num,den);
Km= 22;
Tm= 0.929;
Kp= 0.6* Km;
Ti= 0.5* Tm;
Td= 1.25* Tm;
Kp,Ti,Td,
s= tf('s');Gc= Kp* (1+ 1/(Ti* s)+ Td* s);
```

```
GcG= feedback(Gc* G,1);
step(GcG,0:0.01:4);
;Kp= 13.20
;Ti= 0.4645
;Td= 1.1613
```
得到如图 4.2.30 所示的闭环控制系统的单位阶跃响应曲线。

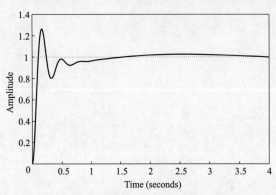

图 4.2.30　校正后闭环控制系统的单位阶跃响应

4.2.2.3　改进的 Ziegler-Nichols 整定

这种方法应用了两个表示系统特性的附加的规范化参数，即 $\theta=\dfrac{L}{T}$，$\lambda=K_{\mathrm{m}}K$。改进后 PID 控制器结构如图 4.2.31 所示。

（1）整定 PID 控制器

$$2.25>\lambda>15,0.16>\theta>0.57$$

$$\beta=\frac{15-\lambda}{15+\lambda} \quad 超调量\approx10\%$$

$$\beta=\frac{36}{27+5\lambda} \quad 超调量\approx20\%$$

$$1.5>\lambda>2.25,0.57>\theta>0.96$$

$$\beta=\frac{8}{17}\left(\frac{4}{9}\lambda-1\right),T_{\mathrm{I}}=\frac{2}{9}\lambda T_{\mathrm{m}}$$

其他参数与 Ziegler-Nichols 整定法一样。

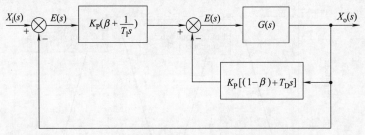

图 4.2.31　改进的 PID 控制器的结构图

（2）整定 PI 控制器

$$1.2>\lambda>15,0.16>\theta>1.4$$

$$K_{\mathrm{P}}=\frac{5}{6}\left(\frac{12+\lambda}{15+14\lambda}\right),T_{\mathrm{I}}=\frac{1}{5}\left(\frac{4\lambda}{15}+1\right)$$

$$\beta=1$$

[例 4.2.5]　被控对象开环传递函数为 $G(s)=\dfrac{25}{(s+2)(s+3)(s+8)}$，使用改进的 Ziegler-Nichols 整定法确定控制系统的 PID 参数。

解：由等幅振荡得到 $K_{\mathrm{m}}=22$；$T_{\mathrm{m}}=0.929$。

确定参数为 $K_{\mathrm{p}}=13.20$；$T_{\mathrm{I}}=0.4645$；$T_{\mathrm{D}}=1.1613$。并绘制控制系统的单位阶跃响应图线，如图 4.2.32 所示。

```
Tm= 0.929;Km= 22;Kp= 13.20;Ti= 0.4645;Td= 1.1613;
L= 0.215;T= 1.4- 0.215;
num= 25;
```

```
den = conv([1,2], conv([1,3],[1,8]));
G= tf(num,den);
K= dcgain(G);
Theta= L/T;lambda= Km* K;
beta= 36/(27+ 5* lambda);
num1= Kp* [Td,(1-beta)];
den1 = 1;
G1= tf(num1,den1);
GC= feedback(G,G1);
num2= Kp* [Ti* beta,1];
den2 = [Ti,0];
G2= tf(num2,den2);
GG= G2* GC;
GCG= feedback(GG,1);
Theta,lambda,step(GCG);
;Theta=  0.1814
;lambda=  11.4583
```

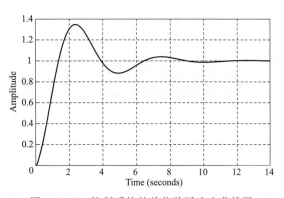

图 4.2.32　控制系统的单位阶跃响应曲线图

两种方法得到的单位阶跃响应曲线对比如图 4.2.33 所示。

4.2.2.4　Cohen-Coon 整定法

Cohen-Coon 整定法是使用开环阶跃响应曲线来整定控制器的参数，过曲线的拐点作一条切线，可得到开环增益 K、等效滞后时间 L、等效时间常数 T，如图 4.2.34 所示。

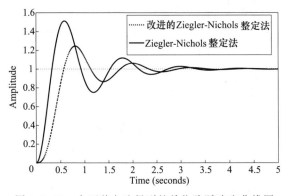

图 4.2.33　由两种方法得到的单位阶跃响应曲线图

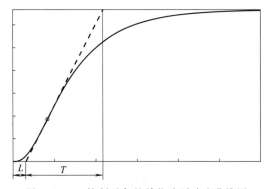

图 4.2.34　控制对象的单位阶跃响应曲线图

根据 K、L、T 三个参数，查表计算控制器的参数，如表 4.2.4 所示。

表 4.2.4　利用系统的单位阶跃响应曲线的 Cohen-Coon 整定法

控制器类型	控制器的控制参数		
	K_P	T_I	T_D
P	$\dfrac{T}{KL}+\dfrac{1}{3K}$	∞	0
PI	$0.9\dfrac{T}{KL}+\dfrac{1}{12K}$	$\dfrac{L(30T+3L)}{9T+20L}$	0
PID	$\dfrac{4T}{3KL}+\dfrac{1}{4K}$	$\dfrac{L(32L+6L)}{13T+8L}$	$\dfrac{4TL}{11T+2L}$

[例 4.2.6]　被控对象开环传递函数为 $G(s)=\dfrac{25}{(s+2)(s+3)(s+8)}$，使用 Cohen-Coon

整定法确定控制系统的 PID 参数。

    解：编写如下程序，并绘制控制对象的单位阶跃响应曲线，如图 4.2.35 所示。

```
num= 25;
den = conv([1,2], conv([1,3],[1,8]));
G= tf(num,den);
K= dcgain(G);
```

    使用 Cohen-Coon 整定法确定控制系统单位阶跃响应曲线，如图 4.2.36 所示。

```
L= 0.215;T= 1.4-0.215;
Kp= 4* T/(3* K* L)+ 1/(4* K);
Ti= L* (32* T+ 6* L)/(13* T+ 8* L);
Td= 4* T* L/(11* T+ 2* L);
Kp,Ti,Td,
s= tf('s');Gc= Kp* (1+ 1/(Ti* s)+ Td* s);
GcG= feedback(Gc* G,1);
step(GcG);
Kp= 14.5898
Ti= 0.4923
Td= 0.0757
```

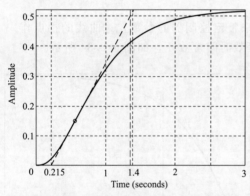 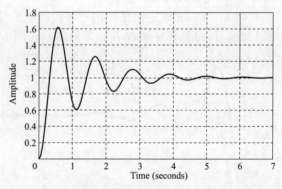

图 4.2.35   控制对象的单位阶跃响应曲线图   图 4.2.36   闭环控制系统的单位阶跃响应曲线图

    [例 4.2.7] 被控对象为一电动机模型的传递函数：$G(s)=\dfrac{1}{Js^2+Bs}$，式中，$J=0.0067$，$B=0.10$。输入指令信号为 $y(k)=0.50\sin(2\pi t)$，利用 ODE45 求解连续对象方程，分析采用 PID 控制前后系统的误差，其中 $K_P=20.0$，$K_D=20.0$。

    解：绘制开环传递函数 Bode 图，如图 4.2.37 所示，可得剪切频率 $\omega_c=8.64\text{rad/s}$。

    使用 ODE45 求解单位负反馈时系统对输入信号的响应和误差，控制主程序如下：

```
ts= 0.001;xk= zeros(2,1);e_1= 0;u_1= 0;
for k= 1:1:2000
time(k) = k* ts;
rin(k)= 0.50* sin(1* 2* pi* k* ts);
para= u_1;   tSpan= [0 ts];
J= 0.0067;B= 0.1;
PlantModel = @ (t,xk,para)([ xk(2);-(B/J)* xk(2)+ (1/J)* u_1]);
[tt,xx]= ode45(PlantModel,tSpan,xk, [],para);
xk=  xx(length(xx),:);
```

```
yout(k)= xk(1);
e(k)= rin(k)-yout(k);de(k)= (e(k)-e_1)/ts;
u_1= e(k);
e_1= e(k);
end
figure(1);
plot(time,rin,'r',time,yout,'b');
xlabel('time(s)'),ylabel('rin,yout');
figure(2);
plot(time,rin-yout,'r');
xlabel('time(s)'),ylabel('error');
```

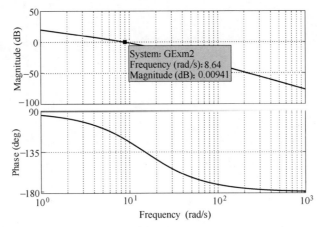

图 4.2.37 开环传递函数 Bode 图

得到单位反馈时系统的输出和误差曲线，如图 4.2.38 所示。

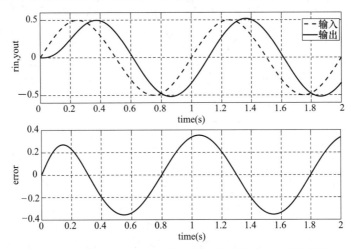

图 4.2.38 单位负反馈时系统对输入信号的响应与误差曲线

使用 PD 控制的方式增大系统带宽，改善对输入指令信号的跟踪，减小误差。控制主程序如下：

```
ts= 0.001;xk= zeros(2,1);e_1= 0;u_1= 0;
for k= 1:1:2000
```

```
time(k) = k* ts;
rin(k)= 0.50* sin(1* 2* pi* k* ts);
para= u_1;tSpan= [0 ts];J= 0.0067;B= 0.1;
PlantModel = @ (t,xk,para)([ xk(2);-(B/J)* xk(2)+ (1/J)* u_1]);
[tt,xx]= ode45(PlantModel,tSpan,xk, [],para);
xk = xx(length(xx),:);
yout(k)= xk(1);
e(k)= rin(k)-yout(k);de(k)= (e(k)-e_1)/ts;
u(k)= 20.0* e(k)+ 0.50* de(k);
% Control limit
if u(k)> 10.0
   u(k)= 10.0;
end
if u(k)< -10.0
   u(k)= -10.0;
end
u_1= u(k);e_1= e(k);
end
figure(1);
plot(time,rin,'r',time,yout,'b');
xlabel('time(s)'),ylabel('rin,yout');
figure(2);
plot(time,rin-yout,'r');
xlabel('time(s)'),ylabel('error');
```

得到系统对输入信号的响应与误差曲线，如图 4.2.39 所示，系统误差明显减小。

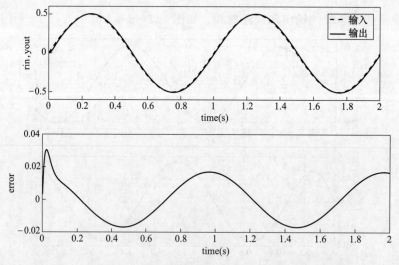

图 4.2.39　使用 PD 控制器时系统对输入信号的响应与误差曲线

4.2.3　采用 MATLAB 的 PID 仿真分析

控制系统仿真可以使用 MATLAB 中的 Simulink 模块完成，Simulink 中的"Simu"一词表示可用于计算机仿真，而"Link"一词表示它能进行系统连接，即把一系列模块连接起来，构成复杂的系统模型。作为 MATLAB 的一个重要组成部分，Simulink 由于所具有上述的两大功能和特色，以及所提供的可视化仿真环境、快捷简便的操作方法，而成为目前最受欢迎的仿真软件。

以悬吊式起重机动力学仿真为例介绍 Simulink 仿真过程，起重机结构示意图如图 4.2.40 所示。

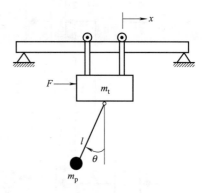

图 4.2.40　悬吊式起重机结构示意图

4.2.3.1　悬吊式起重机数学模型建立

小车水平方向受力方程为

$$m_t \ddot{x} = F - c\dot{x} - m_p \frac{\mathrm{d}^2}{\mathrm{d}t^2}(x - l\sin\theta)$$

小车的力矩平衡方程

$$m_p l \frac{\mathrm{d}^2}{\mathrm{d}t^2}(x - l\sin\theta)\cos\theta - Pl\sin\theta = I\ddot{\theta}$$

吊绳垂直方向受力方程

$$P - m_p g = m_p \frac{\mathrm{d}^2}{\mathrm{d}t^2}(l\cos\theta)$$

式中，m_t、m_p、I、c、l、F、x、θ 分别为起重机的小车质量、吊重、吊重惯量、等价黏性摩擦系数、钢丝绳长、小车驱动力、小车位移以及钢丝绳的摆角。

整理上述公式，可得到小车位移以及钢丝绳的摆角的数学微分方程为

$$m_t \ddot{x} = F - c\dot{x} - m_p \frac{\mathrm{d}^2}{\mathrm{d}t^2}(x - l\sin\theta)$$

$$(I + m_p l^2)\ddot{\theta} + m_p gl\sin\theta = m_p l\ddot{x}\cos\theta$$

4.2.3.2　悬吊式起重机动态性能仿真

为便于建模，将起重机动力学方程改写为：

$$\ddot{x} = \frac{F - c\dot{x} + m_p l(\ddot{\theta}\cos\theta - \dot{\theta}^2\sin\theta)}{m_t + m_p}$$

$$\ddot{\theta} = \frac{m_p l(\ddot{x}\cos\theta - g\sin\theta)}{I + m_p l^2}$$

由以上二式建立如图 4.2.41 所示的起重机 Simulink 模型，在仿真模型中的参数为

$$\mathrm{lmp} = m_p l$$

$$\mathrm{k1} = \frac{1}{m_t + m_p}$$

$$\mathrm{k2} = \frac{m_p l}{I + m_p l^2}$$

设 $m_t = 50\mathrm{kg}$，$m_p = 270\mathrm{kg}$，$l = 4\mathrm{m}$，$c = 20\mathrm{N/(m \cdot s)}$，在 MATLAB 指令窗输入以下指令，即可计算出 k1、k2 和 lmp。

```
l= 4;
c= 20;
mp= 270;
mt= 50;
I= mp* l^2;      计算吊重转动惯量
lmp= l* mp;
```

```
k1= 1/(mt+ mp);
k2= mp* 1/(I+ mp* 1^2);
```

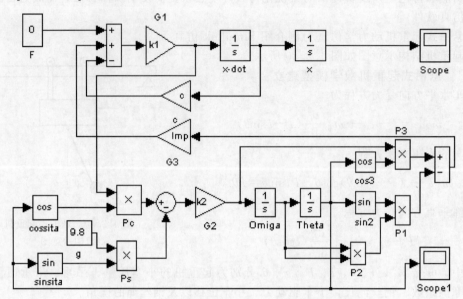

图 4.2.41　悬吊式起重机 Simulink 仿真模型

设置仿真时间为 200s，在初始状态 $x(0)=0$，$\theta(0)=0.01\text{rad/s}$ 作用下，启动 Simulink 仿真，则由示波器可得小车位移 x、吊重摆角 θ 的动态过程曲线，如图 4.2.42 和图 4.2.43 所示。

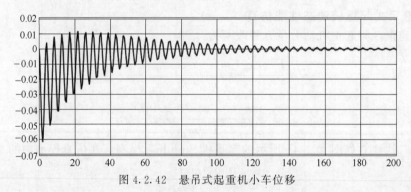

图 4.2.42　悬吊式起重机小车位移

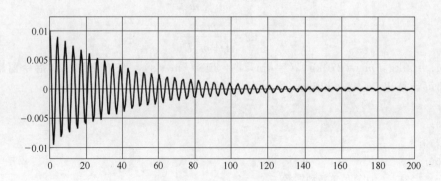

图 4.2.43　悬吊式起重机吊重摆角

由图 4.2.42 和图 4.2.43 可知，小车和吊重摆角大约在 140s 时才能够稳定，振荡次数较多，响应时间比较长，稳态误差为 0。

4.2.3.3 采用 PID 校正的悬吊式起重机动态性能仿真

由于悬吊式起重机系统存在着响应时间长、稳态误差为 0 的缺点，故采用 PID 控制器对起重机吊重摆角进行主动控制，设置同样的初始条件建立仿真模型，仿真模型及结果如图 4.2.44、图 4.2.45 所示。由图 4.2.45 可知，吊重摆角大约在 20s 时就稳定下来了，振荡次数较少，响应时间很快，稳态误差为 0。

比较图 4.2.43 和图 4.2.45 可知，采用 PID 控制器后有效缩短了吊重的摆动时间，振荡次数减少，摆角快速地收敛到 0。

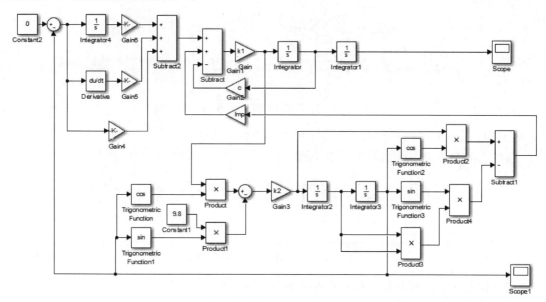

图 4.2.44 使用 PID 控制的悬吊式起重机 Simulink 仿真模型

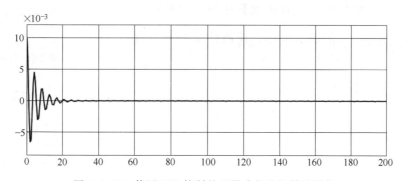

图 4.2.45 使用 PID 控制的悬吊式起重机吊重摆角

4.2.4 数字 PID 的编程方法

计算机控制是一种采样控制，它只能根据采样时刻的偏差计算控制量。因此，连续 PID 控制算法不能直接使用，需要采用离散化方法。在计算机 PID 中，使用的是数字 PID 控制器。

4.2.4.1 位置式 PID 控制算法

按模拟 PID 控制算法，以一系列的采样时刻点 kT 代表连续时间 t，以矩形法数值积分近似代替积分，以一阶后向差分近似代替微分，即

$$t \approx kT (k=0,1,2,\cdots)$$

$$\int_0^t \mathrm{error}(t)\mathrm{d}t \approx T\sum_{j=0}^k \mathrm{error}(jT) = T\sum_{j=0}^k \mathrm{error}(j)$$

$$\frac{\mathrm{derror}(t)}{\mathrm{d}t} \approx \frac{\mathrm{error}(kT) - \mathrm{error}(k-1)T}{T} = \frac{\mathrm{error}(k) - \mathrm{error}(k-1)}{T}$$

可得离散 PID 表达式

$$u(k) = k_{\mathrm{P}}\left\{\mathrm{error}(k) + \frac{T}{T_1}\sum_{j=0}^k \mathrm{error}(j) + \frac{T_{\mathrm{D}}}{T}\big[\mathrm{error}(k) - \mathrm{error}(k-1)\big]\right\}$$

$$= k_{\mathrm{P}}\mathrm{error}(k) + k_{\mathrm{I}}\sum_{j=0}^k \mathrm{error}(j)T + k_{\mathrm{D}}\frac{\mathrm{error}(k) - \mathrm{error}(k-1)}{T}$$

式中，$k_{\mathrm{I}} = \dfrac{k_{\mathrm{P}}}{T_{\mathrm{I}}}$，$k_{\mathrm{D}} = k_{\mathrm{P}}T_{\mathrm{D}}$；$T$ 为采样周期；k 为采样序列号，$k=1$，2，$\cdots$；error $(k-1)$ 和 error(k) 分别为第 $k-1$ 和 k 时刻所得的偏差信号。

位置式 PID 控制系统如图 4.2.46 所示。

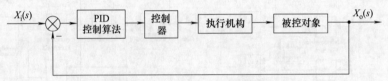

图 4.2.46 位置式 PID 控制系统

根据位置式 PID 控制算法得到其程序框图如图 4.2.47 所示。

程序设计过程中，可根据实际情况，对控制器的输出进行限幅。

[**例 4.2.8**] 使用位置 PID 控制算法编写对被控对象 $G(s) = \dfrac{1}{0.0067s^2 + 0.1s}$ 的控制程序，控制参数为 $k_{\mathrm{P}} = 20$，$k_{\mathrm{D}} = 0.50$。

解： 以下是程序代码

```
clear all
ts= 0.001;
xk= zeros(2,1);
e_1= 0;
u_1= 0;

for k= 1:1:2000
    time(k)= k* ts;
    rin(k)= 0.50* sin(1* 2* pi* k* ts);
    para= u_1;
    tspan= [0 ts];
    [tt,xx]= ode45('chap1_6f',tspan,xk,[],para);
```

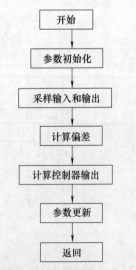

图 4.2.47 位置式 PID 控制
算法程序框图

```
    xk= xx(length(xx),:);
    yout(k)= xk(1);
    e(k)= rin(k)-yout(k);
    de(k)= (e(k)-e_1)/ts;
    u(k)= 20.0* e(k)+ 0.50* de(k);
    if u(k)> 10.0
        u(k)= 10.0;
    end
    if u(k)< -10.0
        u(k)= -10.0
    end
    u_1= u(k);
    e_1= e(k);
end
figure(1);
num= [0,0,1];
den= [0.0067,0.1,0];
sys= tf(num,den);
[yy,time]= lsim(sys,rin,time);
plot(time,rin,'r',time,yout,'b',time,yy,'g');
```

4.2.4.2　增量式 PID 控制算法

当执行机构需要的是控制量的增量时，可采用增量式 PID 控制。根据递推原理可得

$$u(k-1)=k_{\mathrm{P}}\left\{\mathrm{error}(k-1)+k_{\mathrm{I}}\sum_{j=0}^{k-1}\mathrm{error}(j)+k_{\mathrm{D}}\big[\mathrm{error}(k-1)-\mathrm{error}(k-2)\big]\right\}$$

增量式 PID 控制算法

$$\Delta u(k)=u(k)-u(k-1)$$

$$\Delta u(k)=k_{\mathrm{P}}\big[\mathrm{error}(k)-\mathrm{error}(k-1)\big]+k_{\mathrm{I}}\mathrm{error}(k)+k_{\mathrm{D}}\big[\mathrm{error}(k)-2\mathrm{error}(k-1)+\mathrm{error}(k-2)\big]$$

[例 4.2.9]　使用增量式 PID 控制算法实现对被控对象 $G(s)=\dfrac{400}{s^{2}+50s}$ 的控制，控制参数 $k_{\mathrm{P}}=8$，$k_{\mathrm{I}}=0.10$，$k_{\mathrm{D}}=10$。

解：以下是程序代码

```
clear all;
ts= 0.001;
sys= tf(400,[1,50,0]);
dsys= c2d(sys,ts,'z');
[num,den]= tfdata(dsys,'V');
u_1= 0.0;
u_2= 0.0;
u_3= 0.0;
y_1= 0;
y_2= 0;
y_3= 0;
x= [0,0,0]';
error_1= 0;
error_2= 0;
```

```
for k= 1:1:1000
    time(k)= k* ts;
    rin(k)= 1.0;
    kp= 8;
    ki= 0.10;
    kd= 10;
    du(k)= kp* x(1)+ kd* x(2)+ ki* x(3);        % 控制器输出
    u(k)= u_1+ du(k);
    if u(k) >= 10
        u(k)= 10;
    end
    if u(k) <= -10
        u(k)= -10;
    end
    yout(k)= -den(2)* y_1-den(3)* y_2+ num(2)* u_1+ num(3)* u_2;    系统输出
    error= rin(k)-yout(k);
    u_3= u_2;
    u_2= u_1;
    u_1= u(k);
    y_3= y_2;
    y_2= y_1;
    y_1= yout(k);
    x(1)= error-error_1;
    x(2)= error-2* error_1+ error_2;
    x(3)= error;
    error_2= error_1;
    error_1= error;
end
[yy,time]= lsim(sys,rin,time);
plot(time,rin,'b',time,yout,'r',time,yy,'g');
xlabel('time(s)');
ylabel('rin,yout');
```

4.3 自抗扰控制

4.3.1 自抗扰控制概述

自抗扰控制（active disturbance rejection control，ADRC），由中国科学院数学与系统科学研究院系统科学研究所韩京清研究员提出。ADRC 控制继承了经典 PID 控制器的精华，对被控对象的数学模型几乎没有任何要求，又在其基础上引入基于现代控制理论的状态观测器技术，将抗干扰技术融入传统 PID 控制中，设计适合在工程实践中能够应用的全新控制器，在国内外各领域得到了较广泛的发展。

ADRC 理论，包括跟踪微分器、扩张状态观测器、非线性状态误差反馈控制律的概念与构建规律。为了更形象地介绍 ADRC 理论，本节结合四旋翼无人机动力学模型，阐述构建 ADRC 姿态控制器的设计方法。农用四旋翼无人机在对作物进行表型探测及喷药时，需要超低空精准悬停。悬停过程中无人机螺旋桨转动产生的下洗气流遇到地面及作物冠层平面会产生涡流等不规则气流扰动（称为"地效扰动"），此时如果遇到自然风叠加，会加剧该扰动对四旋翼无人机超低空精准悬停的影响。这对无人机姿态控制器提出较高要求，而构建一种可以及时观测扰动、并对控制量进行补偿的 ADRC 方法可解决以上问题。

4.3.1.1　自抗扰控制原理

ADRC 原理如图 4.3.1 所示，由跟踪微分器（TD）、扩张状态观测器（ESO）、非线性状态误差反馈控制律（NLSEF）构建自抗扰控制器。自抗扰控制将作用于被控对象的所有不确定因素都归结为未知扰动，并利用被控对象的输入输出对未知扰动进行估计并给予补偿。自抗扰控制在扰动影响系统最终输出前，将其进行估计并提取，提前对其补偿，降低未知扰动对系统的影响。

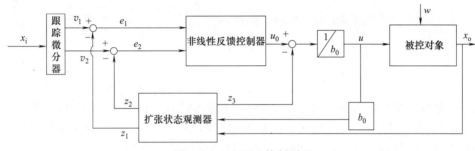

图 4.3.1　ADRC 控制原理

跟踪微分器（TD）实现系统过渡过程的安排，得到控制信号的跟踪信号和一系列微分信号，起到滤波和降低初始误差的作用。

跟踪微分器（TD）的数学表达式如式（4.3.1）所示。

$$\begin{cases} v_1(k+1)=v_1(k)+hv_2(k) \\ v_2(k+1)=v_2(k)+h\,\mathrm{fh} \\ \mathrm{fh}=\mathrm{fhan}[v_1(k)-x_\mathrm{i}(k),v_2(k),r_0,h_0] \end{cases} \tag{4.3.1}$$

式中，fhan 函数如式（4.3.2）所示。

$$\mathrm{fhan}[v_1(k)-x_\mathrm{i}(k),v_2(k),r_0,h_0]=\begin{cases} d=r_0h_0^2,a=h_0v_2(k),y=[v_1(k)-x_\mathrm{i}(k)]+a \\ a_1=\sqrt{d(d+8)} \\ a_2=a_0+\mathrm{sign}(y)(a_1-d)/2 \\ \mathrm{fsg}(x,g)=[\mathrm{sign}(x+d)-\mathrm{sign}(x-d)]/2 \\ a=(a_0+y)\mathrm{fsg}(x,d)+a_2[1-\mathrm{fsg}(x,d)] \\ \mathrm{fsg}(a,d)=[\mathrm{sign}(a+d)-\mathrm{sign}(a-d)]/2 \\ \mathrm{fhan}=-r_0(a/d)\mathrm{fsg}(a,d)-r_0\mathrm{sign}(a)[1-\mathrm{fsg}(a,d)] \end{cases}$$

$$\tag{4.3.2}$$

式中，x_i 为期望的输入指令；v_1 为对于 x_i 的估计；v_2 为对于 x_i 的微分；参数 r_0 为快速因子，其决定了跟踪速度的快慢，数值越大跟踪信号速度越快，但同时也放大了噪声；h_0 为积分步长，值越大滤波效果越好，但同时跟踪信号相位损失也随之增大。

扩张状态观测器（ESO）在线实时估计系统的总扰动，反馈系统的状态变量和扰动观测量。

二阶扩张状态观测器（ESO）的数学表达如式（4.3.4）所示。

$$\begin{cases} e = z_1(k) - x_0(k) \\ fe = \text{fal}(e, \alpha_1, \delta), fe_1 = \text{fal}(e, \alpha_2, \delta) \\ z_1(k+1) = z_1(k) - h(z_2(k) - \beta_{01}e) \\ z_2(k+1) = z_2(k) + h[z_3(k) - \beta_{02}fe + b_0 u(k)] \\ z_3(k+1) = z_3(k) + h(-\beta_{03}fe_1) \\ \beta_{01} = 3\omega_0, \beta_{02} = 3\omega_0^2, \beta_{03} = \omega_0^3 \end{cases} \tag{4.3.3}$$

$$\text{fal}(x, a, \delta) = \begin{cases} \dfrac{x}{\delta^{(1-a)}} & |x| \leqslant \delta \\ \text{sign}(x)|x|^a & |x| > \delta \end{cases} \tag{4.3.4}$$

式中，被控对象的输入 u 和输出 x_0 为 ESO 输入；z_1、z_2、z_3 为 ESO 输出。z_1、z_2 为对于 v_1、v_2 的估计，z_3 为对于系统总扰动的估计，β_{01}、β_{02}、β_{03} 为观测器反馈增益，ω_0 为观测器带宽，δ 为 $\text{fal}(x, a, \delta)$ 函数的线性区间宽度，b_0 为增益参数。

非线性状态误差反馈控制律（NLSEF）利用基于误差来消除误差的思想，基于非线性的高效率构建非线性误差反馈率。

非线性状态误差反馈控制律（NLSEF）的数学表达式如式（4.3.5）所示。

$$\begin{cases} e_1 = v_1(k+1) - z_1(k+1) \\ e_2 = v_2(k+1) - z_2(k+1) \\ u_1(k) = \dfrac{-\text{fhan}(e_1, ce_2, r_1, h_1) - z_3(k+1)}{b_0} \end{cases} \tag{4.3.5}$$

式中，c，r_1，h_1 为非线性反馈率待调参数。

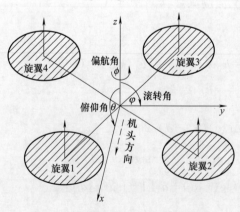

图 4.3.2　四旋翼无人机结构示意图

4.3.1.2　四旋翼无人机动力学模型

四旋翼无人机拥有四个螺旋桨，呈十字或交叉型对称分布。无人机的动力是由 4 个螺旋桨转动产生，同时通过四个旋翼产生升力差来进行飞行状态的控制。交叉型四旋翼无人机结构如图 4.3.2 所示。同时增加或减小 4 个旋翼的转速改变升力，可实现上升或下降；同时差动改变旋翼 1、3 和 2、4 的转速，产生反扭力，可实现绕 z 轴的偏航；同时差动改变旋翼 2、3 和 1、4 的转速，机体绕 x 轴转动，并沿 y 轴移动，可实现滚转运动；同时差动改变旋翼 1、2 和 3、4 的转速，机体绕 y 轴转动，并沿 x 轴移动，可实现俯仰运动。

四旋翼无人机姿态动力学模型如式（4.3.6）所示。

$$
\begin{cases}
\ddot{x} = \dfrac{F_1+F_2+F_3+F_4}{m}(\sin\varphi\sin\phi+\sin\theta\cos\varphi\cos\phi)-\dfrac{k_1}{m}\dot{x} \\[2mm]
\ddot{y} = \dfrac{F_1+F_2+F_3+F_4}{m}(-\sin\varphi\cos\phi+\sin\theta\cos\varphi\sin\phi)-\dfrac{k_2}{m}\dot{y} \\[2mm]
\ddot{z} = \dfrac{F_1+F_2+F_3+F_4}{m}(-\cos\varphi\cos\theta)-g-\dfrac{k_3}{m}\dot{z} \\[2mm]
\ddot{\theta} = \dfrac{(F_1+F_2-F_3-F_4)l}{J_{xx}}-\dfrac{k_4 l}{J_{xx}}\dot{\theta} \\[2mm]
\ddot{\varphi} = \dfrac{(F_1-F_2-F_3+F_4)l}{J_{yy}}-\dfrac{k_5 l}{J_{yy}}\dot{\varphi} \\[2mm]
\ddot{\varphi} = \dfrac{(F_1-F_2+F_3-F_4)l}{J_{zz}}-\dfrac{k_6 l}{J_{zz}}\dot{\varphi}
\end{cases}
\tag{4.3.6}
$$

式中，F_1、F_2、F_3、F_4 分别为四个旋翼提供的升力；θ、φ、ϕ 分别为俯仰角、滚转角、偏航角；$\ddot{x}$、$\ddot{y}$、$\ddot{z}$ 分别为无人机沿 x、y、z 轴的加速度；J_{xx}、J_{yy}、J_{zz} 分别为机体各轴的转动惯量；m 为无人机质量；l 为无人机重心到各旋翼距离；k_1、k_2、k_3、k_4、k_5、k_6 分别为各方向空气阻力系数。

定义四旋翼无人机控制输入为 U，如式（4.3.7）所示。

$$
U=
\begin{cases}
u_1 = \dfrac{F_1+F_2+F_3+F_4}{m} \\[2mm]
u_2 = \dfrac{(F_1+F_2-F_3-F_4)l}{J_{xx}} \\[2mm]
u_3 = \dfrac{(F_1-F_2-F_3+F_4)l}{J_{yy}} \\[2mm]
u_4 = \dfrac{(F_1-F_2+F_3-F_4)l}{J_{zz}}
\end{cases}
\tag{4.3.7}
$$

式中，u_1、u_2、u_3、u_4 分别表示高度、俯仰、滚转、偏航四个通道的输入。故其姿态动力学模型如式（4.3.8）所示。

$$
\begin{cases}
\ddot{x} = u_1(\sin\varphi\sin\phi+\sin\theta\cos\varphi\cos\phi)-\dfrac{k_1}{m}\dot{x} \\[2mm]
\ddot{y} = u_1(-\sin\varphi\cos\phi+\sin\theta\cos\varphi\sin\phi)-\dfrac{k_2}{m}\dot{y} \\[2mm]
\ddot{z} = u_1(-\cos\varphi\cos\theta)-g-\dfrac{k_3}{m}\dot{z} \\[2mm]
\ddot{\theta} = u_2-\dfrac{k_4 l}{J_{xx}}\dot{\theta} \\[2mm]
\ddot{\varphi} = u_3-\dfrac{k_5 l}{J_{yy}}\dot{\varphi} \\[2mm]
\ddot{\phi} = u_4-\dfrac{k_6 l}{J_{zz}}\dot{\phi}
\end{cases}
\tag{4.3.8}
$$

4.3.1.3　自抗扰姿态控制器设计方法

4.3.1.2 构建了四旋翼无人机动力学模型，农用无人机对小型作物进行表型探测，需要精准定点悬停拍摄，需要控制俯仰角、滚转角、偏航角，抵抗靠近作物超低空飞行带来的"地效"造成的无规则气流扰动。所以在 θ、φ、ϕ 控制通道中分别加上 $w_1(t)$、$w_2(t)$、$w_3(t)$，表征系统未知内部扰动，以及系统外部的地效和自然风扰动。θ、φ、ϕ 控制通道改写如式（4.3.9）所示。

$$\begin{cases} \ddot{\theta} = u_2 - \dfrac{k_4 l}{J_{xx}}\dot{\theta} + w_1(t) \\[2mm] \ddot{\varphi} = u_3 - \dfrac{k_5 l}{J_{yy}}\dot{\varphi} + w_2(t) \\[2mm] \ddot{\phi} = u_4 - \dfrac{k_6 l}{J_{zz}}\dot{\phi} + w_3(t) \end{cases} \qquad (4.3.9)$$

如 4.3.1.1 所述，对俯仰、滚转、偏航通道设计 ADRC 控制器，最终构建三输入三输出的三通道控制系统，如图 4.3.3 所示。图中，θ_{except}、φ_{except}、ϕ_{except} 为期望的俯仰角、滚转角、偏航角。这样，对三个通道的控制分别变为单输入单输出系统，系统输入为期望的姿态角，控制输出为对通道的控制量，无人机 IMU 反馈实际的姿态角度给 ADRC 控制器。

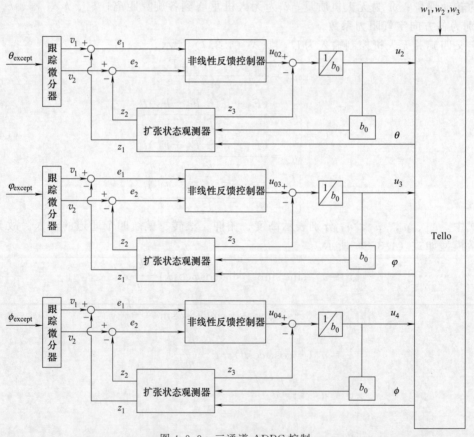

图 4.3.3 三通道 ADRC 控制

综上，本节介绍了 ADRC 理论，包括跟踪微分器、扩张状态观测器、非线性状态误差反馈控制律的概念与构建规律。为了更详细地从理论上诠释其控制机理，结合农用无人机超低空表型遥感和喷药精准悬停易受地效扰动的问题，给出了四旋翼无人机的动力学模型与 ADRC 三通道姿态控制器的设计方法。

4.3.2　自适应迭代学习 ADRC 控制

作为一种不依赖于被控对象数学模型的控制方法，ADRC 控制器的带宽难以确定，虽然基于经验及参考他人的参数设置，但是针对控制系统的独特性及干扰和偏差的动态性，带宽不能为定值，带宽越大，系统的输出跟随输入指令的能力就越强，系统的动态性能就越好。对于 ADRC 而言，带宽越大，对控制量的补偿越大，即控制量补偿估计较大，这时称为高增益状态观测器。但是当外界扰动较小时，用太大的带宽，控制量输出抖振很大。需要选择合适的带宽，构建自适应 ADRC 控制器。大误差、大扰动，选大带宽；小误差、小扰动，选小带宽。基于以上问题，本节提出一种基于迭代学习控制的 ADRC 控制策略，而迭代学习控制是一种模拟人类学习过程的智能控制方法。

迭代学习控制由 Uchiyama 于 1978 年首先提出，1984 年 Arimoto 等人做出了开创性的研究。它是指不断重复一个同样轨迹的控制尝试，并以此修正控制律，以得到非常好的控制效果的控制方法。迭代学习控制是学习控制的一个重要分支，是一种新型学习控制策略。它通过反复应用先前尝试得到的信息来获得能够产生期望输出轨迹的控制输入，以改善控制质量。与传统的控制方法不同的是，迭代学习控制能以非常简单的方式处理不确定度相当高的动态系统，且仅需较少的先验知识和计算量，同时适应性强，易于实现。更主要的是，它不依赖于动态系统的精确数学模型，是一种以迭代产生优化输入信号，使系统输出尽可能逼近理想值的算法。它的研究对那些有着非线性、高复杂性、难以建模以及高精度轨迹控制的问题有着非常重要的意义。

本节阐述自适应迭代学习 ADRC 控制的基本原理，包括迭代学习控制的概念、学习律的构建、间接型迭代学习 ADRC 控制器的设计方法，在不同风速和风向下进行真实四旋翼无人机悬停实验。为进一步验证自适应 ADRC 姿态控制器的效果，在不同初始误差和风速下进行实验。而内部不确定性和外部的干扰，增加了控制的难度。

4.3.2.1　迭代学习控制

现阶段，三通道 ADRC 带宽相同，采用迭代学习控制，根据误差和干扰实时更新 ADRC 带宽。在不同风向扰动、初始误差下，实现 ADRC 实时自适应姿态控制。

迭代学习控制（iterative learning control，ILC）是人工智能与自动控制相结合的新的学习控制技术。迭代学习控制具有拟人的学习过程与特性，模拟人的循序渐进与边干边学的方法，广泛适用于不确知、不确定的非线性复杂系统。

迭代学习控制算法流程如图 4.3.4 所示，记 $x(t)$ 为系统的 n 维状态向量；$u(t)$ 为 r 维控制向量。当输出 $y(t)$ 为状态的某种向量函数时，系统可表示为式（4.3.10）。

$$\begin{cases} \dot{x}(t)=f[x(t),u(t),t] \\ y(t)=g[x(t),t] \end{cases} \quad (4.3.10)$$

假设系统在有限时间区间 $[0,T]$ 上重复运行。以 $k=0,1,2,\cdots$ 表示重复次数，那么可重复控制系统可以表示为式（4.3.11）。

$$\begin{cases} \dot{x}_k(t)=f[x_k(t),u_k(t),t] \\ y_k(t)=g[x_k(t),t] \end{cases}$$

$$(4.3.11)$$

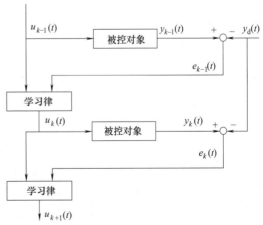

图 4.3.4　迭代学习控制算法流程

定义输出误差为式（4.3.12）。

$$e_k(t) = y_d(t) - y_k(t) \tag{4.3.12}$$

由当前控制 $u_k(t)$ 和输出误差 $e_k(t)$ 构成学习律，产生下一次迭代时的控制 $u_{k+1}(t)$，根据四旋翼无人机自抗扰控制要求较短的调节时间，采用 PD 型学习律，学习律表示如式（4.3.13）所示。

$$u_{k+1}(t) = u_k(t) + \mathbf{\Psi} e_k(t) + \mathbf{\Gamma} \dot{e}_k(t) \tag{4.3.13}$$

式中，$\mathbf{\Psi}$、$\mathbf{\Gamma}$ 为定常增益矩阵。

4.3.2.2　间接迭代学习控制

目前迭代学习控制主要通过改变输入达到控制效果，对于控制器的参数没有进行修正，也称为静态控制器，即在控制过程中，控制器的参数是不会发生变化的。间接迭代学习控制，系统有基本的反馈控制器，学习控制用于更新、优化局部控制器的参数，也称为动态控制器，即控制器本身会随着迭代的变化而变化。

间接迭代控制在控制对象收到未知或不可预知的输入的情况下，通过控制器的在线自动调整，最优实现某性能指标。间接迭代学习控制通过在线调整 ADRC 中扩张状态观测器的带宽，实现自适应 ADRC 构建，控制框图如图 4.3.5 所示。

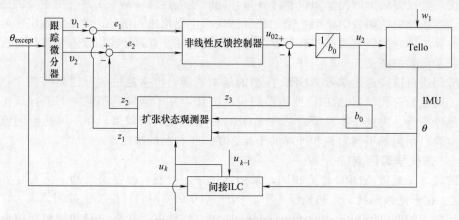

图 4.3.5　间接迭代学习控制

扩张状态观测器式（4.3.3）改写成状态空间表达式为

$$\begin{cases} e = z_1 - \theta \\ fe = \mathrm{fal}(e, \alpha_1, \delta), fe_1 = \mathrm{fal}(e, \alpha_2, \delta) \\ \dot{z}_1 = z_1 - \beta_{01}e \\ \dot{z}_2 = z_2 - \beta_{02}fe + b_0 u_2 \\ \dot{z}_3 = -\beta_{03}fe_1 \end{cases} \tag{4.3.14}$$

$$\begin{cases} \dot{Z} = \mathbf{A}Z - \mathbf{L}e + \mathbf{B}u \\ e = CZ - Y \end{cases} \tag{4.3.15}$$

式中，$\mathbf{A} = \begin{bmatrix} 1 & 0 & 0 \\ 0 & 1 & 0 \\ 0 & 0 & 1 \end{bmatrix}$，$\mathbf{L} = \begin{bmatrix} \beta_{01} & 0 & 0 \\ 0 & \beta_{02} & 0 \\ 0 & 0 & \beta_{03} \end{bmatrix}$，$\mathbf{B} = \begin{bmatrix} -1 & 0 \\ 0 & 1 \\ 0 & 0 \end{bmatrix}$，$C = 1$。

4.3.3　抗扰实验与结果分析

4.3.3.1　实验环境与条件

植保无人机进行超低空作物表型探测，需要精准悬停拍摄，但定点悬停受到超低空飞行的"地效"扰动和自然风叠加的无规则气流的干扰。本实验为模拟无规则气流扰动，摒弃风洞装置，采用自构建气流扰动装置，利用扇叶转动模拟超低空飞行的地效扰动和自然风叠加的无规则气流干扰。装置如图 4.3.6 所示。实验分别构建如图 4.3.7 所示的侧向水平风、前俯向风、侧俯向风，箭头为无人机机头朝向，椭圆为风场中心，图 4.3.7（b）、（c）风场斜向上。

实验采用 Tello 开源无人机平台，通过 Wi-Fi 通信，地面站接收无人机 IMU 数据，并返回控制指令。Tello 无人机重 100g，桨直径 7.6cm，机体中心长 3.5cm，宽 6.5cm，高 2.5cm。悬停实验中期望俯仰角、滚转角、偏航角都为 0°。分别利用 ADRC 姿态控制器和不加 ADRC 姿态控制器进行控制，IMU 输出无人机俯仰角度、滚转角度、偏航角度信息，控制周期约为 0.1s。

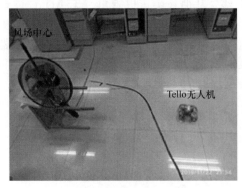
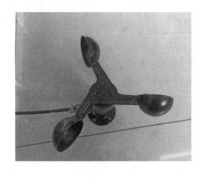

| (a) 实验风场构造 | (b) 风场风速仪 |

图 4.3.6　实验环境

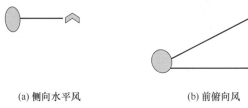
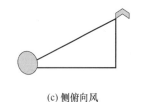

| (a) 侧向水平风 | (b) 前俯向风 | (c) 侧俯向风 |

图 4.3.7　风向示意

4.3.3.2　不同风速风向干扰实验

实验分别在侧向水平风、前俯向风、侧俯向风三种不同风向下进行，并对风速和风向角度进行调节，验证 ADRC 对未知扰动的观测与补偿，进行了无 ADRC 和有 ADRC 实验对比，其中无 ADRC 直接采用 Tello 内置姿态控制算法。

（1）侧向水平风实验

在侧向水平风下进行无人机抗扰实验，风速分别为 0.9～1.1m/s、1.1～1.3m/s、1.4～1.6m/s、2.0～2.4m/s、2.5～2.9m/s、3.3～3.6m/s，风场中心与无人机飞行高度位于同一水平线，以验证四旋翼无人机对侧向水平风的抗干扰能力。

表 4.3.1 所示为侧向水平风风向下的实验结果。在侧向水平风干扰存在时，偏航角受影响最大。从表 4.3.1 看出，没有采用 ADRC 控制器的三种姿态角度累计误差均大于采用 ADRC 控制器。特别是在风速较大（大于 1.4m/s）的情况下，未使用 ADRC 控制器，偏航角就开始出现较大的累计误差。实验过程中无 ADRC 姿态控制环节在 2.5～2.9m/s 风速时出现失控现象，有 ADRC 姿态控制环节在 3.3～3.6m/s 风速时出现失控现象。

表 4.3.1 侧向水平风干扰下四旋翼无人机姿态角累计误差

风速	0.9～1.1m/s		1.1～1.3m/s		1.4～1.6m/s		2.0～2.4m/s		2.5～2.9m/s		3.3～3.6m/s
控制方法	无 ADRC	ADRC	无 ADRC	ADRC	无 ADRC	ADRC	无 ADRC	ADRC	无 ADRC	ADRC	ADRC
θ_{ae}	61	54	99	71	116	74	134	116	179	113	261
φ_{ae}	144	101	179	124	254	181	334	189	347	336	406
ϕ_{ae}	972	451	1855	1579	4829	1642	5693	2854	8397	3498	3699

注：θ_{ae} 为俯仰角累计误差，φ_{ae} 为滚转角累计误差，ϕ_{ae} 为偏航角累计误差。

图 4.3.8 所示为无 ADRC 和有 ADRC 在 2.0～2.4m/s、2.5～2.9m/s、3.3～3.6m/s 侧向水平风速下，即临界风速下，偏航角的输出曲线。从曲线中可以看出，无 ADRC 姿态控制环节在 2.5～2.9m/s 风速时，在第 75～80 次控制周期过程中，无人机偏航角出现严重失控。在运动过程中出现无人机 360°旋转现象，无人机顺时针旋转一周。采用 ADRC 姿态控制器在该风速下，仍能抵抗水平风干扰，未出现较大角度的偏差。继续加大风速在 3.3～3.6m/s 时，ADRC 抗干扰控制器失效，无人机在 55～62 次控制周期，出现 360°旋转失控现象。

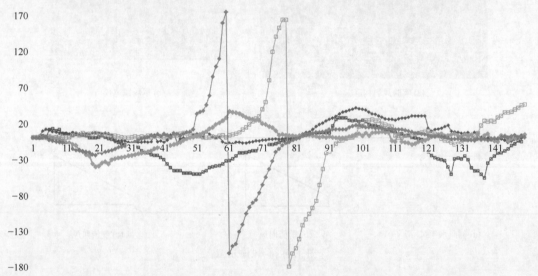

图 4.3.8 临界风速下四旋翼无人机偏航角输出

（2）前俯向风实验

在前俯向风下进行无人机抗扰实验，分别在 0.9～1.1m/s（11°）、1.1～1.3m/s（13°）、1.4～1.6m/s（18°）、1.8～2.0m/s（18°）、2.1～2.5m/s（18°）风速进行。其中风场中心射线与无人机飞行水平面夹角称为前俯风角。0.9～1.1m/s（11°）表示前俯向风速为 0.9～1.1m/s，风场中心射线与无人机飞行水平面夹角为 11°。

表 4.3.2　前俯向风干扰下四旋翼无人机姿态角累计误差

风速风向	0.9~1.1m/s (11°)		1.1~1.3m/s (13°)		1.4~1.6m/s (18°)		1.8~2.0m/s (18°)		2.1~2.5m/s (18°)
控制方法	无 ADRC	ADRC	无 ADRC	ADRC	无 ADRC	ADRC	无 ADRC	ADRC	ADRC
θ_{ae}	103	79	121	81	332	111	930	223	345
φ_{ae}	84	70	89	76	83	79	125	73	161
ϕ_{ae}	62	42	1710	108	1146	355	3978	899	1061

　　表 4.3.2 为无人机在前俯向风干扰下三姿态角累计误差。从表中看出，未使用 ADRC 控制器三种姿态角累计误差均大于使用 ADRC 控制器。在前俯向风干扰下，无人机俯仰角受到影响最大，图 4.3.9 为临界风速下无人机俯仰角输出。从图中看出，1.8~2.0m/s 风速，风场角 18°时，未使用 ADRC 姿态控制器无人机俯仰角度在 43 次控制周期时出现较大的俯仰角误差，偏离程度达到 10°，此时无人机偏离风扰作用时悬停点；在 20~28 次控制周期时，出现持续误差，无人机严重偏离风扰作用时悬停点，此时姿态控制失效。同时在该风速下，使用 ADRC 姿态控制器无人机姿态角控制在 −4°~+4°之内，满足控制要求。继续加大风速在 2.1~2.5m/s，前俯风角 18°时，ADRC 姿态控制器在 20~22、103~113 次控制周期，均出现较大的持续误差，无人机偏离风扰作用时悬停点，姿态控制失效。

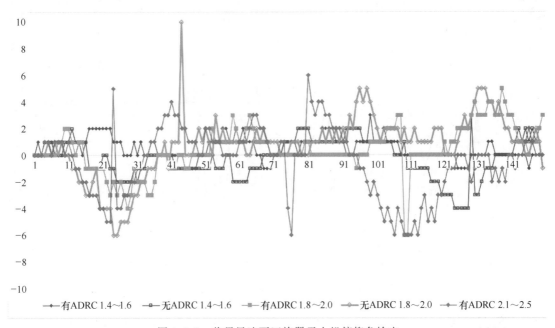

图 4.3.9　临界风速下四旋翼无人机俯仰角输出

（3）侧俯向风实验

　　在侧俯向风下进行无人机抗扰实验，分别在 0.9~1.1m/s（11°）、1.1~1.3m/s（13°）、1.4~1.6m/s（18°）、1.8~2.0m/s（18°）、2.1~2.5m/s（18°）风速进行。其中风场中心射线与无人机飞行水平面称为侧俯风角。表 4.3.3 为无人机在侧俯向风干扰下三姿态角累计误差，从表中看出，未使用 ADRC 控制器三种姿态角累计误差均大于使用 ADRC 控制器。在侧俯仰风干扰下，无人机滚转角受到影响最大，图 4.3.10 为临界风

图 4.3.9 彩色图形

速下无人机滚转角输出。

表 4.3.3 侧俯向风干扰下四旋翼无人机姿态角累计误差

风速风向	0.9~1.1m/s (11°)		1.1~1.3m/s (13°)		1.4~1.6m/s (18°)		1.8~2.0m/s (18°)		2.1~2.5m/s (18°)
控制方法	无 ADRC	ADRC	无 ADRC	ADRC	无 ADRC	ADRC	无 ADRC	ADRC	ADRC
θ_{ae}	75	69	106	91	121	93	179	94	131
φ_{ae}	155	141	196	86	291	124	317	198	391
ϕ_{ae}	457	429	1390	1114	1933	1564	7175	3025	4060

在 1.8~2.0m/s 风速时，未使用 ADRC 姿态控制器无人机滚转角度在 50~61、81~87 次控制周期时出现持续较大滚转角误差，误差范围在 −7°~6°，无人机严重偏离风扰作用时悬停点，控制失效。在该干扰风下，使用 ADRC 姿态控制器无人机滚转角未出现持续误差。继续加大风速 2.1~2.5m/s 时，使用 ADRC 姿态控制器无人机在 90~106 次控制周期，才出现持续较大滚转角误差，姿态控制失效。

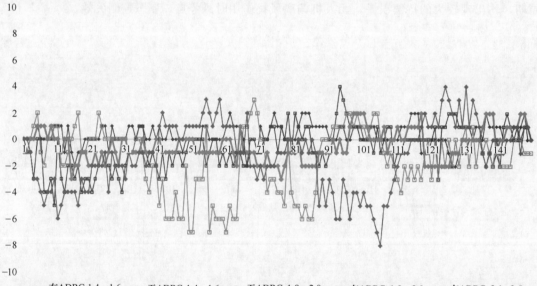

图 4.3.10 临界风速下四旋翼无人机滚转角输出

图 4.3.10 彩色图形

以上实验结果表明，采用 ADRC 姿态控制器后无人机抗风扰能力有较大提升。

4.3.3.3 有初始误差和不同风速干扰实验

为进一步验证自适应自抗扰控制器，即基于迭代学习控制自抗扰控制（ILC-ADRC）对未知干扰观测和补偿的有效性，实验设计了基于初始误差下的干扰风实验，在本次实验中将初始误差和风扰动同时视为一种外部扰动，采用 ADRC 和基于 ILC 的自适应 ADRC 分别进行实验。

图 4.3.11 为初始误差下水平风扰动示意图，实验分别在机头实际方向与期望方向偏离 55°、90°、180°，水平风速 1.1~1.3m/s、1.4~1.6m/s、2.0~2.4m/s、2.5~2.9m/s 下使

用 ADRC 和 ILC-ADRC 进行对比实验。

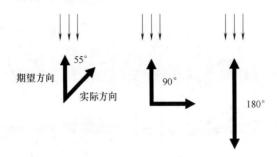

图 4.3.11　初始误差下水平风扰动示意图

表 4.3.4　初始误差及水平风干扰下四旋翼无人机控制结果

风速	1.1~1.3m/s				1.4~1.6m/s				2.0~2.4m/s				2.5~2.9m/s			
初始误差	90°		180°		55°		90°		55°		90°		55°		90°	
控制方法	IA	A	IA	A	IA	A	IA	A	IA	A	IA	A	IA	A	IA	A
φ_{ae}	2942	4967	6490	9106	2906	4643	3387	5086	3075	5065	3631	8876	4055	6146	4321	8611
$x_{(t)}$	8	40	20	45	6	21	8	25	4	15	9	120	7	60	15	70
M_p	8.89	44.44	11.11	25.00	10.91	38.18	8.89	27.78	7.27	27.27	10.00	133.33	12.73	109.09	16.67	77.78
t_s	4.5	5.4	4.9	5.6	3.5	7.5	5.2	5.8	3.7	4.3	4.8	6.6	3.1	7.5	5.2	5.9

表 4.3.4 中 A 表示采用 ADRC 姿态控制器，IA 表示采用 ILC-ADRC 姿态控制器，ϕ_{ae} 为偏航角累计误差，$x_{(t)}$ 为输出峰值，M_p 为超调量，t_s 为调节时间。通常四旋翼无人机偏航角度误差需要控制在 15° 以内，由表 4.3.4 可知，除 180° 初始误差外，ILC-ADRC 偏航角误差均小于等于 15°，即满足偏航角控制要求。调节时间方面，ILC-ADRC 相较于 ADRC 缩短较多。

对于调节时间，可以采用调节时间提高率进行评价，其数学表达式为

$$\eta = \frac{t(A) - t(IA)}{t(A)} \times 100\% \qquad (4.3.16)$$

相较于 ADRC，采用 ILC-ADRC 调节时间分别缩短了 40%、16.67%、12.5%、53.33%、10.34%、13.95%、27.27%、58.66%、11.86%。

图 4.3.12 为临界风速和初始误差角度下无人机偏航角输出。在 1.1~1.3m/s 水平风速下，180° 初始误差下，采用 ADRC 在第 103~125、133~150 次控制周期时，无人机偏航角误差加大，分别出现无人机 360° 旋转现象，无人机顺时针旋转一周，此时无人机偏航角控制失效。在该风速和初始误差下，采用 ILC-ADRC 姿态控制器偏航角误差在 -15°~15° 之间，满足控制精度要求。在 2.0~2.4m/s，90° 初始误差下，采用 ADRC 姿态控制器在 100~115、130~140 次控制周期均出现大于 15° 和小于 -15° 偏航角误差；在 2.5~2.9m/s，90° 初始误差下，25~60、79~100、120~150 也出现大于 15° 和小于 -15° 偏航角误差，以上两个实验 ADRC 控制器均失效。而采用 ILC-ADRC 姿态控制器，在 150 次控制周期内，偏航角误差均在 -15°~15° 之间，满足四旋翼无人机偏航角控制精度。

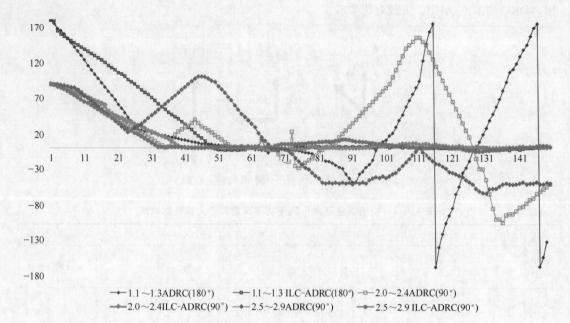

图 4.3.12 彩色图形

图 4.3.12   临界风速和初始误差角度下四旋翼无人机偏航角输出

　　本节介绍了自适应迭代学习 ADRC 控制的原理,包括迭代学习控制的概念、学习律的构建、间接型迭代学习 ADRC 控制器的设计方法,以及基于四轴无人机在干扰状况和有初始误差干扰状况下不同条件、不同控制方式的实验与结果分析。四旋翼无人机平台的 ADRC 姿态控制实验在不同风速的侧向水平风、前俯向风和侧俯向风下进行,实验结果显示使用 ADRC 姿态控制器后无人机抗风性能有较大提升;四旋翼无人机平台的 ILC-ADRC 姿态控制实验,在机头实际方向与期望方向不同的偏离、不同的水平风速下进行,实验结果显示采用 ILC-ADRC 姿态控制,在 150 次控制周期内,偏航角误差均在 $-15°\sim15°$ 之间,满足四旋翼无人机偏航角控制精度,同时缩短了稳定时间。

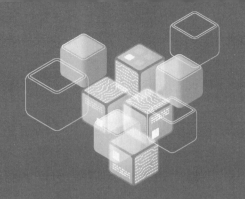

下篇
应用实例

第5章
图像检测实例

5.1 车辆尺寸颜色参数实时检测

5.1.1 项目目标与技术要点

国内外对于汽车各零部件的检测技术已经有了较大的发展，但对汽车外轮廓尺寸参数的测量手段相对落后。我国汽车检测机构普遍采用的方法是人工检测，即利用测量器具如钢卷尺、高度尺、角度尺、外径卡规、标杆以及光学式和电磁式检测仪等对车辆的外轮廓尺寸进行测量。这些传统的测量方法劳动强度大、测量时间长、测量精度低，已经不能满足我国现代化检测的需求。而目前在工业上采用的全站仪、三坐标测量机等三维检测方法，虽然能够达到精度要求，但结构复杂，对测量条件要求苛刻，价格昂贵，并不利于在其他汽车检测领域的推广。

本节所涉及的汽车轮廓尺寸参数的测量，具有大规模、大视角、大量程、大范围的特点，属于大尺寸测量范畴。按照仪器的测量头与工件被测表面是否直接接触，可将大尺寸的测量方法分为接触测量和非接触测量两大类。接触测量通常是指一些传统的测量方法，不仅测量效率低、稳定性不高，而且会对工件表面产生一定程度的压力或损伤。随着现代技术的发展，现代工业的生产效率也越来越高，接触测量并不能满足工业发展的需求，而相比之下，非接触测量以其高效、高精度、无损伤的优势从各类测量方法中应运而生，并受到了各类人士的重视和青睐。其中，机器视觉就是目前公认的最有前途的一种非接触性测量方法，具有测量精度高、速度快和自动化程度高的特点。所以利用机器视觉对车辆尺寸参数进行测量具有不可替代的现实意义。

　　本节内容将机器视觉技术与汽车检测领域相结合，研究出一种能够在汽车检测站或公路等自然环境下自动测量车辆外形尺寸和颜色参数的系统。技术要点如下：

　　① 系统检测方案的设计；
　　② 车辆进出检测工位的判断；
　　③ 车辆长、宽、高的检测方法；
　　④ 车辆颜色的检测方法。

5.1.2　系统构成方案

　　系统硬件主要包括摄像机、工控机（或计算机）、交换机（或路由器）、显示设备或打印机等。主要硬件是计算机和摄像机。

　　系统采用5台高清高速千兆网络摄像机，分别安装在测量工位的上方和侧面。上方前后两个摄像机，用于判断车辆的驶入、驶出并测量车的长度。上方左右两个摄像机，用于测量车辆的宽度。侧面摄像机，用于测量车辆高度。

　　图5.1.1为系统设备的安装结构图。其中，图5.1.1（a）为系统设备安装的三维结构简图，图5.1.1（b）为现场地面的结构图。从图5.1.1（a）中可以看出，系统总共有5部摄像机，其中测量工位上方具有4部，分别称为前相机、后相机、左相机和右相机。测量工位的一侧安装一部相机，称作侧面相机。上面4部相机的图像中心分别与地面上的四个十字

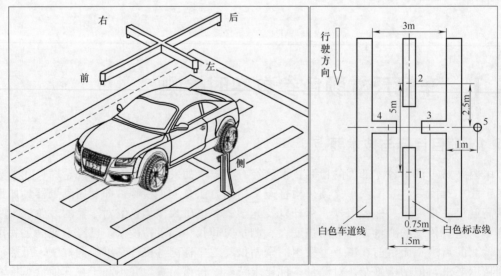

(a) 三维结构简图　　　　(b) 现场地面的结构图

图5.1.1　系统安装结构图

中心 ［如图 5.1.1 (b) 所示］对齐，前相机和后相机的中心相距 5m，左相机和右相机的中心
相距 1.5m。侧面相机位于测量工位水平轴线上，距车道线内侧 1m。除此之外，图 5.1.1 (b)
左右两侧各有一道白色车道线，在两道白色车道线之间，有四条（横向、纵向各两条）宽度
约为 10cm 的白色标志线。

5.1.3　系统检测方案

5.1.3.1　车辆长度测量

为了测量车辆长度，系统在测量工位上方的前后两端安装两部具有同型号、参数的摄像
机。其中一部用来采集车辆的前沿图像，另一部用来采集车辆的后沿图像，长度测量的原理
如图 5.1.2 所示。

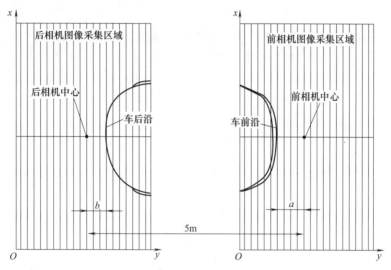

图 5.1.2　长度测量原理

设车辆的长度为 L，即图 5.1.2 中车前沿到车后沿的长度，前相机中心距离车辆前沿的
距离为 a（m，后同），后相机中心距离车辆后沿的距离为 b，则可求出车辆的长度 L，如式
5.1.1 所示。

$$L = 5 - a - b \tag{5.1.1}$$

因此，只要求出 a、b 的实际长度，就可求出车辆的实际长度。如图 5.1.3 所示，设
前、后相机所采集的图像尺寸大小为 $x \times y$，则图像中心点的坐标为 $(x/2，y/2)$。设车前
沿在前沿图像上的 y 坐标值为 y_1，车后沿在后沿图像上的 y 坐标值为 y_2，前沿图像的图像
比例尺为 S_1，后沿图像的图像比例尺为 S_2，则根据图像坐标、图像比例尺与实际尺寸的关
系即可求出 a、b 的实际长度，如式（5.1.2）和式（5.1.3）所示。

$$a = (y/2 - y_1) S_1 \tag{5.1.2}$$

$$b = (y_2 - y/2) S_2 \tag{5.1.3}$$

5.1.3.2　车辆宽度测量

为了测量车辆的宽度，在测量工位上方的左右两端也同样安装两部具有同型号、参数的
摄像机。其中一部用来采集车辆的左沿图像，另一部用来采集车辆的右沿图像，宽度测量原
理如图 5.1.3 所示。

左相机中心距右相机中心的实际距离为 1.5m，设左相机中心距车左沿的距离为 d，右
相机中心距离车右沿的距离为 c，车辆的宽度为 W，则可求出 W 大小如式（5.1.4）所示。

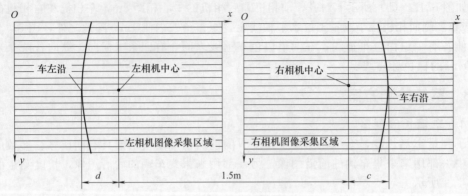

图 5.1.3　宽度测量原理

$$W = 1.5 + c + d \tag{5.1.4}$$

如图 5.1.3，设左、右相机所采集的图像尺寸大小为 $x \times y$，车右沿在右沿图像中的 x 坐标值为 x_3，车左沿在左沿图像中的 x 坐标值为 x_4，右沿和左沿图像的比例尺分别为 S_3 和 S_4，则可求得 c、d 的实际长度如公式（5.1.5）和公式（5.1.6）所示。

$$c = (x_3 - x/2)S_3 \tag{5.1.5}$$

$$d = (x/2 - x_4)S_4 \tag{5.1.6}$$

5.1.3.3　车辆高度测量

设车的高度为 H，侧面相机中心距地面的高度为 h，侧面相机的中轴线距车上沿的距离为 e，则可知车辆的高度 H 如式（5.1.7）所示。

$$H = h + e \tag{5.1.7}$$

因此，为了获得车辆的高度，只要求出侧面相机中轴线距车上沿的距离 e 即可，高度测量原理如图 5.1.4 所示。

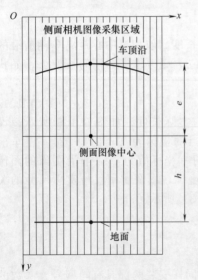

图 5.1.4　高度测量原理图

如图 5.1.4 所示，设侧面相机采集到的图像尺寸大小为 $x \times y$，车上沿在侧面图像上的纵坐标值为 y_1，地面在图像中的纵坐标值为 y_2，侧面图像的比例尺为 S_5，则可得式（5.1.8）和式（5.1.9）。

$$S_5 = \frac{h}{y_2 - y/2} \tag{5.1.8}$$

$$e = S_5(y/2 - y_1) \tag{5.1.9}$$

从而，可得车高如式（5.1.10）所示。

$$H = h\left(1 + \frac{y/2 - y_1}{y_2 - y/2}\right) \tag{5.1.10}$$

5.1.4　车辆进出判断

在车辆通过检测工位的过程中，需要两个触发信号来控制整个测量系统的正常运转。一个触发信号用来控制视觉系统的启动，另一个触发信号用来控制视觉系统的结束，这两个触发信号由前后两个相机来提供。由后相机来判断是否有车辆驶入，如果判断有车辆驶入检测工位区，则立即启动视觉采集系统，5 部摄像机开始串行采集图像。与此同时，前相机开始判断检测工位内的车辆是否驶出，当判断车辆驶出后，即刻停止视觉采集系统，系统将自动对采集到的图像进行处理，计算车辆的轮廓尺寸和颜色，并存入数据库中。因此，在整个测量系统中，车辆的驶入驶出判断尤为重要，决定了后续图像处理过程的正常运行。

5.1.4.1　确定图像处理区域

对于自然环境下实时运转的机器视觉测量系统，需要高效、高速的图像处理方法。为了提高图像的处理速度，缩短处理时间，设定了图像处理的区域。

在车辆驶入的过程中，后相机显示的图像可以描述为从无车到有车的过程，如图 5.1.5（a）所示。从图 5.1.5（a）可以看出，在车辆驶入检测工位的过程中，图像首先发生变化的区域为图像的上半部分。因此，在判断车辆是否驶入时，选择图中矩形框区域作为图像处理区域即可有效判断车辆的驶入。

在车辆驶出的过程中，前相机显示的图像为从有车到无车的过程，如图 5.1.5（b）所示。从图 5.1.5（b）可以看出，在车辆驶出的过程中，图像发生变化的区域为图像上半部分。与车辆驶入不同，车辆驶出时，图像变化最明显的部分是矩形框区域左右两侧，即车辆的左右边界处。因此车辆驶出的处理区域设定的长度较长。

(a) 车辆驶入判断处理区域

(b) 车辆驶出判断处理区域

图 5.1.5　车辆进出判断图像处理区域的确定

5.1.4.2　图像差分

对图像的 R（红色）分量进行前后帧的差分处理，差分后将灰度值小于 50 的像素点设为黑色，其他像素点保持原差分结果不变。在经过前后帧图像差分和阈值处理之后，车辆驶入过程中出现的图像差分结果如图 5.1.6 所示。

图 5.1.6（a）为无车辆驶入检测工位时的差分结果图像，在理想情况下，若没有检测目标出现，图像的差分结果为零，即图像上不会出现任何白色像素。图 5.1.6（b）为车辆驶入检测工位时的差分结果图像，在这种情况下，图像上会突然出现轮廓明显的白色像素区，即驶入车辆的前沿。根据这些白色像素即可判断是否真的有车辆驶入检测工位。

同上，车辆驶出过程中出现的图像差分结果如图 5.1.7 所示。

(a) 无车辆时差分结果　　(b) 车辆驶入时差分结果

图 5.1.6　车辆驶入过程中的差分结果图像

　　图 5.1.7（a）是车身中部驶过后相机图像处理区域时的差分结果图像，在车辆驶出的过程中，因车身宽度的变化，差分结果主要出现在处理区域的两侧。图 5.1.7（b）为车辆后沿开始驶出后相机图像处理区域时的差分结果图像。图 5.1.7（c）为车辆驶出后相机图像处理区域时的差分效果图。

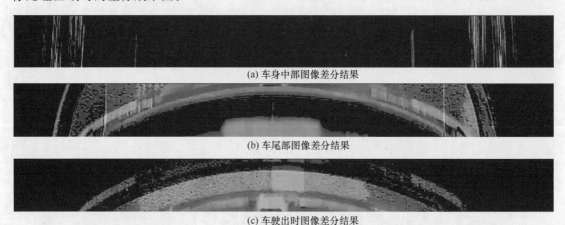

(a) 车身中部图像差分结果

(b) 车尾部图像差分结果

(c) 车驶出时图像差分结果

图 5.1.7　车辆驶出过程中的差分结果图像

5.1.4.3　特征提取和分析

　　为了判断车辆的进出，采用灰度值累计分布图。灰度值累计分布图就是将图像中具有相同 X 坐标或 Y 坐标的像素点的灰度值进行累加，从而获得 X 方向或 Y 方向的灰度值累计分布图，也叫作垂直累计分布图或水平累计分布图。垂直累计分布图中，横坐标表示图像的 X 方向的位置信息，纵坐标表示累加的灰度值信息。

　　（1）车辆驶入

　　为了将车辆驶入检测工位的判断定量化，这里首先对图 5.1.6 两幅图的差分结果进行灰度值水平累计，其结果如图 5.1.8 所示。图 5.1.8（a）由于没有出现目标，也没有噪声干扰，所以水平累计分布图的结果为纵坐标为 0 的一条水平线；图 5.1.8（b）由于检测目标已经出现，所以可以从分布图上看出该图像的水平累计值已经发生了明显的变动，在 0～100 之间出现了巨大的波峰。

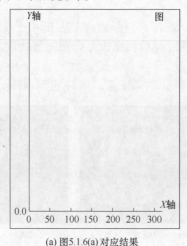
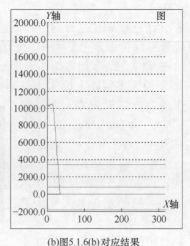

(a) 图5.1.6(a)对应结果　　　　(b)图5.1.6(b)对应结果

图 5.1.8　车辆驶入过程中的灰度值水平累计结果

另外，在实际检测的过程中并不可能保证任何差分结果图像都无噪声干扰，这些噪声干扰往往会使得图像的灰度值累计分布图出现微小的锯齿状波动，如图 5.1.9 所示。

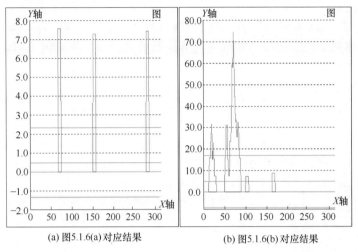

(a) 图5.1.6(a) 对应结果   (b) 图5.1.6(b) 对应结果

图 5.1.9　无目标但有噪声干扰时的灰度值水平累计结果

可以从分布图像明显看出，尽管差分结果有噪声干扰，但是分布图上的峰值、平均值和标准偏差都很小。根据这一特点，即可设定车辆驶入检测工位时的判定条件。

（2）车辆驶出

为了将车辆驶出检测工位的判断定量化，对图 5.1.7 三幅图像的差分结果进行灰度值垂直累计。垂直累计分布图如图 5.1.10 所示。

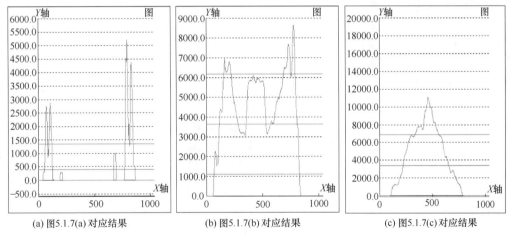

(a) 图5.1.7(a) 对应结果　　　(b) 图5.1.7(b) 对应结果　　　(c) 图5.1.7(c) 对应结果

图 5.1.10　车辆驶出过程中的灰度值垂直累计分布图

在图 5.1.7（a）中，仅有车身的左右边沿产生差分效果，因此垂直累计分布图 5.1.10（a）仅在 X 轴的左右两端具有曲线波动，在左右波动之间为纵坐标近似为 0 的一条水平线段。图 5.1.10（b）为车辆开始驶出时的垂直累计分布图，可以看到图像上不仅在 X 轴的左右两端存在波峰，而且在 X 轴中间部位也开始出现波峰。图 5.1.10（c）的垂直累计分布图，显示了车辆驶出时的情况，可以看出仅有一个波峰出现。3 个垂直累计分布图的平均值、标准偏差也有较大差别。综上所述，根据车辆驶出过程中垂直累计分布图上的波峰个数、平均值和标准偏差大小，即可设定车辆驶出检测工位时的判定条件。

5.1.5 车辆边沿检测

5.1.5.1 地面检测

车辆下沿检测（即地面检测）是车辆边沿检测过程中最为艰难的环节，原因是车辆下沿没有像上沿一样平滑的轮廓曲线，并且在下沿检测的过程中，常常因为车辆对阳光的遮挡，而使背光侧地面产生很严重的阴影效应，差分效果并不十分理想。因此，采用直接对 R 帧图像进行灰度值水平累计的方法。为了加快车辆边沿检测算法的处理速度，在测量车辆前后、左右、上下沿的过程中也同样需要设定一定大小的图像处理区域。在地面检测过程中，因为采用的方法是直接对处理区域内的像素灰度值进行水平（或垂直）累计，因此为了增强图像差分的效果，选择白色标志线作为地面检测的背景图像。即地面检测的图像处理区域为以白色标志线为中心线，宽度为白色标志线宽度的 2～3 倍，高度为能够检测到车辆前后轮胎的矩形区域，如图 5.1.11 中的细线所包围的矩形区域。

图 5.1.11 车辆下沿的处理区域

由于车辆与地面仅有前、后轮胎与地面的两个接触点，故在下沿检测的过程中，只需要确定这两个接触点的位置，就可以确定车辆下沿的具体位置坐标。在确定车辆下沿坐标的过程中，主要进行了以下两个步骤：

① 在若干帧侧面图像中，确定哪两帧图像上的轮胎正好处于地面的图像处理检测区域。

② 检测出这两帧图像上轮胎与地面的接触点坐标，根据这两个坐标值求出车辆的下沿。

（1）轮胎检测

在检测轮胎与地面的接触点位置之前，首先需要确定的是，侧面相机采集到的若干帧图像中，哪一帧图像是前胎帧（前轮胎处于下侧处理区域内），哪一帧图像是后胎帧（后轮胎处于下侧处理区域内）。处理方法是对 R 帧图像进行水平累计。图 5.1.12 是地面检测过程中的几个具有代表性的水平累计曲线。

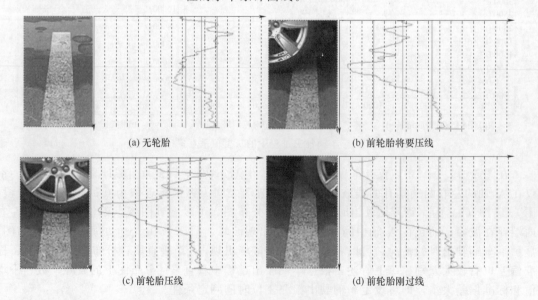

(a) 无轮胎　　　　　　　　(b) 前轮胎将要压线

(c) 前轮胎压线　　　　　　(d) 前轮胎刚过线

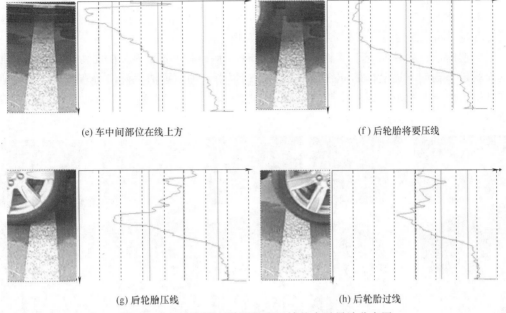

(e) 车中间部位在线上方　　　　　　　　(f) 后轮胎将要压线

(g) 后轮胎压线　　　　　　　　　　(h) 后轮胎过线

图 5.1.12　车辆通过检测处理区域的水平累计分布图

图 5.1.12 （a）是无车辆经过处理区域时的水平累计分布图。图 5.1.12 （b）、（c）和（d）是前轮胎经过处理区域时的分布图。图 5.1.12 （e）是车辆中部经过处理区域时的水平累计分布图。图 5.1.12 （f）、（g）和（h）为后轮胎经过处理区域时的分布图。在每一幅水平累计分布图中均有三条垂直实线，从左到右依次表示 Mean＋Std、Mean 和 Mean－Std，其中 Mean 代表平均值，Std 代表标准偏差。通过对水平累计分布图观察，可将常量 Mean－Std 以下曲线划分为三种类型，即曲线波谷的三种类型，如图 5.1.13 所示。

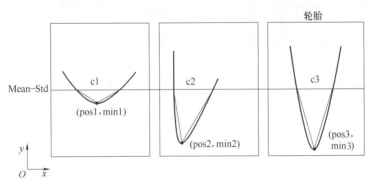

图 5.1.13　轮胎检测曲线类型

这三种曲线类型分别代表了背景图像、车辆中部、前后轮胎经过检测区域时的灰度值水平累计曲线。即第一条曲线是背景图像水平累计时出现的曲线类型，在直线 $y＝$ Mean－Std 下出现了小小的波谷；第二条曲线是车前后轮胎之间的下边沿经过处理区域时出现的曲线类型，尽管波谷很明显，但是波谷的横坐标值明显小于第三条曲线波谷的横坐标值；第三条是检测到前后轮胎时出现的曲线类型，由于轮胎胎面呈现黑色的缘故，轮胎与白色标志线的接触点出现了明显的波谷。综上所述，三条曲线类型的决定因素为波谷深度、波谷横坐标和波谷宽度。

（2）接触点检测

根据对处理区域内水平累计分布图的观察可知，在轮胎和地面的接触点处，图像的水平累计值会出现很明显的波谷，即分布图曲线会出现明显的凹点。图 5.1.12（c）和图 5.1.12（g）为一组典型的前、后轮胎处于下侧处理区域中时的水平累计分布图。由图像可以看出，曲线凹点处就是车辆的下边沿。因此在地面检测的过程中，利用算法检测出分布图曲线的凹点位置就可找出车辆的下沿。前后轮胎的一些检测结果如图 5.1.14 所示，地面上的细直线为处理结果。

图 5.1.14　车辆前后轮胎检测结果

5.1.5.2　其他边沿检测

车辆其他边沿的检测方法与车辆进出判断的方法基本相同，即利用图像差分和灰度值累计分布图确定各个边沿的位置坐标。具体步骤如下：

① 确定图像处理区域；

② 对彩色图像 R、G、B 分量的最大分量进行相邻帧差分；

③ 对差分结果图像的灰度值进行水平或垂直累计；

④ 提取特征参数，确定车辆各边沿的位置坐标。

（1）前后沿检测

在车辆前后沿检测的过程中，主要查找的是车辆的最前端和最后端，即车辆在中轴线上最长的两点。当车辆水平驶入检测工位时，车辆的中轴线默认与图像的中心线重合，即与图像上中间车道线重合。因此，前后沿检测的图像处理区域为以图像中心线为轴，宽度为 2～3 倍的车道线宽度的矩形区域。如图 5.1.15 所示，细线包围的矩形区域即为车辆前后沿检测的图像处理区域。

确定车辆前后沿在图像中的位置坐标是测量车辆长度的第一步，确定前后沿位置的方法

(a) 前沿检测图像处理区域　　　　　　　　(b) 后沿检测图像处理区域

图 5.1.15　前后沿检测图像处理区域

与判断车辆进出的方式相似，即首先对图像进行相邻帧差分，再对图像的灰度值进行水平累计。图 5.1.16 分别为黑色车、白色车和灰色车的差分结果图像和水平累计分布图。

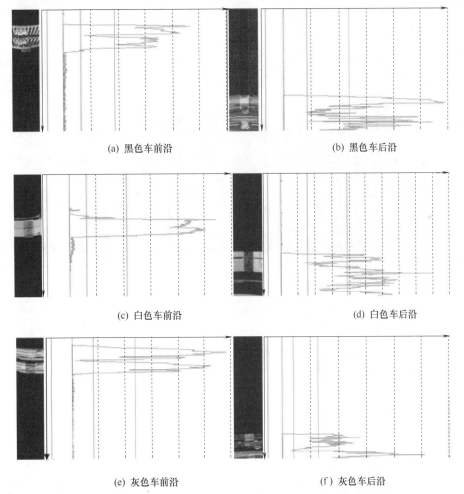

(a) 黑色车前沿　　　　　　　　　　　(b) 黑色车后沿

(c) 白色车前沿　　　　　　　　　　　(d) 白色车后沿

(e) 灰色车前沿　　　　　　　　　　　(f) 灰色车后沿

图 5.1.16　不同颜色车辆前后沿差分图像及水平累计分布图

从图 5.1.16 可以看出，车辆前后沿的差分效果十分明显，车辆的前沿为水平累计分布曲线从下向上扫描过程中遇到的第一个斜率突变点，车辆的后沿为水平累计分布曲线从上向下扫描过程中遇到的第一个斜率突变点。依据这一特点,即可检测到车辆的前后沿。

图 5.1.17 是前后沿检测结果的实例图,图中细直线为检测结果位置。

图 5.1.17 车辆前后沿检测结果实例

(2)左右沿检测

同上,车辆左右沿检测也同样需要设定合适的处理区域。根据图像上车辆宽度的变化范围,确定车辆的左右沿处理区域,图 5.1.18 所示。

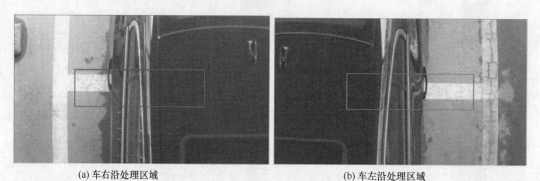

(a) 车右沿处理区域   (b) 车左沿处理区域

图 5.1.18 左右沿检测处理区域

车辆左右沿的检测方法与车辆前后沿的检测方法相似,即首先对图像进行相邻帧差分,再对图像的灰度值进行垂直累计。图 5.1.19 分别为黑色车、白色车和灰色车的差分结果图像和垂直累计分布图。可以看出,车辆的左沿为垂直累计分布曲线从左向右扫描到的第一个斜率突变点,而车辆右沿为垂直累计分布曲线从右向左扫描到的第一个斜率突变点。依据这个特点,即可检测到车辆左右沿。

图 5.1.20 是上述方法检测出的车辆左右沿的实例,图中细直线为检测到的边沿位置。

(3)上沿检测

确定车辆上下沿的位置坐标是测量车辆高度的第一步,检测车辆下沿的方法已经在前面介绍过了,下面对车辆上沿的检测方法进行简单的说明。

检测车辆上沿的方法与检测车辆前后沿的方法相似,即通过图像差分和灰度值水平累计的方法提取出车辆的上沿。上沿检测的图像处理区域如图 5.1.21 所示。

车辆上沿的检测目标是从若干帧上沿图像中检测出车辆的上沿帧号,即找出车辆上沿的最高点。图 5.1.22 为几个具有代表性的车辆上沿差分结果图像和水平累计分布图。

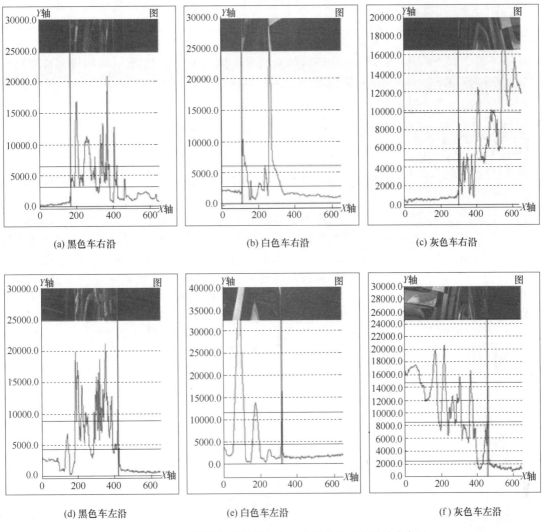

(a) 黑色车右沿   (b) 白色车右沿   (c) 灰色车右沿

(d) 黑色车左沿   (e) 白色车左沿   (f) 灰色车左沿

图 5.1.19 不同颜色车辆左右沿差分图像及垂直累计分布图

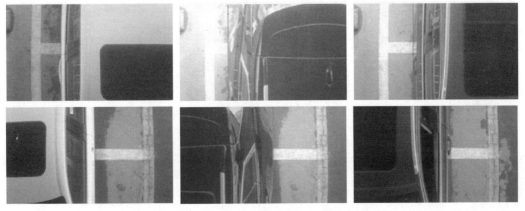

图 5.1.20 车辆左右边沿检测结果

图 5.1.21 上沿检测
图像处理区域

从图 5.1.22 可以看出，车辆的上沿为灰度值水平累计曲线从上向下扫描过程中遇到的第一个斜率突变点，而车辆上沿的位置坐标为侧面图像中上沿检测结果中纵坐标的最小值。不同颜色、不同车型的上沿图像检测结果实例如图 5.1.23 所示，细线为检测出的车辆上沿位置。

5.1.6 车辆颜色检测

车辆颜色主要可划分为以下 11 种：银色、棕色、黑色、灰色、白色、红色、黄色、绿色、青色、蓝色、粉色。侧面相机负责车辆颜色的检测，检测区域为前后轮之间以侧面相机中心为初始设定中心的 50×50 像素的矩形区域。检测步骤如下：

（1）确定颜色检测的处理区域

在颜色判断之前，首先需要排除检测区域内出现干扰物体的情况。求取检测区域内 R 分量、G 分量、B 分量中标准偏差的最大值，如果标准偏差的最大值过大，则证明处理区域内颜色不均匀，这时将处理区域中心按照下、右、上、左的逆时针方向依次移动 10 个像素，直到找到满足 RGB 的最大标准偏差小于设定阈值（30）的检测区域为止。

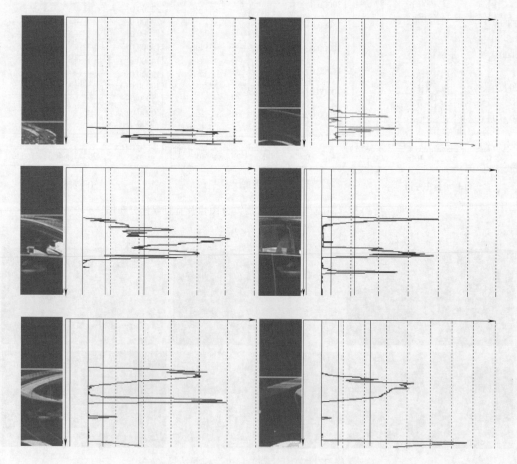

图 5.1.22 上沿差分图像及水平累计分布图

图 5.1.23 车辆上沿的检测结果

（2）颜色判断

在测量颜色时，首先利用 R、G、B 值判断是不是灰色系的车，如黑色车、灰色车、棕色车等；然后，利用 HSI 检测彩色颜色的车，如红色车、绿色车等。方法是根据检测区域内 R 分量、G 分量和 B 分量的最大平均值和最小平均值的差进行判断，若差值小于阈值 30，则利用 RGB 模型判断；否则，利用 HSI 判断，根据 H 和 S 的大小判断车辆的颜色。

5.1.7 检测流程

以上分别介绍了本系统对车辆各项参数的检测方法，本小节介绍系统的检测流程。为了在车辆通过检测工位时获得尽量多的图像信息，本系统在车辆通过检测工位时只进行图像采集、车辆进出判断和图像保存，判断车辆通过后，再利用保存的图像进行车辆长、宽、高和颜色参数的检测。图 5.1.24 是系统检测的流程图。

由前面的介绍可知，系统总共使用了 5 部摄像机，其中有 4 部安装在测量工位的上方，另外一部安装在侧面。在测量工位上方的 4 部相机中，有两部安装在前后两端，用于判断车辆的驶入、驶出并测量车辆的长度，另外两部安装在左右两端，用于测量车辆的宽度。根据前面对测量原理的介绍可知，车辆长度、宽度的测量均需要摄像机在同一时刻采集两帧图像才能够求出。因此，测量系统所采用的图像采集模式是单线程串行图像采集模式，即 5 部相机按照后、前、左、右、侧的顺序依次采集一帧图像。

除了单线程串行采集模式之外，还有另外一种图像采集方式——多线程并行采集方式。多线程并行采集方式是指 5 部相机同时自行采集。该方法采集速度快，采集帧数多，但是由于各相机的采集速度不可能完全相同，因此想要从两部相

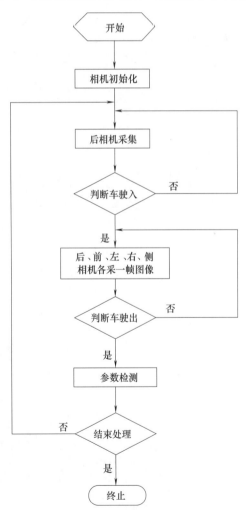

图 5.1.24 系统检测流程图

机采集到的若干帧图像中选择出一对在同一时刻采集的图像会十分困难，所以测量系统选用了单线程串行采集模式。单线程串行采集模式虽然是 5 部相机循环进行采集，但由于后、前、左、右、侧 5 部相机在图像采集的过程中，每部相机的平均帧率可达 30 帧/s 以上，采集一帧图像需要的平均时间约为 1/30s，因此忽略采集一帧图像的时间，前后相机、左右相机所采集到的图像可视为在同一时刻采集到的一对图像。

由上面对图像采集方案的介绍可知，系统采用了单线程串行采集的模式，因此从系统判断出车辆进入检测工位时（开始采集图像）到系统判断出车辆驶出检测工位时（停止采集图像），前、后、左、右、侧 5 部相机所采集到的图像帧数完全相同。设每部相机采集到的图像帧数为 n，则 5 部相机采集到的图像总帧数为 $5n$，每部相机采集到的图像帧数范围为 $[1，n]$。假如车辆以 10km/h 的速度驶过检测工位，则平均每部相机采集到的图幅总数为 50 帧，5 部相机的图幅总数就将会是 250 帧，如果对如此多数量的图像进行处理，势必会增大处理时间和难度。因此，在检测过程中，对采集到的图像进行了选择性处理。

5.1.8 系统影响因素分析

（1）车辆偏离中心

行驶路线偏离地面中心线过大是影响车辆长度检测精度的一个重要因素。如图 5.1.25 所示，车辆严重跑偏，在这种情况下，车辆的最前端和最后端将不会出现在车辆前、后沿的检测区域内，长度的检测结果也会因此而变小。

 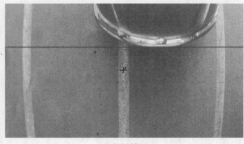

(a) 车辆后沿 　　　　　　　　　　　　　　　(b) 车辆前沿

图 5.1.25 车辆行驶路线严重偏离中心对长度检测的影响

不仅如此，在这种情况下，车辆的左、右沿也可能会因为车辆驶出了左、右检测区域而无法获得车辆的准确宽度，如图 5.1.26 所示。

(a) 车辆右沿 　　　　　　　　　　　　　　　(b) 车辆左沿

图 5.1.26 车辆行驶路线严重偏离中心对宽度检测的影响

（2）行驶速度过快

车辆行驶速度对车辆前后沿的检测也存在着影响。车辆行驶速度过快，会导致图像采集帧数减少，能够匹配成对的前后沿图像减少，两帧图像间差距过大等。减小车辆的行驶速度，车辆前后沿图像的匹配对数将会增多。

　　（3）检测区域内出现干扰目标

　　干扰目标的出现是图像差分法的一大难题。如果在车辆驶入之前或车辆行驶过程中，有干扰目标进入检测区域，则会将干扰目标当作检测目标进行自动检测，这不仅影响了系统的正常运转，也影响了系统的测量精度。如图 5.1.27 所示的检测区域内出现了干扰目标。

　　外界干扰是任何一个自然光照条件下机器视觉系统都无法避免的影响因素，通常包括自然和人为两种类型。自然的影响因素主要指光照、落叶、纸片等，这些影响因素有时是不能避免的，只能利用某些方式减少干扰，例如可以尽可能将检测工位安装在阴凉避光处等。人为影响因素通常是指一些人为操作错误造成的本可以避免的干扰因素。例如，在检测车辆进出的过程中，检测区域内突然出现了外来目标。因此，在使用差分法进行车辆进出判断时，检测工位内不允许有人走动，并且检测工位需要保持整洁干净。

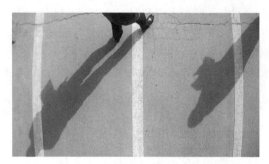

图 5.1.27　进出判断过程中出现干扰目标

5.2　玉米粒在穗计数

5.2.1　项目目标与技术要点

　　玉米是世界上分布最广泛的粮食作物之一，种植面积仅次于小麦和水稻。现在，对粮食产量的预测主要有以下几种方法：遥感预测、模型预测、传感器预测和田间取样预测等。其中，田间取样预测需要根据理论产量公式进行产量预估，在地块较小、缺乏历史数据或技术不完备的情况下，该方法非常简单有效。亩穗数、穗粒数和百粒重是衡量玉米产量的主要参数，这些都离不开玉米籽粒数量统计。

　　目前粮食颗粒计数基本上由人来完成，这种方法易导致人眼疲劳，影响检测效率和准确度。近年市场上出现了一些粮食颗粒自动计数装置。例如，利用光电脉冲的自动数粒仪，便携式激光计数器等。

　　本项目旨在研究使用机器视觉提取玉米粒行并统计籽粒数的方法（不破坏玉米果穗的前提下）。

　　利用图像处理技术进行玉米粒的在穗计数，首先需要一个旋转的图像采集平台，将穗上各行玉米粒完整地采集到图像上；然后对每行籽粒分别进行计数，需要保证既不漏计又不重计；最后统计总数。为此，本项目具有以下技术要点。

　　① 图像上玉米穗区域的提取；

　　② 玉米穗行的分割与提取；

　　③ 单行上玉米粒的计数；

　　④ 玉米穗行提取完成的确定。

5.2.2 设备及软件环境

如图 5.2.1 所示，试验设备包括计算机、数据采集与控制模块、玉米果穗旋转装置和图像采集装置。其中，计算机的配置为：CPU U5400，主频 1.2GHz，内存 2GB。数据采集与控制模块采用北京中泰研创科技有限公司生产的 USB7503。图像采集装置包括 PC 摄像头和可调节支架，PC 摄像头使用英特尔（Intel）公司生产的 CS630。玉米果穗旋转装置由步进电机、电机驱动器、24V DC 电源和机械部分组成。选用北京精工成有限公司的两相混合式 57BYG250 型步进电机和 SD-225M 型驱动器，步距角为 1.8°，有 8 种细分方式，输出驱动电流为 0.6～1.7A。机构部分包括底座、果穗连接件和其他固定安装部件。其中，底座用于固定步进电机、电机驱动器和电源，底座下方装有 4 个橡胶垫，用于减振；果穗连接件将玉米果穗与步进电机的转轴连接起来，并且使果穗轴心线和步进电机转轴尽量一致。

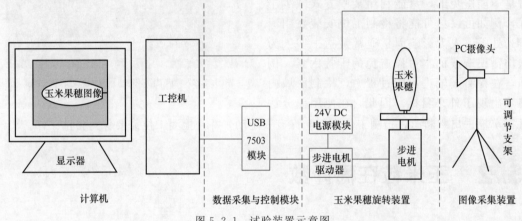

图 5.2.1 试验装置示意图

试验中，USB7503 模块和 PC 摄像头通过 USB 接口与计算机相连，PC 摄像头固定在调节支架上，可进行高度和角度调节。步进电机以 4.5°/s 的速度驱动旋转台带动果穗旋转，PC 摄像头在需要的时候采集果穗图像。图像背景使用黑色，通过调整 PC 摄像头的距离和方位，使玉米果穗完整、清晰、在水平方向尽可能大地呈现在图像中央。图像分辨率设定为 640×480 像素。

软件开发利用 Microsoft 的 Visual C++6.0，在北京富博科技有限公司的通用图像处理系统 ImageSys 的开发平台上完成。

5.2.3 玉米粒在穗计数流程

玉米粒在穗计数测量主要包括玉米穗区域确定、玉米穗行提取、穗行粒数测量、穗行连续提取及整穗粒数统计。

5.2.3.1 玉米穗区域确定

将采集到的彩色图像转变成 R、G、B 三帧灰度图像。由于 G 帧图像相对于背景比较清晰，因此对 G 帧图像采用大津法进行二值化处理，之后对二值图像进行去噪和补洞处理，得到用于后续处理的二值图像。使用 xsize 表示图像长度，使用 ysize 表示图像高度，本项目中，xsize=640，ysize=480。

采用 ImageSys 图像处理开发平台提供的 Measure_outline 函数对二值图像进行轮廓追踪处理，获得最长轮廓线的外接矩形坐标。将该矩形区域作为玉米果穗图像处理区域，记作

W_1，其中 W_1 的长度记为 d_x，高度记为 d_y。

如图 5.2.2 所示，矩形左上角坐标为 $(x_s，y_s)$，右下角坐标为 $(x_e，y_e)$。由于有的玉米穗存在秃尖，为了去除秃尖部分对籽粒统计的影响，可将高度小于 $d_y/2$ 的部分从 W_1 区域去除（图 5.2.2 中线 1 左侧部分），剩余区域作为 W_1 的修正区域，记作 W_1'。利用秃尖处果穗直径较小的特点，将玉米轮廓在 y 方向的距离为 $d_y/2$ 处的横坐标设为 x_s'，若 $|x_s'-x_s|>d_y/4$，则认为玉米果穗存在秃尖。

图 5.2.3 和图 5.2.4 分别为试验得到的两个实例图像及玉米轮廓的提取结果。其中，图 5.2.3（a）为无秃尖玉米图像，图 5.2.4（a）为有秃尖玉米图像，图 5.2.4（b）为使用大津法进行二值化以及去噪和补洞处理后的结果，图 5.2.4（c）为轮廓追踪后的结果图像，图 5.2.4（d）为自动判断秃尖并获取玉米穗修正区域的结果。从图 5.2.3 和图 5.2.4 可以看出，玉米穗轮廓被有效地提取出来了，并可以自动判断秃尖从而获取有效的玉米穗处理区域。

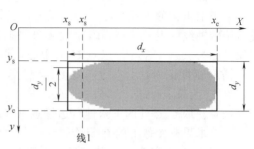

图 5.2.2　玉米果穗处理区域

(a) 原图像　　(b) 二值化、去噪及补洞　　(c) 轮廓线　　(c) 处理区域 W_1

图 5.2.3　无秃尖玉米处理结果

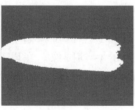

(a) 原图像　　(b) 二值化、去噪及补洞　　(c) 轮廓线　　(c) 处理区域 W_1'

图 5.2.4　有秃尖玉米处理结果

5.2.3.2　玉米穗行提取

对采集到的玉米果穗图像直接进行籽粒测量存在很多问题，主要表现在两个方面：一是玉米果穗图像边缘的籽粒顶端没有正对着摄像头，在图像中的显示区域很小，不容易被正确提取出来；二是在一帧玉米果穗图像未完全包含籽粒信息时，就直接进行籽粒提取，由于籽粒信息不完整，就得不到总的籽粒数量。

对采集到的果穗图像分析其形态特征，可以很容易地看出，果穗的穗行之间有较深的缝隙，在图像中对应像素点的灰度值较小。另外，位于图像中央附近的中心穗行比其他穗行在果穗图像上所占区域相对要大，籽粒也比较清晰。因此，本项目从果穗图像这些特征入手，对采集到的果穗图像先提取其中心穗行，再将下一穗行移至中心穗行处进行提取，依次提取出所有穗行；对提取出的所有穗行分别进行图像处理，实现玉米果穗的籽粒检测。

根据玉米果穗行间灰度值较小、籽粒灰度值较大的特点，对玉米果穗图像包含籽粒部分的区域使用 x 方向灰度值累计分布图（以下简称 x 累计分布图）进行分析，发现穗行边缘位置对应 x 累计分布图曲线中相邻两峰之间的波谷位置。因此，本项目基于玉米果穗图像的 x 累计分布图特征进行穗行边缘追踪，从而完成穗行的提取。

（1）确定提取起始点和处理区域 W_2

由于玉米穗的不规则性及安装误差，其轴线与旋转轴线并不十分吻合，但靠近根部的轴线与旋转轴线的误差较小，因此默认选取玉米穗轴线距离根部 $d_x/4$ 处为提取的起始点 C，图像坐标为 (x_C, y_C)。以点 C 为中心，取一处理区域 W_2（如图 5.2.5 灰色区域所示），其 x 方向宽度记为 s_x，y 方向宽度为记为 s_y。

设 s_x 为 xsize/16，s_y 为 $0.8d_y$。其中，xsize 表示图像屏幕 x 方向长度。

（2）获取 C 点处的玉米穗行边缘点 A 和 B

过玉米果穗图像上的 C 点作 $x=x_C$ 的直线，与 C 点所在穗行的上下边缘相交，设上下交点分别为 A 点和 B 点，其坐标分别记为 (x_C, y_A) 和 (x_C, y_B)。这两点均位于 C 点所在穗行与上下相邻穗行相连的缝隙上。A 点和 B 点图像坐标分别记为 (x_C, y_A) 和 (x_C, y_B)，如图 5.2.6 所示（椭圆区域代表玉米籽粒）。

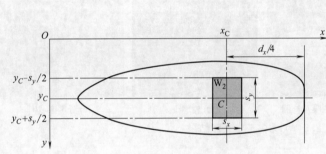

图 5.2.5　玉米粒行提取起始点设定区域 W_2

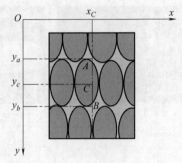

图 5.2.6　玉米穗行缝隙点 A 和 B

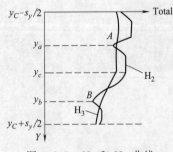

图 5.2.7　H_2 和 H_3 曲线

获取 A 点和 B 点的步骤如下：

① 对玉米的 G 帧图像，在以 C 点为中心的 W_2 区域沿 x 方向作像素值累加，获得 W_2 区域的 x 累计分布图），存于数组 H_1 中。

② 对数组 H_1 进行平滑，存于数组 H_2，平滑宽度取 3 个像素。使用移动平均法，将 H_1 的第 i 个元素在 $[i-s_y/5, i+s_y/5]$ 内（即区域宽度为 $0.4s_y$）的平均值作为第 i 点的区域平均值，存于数组 H_3 中。H_2 和 H_3 的曲线表示如图 5.2.7 所示，其中 y 方向表示曲线上各点的 y 坐标值，Total 方向表示 y 坐标处的像素值。

③ 对平滑后的曲线 H_2 进行凹点判断。设数组 H_4，用于记录 H_2 的升降趋势，上升用 1 表示，下降用 -1 表示。初始化 $H_4[0]=1$；若 $H_2[i]<H_2[i-1]$，则记 $H_4[i]=-1$；若 $H_2[i]>H_2[i-1]$，则记 $H_4[i]=1$；若 $H_2[i]=H_2[i-1]$，则记 $H_4[i]=H_4[i-1]$。若 $H_4[i-1]=-1$，而 $H_4[i]=1$，并且 $H_2[i]<H_3[i]$，则判断 H_2 第 i 个元素对应的点为凹点。

④ 设获得的凹点个数为 n_1，将 s_y/n_1 作为相邻凹点的平均距离，记为 d_1。为提高判断

的准确率，将相邻距离小于 $d_1/2$ 的凹点剔除，剩余的凹点为对应玉米穗行边缘的点。

⑤ 在剩余凹点中，将 y 坐标方向上距离 C 点最近的上下两个凹点作为 A 点和 B 点。设这两个凹点在 H_2 中的元素编号分别为 m 和 n，则 A 点和 B 点的 y 坐标分别为 $y_A = y_C - s_y/2 + m$，$y_B = y_C - s_y/2 + n$。设当前穗行宽为 d_r，则 $d_r = y_B - y_A = n - m$。

⑥ 如果在剩余凹点中找不到满足要求的凹点，则将 C 点上移 2 个像素，重新执行步骤①～⑤；如果连续 5 次未获取到，则认为 C 点所处位置穗行不整齐或有缺陷（如霉变等），可将 C 点向玉米果穗中心移动 10 个像素，重新执行步骤①～⑤，直到成功获取 A 点和 B 点。

图 5.2.8 为不同干燥程度的玉米果穗连续提取粒行时获取 A、B 点的两种情况。其中，各图的右侧为玉米图像，左侧细实线 H_2 表示纵向累计像素值平滑曲线，粗实线 H_3 表示趋势曲线，脉冲 R 表示检测到的凹点位置。图 5.2.8 中两例均有效判断出 A 点和 B 点，尽管图 5.2.8（a）的曲线比较倾斜，也没有影响判断结果。

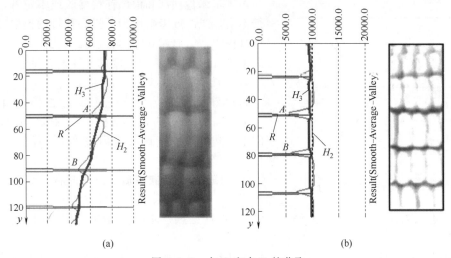

图 5.2.8 点 A 和点 B 的获取

（3）玉米穗行提取

获取到玉米穗行上下边缘中的 A 点和 B 点后，就可以以这两点分别作为起始点，利用玉米边缘灰度值较小的特点进行穗行边缘追踪，从而将该玉米穗行完整提取出来。所使用的方法仍基于 x 累计分布图，具体提取玉米穗行的步骤如下：

① 将 A 点（x_C，y_A）作为中心穗行上边缘提取起始点，设前一个已追踪到的边缘点的坐标为（x_i，y_i），若向左追踪，则左边相邻的待追踪的边缘点的坐标为（x_{i-1}，y_{i-1}），若向右追踪，右边相邻的待追踪的边缘点的坐标为（x_{i+1}，y_{i+1}），这里 $x_{i-1} = x_i - 1$，$x_{i+1} = x_i + 1$。

② 设处理区域为 W_3，其 y 方向宽度记为 y_S，x 方向宽度记为 x_S。取 $y_S = 2d_r$（即两个穗行宽度），取 $x_S = s_x$。

③ 从点 A 处向左追踪。将点（x_{i-1}，y_i），即（$x_i - 1$，y_i）作为 W_3 的中心，在 W_3 区域（如图 5.2.9 所示）内进行 x 方向累计分布图统计。

将累计分布图进行宽度为 3 个像素的平滑，获取低于平均值的凹点，并将距离 y_i 最近的凹点对应的 y 坐标作为当前穗行在 $x = x_{i-1}$ 处的上边缘点的纵坐标 y_{i-1}。如图 5.2.10 所示的曲线为 W_3 区域内的 x 累计分布图，V_a 为其平均值，y_i 为当前 W_3 区域中心点的 y 坐

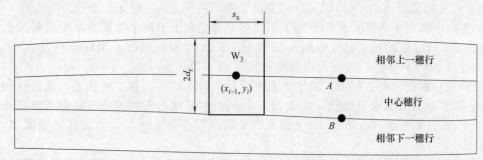

图 5.2.9 W₃ 处理区域

标，y_t 为距离 y_i 最近的凹点的 y 坐标。则 y_t 值可作为当前穗行在 x_{i-1} 处的玉米上边缘的 y 坐标值 y_{i-1}。

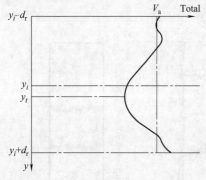

图 5.2.10 追踪穗行边缘上的点

由于玉米穗顶部和根部籽粒稀疏或不整齐，造成了穗行不明显或严重歪斜。为了提高穗行的提取效果，在追踪过程中，当追踪到的穗行边缘点比前一边缘点在 y 方向上的距离超过穗行宽度的 1/4 时，即 $|y_t - y_i| > d_r/4$，则放弃该点，取 $y_{i-1} = y_i$。

将追踪到的点 (x_{i-1}，y_{i-1}) 看作已知，即令 $x_i = x_{i-1}$，$y_i = y_{i-1}$，重新执行步骤③，追踪左边相邻的下一边缘点，直到 x 坐标值等于 x_e，即可获取玉米穗行左侧上边缘。

④ 同理从 A 点向左追踪改成向右追踪，直到 x 坐标等于 x_s，即可获取玉米穗行右侧上边缘。

以 B 点 (x_C，y_B) 为中心穗行下边缘提取起始点，使用相同的方法可获取当前玉米穗行的下边缘。

最后根据玉米穗行上下边缘信息可提取出上下边缘所限定范围的当前图像的玉米中心穗行范围。

5.2.3.3 穗行粒数测量

由于玉米穗行上相邻籽粒间缝隙也存在灰度值相对籽粒图像较小的特点，因此以提取的玉米穗行为处理目标，使用 y 方向的灰度值累计分布图（以下简称 y 累计分布图），获得玉米粒之间的缝隙，进而测量出该穗行上的玉米粒数量。具体测量步骤如下：

① 对提取的玉米穗行图像在 W₁ 区域内沿 y 方向作 y 累计分布图。如图 5.2.11 所示，上方图形表示玉米穗行，下方曲线表示该玉米穗行的 y 累计分布图。在 y 累计分布图中，籽粒间的缝隙存在明显的凹点，同时由于部分玉米籽粒顶端存在凹坑（如马齿型玉米）或其他原因，使得非玉米籽粒缝隙处也存在较小凹点。

② 对 y 方向累计分布图进行 3 个像素宽度平滑（去除毛刺干扰），然后将平滑曲线上的点与其区域平均值曲线（平均宽度为 $d_r/3$）上对应点相比较（为了避免光照干扰），使用 5.2.3.2 节所介绍的方法来获得凹点。

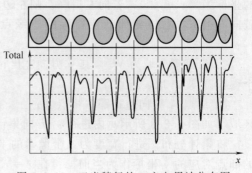

图 5.2.11 玉米穗行的 y 方向累计分布图

③ 统计凹点的个数，记为 num，作为该行玉米籽粒间隙的个数。根据籽粒间隙个数，可求得该穗行籽粒个数为 num＋1，以及该穗行籽粒的平均宽度 $d_d = d_x/(\text{num}+1)$，其中 $d_x = x_e - x_s$。

④ 由于穗行两端不如中间段整齐，因此，采取从处理区域 W_1 的宽度中心处开始分别向左和向右对籽粒间隙进行判断的方式。在向左和向右扫描过程中，若当前凹点与前一个凹点的距离小于 $2d_d/3$，则剔除该凹点，并于扫描结束后更新籽粒间隙个数 num 和籽粒平均宽度 d_d。

5.2.3.4 穗行的连续提取

在采集第一帧图像并提取出第一个中心穗行后，逆时针旋转玉米穗半个穗行，然后一边旋转一边采集图像，同时判断是否到达下一穗行。如果已旋转至下一穗行，则使用前述方法提取该穗行并统计其籽粒数。具体步骤如下：

① 将首穗行下边缘上的点 $B(x_C, y_B)$ 作为连续提取穗行时的固定参考中心 D 点，其坐标记作 (x_D, y_D)，其中 $x_D = x_C$。

② 逆时针旋转玉米穗，记录玉米穗旋转半个穗行所对应的角度（记作 β）。在开始连续采集图像时，需保证 D 点处已离开上一穗行的下边缘。

如图 5.2.12 所示，过 C 点的玉米横截面可近似为圆，PQ 为果穗直径，记作 d_e，该距离可在玉米果穗轮廓追踪过程中获得，当前的穗行宽度 d_r 可以根据最近提取的穗行上下边缘点 AB 的距离获得，同时记 α 角为玉米穗旋转整个穗行所对应的角度，则 β 角可由式（5.2.1）获得。

$$\beta = \frac{\alpha}{2} = \arcsin\left(\frac{d_r}{d_e}\right) \qquad (5.2.1)$$

③ 对连续采集的每一帧图像在以 D 点为中心的 W_3 区域内作 x 累计分布图，判断最近已提取穗行的相邻下一穗行的下边缘是否到达 D 点附近。

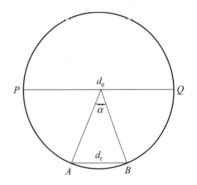

图 5.2.12 单粒行所对应的角度

由于玉米果穗旋转方向为逆时针，所采集的果穗图像的中间穗行自下向上移动，因此在连续采集图像时，D 点位置的图像总是从相邻下一穗行的中心向该穗行的下边缘方向变化，且其在连续的 x 累计分布图中的值会以先逐帧增大后逐帧减小的趋势变化，如图 5.2.13 所示。

图 5.2.13 (a) 为当前穗行在 D 点（x_d, y_d）处的 x 累计分布图，图中凹点 1 对应当

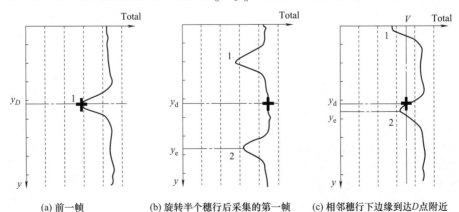

(a) 前一帧　　　(b) 旋转半个穗行后采集的第一帧　　　(c) 相邻穗行下边缘到达D点附近

图 5.2.13　D 点在连续 x 累计分布图上的数值变化

前玉米穗行的下边缘 B 点；

图 5.2.13（b）为后续连续采集的第一帧图像，此时 D 点位置的图像在 x 累计分布图的值较大，图中凹点 2 对应相邻下一穗行的下边缘 B 点（该点的 y 坐标用 y_e 表示）；

图 5.2.13（c）为后续连续采集的其他帧图像，该图表明，D 点位置的图像在 x 累计分布图中的值会逐渐减小，直到其相邻下一穗行的下边缘 B 点接近 D 点。

如果相邻下一穗行的下边缘 B 点接近 D 点，则顺序执行步骤④；否则，重复执行步骤③。

其中，判断相邻下一穗行的下边缘 B 点是否接近 D 点的方法有如下两种。

方法 1：阈值比较法

本项目选取一阈值 V，当 D 点位置的图像在 x 累计分布图中的值下降到 V 值以下时，如图 5.2.14 所示，则认为下一个凹点 2 即将到达 D 点，即相邻下一穗行的下边缘到达 D 点附近。

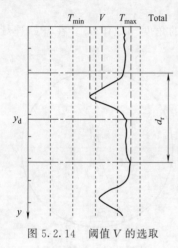

图 5.2.14 阈值 V 的选取

阈值 V 按照式（5.2.2）选取，其中 T_{max} 和 T_{min} 分别为 x 累计分布图曲线在横坐标中间区域内 1 个穗行宽度的最大值和最小值。

$$V = T_{min} + \frac{T_{max} - T_{min}}{4} \qquad (5.2.2)$$

方法 2：采集间隔判断法

步进电机转速使用 v_p（脉冲/s）表示，采集速率使用 f_p（脉冲/帧）表示，细分数使用 m_p 表示。已知步进电机步距角为 1.8°，设采集当前帧与相邻下一帧所间隔的角度为 γ，所间隔的时间为 t_p(s)，则 γ 和 t_p 可根据式（5.2.3）和式（5.2.4）进行计算。

$$\gamma = \frac{1.8 f_p}{m_p} \qquad (5.2.3)$$

$$t_p = \frac{f_p}{v_p} \qquad (5.2.4)$$

设当前帧的点 N 在相邻下一帧中到达固定点 D，由于玉米果穗的横截面近似为一个圆，其圆心用 O 来表示，则点 N、点 D 及点 O 之间的关系如图 5.2.15 所示，图中线段 ND' 垂直于线段 OD。这里相邻帧间的图像距离使用 ND'（单位为像素）来进行估计，其值可根据式（5.2.5）计算获得。

$$ND' = \frac{d_e}{2}\sin\gamma \qquad (5.2.5)$$

如果当前帧上距离 D 点最近的下方凹点与 D 点距离小于 $2ND'$，则认为相邻下一穗行的下边缘到达 D 点附近。

在试验中发现，使用阈值比较法偶尔会出现漏判，而使用采集间隔判断法则比较准确，因此，最终使用采集间隔判断法来判断相邻下一穗行下边缘是否到达 D 点附近。

④ 以 D 点上移半个穗行位置处的点 $(x_C,\ y_D - d_r/2)$ 为中心，在 W_4 区域（y 方向的宽度取 4 个穗行宽度，x 方向的宽度与 W_2 取值相同）内，通过使用 x 累计分布图来获取当前帧中心穗行的上下边缘点 A 和 B，然后将当前穗行提取出来，并统计

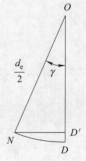

图 5.2.15 相邻采集图像的间隔角度

当前穗行的籽粒数。

　　⑤ 重复执行步骤②～④，直到所有穗行提取完毕。

5.2.3.5　穗行提取结束的判断及整穗粒数统计

　　在穗行的连续提取过程中，需要判断是否所有穗行都已提取完毕。如果所提取的穗行与首次提取的穗行相同，则剔除该行，并可判断所有穗行已提取完毕，同时可获得该玉米果穗的穗行总数。以连续提取的穗行上边缘与首次提取的穗行上边缘的拟合程度来判断是否完成穗行提取。

　　具体判断过程如下：

　　① 将首次提取的穗行上边缘的坐标数据 D_1 和当前提取的穗行上边缘坐标数据 D_2 进行比较。由于穗行两端提取效果相对于中间部分较差，因此只取 D_1 和 D_2 中 x 坐标在 $[x_s+0.1d_x,$ $x_e-0.1d_x]$ 范围内的 y 坐标数据，依次存于数组 R_1 和 R_2 中，数组长度为 $0.8d_x+1$。

　　② 求待比较的两个穗行在果穗图像屏幕中心的相对距离，记作 d_c。设首次提取的穗行和当前穗行上边缘在 x 坐标为 $\mathrm{xsize}/2$ 的 y 坐标分别为 y_{r1} 和 y_{r2}。由于穗行边缘参差不齐，本项目以两穗行上边缘的点 $(\mathrm{xsize}/2, y_{r1})$ 和 $(\mathrm{xsize}/2, y_{r2})$ 在 x 坐标范围 $[\mathrm{xsize}/2-$ $0.05d_x, \mathrm{xsize}/2+0.05d_x]$ 的区域内的 y 坐标平均值 y_{a1} 和 y_{a2} 作为参考值来求 d_c，即 $d_c=y_{a2}-y_{a1}$。

　　③ 将当前穗行上边缘在 x 坐标为 $[x_s+0.1d_x, x_e-0.1d_x]$ 范围内的点在 y 方向上减去 d_c 个像素，更新数组 R_2 中的数据，即 R_2 中的元素依据式（5.2.6）获得。

$$R_2[i]=R_2[i]-d_c \quad i\in[0,0.8d_x] \tag{5.2.6}$$

　　④ 求当前穗行与首次提取的穗行上边缘在相同 x 坐标点处的 y 坐标差值绝对值的累加和（简称差值和），存储至数组 Sd 中，即 Sd 中的每个元素根据式（5.2.7）获得，其中，j 为当前穗行序号（首次提取的穗行序号为 0，其他连续提取的穗行序号依次加 1）。

$$\mathrm{Sd}[j]=\sum_{i=0}^{0.8d_x}|R_2[i]-R_1[i]| \tag{5.2.7}$$

　　⑤ 玉米果穗的穗行通常为十几行到二十几行不等，本项目将连续提取的前 n_a 行（取 $n_a=8$）与首次提取的穗行进行比较后得到的差值和求平均值（记作 S_a），即 S_a 可根据式（5.2.8）获得。

$$S_a=\frac{\displaystyle\sum_{j=1}^{n_a}\mathrm{Sd}[j]}{n_a} \tag{5.2.8}$$

　　以 S_a 的 2/3 作为差值阈值，记作 S_c，如果从连续提取的第 n_a+1 穗行开始，发现 Sd $[j]<S_c$（j 为当前提取行的序号），则认为该穗行与首次提取的穗行为同一穗行，停止旋转果穗和采集图像，并将当前提取行的行号 j 作为该果穗的穗行总数。

　　剔除与首行相同的穗行，统计剩下所有提取出的穗行的籽粒数量，即可测量出该玉米果穗的总籽粒数。

5.2.3.6　玉米籽粒计数测量结果分析

　　图 5.2.16 为几种不同的玉米果穗图像，玉米颜色有黄白混色、白色和黄色。其中，图 5.2.16（a）和（b）为新鲜的玉米果穗，图 5.2.16（c）和（d）为干燥的玉米果穗。图 5.2.17 为从图 5.2.16 中所提取的穗行及籽粒分割结果，图中短线表示获得的各个玉米籽粒间的缝隙。其中，图 5.2.17（a）中籽粒分割线有个别偏移，但没有影响籽粒计数；图 5.2.17（b）中，由于玉米根部穗行不整齐，故局部未完全沿缝隙提取；图 5.2.17（c）提

取和分割效果较好；图 5.2.17（d）中由于籽粒表面反光，靠近根部的籽粒间隙不明显，所以个别籽粒间未被分割，对粒数统计产生了一定的影响。总体来说，本项目可以有效提取玉米穗行和分割籽粒，且穗行越整齐，籽粒分割效果越好。

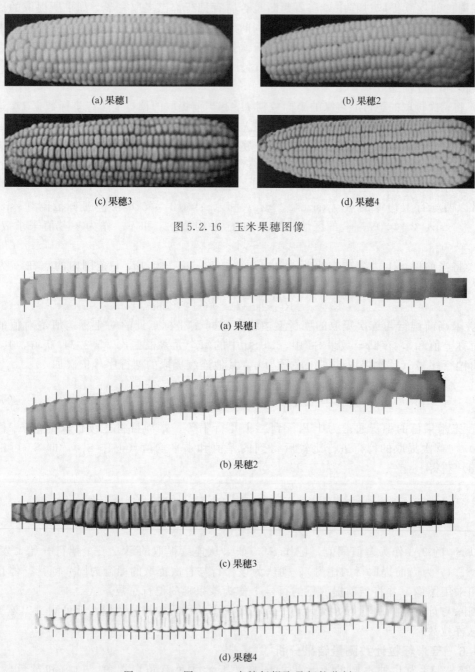

(a) 果穗1　　　　　　　　　　　　　　(b) 果穗2

(c) 果穗3　　　　　　　　　　　　　　(d) 果穗4

图 5.2.16　玉米果穗图像

(a) 果穗1

(b) 果穗2

(c) 果穗3

(d) 果穗4

图 5.2.17　图 5.2.16 中穗行提取及籽粒分割

图 5.2.18 是在连续提取穗行时依次对所提取的相邻穗行与首次提取的穗行进行比较所得到的差值和的变化过程曲线实例。图 5.2.18 中 x 坐标表示依次提取的穗行序号（首次提取的穗行序号为 0），图中水平直线表示前 8 个相邻穗行与首行的平均差值和的 2/3（即差值

阈值）的位置。从该实例可以看出，第 16 穗行的差值
和远低于差值阈值，而前 15 个穗行的差值和远高于差
值阈值，因此，可判断所提取的第 16 穗行与首次提取
的穗行为同一穗行，该果穗穗行总数为 16。

　　试验中发现，当所提取的中间穗行与首行边缘非常
接近时，会导致穗行提取提前结束，从而影响检测结果
的准确性。为避免这种情况的发生，在穗行提取结束的
判断中增加一定的约束条件，通过判断实际输出的脉冲
数与步进电机理论上旋转一周所应输出的脉冲数是否一
致（允许相差旋转半个穗行所应输出的脉冲数）来提高
检测结果的准确性。

　　试验表明，应用本算法来判断穗行提取结束的时刻
并获得果穗的所有穗行，简单、快速且准确。

　　以图 5.2.16（d）果穗 4 为例，对该玉米穗进行所
有穗行提取和籽粒分割，结果如图 5.2.19 所示。

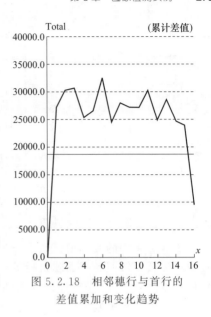

图 5.2.18　相邻穗行与首行的
差值累加和变化趋势

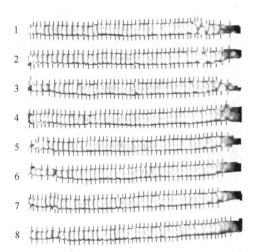
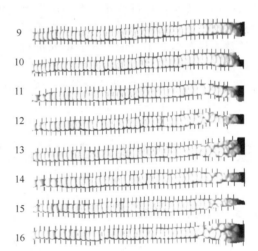

图 5.2.19　穗行提取和籽粒分割结果

　　图 5.2.16（d）中的玉米果穗共有 16 个穗行，在图 5.2.19 中，第 9 穗行和第 10 穗行靠
近根部处存在未分辨出的籽粒缝隙，第 13 穗行和第 16 穗行由于该玉米果穗根部籽粒排列不
整齐，穗行提取存在一些偏差，其余穗行提取和分割的效果均比较理想。

　　本试验中，共随机选取不同种的玉米果穗 12 个进行穗粒数统计，颜色包括黄色、白色
和黄白混色，秃尖长短不一，无严重霉变及大面积缺粒，试验结果如表 5.2.1 所示。

表 5.2.1　玉米果穗穗粒数测量的试验结果

样本序号	秃尖长度/cm	穗腰部直径/cm	穗行整齐度	穗颜色	干燥度	实际穗行数	检测穗行数	实际籽粒数量	检测籽粒数量	检测时间/s	籽粒数量误差率/%
1	0	5.2.1	整齐	白	新鲜	14	14	669	614	102	8.22
2	2	5.2.6	稀疏	白	新鲜	14	14	518	471	100	9.07
3	1.6	4.9	整齐	白	新鲜	12	12	571	524	100	8.23

续表

样本序号	秃尖长度/cm	穗腰部直径/cm	穗行整齐度	穗颜色	干燥度	实际穗行数	检测穗行数	实际籽粒数量	检测籽粒数量	检测时间/s	籽粒数量误差率/%
4	0	5.2.0	整齐	白	新鲜	14	14	497	471	101	5.23
5	2.3	4.8	整齐	黄白	新鲜	14	14	510	501	100	1.76
6	2.0	4.7	整齐	黄白	新鲜	16	16	520	549	103	5.58
7	3.5	4.8	稀疏	黄白	新鲜	16	16	539	584	102	8.35
8	6.0	4.8	稀疏	黄白	新鲜	16	16	411	447	102	8.76
9	4.3	5.2.1	整齐	黄	干燥	16	16	670	671	105	0.15
10	2.1	5.2.0	整齐	黄	干燥	16	16	625	654	102	4.64
11	0.7	5.2.5	整齐	黄	干燥	20	20	806	794	104	1.49
12	0.7	5.2.1	整齐	黄	干燥	20	20	765	766	105	0.13

表 5.2.1 中的实际穗行数、秃尖长度、穗腰部直径及实际籽粒数量的数据由人工测量，其中秃尖长度按照各截面圆直径等于果穗直径一半的果穗部分的长度来进行测量，实际籽粒数量为剔除秃尖部分的果穗籽粒数量；表中穗颜色与干燥度为目测，如果籽粒可挤压出汁，则判为新鲜，否则判为干燥；穗行整齐度也为目测，如果果穗中间大部分区域穗行明显且无缺粒，则认为果穗穗行整齐，否则认为果穗穗行稀疏。

根据试验数据，可以看出该算法适用于黄色、白色和黄白色的新鲜或干燥玉米果穗籽粒在穗数量检测。其中，穗行数的检测准确，籽粒数量测量的平均准确率为 95%，果穗籽粒数量的平均检测时间为 102s/穗。此外，穗行整齐的果穗比穗行稀疏的果穗检测准确率要高 5% 左右。分析果穗样本及试验数据，发现误差主要存在于籽粒稀疏的玉米果穗顶端和籽粒排列不整齐的玉米果穗根部。另外，光照环境对试验结果也存在一定的影响。

5.3　马铃薯种薯芽眼识别及点云模型重构

5.3.1　项目背景与技术要点

随着马铃薯种植机械化的发展，马铃薯在播种环节的种薯切块工序也逐渐由人工切块方式转变为机械化切块方式。切块前对种薯芽眼进行智能识别，根据种薯块茎大小和芽眼的分布情况确定种薯的切块数目和切块方式，能够为实现种薯自动化切块奠定基础。

本项目开展了马铃薯种薯的点云模型重构方法研究，首先研究基于图像处理的马铃薯种薯芽眼自动识别方法，获得芽眼在彩色图像中的二维定位坐标；然后研究基于马铃薯种薯多视角深度图像构建点云模型的方法，根据所得点云模型提取种薯的几何参数，建立质量预测模型，同时根据图像采集系统的标定参数将芽眼由彩色图像中的二维坐标转换为点云模型上的三维坐标，本项目为实现马铃薯种薯的智能化切块提供理论支撑，对马铃薯种植实现机械化和自动化具有重要意义。

对马铃薯种薯实施切块操作时，重要依据之一为种薯表面所分布芽眼的数量和位置。应用图像处理技术对马铃薯种薯的彩色图像进行处理，可将种薯图像划分为不同的特征区域并进行分析，通过滤波去噪、区域分割和参数提取，实现芽眼的识别和二维坐标定位。马铃薯种薯作为物理空间中的实物，具有三维物理结构。芽眼作为种薯的一部分，也具有三维空间信息。基于图像处理在马铃薯种薯的彩色图像中所识别和定位的芽眼坐标为二维平面坐标，由于缺少了一维信息，图像上的芽眼难以体现其在种薯上的真实位置。构建马铃薯种薯的点云模型,就是将种薯的三维结构用数字形式进行模拟,能够近乎真实地体现种薯的空间结构,进而可以获得芽眼在点云模型上的三维坐标,为种薯切块方法的研究奠定基础。

另外,种薯质量是决定种薯拟分割芽块数的重要参数之一。当前已有研究表明马铃薯的质量与其尺寸参数存在相关性,本项目在获得马铃薯种薯点云模型的基础上,能够更准确地提取到马铃薯种薯的空间尺寸参数,从而建立模型实现种薯质量的准确预测。

本项目主要技术要点:

① 研究基于图像处理的马铃薯种薯芽眼自动识别方法。

② 研究基于马铃薯种薯多视角深度图像构建点云模型的方法。

③ 根据点云模型提取种薯的几何参数,建立质量预测模型。

④ 建立芽眼在点云模型上的三维坐标。

5.3.2　马铃薯种薯芽眼的图像识别及定位方法研究

5.3.2.1　图像采集装置与方法

马铃薯种薯的彩色图像采集装置主要包括工业相机、LED 光源、图像采集暗箱以及控制图像采集和存储图像数据的计算机 4 个部分,装置结构如图 5.3.1 所示。

图 5.3.1　图像采集系统

本项目选用荷兰马铃薯的种薯作为分析样本,这种马铃薯的外皮为淡黄色,用于芽眼识别的图像处理算法研究具有一定的代表性。图像采集时,计算机调用工业相机的图像采集程序,分别采集样本平稳放置时相对两面的彩色图像,并自动保存于计算机硬盘中。图 5.3.2 所示为应用本装置所采集的同一个马铃薯种薯样本相对两面的彩色图像,本项目图像处理过程在 MATLAB R2017a 软件中进行。

图 5.3.2　马铃薯种薯样本的原始图像

5.3.2.2　马铃薯种薯图像的预处理方法

图像预处理是进行特征分析和提取的基础工作,包括背景分割、平滑去噪、图像增强等步骤,目的是滤除由采集设备带来的随机噪声、背景噪声以及样本本身存在的固有噪声等,从而突出待分析目标的特征。在马铃薯种薯的芽眼识别研究中，黑色背景、种薯表皮的斑点和机械损伤等均属于干扰信息，为实现芽眼识别，需要对这些干扰信息进行滤除，并增强芽眼特征。

（1）图像背景分割方法

以图 5.3.2 中左侧图像为例进行分析，图像中的像素信息分别包括马铃薯目标区域和背景区域的灰度和形状特征，因此需要对图像进行背景分割，去除马铃薯种薯以外的干扰信息。常用的图像分割方法主要有阈值分割、聚类分割、区域生长等方法，其原理均是将图像基于灰度或形状划分为特征一致的几个区域。由于马铃薯种薯目标区域与背景区域的颜色具有明显的差异，因此可以考虑通过分析图像的颜色特征、设定阈值来实现背景分割。彩色图像具有 R、G、B 三个通道，而阈值分割通常是对灰度图像进行处理，故根据公式（5.3.1）所示的加权平均算法将马铃薯种薯的彩色图像转换为灰度图像，结果如图 5.3.3（a）所示。

$$G = 0.299R + 0.578G + 0.114B \tag{5.3.1}$$

在灰度图像中任取一条过马铃薯种薯图像区域的直线［图 5.3.3（a）中的线段所示］，图 5.3.3（b）为图像在该线段位置的灰度分布曲线。从图中可以看出，灰度分布曲线在（520，1400）像素区间的灰度值范围为（150，224），相对区间两侧的灰度值具有明显的差别，这个像素区间对应着图像中的种薯样本区域，因此可以在 4～150 之间选择适当的灰度值作为阈值实现背景分割。

基于上述分析，本项目采用直方图阈值分割法确定阈值，提取马铃薯种薯图像。为加快后续处理速度，对图像中的背景像素进行裁剪处理以后，得到马铃薯种薯目标图像，如图 5.3.3（c）所示。

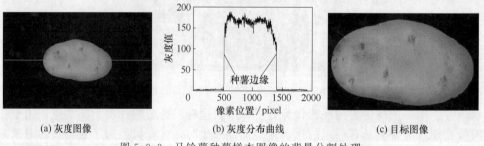

(a) 灰度图像　　　　　　　(b) 灰度分布曲线　　　　　　　(c) 目标图像

图 5.3.3　马铃薯种薯样本图像的背景分割处理

（2）图像平滑处理方法

马铃薯种薯表面存在芽眼、机械损伤和斑点等多种特征区域，要在样本的彩色图像中准确识别出芽眼，就需要对图像应用适当的平滑去噪算法以滤除芽眼之外的干扰信息，并增强芽眼特征。

① 图像亮度校正。

图像采集时，光源照射到马铃薯表面，产生的反射光经相机镜头传递到图像传感器，从而生成马铃薯的彩色图像。由于马铃薯种薯的形状不规则，表皮粗糙且凹凸不平，所以导致所生成的图像存在亮度不均匀且亮度变化没有规律的现象，影响芽眼特征的识别，因此需要对所采集的样本图像进行亮度校正处理。

对于类球形物体的图像，通常基于朗伯模型进行亮度校正。马铃薯种薯可被拟合为椭球形的物体，因此对样本图像借鉴朗伯模型的原理进行亮度校正。将样本图像的种薯拟合为椭圆，若种薯图像的亮度分布均匀，则其内部任意一个同心且轴长等比例增长的椭圆环上的像素点灰度是均匀的，基于该原理可对椭圆环上的原灰度值进行校正处理。

根据该方法对样本图像进行亮度校正的结果如图 5.3.4 所示（以灰度图像为例），对图 5.3.4（a）所示的灰度图像进行亮度校正以后，得到图 5.3.4（c）所示图像。图 5.3.4（b）中的椭圆为基于样本掩模计算得到的拟合椭圆。图 5.3.4（d）的两条灰度分布曲线分别对应 5.3.4（a）和 5.3.4（c）中线段所在位置的像素灰度值，根据曲线可以看出，校正后图像的边缘亮度得到了增强，图像整体的灰度相对更为均衡。

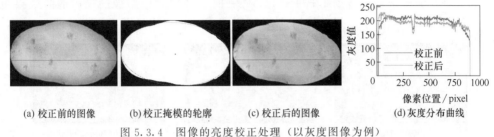

(a) 校正前的图像　　(b)校正掩模的轮廓　　(c) 校正后的图像　　(d)灰度分布曲线

图 5.3.4　图像的亮度校正处理（以灰度图像为例）

② 改进的中值滤波处理。

从图 5.3.4（d）可以看出，经亮度校正处理后的马铃薯种薯样本图像上存在很多因表皮斑点等引起的噪声信号，因此需对其进行进一步的滤波处理。中值滤波是一种基于图像灰度值排序的非线性信号平滑处理方法，对灰度图像中存在的随机噪声和脉冲噪声等具有比较好的滤除效果，同时具有较好的边缘保持特性。本项目根据马铃薯种薯表面所存在的噪声大部分具有连续占据多个像素的特点提出一种改进的中值滤波方法，其实现原理如下。对面积为 $M \times N$ 个像素的图像，取大小为 $m \times n$ 的滤波窗口 A，窗口（以 3×3 像素为例）内的元素如公式（5.3.2）所示

$$A = \begin{bmatrix} r_1 & r_2 & r_3 \\ r_4 & r_5 & r_6 \\ r_7 & r_8 & r_9 \end{bmatrix} \tag{5.3.2}$$

式中，$r_1 \sim r_9$ 表示元素的灰度值，设值的大小从 r_1 至 r_9 依次增加。将 9 个元素按从小到大的顺序进行排序，得到

$$B = (r_1 \quad r_2 \quad r_3 \quad r_4 \quad r_5 \quad r_6 \quad r_7 \quad r_8 \quad r_9) \tag{5.3.3}$$

然后取 B 中位于中间的三个元素（所取元素个数按照窗口矩阵的大小而定，若为 5×5 窗口，则取位于中间的 5 个元素）的值，并求平均值

$$\mathrm{Avr\_med} = (r_4 + r_5 + r_6)/3 \tag{5.3.4}$$

用所得平均值 Avr_med 取代窗口中心像素 r_5 的值，从而完成对当前窗口的滤波处理。当前窗口的灰度值更新以后，窗口在图像上将分别以水平方向 1 像素和垂直方向 1 像素的步长进行平移，直至完成对整张图像的滤波处理。

利用该方法对马铃薯种薯的灰度图像［图 5.3.5（a）所示］进行去噪处理，结果如图 5.3.5（b）和（c）所示。为了检验该方法相对标准中值滤波方法的处理效果，分别根据公式（5.3.5）和公式（5.3.6）计算图像的均方误差（mean-square error，MSE）和峰值信噪比（peak signal-to-noise ratio，PSNR），结果如表 5.3.1 所示。

$$\mathrm{MSE} = \frac{1}{MN} \sum_{x=0}^{M-1} \sum_{y=0}^{N-1} \left[R'(x,y) - R(x,y) \right]^2 \tag{5.3.5}$$

$$\mathrm{PSNR} = 10\ln\left(\frac{(2^8 - 1)^2}{\mathrm{MSE}} \right) \tag{5.3.6}$$

式中　R——原图像；

　　　R'——经滤波处理后的图像。

　　根据公式原理可知，图像中被滤除的信息越多，所得图像相对原图像的均方误差越大，峰值信噪比越小。根据表 5.3.1 的数据分析可知，在相同的窗口尺寸下，改进的中值滤波方法相对标准滤波方法滤除图像噪声并保留有效信息的效果更好。对于改进中值滤波方法，结合图 5.3.5 进行分析，当滤波窗口选取 $7×7$ 像素时，算法对原图像的噪声滤除效果更好，且保留了芽眼信息，因此本项目选择尺寸为 $7×7$ 像素的窗口用于图像去噪处理。

 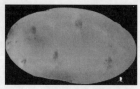 

(a) 灰度图像　　　　　　　　(b) 5×5像素的窗口　　　　　　　　(c) 7×7像素的窗口

图 5.3.5　改进的中值滤波方法的图像处理结果（以灰度图像为例）

表 5.3.1　两种滤波算法对马铃薯灰度图像进行处理后的性能指标比较

算法	标准的中值滤波		改进的中值滤波	
窗口尺寸/像素	5×5	7×7	5×5	7×7
MSE	53.0796	71.6085	48.9207	61.2831
PSNR	30.8815	29.5812	31.2359	30.2574

　　③ 图像引导滤波处理。

　　经改进的中值滤波方法处理后的马铃薯种薯目标图像中，小面积的斑点噪声等得到了较好的抑制，面积较大的机械损伤等噪声依然较为明显，同时芽眼信息遭到了一定的削弱。为了更进一步地抑制干扰，增强芽眼信息，本项目采用了引导滤波处理方法。

　　根据表 5.3.2 所示，经改进的中值滤波方法处理的图像，样本的 B 通道图像较 R 通道和 G 通道图像相对原图像的峰值信噪比更高，噪声滤除效果更好，因此，采用引导滤波方法处理马铃薯图像时，取经改进的中值滤波方法处理以后的马铃薯种薯 B 通道图像作为引导图像。

表 5.3.2　经中值滤波处理的马铃薯图像参数指标

指标	R 分量图	G 分量图	B 分量图
MSE	27.44	25.5488	19.4270
PSNR	31.2302	31.1052	33.3621

　　引导滤波的待处理图像可以是彩色图像也可以是灰度图像，图像中包含待增强的特征信号和待抑制的噪声信号，本项目取亮度校正后的马铃薯种薯的 B 分量图像作为待处理图像。

　　对图像做引导滤波处理，当滤波窗口的半径 r 增大或平滑因子 $ε$ 增大时，输出图像均随之出现纹理越平滑，细节信息越模糊的现象。如图 5.3.6 所示，平滑因子 $ε=25.5$，滤波半径 $r=20$ 时，算法对马铃薯种薯图像具有较好的平滑去噪效果，同时芽眼信息得到了保持；当 $r=5$ 时，图像表面相对更为粗糙，噪声信号未能得到抑制；当 $r=35$ 时，图像在抑制噪声的同时，芽眼区域信息也被明显削弱了。

　　图 5.3.7 中，滤波半径 $r=20$，平滑因子 $ε=2.55$ 时，输出图像表面的噪声信号依然比较明显；平滑因子 $ε=65.03$ 时，输出图像被过度平滑，以致芽眼信息也被显著削弱。综上，当平滑因子 $ε=25.5$，滤波半径 $r=20$ 时，使用引导滤波算法对马铃薯种薯 B 分量图像的去噪和芽眼保持效果最好。

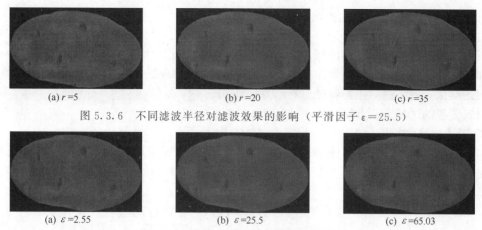

图 5.3.6　不同滤波半径对滤波效果的影响（平滑因子 ε＝25.5）

(a) *r*＝5　　　(b) *r*＝20　　　(c) *r*＝35

(a) ε＝2.55　　　(b) ε＝25.5　　　(c) ε＝65.03

图 5.3.7　不同平滑因子对滤波效果的影响（滤波半径 *r*＝20）

引导滤波处理以后，从马铃薯种薯样本图像中提取未发芽芽眼、已发芽芽眼、机械损伤和斑点四种代表性特征的 B 分量图像及灰度分布曲线，如图 5.3.8 所示。从图中可以看出，未发芽芽眼在内侧的灰度有多个波峰和波谷，灰度变化频率较高，且不均匀，芽眼外侧的灰度与灰度平均值趋于重合；已发芽芽眼在发芽处具有区域内最大的灰度，两侧各有一个大的波谷，芽眼外侧的灰度与灰度平均值趋于重合；机械损伤图像在特征内部的灰度存在一个波谷，波谷较宽，灰度值变化平缓，在特征边界处存在两个较大的梯度，特征外侧的灰度变化平缓且较内侧灰度更大，灰度的极小值和极大值分布于灰度平均值的两侧；斑点特征的灰度值曲线与灰度平均值趋于重合，表明在图像中基本被滤除。综上，图像中的干扰特征已得到了较好的去除。

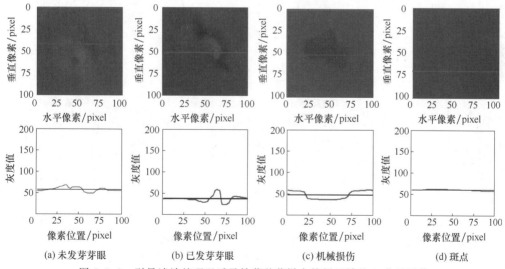

(a) 未发芽芽眼　　　(b) 已发芽芽眼　　　(c) 机械损伤　　　(d) 斑点

图 5.3.8　引导滤波处理以后马铃薯种薯样本特征区域的 B 分量图像

注：在每种特征的 100×100 像素图像中，蓝色线段标记了图像的任意一段水平像素；灰度分布曲线图中的蓝色曲线为特征图像中蓝色线段所标记像素的 B 分量的灰度分布曲线，曲线图中的三条黑色线段分别为相应曲线的灰度平均值。

图 5.3.8 彩色图形

5.3.2.3 马铃薯种薯图像的芽眼识别方法

对马铃薯种薯样本的图像进行亮度校正、中值滤波和引导滤波等步骤的预处理以后，B 分量图像中的斑点等面积较小的噪声信号被显著抑制，图像中面积较大的机械损伤、未发芽芽眼和已发芽芽眼的信息被保留下来。接下来需要从预处理后的马铃薯种薯 B 分量图像中分割上述区域，便于进一步的特征分析和芽眼识别。

（1）图像的区域分割方法

① 图像的梯度特征分析。

对于一幅二维图像，任意相邻两像素点灰度的差值体现了这两点之间灰度的变化趋势，也就是两点间的梯度。梯度越大，表明两点间灰度的差值越大。在图像中，梯度的计算公式如公式（5.3.7）所示。

$$\begin{cases} gx(x,y)=T(x+1,y)-T(x,y) \\ gy(x,y)=T(x,y+1)-T(x,y) \end{cases} \tag{5.3.7}$$

式中　T——灰度图像；

(x,y)——像素坐标；

gx，gy——图像在水平方向和垂直方向的梯度，体现了图像灰度值的变化率。

因此梯度是一个向量，$\sqrt{(gx^2)+(gy^2)}$ 表示梯度的模，$\arctan(gy/gx)$ 为向量 (gx,gy) 与图像水平轴夹角。

根据公式（5.3.7）对预处理后的马铃薯种薯 B 分量图像求梯度，图 5.3.9（a）～图 5.3.9（c）所示为种薯的未发芽芽眼、已发芽芽眼和机械损伤区域的梯度矢量图及线段标记位置的梯度分布曲线。为便于对比，取不含有上述三种特征的普通表皮区域分析梯度［图 5.3.9（d）所示］。

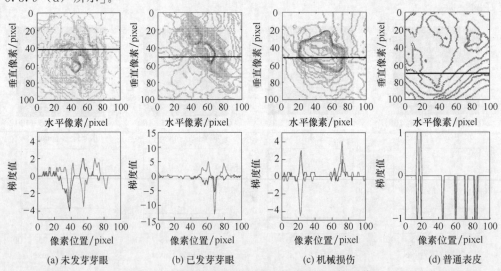

(a) 未发芽芽眼　　(b) 已发芽芽眼　　(c) 机械损伤　　(d) 普通表皮

图 5.3.9　马铃薯种薯样本特征区域的梯度图像

注：在每种特征的 100×100 像素的梯度图像中，黑色线段标记了图像的任意一段水平像素；梯度分布曲线图中的红色曲线为水平梯度，蓝色曲线为垂直梯度，二者均与梯度图像中黑色线段所标记位置的像素梯度相对应。

图 5.3.9 彩色图形

从图 5.3.9 可以看出，未发芽芽眼在芽眼区域内部的水平梯度与垂直梯度的变化频率较高，且幅值较大；已发芽芽眼在发芽处的水平梯度存在一个较大的波谷，波谷两侧各有一个相对较高的波峰，而垂直梯度在发芽处有一个相对较大的波谷，波谷两侧各有一个较为明显的波谷；机械损伤的水平梯度在左右两边界处分别存在一个较大的波谷和波峰，其垂直梯度在两个边界处各存在一个明显的波峰，而在特征内部和外部的梯度均趋于平缓；与前三种区域的梯度相比，普通表皮的水平梯度和垂直梯度的值均很小。

根据图 5.3.9 可总结得出四种特征区域在标记位置的水平梯度和垂直梯度的范围，如表 5.3.3 所示。已发芽芽眼的梯度范围最大，其次为未发芽芽眼和机械损伤，二者的梯度范围基本重合，普通表皮的梯度范围最小。另外，结合图 5.3.9 和表 5.3.3 可以看出，水平梯度与垂直梯度均能体现相应区域的特征。

表 5.3.3　马铃薯种薯样本特征区域的梯度范围

指标	未发芽芽眼	已发芽芽眼	机械损伤	普通表皮
gx	$(-4,2)$	$(-13,5)$	$(-5,4)$	$(-1,1)$
gy	$(-4,2)$	$(-6,1)$	$(2,3)$	$(-1,0)$

② 图像区域分割。

基于上述分析结果，可利用不同区域的梯度值设定条件实现对马铃薯种薯 B 分量图像的区域分割。马铃薯种薯图像上面积最大的特征区域为普通表皮，相对表皮来说，未发芽芽眼、已发芽芽眼和机械损伤等区域的面积均很小；这些区域均随机散布在表皮上。因此，本项目根据普通表皮与其他三种特征梯度值的不同设定分割条件，即梯度 $|Tgx|=1$，$|Tgy|=1$，并应用区域生长算法完成普通表皮与其他特征区域的分割。算法执行时，需要在图像中选择一个像素作为生长种子点，由于芽眼等特征随机分布在图像各处，且这些特征内部也可能存在梯度值属于阈值范围内的点。为避免误选，本项目对待处理图像的像素进行遍历，当出现连续 100 个像素的梯度绝对值小于阈值的情况时，取其中点作为生长种子点。

根据式（5.3.8）对所取生长种子点的八邻域像素依次进行梯度值的判断，式中 $T(x,y)$ 为经预处理后 B 分量图像上的像素灰度值。若梯度的绝对值大于等于 1，则像素的灰度值被置为 255，表明该点不属于普通表皮；若梯度的绝对值小于 1，则像素的灰度值被置为 0，且所得像素被为新的种子点。如此循环执行，直到遍历完图像中可到达的所有像素。

$$\begin{cases} T(x,y)=0 & (|gx(x,y)|\leqslant1)\&(|gy(x,y)|\leqslant1) \\ T(x,y)=255 & (|gx(x,y)|>1)|(|gy(x,y)|>1) \end{cases} \tag{5.3.8}$$

图 5.3.10 所示为马铃薯种薯样本的亮度校正图像和对应的区域分割图像，对比两组图像可以看出，应用区域生长法结合 B 分量图像梯度的阈值进行马铃薯种薯的图像分割，芽

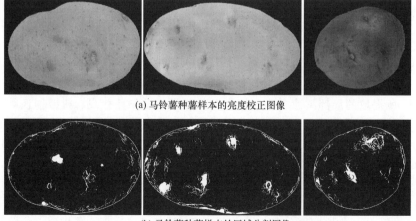

(a) 马铃薯种薯样本的亮度校正图像

(b) 马铃薯种薯样本的区域分割图像

图 5.3.10　基于梯度阈值和区域生长算法的图像分割

眼区域被较好地分割出来，同时机械损伤区域也被分割在图像上。由此体现了区域生长算法相对直方图阈值分割算法的优点，即前者根据区域特征的相似性进行分割，可获得更为完整的分割图像。

由于本项目根据图像的梯度进行区域分割，而样本图像在边缘处的梯度绝对值大于1，故分割的结果图像中存在样本的边缘轮廓。观察图像可以发现，部分芽眼区域与样本的边缘轮廓有连接，不利于对芽眼区域的进一步提取和识别，因此对分割图像进行开运算的形态学处理。开运算为一类对图像进行先腐蚀处理后再进行膨胀处理的运算，通过开运算处理可以在保留特征本身形状和位置的前提下切断其与其他特征间的联系。经开运算处理后的分割图像如图5.3.11所示，开运算所选用的结构元素为3×3像素的方形元素。观察图像可以发现样本的边缘轮廓被有效去除。

图5.3.11 开运算处理后的样本分割图像

图5.3.12 去噪处理后的样本分割图像

由于处理后的分割图像中存在很多小面积的噪声点，因此需对图像进行去噪处理，保留像素面积在（100，2500）范围的区域。处理结果如图5.3.12所示，图中保留了面积较大的区域。经分析可知，这些区域主要为芽眼以及像素面积与之相当的机械损伤等，因此该分割图像中的连通域可被当作待识别区域，用于芽眼识别。

（2）图像的芽眼识别方法

根据马铃薯种薯样本图像的区域分割及处理结果，进一步进行芽眼识别。本项目依次提取分割图像中每一个连通域的质心坐标以及连通域边缘到质心的最大距离d，建立以质心为中心，$2d$为边长的方形窗口。当$d<50$时，令窗口边长为100，从而获得待识别区域的窗口掩模，进一步在经引导滤波处理的样本B分量图像中提取待识别区域的局部图像。

经统计，所提取的局部图像主要包括未发芽芽眼、已发芽芽眼、机械损伤等，与上文所总结的样本的特征区域相对应。由于不同区域的灰度分布曲线的形状具有差异，且梯度变化也各有不同，因此本项目首先通过分析局部图像在水平方向的灰度分布曲线和梯度分布曲线特征以提取判别参数。

① 提取判别参数。

根据式（5.3.9）对灰度分布曲线进行处理，便于在同一亮度区间进行分析。式中$t(x)$为相对灰度值，$T(x)$为原灰度分布曲线上点的灰度值，A_T为灰度平均值（去除黑色背景区域）。以100×100像素的待识别区域图像为例，灰度分布曲线的处理结果如图5.3.13（a）所示，图 5.3.13（b）为与灰度分布曲线相对应的水平梯度分布曲线。由于图像的垂直梯度是由图像垂直方向上相邻两点计算而得，因此在分析水平方向的像素时不考虑垂直梯度。

$$t(x) = T(x) - A_\mathrm{T} \tag{5.3.9}$$

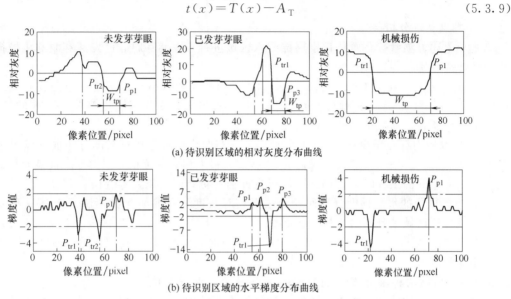

(a) 待识别区域的相对灰度分布曲线

(b) 待识别区域的水平梯度分布曲线

图 5.3.13　马铃薯种薯芽眼待识别区域的相对灰度分布曲线和梯度分布曲线

通过图 5.3.13 可以看出，在水平相对灰度分布曲线中，未发芽芽眼与机械损伤的相对灰度区间含有较大的重合区域，未发芽芽眼内部的灰度值变化频率较高，而机械损伤内部的灰度曲线较为平缓；相对前二者来说，已发芽芽眼的相对灰度区间更大，其内部的灰度值变化频率同样比较高。

相应的，在水平梯度分布曲线中，未发芽芽眼在芽眼内部区域的梯度值存在多个较大的波谷值，波峰值相对较为矮小；由于已发芽芽眼在嫩芽处的灰度值较大，同时芽的右侧（芽眉在芽的左侧）灰度值变得很小，所以在水平梯度分布曲线上产生一个很大的波谷，波谷两侧各存在一个较矮的波峰；由于机械损伤内部区域的灰度值小于外部普通表皮的灰度值，因此图像自左侧进入机械损伤区域的位置存在一个较大的波谷，右侧离开机械损伤区域的位置存在一个较大的波峰。上述波峰和波谷的共同点是梯度 $|gx| \geqslant 2$。

基于上述分析，结合图像的水平相对灰度分布曲线和水平梯度分布曲线值，本项目对分割图像的待识别区域按以下方法提取参数：

- 提取水平梯度分布曲线上梯度 $gx \leqslant -2$ 时第 i 个波谷的像素位置 $P_{\mathrm{tr}i}$〔如图 5.3.13（b）所示〕。
- 提取水平梯度分布曲线上梯度 $gx \leqslant -2$ 时的最小波谷值 $gx_{\min}$。
- 提取水平梯度分布曲线上梯度 $gx \geqslant 2$ 时第 j 个波峰的像素位置 $P_{\mathrm{p}j}$〔如图 5.3.13（b）所示〕。
- 提取水平梯度分布曲线上梯度 $gx \geqslant 2$ 时的最大波峰值 $gx_{\max}$。
- 提取水平相对灰度分布曲线的最大相对灰度值 $G_{\max}$。
- 提取水平梯度分布曲线上梯度 $|gx| \geqslant 2$ 时每对邻近的波谷和波峰（先波谷后波峰）的横坐标（即相邻的 $P_{\mathrm{tr}i}$ 和 $P_{\mathrm{p}j}$），计算两坐标间的宽度 W_{tp}〔如图 5.3.13（a）所示〕，并计算水平相对灰度分布曲线上对应横坐标区域的曲线面积 S_{g}；然后统计该区域的最小相对灰度值 $G_{\min}$，从而根据公式（5.3.10）计算得到相对像素宽度 W_{r}。提取满足 $W_{\mathrm{r}} < W_{\mathrm{tp}}$ 条

件的最大相对像素宽度 W_{rmax} 作为芽眼识别的特征参数。

$$W_r = \frac{S_g}{G_{min}}$$ (5.3.10)

② 判别条件分析。

基于上述五项参数，对待识别局部图像区域进行未发芽芽眼、已发芽芽眼和机械损伤等三种特征的判别，判别方法如下：

a. 当区域内存在至少连续 20 组水平梯度分布曲线和水平相对灰度分布曲线满足最小波谷值 $gx_{min} < -10$，最大相对灰度值 $G_{max} > 16$，且最大相对像素宽度 $W_{rmax} < 18$ 的条件时，该局部图像所在连通域被判断为已发芽芽眼；

b. 当区域内存在至少连续 20 组水平梯度分布曲线和水平相对灰度分布曲线满足最小波谷值 $-10 < gx_{min} < -2$，最大波峰值 $gx_{max} \leqslant 3$，最大相对灰度值 $G_{max} > 7$，且最大相对像素宽度 $W_{rmax} < 25$ 的条件时，该局部图像所在连通域被判断为未发芽芽眼；

c. 当区域内的水平梯度分布曲线和水平相对灰度分布曲线参数不满足上述 a 和 b 的条件时，该特征区域被判断为机械损伤区域；

d. 另外，当特征区域内的水平相对灰度分布曲线的梯度 $|gx| < 2$ 时，该特征区域被判断为非芽眼区域。

5.3.2.4 马铃薯种薯芽眼识别方法的验证分析及芽眼定位

对 120 个马铃薯种薯样本的图像进行预处理及区域分割处理以后，对每个样本的特征区域依次提取上述 6 组参数值，并根据判别条件进行芽眼识别，然后将判别为未发芽芽眼和已发芽芽眼的连通域所对应的原彩色图像区域提取出来。图 5.3.14 所示为马铃薯种薯样本的芽眼识别结果。

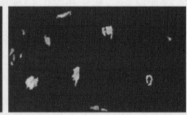

图 5.3.14 马铃薯种薯样本的芽眼识别结果

（1）彩色图像中芽眼的二维坐标定位

在本项目中，取图像中所识别出的芽眼所在连通域的质心坐标为芽眼的坐标。从图中可以看出，部分芽眼区域的距离很近，通过与原图像对比可知，这些距离很近的区域属于同一个芽眼。为避免在图像中对同一个芽眼多次计数，本项目首先根据公式（5.3.11）计算相邻两芽眼质心的欧氏距离 d_{bi}，式中（x_{i1}，y_{i1}）和（x_{i2}，y_{i2}）分别表示两个连通域质心点的坐标。当 $d_{bi} < 50$ 像素时，取二者质心点的中点坐标作为该芽眼在彩色图像中的坐标。由于图像预处理时对种薯目标图像基于最小外接矩形提取了感兴趣区域，因此需将感兴趣区域恢复为原分辨率图像，从而获得最终的芽眼坐标，实现对马铃薯种薯样本图像中所识别出的所有芽眼的识别和定位。图 5.3.15 所示为在马铃薯种薯样本原分辨率图像中所识别出的芽眼区域二维坐标点的定位标记。

$$d_{bi} = \sqrt{(x_{i1} - x_{i2})^2 + (y_{i1} - y_{i2})^2}$$ (5.3.11)

（2）芽眼识别的结果及分析

本项目所处理的 120 个马铃薯种薯样本共含有人眼可识别的芽眼 1440 个，包括未发芽

图 5.3.15　马铃薯种薯样本原分辨率图像中的芽眼定位和标记

芽眼 1080 个，已发芽芽眼 360 个。按照本项目所提出的方法识别得到芽眼 1355 个，其中包括未发芽芽眼 1004 个，已发芽芽眼 351 个。通过与原图像对比，在识别得到的未发芽芽眼中，正确识别的个数为 974 个，相对人工统计值的正确率为 90.19%；识别得到的已发芽芽眼中，正确识别的个数为 332 个，正确率为 92.22%；在识别得到的所有芽眼中，正确识别的个数为 1332 个，其中包括正确识别的两类芽眼 1306 个以及互相误识别的芽眼 26 个，正确率为 92.50%。非芽眼区域被误识别为芽眼区域的总个数为 23 个，占所识别出的芽眼总数的比值为 1.70%。识别得到机械损伤等非芽眼区域 204 个，其中包括误识别的已发芽芽眼和未发芽芽眼 76 个，造成芽眼误识别率为 5.28%。另外，样本图像在预处理和待识别区域提取环节，部分芽眼由于面积较小或芽眼较浅而被误分割为普通表皮区域，造成漏识别的芽眼 32 个，漏识别率为 2.22%，在漏识别芽眼中，主要为未发芽芽眼。

综合上述分析结果，根据本项目所设定样本图像的芽眼识别条件，存在未发芽芽眼与已发芽芽眼互相误识别的情况，总误识别率为 1.81%，但其对种薯切块环节的芽块和芽眼分配没有影响。其次，结果中存在芽眼漏识别和芽眼被误识别为非芽眼的情况，二者所占比例分别为 2.22% 和 5.28%，在进一步的种薯切块环节中，这两种情况对芽块和芽眼分配存在的影响为可能在某个芽块上多出几个芽眼，对芽块的繁殖能力没有影响。另外，结果中存在非芽眼被误识别为芽眼的情况，占图像识别得到的总芽眼数的比例为 1.70%。这类干扰区域的存在会导致所分芽块中芽眼数不满足要求的情况，但由于所占比例很小，且本项目要求每个芽块至少含有两个芽眼，故芽块不含芽眼和只含一个芽眼的概率很小，且只含一个芽眼的芽块依然具备繁殖能力。

5.3.3　马铃薯种薯的点云模型重构方法及质量预测模型研究

5.3.3.1　图像采集装置及方法

深度图像是利用深度相机采集得到的一种图像，图像的像素中含有被测物体相对深度相机的距离信息，能够转换生成物体的点云。本项目用于同时采集马铃薯种薯彩色图像和深度图像的系统平台如图 5.3.16 所示，主要包括 SR300 相机（一种嵌入式结构光 3D 相机，能同时采集物体的彩色图像和深度图像），LED 光源，转台，图像采集暗箱，以及控制转台旋转、相机采集图像和存储图像数据的计算机 5 个部分。

图像采集时，将种薯正立放置在转台表面的样本托上，通过转台的匀速旋转可将种薯的所有侧面先后展示在相机视野内，转台旋转的角速度为 11.46°/s。转台每旋转 90° 时，SR300 相机保存一组马铃薯种薯的图像，包括一张彩色图像和一张深度图像；对每个种薯样本共采集 4 组图像，如图 5.3.17 所示。

系统基于 VC++2015 结合 OpenCV 3.4 开源图像处理库和 PCL 1.8 开源点云处理库开发深度图像处理算法，主要包括将马铃薯种薯的深度图像转换为点云、点云去噪、坐标系转换、生成点云模型等步骤，进一步将芽眼在彩色图像中的二维坐标转换为点云模型中的三维

图 5.3.16 图像采集装置

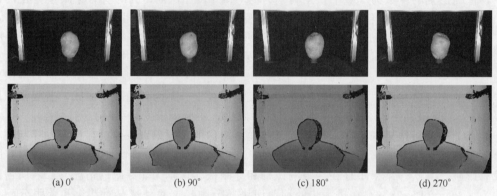

(a) 0°　　　　　　(b) 90°　　　　　　(c) 180°　　　　　　(d) 270°

图 5.3.17 马铃薯样本的彩色图像和深度图像

坐标。其中所涉及的数据处理工作在 MATLAB R2017a 软件中进行。

5.3.3.2 图像采集系统的标定方法

在本项目中，基于结构光的成像原理采集得到马铃薯种薯的深度图像以后，需要对 4 组不同视角的图像进行坐标转换，从而生成点云模型。要实现这一目标，首先需要对图像采集系统的相机和转台分别进行参数标定。

（1）相机标定方法及结果

本项目采用基于小孔成像原理的摄像机模型分析成像过程。摄像机模型涉及世界坐标系 $P_w(x_w，y_w，z_w)$、相机坐标系 $P_c(x_c，y_c，z_c)$、像平面坐标系 $p(x，y)$ 和图像坐标系 $p_i(u，v)$ 这四种坐标，图 5.3.18 为空间物体成像时这四种坐标系之间转换的过程。为了能够获得相邻两坐标系之间进行转换所需的参数，需对相机进行参数标定。

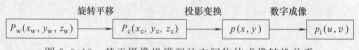

图 5.3.18 基于摄像机模型的空间物体成像转换关系

对相机进行标定时，根据采用的参照物的类别，可将标定方法分为传统标定、主动视觉标定和自标定三类。张正友标定法是一种结合传统相机标定和相机自标定方法优点的创新标定方法，本项目采用该方法对 SR300 相机的彩色摄像头和深度摄像头依次进行标定。数据处理在 MATLAB R2017a 中进行，可以得到其内部参数和外部参数，如表 5.3.4 和表 5.3.5 所示。

表 5.3.4　SR300 相机两组摄像头的内部参数

参数	彩色摄像头标定值	近红外摄像头标定值
归一化焦距	[1361.9459,1359.1120]±[2.6317,2.6262]	[474.6520,474.6520]
主点坐标	[960.3001,537.3330]±[1.2480,1.0149]	[313.1800,244.8480]

表 5.3.5　SR300 相机的外部参数

参　数	标　定　值
平移向量	$[39.48480,2.18165,0.00412]^T$
旋转矩阵	[2.92483,0.00089,12.16100； −0.00856,2.91787,−177.61500； 2.09726e−6,−9.44755e−6,1.00165]

注：表中“T”表示矩阵转置，e−6 表示$\times10^{-6}$。

(2) 转台标定方法及结果

在图像采集系统（图 5.3.16）中，转台与 SR300 相机在三维物理空间中是相互独立的两个个体，本项目需要基于转台坐标系、相机坐标系和世界坐标系三者的转换关系实现对转台旋转轴的标定。

转台坐标系、世界坐标系和相机坐标系三者的位置关系如图 5.3.19 所示，转台以 ω 的角速度绕旋转轴旋转，转台坐标系的原点 O_r 位于旋转轴与转台平面的交点处，Y_r 轴与旋转轴重合，正方向朝上，$X_rO_rZ_r$ 平面位于转台平面，两轴互相垂直，正方向如图中所示；令转台上的物体所在坐标系为世界坐标系，物体随转台旋转而转动，原点 O_w 位于物体的质心处，$X_wO_wZ_w$ 平面与转台平面平行，Y_w 轴与转台的 Y_r 轴平行；本项目中相机坐标系与转台坐标系的相对位置固定不变。

Yc
Zc
Oc
Xc
相机坐标系
Yw
Yr
ω
Zr
Pw(xw,yw,zw)
Ow
Zw
Or
Xr
世界坐标系
Xw
转台坐标系

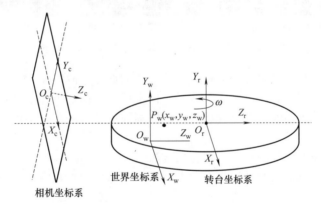

图 5.3.19　转台坐标系、相对相机坐标系及世界坐标系的位置关系

经分析，世界坐标系中任意一点 $P_w(x_w, y_w, z_w)$ 随转台旋转一个角度，其坐标变换到相机坐标系主要经过图 5.3.20 所示的两个步骤。为了能够获得相邻两坐标系之间进行转换所需的参数，需对转台进行参数标定。

旋转平移
旋转平移
Pw(xw, yw, zw)
Pr(xr, yr, zr)
Pc(xc, yc, zc)

图 5.3.20　转台上的空间物体成像转换关系

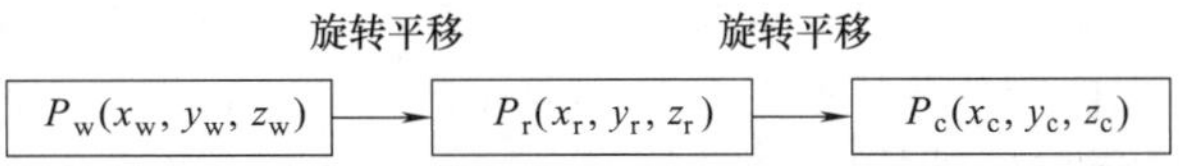

计算机视觉系统中，转台的标定常借助标定物，比如标定球、标准圆柱或设置任意标记点。根据三点确定一个平面的原理，分别采集同一个标定物随转台旋转到任意三个不同位置时的图像，提取标定物在图像坐标系的像素坐标和世界坐标系的三维坐标，即可进一步求解标定参数。

本项目采用设置任意标记点的方法对转台旋转轴进行标定，经处理，得到相机坐标系到

转台坐标系的变换参数如表 5.3.6 所示。世界坐标系到转台坐标系的转换主要包括原点 O_w 到 O_r 的平移以及 $X_wO_wZ_w$ 平面绕 Y_r 轴的坐标旋转，可由两坐标系实时数据经平移旋转变换得到，没有固定转换参数。

表 5.3.6 相机坐标系到转台坐标系的变换参数

参 数	标 定 值
平移向量	$[-0.6634, 92.9136, 281.1242]^T$
旋转矩阵	$[0.9997, -0.0015, 0.0224;$ $0.0015, -0.9913, -0.1314;$ $0.0224, 0.1314, -0.9911]$

注：表中"T"表示矩阵转置。

5.3.3.3 马铃薯种薯的点云模型重构方法及质量预测方法

（1）马铃薯种薯深度图像的预处理方法

对于 SR300 相机所采集的一组彩色图像和深度图像（图 5.3.17 所示），两组图像可基于相机的外部参数实现配准。同理，可以对彩色图像的种薯掩模图像和深度图像运用上述配准过程获得深度图像的种薯掩模图像，进一步得到深度图像中马铃薯种薯的目标图像，如图 5.3.21 所示。

(a) 彩色图像的掩模图像　　　(b) 深度图像的掩模图像　　　(c) 深度图像的目标图像

图 5.3.21 深度图像的马铃薯种薯目标提取（以 0°旋转角为例）

由于彩色摄像头与深度摄像头的视角有不重合的部分，故对二者进行配准所得深度图像的掩模图像较原深度图像有边缘损失的情况，但本项目对同一个样本分别从四个侧面方向采集样本图像，相邻两组图像必有重合部分，可以弥补单方向采集的彩色图像与深度图像在不重合区域的数据损失。

（2）基于种薯深度图像的点云模型重构方法

深度图像的像素点值表示被测物上的点到深度摄像头的垂直距离，为图像坐标系中的数据，经换算生成点云以后，基于相机坐标系相对转台坐标系的标定参数（表 5.3.6 所示），可将点云转换到转台坐标系，得到转台坐标系下的点云图像，结果如图 5.3.22 所示。此时，4 个不同角度下的点云位于各自的坐标系中。

为实现转台坐标系到世界坐标系的转换，本项目分别基于所得四组点云确立马铃薯种薯样本的质心点 O_w 在转台坐标系的坐标 $P_{r0}(x_{r0}, y_{r0}, z_{r0})$。根据马铃薯种薯的形状特征将垂直于 Y_w 轴的截面拟合为椭圆形，令旋转角度为 0°（样本初始位置）时两坐标系在 XOZ 平面的两轴分别平行，且方向相同，则转台绕 Y_r 轴每旋转 90°时，世界坐标系的 $X_wO_wZ_w$ 平面绕 Y_r 轴旋转 90°，如图 5.3.23 所示（以深度摄像头为参照物）。

同一个样本四组点云在 X_r、Y_r 和 Z_r 三个方向的极值如表 5.3.7 所示。在 Y_r 方向上，马铃薯四组点云的极值基本相同，绝对误差小于 1.62mm，令过点 P_{r0} 且平行于 Y_r 的直线为世界坐标系的 Y_w 轴，四组点云在 Y_r 方向上的坐标极小值和极大值的平均值为质心 P_{r0} 的纵坐标，即 y_{r0} 等于 47.79mm。角度差为 180°的两组点云为马铃薯样本上正好相对的两

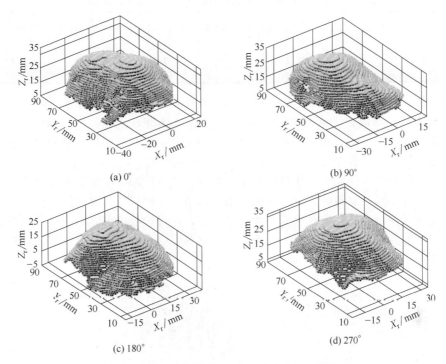

(a) 0°　　(b) 90°

(c) 180°　　(d) 270°

图 5.3.22　马铃薯种薯样本在转台坐标系的点云

面，0°与180°两组点云在 X_r 方向的全距对应轴长 d_a，在 Z_r 方向的全距对应半轴长 $d_b/2$；90°与270°两组点云在 X_r 方向的全距对应轴长 d_b，在 Z_r 方向的全距对应半轴长 $d_a/2$，经计算得 d_a 等于56.73mm，d_b 等于59.50mm，故质心 P_{r0} 在不同旋转角度下的三坐标值如表5.3.8所示，其中 x_{r0} 值为 X_r 的极小值与半轴长的和，z_{r0} 值为 Z_r 的极大值与半轴长的差，从表中可以看出，四个旋转角度处的质心坐标分别基于坐标轴近似对称。

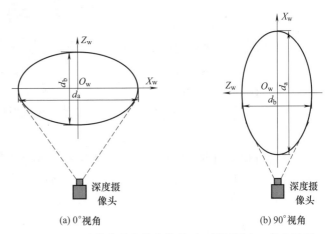

(a) 0°视角　　(b) 90°视角

图 5.3.23　马铃薯种薯样本横截面（椭圆拟合）的坐标系

表 5.3.7　马铃薯种薯样本四组点云在转台坐标系三轴的坐标范围

角度 τ	X_r/mm	X_r 全距/mm	Y_r/mm	Y_r 全距/mm	Z_r/mm	Z_r 全距/mm
0°	[−35.34,22.51]	57.84	[6.14,88.90]	82.77	[6.81,36.89]	30.08
90°	[−35.76,22.14]	57.90	[6.75,88.92]	82.17	[−2.66,21.52]	24.18
180°	[−19.99,36.29]	56.29	[6.09,88.92]	82.83	[−6.23,24.50]	30.73
270°	[−23.50,34.97]	58.47	[7.71,88.92]	81.21	[4.59,36.81]	32.22

注：表中"全距"为对应区间中最大值与最小值的差。

表 5.3.8　马铃薯种薯样本在转台四个旋转角度下的质心坐标

角度 τ	x_{r0}/mm	y_{r0}/mm	z_{r0}/mm
0°	−6.96	47.79	7.14
90°	−6.01	47.79	−6.86
180°	8.38	47.79	−5.25
270°	6.24	47.79	8.44

已知马铃薯种薯的质心在转台坐标系的质心坐标和旋转角度 τ，分别计算每个旋转角度处的旋转矩阵和平移向量，从而将四组点云依次转换到世界坐标系，如图 5.3.24（a）所示。由于本项目仅使用一个相机在相对转台固定的位置采集马铃薯的侧面图像，未能获取基部被样本托遮挡区域的数据，因此在 Y_w 轴方向上，点云的下端存在小的空洞。

从马铃薯种薯样本的点云图中可以看出，由于每隔 90°旋转角采集一组图像，导致相邻的两组点云上存在相互重叠的部分，而相机不同视角下，所采集的种薯同一位置的图像存在误差，因此相邻两组点云在重叠面有不重合的部分。针对这一情况，本项目对两组点云中坐标值最为接近的点取坐标的平均值，用新的坐标点取代原来的两个点，从而完成对点云模型的平滑处理，结果如图 5.3.24（b）所示。

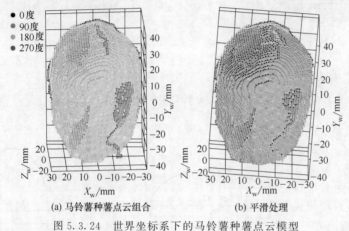

(a) 马铃薯种薯点云组合　　(b) 平滑处理

图 5.3.24　世界坐标系下的马铃薯种薯点云模型

图 5.3.24 彩色图形

（3）基于点云模型的马铃薯种薯几何参数提取方法

为评价所构建的点云模型相对马铃薯种薯实物的相似性，本项目在所得点云模型上依次提取长度、宽度和厚度参数，作为相应的评价指标。另外提取最大横截面积、表面积和体积参数，结合 6 个几何参数进行马铃薯种薯质量预测分析。

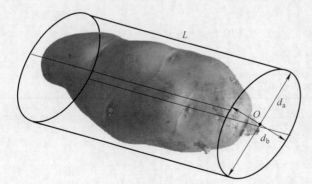

图 5.3.25　马铃薯种薯的椭圆柱拟合模型

参数提取时，本项目根据马铃薯种薯的形状特征将其拟合为椭圆柱形，如图 5.3.25 所示，则图中马铃薯种薯的长轴长 L 表示种薯样本的长度；在与长轴互相垂直的最大横截面椭圆中，d_a 表示种薯的宽度，d_b 表示种薯的厚度。

接下来在点云模型中提取马铃薯种薯的几何参数，包括上述三种尺寸参数以及最大横截面积、表面积和体积等参数。

① 长度 L。

马铃薯种薯样本的长度测量点位于样本长轴位置。图像采集时，种薯样本相对转台的放置方式为顶部朝上，基部接触样本托，因此样本的中心轴与 Y_w 轴基本平行。将种薯的点云模型投影到 $X_wO_wY_w$ 平面（$Z_w=0$）上，如图 5.3.26（a）所示，在投影所得二维图像中提取其掩模图像，如图 5.3.26（b）所示。计算掩模图像的最小外接矩形，然后将矩形的长按掩模图像的像素与长度（mm）的比例换算回世界坐标系，即为基于点云模型的马铃薯种薯样本长度 L，单位为 mm。

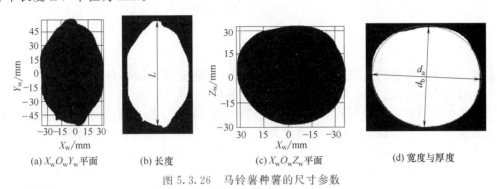

(a) $X_wO_wY_w$ 平面　　(b) 长度　　(c) $X_wO_wZ_w$ 平面　　(d) 宽度与厚度

图 5.3.26　马铃薯种薯的尺寸参数

② 宽度 d_a 和厚度 d_b。

马铃薯种薯样本的宽度测点和厚度测点均位于与长轴垂直的平面上。将点云模型投影到 $X_wO_wZ_w$ 平面（$Y_w=0$）上，如图 5.3.26（c）所示，在投影得到的二维图像中提取其掩模图像，如图 5.3.26（d）所示。然后将掩模图像的轮廓拟合为椭圆，经单位换算以后，椭圆的长轴长 d_a 和短轴长 d_b 分别对应马铃薯在点云模型中的宽度和厚度，单位是 mm。

③ 最大横截面积 S_{mcr}。

马铃薯种薯样本的横截面与中轴线垂直。根据图 5.3.26（c）所示，令马铃薯种薯点云模型在 $X_wO_wZ_w$ 平面的投影为最大横截面。在图 5.3.26（d）所示的掩模图像中，掩模轮廓内所含像素点的总数表示其面积，经单位换算以后，得到最大横截面的面积 S_{mcr}，单位为 mm^2。

④ 表面积 S_a。

马铃薯种薯的表面积即种薯表皮的面积。在点云模型中，每一个点对应物理空间中种薯表面上的一个点。一个完整的点云模型含有点的个数的数量级在 104 以上，点云中点的分布较为均匀，且种薯越大，点的个数越多，因此本项目令点云模型上的一个点代表单位面积的表皮，则可采用模型所含点的总个数 N 近似表示马铃薯种薯样本的表面积 S_a。

⑤ 体积 V_p。

马铃薯种薯样本的体积为由种薯表皮包围而成的空间的体积大小。在点云模型的世界坐标系中，以 $Y_wO_wZ_w$ 平面（$X_w=0$）为基准面，种薯样本的体积 V_p 可近似表示为点云模型上的点 p_w 到 $Y_wO_wZ_w$ 平面的距离之和（点云中的点均匀分布，且令每一个点表示单位面积的表皮），如式（5.3.12）所示，式中 x_i 为第 i 点的横坐标值，N 表示点云含点的总个数。

$$V_p = \sum_{i=1}^{N} |x_i| \tag{5.3.12}$$

（4）基于点云模型的马铃薯种薯质量预测建模方法

根据在点云模型中所提取的长度、宽度、厚度、最大横截面积、表面积和体积参数，选择逐步多元线性回归法建立马铃薯种薯的质量预测模型。

建模分析时，将本项目中所用种薯样本按照 2：1 的比例分为校正集和验证集，随机选择 2 份样本，在点云模型上依次提取 6 个几何参数，结合其质量的人工测量值建立模型；然后使用剩余的 1 份样本进行模型验证。对所得模型分别用相关系数、标准偏差和预测平均相对误差进行评价。本项目首先根据式（5.3.13）计算单个样本的预测相对误差 e_i，然后根据公式（5.3.14）求得预测平均相对误差 E，式中 M_i 和 $M_{\mathrm{p}i}$ 分别表示第 i 个样本的质量人工测量值和模型预测值，n 表示样本的总个数。

$$e_i = \frac{|M_i - M_{\mathrm{p}i}|}{M_i} \times 100\% \tag{5.3.13}$$

$$E = \frac{1}{n} \sum_{i=1}^{n} e_i \tag{5.3.14}$$

5.3.3.4 马铃薯种薯的点云模型重构方法验证及质量建模结果与分析

（1）马铃薯种薯点云模型重构方法的验证与分析

为评价本项目所构建的点云模型相对马铃薯种薯实物的三维物理结构的相似性，本项目提取点云模型中马铃薯种薯的长度、宽度和厚度参数，并人工测量相应马铃薯种薯样本的此三种尺寸参数，通过分析二者间的相关性实现对马铃薯种薯样本的点云模型的评价。

本项目经筛选共得到样本 73 个，品种为荷兰马铃薯。利用游标卡尺对样本的长度、宽度和厚度尺寸进行人工测量，游标卡尺的精度为 0.02mm，所得样本的尺寸参数被统计在表 5.3.9 中。为进一步统计马铃薯种薯的物理参数，本项目使用精度为 1g 的电子秤称量种薯样本的质量，结果与尺寸参数一起记录于表 5.3.9 中。

表 5.3.9 马铃薯种薯样本的尺寸和质量参数统计结果

参数	全距	极小值	极大值	均值	标准差
L /mm	76.35	54.90	131.25	93.81	17.26
d_a /mm	23.48	50.98	74.46	59.25	4.94
d_b /mm	36.70	36.20	72.91	49.29	7.68
质量/g	228	93	321	166.11	52.71

注：表中"全距"为极大值与极小值的差值。

对 73 个马铃薯种薯样本，根据所提出的马铃薯种薯几何参数提取方法在所构建的点云模型上提取长度、宽度和厚度参数值。图 5.3.27 所示为种薯样本的三个尺寸参数在点云模型上的提取值与人工测量值的相关关系。

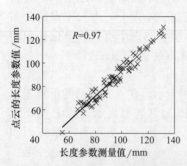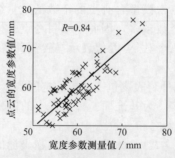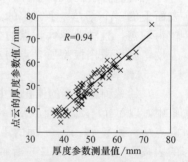

图 5.3.27 马铃薯种薯样本的尺寸参数在点云模型中的提取值与人工测量值的相关关系

从图 5.3.27 中可以看出，长度参数的相关性最高，相关系数 $R = 0.97$，但在点云模型中所提取的值相对人工测量值普遍偏小，其原因在于图像采集时，样本的基部部分区域被样本托遮挡，故在所构建的点云模型中基部有少量长度值缺失，且不同样本缺失的长度值因基部的凸起程度而不同；另外，虽然样本的中心轴与 Y_w 轴趋于平行，但由于马铃薯种薯的实际形状不一，其中心轴与 Y_w 轴之间依然存在一定夹角，此为导致所提取的长度值较实际值稍短的另一因素。由于夹角较小，故对长度参数的影响可忽略不计。宽度参数的点云模型提取值与人工测量值的相关系数 $R=0.84$，相对较小，两组值的区间范围基本相同。由于在点云模型中提取宽度参数所用图像为在 $X_w O_w Z_w$ 平面的投影图像，而样本不全为凸面体，部分样本的表面轮廓存在凹凸变化，对宽度参数的提取造成了干扰，从而影响点云模型的宽度提取值与人工测量值之间的相关性。厚度参数的点云模型提取值与人工测量值的相关性较高，相关系数 $R=0.94$，两组值的区间范围也基本相同，提取厚度值的两端点的连线与提取宽度值的两端点的连线相互垂直，因此所提取的结果也相应受到影响，但从回归分析的结果来看可忽略不计。

综合上述分析，本项目所构建的马铃薯种薯点云模型在尺寸参数上与人工对种薯实物的测量值具有较高的相关性，表明所构建的点云模型与马铃薯种薯实物具有较高的相似性，可以作为种薯的数字三维模型。

（2）马铃薯种薯的质量预测模型及验证分析

① 预测参数间的相关性分析。

分析马铃薯种薯样本的长度、宽度、厚度、最大横截面积、表面积、体积 6 个几何参数间的关系，同时分析种薯质量与 6 个几何参数间的相关性，结果如表 5.3.10 所示。

表 5.3.10　马铃薯种薯样本 6 个几何参数及质量参数之间的关系

参数	长度	宽度	厚度	最大横截面积	表面积	体积	质量
长度	1						
宽度	0.57	1					
厚度	0.62	0.57	1				
最大横截面积	0.70	0.75	0.91	1			
表面积	0.69	0.71	0.78	0.90	1		
体积	0.69	0.68	0.75	0.86	0.94	1	
质量	0.72	0.74	0.78	0.92	0.989	0.95	1

从表 5.3.10 中可以看出，6 个参数中，长度参数与其他 5 个参数间的相关系数最大为 0.72，表明长度与它们的相关性均比较低；宽度参数与其他 5 个参数的相关系数最大为 0.75，对应最大横截面积，相关性偏低；厚度参数与最大横截面积具有较高的相关性，相关系数为 0.91，进一步验证了厚度参数的提取值的可靠性；最大横截面积、表面积和体积 3 个参数间均具有较高的相关性（相关系数大于 0.84），表明点云模型中的点分布较为均匀，3 个参数间可相互转换。

另外，表 5.3.10 的结果表明，利用 6 个几何参数分别预测种薯质量时，质量与长度、宽度和厚度参数的相关性均比较低，相关系数不大于 0.78；质量与最大横截面积、表面积和体积参数的相关性较高，相关系数大于等于 0.92，尤其与表面积参数具有很高的相关系数，为 0.989，这也侧面体现了所构建的点云模型相对种薯实物具有较好的相似性。

② 种薯质量预测建模的结果与分析。

对 73 个样本按 2:1 比例分组，利用校正集中 49 个样本的点云模型几何参数建立种薯质量的预测模型。建模方法采用逐步多元线性回归方法，当采用不同的几何参数作为自变量时，对所得模型依次分析其校正相关系数 R（adjusted-R）、标准偏差 SEC 和预测平均相对误差 E，结果如表 5.3.11 所示。

表 5.3.11　马铃薯种薯质量预测模型

自变量参数	预测模型	相关系数 R	标准偏差 SEC/g	平均相对误差 E/%
最大横截面积	$M=-37.85+0.09S_{mcr}$	0.917	21.76	10.20
表面积	$M=-86.17+0.01S_a$	0.989	8.12	4.09
体积	$M=-9.28+4.79\times10^{-4}V_p$	0.950	16.99	8.74
长度,宽度,厚度	$M=-209.70+0.81L+2.45d_a+3.26d_b$	0.872	26.68	11.75
长度,宽度,厚度,最大横截面积,体积	$M=-29.30+0.1L+0.41d_a-1.31d_b+$ $0.05S_{mcr}+0.0003V_p$	0.973	12.55	5.87
长度,厚度,最大横截面积,表面积,体积	$M=-64.89+0.14L-0.84d_b+0.02S_{mcr}+$ $0.008S_a+7.24\times10^{-5}V_p$	0.9934	6.27	2.80
长度,宽度,厚度,最大横截面积,表面积,体积	$M=-74.14+0.14L+0.2d_a-0.75d_b+$ $0.02S_{mcr}+0.008S_a+7.59\times10^{-5}V_p$	0.9933	6.29	2.78

结合表 5.3.10 和表 5.3.11 进行分析,所建立的 7 个预测模型得到的质量预测值相对人工测量值的平均相对误差参数 E 与预测标准偏差 SEC 具有相同的变化趋势,进一步体现了所建模型的可靠性。在所建立的所有单参数和多参数预测模型中,利用除宽度外的 5 个参数所建立的质量预测模型,得到了最好的预测效果,其预测相关系数 R 为 0.99336,预测标准偏差 SEC 为 6.27g。

基于上述分析结果,用马铃薯种薯样本的 24 个验证集样本参数对预测相关系数 R 最大的前三个模型,即基于表面积的预测模型,基于长度、厚度、最大横截面积、表面积、体积的五参数预测模型,基于长度、宽度、厚度、最大横截面积、表面积、体积的全参数预测模型进行验证,验证结果如表 5.3.12 及图 5.3.28 所示。从结果中可以看出,三个预测模型对验证集中样本质量的预测结果均符合相关性和标准偏差的变化趋势。其中基于长度、厚度、最大横截面积、表面积、体积的五参数预测模型在验证集中的校正相关系数 R 和标准偏差 SEV 分别为 0.9892 和 5.38g,保持了最好的相关性和最低的偏差,且所得质量的平均相对误差为 2.95%,依然为三个模型中的最小值,表明使用该模型及相应的几何参数可以准确预测种薯的质量。

表 5.3.12　马铃薯种薯质量预测模型的验证结果

自变量参数	相关系数 R	标准偏差 SEV/g	平均相对误差 E/%
表面积	0.9816	7.28	4.63
长度,厚度,最大横截面积,表面积,体积	0.9892	5.38	2.95
长度,宽度,厚度,最大横截面积,表面积,体积	0.9891	5.43	3.07

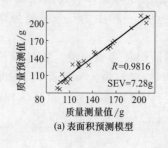
(a)表面积预测模型

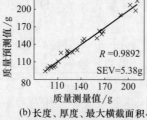
(b)长度、厚度、最大横截面积、表面积、体积预测模型

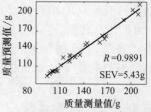
(c)长度、宽度、厚度、最大横截面积、表面积、体积预测模型

图 5.3.28　验证集中马铃薯种薯质量预测值与人工测量值的关系

综上,本项目对荷兰马铃薯种薯样本建立了基于种薯几何参数的质量预测模型,能够准确地预测种薯的质量。由于不同品种的马铃薯其密度差异较小,因此本项目所建立的质量预

测模型同样适用于其他常见品种的马铃薯。

5.3.3.5　马铃薯种薯的芽眼三维坐标定位

（1）芽眼的三维坐标定位方法

本项目在构建种薯点云模型的基础上，将芽眼在彩色图像中的二维坐标转换到深度图像所在坐标系。进一步地，根据由深度图像构建马铃薯种薯点云模型的步骤，获得芽眼在点云模型所在坐标系的三维坐标。由于本项目每隔 90° 旋转角采集一组马铃薯种薯的图像，故相邻两幅彩色图像也存在相互重合的种薯区域，此时位于重合区域的同一个芽眼存在于两个图像坐标系中。当芽眼的二维坐标被转换到点云模型上以后，由于误差会导致同一个芽眼含有两组三维坐标，令两组坐标分别为 (x_{b1}, y_{b1}, z_{b1}) 和 (x_{b2}, y_{b2}, z_{b2})，根据公式（5.3.15）计算其欧氏距离 d_{cb}。当 $d_{cb} < L/15$（L 为种薯的长度参数）时，判断两组坐标属于同一个芽眼，取二者的平均值作为该芽眼的最终坐标。图 5.3.29 所示为芽眼在点云模型上的三维坐标定位结果，用圆点进行示意。

$$d_{cb} = \sqrt{(x_{b1} - x_{b2})^2 + (y_{b1} - y_{b2})^2 + (z_{b1} - z_{b2})^2} \tag{5.3.15}$$

（2）芽眼的三维坐标定位结果及分析

对 73 个马铃薯种薯样本，首先人工统计每个样本的芽眼个数；进一步对每个样木进行三维坐标定位，然后统计样本的点云模型上所定位的芽眼个数，统计结果如表 5.3.13 所示（芽眼数为整数）。根据所统计的结果，73 个种薯样本的人工统计总数为 717 个，在点云模型上得到三维定位的总数为 686 个，三维定位的结果相对人工统计结果的比例为 95.68%。由于在点云模型上的三维定位结果是在彩色图像上芽眼识别及二维坐标定位的基础上得到的，根据 5.3.2.4 节的分析结果

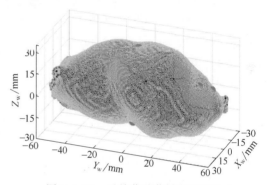

图 5.3.29　马铃薯种薯样本的芽眼
在点云模型上的位置示意图

可知，彩色图像上芽眼识别的正确率为 92.50%，因此本项目对种薯样本的芽眼三维定位的准确率为 88.50%。结果表明本项目较好地实现了种薯样本上芽眼的三维坐标定位。三维坐标定位产生误差的原因主要为，彩色图像中芽眼识别时存在误识别和漏识别的情况，以及当点云模型上存在欧氏距离满足 $d_{cb} < L/15$ 的两个芽眼时，被合并为一个芽眼。

表 5.3.13　73 个马铃薯种薯样本的芽眼数目统计结果

自变量参数	平均值	极大值	极小值
人工统计值/个	9.82	16	7
三维定位值/个	9.4	14	7

5.3.4　项目研究结论

本项目针对马铃薯在播种环节的种薯切块处理效率低、缺乏芽眼智能识别和定位的问题，开展了马铃薯种薯的点云模型重构、质量预测和芽眼三维定位方法研究，主要研究结论如下：

① 研究了基于局部图像灰度分布特征和梯度特征的马铃薯种薯芽眼识别方法。预处理后，分析 B 通道图像的梯度特征并确定梯度阈值，结合区域生长法将马铃薯种薯图像分割为不同的特征区域。提取特征区域所在的局部图像，基于灰度分布曲线和水平梯度分布曲线

提出芽眼识别参数的提取方法，并提出判别条件，实现芽眼区域的识别。利用种薯样本进行芽眼识别方法的验证，芽眼识别的总正确率为 92.50%，对种薯未发芽芽眼和已发芽芽眼的识别准确率分别为 90.19%、92.22%，非芽眼被误识别为芽眼的比例为 1.7%。研究结果表明本项目所提出的图像处理及芽眼识别方法能实现种薯的芽眼识别，识别结果中因误识别存在的非芽眼区域数量极少，对切块的影响可忽略不计。

② 研究了基于马铃薯种薯深度图像重构点云模型的方法。在图像采集系统中采集转台每旋转 90° 的马铃薯种薯图像，获得 4 组不同视角的图像。基于图像采集系统的标定参数将所采集的深度图像转换为世界坐标系下的点云。对 4 组点云的重叠面进行邻近点均值化处理，获得马铃薯种薯的点云模型。基于点云模型提出种薯的长度、宽度和厚度参数提取方法，将所得参数与种薯样本尺寸的人工提取值进行相关性分析，经样本验证，长度参数和厚度参数的相关系数均大于 0.94，表明所构建的点云模型与马铃薯种薯实物具有较好的相似性，可用于进一步的质量预测建模和切块方法分析。

③ 研究了基于马铃薯种薯点云模型的质量预测方法。提出了提取点云模型的几何参数的方法，提取包括长度、宽度、厚度、最大横截面积、表面积和体积在内的 6 个参数的几何参数。6 个参数中，表面积参数与种薯质量的相关性最高，相关系数为 0.989；在所建立的多元线性回归模型中，基于长度、厚度、最大横截面积、表面积、体积的五参数预测模型具有最好的预测能力，经样本验证，该模型的校正相关系数和标准偏差分别为 0.9892 和 5.38g，所得质量预测值相对测量值的平均相对误差为 2.95%。结果表明，基于多元线性回归方法所建立的长度、厚度、最大横截面积、表面积、体积的五参数预测模型能有效预测种薯质量。

④ 研究了马铃薯种薯芽眼的三维空间坐标定位方法。根据彩色图像中的芽眼识别结果，提取芽眼所在连通域的质心坐标，经处理作为种薯芽眼在彩色图像中的二维坐标。然后根据图像采集系统的标定参数，将芽眼在彩色图像中的二维坐标转换到深度图像坐标系，进一步转换到点云模型所在世界坐标系，获得芽眼的三维坐标。经处理，实现芽眼在点云模型中的三维坐标定位。经试验验证，芽眼三维坐标定位的准确率为 88.5%，较好地实现了种薯芽眼的三维空间定位。

5.4　蝗虫图像识别计数

5.4.1　项目目标与技术要点

蝗灾是一种突发性强、危害广泛、对农牧生产具有毁灭性破坏的生物灾害。及时、准确地测报蝗虫发生范围、密度等信息，对于蝗灾的先期预警和精准防治具有重要意义。目前，我国的监测方法比较落后，普遍采用人工监测，需要大量的人力物力，影响对蝗虫的及时有效防治；国外采用雷达监测或卫星遥感监测方法，但是在预警和小面积监测方面相对局限。

本项目旨在利用图像采集设备和计算机图像处理技术，实现田间蝗虫的自动识别与测算。利用图像处理技术进行蝗虫的识别与数量计算，需有图像采集设备，将监测点的田间蝗虫发生图片完整地采集到图像中，然后对图像中的蝗虫进行识别和数量计算。为此，有以下技术要点：

① 图像中蝗虫区域的分割与提取；

② 单只蝗虫区域与粘连蝗虫区域的判定；

③ 各区域蝗虫数量与区域面积的模型。

5.4.2　蝗虫图像的采集

5.4.2.1　图像采集设备

采集所用的数码相机和 CCD 摄像机如图 5.4.1 所示，图 5.4.1（a）为 Sony W5 数码照相机，其有效像素为 7000000，光学 3 倍变焦，$f=6\sim72mm$，光圈范围 F2.8～3.3（自动调整），分辨率设定 2560×1920，快门速度设定 1/500s；图 5.4.1（b）为 Panasonic DMC-FZ5 数码照相机，其有效像素为 5000000，光学 12 倍变焦，$f=6\sim72mm$，光圈范围 F 2.8～3.3（自动调整），分辨率设定 2560×1920，快门速度设定 1/500s；图 5.4.1（c）为 Panasonic NV-GS200 数码摄像机，其有 1/6in（英寸，1in＝25.4mm）3CCD 摄像传感器，有效像素 800K×3（动态图像/400K×3、静态图像/530K×3），自动光圈 F 1.8，$f=2.45\sim24.5mm$，快门速度 1/50～1/8000s。

(a) Sony W5数码相机　　(b) Panasonic DMC-FZ5数码相机　　(c) Panasonic NV-GS200数码摄像机

图 5.4.1　蝗虫图像采集设备

5.4.2.2　蝗虫图像采集

蝗虫标本采集分为实验室采集和实地采集。在实验室采集养殖蝗虫标本，养殖蝗虫由河北沧州的黄虫养殖基地购买，在实验室的养殖箱内进行养殖，如图 5.4.2（a）所示。蝗虫实地采集于广东省英德市粤北腹露蝗发生的蝗区［图 5.4.2（b）］、山东省菏泽市黄河滩区东亚飞蝗发生的蝗区［图 5.4.2（c）］、内蒙古自治区乌兰察布市辉腾锡勒盟草原蝗虫发生的蝗区［图 5.4.2（d）］进行。

利用数码相机和 CCD 摄像机，在上午 10：00 前与下午 17：00 之后，分别获取蝗虫的静态图像和动态图像，避免较强光线的干扰，减小计算误差。在重点蝗区，每 $15m^2$ 取 1 采样点；在较小蝗区，每 $5m^2$ 取 1 采样点；在一般蝗区，每 $30m^2$ 取 1 采样点；在环境条件特殊蝗区，每 $1m^2$ 取 1 采样点；在监视区，每 $100m^2$ 取 1 采样点。采集静态图像时，照相机镜头垂直向下固定于支架，镜头与地面距离 500mm，Z 字形取样；采集动态图像时，摄像机以 1～2m 高度、0.5～1m/s 速度，Z 字形取样。采集到的静态图像和动态图像的帧图像分别如图 5.4.3 所示。

5.4.3　原图像的调整

5.4.3.1　色阶调整

利用色阶直方图对原图像［图 5.4.4（a）］进行色阶分析，得到色阶直方图如图 5.4.4（b）所示，经过处理获得最大值（H_u）、最小值（H_d）和二者差值（H_{di}）。在最大值、最小值边界分别去除总点数的 5.5% 作为新的最大值、最小值，并利用 $(R/G/B-H_d)\times255/H_{di}$ 作为新的 $R/G/B$ 值，使蝗虫与背景颜色的区分更明显，便于后期处理，得到的新图像如图 5.4.4（c）所示。

(a) 实验室养殖的蝗虫 (b) 广东省英德市蝗区

(c) 山东省菏泽市黄河滩区蝗区 (d) 内蒙古自治区乌兰察布市辉腾锡勒盟蝗虫

图 5.4.2 蝗虫图像采集环境

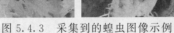

图 5.4.3 采集到的蝗虫图像示例

5.4.3.2 对比度调整

（1）对比度自动增强法

若图像中当前像素点亮度值为 I，由图 5.4.4（c）的色阶直方图获得图像的亮度范围 $[a, b]$，由亮度扩充公式 $I' = 255(I-a)/(b-a)$ 调整其亮度，得到的对比度调整结果如图 5.4.5（a）所示。由图 5.4.5（a）可知，原图像色彩不均情况可能加重，不能消除感光影响，需换用其他对比度调整方法。

（2）局部对比度变换法

基于原图像，利用局部对比度变换法对图像对比度进行调整。若某一邻域 x 内的像素浓淡水平平均值为 $\overline{x}$、标准偏差为 s、全图像素浓淡水平平均值为 $\overline{x}_0$，则利用公式 $y = a\overline{x}_0$

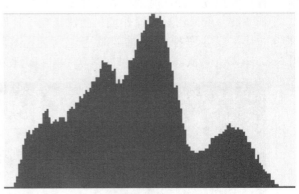

(a) 蝗虫原图像

(b) 色阶直方图

(c) 色阶处理后的蝗虫图像

图 5.4.4　对蝗虫原图像进行处理

(a) 对比度自动增强法

(b) 局部对比度变换法

图 5.4.5　利用两种对比度调整方法的结果

$(x-\overline{x})/s+\overline{\beta x_0}-\gamma$ 进行对比度变换，结果如图 5.4.5（b）所示。

　　由图 5.4.5（a）和图 5.4.5（b）对比可知，局部对比度变换法能够强化蝗虫与背景的交界界限，便于后续提取。

5.4.3.3　图像滤波

　　由于 3×3 和 5×5 的相邻区域中值滤波对图像降噪滤波差别不明显，因此选用 3×3 的邻域，保证处理效果的同时加快处理速度，在此基础上采用平滑滤波。

平滑滤波一般采用局部操作或松弛法实现，且局部操作法最常见。但采用局部操作法可能损害边缘、线等图像中的重要信息。因此，采用中央算子法的平滑滤波方法对图像[图 5.4.6（a）]再次滤波，结果如图 5.4.6（b）所示。

(a) 平滑滤波所用原图像　　　　　　　　(b) 平滑滤波后的蝗虫图像

图 5.4.6　滤波后的蝗虫图像

使用以上滤波方法处理后，可以降低噪点，同时也可以降低因为运动等原因造成的图像边缘发虚问题，且不损害目标对象的边缘，便于后续对边缘的锐化。

5.4.3.4　图像边缘锐化

对模糊区域进行处理的边缘锐化常用局部算子锐化法和选择性图像锐化法两种方法。

（1）局部算子锐化法

采用拉普拉斯算子 $g(x，y)=f(x，y)-\bigtriangledown^2 f(x，y)$ 对原图像进行减运算。常用的 3×3 矩阵系数如式（5.4.1），经检验，第一个系数较好，得到的效果如图 5.4.7（a）所示。

$$\begin{bmatrix} 0 & -1 & 0 \\ -1 & 5 & -1 \\ 0 & -1 & 0 \end{bmatrix} \begin{bmatrix} -1 & -1 & -1 \\ -1 & 9 & -1 \\ -1 & -1 & -1 \end{bmatrix} \begin{bmatrix} 1 & -2 & 1 \\ -2 & 5 & -2 \\ 1 & -2 & 1 \end{bmatrix} \qquad (5.4.1)$$

（2）选择性图像锐化法

选择性图像锐化，通过图像信息 $h(x，y)$，可以部分控制模糊区域的处理强度，即

$$g(x,y)=f(x,y)-h(x,y)\bigtriangledown^2 f(x,y)$$

得到的效果如图 5.4.7（b）所示。

(a) 局部算子锐化处理后的蝗虫图像　　　　　　(b) 选择性图像锐化处理后的蝗虫图像

图 5.4.7　边缘锐化后的蝗虫图像

对比图 5.4.7 (a) 和图 5.4.7 (b) 可知，选择性图像锐化对保持边缘、消除虚影更有效，因此选用选择性图像锐化法进行边缘锐化。

5.4.3.5　图像的区域分割

在图像特征识别中，一般使用依据方差的特征选择、依据相关性的特征选择、提高类之间分离的特征选择。区域分割常用综合法、分离合并法、特征空间递归阈值处理法、弛缓法。图 5.4.8 为 4 种方法的区域分割结果。

(a) 综合法区域分割　　　　　　　　　　　(b) 分离合并法区域分割

(c) 特征空间递归阈值处理法　　　　　　　　(d) 弛缓法

图 5.4.8　蝗虫图像的区域分割

从图 5.4.8 可以看到，对于一般灰度图像难以直接将蝗虫区域与背景分离，实际识别过程，区域分割方法应在二值化处理后使用，可实现单个蝗虫、粘连蝗虫区域及叶片或阴影残留的区分。

5.4.3.6　蝗虫静态图像的阈值自动确定

图像在二值化的过程中，阈值的设定是核心问题。对静态的、有限范围的图像可采用阈值自动决定法。常用的阈值自动决定方法有 p-参数法、Otsu 法、Kittler 法、拉普拉斯直方图法、微分直方图法，处理后得到的结果如图 5.4.9 所示。

由图 5.4.9 对比知，Otsu 法的结果形成了较明显的蝗虫区域，离散度低，有助于进一步采用图像形态学方法进行处理。因此，选用 Otsu 法作为二值化阈值设定方法。

5.4.3.7　蝗虫动态图像的动态阈值确定

在动态图像中，为应对光照不均造成的背景灰度级变化等问题，须对各个像素变化阈值，即图像动态阈值进行设定。常用动态阈值设定法有移动平均法和部分图像分割法，其处

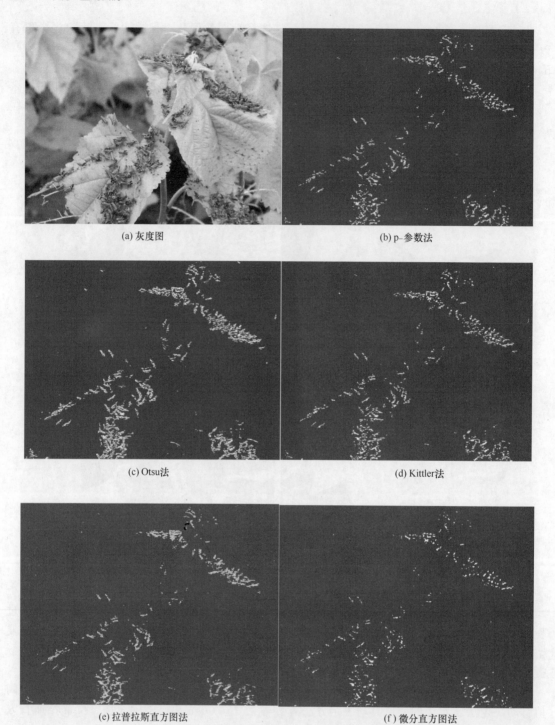

(a) 灰度图

(b) p-参数法

(c) Otsu法

(d) Kittler法

(e) 拉普拉斯直方图法

(f) 微分直方图法

图 5.4.9　五种自动阈值处理方法效果对比

理结果如图 5.4.10 所示。

由图 5.4.10 对比知，部分图像分割法得到的页面和阴影残留小，可独立分割蝗虫区域，特征明显，便于后续基于像素数（面积）的处理。因此，选用部分图像分割法设定动态阈值。

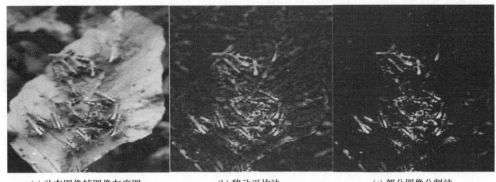

(a) 动态图像帧图像灰度图　　　　(b) 移动平均法　　　　(c) 部分图像分割法

图 5.4.10　动态阈值确定

5.4.4　静态图像内蝗虫的识别与计数

分析用原图像如图 5.4.11 所示。

(a) 相机拍摄图像1　　　　(b) 相机拍摄图像2　　　　(c) 相机拍摄图像3

图 5.4.11　分析用原图像

5.4.4.1　图像颜色信息统计

（1）分割蝗虫的颜色指标

随机抽取 100 幅样本图像，针对每幅图像人工选取蝗虫区域和背景区域。在 HSI、$I_1 I_2 I_3$ 两个彩色空间下分别统计 H、S、I_2、I_3 颜色分量，如图 5.4.12 所示。

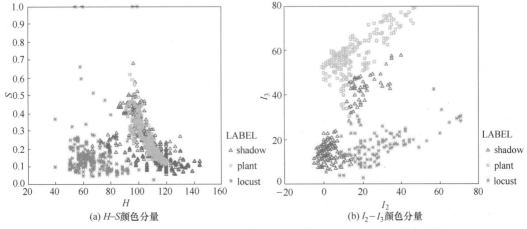

(a) $H\text{-}S$ 颜色分量　　　　(b) $I_2\text{-}I_3$ 颜色分量

图 5.4.12　HSI、$I_1 I_2 I_3$ 两个彩色空间下的 H、S、I_2、I_3 颜色分量

将蝗虫区域与背景区域在彩色空间的值进行统计，形成表 5.4.1，可知 HSI 的 H 分量的蝗虫类差异明显，因此以 H 分量作为分割蝗虫的颜色指标之一。

表 5.4.1 蝗虫与背景在彩色空间的统计值

颜色分量			蝗虫类	植物类	阴影类
HSI	H	均值	66.47	109.11	109.14
		标准差	12.13	6.69	14.57
	S	均值	0.16	0.22	0.21
		标准差	0.14	0.09	0.12
$I_1 I_2 I_3$	I_2	均值	27.95	13.74	6.20
		标准差	14.27	10.63	8.74
	I_3	均值	16.77	57.67	20.53
		标准差	6.59	8.11	12.77

（2）分割蝗虫和背景的颜色指标

采用图形分析软件对静态图像 ［图 5.4.13（a）］进行线性 RGB 分析，覆盖背景和蝗虫，得到图 5.4.13（b）～图 5.4.13（e）的分析结果，可知蝗虫区域和背景区域在 R 和 G 分量上有差异，即蝗虫图像 R 值较高、G 值较低，而背景 G 值较高。

(a) 原蝗虫静态图像及线性取样

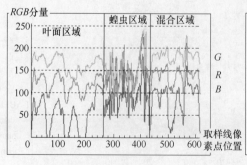

(b) 取样位置1

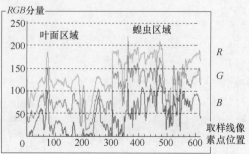

(c) 取样位置2

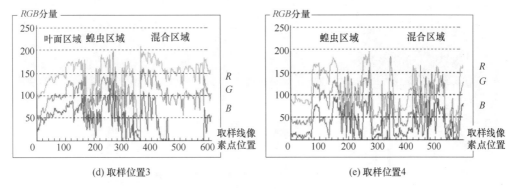

(d) 取样位置3　　　　　　　(e) 取样位置4

图 5.4.13　蝗虫静态原图像 RGB 线性分析

5.4.4.2　蝗虫静态图像的识别

（1）图像灰度化与分割

分别采用 HSI 的 H 灰度运算、$R-G$ 图像运算、G 分量运算，对原图像进行灰度化，得到的灰度图如图 5.4.14 所示。由图 5.4.14 可知，蝗虫区域和背景区域有明显灰度峰值，利于进一步固定阈值或者采用 Otsu 法进行二值化处理。但是 G 分量运算对于不在成像焦距区域的虚影部分蝗虫的灰度特征不明显。

(a) HSI的H灰度图及其灰度直方图

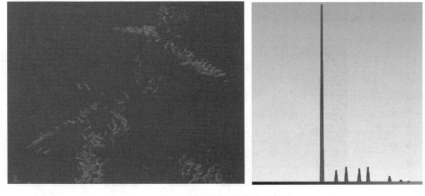

(b) $R-G$灰度图及其灰度直方图

图 5.4.14

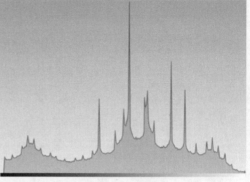

(c) G 分量运算灰度图及其灰度直方图

图 5.4.14　HSI 的 H 灰度图、R−G 灰度图、G 分量运算灰度图的结果

采用分量相减法 $|2G-B-R|$ 和 $|2R-B-G|$ 得到蝗虫静态图像灰度图，采用 Otsu 阈值分割法（类间方差法）实现图像二值化转换，如图 5.4.15 所示，白色为蝗虫（像素值 255），黑色为背景（像素值 0）。

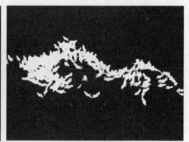

(a) 蝗虫静态图像灰度图　　　(b) 蝗虫静态图像一的二值化结果　　　(c) 蝗虫静态图像二的二值化结果

图 5.4.15　蝗虫静态图像的灰度图与二值化结果

（2）形态滤波

形态滤波器由开闭运算组成，运用如图 5.4.16（a）所示的菱形结构元素进行分割图像的后处理，为进一步的土蝗计数做准备，得到的结果如图 5.4.16（b）和图 5.4.16（c）所示。可以看出，滤波后散点毛刺和小块桥连区域被消除，通过闭运算，使一些前处理产生的小空洞也被填平，形成局部连续的区域，有利于对蝗虫面积的计算。

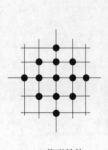

(a) 菱形结构　　　　　(b) 形态滤波结果1　　　　　(c) 形态滤波结果2

图 5.4.16　形态滤波

5.4.4.3　基于形状特征的蝗虫静态数量计算方法

（1）单个蝗虫面积模型

① 蝗虫几何形状分析。

将采集的 20 只蝗虫标本单只置于白纸上，采集其图像。选取常用的面积 A、周长 P、长度 L、宽度 W、内接圆直径 D、分散度 C、圆形度 R、伸长度 E 分析单个蝗虫几何形状，统计这些值，进行均值与方差分析，确定分散度 C 为分析指标。

② 单个蝗虫面积模型。

区域标记与单个蝗虫识别。采用行程标记算法对后处理的图像进行标记。将图像分为像素数（面积）小于 50、面积在 50~500、面积在 500 以上三种情况。将小于 50 的作为噪声去除，并计算面积在 50~500 的蝗虫区域分散度 C。若 $0.25 \leqslant$ 分散度 $C \leqslant 0.45$，则判断该区域为单只蝗虫区域，否则去除。

③ 模糊集判定。

为实现蝗虫区域与残留区域的区分，采用基于最大隶属度的模糊原则判定蝗虫区域的特点。对 100 幅各姿态单只蝗虫图像、30 幅叶面图像、30 幅粘连蝗虫图像，采用 8 邻域法分别求面积 S_i、周长 L_i 和面积与周长比值 C_i，如图 5.4.17 所示，得到：较完整蝗虫姿态图像，$10000 < S_i < 18000$，$800 < L_i < 1300$，$11 < C_i < 16$；成像角度有缺陷或未成焦图像，$4000 < S_i < 10000$，$300 < L_i < 800$，$10 < C_i < 17$；植物叶片图像，$4000 < S_i < 8000$，$600 < L_i < 900$，$6 < C_i < 10$；粘连蝗虫姿态图像，$27000 < S_i$，平均面积值 $\overline{A} = 15000$。

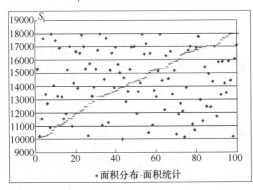

(a) 单只蝗虫面积分布统计

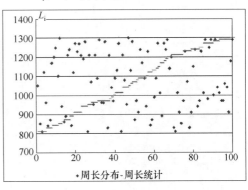

(b) 单只蝗虫周长分布统计

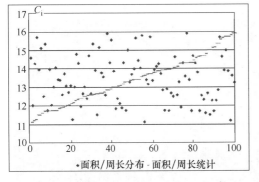

(c) 单只蝗虫的面积周长比统计

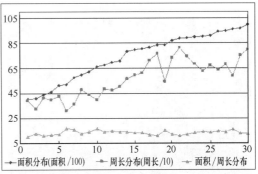

(d) 有缺失姿态和未在成像焦距范围的单个蝗虫图像分布统计

图 5.4.17

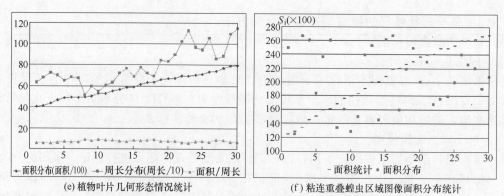

(e) 植物叶片几何形态情况统计　　　　(f) 粘连重叠蝗虫区域图像面积分布统计

图 5.4.17　蝗虫静态图像的几何形态统计分析

因此，建立模糊集如下：

S_1：二值图像中小面积图像，$S_1 < 27000$；

S_2：二值图像中大面积图像，$S_2 > 27000$；

C：二值图像的面积周长比，$C > 10$；

P：以二值图像中大面积图像重心为中心点，对应原图像中 9×9 的结构求其 RGB 的均值，满足 $P = (\overline{R} < \overline{G} < \overline{B})$；

D：单只蝗虫，$D = (S_1 \bigcap C) \bigcup (S_1 \bigcap P)$；

E：粘连蝗虫，$E = S_2 \bigcap P$。

基于最大隶属度原则，对图像进行判断，如图 5.4.18 所示。

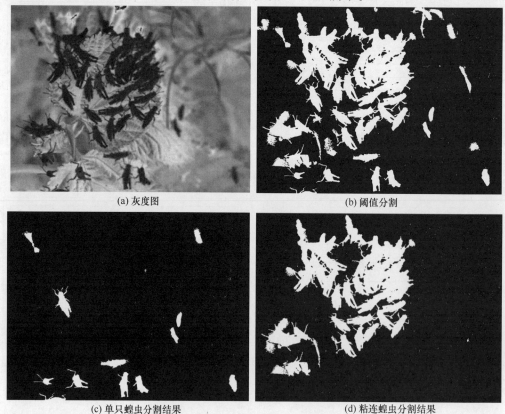

(a) 灰度图　　　　　　　　　　　　　(b) 阈值分割

(c) 单只蝗虫分割结果　　　　　　　　(d) 粘连蝗虫分割结果

图 5.4.18　最大隶属度原则的模糊集判定

（2）单只蝗虫数量计算模型

单只蝗虫区域图像中的各区域面积为 A_{Si}，其去掉最大值和最小值之后的数值平均值作为单只蝗虫的面积 A_0；粘连蝗虫区域的头数为 N_{pj}，即为该区域面积 A_{pj} 与 $1.5A_0$ 的比值取整；面积大于等于 A_0 的各区域的蝗虫数量为 N_{dk}，即为该区域面积 A_{dk} 与 A_0 的比值取整；面积小于 A_0 的各区域的数量为 N_s，则单只蝗虫数量 N 计算模型如公式 5.4.2 所示。

$$N = N_s + \sum_{j=1}^{m} N_{pj} + \sum_{k=1}^{p} N_{dk} \tag{5.4.2}$$

式中，m 为图像像素长度；p 为图像中面积大于等于 A_0 的区域总数。

（3）试验与结果分析

对 10 幅静态采集的原始图像，运用基于颜色特征的蝗虫区域分割方法进行处理后，继续运用基于形状特征的蝗虫数量计数方法计数各帧图像中蝗虫的只数，各步处理得到的结果如图 5.4.19 所示，对比统计结果见表 5.4.2。

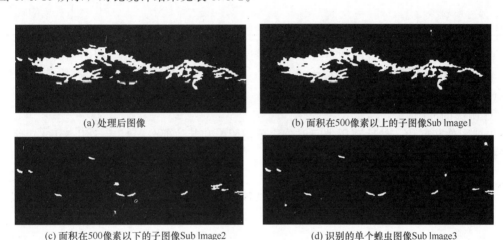

(a) 处理后图像　　　　　　　　　　　(b) 面积在500像素以上的子图像Sub Image1

(c) 面积在500像素以下的子图像Sub Image2　　　(d) 识别的单个蝗虫图像Sub Image3

图 5.4.19　基于形状特征的蝗虫数量计数方法后期处理静态采集图像的处理示例

如图 5.4.19 所示，对二值化的蝗虫图像 5.4.19（a）进行标记后，按面积大小区分为蝗虫粘连区域 5.4.19（b）和单个蝗虫区域 5.4.19（c），对 5.4.19（c）按面积模型区分，确定单个蝗虫区域 5.4.19（d），并计算数量。

表 5.4.2　运用颜色特征识别结果对比

图像标记	图像 SubImage1 中面积 $<A_0$ 的区域的蝗虫个数 /只	图像 SubImage1 中面积 $\geqslant A_0$ 的区域的蝗虫个数 /只	图像 SubImage2 中的粘连重叠蝗虫区域的个数 /只	整帧图像中自动计数的蝗虫的总头数 /只	整帧图像中人工计数的蝗虫的总头数 /只	相对误差 /%
1	4	10	123	136	145	6.2
2	41	5	248	294	283	3.9
3	8	11	106	125	136	8.1
4	14	9	122	145	132	9.8
5	58	9	105	172	200	14.0
6	26	10	120	156	164	4.9
7	18	4	115	137	120	14.2
8	10	8	133	151	177	14.7
9	8	5	207	219	208	5.3
10	7	3	211	221	257	14.0

对 10 幅采集的蝗虫图像，运用基于模糊模式识别的方法进行处理后，得到各幅图像中蝗虫数量，结果如表 5.4.3 所示。结果显示，对于图像中粘连较少的蝗虫识别精度高，粘连严重或者有叶面遮挡的图像，在模糊集归类计数时，容易产生误差。

表 5.4.3 采用模糊模式识别计数结果

图像标记	图像中自动计数的蝗虫数量/只	图像中人工计数的蝗虫数量/只	相对误差/%
1	54	51	5.9
2	23	23	0
3	11	11	0
4	18	17	6.3
5	98	93	5.4
6	21	19	9.5
7	22	21	4.8
8	16	16	0
9	5	5	0
10	78	72	8.3

经试验得出，静态图像的蝗虫数量识别率误差小于 15%，总体误差小于 10%。

5.4.4.4 蝗虫动态图像数量计算方法

（1）图像灰度化与分割。

① 阴影的分割。

先把图像灰度化，然后利用类间差分法分割阴影和其他部分，最后，用 Sobel 边缘检测算子提取二者的分割线。

② 叶片区域的分割。

运用颜色指标 H 灰度化预处理以后的原始图像。阴影部分灰度值不同于其他背景的灰度值，因此，对于阴影区域的检测条件如公式（5.4.3）所示。

$$S_i(x,y) = \begin{cases} |\Delta G| & \Delta G < 0 \\ 0 & \text{else} \end{cases}$$
$$\Delta G = F_i(x,y) - F_{i-1}(x,y) \tag{5.4.3}$$

然后利用类间差分法自动获得图像的分割阈值、分割阴影、植物叶面和蝗虫区域，得到二值化图像。按上述流程处理的过程和结果如图 5.4.20 所示。

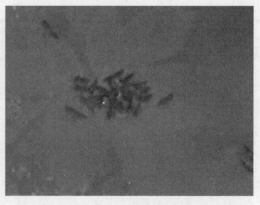

(a) 阴影分割　　　　　　　　　　　　　(b) H 灰度图像

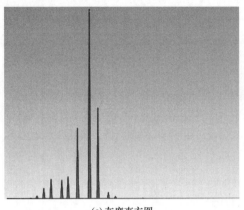

(c) 灰度直方图　　　　　　　　　　　　　　　　(d) 二值图像

图 5.4.20　动态图像灰度化与分割结果

由图 5.4.20 可知，阴影分割和灰度化后的蝗虫图像的灰度直方图显示：蝗虫和背景区域有明显的区别，有利于进一步选取阈值实现二值化。

（2）滤波与映射

重复静态蝗虫图像处理的后续过程，得到的结果如图 5.4.21 所示。

(a) 形态滤波图像　　　　　　　　　　　　　　　(b) 映射图像

图 5.4.21　蝗虫动态图像处理结果

由图 5.4.21 可知，经二值化的图像映射到原图像，可以发现以上处理方法和过程能够将动态蝗虫区域与背景区域区分。

（3）动态蝗虫图像计数方法

利用分离出来的单个蝗虫的图像，对蝗虫的面积、周长、长度、宽度这 4 个基本几何区域描绘子进行计算。同时综合考虑分散度、圆度、伸长度这 3 个无量纲区域描绘子，统计结果见表 5.4.4。

表 5.4.4　**动态图像蝗虫的形状特征值的试验结果**（按照面积参数从小到大排列）

蝗虫序号	面积	周长	长度	宽度	分散度	圆度	伸长度
1	20	25.66	9.96	4	0.38	0.26	0.40
2	22	28.14	9.75	6.31	0.34	0.41	0.87
3	24	27.24	8.77	5.8	0.41	0.40	0.66
4	26	35.38	14.38	4.12	0.44	0.47	0.98
5	31	33.56	11.61	5.25	0.35	0.29	0.45
6	32	31.14	11.36	7.41	0.41	0.32	0.65
7	40	49.31	14.63	12.35	0.27	0.48	0.76

蝗虫序号	面积	周长	长度	宽度	分散度	圆度	伸长度
8	42	45.28	14.02	7.43	0.47	0.31	0.39
9	44	44.73	13.02	7.1	0.44	0.29	0.34
10	54	44.87	13.02	11.34	0.26	0.27	0.53
11	55	38.21	14.95	5.85	0.34	0.36	0.57
12	60	43.53	16.02	6.96	0.40	0.30	0.43
13	71	50.36	12.81	11.31	0.35	0.55	0.88
14	73	45.8	18	6.04	0.21	0.24	0.84
15	79	49.38	17.51	9.47	0.31	0.36	0.81
16	81	47.94	14.8	14.51	0.51	0.25	0.34
17	99	63.43	20.8	9.62	0.31	0.29	0.46
18	114	64.84	20.14	11.48	0.22	0.53	0.94
19	129	89.5	19.38	13.58	0.20	0.44	0.70
20	131	77.43	18.72	14.25	0.26	0.16	0.29

从表 5.4.4 中可以看出，单个蝗虫的面积、周长、长度和宽度这些基本几何形状特征的分布较离散，分散度、圆度和伸长度这 3 个无量纲形状特征之间的差异较大。这主要是由于动态采集中区域跨度大，蝗虫种群的发生期不同。

周长、长度、宽度与面积的散点图和分散度、圆度和伸长度与面积的散点图如图 5.4.22 所示。

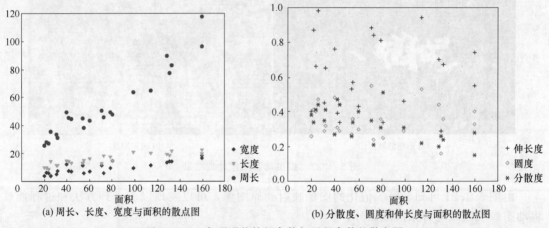

(a) 周长、长度、宽度与面积的散点图　　(b) 分散度、圆度和伸长度与面积的散点图

图 5.4.22　各项形状特征参数与面积参数的散点图

从图 5.4.22 可知，随着面积的增大，周长明显增大，而长度和宽度的增幅较小；分散度随面积增大而减小；伸长度与面积无关，但变化范围大；圆度也与面积无关，且变化范围集中在 0.1～0.5 之间。

因此，把检测以后得到的背景和蝗虫区域采用面积 A 和圆度 R 两个形状因子来判断动态蝗虫图像。判别条件如下：若 $A<10$，或 $A\geqslant3000$，则该区域为噪声区或背景区；若 $0.1\leqslant R<0.5$，则为蝗虫；否则，该区域不是蝗虫区域。

最后，对识别结果采用快速区域标记算法自动计数蝗虫的数量。从摄像机采集的样区视频中分时自动逐帧提取前 30 帧图像，同时人工识别每帧地面蝗虫图像中的蝗虫数量，将前 20 帧数据结果记录到表 5.4.5 中。

对表 5.4.5 中人工识别的蝗虫头数（因变量 Y）和自动识别的蝗虫头数（自变量 x）进行一元线性回归分析，建立二者之间的模型 $Y=kx+b$。把蝗虫数带入建立的模型，得到模型预测的地面蝗虫数，与人工识别的地面蝗虫数进行比较分析，得到最终的数量关系模型如式（5.4.4）所示。

表 5.4.5　人工识别的地面蝗虫和动态蝗虫图像数量表

图像帧数	摄像机采集图像中人工计算地面蝗虫数量/只	摄像机采集图像中蝗虫数量/只	模型计算的地面蝗虫数量/只	人工识别与模型计算的地面蝗虫数量相对误差/%
1	4	2	4	0
2	6	3	6	0
3	5	2	4	20
4	9	4	8	11.1
5	12	7	13	8.3
6	8	4	8	0
7	5	2	4	20
8	0	0	0	0
9	0	0	0	0
10	0	0	0	0
11	11	6	11	0
12	12	6	11	8.3
13	8	5	9	12.5
14	4	2	4	0
15	9	5	9	0
16	11	7	13	18.2
17	10	6	11	10
18	7	3	6	14.2
19	6	3	6	0
20	9	5	9	0

地面蝗虫与实际数量的模型：

$$Y = \text{int}(1.69x + 0.85)，且当 x = 0 时，Y = 0 \tag{5.4.4}$$

（4）试验与结果分析

对上述流程进行试验，选取 10 幅从动态采集的原始视频中提取的图像，运用基于颜色特征的动态蝗虫区域分割方法进行处理后，各步处理得到的结果如图 5.4.23 所示。

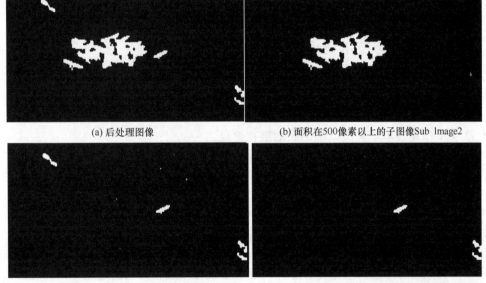

(a) 后处理图像　　　　　　　　　　(b) 面积在500像素以上的子图像Sub lmage2

(c) 面积在500像素以下的子图像Sub lmage2　　(d) 识别的单个蝗虫图像Sub lmage3

图 5.4.23　基于形状特征的蝗虫数量计数方法后期处理动态采集图像的处理示例

由图 5.4.23 可知，对二值化的蝗虫图像 5.4.23（a）进行标记后，按面积大小区分为蝗虫粘连区域 5.4.23（b）和单个蝗虫区域 5.4.23（c），对 5.4.23（c）按面积模型区分，确定单个蝗虫区域 5.4.23（d），并计算数量。

运用基于形状特征的动态蝗虫计数方法［式（5.4.2）］计数各帧图像蝗虫的数量，结果见表 5.4.6。

表 5.4.6　动态采集图像中蝗虫的形状特征值的试验结果

图像标记	图像 SubImage1 中面积 $<A_0$ 的区域 的蝗虫数量 /只	图像 SubImage1 中面积 $\geqslant A_0$ 的区域 的蝗虫数量 /只	图像 SubImage2 中的粘连重叠区域 的蝗虫数量 /只	整帧图像中 自动计数的 蝗虫的数量 /只	整帧图像中 人工计数的 蝗虫的数量 /只	相对误差 /%
1	1	3	20	24	27	11.1
2	2	5	40	47	46	2.2
3	2	4	23	29	31	6.5
4	1	5	0	6	6	0.0
5	2	2	5	9	10	10.0
6	1	6	11	18	16	12.5
7	5	22	33	60	63	4.8
8	2	2	6	10	11	9.1
9	4	17	2	23	22	4.5
10	2	12	3	17	17	0.0

从人工识别的地面蝗虫数与模型预测的地面蝗虫数的比较分析结果可以看出：建立的模型反映了图像识别的蝗虫和地面蝗虫之间的数量关系，预测精度大于 80%，能够满足动态采集图像蝗虫测报的精度要求。因此，利用自动识别测报地面蝗虫数量是可行的。

5.5　基于机器视觉的果树靶标识别

5.5.1　项目目标与技术要点

施药作业对果树病虫害防治、水果产量的提高和水果品质的保证具有重要的意义。目前我国的果树病虫害防治机具仍以自动化程度较低的背负式喷雾机、高压喷枪、担架式喷雾机为主，作业方式多数采用连续型恒量式喷雾，作业粗放，农药浪费严重，且对环境污染较大。精准喷施作业技术是解决以上问题的潜在途径之一。

喷雾机开展对靶变量喷雾的前提条件是检测并获取果树靶标的特征信息。经典的果树靶标探测技术有四种，即红外传感器技术、超声波传感器技术、激光雷达传感器技术和机器视觉传感器探测技术。红外传感器可以检测果树靶标的有无，然而受其自身性能的限制，无法获取靶标果树的形状、尺寸等具体的特征信息，并且工作过程中容易受到外界光照的影响。随着现代农业喷雾作业要求的不断提高，红外传感器已逐渐不能满足发展的需要。超声波传感器的工作原理简单，成本低，实现方便，可以实现靶标果树轮廓的体积、尺寸等特征的测量。但是受到其自身功能的局限，存在回波起伏干扰等问题，无法满足靶标果树轮廓形状和树叶密度等特征的高精度实时性的检测要求，检测精度、采样频率有待进一步提高。与超声波传感器相比，激光雷达传感器的扫描速度和检测精度较高，且不受光照的影响，因此近年来被广泛用于精准变量喷雾的研究中，实现靶标果树枝叶密度及三维尺寸的精确获取，极大促进了精准变量喷雾的发展。然而，激光雷达是高精度仪器，成本昂贵，并且需要采集大量的点云数据，对硬件处理器的性能要求较高，也很难有效地区分靶标果树的树干与树冠。机器视觉是通过摄像装置将被摄取目标转换成图像信号，经处理后得到被摄目标的形态信息，从而控制执行装置动作。在果园精准喷雾方面，摄像装置可以在喷雾机行进过程中实时拍摄图像，处理后将靶标果树提取出来，从而获得相关的特征信息，是当前新兴的一个研究方向。

本项目的目标是将机器视觉技术与其他信息检测技术进行融合，以期精确识别隔行靶标果树，获取树冠的特征数值。项目内容如下：

① 多源信息检测方案的设计；
② 靶标果树的图像处理方法；
③ 树冠的数值特征提取方法。

5.5.2　系统组成与总体检测流程

如图 5.5.1 所示，系统硬件主要由树莓派、传感器、小车底盘与电源四部分组成。其中 12V 的锂电池电源安放在小车底盘，给整个系统供电，底盘上还安装了 Arduino，主要用于采集光强信息、超声波测距信息及控制占空比，调节平台行进速度。小车底盘通过铝制支架连接定制的亚克力板，板上放置树莓派、光强传感器、九轴姿态传感器及控制按键。亚克力板通过铝制支架连接 3D 打印的一个部件，在该部件上安装激光雷达、摄像头和超声波测距传感器。树莓派是多源信息采集平台的"大脑"，由其对各个传感器发出指令并存储数据。摄像头可采集图像数据，激光雷达可采集距离点云数据，九轴姿态传感器可采集平台姿态数据，光强传感器可提供实时光强。其中激光雷达中心与摄像头中心处于同一水平面，摄像头与超声波测距传感器近似处于同一高度。

为了识别并分割靶标果树，获取果树图像的特征数值，图像的整体检测流程如图 5.5.2

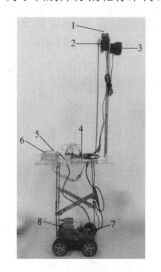

(a) 多源信息采集平台

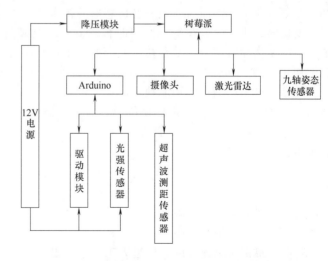

(b) 平台系统框图

图 5.5.1　基于树莓派的多源信息采集平台

1—超声波测距传感器；2—摄像头；3—激光雷达；4—树莓派；5—九轴姿态传感器；
6—光强传感器；7—Arduino；8—锂电池

所示，首先将拍摄的图像与拍摄时刻的车体俯仰角结合，矫正俯仰角的影响；再去除光强影响，经过图像分割与形态学滤波后，果树树冠可以被基本分割出来；最后利用拍摄距离与像素面积的拟合方程获取树冠特征数值，包括树冠离地最大高度、离地最低高度以及树冠最大宽度，其分别可以决定喷雾执行机构开启的最大高度、开启的最低高度以及喷雾时长。

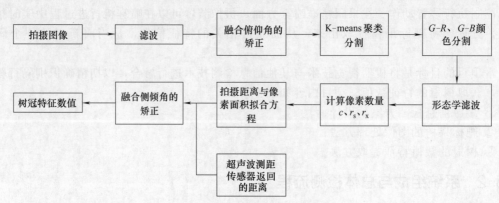

图 5.5.2   图像检测流程图

5.5.3   靶标果树的图像处理方案

5.5.3.1   靶标果树的图像矫正

喷雾机在户外工作时，受路面颠簸的影响，喷雾机上安装的摄像头和激光雷达会发生俯仰和侧倾，导致喷雾机的行驶路径发生偏航。为此，本项目选用了九轴姿态传感器 JY901 模块，其集成了高精度的陀螺仪、加速度计、地磁场传感器，采用 Cortex-M0 内核处理器和卡尔曼动态滤波算法，能够快速解算出模块当前的实时运动姿态，并且该模块被螺钉牢牢固定在平台上，可以将其视为与平台一体，即九轴姿态传感器的实时姿态数据与平台实时姿态数据一致。

如图 5.5.3 所示，地面与九轴姿态传感器的笛卡儿坐标系分别定义为 XYZ 和 xyz，并规定了角度旋转的正方向。在平台倾斜时传感器存在侧倾角 α'、俯仰角 β' 和偏航角 γ'，其中偏航角指的是实际航向偏离平台初始航向的大小，左偏为正。侧倾角、俯仰角、偏航角的取值范围均是 $-90°\sim90°$。

（1）融合侧倾角的图像矫正原理

如图 5.5.4 所示，当平台的侧倾角为 0 时，树冠的最大高度与离地高度由式（5.5.1）计算，树冠的最小高度与离地高度由式（5.5.2）计算。

$$h_{\max}=h_s+h_0 \qquad (5.5.1)$$
$$h_{\min}=h_0-h_x \qquad (5.5.2)$$

式中 $h_{\max}$——树冠离地最高高度；

$h_{\min}$——树冠离地最低高度；

h_0——摄像头离地高度，通过人工测量得出；

h_s——根据分割后的树冠图像的上半部分计算得出的树冠高度；

h_x——根据分割后的树冠图像的下半部分计算得出的树冠高度。

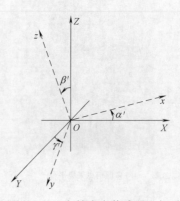

图 5.5.3   九轴姿态传感器坐标系相对地面坐标系的倾斜示意图

若侧倾角 α' 小于 0，如图 5.5.4 所示，此时摄像头的视场相对朝上，通过图像的上半部分得出的树冠高度 h'_s 将偏小，而通过图像下半部分得出的树冠高度 h'_x 将偏大，实际拍摄情况如图 5.5.5 所示。

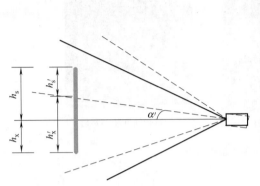

(a) 初始平地状态

(b) 侧倾角为 -2.7° 时

图 5.5.4　侧倾时果树图像偏差示意图　　　　图 5.5.5　平台侧倾时的实际拍摄情况

图 5.5.5 （a）为平台处于同一位置且侧倾角为 0 时拍摄的树冠图片。可以看到，图像中的树冠偏矮。将 h'_s 和 h'_x 代入式（5.5.1）与式（5.5.2），因为摄像头离地高度 h_0 基本没有改变，所以计算得到的树冠离地最大高度将偏小，树冠离地最低高度也将偏小。反之，若是侧倾角大于 0，那么计算得出的树冠离地最大高度和树冠离地最低高度都将偏大。

经过上述分析，矫正的关键是考虑 h_s 与 h'_s 的差值，而该差值可由超声波测距得到的树冠与摄像头的距离与九轴姿态传感器返回的侧倾角得到。若拍摄图像时平台具有侧倾角，设摄像头放置的高度为 h_0，超声波测得的距离为 d，侧倾角为 α'，图像处理所得树冠上半部分长度为 h_s，下半部分为 h_x，则树冠离地最高高度和树冠离地最低高度分别由式（5.5.3）和式（5.5.4）计算。

$$h_{max} = h_s + h_0 + d\sin\alpha' \qquad (5.5.3)$$
$$h_{min} = h_0 + d\sin\alpha' - h_x \qquad (5.5.4)$$

（2）融合俯仰角的图像矫正原理

如图 5.5.6 所示，假设树冠为椭圆形，当平台的俯仰角为 0 时，由图像计算得出的树冠最大宽度为 W，树冠离地最大高度与树冠离地最低高度的差值为 h；而当平台俯仰角 β' 小于 0 时，图像中树冠的最大宽度 W' 和高度差值 h' 都与平地状态下所拍摄的图像有所差别。

实际拍摄情况如图 5.5.7（b）、图 5.5.7（c）所示，可以看到平台俯仰时拍摄的树冠图像相对于平地状态产生了一定的旋转，而矫正的关键是将树冠顺着倾斜方向旋转图片 β'，即 β' 小于 0 时，将图像向右旋转 β' 并截取中间的 640×480 像素；当 β' 大于 0 时，则将图像向左旋转 β' 并截取中间的 640×480 像素。

一般认为图像的中心点为原点，但是图像的原点在左上角，为 XOY 坐标系，如图 5.5.8 所示，在计算的时候需首先将左上角的原点移动到图像中心，并且 Y 轴需要翻转，从 XOY 坐标系转换成 $X_0O'Y_0$ 坐标系。

设图像中一点 p 的坐标为 (x, y)，图像宽为 W，高为 H，则 p 点从 XOY 坐标系到 $X_0O'Y_0$ 坐标系的坐标变换公式如式（5.5.5）所示。

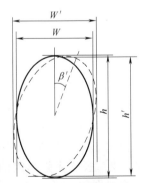

图 5.5.6　俯仰时植株图像偏差示意图

(a) 初始平地状态　　　　(b) 俯仰角为-3.7°时　　　　(c) 俯仰角为-5.8°时

图 5.5.7　平台俯仰时的实际拍摄情况

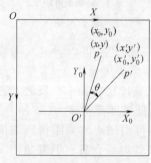

图 5.5.8　图像旋转原理示意图

$$[x_0 \quad y_0 \quad 1]=[x \quad y \quad 1]\begin{bmatrix} 1 & 0 & 0 \\ 0 & -1 & 0 \\ -0.5W & 0.5H & 1 \end{bmatrix}$$

$$(5.5.5)$$

其中，$(x_0，y_0)$ 为 p 点在 $X_0O'Y_0$ 坐标系下的坐标。若图像旋转 θ 角，p 点旋转 θ 角度后变为 p' 点，设坐标为 $(x_0'，y_0')$，则 p 点与 p' 点的坐标转换公式如式（5.5.6）所示。

$$[x_0' \quad y_0' \quad 1]=[x_0 \quad y_0 \quad 1]\begin{bmatrix} \cos\theta & -\sin\theta & 0 \\ \sin\theta & \cos\theta & 0 \\ 0 & 0 & 1 \end{bmatrix}$$

$$(5.5.6)$$

设图像旋转后的宽为 W'，高为 H'，那么旋转后的 p' 点对应的 XOY 坐标系下的坐标 $(x'，y')$ 由公式（5.5.7）获得。

$$[x' \quad y' \quad 1]=[x_0' \quad y_0' \quad 1]\begin{bmatrix} 1 & 0 & 0 \\ 0 & -1 & 0 \\ 0.5W' & 0.5H' & 1 \end{bmatrix} \quad (5.5.7)$$

综上可得，原图像中的一点 p 的坐标经过公式（5.5.8）可以变换到旋转后的 p' 点坐标。

$$[x' \quad y' \quad 1]=[x_0 \quad y_0 \quad 1]$$

$$\begin{bmatrix} 1 & 0 & 0 \\ 0 & -1 & 0 \\ -0.5W & 0.5H & 1 \end{bmatrix}\begin{bmatrix} \cos\theta & -\sin\theta & 0 \\ \sin\theta & \cos\theta & 0 \\ 0 & 0 & 1 \end{bmatrix}\begin{bmatrix} 1 & 0 & 0 \\ 0 & -1 & 0 \\ 0.5W' & 0.5H' & 1 \end{bmatrix} \quad (5.5.8)$$

把图像中的全部像素进行上述操作，将灰度值传给旋转后的像素，即可完成图像旋转，图像的旋转效果如图 5.5.9 所示。

由图 5.5.9 可知，旋转后的树冠图像与平地状态下拍摄的树冠图像具有良好的一致性。

5.5.3.2　去除光强影响的靶标果树的图像分割

在对图像的研究和应用中，人们往往仅对图像中的某些部分感兴趣，这些部分常称为目标或前景（其他部分称为背景）。为了辨识和分析目标，需将它们提取分离出来，在此基础上才有可能对目标进行再利用，这就是所谓的图像分割。光照强度从清晨到傍晚一直都会变

化，而颜色特征也会随着光照强度
的变化而变化。例如在晴朗的天气
情况下，角落的叶子可能会像镜子
一样反光，在图像中呈现白色；在
多云的天气情况下，树叶颜色偏
暗，可能会被错误地划分为背景。
如果图像处理算法不能很好地适应
光强的变化，那么这个系统就不能
进行全天候的应用。

(a) 俯仰角−3.7°矫正后　　　　　　(b) 俯仰角−5.8°矫正后

图 5.5.9　俯仰角矫正后的果树图像

　　图 5.5.10 为在不同光照强度
下所拍摄的果树图像。

(a) 67608lx　　　(b) 44126lx　　　(c) 31868lx　　　(d) 27740lx　　　(e) 17676lx　　　(f) 4870lx

图 5.5.10　不同光强下拍摄的果树图像

　　如图 5.5.10 (a) 所示，图像拍摄时环境光强达到 67608lx，属于太阳直射的情况，此时图像中果树树冠部分的颜色偏白，与其他果树树冠图像相比具有明显的差异。另外 5 幅果树树冠的颜色在饱和度上也具有差异。

　　为了去除光照强度对果树图像分割的影响，提出基于运用 K-means 聚类算法的图像分割方法。由于树冠的颜色特征相对稳定，先通过获取不同光照强度下果树在不同颜色空间下各颜色分量的特征，选取有利于分割树冠的颜色分量，运用 K-means 聚类算法，以选取的颜色分量为特征初步完成果树树冠图像的分割；再采取 $G-R$、$G-B$ 的判断方法进一步分割果树树冠，最后对图像进行形态学滤波去噪，得到最终分割的果树树冠，并提取果树的特征，从而降低气象环境因素的影响，提高喷雾机的喷雾效果。

　　（1）不同光强情况下果树树冠的颜色分量分析

　　颜色空间，又叫作颜色模型，其本质上是坐标系统和子空间的阐述。常见的颜色空间模型有 RGB、HSV、$YCrCb$、CMY 和 YIQ 等。

　　RGB（红，red；绿，green；蓝，blue）是最典型、最常用的面向硬件设备的颜色空间，根据色彩学的理论，自然界中任意一种色光都可以由红、绿、蓝三基色按照不同的比例混合叠加而成，且当三基色分量都最弱时，混合色光为黑色光；当三基色分量都最强时，混合色光为白光。其模型如图 5.5.11 (a) 所示。但是在 RGB 色彩空间中，R、G、B 三分量之间相互关联，依赖性很强，而且全部光亮信息全部融合在这三个分量之中，受光亮强度的影响很大。

　　HSV（色调，hue；饱和度，saturation；明度，value）颜色空间是孟塞尔彩色空间的简化形式，是一种基于感知的颜色空间，其更接近人们的经验和对色彩的感知。HSV 颜色空间可以由一个圆锥空间来描述，如图 5.5.11 (b) 所示。H 表示不同的颜色，其在圆锥空间中用角度度量，取值范围为 0°～360°，从红色开始按逆时针方向计算，红色为 0°，绿色为 120°，蓝色为 240°。S 为饱和度，表示颜色接近光谱色的程度，饱和度高，颜色则深而艳，

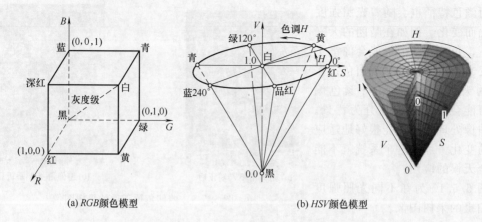

(a) *RGB* 颜色模型　　　　　　　　　(b) *HSV* 颜色模型

图 5.5.11　*RGB* 及 *HSV* 颜色模型

其取值范围通常为 0%～100%，值越大越饱和。V 表示颜色明亮的程度，通常取值范围为 0%～100%。一幅 *HSV* 颜色空间的图片可以用 MATLAB 软件中的 rgb2hsv () 函数由 *RGB* 图片转换。因为 H 分量和 V 分量分别代表色彩信息和光亮信息，而它们又是相互独立的，所以利用 H 分量判断果树树冠的绿色信息将会比较准确，受光照强度的影响较小。

　　图 5.5.10 所示的果树树冠图像 H 分量的直方图如图 5.5.12 所示。可以看到，每张图像的 H 分量直方图在 0.2～0.4（绿色的范围）范围内都较清晰地呈现一个波峰，这表明果树树冠的绿色特征可以在 H 颜色分量得到较好的反映。但是我们也可以看到，在 0.2～0.4 范围内也存在较多的干扰，还需要有另外的颜色分量对果树树冠的绿色特征作出反映。

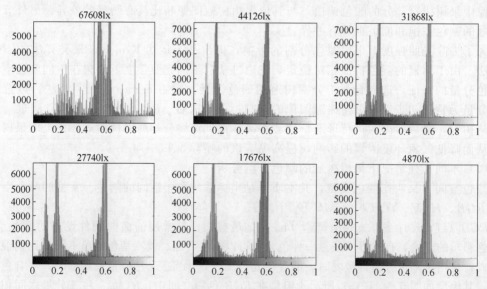

图 5.5.12　不同光强下所拍摄果树图像 H 分量直方图

　　YCrCb 起源于 *YUV* 颜色空间，主要应用于视频类电子产品。其中 Y 是指明亮度，Cr 与 Cb 分别表示红色分量、蓝色分量与亮度的差值，它们都是图像的色度信息，但同时 Cr 与 Cb 又是相对独立的，它把 *YUV* 颜色空间中的 U 和 V 做加权调整后得到。因为在该颜色空间中亮度和色度是分开的，因此其更适合处理光强有变化的图像。*YCrCb* 颜色空间可以由 *RGB* 颜色空间通过矩阵变换获得，如式（5.5.9）所示。

$$\begin{bmatrix} Y \\ Cr \\ Cb \end{bmatrix} = \begin{bmatrix} 16 \\ 128 \\ 128 \end{bmatrix} + \begin{bmatrix} 65.481 & 128.553 & 24.966 \\ 112.00 & -93.786 & -18.214 \\ -37.797 & -74.203 & 112 \end{bmatrix} \begin{bmatrix} R \\ G \\ B \end{bmatrix} \qquad (5.5.9)$$

通过对图 5.5.10 所示的不同光照强度下拍摄的果树图像 Cr 颜色分量直方图（图 5.5.13）的观察和前人的研究发现，$YCrCb$ 中的 Cr 颜色分量在直方图中较清晰地呈现出两个波峰，有利于目标分割。

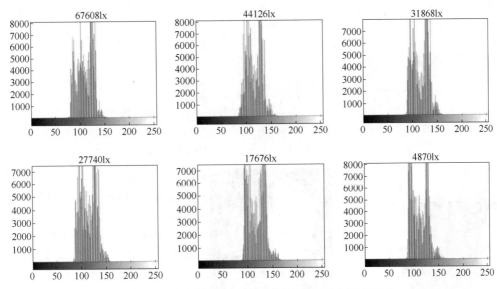

图 5.5.13　不同光强下所拍摄果树图像 Cr 分量直方图

（2）基于 K-means 聚类算法的靶标果树图像分割

聚类分析是一种无监督的机器学习方法，能够从研究对象的特征数据中发现关联规则，是一种强大有利的信息处理方法。聚类法进行图像分割就是将图像空间中的像素点用对应的特征向量表示，根据它们在特征空间的特征相似性，对特征空间进行分割，再将其映射回原图像空间，得到分割结果。

K-means 聚类是 Mac Queen 近几年提出的一种常用的实时聚类算法，基本思路是在最小化误差函数的基础上将数据划分为预定的类数 K，其原理简单，便于大量数据的处理。通常情况下图像的分割处理中需要首先选取不同的阈值，从而完成目标和背景的分割，而 K-means 聚类算法进行图像分割时可以省去这一步骤，其主要通过特征进行图像分割。

K-means 聚类算法的处理步骤如下：

① 从数据样本中随机选取 K 个点作为初始聚类中心；

② 计算数据样本中其中一个样本到聚类中心的距离，把样本归到离它最近的聚类中心所在的类，此处的距离为样本间特征向量的距离；

③ 计算新形成的每个聚类的数据对象平均值，从而得到新的聚类中心；

④ 重复步骤②和步骤③，直到相邻两次的聚类中心没有任何变化，说明样本调整结束，聚类准则函数达到最优化。

特征向量的选取将显著影响分割的效果，根据上述理论分析，轮廓特征、纹理特征和形状特征难以适应实际情况，故应选择合适的颜色分量特征。通过对上述的理论和颜色分量的直方图进行分析，选取 HSV 中的 H 颜色分量和 $YCrCb$ 中的 Cr 颜色分量作为特征组合，即将图像中每个像素的 H 分量和 Cr 分量组成一个特征向量,代入 K-means 聚类算法中计算像素间特征向量的距离。

在聚类算法中,样本与聚类中心的特征向量间的距离也叫作相似性度量,距离越小则认为相似性越大,归为一类的可能性也越大。数据间的距离应该是非负的和对称的,且满足三角不等式。对于有 n 个变量的样本,用 $d(i,j)$ 表示第 i 个样本与第 j 个样本之间的距离,常用距离计算公式有以下三种。

① 欧氏距离

$$d(i,j) = \left(\sum_{k=1}^{p} \left| x_{ik} - x_{jk} \right|^2 \right)^{\frac{1}{2}} \tag{5.5.10}$$

② 绝对值距离

$$d(i,j) = \sum_{k=1}^{p} \left| x_{ik} - x_{jk} \right| \tag{5.5.11}$$

③ 切比雪夫距离

$$d(i,j) = \max \left| x_{ik} - x_{jk} \right| (1 \leqslant k \leqslant p) \tag{5.5.12}$$

图 5.5.14 K-means 聚类分割得到不同结果

经试验,选取欧氏距离衡量相似性效果最好,故本项目选用欧氏距离度量相似性。

综上所述,对树冠图像进行 K-means 聚类分割,设置聚类数 K 为 2。但因为 K-means 算法第一步是随机选取 K 个点作为初始聚类中心,那么当选取不同初始聚类中心时将可能得到不同的分割结果,如图 5.5.14 所示,此为同一幅植株图像进行 K-means 聚类分割得到的不同结果,即难以提前设定像素值为 255(白色)的 A 区域为果树树冠部分或是设定像素值为 0(黑色)的 B 区域为果树树冠部分。

所以需要对 K-means 聚类分割后的图像做出果树树冠区域的判断。结合果树图像的特征,绿色果树区域数字图像中表现出绿色分量大于红色分量和蓝色分量,可以将此特性作为分割果树的依据。此处采用基于 $G-R$、$G-B$ 颜色特征判别的方法,具体步骤如下。

① 对原图像的每个像素点同时进行颜色分量 G 减颜色分量 R 和颜色分量 G 减颜色分量 B 的计算,若得到的结果均大于 0,则将该像素点的值设置为 255,否则设置为 0。

② 将第一步得到的图像与 K-means 分割后的图像相结合,那么得到的图像将由四部分组成,分别是:区域 A 中 $G-R$、$G-B$ 均大于 0 的区域,将该区域的像素值设置为 255;区域 A 中的其他像素区域,将该部分的像素值设为 127;区域 B 中 $G-R$、$G-B$ 均大于 0 的区域,将该区域的像素值设置为 63;区域 B 中的其他像素区域,将该部分的像素值设置为 0。

③ 分别统计像素值为 255 和像素值为 63 的像素个数,假设为 S_1 和 S_2,若 S_1 较大,则像素值为 255 的区域被初步判定为果树树冠;若 S_2 较大,则初步判定像素值为 63 的区域为果树树冠;

④ 为了排除原图像中没有果树树冠的情况,设置被初步判定为果树树冠的区域的像素个数必须超过一定数值。即假设像素值为 255 的区域被初步判定为果树树冠区域,那么 S_1

必须大于值 C 才能将该区域最终判定为包括果树树冠的区域，且为分割的最后结果。经试验，本项目中 C 值设置为 5000。

对前述不同光强下所拍摄的植株图像作上述分割处理，结果如图 5.5.15 所示。

| (a) 67608lx | (b) 44126lx | (c) 31868lx | (d) 27740lx | (e) 17676lx | (f) 4870lx |

图 5.5.15　不同光强下所拍摄图像 K-means 聚类分割后效果

可以看到，对不同光照强度下所拍摄的图像的分割效果良好，基本上将果树树冠从图像中提取出来，但是图像中还存有一些零散的干扰，下一步将去除这些干扰。

5.5.3.3　形态学滤波去噪

经过 K-means 聚类分割与 $G-R$、$G-B$ 颜色分割后，果树树冠已经基本从背景中分离，但是还有分布较为零散的干扰。为进一步排除这些干扰，需要对图像进行进一步的滤波。

膨胀与腐蚀操作是形态学图像处理的基础，它们可以实现消除噪声、在图像中连接相邻的元素、分割出独立的图像元素等多种功能。

膨胀是将图像（或图像中的一部分区域，称之为 A）与核（称之为 B）进行卷积。核可以视为模板或掩码，并且可以是任意的大小或形状，它拥有一个单独定义出来的参考点。一般情况下，核是一个小的实心正方形或圆盘。膨胀是求局部最大值的操作，当核 B 与图像卷积，即计算核 B 覆盖区域的像素点最大值，并把这个最大值赋值给参考点指定的像素时，就会使图像中的高亮区域逐渐增长，因此该操作称为膨胀。腐蚀则是膨胀的相反操作，其要求计算核 B 区域像素的最小值。一般来说，膨胀扩展了区域，而腐蚀缩小了区域。此外，膨胀可以填补凹洞，腐蚀能够清除细微的凸起，核的大小和形状决定了膨胀与腐蚀的效果。

针对普通的图像，基本的腐蚀和膨胀操作是足够的。但在更高级的处理中，膨胀与腐蚀更多以组合的形式来应用。开运算和闭运算是最常用的组合算法，开运算是先腐蚀后膨胀，闭运算是先膨胀后腐蚀。对于连通区域分析，通常先采用腐蚀或开运算来消除由噪声引起的部分，然后使用膨胀来连接邻近的区域。虽然使用开运算或闭运算与使用腐蚀与膨胀的效果类似，但开运算和闭运算的组合操作能更精确地保存原图像连接区域。根据上述分析，采用先开运算后闭运算对图像进行最后的处理。鉴于果树树叶拟合轮廓大都呈现椭圆类型，所以在开运算中结构元素选择椭圆结构，以方便非目标物体的剔除和防止目标物的误删，效果如图 5.5.16 所示，大部分干扰已被去除，果树树冠部分清晰地从背景分割出来。

| (a) 67608lx | (b) 44126lx | (c) 31868lx | (d) 27740lx | (e) 17676lx | (f) 4870lx |

图 5.5.16　形态学滤波后效果图

5.5.4 靶标果树冠层特征提取

通过以上图像处理，果树树冠已从图像背景中分割出来，但是其几何特征量是以像素量来表示，包括树冠离地最大高度、树冠离地最低高度以及树冠最大宽度，所以在计算实际尺寸时需要知道不同拍摄距离下每个像素所代表的实际面积。

本项目将一块 90cm×60cm 的黑色长方形硬纸板垂直于地面放置于摄像头前的不同位置，拍摄图像，记录超声波测距传感器所得到的距离数据，通过图像处理分割出黑色硬纸板，并计算其所占据的像素数量，黑色硬纸板的实际面积除以其占据的像素总数即为在该距离下单位像素所代表的实际面积，采用最小二乘法拟合拍摄距离与像素实际面积的曲线，得出不同距离下图片中目标像素与其代表的实际面积的关系。求得单位像素所代表的实际面积后，将其开平方即可知其边长，从而求得树冠数值特征。

获得数据后使用 SPSS 作曲线拟合分析，如图 5.5.17 所示。其中，用二次函数和幂函数对曲线进行拟合的 R^2 值最大，均为 1.000，考虑计算复杂度，采用二次函数构建该摄像头拍摄距离与像素所代表的实际面积的关系模型，拟合方程为式 (5.5.13)。

$$S = -2.961 \times 10^{-6} \times d + 1.28 \times 10^{-6} \times d^2 \qquad (5.5.13)$$

式中 d——拍摄距离，cm；

S——像素所代表的实际面积，cm^2。

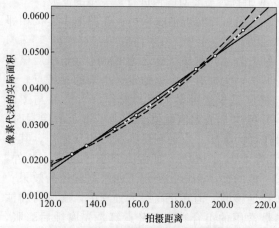

图 5.5.17 不同模型的拟合曲线
○采集值；——线性曲线拟合；
-·-二次曲线拟合；——对数曲线拟合

获得拟合方程后，只要知道摄像头与果树之间的拍摄距离和果树树冠在图像中所占像素，即可求得果树树冠的数值特征。

对经过分割并滤波后的树冠区域部分进行计算。循环遍历每一行像素，当第一次出现非 0 值和最后一次出现非 0 值时，记录其列数，分别取其最小值 c_{min} 和最大值 c_{max}；循环遍历每一列像素，当第一次出现非 0 值和最后一次出现非 0 值时，记录其行数，分别取其最小值 r_{min} 和最大值 r_{max}。此时，c_{max} 减去 c_{min} 可得树冠最大宽度所占据的像素数量 c，将拍摄距离代入式 (5.5.13) 可得像素代表的实际面积，将其开平方后乘以 c 可得树冠最大宽度计算值 W。根据 5.5.3.1 所述，先计算 h_s 和 h_x，再代入式 (5.5.3)、式 (5.5.4) 即可求出树冠离地最大高度计算值与树冠离地最低高度计算值。320 分别减去 r_{min} 和 r_{max}，求得绝对值 r_s、r_x，它们分别为所拍摄图像中心到树冠最上端和最下端的像素数量，同理，将它们乘以此时像素所代表的实际面积的开平方即可求得 h_s 和 h_x。表 5.5.1 为计算值与实际测量值的对比。

表 5.5.1 由图像所得树冠特征数值与实际测量值的对比

树冠数值特征	光照强度/lx	计算值/cm	实际测量值/cm	相对误差/%
树冠离地 最大高度	67608	183.2530	187	2.00
	44126	185.1434	190	2.56
	31868	185.1434	190	2.56
	27740	175.4551	185	5.16
	17676	182.4920	188	2.93
	4870	184.3043	188	1.97

续表

树冠数值特征	光照强度/lx	计算值/cm	实际测量值/cm	相对误差/%
	67608	75.0276	75	0.04
	44126	49.2709	45	9.49
树冠离地 最大高度	31868	45.4901	45	1.09
	27740	72.1920	70	3.13
	17676	55.8899	58	3.64
	4870	54.0776	58	6.76
	67608	101.3727	118	14.09
	44126	104.2083	120	13.16
树冠最大宽度	31868	105.6261	120	11.98
	27740	112.0062	124	9.67
	17676	104.5956	118	11.36
	4870	105.1134	118	10.92

由表 5.5.1 可知，计算值与实际测量值之间的相对误差均小于 15%，获取树冠特征数值效果良好，若实时性满足要求，足以应用于实际作业。

5.6　苗草图像识别

5.6.1　项目背景与目标

精确、快速地获得作物或杂草的位置信息是实现自动化精准除草作业的必要条件，是锄草机器人的关键技术之一。为此，国内外研究人员基于 RTK GPS（real-time kinematic global positioning systems）、激光、X 射线、超声波、机器视觉等技术进行了多方面的探索。由于机器视觉系统具有信息量大、精度较高、成本较低、与被测对象无接触等优点，目前大部分的田间苗草识别研究是基于机器视觉技术进行的。其中机器视觉部分，苗草信息获取时所用到的视觉传感器主要包括多光谱相机、近红外相机、RGB 相机、Kinect、Realsense、双目立体相机、多目相机等设备。RGB 相机以其成本低廉、成像信息丰富应用最为广泛，有时也用到立体相机。本项目选用 RGB 相机和双目立体相机，实地采集作物图像，并针对作物的识别分别提出基于快速直方图的苗草识别方法和基于双目立体视觉的苗草识别方法，分别从二维图像快速识别和三维立体视觉的方面阐述苗期大田苗草识别方法。

快速直方图苗草识别定位方法，通过改进的超绿算法对花椰菜图像进行灰度化处理，利用 Otsu 方法对灰度化后的灰度图进行分割，获得二值图像后利用行像素和列像素直方图获得作物定位方框，完成作物粗定位，最后利用中值滤波对方框中的作物进行降噪处理完成作物精定位。本项目用于解决作物移栽初期苗草快速识别问题。

由于大田移栽作物具有生长优势，可以将作物高度信息应用于作物的识别，因此提出一种基于双目立体视觉的苗草识别算法。该方法通过双目相机获取田间作物图像，并通过双目标定参数对双目图像进行双立体校正；利用 SGM 双目匹配算法获取视差图像，进而利用左目相机内参数和双目图像视差三维重建获得原始三维点云；点云无效点去除和降维处理后，利用高斯混合模型分类器对大田作物进行识别。本项目通过立体视觉进一步利用作物生长优势高度信息实现自然环境下大田苗草识别问题。

5.6.2 苗期除草工况下的快速作物识别

5.6.2.1 移栽初期苗草生长状况

移栽蔬菜、玉米苗期除草通常在移栽后 10 天左右进行。苗期除草是田间管理的重要环节。苗期除草若不及时，随着气温的升高，杂草生长会加快，将对作物苗的生长产生很大的影响。苗期除草时，作物已过缓苗期，杂草第一个出苗高峰期即将到来。这一时期的杂草刚露出地面不久，呈散乱无规则分布，平均高度 10~20mm。与此同时，作物通常长有 3~7片真叶，在作物行内均匀分布，在高度和叶片面积上较周围的杂草优势明显。

5.6.2.2 图像采集和处理设备

主要采图设备包括度申 CM036 彩色数字相机、AZURE-0420 镜头、华北工控 NORCO RPC-208 工控机和定制的 8in（1in＝0.0254m）液晶显示器。相机和镜头主要参数如表 5.6.1 和表 5.6.2 所示。

表 5.6.1 度申 CM036 相机主要性能参数

传感器类型	传感器尺寸/in	有效像素	像元尺寸/μm	帧速率/(帧/s)	镜头接口
逐行扫描 CMOS	1/3	752×480	6.0×6.0	54	C/CS

表 5.6.2 AZURE-0420 工业镜头主要性能参数

分辨率	靶面尺寸/in	焦距/mm	F 值	畸变	对焦范围/m
2MP	1/2	4	2.0~16	<−2.8%	<0.1

5.6.2.3 识别定位方法

根据植物与土壤在颜色上的差异，以及作物、杂草在位置分布、叶片大小上的差异，提出了基于像素直方图的快速作物识别方法，算法流程主要包括：

背景分割——田间图像背景分割主要任务是将绿色植物（包括作物和杂草）与土壤背景区分开，使背景分割后的图像中仅保留作物和杂草。

作物行区域划分——由于移栽作物按直线分布在作物行区域内，行间区域没有必要进行图像处理。根据作物行距、行宽划定作物行区域，仅在作物行区域内进行后续图像处理，既可以减少不必要的计算开销，也可以避免行间杂草的干扰。

作物植株定位——苗期除草时的移栽作物叶片面积明显大于周围的杂草，这会在像素直方图上体现出来。可以通过寻找像素直方图上的波峰，确定作物位置。

（1）图像灰度化

在 RGB（红绿蓝）颜色空间中，绿色植物像素的 G（绿）通道的亮度值始终高于 R（红）通道和 B（蓝）通道；而土壤像素的 R 通道的亮度通常高于 G 通道和 B 通道。通过对已经提出方法中常用的色彩指标的测试和研究，提出了改进的超绿指标用于田间图像灰度化的计算方法，如式（5.6.1）所示。

$$M = \begin{cases} 255 \times \min(g-r, g-b), G \geqslant R \text{ 且 } G \geqslant B \\ 0, \text{否则} \end{cases} \quad (5.6.1)$$

式中 R，G，B——图像像素在 RGB 颜色空间中红、绿、蓝三个通道的亮度值，其取值范围为 [0，255]；

r，g，b——R、G、B 经归一化处理后的值，其取值范围为 [0，1]；

M——灰度化后图像像素的灰度值。

RGB 颜色模型是建立在 RGB 颜色空间中的颜色表达模型，是目前应用最广泛的颜色模型之一。该模型几乎涵盖了人类视觉能感知的所有颜色。由于 R、G、B 相互之间高度相关，也与图像的亮度直接相关，受到光照条件的直接影响，因此需要对其进行归一化处理。对 R、G、B 的归一化处理过程如式（5.6.2）～式（5.6.4）所示。

$$r = \frac{R}{R+G+B} \tag{5.6.2}$$

$$g = \frac{G}{R+G+B} \tag{5.6.3}$$

$$b = \frac{B}{R+G+B} \tag{5.6.4}$$

该颜色指标与超绿指标相比，增加了限制条件，对绿色目标的提取更加苛刻，在抑制噪声方面更有优势，特别是在图像中不出现阴影的情况下。若图片中有局部阴影，可通过增加常数项补偿得到改善，图 5.6.1 所示为两种颜色指标对田间图像进行灰度化的结果对比。

图 5.6.1 彩色图形

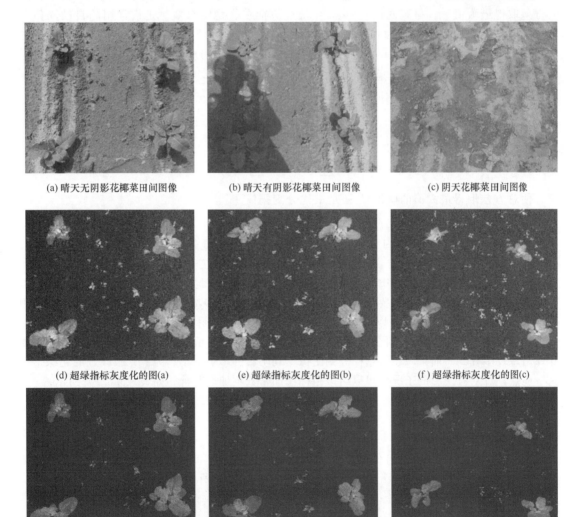

(a) 晴天无阴影花椰菜田间图像　　(b) 晴天有阴影花椰菜田间图像　　(c) 阴天花椰菜田间图像

(d) 超绿指标灰度化的图(a)　　(e) 超绿指标灰度化的图(b)　　(f) 超绿指标灰度化的图(c)

(g) 改进的超绿指标灰度化的图(a)　　(h) 改进的超绿指标灰度化的图(b)　　(i) 改进的超绿指标灰度化的图(c)

图 5.6.1　超绿指标与改进的超绿指标对图像灰度化结果对比

（2）阈值分割

阈值分割，或称阈值处理，是对输入图像的各像素、灰度值在谋定值（称为阈值）范围内，赋予对应输出图像的像素为白色（255）或黑色（0）。阈值处理可用式（5.6.5）或式（5.6.6）表示。

$$g(x,y)=\begin{cases} 255, f(x,y)\geqslant T \\ 0, f(x,y)<T \end{cases} \tag{5.6.5}$$

$$g(x,y)=\begin{cases} 7.7.55, f(x,y)\geqslant T \\ 0, f(x,y)<T \end{cases} \tag{5.6.6}$$

式中　$f(x,y)$，$g(x,y)$——处理前和处理后的图像在（x，y）处像素的灰度值；

　　　　T——阈值。

由于田间光照条件不恒定，使用固定的阈值难以对不同的田间图像都实现较理想的分割。因此，需要图像处理算法根据灰度图像的特点自动选取合适的阈值。Otsu 算法是日本科学家大津展之提出的，其基本思路是将直方图在某一阈值处分割成两组，当被分成的两组的方差取得最大值时，得到阈值。Otsu 算法计算简单、稳定有效，是最常用的自动阈值选取方法。由于植物与土壤颜色不同，田间图像采用改进的超滤算法灰度化后，目标与背景在灰度值上差异明显，符合 Otsu 算法的适用条件。因此，采用该方法作为分割阈值的方法。

若灰度图像中灰度值为 i 的像素出现的概率为 P_i，灰度值范围为 $[0，Z-1]$，分割阈值为 T，则图像中目标与背景的总方差 σ^2 如式（5.6.7）所示。

$$\sigma^2=\frac{\left(\sum_{i=0}^{Z-1}iP_i\sum_{i=0}^{T-1}-\sum_{i=0}^{T-1}iP_i\right)^2}{\sum_{i=0}^{T-1}P_i\left(1-\sum_{i=0}^{T-1}iP_i\right)} \tag{5.6.7}$$

使总方差取得最大值的阈值 T 便是最优分割阈值 T^*，即

$$T^*=\arg\max_{0\leqslant T\leqslant Z-1}\sigma^2(T) \tag{5.6.8}$$

采用 Otsu 算法对图 5.6.1（d）～图 5.6.1（i）所示的 6 幅图片进行阈值分割后的结果如图 5.6.2 所示。

图 5.6.2 分割结果显示，田间图像中的植物与土壤被较好地分割，作物形态较为完整地保留下来。其中，小面积区域主要包括杂草和少量噪点。从总体效果看，在无阴影的图像中，用改进的超绿指标灰度化图像可以取得更好的分割效果。在有阴影的图像中，阴影部分亮度偏低，使用改进的超绿指标灰度化后，阴影区域的植物像素灰度值低，容易被误判为背景，植物叶片出现较多孔洞。而采用超绿指标分割图像受到阴影的影响更小。为了克服改进的超绿指标这一弱点，针对有阴影的工况，可以给该指标添加常数项加以改善，如式（5.6.9）所示。

$$M=\begin{cases} 255\times\min(g-r,g-b)+C, G\geqslant R \text{ 且 } G\geqslant B \\ 0, 否则 \end{cases} \tag{5.6.9}$$

式中　C 为常数项补偿。

当 $C=10$ 时，采用添加补偿的改进超绿指标对图 5.6.1（b）进行灰度化，其结果如图 5.6.3（a）所示，经 Otsu 算法分割的结果如图 5.6.3（b）所示，结果表明通过添加常数项补偿，分割结果得到明显改善。

（3）作物识别

本项目提出基于像素直方图的作物识别方法，在二值图像中按行统计属于前景的像素（前文阈值分割结果中被标记为黑色的像素），形成像素直方图，根据直方图中凸起（或波

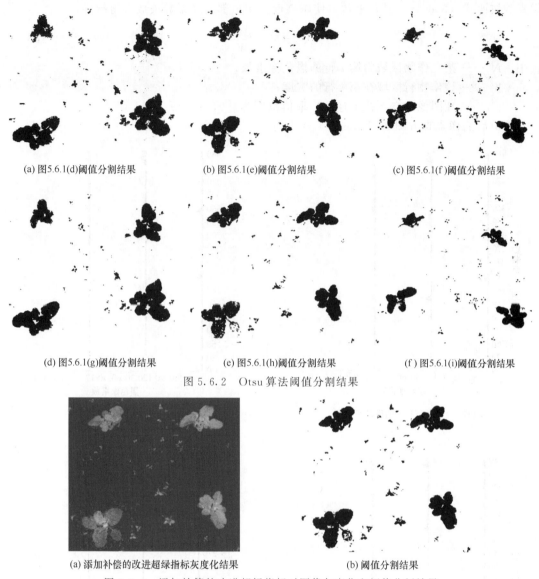

(a) 图5.6.1(d)阈值分割结果　　　　(b) 图5.6.1(e)阈值分割结果　　　　(c) 图5.6.1(f)阈值分割结果

(d) 图5.6.1(g)阈值分割结果　　　　(e) 图5.6.1(h)阈值分割结果　　　　(f) 图5.6.1(i)阈值分割结果

图 5.6.2　Otsu 算法阈值分割结果

(a) 添加补偿的改进超绿指标灰度化结果　　　　　(b) 阈值分割结果

图 5.6.3　添加补偿的改进超绿指标对图像灰度化和阈值分割效果

峰）的位置定位作物。该方法计算复杂度低，适合用于实时图像处理，同时在一定程度上改善了区域标记在处理同一作物不连通叶片时的不足。为了更好地介绍该方法，现以一幅含有较多杂草和噪点的玉米田间二值图像（分辨率 640×480）作为对象进行处理，如图 5.6.4 所示。

将图 5.6.4 中各作物行区域内的黑色像素逐行进行累加得像素直方图，如图 5.6.5（a）所示。由于图像存在透视，使得越靠近顶部的物体会变得越小，这不利于识别靠近图像顶部的作物。为了减少透视造成的影响，将像素直方图中各行的

图 5.6.4　二值化的玉米苗期田间图像

像素数按照式（5.6.10）进行缩放，使越靠近图像顶部的像素数被放大得越多。

$$N_i = N_i \times \frac{W_0}{W_i} \tag{5.6.10}$$

式中　N_i——某一作物区域内第 i 行的黑色像素数；

　　　W_i——该作物行区域在第 i 行的宽度；

　　　i——在图像中自下往上递增，取值范围为 $[0, 479]$。

缩放后的像素直方图如图 5.6.5（b）所示。

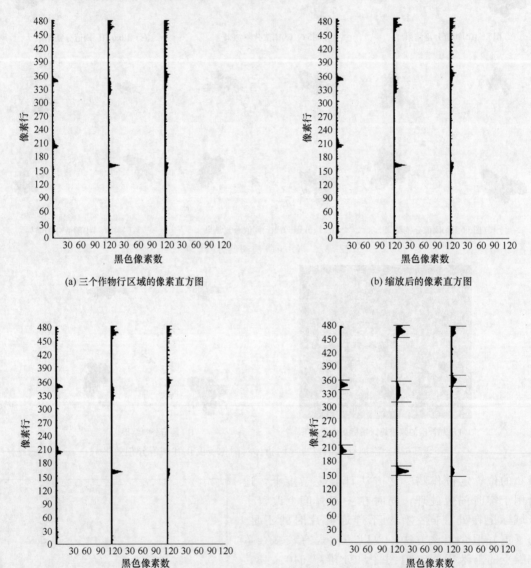

(a) 三个作物行区域的像素直方图　　　　　　　　(b) 缩放后的像素直方图

(c) 均值削减后的像素直方图　　　　　　　　(d) 平滑后的像素直方图

图 5.6.5　缩放前后的像素直方图

由于图 5.6.4 中存在杂草和噪声，构成了像素直方图中许多小的凸起，不利于作物位置判断。为此，计算每个作物行区域内像素直方图上各行的黑色像素数的平均值，以该值对直方图进行削减，消去杂草和噪声引起的小的突起，计算公式如式（5.6.11）所示。

$$N_i = \begin{cases} N_i - \dfrac{\sum\limits_{i=0}^{479} N_i}{480}, & N_i > \dfrac{\sum\limits_{i=0}^{479} N_i}{480} \\ 0, & 否则 \end{cases} \tag{5.6.11}$$

均值削减后的像素直方图如图 5.6.5 (c) 所示，其中大部分的小凸起已经被消去，作物位置更加明确了。但仍然有少量小的突起，且作物的位置的准确边界还不好判断。为此，对像素直方图用一维均值滤波进行平滑处理，计算公式如式 (5.6.12) 所示。

$$N_i = \frac{1}{9} \times \sum_{j=i-4}^{i+4} N_j \tag{5.6.12}$$

平滑后的像素直方图如图 5.6.5 (d) 所示，其中包含指示作物位置的面积较大的凸起和少数由杂草造成的小的凸起，各凸起轮廓平滑，上、下边界明确。利用面积阈值可以判断各凸起属于作物还是杂草，从而每棵作物在竖直方向上的上、下边界可由其对应的凸起的上、边界确定，如图 5.6.5 (d) 中的短横线所示。结合实现划定的作物行边界线，可以确定每棵作物的包围盒，如图 5.6.6 中的矩形线框所示，至此，图像中的作物已被识别并标记出来。

（4）苗心精确定位

由于作物识别结果图像是二值图像，希望得到的结果也是二值图像，故选择模板尺寸为 3×3 的中值滤波在作物包围盒内进行降噪处理，滤波后的图像如图 5.6.7 所示。在中值滤波后的作物包围盒内，细小噪声均被滤除，只剩下作物叶片，通过计算包围盒内作物叶片的形心，可以获得作物苗心的精确位置，如图 5.6.7 中十字标示所示。

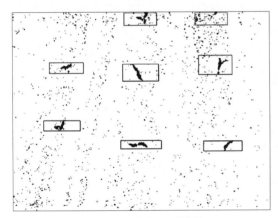
图 5.6.6　作物识别结果

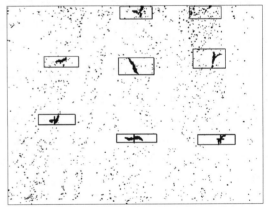
图 5.6.7　苗心精确定位结果

5.6.2.4　田间试验

为了验证上述基于像素直方图的快速作物识别方法的有效性，在北京市通州区北京国际都市农业科技园进行了田间试验。试验分别在 2015 年 4 月 30 日（晴）约 14：00 和 16：30，以及 5 月 6 日（阴）约 14：30 进行。三次试验时的光照条件不同，分别为晴天日光垂直照射、偏斜照射和阴天。试验时，拖拉机的前进速度约 1.5km/h。试验作物包括花椰菜、玉米和生菜，数量分别为 225、287、257。作物在试验前 13 天移栽，行距 0.5m，株距 0.3～0.6m。试验时田间杂草主要有凹头苋、马齿苋、马唐、灰灰菜等。平均杂草密度分别为 126 棵/m²（4 月 30 日）、266 棵/m²（5 月 6 日）。正确识别率的计算如式 (5.6.13) 所示。

$$R_c = \left(1 - \frac{N_1 + N_m}{N_t}\right) \times 100\% \tag{5.6.13}$$

式中　R_c——正确识别率；

$\quad\quad N_1$——漏识别数；

$\quad\quad N_m$——误识别数；

$\quad\quad N_t$——作物总数。

统计后的试验结果见表 5.6.3。

表 5.6.3　田间试验结果

试验时间	作物类别	误识别	漏识别	识别错误总数	作物总数	正确识别率/%
4月30日 14:00	花椰菜	3	7	10	225	95.6
	玉米	2	11	13	287	95.5
	生菜	2	2	4	257	98.4
4月30日 16:30	花椰菜	3	8	11	225	95.1
	玉米	2	9	11	287	96.2
	生菜	2	2	4	257	98.4
5月6日 14:30	花椰菜	4	4	8	225	96.4
	玉米	3	6	9	287	96.9
	生菜	4	1	5	257	98.1

表 5.6.3 田间试验结果表明，三次试验对不同作物的正确识别率都高于 95%。阴天条件下的正确识别率总体上高于晴天条件下的识别率，而晴天两个不同时段的试验结果并无显著差异。说明视觉系统对田间光照的条件的适应性较好，但强烈的光照会增加图像中的噪声水平，也会导致亮度较高的叶面提取不完整。在不同作物的识别中，对生菜的正确识别率明显高于玉米和花椰菜，这主要是因为生菜的叶片较宽，且与土壤在颜色上的对比度更强。对玉米的漏识别率最高，主要是因为玉米叶片细长，叶面面积较小，且两叶期的玉米有时会被分成多个不连通区域。还有一个导致误识别的重要原因是作物周围出现的较大的杂草。不过由于该方法事先进行了作物行区域划分，位于行间的较大的杂草并未对视觉系统造成影响。

5.6.3　双目立体视觉花椰菜识别算法

5.6.3.1　图像获取和试验平台

试验对象为花椰菜，2018 年 3 月 25 号育苗，2018 年 4 月 28 号移栽，2018 年 5 月 23 号上午 10:00—12:00 采集图像，采集地点为北京国际都市农业科技园（北纬 $39°52'7''$，东经 $116°47'57''$）；采集设备，笔记本电脑为 Lenovo G480 20149，8GB RAM，Inter Core i5-3210M @ 2.5GHz，Windows 7 旗舰版 64 位 SP1（DirectX11）；双目相机为 VR Camera，分辨率为 $1280×480$，帧频为 30 帧/s，CMOS，两个广角镜头 Fov 120°，基线长度为 60mm，工作距离为 500~2000mm，USB2.0 接口。采集图像样本如图 5.6.8 所示。

(a) 光照强度适中　　(b) 光照强度较强　　(c) 光照强度较弱

图 5.6.8　花椰菜图像

5.6.3.2　算法流程图

双目立体视觉花椰菜识别方法流程图如图 5.6.9 所示。

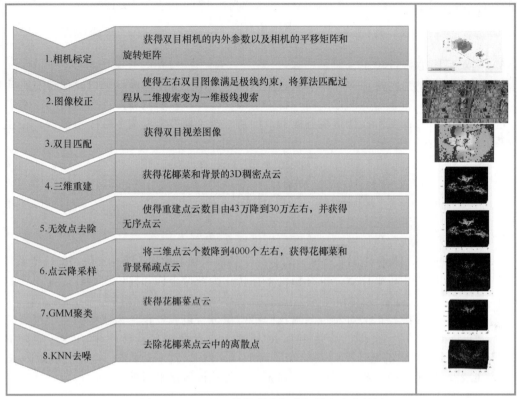

图 5.6.9　双目立体视觉花椰菜识别方法流程图

1.相机标定	获得双目相机的内外参数以及相机的平移矩阵和旋转矩阵
2.图像校正	使得左右双目图像满足极线约束，将算法匹配过程从二维搜索变为一维极线搜索
3.双目匹配	获得双目视差图像
4.三维重建	获得花椰菜和背景的3D稠密点云
5.无效点去除	使得重建点云数目由43万降到30万左右，并获得无序点云
6.点云降采样	将三维点云个数降到4000个左右，获得花椰菜和背景稀疏点云
7.GMM聚类	获得花椰菜点云
8.KNN去噪	去除花椰菜点云中的离散点

5.6.3.3　双目相机的标定

双目相机的标定应用张正友双目相机标定算法和 MATLAB APP Stereo Camera Calibrator，主要获得双目相机的内参数矩阵、畸变系数矩阵、本征矩阵、基础矩阵、旋转矩阵以及平移矩阵，用以以后的双目立体校正和三维立体重建。通过双目相机获得标定板不同角度的倾斜，不同距离双目图像 24 对，部分图像如图 5.6.10 所示。

图 5.6.10　双目相机标定图像

左右两个相机坐标系的相对关系可以用旋转矩阵 $\boldsymbol{R}$ 和平移矩阵 $\boldsymbol{T}$ 来描述，即将左目相机下的坐标系转化到右目相机坐标系下。假设空间中一点 P_W，它在左右两个相机坐标系下的坐标分别如式（5.6.14）和式（5.6.15）所示。

$$\dot{P}_l = \boldsymbol{R}_l P_W + \boldsymbol{T}_l \tag{5.6.14}$$

$$P_r = \boldsymbol{R}_r P_W + \boldsymbol{T}_r \tag{5.6.15}$$

式中，$\boldsymbol{R}_l$、$\boldsymbol{R}_r$、$\boldsymbol{T}_l$、$\boldsymbol{T}_r$ 为左右目相机通过双目标定获得的旋转矩阵和平移矩阵。

对式（5.6.14）和式（5.6.15）整理，得到式（5.6.16）。

$$P_r = \boldsymbol{R} P_l + \boldsymbol{T} \tag{5.6.16}$$

分别将 R_1、R_r、T_1、T_r 代入式（5.6.16）得式（5.6.17）和式（5.6.18）。

$$R = R_r R_1^T \tag{5.6.17}$$

$$T = T_r - RT_1 \tag{5.6.18}$$

5.6.3.4 双目图像平行校正

双目校正的目的主要是消除花椰菜双目图像的径向畸变和切向畸变，以及使得左右两幅图像满足极线约束，校正后的图像中同一物体上同一个点在左右双目图像中在同一条水平线上，这样可以在双目匹配阶段使得视差搜索范围从二维平面搜索变为一维线型搜索。在相机坐标系下相机畸变校正公式如式（5.6.19）～式（5.6.21）所示。

$$r^2 = x^2 + y^2 \tag{5.6.19}$$

$$x' = x(1 + k_1 r^2 + k_2 r^4) + 2p_1 xy + p_2(r^2 + 2x^2) \tag{5.6.20}$$

$$y' = y(1 + k_1 r^2 + k_2 r^4) + 2p_2 xy + p_1(r^2 + 2y^2) \tag{5.6.21}$$

式中 (x', y')——理想无畸变相机坐标；

(x, y)——实际径向畸变情况下相机坐标；

k_1，k_2，p_1，p_2——相机标定时获得的一阶、二阶径向畸变系数和一阶、二阶切向畸变系数。

获得理想无畸变相机坐标后，再将相机坐标转化为图像坐标并插值获得经过校正后的双目图像。

采用 Bouguet 极线校正法对左右两幅花椰菜图像进行极线校正，为使得图像重投影畸变最小化，将式（5.6.17）获得的旋转矩阵 R 分解为左右相机各旋转一半的旋转矩阵 R_1、R_2，旋转之后使得两相机光轴平行且成像平面平行，但是行并不对准；构造变换矩阵 R_{rect} 如式（5.6.22）所示，使得相机极点变换到无穷远处且极线水平对准。

$$R_{rect} = \begin{bmatrix} e_1^T \\ e_2^T \\ e_3^T \end{bmatrix} \tag{5.6.22}$$

其中

$$e_1 = \frac{T}{\| T \|} \tag{5.6.23}$$

$$e_2 = \frac{[-T_y \quad T_x \quad 0]^T}{\sqrt{T_x^2 + T_y^2}} \tag{5.6.24}$$

$$e_3 = e_1 \times e_2 \tag{5.6.25}$$

式中 T——公式（5.6.18）所求的右目相机相对于左目相机的平移矩阵；

T_x，T_y——矩阵 T 的 x 方向和 y 方向的分量。

所以两个相机的整体旋转矩阵 R_1'、R_r' 如式（5.6.26）和式（5.6.27）所示。

$$R_1' = R_{rect} R_1 \tag{5.6.26}$$

$$R_r' = R_{rect} R_2 \tag{5.6.27}$$

分别将左右相机的坐标系乘以各自的整体旋转矩阵就可以得到理想平行配置的双目立体图像。

利用 MATLAB 中 "rectifyStereoImages" 函数和双目立体标定参数对花椰菜双目图像进行畸变矫正和极线校正，如图 5.6.11 所示。图 5.6.11（a）～图 5.6.11（c）为原始花椰菜左目图像，图像中存在径向畸变和切向畸变；图 5.6.11 中（d）～图 5.6.11（f）为原始图像矫正后的花椰菜图像，可以看出图像中的径向畸变和切向畸变均被消除；图 5.6.11（g）为经过极线校正后的图像，可以看出双目图像经过极线校正后，满足极线约束，即双目图像中同一物体上同一位置的点位于同一条水平线上。经过极线校正后的双目图像即可应用双目立体匹配算法进行双目图像匹配并获得视差图像。

(a) 光照强度适中原图

(b) 光照强度较强原图

(c) 光照强度较弱原图

(d) 图5.6.11(a)矫正结果

(e) 图5.6.11(b)矫正结果

(f) 图5.6.11(c)矫正结果

(g) 极线校正

图 5.6.11　畸变矫正和极线校正结果

5.6.3.5　双目立体匹配

　　在双目图像极线校正之后双目图像就满足了极线约束,保证了在双目图像匹配时视差搜索在双目图像的同一条极线上进行。双目立体匹配应用 2005 年由 Hirschm 提出的 Semi-Global Matching(SGM)算法。SGM 算法为半全局匹配算法,其主要思想为通过选取每个像素点的视差,组成一个视差图,再设置一个相关的全局能量函数,使得这个能量函数最小化,已到达求解每个像素最优视差的目的。

　　在 MATLAB 中利用"disparity"库函数获得双目匹配视差图,其中视察搜索范围为[0,128] 像素,区域尺寸设置为 15 像素,可得到图 5.6.12 所示的视差图像。从图 5.6.12可以看出 SGM 双目立体匹配算法可以很好地匹配出花椰菜区域和背景区域视差,下一步就可以利用三角测距原理获得原始花椰菜三维点云。

(a) 图5.6.11(d)视差图

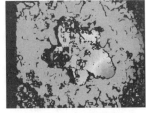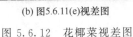

(b) 图5.6.11(e)视差图

(c) 图5.6.11(f)视差图

图 5.6.12　花椰菜视差图

5.6.3.6　三维点云重建

根据 SGM 算法获得的花椰菜双目图像视差，利用三角形相似原理如式（5.6.28）～式（5.6.31）所示。

$$Z=\frac{Bf}{B-[(u_0-u_1)+(u_r-u_0)]d_x}=\frac{Bf}{B-dd_x}=\frac{Bf}{B-d_w} \tag{5.6.28}$$

$$X=\frac{Z}{f}(u_1-u_0)d_x=\frac{Z}{f}(x-c_x) \tag{5.6.29}$$

$$Y=\frac{Z}{f}(v_1-v_0)d_x=\frac{Z}{f}(y-c_y) \tag{5.6.30}$$

$$(x,y)=(u_r,v_r)d_x \tag{5.6.31}$$

式中　(u_1,v_1)，(u_r,v_r)——左右两图像像素坐标系中的坐标点；

　　　　(u_0,v_0)——像素坐标系下成像中心点的像素坐标值；

　　　　d_x——单位像素的物理尺寸；

　　　　d——像素差值，即视差；

　　　　d_w——物理视差值；

　　　　(x,y)——实际径向畸变情况下相机坐标；

　　　　(c_x,c_y)——相机标定时得到的主点；

　　　　(X,Y,Z)——左目相机坐标系下的代表实际物理尺寸的点。

利用 MATLAB 中"reconstructScene"函数和视差图以及双目标定参数，可以重建花椰菜原始点云，如图 5.6.13 所示。从图 5.6.13（a）～图 5.6.13（c）可以看出花椰菜区域和背景区域被很好地重建了出来，从图 5.6.13（d）～图 5.6.13（f）中可以看出花椰菜三维点云俯视图中花椰菜区域被完整地重建出来了，背景中大部分区域也被重建了出来。而且花椰菜和背景区域之间有一块黑色区域，这使得原本在 2D 图像中难以区分的花椰菜和背景区域很明显地区分开来了，使得后来的花椰菜分类识别成为可能。

(a) 图5.6.11(a)原始点云

(b) 图5.6.11(b)原始点云

(c) 图5.6.11(c)原始点云

(d) 图5.6.13(a)原始点云俯视图

(e) 图5.6.13(b)原始点云俯视图

(f) 图5.6.13(c)原始点云俯视图

图 5.6.13　花椰菜原始点云和原始点云俯视图

5.6.3.7 无效点去除和降采样

无效点去除是指去除三维重建过程中点云中的 Inf 和 NaN 无效点云并提供有效点索引，并将有序点云转化为无序点云，从而使得原始点云中点的个数从 432677 个降为 300000 个左右，起到第一次减少点云个数的作用。为减少聚类算法运行时间，需要对无序点云进行降采样操作，点云中点的个数进一步降为 4096，第二次减少三维点云中点的个数。

分别利用 MATLAB 中 "removeInvalidPoints" 函数和 "pcdownsample" 函数对点云进行无效点去除和降采样处理，结果如图 5.6.14 所示。点云无效点去除后如图 5.6.14 （a）～图 5.6.14 （c）所示，从直观来看无效点去除后的点云和原始点云并无差异，原因是无效点并不能显示出来，但是该点云相比于原始点云，已经从有序点云转化为无序点云了，且点云中点的个数也大幅下降。从图 5.6.14 （d）～图 5.6.14 （f）降采样点云来看，点云已从稠密点云变为稀疏点云，但是花椰菜点云所有信息均被保留了下来，且点云中点的个数已经降到了最小，进一步地可以利用识别分类算法对花椰菜点云进行识别。

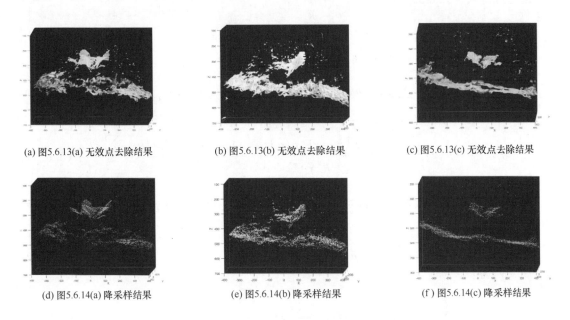

(a) 图5.6.13(a) 无效点去除结果	(b) 图5.6.13(b) 无效点去除结果	(c) 图5.6.13(c) 无效点去除结果
(d) 图5.6.14(a) 降采样结果	(e) 图5.6.14(b) 降采样结果	(f) 图5.6.14(c) 降采样结果

图 5.6.14　无效点去除点云和降采样点云

5.6.3.8 高斯混合模型聚类算法

高斯混合模型是指多个高斯分布函数的线性组合。理论上高斯混合模型可以拟合出任意类型的分布，因此采用高斯混合模型来模拟降采样后的花椰菜点云，设降采样后的花椰菜点云 $\Phi = \{\varphi_n\}, n = 1, 2, \cdots, N$，则高斯混合模型可以表示为式（5.6.32）。

$$p(\varphi) = \sum_{k=1}^{K} \pi_k N\left(\varphi \mid \mu_k, \sum_k\right) \tag{5.6.32}$$

式中　$N(\varphi \mid \mu_k, \sum_k)$——高斯混合模型的第 k（$k = 10$）个分量；

$\quad\quad\quad\pi_k$——高斯混合模型的系数。

高斯混合模型的系数满足式（5.6.33）。

$$\sum_{k=1}^{K} \pi_k = 1 \tag{5.6.33}$$

$$0 \leqslant \pi_k \leqslant 1 \tag{5.6.34}$$

定义 k 维随机变量 z_k，z_k 只有 0 和 1 两个取值，当 $z_k=1$ 时表示第 k 类被选中的概率，$p(z_k=1)=\pi_k$，$z_k=0$ 表示第 k 类没有被选中的概率，z_k 满足两个条件，如式（5.6.35）和式（5.6.36）所示。

$$\sum_{k=1}^{K} z_k = 1 \tag{5.6.35}$$

$$z_k \in \{0,1\} \tag{5.6.36}$$

由于 z_k 之间独立同分布，所以 z_k 的联合概率分布如式（5.6.37）所示。

$$p(z)=p(z_1)p(z_2)\cdots p(z_k)=\prod_{k=1}^{K}\pi_k^{z_k} \tag{5.6.37}$$

所以每一类的条件分布如式（5.6.38）所示。

$$p(\varphi\,|\,z_k=1)=N(\varphi\,|\,\mu_k,\sum\nolimits_k) \tag{5.6.38}$$

由此可得式（5.6.39）

$$p(\varphi\,|\,z)=\prod_{k=1}^{K}N(\varphi\,\big|\,\mu_k,\sum\nolimits_k)^{z_k} \tag{5.6.39}$$

根据条件概率公式可得式（5.6.40）

$$p(\varphi)=\sum_{k=1}^{K}p(z)p(\varphi\,|\,z)=\sum_{k=1}^{K}\big(\prod_{k=1}^{K}\pi_k^{z_k}N(\varphi\,\big|\,\mu_k,\sum\nolimits_k)^{z_k}\big) \tag{5.6.40}$$

由贝叶斯定理可以求出 $\gamma(z_k)=p(z\,|\,\varphi)$，如式（5.6.41）所示。

$$\gamma(z_k)=p(z_k=1\,|\,\varphi)=\frac{p(z_k=1)p(\varphi\,|\,z_k=1)}{p(\varphi,z_k=1)}=\frac{\pi_k N(\varphi\,|\,\mu_k,\sum\nolimits_k)}{\sum\limits_{k=1}^{K}\pi_k N(\varphi\,|\,\mu_k,\sum\nolimits_k)} \tag{5.6.41}$$

对公式（5.6.32）取对数后再对 μ_k 求导，并令导数等于 0 得到 μ_k 的最大似然函数，如式（5.6.42）所示。

$$\mu_k=\frac{1}{N_k}\sum_{n=1}^{N}\gamma(z_{nk})\varphi_n \tag{5.6.42}$$

其中

$$N_k=\sum_{n=1}^{N}\gamma(z_{nk}) \tag{5.6.43}$$

同理可得 $\sum\nolimits_k$ 的最大似然函数如式（5.6.44）所示。

$$\sum\nolimits_k=\frac{1}{N_k}\sum_{n=1}^{N}\gamma(z_{nk})(\varphi_n-\mu_k)(\varphi_n-\mu_k)^T \tag{5.6.44}$$

由于 π_k 有限制条件 $\sum\limits_{k=1}^{K}\pi_k=1$，所以需要加入拉格朗日算子，得出式（5.6.45）。

$$\ln p(\varphi)+\lambda\big(\sum_{k=1}^{K}\pi_k-1\big) \tag{5.6.45}$$

并求得 π_k 如式（5.6.46）所示。

$$\pi_k=\frac{N_k}{N} \tag{5.6.46}$$

所以 EM（expectation-maximization algorithm）算法的步骤为：

① 定义分量数目 $k=10$，对每个分量 k 设置 π_k、μ_k、$\sum\nolimits_k$，然后计算公式（5.6.32）

的对数似然函数。

根据当前的 π_k、μ_k、$\sum_k$ 利用式（5.6.41）计算后验概率 $\gamma(z_{nk})$。

② 根据公式（5.6.42）、公式（5.6.44）、公式（5.6.46）分别计算新的 π_k^{new}，μ_k^{new}，$\sum_k^{new}$。

③ 计算公式（5.6.32）的对数似然函数如式（5.6.47）所示。

$$\ln p(\varphi) = \sum_{n=1}^{N} \ln \left[\sum_{k=1}^{K} \pi_k N(\varphi | \mu_k, \sum_k) \right] \tag{5.6.47}$$

④ 检查参数 π_k、μ_k、$\sum_k$ 是否收敛或者似然函数式（5.6.47）是否收敛，若不收敛则返回步骤②。

⑤ 用收敛的高斯混合模型分别计算每个点云的后验概率 $\gamma(z_{nk})$，并将其归为后验概率最大的一类完成聚类。

利用高斯混合模型对图 5.6.14（d）～图 5.6.14（f）中三维点云进行聚类识别，花椰菜识别结果如图 5.6.15 所示。

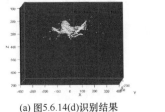  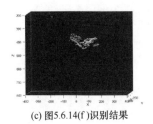

(a) 图5.6.14(d)识别结果　　(b) 图5.6.14(e)识别结果　　(c) 图5.6.14(f)识别结果

图 5.6.15　高斯混合模型分类器花椰菜分类识别结果

从图 5.6.15 可以看出所有花椰菜点云均被完整地识别出来，但是识别后的花椰菜点云中仍然存在少量离群点（噪声），因此需要对识别后的花椰菜点云进行离群点去除。

为说明高斯混合模型算法的稳定性，对图 5.6.14（d）～图 5.6.14（f）中的点云连续聚类 10 次，分别取花椰菜所在三维高斯分布的系数 π_k 如表 5.6.4 所示。三组数据的标准差分别为 5.54×10^{-4}、6.24×10^{-4}、1.85×10^{-3}。表明应用 GMM 聚类后所获得花椰菜点云所在的分量系数 10 次聚类变化量较小，这表明数据比较稳定，高斯混合模型聚类算法可以稳定地聚类识别出花椰菜点云中的花椰菜部分。

表 5.6.4　10 次聚类花椰菜所在高斯组分系数分布

图像	1	2	3	4	5	6	7	8	9	10
a	0.3390	0.3381	0.3380	0.3386	0.3382	0.3395	0.3380	0.3392	0.3394	0.3386
b	0.1848	0.1848	0.1867	0.1857	0.1857	0.1849	0.1847	0.1858	0.1849	0.1858
c	0.1064	0.1059	0.1122	0.1062	0.1060	0.1062	0.1066	0.1056	0.1062	0.1058

5.6.3.9　KNN 离群点云去除

利用 KNN 算法对聚类好的花椰冠层点云进行离散点云去除操作，由于在花椰菜点云三维重建之后直接进行聚类识别，所以花椰菜冠层点云中会存在一些噪点。为了正确识别花椰菜冠层点云，所以需要对聚类完成的点云进行降噪处理，以去除花椰菜点云中的噪点。利用 MAT-LAB 中"pcdenoise"函数对识别的花椰菜点云进行离群点去除，结果如图 5.6.16 所示。由图 5.6.16 可以看出，所有花椰菜点云经过离群点去除后均被保留下来，所有噪声点均被去除。

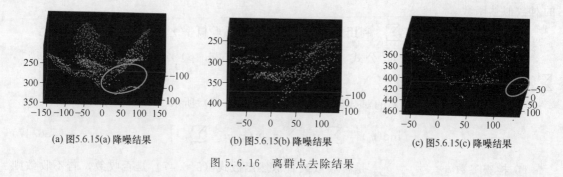

(a) 图5.6.15(a) 降噪结果　　　　(b) 图5.6.15(b) 降噪结果　　　　(c) 图5.6.15(c) 降噪结果

图 5.6.16　离群点去除结果

　　针对 247 对花椰菜双目图像，本项目提出算法正确识别率应在 97.98％以上。程序处理一对分辨率均为 640×480 的双目图像的运行时间为 578ms，满足实时性要求。该方法为实时田间作物识别提供了一种价格低廉、实时性好、识别精度高的解决方案。

第6章
近红外光谱与高光谱成像技术应用实例

6.1　苹果糖度的近红外光谱检测方法

6.1.1　项目目标与技术要点

　　水果糖度是体现果蔬新鲜度、口感、成熟度等的一项重要的质量指标，更是影响消费者选择与购买的决定因素之一。苹果是全球四大水果之一，同时也是我国产量最高的水果。人们在购买苹果时，其大小和的外观色泽等可以通过目视直接进行判别，而对于糖分、酸度、褐变等内部品质若简单地依赖直观判别却非常困难和不易实现。

　　通过查阅国内外相关文献资料，并调研了目前市场上在售的国内外便携式在线水果品质检测装置之后，本实例以烟台红富士苹果为研究对象，利用可见/近红外光谱技术实现苹果内在品质的关键指标即糖度的快速、无损检测，设计并搭建了基于可见/近红外光谱分析技术的苹果糖度静态和在线检测装置。主要包括：

　　① 苹果糖度静态检测装置设计；
　　② 静态检测装置硬件参数的选择；
　　③ 苹果糖度光谱数据预处理方法的选择；
　　④ 苹果糖度在线检测系统硬件设计；
　　⑤ 苹果糖度检测系统的软件开发。

6.1.2　静态检测装置设计方案

6.1.2.1　检测方式

　　在利用可见/近红外光谱检测分析水果表观特征（表面缺陷、颜色）和内部品质（糖度、硬度、酸度、干物质含量）时，常采用漫反射和漫透射两种方式采集样品的光谱。两种光谱采集方式中，光源、样品、检测器的相对位置示意图如图 6.1.1 所示。如图 6.1.1（a）所示是漫反射检测，光源与检测器安装在样品的同一侧，光源发出的光投射在样品表面后，检

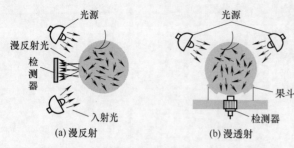

图 6.1.1 水果品质的两种检测方式示意图

测器采集在表面或内部产生不同方向的反射光谱。虽然反射光谱容易获取，但水果样品大小、表面曲率和非均质性等因素，容易对反射光谱的反射率产生一定影响。图 6.1.1（b）为漫透射检测，光源与检测器放置在样品的两侧，光源发出的光在透过整个样品后被检测器采集。这种检测方式能够减少样品表面对光谱信息的影响，且光穿透果实内部，能够携带更多的样品信息。

考虑到苹果糖度从表皮到内部并不是均匀一致的，本实例在综合比较了两种检测方式的特点后，确定了漫透射的检测方式。

6.1.2.2 检测仪器

参考国外分选设备的光谱探测器，选择了 AVANTES 型号为 AvaSpec-ULS2048XL-EVO 的光谱仪，并外接 12V 电源供电，使电压值稳定。该光谱仪配置 2048 像素薄型背照式 CCD 探测器，波长范围覆盖 600～1100nm，光谱分辨率为 0.6nm，积分时间的范围是 $2\mu s$～20s，搭配高速 USB3.0 接口和千兆以太网接口，数据传输速度可达 2.44ms/scan。

本实例以苹果糖度为其味道和品质评价依据。一般来说糖度与可溶性固形物并不是一个概念，只是在饮料、甘蔗汁、果汁、水果罐头中的可溶性固形物主要就是蔗糖，所以用可溶性固形物的含量近似代替其含糖量，即糖度。选用日本爱拓（ATAGO）研发的带有补偿（offset）曲线修正功能的 PAL-BX/ACID5 苹果糖酸一体机来检测苹果样品糖度。

6.1.2.3 光源及稳定性测试

考虑到采用的是漫透射方式检测苹果内部品质，光源的发光强度和功率对水果的透过性有很大的差别。当光源功率过大时，光照强度大，可能会对水果造成损伤；当光源功率较小时，发光强度小，光透过水果的光谱信号弱，透射率低，不能代表水果总的光谱特征变化，所以选择功率合适、稳定性高的光源可以提高检测准确性。

目前，可见/近红外光谱检测水果品质装置中常用的光源有卤素灯、发光二极管（LED）和激光，表 6.1.1 综合对比了三种光源的波长范围、发光强度、功耗、使用寿命和成本。卤素灯是白炽灯的一种，灯丝和外壳分别由钨丝和石英玻璃制成，其灯丝使用寿命长，可以工作在很高的温度下，光源的亮度、色温、发光效率均比普通的白炽灯好很多，光强稳定性要优于 LED 和激光。本项目最终选择了 600～1100nm 范围内强度和稳定性都很好的卤素灯，型号为 L521-G，如图 6.1.2 所示。

表 6.1.1 三种光源的对比情况

光源类型	波长范围	发光强度	功耗	使用寿命	成本
LED	较窄	较低	较低	较短	较低
卤素灯	较宽	较高	较高	较长	较高
激光（laser）	较窄	较高	很高	较长	很高

为测试光源的稳定性，将直径 80mm 的聚四氟乙烯球放置在样品板上，打开检测光源和光谱仪，在预热 30min 后开始每隔 30min 采集一次光谱曲线。每次采集两条曲线，并取平均值作为此次采集的结果，240min 后共采集 8 条光谱曲线，如图 6.1.3 所示。

从图 6.1.3 看出，所有光谱曲线几乎重合，没有明显的漂移现象，说明光强基本没有变化，且对两两时间点的光谱曲线做 Pearson 相关分析后，得出的结果显示其在 0.01 水平（双侧）上显著相关，相关系数值均在 0.99 以上。

6.1.2.4　静态检测装置的搭建

图 6.1.2　L521-G 卤素灯

在确定了检测方式和检测仪器后，搭建了如图 6.1.4 所示的苹果糖度静态检测装置。该装置采用了从上到下依次为光源、样品、光纤的布局，同时为避免外部杂散光进入到检测装置和光纤探头内，装置的四周包围了黑色呢绒布，并在样品板上添加了耐高温黑色海绵。

为减少阴影等对检测的影响，采用的是双光源对称安装的形式，光源放置在角度可调节的装置上，方便根据实际检测情况对光源的照射角度进行调节；并在光源后添加散热风扇，促进空气流动、加快散射速度，防止卤素灯灯杯的温度过高。如图 6.1.5 所示，该光源角度调节装置由光源支撑板、角度调节机构、灯杯盖板等组成。光源支撑板用于安装角度调节机构，板的四个角各削去边长为 20mm 的正方形块，并与铝型材支架相配合，用于调节光源放置高度；角度调节机构的圆形阶梯孔用于嵌合安装卤素灯的灯杯，用铰链将角度调节机构的各块板连接起来，安装方便，可随意调整卤素灯的聚焦位置；角度调节机构的两边安装有挡板，防止卤素灯光源对检测产生影响；灯杯盖板用于固定夹紧卤素灯的灯杯，使用螺钉将灯杯盖板和角度调节机构连接，使得卤素灯的位置固定不摇晃。

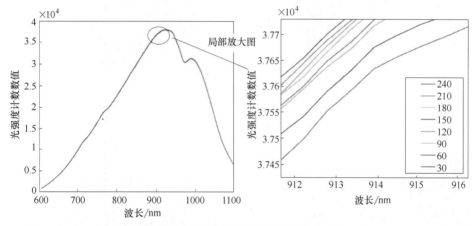

图 6.1.3　不同时间段采集的光谱曲线

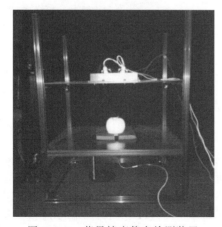

图 6.1.4 彩色图形　图 6.1.4　苹果糖度静态检测装置

影响光纤传输光强信号效果的两个尺寸分别是芯径和长度。从理论上来说，光纤的芯径越大，光强信号传输效率越高。为了验证光纤芯径对光谱预测苹果糖度模型效果的影响，选取型号为 FC-UVIR600-1-ME 和 FC-UVIR1000 的两种光纤，其芯径分别为 $600\mu m$ 和 $100\mu m$，长度都为 1m，并搭配了准直镜头将发散的辐射光束转换成平行光束，减少外界杂散光，提高光谱数据的信噪比。

光纤的放置位置和偏转角度由设

计的光纤位置调节装置调整，如图 6.1.6 所示，该装置主要包括以下三个部分：刻度尺、固定板、光纤连接结构。刻度尺用于精准确定光纤及镜头偏转的角度，角度可 180°调节，灵活方便；固定板用于固定光纤偏转的角度，防止检测过程中光纤角度发生偏转；光纤连接结构用于光纤和准直镜头的固定，与准直镜头通过螺纹连接，保证了镜头固定的稳定性。本项目采用不同的角度、距离，多次用 SolidWorks 模拟光路图并进行实际检测试验，根据苹果的尺寸大小、不同放置方式、表面圆弧曲率大小进行综合比较，得出结论：当光纤与样品板角度为 70°、准直镜头与样品板垂直距离为 30mm 时所得光谱曲线效果最好。

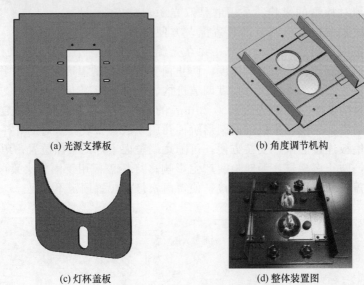

(a) 光源支撑板　　　　　　　　(b) 角度调节机构

(c) 灯杯盖板　　　　　　　　(d) 整体装置图

图 6.1.5　光源角度调节装置

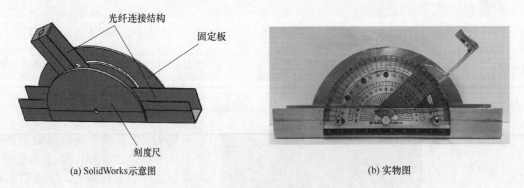

(a) SolidWorks示意图　　　　　　　　(b) 实物图

图 6.1.6　光纤位置调节装置

6.1.3　苹果样品的准备与检测

6.1.3.1　样品准备与预处理

　　研究的糖度检测装置针对单一苹果品种，试验样品为烟台红富士苹果，为确保试验样品的来源地、种类以及采集时间相同，所有样品均统一从原产地烟台栖霞市直接购买。为利用该静态装置确定出最佳的光纤芯径和建模过程中最优的光谱预处理方法，实验人员将烟台红富士苹果从冷库中取出后放置在室温环境中 24h，以消除样品温度对检测结果的影响。在擦洗苹果表面污渍并剔除表面有疤痕的样品后，挑选出 106 个尺寸大小基本相同、表面完好无损的苹果作为样品。所有样品依次标号，并在每个样品的赤道位置等间隔 120°作 3 个标记作为采集光谱和测量糖度的位置。光谱采集完后，取 3 个标记点的平均值作为样品的原始光谱数据。

6.1.3.2　样品放置方式

在利用可见/近红外漫透射光谱对水果的内部品质进行检测时，水果的摆放位置一般有三种：果柄向上、果柄向下和平放，水果放置方式不同，检测得到的光谱曲线的强度、波峰波谷位置都有可能不一样。为了验证不同水果放置方式对可见/近红外漫透射光谱检测水果内部品质的影响，近几年来大量试验结果表明当水果平放时，糖度的预测结果要好于正立和任意放置方式。也有研究对水果顶部、赤道、底部三个检测部位分别采集漫透射光谱，并分别应用偏最小二乘回归法（partial least squares regression，PLSR）对其糖度进行建模预测，结果表明赤道部位建立的模型预测效果好些。

当苹果采取平放放置方式做可见/近红外光谱检测时，苹果的光源照射与光谱采集的表面较为光滑，苹果表面曲率小，表面反射光最弱，光谱曲线所受其他因素影响最小，光透射后携带的信息更丰富，相比其他放置方式，水平放置水果的近红外光谱检测结果最好。另外从果杯形状、苹果在线运输过程中的自动调节等方面考虑，苹果平放是最为稳定的传输放置方式，相对其他两种放置方式，平放时样品受传输线的起伏波动影响小。进一步从降低杂散光效果方面考虑，根据待测样品的尺寸和形状，选取了空心圆柱形耐高温黑色海绵垫圈，放置在样品板上，与苹果样品有效贴合，以达到遮光效果。为了研究不同摆放方式对苹果近红外光谱透过能量值的影响，选取一个果径 80 mm 左右、普通形状的苹果样品，在积分时间30ms、5 次平均的条件下采集近红外透射光谱曲线。分别以果柄向上、果柄向下和平放这 3种方式采集 20 条能量谱，将 20 条能量谱进行平均后如图 6.1.7 所示。

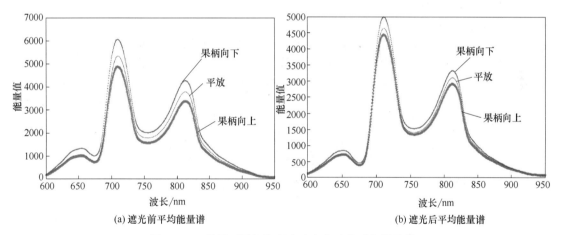

(a) 遮光前平均能量谱　　　　　　　　　　(b) 遮光后平均能量谱

图 6.1.7　苹果不同摆放方式遮光前后的平均能量谱

通过计算三种放置方式遮光前后的光谱曲线最高峰值处的能量值下降比率可知，采用平放的方式检测时，能量值下降最低，约为 9.6%；采用果柄向下的方式检测时，能量值下降最高，约为 16.7%。对比三种放置方式的遮光前后能量值变化大小可知，当苹果平放时，表面曲率小、反射光最弱，且能有效降低外部杂散光进入光纤探头。相比其他放置方式，水平放置水果的近红外光谱检测结果最好、信噪比最高。

6.1.3.3　光谱测量参数的确定

光谱数据采集过程中，积分时间越长，探测器检测到的光谱强度值越大，得到的光谱曲线也越平滑，但积分时间过长会出现测试数据饱和失真的现象。积分时间越短，光谱强度值越小，光谱曲线的变化范围小，不能真实地反映光谱数据变化。积分时间的确定一般要看白参考和测试样品。一般来说，扫描白参考时，白参考的光谱曲线峰值大约是饱和值一半时对于检测样品来说是最好的。

在实际的可见/近红外光谱漫透射检测水果中，由于环境和操作等原因存在很多噪声信号，这些噪声信号会掺杂在样品的光谱信号中，有必要采取有效措施降低噪声对光谱数据的影响。增加平均次数 N 可以提高光谱信噪比，每次扫描后得到的光谱值是 N 次探测器扫描的平均值，随着平均次数的提高，信噪比逐渐增大，光谱曲线越来越光滑。考虑到检测速度的要求，积分时间和光谱平均次数都不是可以无限制增加的。本项目假定每个样品的检测速度不变，为 1 个/s，通过调整积分时间和平均次数的值来使光谱信号的信噪比最高。

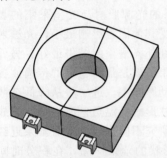

图 6.1.8 在线检测所用果杯

图 6.1.8 所示为在线检测试验中设计的放置苹果样品的果杯示意图。果杯总长度为 120mm，中间空心圆的直径为 20mm，两个果杯的间距为 10mm，要确保两个苹果样品通过数据采集器的时间差不超过 1s，则每个样品的采集时间，也就是在线检测时果杯中间圆孔通过采集器的时间不应超过 150ms。因为积分时间超过 54ms 时，光谱仪探测器达到了饱和状态，所以积分时间的最大值选取了 50ms。对比积分时间 10~50ms（对应平均次数 15~3 次）共 10 组组合下的光谱数据发现，当积分时间设置为 30ms 时，光谱曲线的平滑性能、光谱的能量强度完全满足检测要求，即"积分时间为 30ms、平均次数为 5"是这几组数据中最为理想的组合方式。

6.1.3.4 光谱数据采集

光谱数据采集使用的是光谱仪自带的软件，设置积分时间是 30ms，平均次数为 5。采用直径为 80mm 的聚四氟乙烯球作为参考，充分预热光谱仪后，先采集暗光谱，之后打开光源预热 15min 后，将聚四氟乙烯球放在样品板上采集白参考的光谱数据。然后将苹果样品依次放在样品板上，对样品赤道处标记的三个检测位置点进行光谱采集。采集到的漫透射光谱的透射率按照式（6.1.1）计算。

$$T_\lambda = \frac{S_\lambda - D_\lambda}{R_\lambda - D_\lambda} \times 100\% \qquad (6.1.1)$$

式中 T_λ——波长 λ 下该苹果样品光谱透射率；

S_λ——波长 λ 下该苹果样品透射的光谱强度；

R_λ——波长 λ 下暗参考的透射光谱强度；

D_λ——波长 λ 下透射参考的透射光谱强度。

校正后的样品透射率曲线如图 6.1.9 所示，从图中可以发现：在 600~950nm 范围内，苹果样品漫透射光谱存在明显的波峰、波谷变化。因苹果表皮含有较多的叶绿素，在 680nm 附近有明显光谱吸收；水果水分含量很高，在 960nm 附近为水的吸收峰。苹果样品漫透射率在 960~1100nm 波段内几乎为 0，因此后续分析中只选择 600~950nm 的光谱数据。

6.1.3.5 糖度测量

光谱采集完成后，在苹果标记的光谱采集位置上取部分果肉进行糖度测量。因苹果的糖度分布并不均匀，为更准确地测量出能代表整个苹果的糖度值，取表皮到芯部整个区域的果肉混合压榨成汁，用糖度计测量两次取平均值作为该区域的最终糖度值，每次测定前都需要

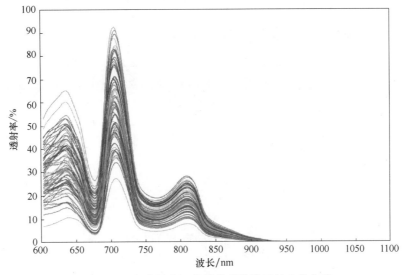

图 6.1.9　烟台红富士苹果样品的漫透射光谱曲线

用纯净水对糖度计进行冲洗，并用滤纸擦十。图 6.1.10 所示为糖度取样后的苹果样品图，糖度检测结果显示大多数苹果样品的糖度含量在 13～15brix 之间，且糖度含量频率服从正态分布。

6.1.4　静态采集数据分析

6.1.4.1　光谱预处理

由于光谱数据采集过程中存在系统误差和随机误差，故得到的光谱信号中不可避免地包含了噪声信号，因此有必要对光谱数据进行一定的光谱预处理来消除干扰噪声。本项目对比了 5 种常

图 6.1.10　糖度取样后的苹果样品

用光谱预处理方法的建模效果，分别是：卷积平滑方法（Savitzky-Golay，S-G），通过在平滑点的前后各取若干点来进行平均，选平均值作为该平滑点的值，来消除一些噪声干扰；一阶导数（first derivation，FD）和二阶导数（second derivation，SD），分别用于消除与波长无关的基线漂移和同波长线性相关的基线漂移；多元散射校正（multiplicative scattering correction，MSC），用于消除苹果内部特征不均对光谱造成的散射影响；标准正态变换（standard normal variation，SNV），用于减小样品光谱中线性漂移影响。

6.1.4.2　苹果糖度的光谱检测模型的建立

为预测苹果糖度值，本项目将所有样品用联合 X-Y 距离样品集划分方法（Sample set Portioning based on joint x-y distance，SPXY）划分为校正集和验证集，并选用了适于处理自变量存在多重共线性回归问题的偏最小二乘回归法（PLSR）建立定量预测模型。所建模型的性能通过决定系数（coefficient of determination）R^2（校正集中样品的决定系数 R_C^2、验证集中样品的决定系数 R_P^2）、校正集均方根误差（root mean squared error of calibration，RMSEC）和验证集均方根误差（root mean squared error of prediction，RMSEP）及验证集标准差与预测标准差之比（ratio of standard deviation and standard error of prediction，RPD）等指标来评价，各个指标分别用式（6.1.2）～式（6.1.5）计算。

$$R_{\text{P}}^2 = 1 - \frac{\sum\limits_{i=1}^{m}(\hat{y}_i - y_i)^2}{\sum\limits_{i=1}^{m}(\overline{y}_i - y_i)}, R_{\text{C}}^2 = 1 - \frac{\sum\limits_{i=1}^{n}(\hat{y}_i - y_i)^2}{\sum\limits_{i=1}^{n}(\overline{y}_i - y_i)} \tag{6.1.2}$$

$$\text{RMSEP} = \sqrt{\frac{\sum\limits_{i=1}^{m}(\hat{y}_i - y_i)^2}{m}} \tag{6.1.3}$$

$$\text{RMSEC} = \sqrt{\frac{\sum\limits_{i=1}^{n}(\hat{y}_i - y_i)^2}{n}} \tag{6.1.4}$$

$$\text{RPD} = \sqrt{\frac{\sum\limits_{i=1}^{m}(\overline{y}_i - y_i)^2}{\sum\limits_{i=1}^{m}(\hat{y}_i - y_i)^2}} \tag{6.1.5}$$

式中　n——校正集的样品数；

m——验证集的样品数；

y_i——第 i 个样品的化学量实测值；

$\hat{y}_i$——第 i 个样品的预测值；

$\overline{y}_i$——验证集样品化学量实测的平均值。

模型的决定系数（判定系数）取值范围为 $0 \leqslant R^2 \leqslant 1$，值越接近 1，说明自变量对因变量的解释程度越高；RPD 值越大，RMSEC、RMSEP 的值越小，说明模型的稳定性越好、预测能力越高。较普遍地认为：当 RPD<1.4 时，模型较差无法对样品进行预测；1.4<RPD<2 时，模型较好，可以用来进行粗略预测；2.0<RPD<2.5 时，模型预测质量很好，可以用于定量预测；RPD>2.5 时，模型具有极好的预测能力。

在对波段范围为 600～950nm 的样品漫透射光谱进行不同预处理后，分别建立了 PLSR 模型，来研究光纤芯径的大小和准直镜头对模型预测效果的影响，各个模型的预测结果如表 6.1.2 所示。

表 6.1.2　不同预处理方法的苹果糖度预测效果

组合	预处理方法	校正		验证		RPD
		R_{C}^2	RMSEC	R_{P}^2	RMSEP	
芯径 1000μm 光纤	无	0.6441	0.6265	0.5826	1.1868	1.0299
	S-G	0.6211	0.6435	0.6047	1.3942	1.2563
	FD	0.6868	0.5341	0.6539	1.2258	1.6935
	SD	0.7910	0.4193	0.7254	1.2431	2.0180
	MSC	0.9638	0.1754	0.8615	0.2698	2.5076
	SNV	0.9471	0.2120	0.9030	0.2507	2.6285
芯径 1000μm 光纤＋准直镜头	无	0.7204	0.5470	0.6867	1.4652	1.6152
	S-G	0.6597	0.6511	0.5532	1.5893	1.3804
	FD	0.7011	0.5092	0.6751	1.1680	1.7532
	SD	0.8257	0.3878	0.7624	1.2528	2.1915
	MSC	0.9598	0.1799	0.9085	0.2294	3.1029
	SNV	0.9641	0.1700	0.9251	0.2140	3.1279

续表

组合	预处理方法	校正		验证		RPD
		R_C^2	RMSEC	R_P^2	RMSEP	
芯径 $600\mu m$ 光纤＋准直镜头	无	0.7459	0.4811	0.7065	1.7538	2.0564
	S-G	0.6606	0.5794	0.6428	1.8575	1.7366
	FD	0.6468	0.6011	0.5926	1.3282	1.3717
	SD	0.7790	0.4340	0.7434	1.4054	2.1821
	MSC	0.9697	0.1522	0.8959	0.2547	2.9877
	SNV	0.9673	0.1585	0.9218	0.2295	3.1127

对比表 6.1.1 中的各参数结果可知，当选择相同光纤芯径大小时，准直镜头的使用可有效提高模型精度和稳定性；同时使用准直镜头时，较大的光纤芯径采集的光谱，建立的模型效果更好；在选择光纤芯径 $1000\mu m$＋准直镜头的前提下，SNV 预处理后的光谱建立的模型不论是精度还是稳定性，都是最好的。因此，后续检测苹果糖度的参数选择中，光纤芯径选择 $1000\mu m$，并搭配准直镜头，光谱预处理方法选用 SNV。

6.1.5　在线动态检测系统的搭建

6.1.5.1　检测系统设计方案

基于可见/近红外光谱技术的烟台红富士苹果糖度在线检测装置包括硬件和软件两大部分，硬件平台主要由检测箱、外触发采集系统、传输系统、分选系统等组成，软件主要实现包括测量参数设置、实时显示等功能，硬件和软件相互协作，使得整个在线无损检测装置可靠地运行。

本项目设计的苹果糖度在线检测装置，检测速度可以实现每秒一个水果，具体包括水果的输送、光源的照射、光谱仪获取水果的光谱信息、计算机处理光谱数据并完成糖度的预测，最后完成检测苹果糖度分级，该在线检测装置的工作过程如下：

① 启动系统，包括启动软件和输送系统的电源开关等。将光源预热 15min 以上，根据检测要求，通过软件对光谱仪的各个参数进行设置，包括光谱信息采集模式、积分时间、平均次数、平滑参数和延时时间等。

② 黑白校正，遮挡光源。测量暗参考的光谱数据，将直径为 80mm 的聚四氟乙烯球的光谱数据作为白参考，将暗参考和白参考的光谱数据保存到指定文件中，以便于之后样品测量过程中计算透射率。

③ 测试样品。将待测样品依次放置于果杯上，当光电开关检测到样品信号时，将外触发信号传入到光谱仪中，通过一定延时时间后，苹果样品到达检测位置，光谱仪开始测量样品的光谱数据。

④ 数据处理。通过软件进行光谱数据处理和特征值预测，首先对采集到的光谱数据进行透射率计算，然后对样品透射率光谱数据进行预处理，最后带入糖度预测模型进行糖度预测。

⑤ 显示和保存。实时显示当前检测样品的透射率光谱曲线和预测的内部特征值，并将光谱数据的预测值保存在指定文件中。

⑥ 驱动分级机构。根据预测得到的苹果特征值的大小按照分级标准进行分级，通过设置到达不同级别的输出口的延时时间，将到达相应级别的输送带上的样品推入储存箱中。

⑦ 采集结束，关闭各硬件电源和软件采集系统。

6.1.5.2　检测系统硬件设置

在线检测装置示意图如图 6.1.11 所示，其硬件系统主要由检测箱、外触发采集系统、

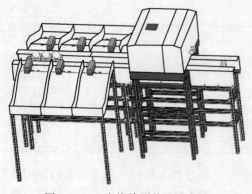

图 6.1.11 在线检测装置示意图

传输系统、分选系统组成。

检测箱是由铝板经发黑处理后组合构成的封闭方箱，内部的各部件是整个在线检测装置的核心部件，包括光源、光纤、光谱仪等，并配有散热风扇等辅助装置，它针对红富士苹果样品的光谱采集提供一个固定的外部环境。

外触发采集系统主要是由光电传感器和光谱仪外触发引脚组成。光电传感器检测到苹果样品，将信号发送到光谱仪，光谱仪经延时后采集样品光谱数据，光电开关信号与光谱仪相连接实现数据采集同步。

传输系统主要包括电机（型号为 51K120RA1-CF，转速 90～1350r/min）、减速机（型号为 RV030，传动比为 50）、编码器、链条（型号为 08B，节距 12.7）、果杯等，配置速度控制器，调节旋钮可实现检测速度的无级变速和苹果样品的传输。

分选系统包括数据采集卡模块、舵机等。本项目将苹果糖度值范围分为小于 12brix、12～13brix、13～14brix、14～15brix、大于 15brix 的 5 个等级。计算机完成苹果糖度预测后，将给出的分级信号通过数据采集卡模块发送给舵机，舵机控制曲柄滑块机构将输送线上的苹果送到对应级别输出口区域。

6.1.5.3 检测系统软件开发

在硬件检测装置、MATLAB 的 GUI 软件平台和光谱仪公司提供的动态链接库（DLL）AvaSpecX64-DLL_9.7 基础上，通过 USB 驱动软件和调用动态链接库，开发设计了一套苹果糖度在线检测系统的软件部分。

在进行检测试验前，需要对样品光谱数据进行光谱透射率校正，也就是前面提到的黑白参考校正。电脑中运行软件后，软件会自动检测光谱仪是否连接，检测到光谱仪后，自动读取光谱仪内部的配置信息。等待一段时间，光源和光谱仪稳定后，输入检测参数；点击检测黑白参考，并将其保存到指定位置；将样品放置在果杯上，自动采集样品光谱数据，检测到的光谱数据值经过透射率校正后，显示在界面的坐标轴上；同时，将样品的光谱数据经预处理后带入模型中进行预测，预测的糖度和等级显示在界面上。具体的处理流程如图 6.1.12 所示。

操作控制软件主要用以控制光谱仪数据采集、光谱分析、样品糖度预测，设计的软件界面如图 6.1.13 所示。

该软件系统包括以下功能。

（1）参数设置功能

在软件界面的右侧有个面板，面板上有三个可编辑文本框，可以输入设定的参数值，三个参数分别是积分时间、平均次数、扫描次数，通过可编辑文本框输入数值，程序会自动读取该数值，并发送给光谱仪，控制光谱仪按照该参数完成检测过程。在软件内部也会有一些内部计算值，如检测时间、检测距离、延时时间、延时距离等，这些根据具体检测速度来确定。

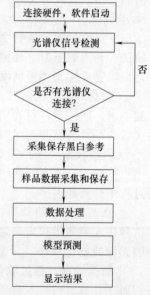

图 6.1.12 系统处理流程图

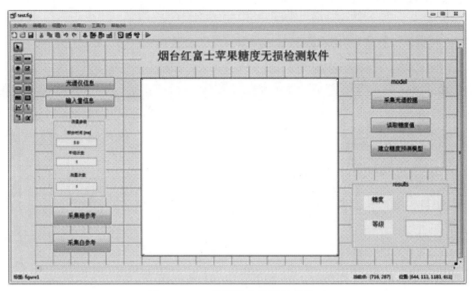

图 6.1.13　苹果糖度检测软件界面

（2）实时显示功能

该软件的实时显示功能体现在两个方面：一方面是光谱曲线的实时显示，包括暗参考的光谱曲线、白参考的光谱曲线、样品透射率光谱曲线等，样品扫描完成后即可看到光谱曲线，以便于我们研究该曲线的趋势、光谱数据大小等；另一方面是预测结果的实时显示，预测结果包括样品的糖度和等级，检测完成后，软件进行光谱数据预处理，带入预测模型中，将结果实时地显示在可编辑文本框中，方便、快捷、直观地显示该样品的糖度值、等级大小。

（3）数据通信功能

此软件主要使用 USB3.0 实现光谱仪与电脑的数据通信。USB3.0 的数据传输速率高，光谱数据传输时间可忽略不计。USB3.0 此处主要有两种功能：一个是连接光谱仪功能，读取光谱仪的内部参数信息，包括光谱仪波长探测器类型、探测器的波长总数、光谱仪型号、光谱仪接口电压值等等；另一个是读取数据功能，通过编写程序、动态链接库，可以读取光谱仪探测器所检测的光谱数据，每一次测量，当光谱数据发生变化时，都能将光谱数据实时地按照时间顺序保存在指定文件里，这为之后的数据分析提供了基础。

除了上述功能以外，在软件的右上侧面板上，设置三个按钮，分别是采集光谱数据、读取糖度值、建立模型，这是为了建立动态检测模型，可以随时选取样品，采集其光谱数据，并测量其糖度值，将该数值输入软件系统中，点击"建立模型"按钮，该软件即可自动建立预测模型。

6.1.6　在线检测系统试验验证

选择 40 个新的苹果样品，验证开发的在线检测装置对烟台红富士苹果糖度的预测精度和稳定性。将苹果样品按照顺序放置在检测线果杯上，并分别以检测速度 v_1（1 个/s）和检测速度 v_2（2 个/s）平稳输送至检测箱中，进行样品光谱数据采集以及苹果糖度等级预测，传输系统按照计算机确定好的苹果糖度等级将所有样品依次送到不同出口，实现一个完整的在线水果糖度分级的过程。某一样品在软件中的检测结果如图 6.1.14 所示。

两种速度下，苹果糖度的预测决定系数和绝对偏差分布如图 6.1.15 所示。综合比较两

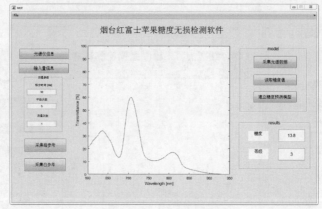

图 6.1.14　检测结果界面

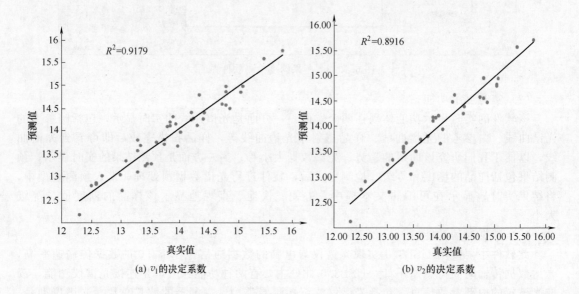

(a) v_1的决定系数　　　　　　　(b) v_2的决定系数

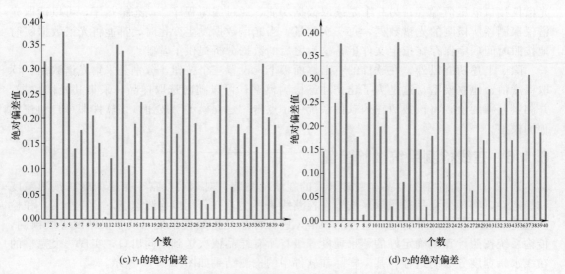

(c) v_1的绝对偏差　　　　　　　(d) v_2的绝对偏差

图 6.1.15　样品模型的决定系数和预测结果的绝对偏差分布图

种速度下的模型效果可知，这两个速度下各样品糖度预测值和实测值的绝对偏差均在 0.4brix 以内，绝对偏差值很小，满足实际检测要求，决定系数较小的也达到了 0.8916，可以满足在线分选装置的精度要求，只是速度较慢的情况下，模型精度更高、误差范围更小一些。

6.2　小麦叶片叶绿素含量的高光谱成像检测方法

6.2.1　项目目标与技术要点

众所周知，叶绿素是植物进行光合作用的主要色素。小麦叶绿素的含量与其光合能力、发育阶段以及氮素状况有较好的相关性，因此通常可用作小麦生长环境中氮素胁迫、光合作用、植株发育阶段和病虫害检测的指示器。定量检测小麦叶片的叶绿素含量在实施精准农业变量施肥、小麦估产以及生长发育状况监测等方面有重要意义。

在众多监测小麦叶片叶绿素含量的方法中，相比于传统化学分析方法费时费力且具有破坏性等特点，通过测定叶片光谱信息来评估叶绿素含量的技术，具有快速、非破坏的优势。由于高光谱成像技术能够同时提供样品空间和光谱的信息，并且具有较高的空间和光谱分辨率，故该技术目前已经成为无损检测农副产品品质和安全指标的强有力工具。

本实例的研究目标是将高光谱成像技术与多元数据处理技术相结合，探究高光谱数据与小麦叶绿素含量之间的关系，实现对小麦叶片叶绿素含量和植物营养状况的快速无损检测。

技术要点概况如下：
① 高光谱成像系统设计；
② 小麦叶片叶绿素含量检测；
③ 叶片高光谱数据采集；
④ 叶片叶绿素含量预测模型建立。

6.2.2　高光谱成像系统搭建

本实例中所用高光谱成像系统构架示意图如图 6.2.1 所示，主要包括：一个分辨率为 1376×1040 的高性能背后照明式 CCD 相机（Sencicam QE 型，Germany）及其控制单元；一台波长范围在 400～1000nm、光谱分辨率为 2.8nm 且空间分辨率点半径 <9μm 的图像光谱仪（ImSpector V10E 型，Spectral Imaging Ltd.，Finland）；重复定位精度为 5μm、绝对定位精度为 8μm 的电动平移台；由石英卤钨灯和稳压电源组成的、可覆盖整个样本并使各处光强一致的平面光源系统；试样载物台及其调节机构；可沿高度方向进行调节并可在步进电动机的带动下向前或向后移动的试样载物台；以及聚光镜等。

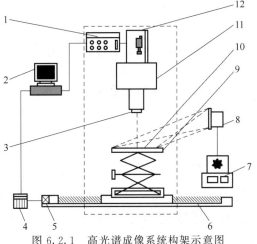

图 6.2.1　高光谱成像系统构架示意图
1—相机控制器；2—计算机；3—聚光镜；
4—步进电动机驱动器；5—步进电动机；6—丝杠；
7—光源控制器；8—面光源；9—载物台；
10—小麦；11—光谱仪；12—CCD 相机

6.2.3　试验材料准备

为利用高光谱成像技术快速检测小麦叶片的叶绿素含量，本项目以位于北京市昌平区小汤山镇国家精准农业示范基地的小麦为研究对象，开展了不同氮胁迫区域小麦叶片叶绿素含量预测的两项研究。第一项研究以探究简化模型预测小麦叶片叶绿素含量的可行性为重点，等数量采集了 4 个氮胁迫区冬小麦京东 2 号的 60 片叶子。第二项研究以不同光谱预处理方法为侧重点，展开了高光谱图像预测小麦叶片叶绿素含量的适用性评估，研究对象为不同施氮水平区域的小麦京东 8 号的叶片，并分别于小麦分蘖期（3 月 30 日）和拔节期（4 月 18 日）取主茎最后一张完全展开叶，于抽穗期（5 月 1 日）取植株冠层平整剑叶作为试验样品。所有研究中实验人员将剪下的叶片装入采样袋，并放进便携式冰箱内运送回中国农业大学农畜产品无损检测实验室。整个过程不超过 2h，以最大限度地保证叶片中叶绿素含量不受影响。

图 6.2.2　待测小麦叶片样品

6.2.4　小麦叶片数据采集

6.2.4.1　小麦高光谱数据采集

光谱采集前对收集的样品进行筛选和剔除，第一项研究保留了共 120 个叶片样品进行研究；第二项研究最终等数量保留下每个氮胁迫区的小麦叶片共 44 片，叶片两端用橡皮筋压紧放置在载物台上，如图 6.2.2 所示。

为提高试验效率，可将多个样品作为一组，单次操作可同时对一组中的所有叶片进行数据采集。在采集小麦叶片的高光谱数据前，先采集标准参考白板的光谱图像作为白参考，用光源和镜头关闭情况下采集的黑背景光谱图像作为黑参考。当光源照射在叶片表面时，光谱仪会采集叶片组织的漫反射光谱图像数据，经数据采集卡生成 16 位图像数据文件。当移动平台向前移动时，高光谱图像系统设定的曝光时间为 25ms，采集到的高光谱图像最终具有 688 个空间像素点和 520 个波段，并根据式（6.2.1）利用黑、白参考计算样品高光谱数据的相对反射密度。

$$R = (R_s - R_d)/(R_r - R_d) \tag{6.2.1}$$

式中，R 为相对反射密度；R_s 为样品的原始图像反射密度；R_r 标准参考白板的反射密度；R_d 为黑参考图像的反射密度。

6.2.4.2　小麦叶绿素含量检测

光谱图像采集完成后，利用湿化学法测定叶片的标准叶绿素含量。实验人员首先配制了丙酮与乙醇比例为 2∶1 的混合溶液，然后将除去叶脉后的新鲜小麦叶片裁剪成细丝，称取 4g 放入 25mL 的混合溶液中，封口，并置于暗室中 24h。期间振荡 3 次，摇匀后用紫外分光光度法分别测出 663nm、645nm 和 652nm 处的吸光度，然后根据叶绿素 a 和叶绿素 b 的浓度与吸光度的关系计算出叶绿素含量的总和。

6.2.5　数据处理与分析

6.2.5.1　目标区域光谱提取

采用 ENVI 软件对校正后的高光谱图像数据进行了处理，选择每个叶片中间远离叶脉的长方形区域为提取光谱信息的感兴趣区域（ROI），并将区域内所有像素点的平均光谱作为该叶片的最终反射光谱。采集的高光谱图像波段两端噪声较大，在后续分析中，京

东 8 号小麦样品保留了 491～887nm 波段范围内的数据信息，京东 2 号小麦样品保留了
450～800nm 波段范围内的数据信息。图 6.2.3 是京东 8 号小麦不同叶绿素含量叶片的原
始光谱数据，从图中得知，叶绿素含量与光谱反射率在 450～650nm 以及 780～900nm 处
存在负相关性。

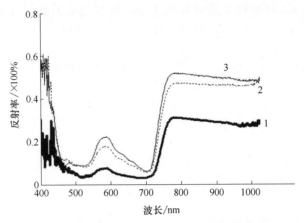

图 6.2.3　京东 8 号小麦不同叶绿素含量叶片的原始光谱

1—叶绿素含量高；2—叶绿素含量中等；3—叶绿素含量低

图 6.2.4 所示的是京东 2 号小麦叶片的原始光谱和一阶差分光谱。从原始光谱曲线可
以看出，试验中不同小麦叶片样品的光谱信息差异集中体现在 510～550nm 和 620～
690nm 范围内，而一阶差分的光谱数据则表明不同小麦叶片样品的信息差异体现在 480～
510nm 以及 700～770nm 波段间，即在一阶差分光谱高的峰值上，对应原始反射光谱的相
应位置均反映出光谱曲线出现了拐点，前者似乎包含蓝边的变化信息，而后者似乎与红
边现象有关。

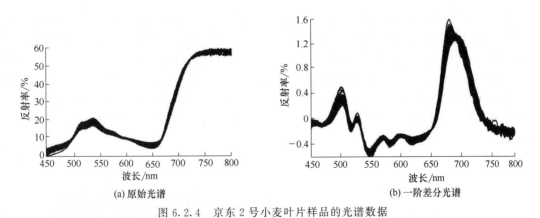

(a) 原始光谱　　　　　　　　　　　　　(b) 一阶差分光谱

图 6.2.4　京东 2 号小麦叶片样品的光谱数据

6.2.5.2　小麦叶片光谱预处理

采集到的光谱由于试验环境、检测仪器以及待测样品的影响，不可避免地会包含一些冗
余的噪声信号。为尽可能地得到纯净的叶片光谱信息，本项目对采集到的京东 8 号小麦叶片
原始光谱分别进行了不同的预处理，包括：5 点 S-G 平滑和 MSC 处理，以及对两种处理后
得到的光谱分别进行 FD 和 SD 处理。在进行 MSC、FD 和 SD 预处理后的光谱反射曲线和
叶绿素含量在各波长下的相关系数分布曲线如图 6.2.5 所示，从图中可以看出，MSC 和 FD

处理后的光谱相对 SD 处理的光谱相关系数要高。

　　由于全波段数据量巨大，建模分析过程复杂、耗时，且冗余信息较多，会对模型结果产生负面影响。因此，为简化数据分析并提高建模结果，预测小麦京东 8 号叶片的叶绿素含量研究中，分别通过选定主成分个数和挑选特征波长来简化模型。根据交叉验证中标准分析误差（SECV）的最低点可确定 PLSR 模型建立时所需主成分数。如图 6.2.6 所示为不同预处理后不同主成分数对应的 SECV，从图可以看出，MSC、FD 和 SD 对应的 PLSR 主成分数分别为 4 个、3 个和 10 个。选定主成分数后，用偏最小二乘函数建立校正模型，并对预测样品进行预测。特征波长的挑选则是在选定的波长范围内通过光谱数据回归剔除无用波长来实现的，最终对 MSC、MSC＋FD 和 MSC＋SD 预处理的光谱选出的优化波长分别为 520nm、570nm 和 736nm，530nm、582nm、660nm 和 699nm，530nm、582nm、660nm 和 704nm。

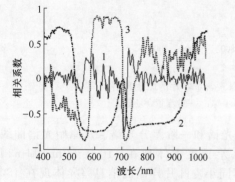

图 6.2.5　京东 8 号小麦叶绿素含量与基于不同
预处理方法的光谱反射率相关性分析
1—MSC＋SD；2—MSC；3—MSC＋FD

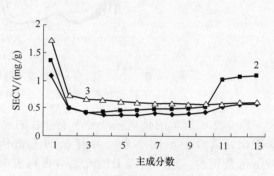

图 6.2.6　不同预处理光谱不同
主成分数对应的 SECV
1—MSC＋SD；2—MSC；3—MSC＋FD

　　在预测小麦京东 2 号叶片的叶绿素含量研究中，采用 MATLAB 软件对原始光谱和一阶差分处理光谱分别进行有进有出逐步回归分析来确定优化波长，设定因子进入与退出模型的显著性水平为 0.15，则两种光谱确定的优化波长分别为原始光谱中的 650nm（对应于叶绿素 b 的强吸收）、520nm、542.5nm 和 535.58nm（叶绿素绿色强反射峰附近），和一阶差分光谱中的 496.68nm、710.85nm 和 767.42nm。对原始光谱和一阶差分光谱各波长与叶绿素含量的相关性分析结果如图 6.2.7 所示，相关系数较大的波长与逐步回归确定的优化波长基本一致。

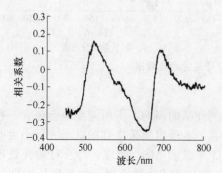

(a)原始光谱各波长与叶绿素含量相关性结果

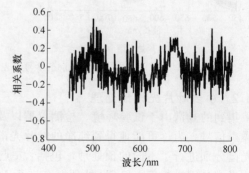

(b)一阶差分光谱各波长与叶绿素含量相关性结果

图 6.2.7　京东 2 号小麦原始光谱和一阶差分光谱各波长与叶绿素含量的相关性分析

6.2.5.3　小麦叶绿素含量预测模型的建立与分析

为基于不同的光谱预处理方法，展开高光谱图像预测小麦京东 8 号叶片叶绿素含量的适用性研究，采用 PLSR 和逐步多元线性回归（SMLR）分别对 MSC、MSC＋FD 和 MSC＋SD 预处理的光谱建立叶绿素含量定量预测模型。所建立的 PLSR 和 SMLR 两种模型分别通过选定的主成分个数和挑选的特征波长来达到简化的目的。

表 6.2.1 所示是用三种不同预处理光谱建立的两种简化模型的结果。由表 6.2.1 结果可知 SMLR 的预测效果要优于 PLSR 模型，其预测集的 R^2 最高达到了 0.79，且校正集和预测集的均方根误差值都较小，表明模型预测精度更高、稳定性更好。对比三种光谱预处理方法，MSC＋SD 处理的光谱 SMLR 模型预测集的 R^2 为 0.79，校正集和预测集的均方根误差值分别为 0.69 和 0.71，预测结果最为理想。

表 6.2.1　三种不同预处理光谱建立的 PLSR 和 SMLR 简化模型的结果

模型类型	预处理	R_C^2	RMSEC	R_V^2	RMSEP
PLSR	MSC	0.80	0.68	0.63	0.70
	MSC＋FD	0.76	0.71	0.66	0.77
	MSC＋SD	0.95	0.71	0.60	0.78
SMLR	MSC	0.77	0.66	0.63	0.69
	MSC＋FD	0.80	0.69	0.72	0.71
	MSC＋SD	0.82	0.69	0.79	0.71

在采用 SMLR 方法建立京东 2 号小麦叶片叶绿素含量的预测模型中，首先单独采用基于原始光谱获得的 4 个优化波长 650nm、520nm、542.5nm、535.58nm 和基于差分光谱获得的 3 个优化波长 496.68nm、710.85nm、767.42nm 作为自变量分别建立模型，但两个模型预测的结果均不理想，表明单独用这些优化波长进行建模，有效信息不够充分。将 7 个优化波长合并后建模，所得调整的决定系数 R^2 仅为 0.4830，依然不能建立可适用的定量预测模型。在此基础上，实验人员对每个回归系数的显著性进行检验，结果如表 6.2.2 所示。从第 4 列的 t 分布概率密度结果可以看出，变量 1、6 和 7 对应的概率值均高于通常的显著性水平 $\alpha＝0.05$，即这三个变量对模型贡献不显著，应该剔除。然后仅用剩余的 4 个波长（710.85nm、767.42nm、650nm 和 520nm）重新建模，得到的模型校正集和预测集 R^2 均大幅上升，分别为 0.8434 和 0.7093，两者的数值均较高，表明利用所选优化波长建立的模型预测结果已较为理想。

表 6.2.2　基于 7 个优化波长所建模型的总体线性度假设检验

项目	系数	均方根误差	统计量 t	概率 P	95％置信下限
截距	1.9188	0.6091	3.1502	0.0033	0.6835
变量 1	−23.6921	16.6987	−1.4188	0.1646	−57.5586
变量 2	28.6612	13.2981	2.1553	0.0379	1.6915
变量 3	−21.2825	9.2224	−2.3077	0.0269	−39.9864
变量 4	−129.7850	34.8379	−3.7254	0.0007	−200.4390
变量 5	56.7166	19.5347	2.9034	0.0063	17.0985
变量 6	35.6190	19.1259	1.8623	0.0707	−3.1701
变量 7	66.0275	36.5652	1.8057	0.0793	−8.1302

因大田采集的小麦叶片表面可能存在各种因素会影响其表面的光谱反射信息，如叶片表面的灰尘颗粒、叶片厚度和纹理的不均、叶片新鲜度等，所以根据实际情况采取合适的光谱数据预处理手段来消除外界因素对光谱的干扰，并合理简化所建模型，可以有效提高模型精度。

6.3　异质鸡肉的近红外光谱检测鉴别研究

6.3.1　项目目标与技术要点

市场上销售的肉品中会出现色泽和质地区别于正常的肉品，而其中最常见的就是兽医卫生检验中被称为白肌肉（PSE）和黑干肉（DFD）的肉品。PSE 即为肉色发白（pale）、肉质松软（soft）、有渗出物（exudative）的肉品，而 DFD 则为肉色发暗（dark）、质地坚硬（firm）、硬干（dry）的肉品。虽然 PSE 以及 DFD 两种状况的肉品并不影响其食用营养、安全和功能等，但其因受感官风味差、味道不佳、影响贮藏等因素的制约，一般会影响消费者购买而造成经济损失，宜加工后食用。

产生异质肉的原因可以归结为：PSE 是由于牲畜屠宰前应激反应时机体分解代谢加强，糖酵解产生大量乳酸，加速了肉陈化过程；DFD 则因牲畜饥饿、能量消耗和长时间低强度的应激刺激，使得产生的乳酸减少。对于鸡肉的 PSE 以及 DFD 方面的研究较少，近几年才刚刚开始，PSE 鸡肉与正常鸡肉相比色泽发白、pH 低且持水力（water holding capacity，WHC）低，而 DFD 则刚好相反，典型样品如图 6.3.1 所示。色泽虽然是可以用来进行粗略判别肉品状况最直观的指标，但仅依靠色泽来单独鉴别 PSE 或 DFD 很容易造成误判，而将色泽结合 pH 以及 WHC 指标才能够区别出真正的 PSE 和 DFD。近红外光谱的优势之一在于其可以快速无损地同时预测多个品质指标，本项目应用可见-近红外光谱结合化学计量学方法建立 PSE、正常鸡胸肉和 DFD 样本的判别分析模型，探究不同 WHC 指标分类划分标准、光谱区间等对于判别结果的影响。

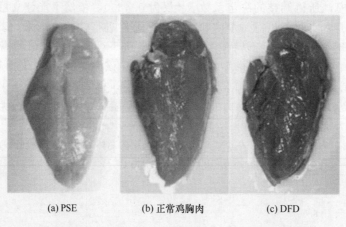

(a) PSE　　　　　(b) 正常鸡胸肉　　　　　(c) DFD

图 6.3.1　PSE、正常鸡胸肉、DFD 示例图

6.3.2　试验材料与方法

6.3.2.1　样品准备

PSE、DFD 的样品取自美国佐治亚州 Pilgrim's Pride 鸡肉生产商的初级生产加工线，肉鸡均为 42～43 日（6 周）龄，肉鸡屠宰后胴体进行水冷。试验样品于不同批次重复取样，每周选取 15 只鸡胴体带回实验室进行试验，鸡胴体大小、性别随机选取。白色条纹（white stripe，WS）鸡胸肉和正常鸡胸肉于不同屠宰肉鸡上共选取了 24 个样品（WS 与正常各 12

个），正常鸡胸肉样品确认无任何明显的白色条纹，而 WS 肉上的白色条纹覆盖了其皮侧表面的大部分区域。此次 WS 样品的取样没有固定选取某一 WS 等级样品而是尽量覆盖了所有等级。

6.3.2.2　标准品质指标的测定

（1）色泽测定

在屠宰后 24h，测量鸡胸肉的色泽，用此指标来代表样品最终色泽品质。使用美能达（Minolta）分光测色仪 CM-2600d（Konica Minolta Inc.，Ramsey，NJ）在鸡胸肉骨侧（bone side）表面测量色泽值（CIE L^*、a^* 和 b^* 值）。分光测色仪的具体参数分别为观察光源模式设置为 C，受光系统不包含镜面反射（SCE），10°的视角以及 8mm 的照明直径。使用前用标准的白色校正板进行校正，然后避开表面可见的有缺陷的位置，在鸡胸肉靠近头（cranial）、中（middle）、尾（caudal）位置各测量一次，三次读数的平均值作为整个样品的色泽值。

（2）pH 值测定

pH 值的测定使用的是哈希（Hach）H280G 型号的 pH 计，配有一只 pH57-SS 的矛形探针（Hach Inc.，Loveland，CO）。在测定前 pH 计使用 pH 4.0 和 pH 7.0 校准缓冲液进行校准，探针在每次测量完后都用去离子水冲洗。在鸡胸肉的头端测定两次如图 6.3.2 所示，pH 值的测量结果记录为两次读数的平均值，pH 值的测量也是在屠宰后 24h 进行。

(a) 哈希pH计　　　　　　　　　　　　　　(b) 测量位置

图 6.3.2　鸡胸肉 pH 值测量

（3）持水力测定

使用三种不同的方法测量鸡肉持水力。第一种是测量滴水损失（drip loss，DL），滴水损失是在不施加外力只受重力作用的情况下，肌肉蛋白质系统一定时间下的液体损失量，测定值与肉品的持水力呈负相关。测定的具体操作为将 30g 鸡胸肉样品放入一个 118mL 的 Fisherbrand 容器（Fisher Scientific，Pittsburgh，PA）内部的金属筛网上，在 2℃ 的条件下保持 48h（图 6.3.3），滴水损失的计算如公式（6.3.1）所示。

$$DL(\%)=100\times(W_2-W_1)/W_1 \tag{6.3.1}$$

式中　W_1——初始的鸡胸肉质量，g，$W_1=30g$；

　　　W_2——放置 48h 之后的样品质量，g。

由 Honikel 和 Hamm 提出的可压榨处液体（expressible fluid，EF）测量是通过在滤纸上压制肉品以压榨出液体量来表征持水力的一种方法。本项目中从鸡胸肉上切下 300mg 的组织放在滤纸中心（直径 11cm 的 Whatman No.1 牌滤纸），滤纸使用之前在烘箱中进行了

(a) 鸡肉样品取样　　　　　(b) 样品放置容器中　　　　　(c) 样品液体损失

图 6.3.3　鸡胸肉滴水损失 48h 持水力测量步骤

干燥并储存在干燥器中。肉样用装有 50kg 载荷的 TA-XTPlus 质构仪（Stable Micro Systems，Surrey，UK）进行压制 5min，后移除肉样的滤纸并使用 Canon 扫描仪（CanoScan LIDE 60，Canon USA Inc.，Lake Success，NY）扫描至计算机中，应用 Adobe Photoshop 软件（CS3 Extended，San Jose，CA）测量肉样区面积和液体区面积，则可压榨出液体含量（%）估算方法为液体区域面积和总面积的比值，如图 6.3.4 所示。

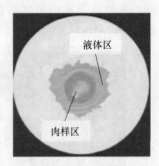

(a) 称量0.3g鸡肉样品　　　　　(b) 50kg载荷压5min　　　　　(c) 测量肉样区和液体区面积

图 6.3.4　鸡胸肉压榨法持水力测量步骤

盐水诱导增益（salt-induced water gain，WG）测量法也叫离心法，类似于 Wardlaw 等早期用于评估生鲜肉可吸水量时开发的方法。其步骤见图 6.3.5，将鸡胸肉放入绞肉机（the Black & Decker Corporation，Towson，MD）中打碎 1min，称量 10g 绞肉机切碎的肉掺入到 15mL 的 0.6mol/L 浓度（质量分数 3.5%）的 NaCl 溶液中，混合物使用 50mL 容量的离心管盛装，而后用旋涡混合器混合 1min。离心管在 4℃ 环境下冷藏 15min，随后在 4℃ 下进行离心机离心 15min，最后去除上层清液，取离心管底部固体进行称重，最终 WG 计算如式（6.3.2）所示。

$$WG(\%) = 100 \times (W_p - W_i)/W_i \tag{6.3.2}$$

式中　W_i——初始的鸡胸肉质量，g，$W_i = 10g$；

　　　W_p——离心后离心管底部固体物质质量，g。

（4）水分含量测定

鸡胸肉样品水分的测定使用美国分析化学家协会（AOAC）的方法。先称取 25g 鸡胸肉，然后用绞肉机进行打碎 1min，在绞碎的鸡胸肉中称取 5g 碎肉放置于铝盘上在 100℃ 的条件下在恒温干燥箱中烘干 18h，而后将其放置于干燥器中冷却至室温进行称重，水分含量计算如式（6.3.3）所示。

$$水分含量(\%) = 100 \times (W_1 - W_2)/W_1 \tag{6.3.3}$$

式中 W_1——初始的鸡胸肉质量，g，$W_1 = 5g$；
W_2——烘干之后的样品质量，g。

(a) 绞碎的鸡肉   (b) NaCl溶液混合   (c) 离心机离心   (d) 去除上清液称重

图 6.3.5   鸡胸肉离心法持水力测量步骤

6.3.2.3 可见-近红外光谱采集

近红外光谱试验系统主要由光源、光谱仪、光纤探头和计算机、数据采集软件等组成。试验使用的是 FOSS 公司生产的光栅型可见-近红外光谱仪（Foss XDS Rapid Analyzer，FOSS North America，Eden Prairie，MN），数据的采集模式设定为漫反射模式，每次取 32 次扫描的反射光谱平均值作为采集的光谱，光谱分辨率为 2nm，波段范围为 400～2500nm，数据存储与采集使用的是仪器配套软件操作系统（Foss NIRSystems Inc.，Laurel，MD）。样品取自鸡胸肉上部分靠近头端，修剪为 38mm 直径、10mm 厚的圆柱形，并且样品装在直径同样为 38mm 的带石英窗的样品杯中，每次样品采集之前需要用去离子水彻底进行清洁，每条谱线的采集均在 2min 之内完成。

6.3.3 PSE、DFD 与正常鸡肉的近红外光谱检测鉴别

6.3.3.1 样品品质指标统计

为了得到品质类别多样的鸡胸肉样品，我们希望看到品质指标差异较大的结果。本项目中所有 214 个鸡胸肉样品的 L^*、pH、水分含量和 WHC 品质指标统计量汇总在表 6.3.1 中，表中的各品质指标具有较以往鸡胸肉品质相关研究较大的取值范围和较高的标准差的范围宽，这表明样品取样离散程度大且包含了不同品质等级的样品，获取了足够的研究样品。

表 6.3.1   所有鸡胸肉样品品质指标统计

指标	均值	标准差	范围
L^*	56.50	3.84	40.91～64.38
pH	5.95	0.21	5.37～7.04
水分含量/%	75.27	0.75	72.84～77.48
DL/%	1.77	1.62	0.03～9.50
WG/%	85.89	26.10	23.59～154.00
EF/%	73.37	2.94	66.21～81.48

借助于 Pearson 相关性分析探究了 L^*、pH、水分含量和三种 WHC 指标之间的相关关系，结果汇总在表 6.3.2 中。与预想的一致，L^* 的值与 pH 和 WHC 均呈负相关（$P <$ 0.01）（DL 和 EF 值呈正相关，因为值越高代表 WHC 越差），这表明色泽发白的样本很可能具有较低的 pH 值和较高的可渗出性，这与之前的研究结果一致。水分和其他品质指标的相关系数都不高或者某些指标相关性并不显著。对于 WHC 三种指标，总的来看 WHC 和 L^* 以及 pH 中度相关（$|r| = 0.41～0.58$ 和 $0.30～0.44$），DL 和 WG 与 L^* 和 pH 表现出相对较高的相关性，而 EF 在三者之间最差。除此之外，三个 WHC 指标中任意两个指标均

在 $P<0.001$ 的显著水平上成对相关，这说明虽然是不同 WHC 表征方法，但三种指标之间存在均可表征 WHC 的内在联系。

表 6.3.2 鸡胸肉样品品质指标间 Pearson 相关性分析

指标	L^*	pH	水分含量	DL	WG	EF
L^*	1					
pH	-0.59^{***}	1				
水分含量	0.18^{**}	-0.49	1			
DL	0.50^{***}	-0.38^{***}	0.33^{***}	1		
WG	-0.58^{***}	0.44^{***}	-0.12	-0.49^{***}	1	
EF	0.41^{***}	-0.30^{***}	0.31^{***}	0.48^{***}	-0.47^{***}	1

注：** 代表 $P<0.01$，*** 代表 $P<0.001$。

6.3.3.2 PSE、DFD 与正常品质组别标准划分

传统的 PSE、正常肉以及 DFD 的划分是通过测量其明度 L^* 和 pH 值或同时考虑 WHC 进行确定的。然而，现阶段还没有一个确定的分类标准，如不同研究中等级划分方法及阈值并不相同（Pale $L^*>53$，Dark $L^*<46$；PSE $L^*>53$ 且 pH<5.7，DFD $L^*<46$ 且 pH>6.1；Pale $L^*>60$，Dark $L^*<55$；PSE $L^*>67$，pH<5.61 且 WHC$<14\%$），在这些前期研究的基础上，根据 L^*、pH 和 WHC 组合确立合适的阈值标准，达到能够将真正的PSE、DFD 划分出来很有现实意义。基于本项目中测得的品质指标值，并在先前研究中合理的 L^* 和 pH 阈值标准（$L^*>60$ 与 $L^*<55$；pH<5.70 与 pH>6.10）基础之上，结合数据统计进行微小改动得到了此两项指标的阈值标准（PSE：$L^*>60$ 且 pH<5.86；DFD：$L^*<55$ 且 pH>6.10）。WHC 三种指标根据测量值分布统计结果也分别将阈值标准进行了设定（DL$<0.65\%$ 与 DL$>2.00\%$，WG$>95\%$ 与 WG$<78\%$，EF<0.71 与 EF>0.74），所有指标阈值标准临界值与测量值统计数据 95% 置信区间的上下限值在表 6.3.3 中进行了比较，可以看出所有的临界值都在上下限值之外，这说明以此阈值划分的 PSE 及 DFD 是典型的真正 PSE 和 DFD，以此仅将真正 PSE 和 DFD 划分出，基于此阈值类 PSE 和类 DFD 将被划分在正常组。

表 6.3.3 临界值与测量值统计 95% 置信水平的上下限值的比较

阈值	L^*	pH	DL/%	WG/%	EF/%
上限值	57.02	5.98	1.99	89.41	73.76
下限值	55.98	5.92	1.56	82.37	72.97
临界值	55 与 60	5.86 与 6.10	0.65 与 2.00	78 与 95	71 与 74

为了测试可见-近红外光谱划分 PSE、DFD 和正常鸡胸肉的可行性，由于 PSE、DFD 实际所占比例较少，每组仅各选取了有限数量的 20 个样品。本项目中考究了三种 WHC 指标作标准的可行性，共划分了 9 组样品，样品分组后从图 6.3.6 中可以看出存在大量重叠样本，尤其是不同的 PSE 组以及不同的 DFD 组。正常组中重叠较少是由于正常样品的总体基数大，随机选取不易选取到重复。三种指标均重叠的样本（分别有 14 个、3 个和 12 个）主要是由共享的 L^* 和 pH 值指标决定的，而每组中不重叠的样本主要是由不同 WHC 指标间差异决定的，两种指标重叠样本主要受重叠的两种 WHC 指标之间的相关性以及与另外一种WHC 指标间的差异性所影响。

表 6.3.4 中显示的为 9 个组（3 个 PSE 组、3 个正常组和 3 个 DFD 组）数据间 L^*、pH、水分含量和三个 WHC 指标值的组间方差分析（ANOVA），使用 SPSS 中 ANOVA 程序的一般线性模型进行变量数据分析。可以看出无论使用哪种 WHC 指标，每个独立的 PSE组、正常组和 DFD 组间均在 $P<0.01$ 水平下有显著性差异。尽管各组间水分含量无显著差

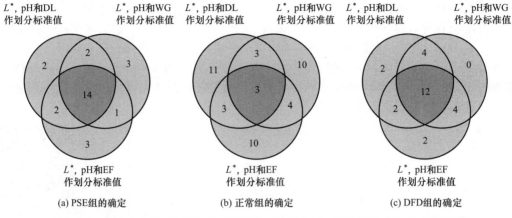

图 6.3.6　联合 L^* 与 pH 与不同 WHC 指标进行 PSE、正常肉和 DFD 组样品选取

异，但与预想一致的是含量的均值在各组间能观测到一定的梯度差异（PSE＞75.4%，正常 75.2%～75.5%，DFD＜75.0%）。对于三种不同的 WHC 指标结合 L^* 与 pH 划分的 PSE 组、正常组、DFD 组，横向比较来说并没有看到显著差异（$P＞0.01$），例如在以 L^*、pH 和 DL 指标作划分标准的组中，PSE 组相比于另外两组也具有较低的 WG 和较高的 EF，这 说明各组的划分并没有受到太多 WHC 指标选择的影响，三种由不同 WHC 指标决定的组别 划分方式具有很高的相似性。

表 6.3.4　联合 L^*、pH、水分含量及三种 WHC 指标划分 PSE 组、正常组和 DFD 组方差分析

组别	L^*	pH	水分含量/%	DL/%	WG/%	EF/%
PSE[①]	61.71 ± 1.21^a	5.73 ± 0.11^c	75.40 ± 1.05^a	4.45 ± 2.06^a	55.78 ± 21.34^c	0.76 ± 0.03^a
正常[①]	57.25 ± 1.30^b	6.00 ± 0.08^b	75.20 ± 0.85^a	1.23 ± 0.54^b	55.78 ± 21.34^b	$0.73\pm0.02^{b,c}$
DFD[①]	50.34 ± 3.91^c	6.26 ± 0.19^a	75.00 ± 0.73^a	0.47 ± 0.09^b	55.78 ± 21.34^a	$0.71\pm0.02^{c,d}$
PSE[②]	61.71 ± 1.23^a	5.74 ± 0.11^c	75.59 ± 1.02^a	3.98 ± 2.58^a	54.14 ± 16.13^c	0.76 ± 0.03^a
正常[②]	57.52 ± 1.66^b	5.98 ± 0.85^b	75.51 ± 0.77^a	1.79 ± 1.27^b	84.39 ± 5.80^b	$0.74\pm0.02^{a,b}$
DFD[②]	49.67 ± 3.58^c	6.30 ± 0.26^a	75.02 ± 0.78^a	0.56 ± 0.26^b	119.47 ± 22.02^a	$0.70\pm0.02^{c,d}$
PSE[③]	61.55 ± 1.12^a	5.73 ± 0.10^c	75.52 ± 1.10^a	3.82 ± 2.30^a	56.71 ± 20.72^c	0.77 ± 0.02^a
正常[③]	57.89 ± 1.53^b	5.98 ± 0.09^b	75.27 ± 0.55^a	1.46 ± 0.82^b	90.19 ± 21.56^b	$0.73\pm0.07^{b,c}$
DFD[③]	50.02 ± 3.83^c	6.30 ± 0.26^a	74.98 ± 0.82^a	0.56 ± 0.26^b	114.30 ± 24.7^a	0.70 ± 0.02^d

① 以 $L*$、pH 和 DL 指标作划分标准。
② 以 $L*$、pH 和 WG 指标作划分标准。
③ 以 $L*$、pH 和 EF 指标作划分标准。
注：a～d 表示在同一列中不同字母代表差异显著（$P＜0.01$）

6.3.4　全光谱分析及特征波长选择

在图 6.3.7 中显示了所有 9 组样品的原始平均光谱，在全光谱范围内可以观测到 PSE 组，正常组以及 DFD 组之间的光谱明显差异。图中的 DL 代表以 L^*、pH 和 DL 指标作划 分标准，WG 代表以 L^*、pH 和 WG 指标作划分标准，而 EF 是以 L^*、pH 和 EF 指标作划 分标准。大体上在 400～1870nm 区间正常组样品的吸光度居中于 PSE 组和 DFD 组，DFD 组平均光谱吸光度最高，PSE 组吸光度最低。而对于 2100～2500nm 区间波长范围，三种情况的肉之间吸光度差异不大，说明该波段不太适合作 PSE 与 DFD 异质鸡胸肉的划分。原始光谱上共选取了 10 个特征峰，其中窄波段（400～1100nm）上选取了 428nm、512nm、556nm、980nm 和 1074nm 这 5 个波长，而在 1100～2500nm 选取了 1194nm、1270nm、1450nm、1666nm 和 1932nm 波长。428nm 和 556nm 分别与脱氧肌红蛋白和氧合

肌红蛋白含量有关，从可见光颜色的角度看，512nm 与绿光的吸收程度有关，因此样品展现出的红度会有所不同（DFD＞正常＞PSE），在此 3 个波长下 DFD 的吸光度高于正常组和 PSE 组，这是由于 PSE 样品呈现浅红色而 DFD 呈深红色。在 980nm、1450nm 和 1932nm 处波长对应于水中 O—H 键的拉伸态的二阶泛音、O—H 键的拉伸态的一阶泛音以及拉伸态和弯曲态组合频带，1194nm 对应于肌肉组织中脂质分子。总体上看，所选特征波长主要与肉中水分含量、脂类以及色泽有关。

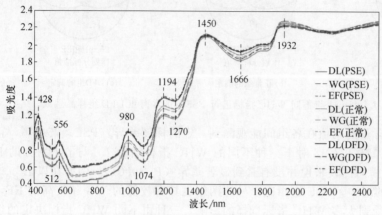

图 6.3.7 *彩色图形*

图 6.3.7 基于原始平均光谱选取的特征波长

光谱的二阶导数常可用来进行重叠峰的分离并能很好地展示出不同光谱之间的差异。因此在本项目中对 9 组平均光谱的二阶导也进行了光谱差异分析，如图 6.3.8 所示。图中 DL 同样代表以 L^*、pH 和 DL 指标作划分标准，WG 是以 L^*、pH 和 WG 指标作划分标准，而 EF 则是以 L^*、pH 和 EF 指标作划分标准。类似于原始平均光谱分别从 400～1100nm 和 1100～2500nm 波段范围内选取了差异度最高的峰和谷，即 428nm、462nm、492nm、524nm、556nm、962nm 和 1374nm、1400nm、1856nm、1890nm 波长。我们知道 492nm 波长与高铁肌红蛋白含量有关，1956nm 和 1890nm 波长分别对应于—CH2 和—COOH 键与样品中的脂肪酸含量有关。而 462nm 和 524nm 波长分别与样品的蓝色程度和绿色程度相关，相应地这也就间接说明了 PSE 肉比正常肉和 DFD 肉的黄度高、红度低的原因。

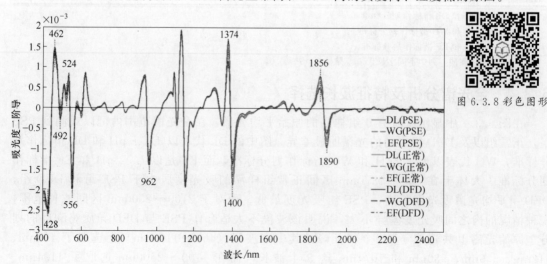

图 6.3.8 *彩色图形*

图 6.3.8 基于二阶导平均光谱选取的特征波长

6.3.5　不同波段范围多光谱模型建立及评价

应用 SVM 分类算法对 PSE、正常鸡胸肉和 DFD 样品进行分类以比较二阶导数光谱数据预处理、不同光谱范围以及选取不同的特征波长的效果。对利用 L^* 值、pH 和三个不同 WHC 指标确定的标准划分的 9 组分别进行了尝试，其中比较了全光谱（400～2500nm）、可见-近红外窄波段（400～1100nm）以及余下宽波段（1100～2500nm）不同波段建立模型的能力，针对原始光谱以及二阶导光谱选取的特征波长建立的多光谱模型能力也进行了比较。

SVM 模型分类结果汇总于表 6.3.5 中，模型随机选取 42 个样品（三组各 14 个）作为训练集，另 18 个（三组各 6 个）作为预测集，可以看出原始光谱中选择波长建立的模型要比二阶导光谱选择波长建立的模型性能更好。考虑光谱范围的影响，在 400～2500nm 和 400～1100nm 两光谱范围内划分三种样品品质等级的能力相似，均比 1100～2500nm 波段光谱性能更优。基于原始光谱选取波长建立的模型无论采用何种 WHC 指标作为标准，在 400～2500nm 波段下得到的训练集和预测集 CCR 都分别在 92.86%～100% 和 88.89%～94.44% 范围内。重要的是当以 L^*、pH 以及 DL 指标作为分类标准时，不管采用何种波段建模和应用何种特征波长选取方法均可观测到总体上分类效果比其他两种划分标准得到的结果要好，而且以 400～2500nm 波段光谱建立模型得到的分类结果最优（训练集 100%，预测集 94.4%）。以往应用近红外光谱判别 PSE、DFD 肉品等级的研究中，都展现出其对于肉类品质等级划分的潜力，如 Li 等致力于应用近红外光谱划分出 PSE 猪肉，得到 pH 预测结果为 R^2[1]$=0.70$、RPD[2]$=1.83$，L^* 预测结果为 $R^2=0.77$、RPD$=1.91$。应用近红外光谱对鸡肉品质进行划分的研究中，Samuel 等对鸡胸肉的 WHC、pH 和 L^* 分别进行指标高和低的分组划分，得到了 91%、100% 和 94% 的准确划分率。Bowker 等对于生鲜鸡胸肉和冻干鸡胸肉分别基于 DL 和 WG 两个标准值划分了高 WHC 组和低 WHC 组，其中 DL 作为标准值时在 400～750nm 波段范围光谱建模的平均分类准确率为 91.7%，在 750～2500nm 波段光谱建模的平均分类准确率为 76.4%，而且完全高于 WG 标准值，这与本项目中 DL 可预测性更好的结果相一致。本项目实现了应用可见-近红外光谱对由三个指标（L^*、pH 和 WHC）划分出的典型 PSE 组和 DFD 组以及正常鸡肉组的判别，得到了较为满意的品质等级划分结果，结果表明 DL 作为 WHC 指标时分类准确率最高，这与对品质指标进行预测时 DL 预测效果最好的结果相一致，原因在于 DL 此种方法最贴切地模拟了鸡肉中水分的直接损失。

表 6.3.5　联合 L^*、pH 及三种 WHC 指标划分组别光谱 SVM 分类模型性能

WHC 指标	波段/nm	特征波长/nm	CCR/%		错判数
			训练集	预测集	
DL	400～1100	原始光谱	100	88.89	2
		二阶导光谱	83.33	72.22	5
WG	400～1100	原始光谱	90.48	88.89	2
		二阶导光谱	78.57	55.56	8

---

　❶ R^2 为决定系数，也称为拟合优度，是相关系数的平方，表示模型中自变量对因变量的解释程度，数值范围为 0～1。R^2 值越接近 1，表示模型的拟合度越好。

　❷ 剩余预测偏差（residual predictive deviation，RPD）是用于评价模型预测结果的一项直观指标，计算方法为相关某数据集合（训练集或预测集）的标准偏差与该数据集的均方根误差的比值。

WHC 指标	波段/nm	特征波长/nm	CCR/%		错判数
			训练集	预测集	
EF	400~1100	原始光谱	97.62	88.89	2
		二阶导光谱	83.33	66.67	6
DL	1100~2500	原始光谱	95.24	72.22	5
		二阶导光谱	76.19	72.22	5
WG	1100~2500	原始光谱	95.24	83.33	3
		二阶导光谱	71.43	66.67	6
EF	1100~2500	原始光谱	88.10	77.78	4
		二阶导光谱	73.81	61.11	7
DL	400~2500	原始光谱	100	94.44	1
		二阶导光谱	71.43	61.11	7
WG	400~2500	原始光谱	97.62	88.89	2
		二阶导光谱	80.95	72.22	5
EF	400~2500	原始光谱	92.86	88.89	2
		二阶导光谱	76.19	72.22	5

6.4　猪肉细菌总数的高光谱成像检测

6.4.1　研究目标与技术要点

在欧美等发达国家或地区中，冷却肉基本是肉类市场中的主流消费形式。冷却肉是指严格按卫生标准屠宰的畜禽胴体，并在屠宰后迅速进行冷却处理，使胴体温度在 24h 内下降至 0~4℃（后腿内部为测量点），且在后续的排酸、分割、包装、运输及零售环节始终保持在 0~4℃条件下的肉。中国作为猪肉消费大国，近年来冷却猪肉在肉类市场中的份额虽然不断增加，但生鲜猪肉同样占据着较大份额。由于猪肉生产、加工处理以及运输贮藏过程中的卫生问题，不论是生鲜猪肉还是冷却猪肉，都极有可能会污染有害微生物，如假单胞菌、乳酸菌和大肠杆菌等细菌，造成肉类腐败变质，并给消费者的安全带来极大隐患。因此，不论是哪种消费形式的猪肉，都应严格控制猪肉表面的细菌总数（total viable bacteria count，TVC）。

鉴于传统 TVC 的检测方法，如平板计数法、酶联免疫法和电阻抗测定法等，大都具有操作流程复杂、采样准备和检测时间长、检测费用高昂等缺点，不能满足猪肉市场大批量在线检测的需求。所以国内外的科研人员开始运用光谱和图像等检测方法，来完成对肉类表面 TVC 的检测。本实例的目标是尝试采用光谱成像技术对猪肉表面 TVC 进行快速无损检测，技术要点包括：

① 高光谱成像系统的设计；

② 冷却猪肉和生鲜猪肉表面 TVC 的统计；

③ 冷却猪肉和生鲜猪肉样品光谱提取与处理；

④ 冷却猪肉和生鲜猪肉表面 TVC 的光谱预测模型建立。

6.4.2　高光谱成像系统搭建

高光谱成像系统主要由高性能背照明 CCD 相机（Sencicam QE，Ge rmany）；波长范围为 400 ～ 1100nm，光谱分辨率为 2.8nm 且波长间隔为 0.74nm 的图像光谱仪（ImSpec to rV10E，Spec tral Imaging Ltd. ，Finland）；卤钨灯和稳压电源组成的光源系统（Oriel Instruments，USA）；试样载物台及其调节机构；聚光镜；图像采集卡和控制计算机等组成。为避免图像采集过程中外界光的干扰，整个系统置于封闭箱体内，如图 6.4.1 所示。

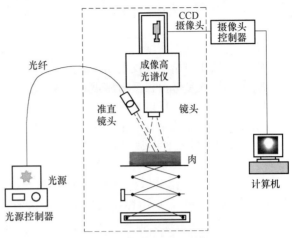

图 6.4.1　高光谱成像系统示意图

6.4.3　试验材料准备

猪肉样品为超市采购的猪肉，将样品切割成长×宽×高约为 9cm×5cm×2.5cm 的均匀肉块，用于后续 14 天内每天的试验数据采集。将用于第一天数据采集的样品不做包装处理，其他样品则分别放置于不同托盘中，并用保鲜膜包裹后无挤压放于 4℃冰箱中。试验中，每隔 24h 从冰箱中随机挑选猪肉样品进行试验数据采集，前 1～6 天每天测定 5 个样品，后 7～14 天每天测定 3 个样品。

生鲜猪肉样品的准备则是将宰后 24h 的一头猪的新鲜里脊肉，在无须清洗、剔除脂肪或结缔组织、接种细菌等准备工作的情况下，直接均匀切割成长×宽×厚为 4cm×6cm×4cm 的肉块，将获得的 26 块猪肉样品分别用密封袋封装后存放在 4℃冰箱中 24h。为加速肉样的腐败过程，存放 24h 后每隔 2h 取出 2 块猪肉，放置在位于室温 20～22℃的工作台上，分别作为校正集和预测集样品，直至所有样品都从冰箱中取出，共得到 13 组样品。

除猪肉样品外，还准备了用于猪肉样品处理和保存的相关实验仪器，如立式压力蒸汽灭菌器（YXQ-LS-30SII ，上海博讯）、超净工作台（SW-CJ-2D，苏州净化）、电热恒温培养箱（DH P-9052 ，上海一恒）、数显鼓风干燥箱（GZX-9070M BE ，上海博讯）、恒温水浴锅（YLE-1000 ，精科华瑞）、食品样品安全蓄冷储运箱、电子天平、移液器、培养皿、锥形瓶、量筒、PE 保鲜膜、托盘等。

6.4.4　猪肉样品的检测

6.4.4.1　高光谱数据采集和校正

在进行冷却猪肉样品的高光谱数据采集时，将样品放置在载物台上，采集冷却猪肉的 4 个表面。每个表面上沿猪肉纵向方向平行选取四个不同位置，每次扫描后数据自动平均得到 1 条尺寸为 70mm×0.237mm（长×宽）的扫描线，数据采集完成后，每个样品共会得到 16 张高光谱图像。

在采集生鲜猪肉样品的高光谱图像时，所有样品从冰箱中取出后，要先在室温环境下醒 20min，然后放置在高光谱成像系统的载物台上采集高光谱数据。为减少外部因素对采集的高光谱数据的影响，每个样品在载物台上每隔 120°旋转一次，即每个样品采集三次高光谱数据，然后取平均值用于后续处理。

在扫描试样漫反射图像的过程中，拉上窗帘并关闭所有照明灯以防止外部杂散光的影响。设定 CCD 的曝光时间为 25ms ，调整光密度使其最大值为相机总动态范围的 1/3 。在采集所有试样图像之前，为校正相机暗电流和室内照明对图像的影响，分别采用盖住镜头和采集标准白板图像的方法获取黑、白图像，然后按公式（6.4.1）计算相对反射光谱。

$$R = (R_s - R_d)/(R_r - R_d) \qquad (6.4.1)$$

式中 R——相对反射密度；

    R_s——试样原始图像反射密度；

    R_r——标准参考白板反射密度；

    R_d——黑色图像反射密度。

所有的光谱数据在各个波长沿扫描线方向上取平均值。包括图像参数在内的图像数据均以 16 位二进制格式文件存放。

6.4.4.2　猪肉样品表面的 TVC 检测

两种猪肉样品都在采集完高光谱图像后，立即进行表面菌落总数的检测。本项目参考 GB/T 4789.2—2008，采用棉拭法获取每个猪肉样品表面 $2cm \times 5cm$ 即 $10cm^2$ 面积的菌落总数，然后按照 10 倍梯度稀释法进行操作，选取 2～3 个合适稀释度倒平板，每个稀释度两块平板，随后将其放入恒温培养箱，（48 ± 2）h 后计数，取菌落总数（total viable count，TVC）的对数值作为分析数据，单位为 $lg(cfu/cm^2)$。表 6.4.1 为用国标方法测得的生鲜猪肉 13 个校正集样品的 TVC、$lg(TVC)$ 与在某一单波长处平均反射密度的数据对照，可见生鲜猪肉 TVC 随时间的变化规律及其与平均反射密度的关系均为显著非线性。

表 6.4.1　生鲜猪肉校正集样品 TVC、lg(TVC) 和某一波长处的平均反射密度

样品	1	2	3	4	5	6	7	8	9	10	11	12	13
TVC($\times 10^7$)/(cfu/g)	0.21	2.15	4.00	13.70	7.15	2.50	14.10	30.70	7.55	6.95	8.80	23.8	6.85
lg(TVC)	6.32	7.33	7.60	8.14	7.85	7.40	8.15	8.49	7.88	7.84	7.94	8.38	7.84
反射密度/$\times 10^3$	1.58	1.38	1.55	1.41	1.61	1.46	1.56	1.57	1.38	1.49	1.65	1.39	1.39

6.4.5　目标区域光谱提取与预处理

由于冷却猪肉样品校正后的高光谱图像中，光谱轴和空间轴两端的信号较弱，如图 6.4.2 所示。因此为提高整体数据的信噪比，在后续分析中，感兴趣区域（ROI）选择了扫描线中部 28mm 长的矩形区，光谱保留了 450～944nm 的范围。

(a) 在400～1100nm范围内采集的高光谱图像

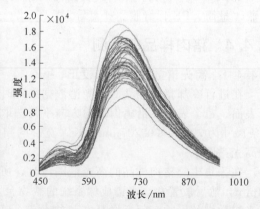

(b) 所有样品ROI内提取的光谱数据

图 6.4.2　冷却猪肉样品

不论冷却猪肉样品，还是生鲜猪肉样品，都沿着光谱轴方向计算每个样品在 ROI 内所有点的平均反射光谱，并以此作为该样品的代表性反射光谱。冷却猪肉样品直接用原始光谱

进行了后续分析，而生鲜猪肉样品分析时，为减少生鲜猪肉样品表面厚度不平整造成的光谱数据散射和基线漂移等影响，所有数据在用于模型建立前都先采用 SNV 进行校正，然后再进行二阶导数处理。

6.4.6　猪肉表面 TVC 预测模型建立与分析

6.4.6.1　冷却猪肉表面 TVC 预测模型建立与分析

为探讨冷却猪肉表面不同菌相微生物对模型精度和稳定性是否会造成影响，研究中分别对 1～14 天的数据建立了多元线性回归（multiple linear regression，MLR）和 PLSR 两种模型，并对第 2～14 天、第 1 天和第 3～14 天的数据建立了 PLSR 模型。统计以上三种数据分组下的猪肉表面 TVC，结果分别如表 6.4.2 和表 6.4.3 所示，发现第 2～14 天与第 1 天和第 3～14 天冷却猪肉样品表面 TVC 标准检测值的最值、均值和标准差等统计数据大体一致，分析原因是微生物生长延滞期的存在造成冷却猪肉样品表面第 1 天与第 2 天的 TVC 基本相同，使得二者只是在微生物的种属上有较明显差异，即菌相有所不同。

表 6.4.2　时间 1～14 天 lg(TVC) 的参考测量描述性统计　单位：$\lg(\text{cfu}/\text{cm}^2)$

1～14 天	总样品	校正集	预测集
样品数量	50	37	13
最大值	9.903	9.903	8.712
最小值	2.732	2.914	2.732
平均值	5.329	5.153	5.831
标准差	1.993	1.947	2.116

表 6.4.3　时间第 2～14 天和第 1 天、第 3～14 天 lg(TVC) 的参考测量描述性统计

单位：$\lg(\text{cfu}/\text{cm}^2)$

第 2～14 天/第 1 天和第 3～14 天	总样品	校正集	预测集
样品数量	45/45	33/33	12/12
最大值	9.903/9.903	9.903/9.903	8.712/8.712
最小值	2.914/2.732	2.914/2.978	3.462/2.732
平均值	5.563/5.551	5.371/5.371	6.090/6.029
标准差	1.963/1.978	1.950/1.943	1.984/2.081

在 MLR 预测模型建立前，先在 450～944nm 光谱范围内，分析第 1～14 天贮藏期间冷却猪肉样品表面菌落总数与所提取的代表性反射光谱的相关性，结果如图 6.4.3 所示。从图中可以看出，在 450～944nm 波长范围内，所提取样品代表性光谱曲线的反射值与其表面菌落总数相关性会发生较显著变化，其中 534～542 和 562～615nm 范围内呈负相关，其他波长范围为正相关。另外，在 450～475nm 波长范围内，二者相关系数 R 均超过了 0.4，说明在该波长范围内样品表面菌落总数与光谱反射值有较好的相关关系。

本项目中采用逐步回归法选择出 463nm、

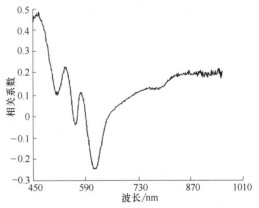

图 6.4.3　冷却猪肉样品贮藏 1～14 天表面菌落总数与反射光谱相关性分析结果

476nm、485nm、490nm、500nm 和 611nm 六个波长，并利用优化波长建立简化的 MLR 回归模型，得到的回归方程如式（6.4.2）所示。

$$T = 1.318 - 0.0078452 \times R_{463nm} + 0.016375 \times R_{476nm} - 0.010915 \times R_{485nm} -$$
$$0.015553 \times R_{490nm} + 0.00618 \times R_{500nm} + 0.00169929 \times R_{611nm} \qquad (6.4.2)$$

式中　T——菌落总数预测值；

　　　R_λ——波长 λ 处的光谱反射值。

该模型的校正集和预测集的建模结果如图 6.4.4 所示，其预测集的相关系数 R_V 和标准差 SEV 分别为 0.887 和 1.023，表明该模型预测冷却猪肉表面 TVC 可以得到较好的结果。

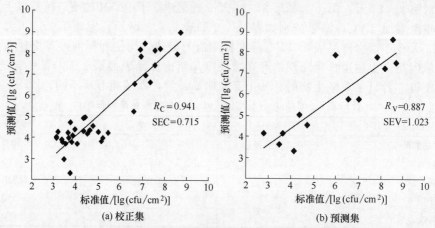

图 6.4.4　mLR 模型预测冷却猪肉表面 TVC 的校正集和预测集结果

为探讨不同菌相的微生物是否会对模型精度和稳定性构成影响，在 450～944nm 波长范围内，分别对第 1～14 天、第 2～14 天和第 1 天、第 3～14 天的数据建立了 PLSR 模型。模型建立过程中，根据交叉验证集的相关系数 R 和均方根误差 RMSECV 作为评价指标，选择 R_{CV} 较高且 RMSECV 较低处的主成分数作为模型建立的最佳因子数。最后，根据这一参数选择标准，三组数据确定的偏最小二乘回归最佳因子数分别为 9、5 和 8。用确定的最佳因子数对三组数据建立的模型结果如表 6.4.4 所示，建立的模型预测集 R_V 分别为 0.863，0.924 和 0.871，且 2～14 天数据模型结果的校正集和预测集结果更为接近，表明微生物菌相的差异会对模型精度与稳定性造成一定的影响。

表 6.4.4　不同数据建立的 PLSR 模型结果

数据范围	R_C	SEC	R_V	SEV
第 1～14 天	0.998	0.122	0.863	1.116
第 2～14 天	0.957	0.572	0.924	0.797
第 1 天、第 3～14 天	0.990	0.272	0.871	1.071

6.4.6.2　生鲜猪肉表面 TVC 预测模型建立与分析

因为生鲜猪肉的样品数量有限，只有 13 组，且其 TVC 随时间变化规律与其平均反射密度的关系为显著非线性，因此在模型建立时，除了定量预测分析中常用的 PLSR 和基于经验风险最小化原则的人工神经网络（ANNs）外，还采用了一种改进的支持向量机回归方法即最小二乘支持向量机（least square support vector machines, LS-SVM）对 TVC 进行预测。表 6.4.5 的结果对三种建模方法的性能进行了比较，可见 PLSR、ANNs 和 LS-SVM 模型预测集的决定系数 R^2 分别为 0.7194，0.7718 和 0.9426，校正集和预测集的均方根误差 RMSEC 和 RMSEP 分别为 0.1982 和 0.4579，0.0513 和 0.4218，以及 0.1691 和 0.2176。非线性模型 LS-SVM 的 R^2 值最大，RMSEC 和 RMSEP 值差别最小，表明该非线性模型在预测精度和模型稳定性两方面的性能都优于另外两种模型。因此，针对试验数据的特点选择合适的数据处理和模型建立方法，对提高预测结果有着很大影响。

表 6.4.5　三种建模方法预测结果对比

指标	PLSR	ANNs	LS-SVM
R^2	0.7194	0.7718	0.9426
RMSEC	0.1982	0.0513	0.1691
RMSEP	0.4579	0.4218	0.2176

6.5　霉菌单菌落的生长光学特征分析及种类判别

6.5.1　试验材料与试验过程

由于霉菌在谷物上生长而导致霉变的过程十分复杂，因此开展可控环境下不同类型霉菌的生长研究是十分必要的。因此选择谷物中的五种代表性霉菌（黄曲霉、寄生曲霉、灰绿曲霉、黑曲霉和青霉），单点接种在孟加拉红培养基（RBM）上，使每种霉菌形成单独菌落，然后分别获取每个菌落在不同培养基上生长发育的时间序列高光谱图像，以图谱结合的手段分析五种霉菌菌落的生长情况与五种霉菌种类差异的光学特征；进一步，将五种霉菌单点并行接种在同一培养基内，以分析不同霉菌菌落互相竞争生长条件下霉菌种类差异的光学特征。

6.5.1.1　试验设计

为分析不同条件下霉菌菌落生长的光学特征，以培养皿为单位，制备了两种类型的霉菌样品：

① 单种霉菌单点接种在培养基上的样品，以获取每种霉菌菌落生长的时间序列光谱；

② 五种代表性霉菌单点并行接种在同一培养基上的样品，以对比五种霉菌生长时的差异，试验选择了霉菌培养常用的孟加拉红培养基。

6.5.1.2　样品制备

从保存的五种霉菌上分别刮取适量分生孢子，用 0.05% 的吐温溶液配制成浓度为 10^6 cfu/mL 的孢子悬浮液，然后制备无菌的马铃薯葡萄糖琼脂培养基（potato dextrose agar，PDA）平板，取 10μL 分生孢子悬浮液，以涂布方式将其接种在 PDA 平板上，并在 28℃ 环境下培养 7 天，以产生活力旺盛且活性水平一致的成熟孢子。在无菌环境下，利用接种环刮取 PDA 平板上的新鲜分生孢子，并将其稀释在含有 0.05% 吐温的无菌水中，用涡旋振荡器充分摇匀，并通过血球计数板将孢子悬浮液浓度调整为 10^6 cfu/mL。

（1）单种霉菌单点接种在培养基上的样品

先制备新鲜、无菌的孟加拉红培养基，并将其注入培养皿中（20mL/皿），待培养基冷却凝固后，利用移液枪吸取 10μL 分生孢子悬浮液，并点接种在培养基的中心［如图 6.5.1（a）］，每种霉菌样品有 3 个重复。接种后，将培养基置于 30℃ 恒温培养箱中培养，直到采集其光谱数据。为制备不同生长时间的霉菌菌落样品，以 24h 为间隔，定期接种一组新的培养基，持续 6 天，即可得到生长期分别为 1～6 天的霉菌菌落样品。第 6 天统一采集所有样品的高光谱数据。

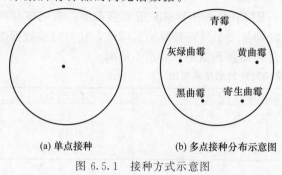

(a) 单点接种   (b) 多点接种分布示意图

图 6.5.1 接种方式示意图

（2）五种霉菌单点并行接种在同一培养基上的样品

同样先制备孟加拉红培养基平板，然后用移液枪分别吸取 $10\mu L$ 不同霉菌的分生孢子悬浮液，并行点接种在同一培养基的不同位置，具体分布如图 6.5.1（b）所示，每个样品设置 3 个重复。将接种后的培养基置于 30℃ 恒温箱中，培养 5 天后采集其高光谱图像。

6.5.1.3 高光谱图像采集与预处理

高光谱成像系统波段范围为 380～1012nm，共有 300 个波段，采取反射线扫描模式。在采集前，将去掉盖子后的培养皿放置于装有黑色背景板的平移台上。调整电机速度为 1.2cm/s，使培养皿匀速通过相机镜头的下方，以完成样品的扫描，所有数据以 BIL 格式存储。

由于所采集的高光谱图像中包含了大量的背景信息，如培养基、培养皿、平移台上的黑色背景板等等。为减少不必要的像素和波段，以节约图像处理、传输时间和存储空间，利用 ENVI4.8 中的 resize 功能对高光谱图像进行尺寸规划。在保留样品信息完整性的前提下，去除图像中不必要的区域和光谱波段，实现数据的无损压缩，将原始图像的尺寸裁剪至 400×400 像素，同时截取 400～1000nm 波段对应的光谱信息，以去除由于探头敏感性降低而造成的 380～400nm 和 1000～1012nm 光谱范围内的较大噪声。

为进一步获取更具代表性的霉菌菌落信息，通过建立和应用掩模图像，实现图像分割，保留样本完整信息。对图像进行主成分分析，在第一主成分图像中，菌落信息与其他背景信息形成较大反差，因此在第一主成分图像上利用阈值分割，提取菌落为有效分析区域。如图 6.5.2 所示为黄曲霉菌单点接种在培养皿中的样品的伪彩色图像 [图 6.5.2（a）]、对应建立的掩模图像 [图 6.5.2（b）] 和应用掩模图像后得到的菌落提取后的伪彩色图像 [图 6.5.2（c）]。另外，从菌落上提取的光谱曲线上存在较多的"毛刺"噪声，这些噪声可能影响到测定结果的准确性和可重复性，利用前 6 个主成分进行逆主成分运算，可较好地除去光谱中的噪声，如图 6.5.3 所示为原始光谱曲线与利用逆主成分运算去除噪声后的光谱曲线，可以看出这种方法能够有效消除光谱曲线中的噪声，并保留原有的光谱信息，增强光谱曲线的信噪比。

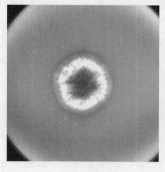  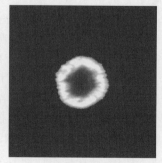

(a) 原始图像   (b) 掩模图像   (c) 去背景后图像

图 6.5.2 单菌落与预处理后的菌落图像

6.5.2　霉菌单菌落的生长特征分析

　　霉菌菌落相当于高等生物的群落，即在固态培养基上某一种菌经过繁殖蔓延所生成的群落。辨识霉菌菌落的主要生长参量（菌落面积、菌落上同心圆）以及菌落生长伴随的光学变化，能够提取真菌生长发育动态参量的特异图谱指纹信息。

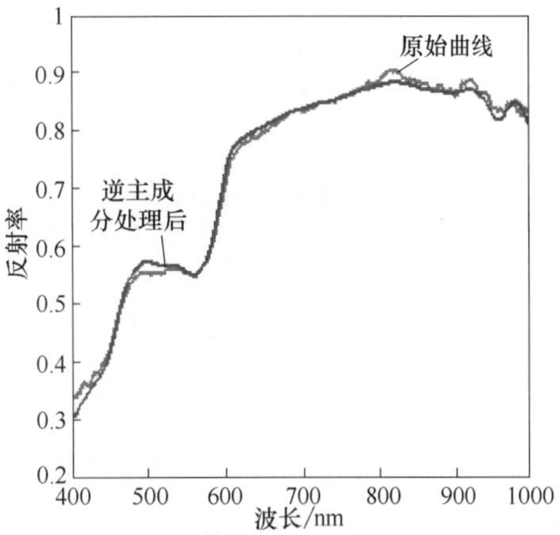

6.5.2.1　霉菌单菌落生长阶段的高光谱特征

　　在预处理后，为提高分析效率，将每种霉菌高光谱图像裁剪后按生长时间顺序拼接为镶嵌图像（mosaic），进行统一处理。图 6.5.4 所示为五种典型霉菌在孟加拉红培养基上不同生长时间的伪彩色图像（R：639nm；G：549nm；B：459nm）。

　　在孟加拉红培养基上生长的五种霉菌中（图 6.5.4），黑曲霉生长最快，在第 1 天即可

图 6.5.3　原始光谱曲线与逆主成分运算后的光谱曲线

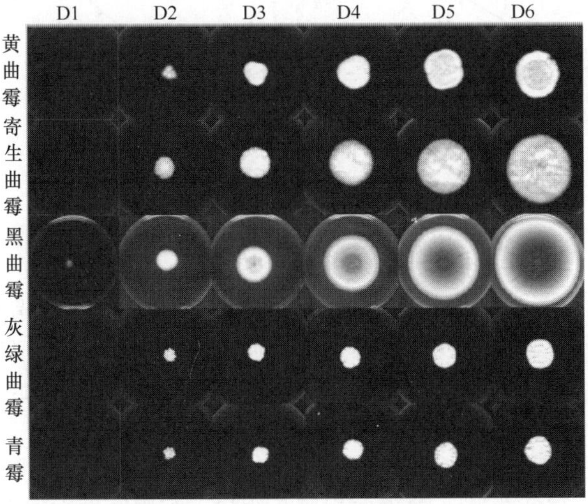

图 6.5.4　孟加拉红培养基上五种霉菌的伪彩色图像

看到有少许孢子萌生的迹象，在第 3 天即可看到生成了黑色孢子。另外四种菌在第 1 天均没有明显菌丝形成，只有孢子悬浮液的水印；在第 2 天孢子开始发芽，出现稀疏的白色菌丝；在第 3～6 天可以相继看到从营养菌丝上生出的不同颜色的分生孢子。不同霉菌菌落的外观特征以及孢子颜色不同，其中黑曲霉菌落最大，初为白色；随着菌丝的生长，在第 3 天菌落上开始出现黄色区域，中心出现黑色孢子，在菌落生长过程中有明显同心圆生成。黄曲霉和寄生曲霉类似，菌落生长较快，呈现厚绒状，菌丝较长，开始生长只有白色菌丝而后逐渐

带有黄色，在第 4 天开始有黄绿色孢子在菌落中心出现。青霉和灰绿曲霉的外观类似，菌落较小，质地致密，表面有褶皱，菌丝短，在后期第 5～6 天菌落中心上才出现呈现艾绿色的孢子。对比所有菌落的生长可以发现，菌落最外侧菌丝最稀疏，颜色最浅，沿着由外侧向中心的防线菌丝逐渐浓密，而逐渐产生浅色孢子，最后在菌落中心的孢子的颜色最深。

6.5.2.2　基于图像特征参数的霉菌生长曲线拟合

　　为了利用高光谱图像研究霉菌菌落生长规律，以菌落所占的像素数表示菌落面积，在 Origin 8.0 软件中拟合了所选霉菌菌落的对数模型生长曲线，如图 6.5.5 所示。

　　传统微生物学的研究表明，霉菌生长的周期主要分为四个阶段：适应期、对数生长期、稳定期和死亡期。图 6.5.5 中的霉菌生长曲线表明霉菌的生长规律与传统微生物学的结果一致。第 1 天，黑曲霉开始出现少量菌丝，而黄曲霉、寄生曲霉、灰绿曲霉和青霉均比黑曲霉的孢子萌发得晚，到第 2 天才刚刚出现稀疏菌丝。前 3 天的霉菌菌落面积变化不大，霉菌生长处于迟滞期，这是由于孢子刚刚被接种在培养基上，需要适应环境才能发芽，长出芽管，

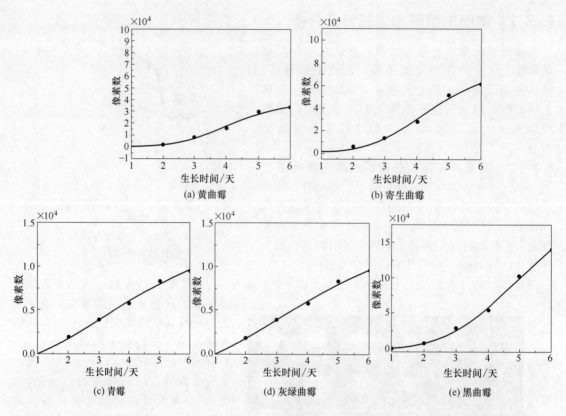

图 6.5.5 五种霉菌的生长曲线

逐渐延长呈丝状。第 3～5 天，所有霉菌生长曲线的斜率达到最大，霉菌菌落面积迅速增长。此时霉菌处于对数生长期，菌丝分叉生长旺盛，贴在培养基表面，向上或向四周蔓延，分叉交错形成复杂菌丝体，菌落上菌丝密度迅速增加。同时结合菌落图像可知，在这一时期，霉菌相继产生分生孢子。不同种类霉菌孢子的颜色不同，在这一时期，霉菌产生孢子后，菌落即可展现出不同种类霉菌的差异。5 天后，霉菌生长曲线的斜率降低，菌落生长速度下降，菌落逐渐进入稳定期。这一时期菌丝几乎停止生长，菌落面积增长缓慢，细胞密度大致保持不变，分生孢子逐渐增多。另外，曲线中未能显示霉菌菌落的死亡期，这是由于霉菌在本试验中只培养了 6 天，根据霉菌的生长规律，此时霉菌还未进入死亡期。

6.5.2.3 基于光谱特征的霉菌生长阶段分析

将每种霉菌的菌落选择为 ROI，提取预处理后霉菌菌落在不同生长时间下的光谱信息，菌落在孟加拉红培养基上的反射平均光谱曲线如图 6.5.6 所示。

在孟加拉红培养基上，所有刚刚出现菌落（第 1 天的黑曲霉菌落，第 2 天的黄曲霉、寄生曲霉、灰绿曲霉和青霉菌落）的光谱与培养基光谱均存在较大的相似性，可能由于菌落刚刚出现时，菌落上的菌丝稀疏，无法和培养基明显区分开，导致提取的平均光谱不可避免地包含培养基的信息。另外，菌丝稀疏导致菌落的平均光谱反射率较低。随着时间的推移，白色菌丝越来越多，对光的反射也就越来越大，增大了光谱的反射值，而后随着分生孢子的出现，菌落呈现不同颜色，光谱值呈下降趋势。霉菌光谱在黄曲霉、灰绿曲霉和青霉在前 4 天都没有产生孢子，因此随着菌丝继续生长，在第 2～4 天其菌落反射率逐渐增加，到第 5～6 天其光谱反射率开始下降。寄生曲霉在第 4 天开始出现分生孢子，因此其在第 2～3 天光谱

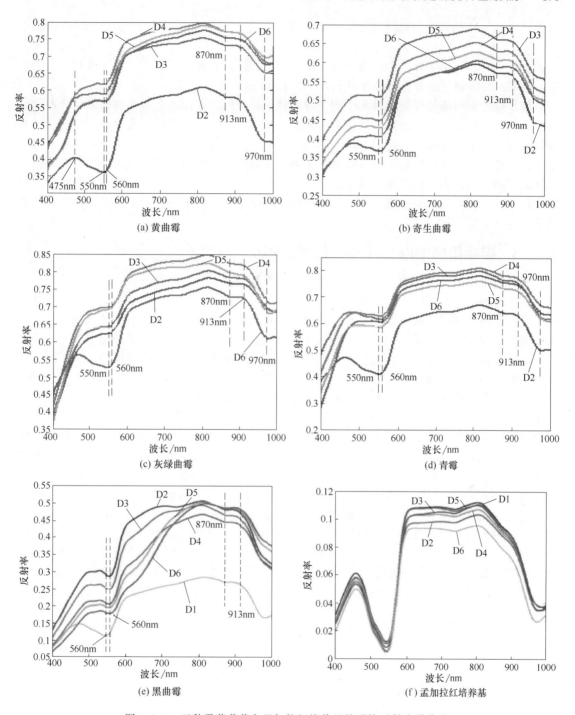

图 6.5.6　五种霉菌菌落和孟加拉红培养基的平均反射光谱曲线

反射率值逐渐增加,第 4～6 天反射率下降。黑曲霉在第 3 天开始出现黑色分生孢子,因而在第 3 天后其光谱反射率逐渐下降。这与肖慧等(2016)所采集的常见霉菌的光谱变化规律相一致。另外,培养基光谱曲线的 550nm 处存在较明显的波峰,这一波段与色素相关,随着霉菌生长在 560nm 处出现波峰,可能与白色菌丝产生导致颜色变化有关;在 700～1000nm 波段范围内,870nm、913nm、970nm 处的波峰越来越明显,870nm 与蛋白质中或芳香环中 N—H 结构的三阶泛音相关，这些是细胞壁的基本组成成分；913nm 对应油脂中的 CH_2 结构；在 970nm 处的光谱值主要与水分子中的 O—H 键伸缩有关，这可能是霉菌在生长过程中的水分变化导致的。这些波峰所对应的物质都是在霉菌生长过程中密切相关的物质，因而这些光谱值的变化可以反映霉菌的生长情况。

培养基上霉菌菌落在生长时间序列下的光谱分析表明，光谱走势和反射值的变化能够反映霉菌的生长状态，与图像特征反应的霉菌生长规律一致。由于菌落上通常存在同心生长环或辐射纹，故整个菌落并非均匀分布。Danna 指出霉菌菌落类似一个锥形，中心区域菌落最厚，菌丝密集且产生分生孢子，而外侧区域菌丝逐渐稀疏，颜色也逐渐变浅。因此推测同一菌落的不同结构所表现出的光谱信息不同，直接提取整个菌落的平均光谱信息，会导致许多信息被湮没，不能较好表示出菌落生长所导致的光学变化。应进一步对菌落上不同区域的光学信息进行分析。

6.5.3　霉菌单菌落同心环形生长区的特征

霉菌菌落在生长过程中，从接种点开始孢子膨胀发芽，并且很快沿着管状菌丝形成新的分支，在占据基质表面的同时，可以进入基质内部以获取营养物质。稍后不断延伸的分支形成一个多孔的三维网络菌丝体。丝状真菌以顶端延长生长，同一菌落前端的菌丝以寻找食物为目的在培养基表面向前延伸生长，并从那里由内延伸至基质间或向外延伸至空气中，菌落中间的菌丝最先成熟分叉，最大化地从菌丝周围的培养基上吸收营养物质供给生长，同时中间的菌丝逐渐老化，部分气生菌丝发育到一定阶段分化为繁殖菌丝，产生大量分生孢子梗，进一步产生分生孢子。一般情况下，随着菌落的生长，菌落中央开始产生分生孢子，并且许多菌落只在菌落中间产生分生孢子头，其边缘菌丝构成白色菌丝的生长带，它们不生育，颜色也直接变浅或逐渐消失而构成显著的边缘区，因而在菌落上会形成多个同心环形的生长区（growth ring）。Yanagita 等进一步指出在固体培养基上一个成熟的霉菌菌落可以划分为四个环状区域，自菌落外侧向中心依次为菌丝延展区（extending zone，EZ）、菌丝生长区（productive zone，PZ）、产孢子区（fruiting zone，FZ）和成熟孢子区（aged zone，AZ）。这些环状生长区与菌落上菌丝由稀疏到浓密，孢子颜色由浅到深的变化规律对应。在这四个区域中，新生菌丝在菌落外围，成熟菌丝在菌落中心。菌丝延展区的菌丝尽量向培养基的空白区域伸长，以增加菌落的面积；菌丝生长区的菌丝迅速分叉交织，使菌丝间密度增加，以利于供给生长；在产孢子区中菌丝分化出生殖菌丝，为产生孢子做准备，而在成熟孢子区中菌丝最成熟，已产生了成熟的分省孢子。同时，Georgiou 认为生长在同一个生长区的菌丝，都处在同一个生长阶段。

6.5.3.1　基于顺序最大角凸锥的霉菌单菌落生长区划分

为进一步提取菌落上的这些环状生长区，分别对每种菌按照生长时间序列拼接的镶嵌图像（mosaic）进行主成分分析（principal component analysis，PCA）处理以降低数据维数。利用顺序最大角凸锥（sequential maximum angle convex cone，SMACC）分离提取菌落中不同环形生长区的像素端元。由于一个菌落通常分为四个生长环，因此设定所需提取端元数量为 4，将提取结果通过伪彩色图像表示。由于五种霉菌的处理结果类似，因此这里仅以孟加拉红培养基上的黄曲霉为例分析这种方法对菌落环形生长区的划分效果，如图 6.5.7 所示。

在黄曲霉菌的划分结果中，最外侧的区域表示生长在菌丝延展区的年幼菌丝；与该区域紧挨的区域表示稍成熟菌丝；再向菌落中心移动，进入产孢子区；最后菌落中心的区域表示成熟孢子区。对于生长在培养基上的霉菌，这种方法只能大致表示每个环形生长区的生长趋势，菌丝密度由中心向外围依次递减，但不能清晰划分每个区域。因此，基于 SMACC 的方

图 6.5.7　提取的黄曲霉菌同心环形生长区

法不能完全区分菌落生长区。

6.5.3.2　基于主成分分析的霉菌单菌落生长区划分

首先对所有霉菌按时间序列拼接的 mosaic 图像进行主成分分析，借助主成分散点图区分菌落上的环形生长区。由于所有霉菌的结果类似，这里重点分析黄曲霉的处理结果。前三个主成分的贡献率分别为 99.76%、0.18% 和 0.04%，这表明前三个主成分能够解释大部分的原始信息。利用 PC_1 与 PC_3 绘制了黄曲霉菌的主成分散点图 [图 6.5.8（a）]，图中显示，所有像素在 PC_3 方向上分布紧凑，而在 PC_1 方向逐渐展开，因而将所有像素点沿着 PC_1 由小到大的方向均分成 4 组 [图 6.5.8（b）]，这种方法可以以一种无监督分类的方式把 PC_1 上得分相似的像素分成一组。将划分组别后的四组像素映射到所组成的 mosaic 图像上 [图 6.5.8（c）]，这四组不同的像素依次对应菌落上由中心向外侧分布的同心生长环，即孢子成熟区、产孢子区、菌丝生长区和菌丝延展区。Manley 指出 PC_1 具有较高贡献率的原因是它主要反映样本物理变化的差异，因而在本项目中 PC_1 主要反映菌落本身灰度值等变化的差异，沿着 PC_1 上的得分差异是由于菌落本身向外放射生长，其高度由中心向外侧逐渐降低。基于 PCA 与得分图的方法对菌落生长区的划分效果与 Williams 等（2012）利用相同方法对禾谷镰孢菌划分菌落上生长区得到的结果相似。相对于 SMACC 方法，PCA 散点图能够较好地划分霉菌菌落上的不同生长区。

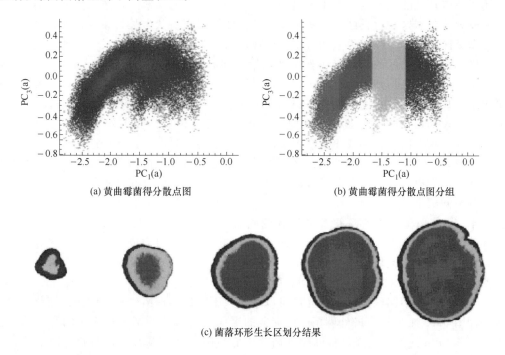

(a) 黄曲霉菌得分散点图　　　　　(b) 黄曲霉菌得分散点图分组

(c) 菌落环形生长区划分结果

图 6.5.8　黄曲霉拼接图像的主成分得分散点图与映射到原图上结果

　　利用同样的方法划分了其余四种霉菌菌落的环形生长区，其结果如图 6.5.9 所示。

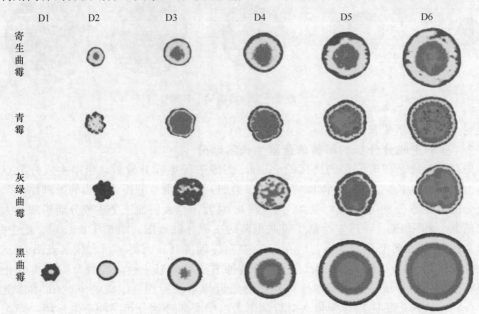

图 6.5.9　培养基上其余四种霉菌菌落环形生长区划分结果

6.5.3.3　霉菌单菌落同心环形生长区的图像特征

　　在利用 PCA 划分菌落生长区的基础上，统计每个环形生长区的像素，以分析不同生长区随时间的变化规律，绘制 5 种霉菌在培养基上不同环形生长区变化曲线，如图 6.5.10 所示。

　　综合图 6.5.9 和图 6.5.10 对不同菌落不同生长区随时间的变化进行分析。第 1～2 天，霉菌孢子适应环境陆续萌发，产生稀疏菌丝。在刚刚出现的菌落上，还未形成产孢子区，大部分菌丝处在延展区和生长区。这些菌丝迅速向四周以辐射状生长，以寻找养料为目的快速向培养基新区域延伸，同时再繁殖分支而构成菌落。第 3 天，菌落生长依然处于迟滞期，菌丝延展区和菌丝生长区的面积有少量增加，但有部分的成熟菌丝转化为产孢子区。第 4～5 天，菌落进入对数生长期，产孢子区的面积迅速增长，但老化菌丝逐渐增多，一大部分产孢子区继续生长，开始转化为成熟孢子区，占据菌落中心。5 天后，菌落面积增长趋于平缓，进入稳定生长期，在这一时期菌落面积增长不大，菌丝延展区和菌丝生长区的面积维持稳定，但其在菌落上所占比例较小。产孢子区的增长也逐渐缓慢。大部分产孢子区的孢子逐渐成熟进入成熟孢子区，因而成熟孢子区面积迅速增加。通过综合菌落划分结果与每个生长区像素统计可以看出，菌落上成熟部分最先出现在菌落中心，而且在菌落的不同生长期，每个生长区有不同的生长规律。

6.5.3.4　霉菌单菌落同心环形生长区光谱特征

　　在菌落生长过程中，随着菌丝的延伸、分支和成熟，其内部成分、结构和水分等都会有变化，并且菌落中心区域菌丝分支稠密，其结构比菌落外侧结构复杂。提取菌落每个区域的平均光谱，如图 6.5.11 所示，讨论随着菌丝成熟而导致的光谱变化。

　　从绘制的菌落不同区域的平均光谱可以看出，不同种类霉菌生长区的光谱变化也具有统一规律。图 6.5.11 显示，最外侧菌丝延展区的平均光谱与培养基平均光谱的光谱曲线走势类似，在 550nm 处出现波峰。从外侧到菌落中心，菌丝越来越密集，因而光谱中包含培养基的信息越来越少，在 560nm 处出现波峰。不同霉菌生长区平均光谱的走势相似，但由于

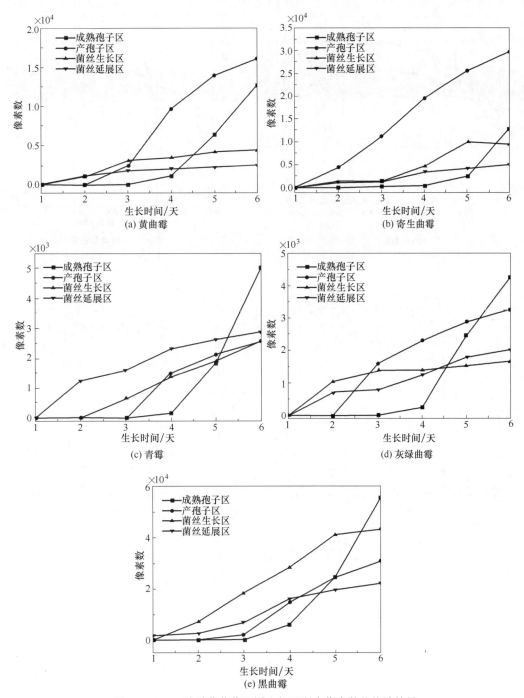

图 6.5.10　5 种霉菌菌落不同生长区所占像素数的统计结果

黑曲霉孢子颜色最深，生长区光谱曲线变化也较为明显。相比菌落外侧，菌落中心的菌丝较成熟，分支更繁茂。菌丝成熟细胞壁变厚，同时细胞内部成分也会发生变化，例如在一定条件下能将碳水化合物、碳氢化合物和普通油脂等转化为菌体内大量储存的油脂。因而，在不同生长区，菌丝体在结构和成分上都存在差异。分析光谱上波峰，基本在 870nm、913nm、970nm 处出现吸收峰。

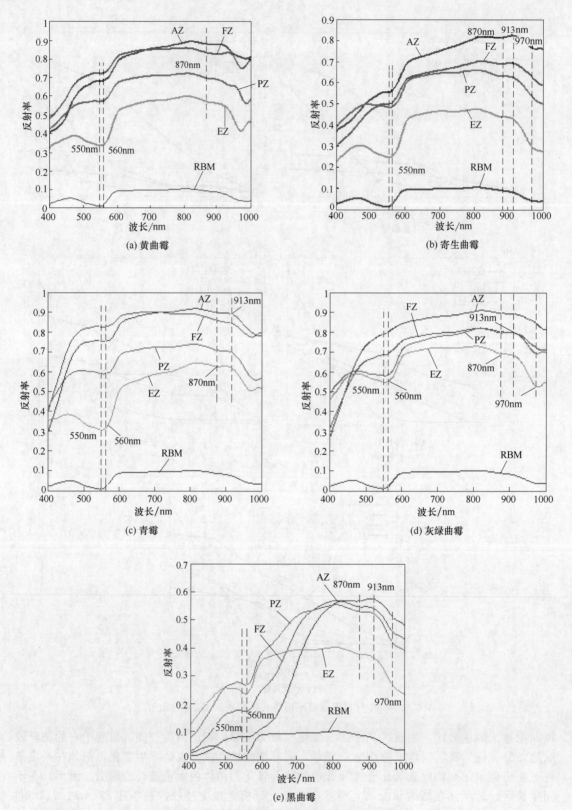

图 6.5.11 霉菌菌落不同生长区的平均光谱

6.5.4　霉菌单菌落种类的判别模型建立

在生产中，及时辨别出谷物中所含的霉菌种类，有利于采取针对性的防霉措施。由于霉菌菌落是同一种霉菌在培养基上生长形成的群落，菌落特征与霉菌形态结构特征密切相关，因此在实现霉菌种类区分时首先从霉菌菌落入手，分析理想生长条件下不同品种霉菌的图像和光谱差异。

在霉菌种类识别分析中，选择了两组样品对霉菌种类进行判别分析，第一组为五种霉菌分别点接种在培养基上的样品，第二组为按照图 6.5.12（b）分布将五种霉菌并行点接种在同一培养基的样品。每组样品以霉菌生长在这两种培养基上第 5 天的菌落为对象，分别包含三组重复。因为在第 5 天，霉菌开始进入稳定期，菌落生长成熟，并且在菌落中包含了菌丝、孢子等多种结构。两组样品的伪彩色图像（R：639nm；G：549nm；B：459nm）如图 6.5.12 所示。

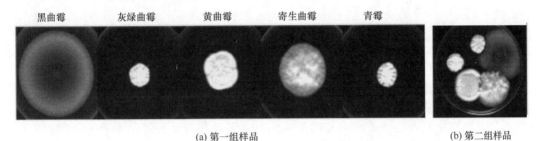

(a) 第一组样品　　　　　　　　　　　　　　　　　　　　(b) 第二组样品

图 6.5.12　不同接种方式下霉菌菌落生长的伪彩色图像

图 6.5.12（a）中的第一组样品，霉菌接种点在两种培养基的中心，培养基上有充足的空间和营养供给霉菌生长。霉菌自接种点向四周蔓延繁殖，形成圆形、边缘整齐的菌落，且在第 5 天菌落已产生孢子。菌落的颜色和菌丝密度从中心到边缘逐渐变浅，形成一系列同心环。这五种菌中，青霉和灰绿曲霉在菌落尺寸、孢子颜色和纹饰等方面存在较大的相似性。黑曲霉、黄曲霉和寄生曲霉菌落外侧的白色菌丝不易区分。图 6.5.12（b）中的第二组样品，每种霉菌的菌落所展示的颜色分别与霉菌单点接种在培养基上所形成的菌落类似，但由于培养基的空间和营养物质有限，不同菌落间互相竞争生长。灰绿曲霉的菌落依然呈现圆形，但其气生菌丝较短，在生长过程中被菌丝较长的黑曲霉掩盖，因而黑曲霉在生长过程中占有优势。黑曲霉、黄曲霉和寄生曲霉互相竞争生长，其菌落蔓延均受到抑制。

仅从图像角度，不能清晰地将霉菌分类，结合其光谱数据对每组样品做了进一步分析。在用 6.5.1.3 说明的方式去除背景和去噪声预处理后，以第一组和第二组培养基上的菌落为感兴趣区域，分别提取了每个菌落的平均光谱，如图 6.5.13 所示。

虽然菌落形状有变化，但菌落的平均光谱曲线走势与反射值变化不大。五种霉菌的光谱曲线在 560nm、870nm、913nm 和 970nm 等处都表现出明显吸收峰，这些波长与蛋白质、油脂和水等霉菌生长相关物质相关。五种霉菌中，黑曲霉由于孢子颜色较深，其整体光谱反射率较低，其次为寄生曲霉，其余三种霉菌的光谱反射值较为接近。因而可以通过阈值法提取黑曲霉和寄生曲霉。两组样品中，在 560nm 下黑曲霉的反射率在 0.18 左右，寄生曲霉的反射率在 0.43 左右，与其他三种霉菌的反射率差异较大。因此可以在 560nm 下的图像中，设定 0~0.31 的阈值区间区分出大部分的黑曲霉；设定 0.31~0.50 阈值区间区分出寄生曲霉，但对于其他三种霉菌区分效果不好。通过波段运算或阈值提取的方法提取不同霉菌，只能提取出黑曲霉或寄生曲霉等有明显差异的霉菌，对于其他霉菌的区分效果不好，因此应进一步结合光谱数据和化学计量学分析方法便捷识别霉菌的种类。

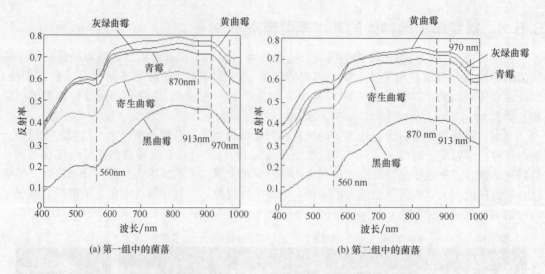

(a) 第一组中的菌落　　　　　　　　　(b) 第二组中的菌落

图 6.5.13　五种霉菌菌落的平均光谱

6.5.4.1　基于主成分分析的霉菌种类鉴别

进一步，在 ENVI 中对两组样品的 mosaic 高光谱图像进行主成分分析。基于 6.5.3.2 分析可知，PC_1 主要表达了霉菌本身的灰度信息，因而在霉菌种类的差异分析中没有采用 PC_1。借助 N 维可视化工具，绘制不同培养基上两组样品在不同主成分下的得分散点图，通过逐渐增加主成分数，旋转散点图，对散点图进行聚类、分簇。这些簇与图像中有相同主成分得分的像素相对应。当利用 $PC_2 \sim PC_5$ 时，散点图中的簇能大致区分不同霉菌的种类。如图 6.5.14（a）为第一组样品中的菌落的 $PC_2 \sim PC_5$ 的散点图，可以看出图中大致出现了四个簇。将散点图上的不同簇标记不同的颜色 [图 6.5.14（b）] 并将其映射到原图上 [图 6.5.14（c）]。

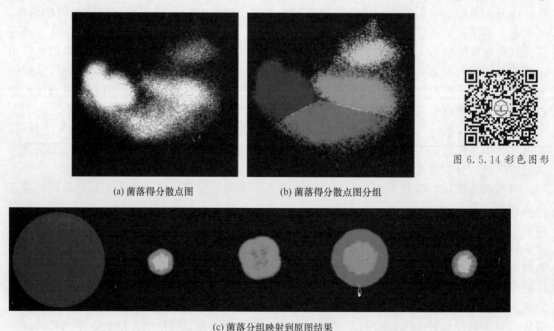

(a) 菌落得分散点图　　　　　　　　(b) 菌落得分散点图分组

图 6.5.14 彩色图形

(c) 菌落分组映射到原图结果

图 6.5.14　第一组样品菌落主成分得分散点图分组与映射到原图上结果

图 6.5.14（c）中，褐红色的簇对应黑曲霉，由于黑曲霉孢子的颜色与其他霉菌的有较大区分，因而其对应像素的聚类效果较好；青色和绿色的簇主要对应黄曲霉和寄生曲霉，这两个簇的界限模糊，可能是由于这两种霉菌菌丝蓬松呈白色，产生孢子为黄绿色，有较高相似性，映射到分类结果图中，可以看出这两种菌的区分效果不好，寄生曲霉上有一大部分菌丝被误判为黄曲霉，且这一部分的簇也包含了其他霉菌外围的白色菌丝，例如灰绿曲霉和青霉外侧的部分菌丝也被误判为黄曲霉或寄生曲霉；黄色的簇主要对应青霉和灰绿曲霉。

在第二组两种培养基菌落的图像上，用同样的分析方法得到 $PC_2 \sim PC_5$ 的得分散点图，如图 6.5.15 所示。第二组样品所形成的聚类效果与第一组样品类似，黑曲霉的聚类效果较好；黄曲霉、寄生曲霉与菌落外侧的菌丝上所对应的像素容易形成一个簇；灰绿曲霉和青霉形成一个簇。

图 6.5.15 彩色图形

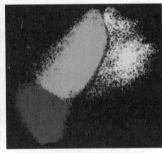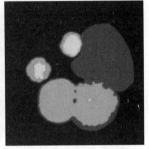

(a) 菌落得分散点图　　(b) 菌落得分散点图分组　　(c) 菌落分组映射到原图结果

图 6.5.15　第二组样品菌落主成分得分散点图分组与映射到原图上结果

在这两组样品中，由于外观的相似性，青霉和灰绿曲霉、黄曲霉和寄生曲霉的像素聚类容易重叠，而导致这几种霉菌的区分效果不好，因此仅从主成分得分的聚类无法区分这几种霉菌，需进一步凸显不同霉菌的差异，以区分霉菌种类。

6.5.4.2　基于支持向量机的霉菌种类鉴别

提取每种霉菌菌落上的每一个像素点的光谱数据，并将每个像素作为样本，分别结合偏最小二乘判别分析法（PLSDA）和支持向量机（SVM）建立线性和非线性的霉菌种类鉴别模型。在高光谱图像中即使菌落面积较小的灰绿曲霉和青霉也有约 7000 个像素，因而以每个像素点为样品的方法能够保证建模样本的充足性，还能够覆盖菌落上的各个部分，保证样品的多样性。在建模前，对所有样品进行随机分组，将所有样品按照 2∶1 的比例划分训练集和验证集。

在利用 PLSDA 的分析过程中，通过全交叉验证法选择最优主成分个数。在利用 SVM 的分析过程中，基于 6.5.4.1 节中的主成分得分散点图分析结果，选择 $PC_2 \sim PC_5$ 作为支持向量机的输入，并以网格寻优方式确定 SVM 的最优参数。两组样品在两种培养基上的分类结果如表 6.5.1 所示。

表 6.5.1　PLSDA 与 SVM 分类结果

样品组编号	模型建立方法	主成分	准确率/%		
			训练集	验证集	交叉验证
第一组	PLSDA	7	81.65	81.42	71.20
	SVM	4	97.19	94.93	95.12
第二组	PLSDA	7	80.18	80.01	71.43
	SVM	4	95.98	95.36	93.42

无论线性 SVM 模型还是非线性 PLSDA 模型，对五种霉菌均有较好的区分效果。另外，从表中可以看出 SVM 的判别精度要普遍优于 PLSDA，且用 SVM 所用到的主成分变量比 PLSDA 少，因此选择 SVM 建模方法进行后续分析。虽然以上模型均有较好的识别效果，但所建立的判别模型均基于全波长数据。由于样品集数量大，利用全波长数据建模的计算量必然较大。而提取特征波长进行计算，有利于提取原始光谱数据中的最有效信息，减少数据冗余，也可降低数据维数，大大减少计算量。因此，建立特征波长的判别模型区分霉菌种类。

6.6 可见/近红外高光谱图像无损鉴别八角茴香与伪品莽草

八角茴香又称"八角"，是我国菜肴中广受欢迎的大众调味品；毒莽草又称莽草，虽同属于八角属，却有剧毒，少量食用会有头晕、恶心、呕吐等症状，大量食入会产生类似癫痫的症状，严重时会导致心脏衰竭致死。莽草与八角外观、颜色、角数等极其相似，无论是有意还是无意地使莽草掺入八角调味品中，都会使人民群众的身体健康产生不良影响。但当前无论是常规湿化学方法，还是人工目测方法，都费时费力、需要经验丰富的专业人员，而且抽样检测在容易导致漏检的同时，不利于实现自动化和规模化的检测应用。本节基于可见/近红外高光谱成像技术研究八角及其伪品莽草的无损快速鉴别方法。结合光谱与图像分析方法、对比度增强线性拉伸和区域标记，实现了单粒样本 ROI 平均光谱的自动提取。采用连续投影算法选择建模最优波长，建立多光谱偏最小二乘分类判别模型，为八角与莽草的便携或在线检测仪器开发提供理论基础。

6.6.1 材料与方法

6.6.1.1 材料

试验所用八角及莽草样本，产地均为云南省，收获时间均为 2018 年。两类样品分别从当地某大型超市与正规中药店购买获得。随机选取八角和莽草的完整样本用于之后的高光谱数据采集。八角茴香与伪品莽草如图 6.6.1 所示。

6.6.1.2 高光谱数据采集

试验所用高光谱成像系统主要由高光谱相机（Image-λ V10，卓立汉光，北京）、卤钨灯（FV-BSLE3200，Photoflex，Watsonville，Calif.，U.S.A.）、运动控制平台（WN500 TA1000H，微纳光科，北京）、计算机和采集控制软件组成。成像仪光谱范围为 380～1012nm，分辨率 1.90nm。

16 个八角样本按照 4×4（行×列）背部朝上的方式放置在一个白色的亚克力板上。采集过程中亚克力板随平移台运动，高光谱相机连续线扫描，完成一幅高光谱图像数据的采集（采集的高光谱数据的伪彩色图如图 6.6.2 所示）。试验共采集了 3 幅八角高光谱数据和 3 幅莽草高光谱数据，即 48 粒八角样本和 48 粒莽草样本。八角和莽草中每类随机选择 32 粒作为校正集（共 64 粒）用于分类模型的建立，每类中剩余的 16 粒作为验证集（共 32 粒）。除此之外，还采集了八角和莽草掺杂在一起的 3 幅高光谱图像数据，用作模型性能的外部验证数据。三幅掺杂的高光谱图像中八角和莽草个数的比值分别为 8∶8、12∶4 和 15∶1。掺杂样本作为外部验证数据。

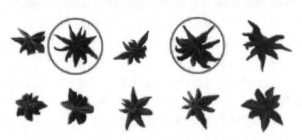

图 6.6.1　八角茴香与伪品莽草（用圈圈出）　　　图 6.6.2　八角样本高光谱数据伪彩色图

试验样本高光谱数据采集前，通过采集参考白板和关闭高光谱相机镜头盖获得全白标定数据 R_w 和全黑标定数据 R_d。对采集的样本原始数据 R_o 做黑白校正，获得反射率校正后数据 R_c，计算公式如式（6.6.1）所示。

$$R_c = \frac{R_o - R_d}{R_w - R_d} \qquad\qquad (6.6.1)$$

式中　R_o——原始的高光谱图像；

　　　R_c——校正后的图像。

6.6.1.3　单粒样本 ROI 平均光谱自动提取

在提取每一粒八角和莽草样本平均光谱数据时，为了节省手动选择感兴趣区域（region of interest，ROI）耗费的时间与劳力，并为进一步开发在线或便携式检测设备提供方法基础，结合被测样本的光谱特征和图像分析方法提出了一种单粒 ROI 平均光谱自动获取的方法。

具体步骤为：

① 首先利用 band math 中的波段差算法，使 850nm 和 450nm 下图像做差，去除高光谱图像中的大部分背景。

② 利用图像对比度增强方法中的线性拉伸再结合阈值法，消除图像中由于样本高度造成的阴影，利用 mask 方法获得仅包含样本像素点信息的掩模高光谱数据。

③ 将掩模数据导入 MATLAB 中选取某一波段下图像数据，对该图像分别做二值化变换和区域标记。

④ 根据区域标记结果，提取并计算每一个标记的样本区域的所有像素点的平均光谱，从而达到每粒样本平均光谱的快速自动获取的目的。

6.6.1.4　多光谱模型建立

采用连续投影算法（successive projections algorithm，SPA）选择建模最优波长变量。SPA 是一种基于共线性最小化的原则挑选最优变量的前向选择算法。其优点为可以有效地从较多光谱波长变量中获得具有最小冗余信息的变量组。该变量组内部变量之间共线性最小。SPA 算法原理步骤如下：

① 假定光谱矩阵为 $\boldsymbol{X}_{cal}$，特征波长数为 N，初始波长为 $k(0)$。首先令 $x_j = \boldsymbol{X}_{cal}$ 中的第 j 列，$j = 1$，$\cdots$，J。J 为光谱矩阵中波长的总数。

② 令 $\boldsymbol{X}_{cal}$ 中第 j 列的其他数据为 $\boldsymbol{S}$，$\boldsymbol{S} = \{j, 1 \leqslant j \leqslant J, j \notin \{k(0), \cdots, k(n-1)\}\}$。

③ 计算 x_j 对剩余列向量 S 在正交子空间中的投影 $PX_j = X_j - (X_j^T X_{k(n-1)}) X_{x(n-1)}$ $(X_{k(n-1)}^T X_{k(n-1)})^{-1}$，$j \in S (X_{k(n-1)}^T X_{k(n-1)})^{-1}, j \in S$。

④ 如果 $n < N$，令 $n = n+1$，选择③中计算所得的最大投影值所在列向量作为新参考向量，重复计算步骤①～③。

⑤ 根据所选变量 $X_s = \{k(n-1); n = 1, \cdots, N\}$，获得具有最小共线性的光谱子矩阵。

⑥ 计算对比不同 $k(0)$ 情况下对应的光谱子矩阵和预测 Y 值多元线性回归（multiple linear regression，MLR）模型的预测标准偏差（root mean square error of prediction，RMSEP），选取最小 RMSEP 对应的 X_s 作为选取的特征波长变量。

试验选用偏最小二乘判别（partial least square discrimination analysis，PLSDA）方法建立分类预测模型。将 SPA 方法挑选出的特征波长下光谱值作为输入数据建立线性判别模型。模型的分类预测效果通过校正集、五折交叉验证和验证集效果综合判定。

6.6.2 结果与分析

6.6.2.1 基于光谱和图像特征的平均光谱提取

对黑白校正后的高光谱数据进行观察分析可得，850nm 和 450nm 波长下图像中的样本像素点的灰度值相差较大，但是背景以及由于样本高度造成的阴影区域像素点的灰度值相近。采用波段差运算，使 850nm 下图像减去 450nm 下图像，放大图像中样本像素点的灰度值与背景像素点灰度值之间差异结果如图 6.6.3 所示。但是样本像素点灰度值与阴影区域像素点的灰度值仍相近，需进一步放大样本与阴影差异。

(a) 850nm下图像　　　　　　(b) 450nm下图像　　　　　　(c) 850nm-450nm结果图像

图 6.6.3　图像背景信息去除

采用图像增强方法中的线性拉伸将原始图像的灰度范围放大到所允许的整个灰度范围内，实现样本像素点与阴影区域像素点之间灰度值的差异放大。线性拉伸后结果如图 6.6.4 所示，阴影干扰基本被消除。再结合阈值法，对图像进行掩模，获得仅包含样本像素点灰度值的高光谱数据。

将掩模后高光谱数据导入 MATLAB 分析软件中，随机选取其中某一波段下图像。对图像做二值化处理后，采用 bwlabel 函数进行区域标记，并采用 tabulate 函数统计查看区域标记结果。发现结果中标记的区域个数大于图像中的样本个数（16 个），观察区域标记结果图像，发现图像中样本区域均标记正确，且像素点个数大于 1000；其余多标记出的区域均为样本区域外的离散点，且像素数小于 1000。采用 bwareaopen 函数设定阈值为 1000，删除二值化变换后结果图中面积小于 1000 的对象，并重新对处理后图像区域标记，结果如图 6.6.5 所示。图中每一个样本都被标记为一个单独的区域，利用 find 函数结合 for 循环获得每一个样本区域中所有像素点的坐标数据，提取坐标下所有像素点的光谱数据，用 mean 函数求均值，可获得每个样本的平均光谱曲线。

图 6.6.4　线性拉伸结果图

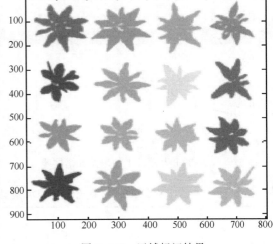

图 6.6.5　区域标记结果

6.6.2.2　光谱特征分析与光谱判别模型的建立

（1）原始光谱特征分析

图 6.6.6 所示为八角和莽草的原始光谱曲线。两者的反射光谱曲线在整体波长范围内呈增长趋势，均不存在较明显的波峰或波谷特征。但在 400～660nm 范围内两条曲线的增长速度明显低于 660～960nm 内的增长速度，960nm 之后，光谱曲线趋于平缓，幅值几乎保持不变。即八角和莽草的反射光谱在两个增长范围内（400～660nm 和 660～960nm）的增长速率差别较明显。

（2）基于 SPA 最优波长的多光谱模型

试验首先应用全波长数据建立了 PLSDA 模型，模型对样本的分类结果为 100%。尽管如此，该模型需要利用所有波长下的光谱数据，因此计算量大、运算时间长，不适宜在线快速检测中应用；同样因变量即波长个数太多，也不适宜构建相应的便携式检测仪器。因此，本项目利用 SPA 方法挑选特征波长，以便进一步构建相应多光谱 PLSDA 分类模型，以减少建模输入变量，节约成本，尽最大可能地缩短计算时间，并可以依据所选波长通过选取相应中心波长的 LED，结合相应探测器件，使实用便携或在线快速检测应用成为可能。

SPA 方法选取的结果如图 6.6.7 所示。选取的 4 个最优波长为 533nm、617nm、665nm、和 807nm，其中 665nm 位于两个增长区间的分界点附近，533nm 和 617nm 位于第一个增长范围内，807nm 位于第二个增长区间内，且位于两类样本平均光谱曲线的幅值之差最大处附近。不仅如此，所选取的 4 个波长中的 3 个均位于可见光范围，对相应 LED 照明光源的易于获得、降低成本和相应仪器研制的可行性等方面，均具有重要现实意义。

进一步，利用所选的 4 个最优波长的光谱数据建立相应的 PLSDA 多光谱分类预测模型，模型预测结果的混淆矩阵如表 6.6.1 所示。其中五折交叉验证中仅有一个莽草样本被模型错误地判别为八角，对照原始样本核实，该莽草样本的角瓣数量、色泽与形态的确与八角非常相近。校正集和验证集的所有样本均判别正确。交叉验证的总体判别准确率为 98.4%，可以满足实际检测需求。

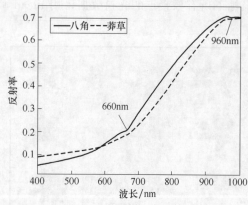

图 6.6.6 八角和莽草的平均原始光谱曲线

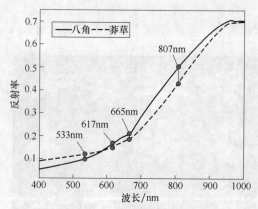

图 6.6.7 SPA 最优波长选择结果

表 6.6.1 多光谱 PLSDA 模型对八角掺假分类预测效果

真实值/预测值	校正集		交叉验证		验证集	
	八角	莽草	八角	莽草	八角	莽草
八角	32	0	32	0	16	0
莽草	0	32	1	31	0	16
特异性	1.000	1.000	0.969	1.000	1.000	1.000
灵敏度	1.000	1.000	1.000	0.969	1.000	1.000
精确率	1.000	1.000	0.970	1.000	1.000	1.000
总体准确率	1.000		0.984		1.000	

6.6.2.3 外部验证集的可视化结果

为进一步验证模型的预测性能，基于所构建的多光谱模型，新采集三幅高光谱数据用作模型的外部验证数据，预测结果的可视化图如图 6.6.8 所示。

可见，三幅掺杂的高光谱图像中的两幅，即莽草和八角掺杂比例分别为 1∶15 [图 6.6.8（a）] 和 8∶8 [图 6.6.8（c）] 的所有样本都被正确地识别出来，仅掺杂比例为 4∶12 样本数据中有 1 粒莽草样本被误判为八角，如图 6.6.8（b）所示。如前所述，被误判为八角的莽草样本的确与八角在颜色和形态上极其相似，除此以外，该样本尚存在可见的背景噪声，这也是导致误判的可能原因之一。总体分类准确率为 47/48＝0.979。以上结果表明，所建立的四波长多光谱模型对八角和莽草具有良好的分类识别结果，可在此基础上开发在线或便携式检测设备或仪器，具有一定的实际应用价值与前景。

6.6.3 与常规图像处理方法的比较

如前所述，尽管莽草和八角的相似度能达到 90%，但无论是从色泽还是外观形态上看，两者的确有着肉眼可辨的差异，例如，真八角瓣看上去肥硕、圆钝，有 8 角，角尖平直；莽草比较瘦弱，有 11～13 个尖角，角尖弯曲。为此，我们追加了采用人类视觉替代技术作为图像处理的相关试验，对比两种技术对图 6.6.8 外部验证数据集的判别效果，并对比分析两种技术的优越性。

6.6.3.1 八角中莽草辨识的图像处理方法

与从高光谱图像中提取目标相似，对样品的图像数据，首先利用 RGB 三通道间的运算，一定程度地去除图 6.6.3 所示阴影。经二值化联合开、闭运算后，图像中噪声可有

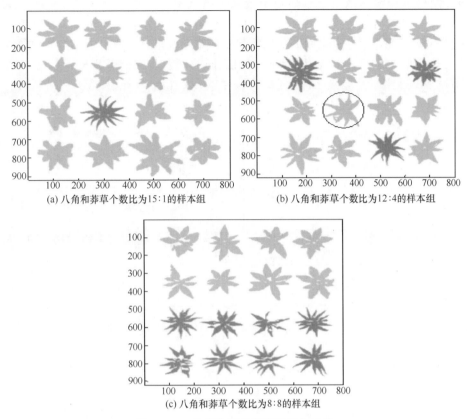

(a) 八角和莽草个数比为15∶1的样本组　　(b) 八角和莽草个数比为12∶4的样本组

(c) 八角和莽草个数比为8∶8的样本组

图 6.6.8　外部验证集预测可视化结果

效去除，实现各目标的提取（目标设定为白，背景为黑）［图 6.6.9（a）］。然后，通过 bwlabel 函数，将每个目标标记为单独区域。进一步计算每个标记区域的最小外接矩形与形心，并以形心为圆心，外接矩形的宽×0.5 与宽×0.38 为半径画一个圆环，圆环几乎和目标每个角瓣相交［图 6.6.9（b）］。将圆环和目标每个角相交的区域保留，剩余部位标记为黑［图 6.6.9（c）］。然后统计每个样本标记区域内内圆环与角瓣相交部分的像素以及相交区域数量，获得每个样本标记区域中相交区域的平均像素数。

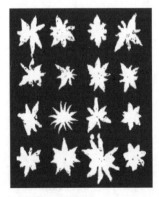
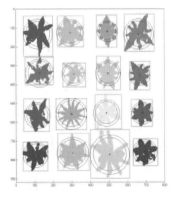
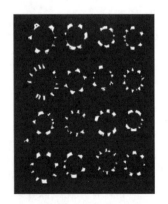

(a) 外部验证集预测目标提取结果　　(b) 外部验证集目标区域标记与结果与特征位置示意　　(c) 外部验证集特征提取结果

图 6.6.9　外部验证集预测图像处理结果

6.6.3.2 图像处理对外部验证集的判定结果

由于莽草的角多且细,求取像素数均值后其数值相对较小;而八角角少且肥硕,其像素数量会稍大,基于此,通过设定阈值来最终识别莽草和八角。本项目中,当平均像素数大于193时认为是八角,小于193认为是莽草,用不同的颜色将它们分别进行标记,结果如图6.6.10所示。

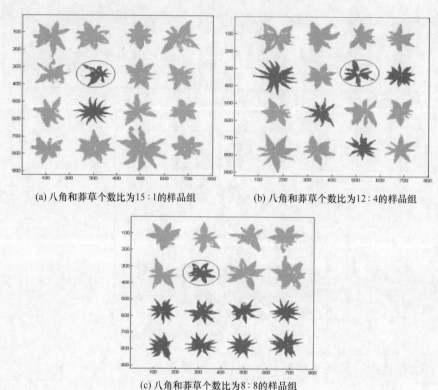

(a) 八角和莽草个数比为15:1的样品组　　　　(b) 八角和莽草个数比为12:4的样品组

(c) 八角和莽草个数比为8:8的样品组

图 6.6.10　外部验证集预测可视化结果

对图 6.6.8 外部验证集原始图像的识别结果分别如图 6.6.10 所示。可见莽草的识别率为 100%,八角中有三个误判为莽草,对照原图观察,误判的八角均是角瓣小且细的,虽然角瓣数在 8 瓣左右,但是每个角都很细,与正常八角有较大差异,整体准确率为 93.75%。

6.6.3.3 多光谱与图像处理技术优越性比较

以下从三方面对多光谱方法和图像处理两种技术方法的性能和实用性进行对比讨论。

(1) 判定结果的准确率

对从八角中识别莽草的准确率方面来看,常规图像处理技术的识别结果为 93.75%,不如多光谱准确性程度高 (98.4%)。当然,还有更好的方法或更多的步骤可以用来进一步增强图像处理的结果准确率,例如,继续采取相关图像预处理算法以进一步降低背景等噪声,但步骤越烦琐,更易导致方法的过拟合性,即导致其通用性降低。

(2) 图像或光谱信息的预处理

在利用常规图像处理技术时,针对不同的应用,考虑到光源、环境条件、获取速度等多方面因素导致的噪声,基本都需要诸如背景去除、图像增强等图像预处理过程,以获取纯净目标图像,而这通常是复杂烦琐的过程。而所开发的多光谱方法,除了需要获取相应光斑所反射的有限波长处的平均光谱信息，不再需要任何背景去除等类似图像处理的任何步骤。即一旦采用高光谱成像工具完成判别模型的建立，仅需将样本光谱带入模型即可，不需再对高光谱数据进行背景去除这一烦琐步骤。对比高光谱数据的去背景、降噪操作，常规图像预处理烦琐复杂且效果相对不佳。本项目所述的面向多光谱应用开发、利用高光谱数据所提取的平均光谱曲线，以及同步获得的单一波长的图像，通过图谱交互分析实现了图像背景去除和光谱图像增强，在方法简易的同时确保了纯净光谱信息的获取。

(3) 计算时间

利用常规图像处理方法，在所有判定参数确定的条件下，对外部验证数据集这幅照片进行判别，判别程序的总运行时间达 20.66 s。当然这仅仅是静态处理一张照片，若进行动态判别应用，需要对图像视野范围内动态所获图片执行包括预处理在内的图像处理过程的每一个步骤，显然这是一个不可避免的耗时过程。而对于多光谱检测应用而言，虽然方法建立所依托的高光谱成像基础工具成本高，高光谱图像获取和图谱分析过程略显烦琐，但一经建立相应多光谱模型，在实际应用中，就不再需要高光谱工具，仅仅需要采用相应波长的 LED 光源，加上相应探测器例如光电管或 CCD 即可获取相应波长的光谱数据，并代入多光谱判别模型公式，即可完成检测，即仅需获得光斑的多光谱反射信息所需的毫秒级曝光时间，以及数据读取与处理时间，总计算时间最大也仅有百毫秒甚至更快。

6.7　基于高光谱成像技术的生鲜鸡肉糜中大豆蛋白含量检测

鸡肉是人类膳食营养的重要来源，但鸡肉加工时依赖自身蛋白质很难形成完好的网络结构，影响其食用品质。因大豆蛋白具有良好的吸水性、吸油性、乳化性和凝胶性，所以适量添加到肉制品中可以改善肉的色香味。但是，目前国内一些不法商家却为了掩盖注水增重等掺假本质，在肉糜中肆意添加大豆蛋白且不在添加剂中声明，不仅严重侵害了消费者权益，也增加了不知情消费者产生过敏反应等健康风险。因而一些国家对含肉糜食品，如肉饼、香肠、馅饼等中添加非肉蛋白质是有严格规定的。同样，在我国，研究生鲜鸡肉糜中大豆蛋白掺入含量的检测很有实际意义，然而，肉糜去除了原有的肌肉形态特征，加大了掺假鉴别的困难程度，因此亟待探索无损检测技术的可行性。

常规抽样检测方法如聚合酶链式反应（PCR）、聚丙烯酰胺凝胶电泳（PAGE）法、酶联免疫（ELISA）、高效液相色谱（HPLC）等，虽然精度高、特异性强，但操作烦琐耗时，且需要化学药品添加而导致新的污染。近红外光谱（NIRS）是近年来发展起来可广泛应用于食品检测领域的简捷易行的无损检测技术。进一步，高光谱成像技术融合了光谱和图像，可以获取目标样品内部生物化学信息和外部的物理结构信息，规避了 NIRS 方法只能逆行单点局部检测的劣势，可以充分直观展现大豆蛋白掺入的空间分布信息。本项目探究了高光谱成像技术定量检测生鲜鸡肉糜中掺假大豆蛋白的可行性。研究中采集了生鲜鸡肉糜中掺入不同种类、不同梯度大豆蛋白样品的高光谱图像，结合化学计量学算法，建立定量预测模型，并对预测结果进行了可视化展示。

6.7.1　材料与方法

6.7.1.1　样品准备

生鲜鸡胸肉（保存于 0～4℃，含水率为 70%）采购于北京当地的超市，购买了市场上肉制品中最常用的 3 种粉状大豆蛋白产品（图 6.7.1）：大豆蛋白粉（soybean protein flour,

(a) SPF   (b) SPC   (c) SPI

图 6.7.1 三种大豆蛋白粉末

SPF)、大豆浓缩蛋白（soybean protein concentrate，SPC）和大豆分离蛋白（soybean protein isolates，SPI），测量粒度均在 $125\sim150\mu m$ 之间。SPF（产地河北，食品级，55%）、SPI（产地山东，食品级，90%）、SPC（产地河北，食品级，99%）均购于河北润赢生物科技有限公司。鸡胸肉用刀片切成小块，随后使用国产绞肉机绞碎 30s 备用。

将鸡肉糜与大豆蛋白分别称重并充分混合，得到总质量为 40g 大豆蛋白含量梯度（w/w）分别为 0%、1%、2%、3%、4%、5%、6%、7%、8%、9%、10%、15%、20%、25%、30% 和 100% 的样品。超过 30% 梯度的样品因肉眼可直接观察，不予考虑。将样品用叉子依次进行搅拌，以得到近似均质的混合样品。每个梯度下制备 8 个重复样品分别装入圆形有盖培养皿（直径 9cm × 高度 1.4cm，petri dish）中平铺，最终每种大豆蛋白掺假样品均获得 128 个，贴好标签供高光谱图像数据采集用。

6.7.1.2 高光谱图像采集与校正

图像采集使用的是推扫式线扫描高光谱成像系统，波段范围为 380~1012nm，采集模式为漫反射模式。该系统主要由成像光谱仪（G Series Image-λ-V10-IM，Spectral Imaging Ltd.，Oulu，Finland）、CCD 检测器（Bobcat2.0，Imperx Ltd，FL，USA）、可变焦的长镜头（Schneider，XENOPLAN，Bad Kreuznach，Germany）、平移台（WN500TA1000H，Beijing，China）、一对 500 W 的卤钨灯（Photoflex，Watsonville，CA，USA）以及一台安装了高光谱图像采集软件的计算机组成。光谱分辨率为 1.9nm，像素分辨率为 0.14nm/像素，光源分别以与水平方向成 45°角安装于光谱仪两侧，样品表面和镜头表面距离为 350nm，曝光时间设定为 32ms，电动平移台的速度为 12mm/s。由于系统两端光谱区域（380~400nm 和 1000~1012nm）信噪比较低，因此仅保留 400~1000nm（285 个波段）光谱范围内的图像用于数据分析。

为了消除 CCD 相机暗电流影响，需借助白、黑参考图像进行高光谱图像的黑白校正。采集特氟龙板（Spectralon，Labsphere，North Sutton，NH，USA）的图像作为白参考，并用镜头盖遮挡相机镜头后采集黑参考图像。并用下列公式对高光谱图像进行校正：

$$R_c = \frac{R_0 - D}{W - D} \times 100\% \qquad\qquad (6.7.1)$$

式中　R_c——校正后的高光谱图像；

　　　R_0——未校正前的采集图像；

　　　D——采集的黑参考图像（约 0% 反射率）；

　　　W——采集的白参考图像（约 99.9% 反射率）。

6.7.1.3 图像处理和光谱数据提取

由于样品与背景之间具有较大的光谱差异，因此肉样部分很容易被识别出来。对 700nm 波段（高反射率值）下的图像与 405nm 波段下（低反射率值）的图像进行扣减运算，在波段运算图像 [图 6.7.2 (a)] 上以 0.25 作为阈值，提取大于 0.25 部分作为样品的感兴趣区域（region of interest，ROI），每一个样品均如此构造掩模提取的平均光谱可以去除背景、培养皿边缘像素点 [图 6.7.2 (b)]。每个样品中的提取 ROI 的平均光谱作为该样品的光谱，最终得到不同掺假梯度鸡肉糜样品的光谱矩阵。

6.7.1.4　数据分析方法

在建立模型之前，分别使用了标准正态变量变换（standard normal variate，SNV）、多元散射校正（multiplicative scattering correction，msC）、去趋势（detrend）和导数［一阶导（first-order derivative）和二阶导（second-order derivative）］几种预处理方法或方法组合来消除

(a) 波段运算图像　　　　　(b) 掩模图像

图 6.7.2　波段运算后图像与掩模图像

或减少光谱中的散射效应以及基线漂移等影响。定量模型的建立采用的是偏最小二乘回归法（partial least squares regression，PLSR），为了进一步评估建立模型的性能，分别计算了决定系数（R_C^2、R_{CV}^2 和 R_P^2）和均方根误差（RMSEC、RMSECV 和 RMSEP）等参数。二维相关光谱（two-dimensional correlation spectrum，2DCOS）表示的是外扰引起的光谱动态变化，同步谱可表示扰动（掺假梯度）下光谱强度的变化，本项目根据掺假梯度产生的光谱扰动，计算自相关峰来提取特征波长。

6.7.2　结果与分析

6.7.2.1　原始光谱分析

图 6.7.3 为生鲜鸡肉糜分别掺杂 3%、6%、10%、20%、30% 以及 100% 含量梯度的三种大豆蛋白（SPF、SPC 和 SPI）的原始平均光谱。同时，为便于比较掺杂比例引起的光谱反射特征及强度变化，在每幅图中均同时绘制了纯生鲜鸡肉糜的原始光谱，以利于直观比较。

由图 6.7.3 可见，纯鸡肉的反射光谱强度低于三种大豆蛋白粉，具有肌红蛋白（490nm 和 560nm）以及水（760nm 和 980nm）等对应的特征吸收峰/反射谷。当掺杂大豆蛋白含量较少时，例如 3%、6% 和 10%［图 6.7.3 (a)～6.7.3 (c)］掺杂样本的光谱峰、谷位置和曲线形状与纯生鲜鸡肉糜的原始光谱基本一致，表明掺杂量较少时光谱特征主要体现的是纯生鲜鸡肉糜。随着掺入蛋白含量的显著增加，如图 6.7.3 (d)～图 6.7.3 (f)，即分别掺入 20%、30% 以至 100% 时，纯生鲜鸡肉糜的光谱特征逐渐消失，被三类大豆蛋白在可见光范围较为平滑的光谱特征所取代，三种大豆蛋白粉末在 400～1000nm 波段无明显特征吸收峰，光谱曲线形状相似，而且随着掺杂比例的逐渐增加，掺杂样本的反射率逐渐升高，当掺杂比例为 100% 时三类蛋白的反射率均高于纯鸡肉糜，这可能与肉糜中水分逐渐为干蛋白粉吸收有关。进一步对掺入较高含量三类大豆蛋白的样本［图 6.7.3 (c)～图 6.7.3 (f)］进行对比发现，掺入 SPC 蛋白与 SPI 蛋白的肉糜的光谱曲线重合度较高，这与两种蛋白自身物质组成相近，即均以高浓度蛋白为主有关；二者均与掺入 SPF 的光谱曲线存在较大差异，这可能与 SPF 蛋白含量低、组成成分相对较为复杂有关。与之对应的是，后续图 6.7.5 也反映出掺入 SPC 和 SPI 的生鲜鸡肉糜的功率谱相近，与掺入 SPF 的生鲜鸡肉糜的功率谱的差异明显。

因此，与原始光谱比较可以推测出在鸡肉中掺入逐渐加大梯度的大豆蛋白会造成光谱反射率的逐渐升高以及特征峰的逐渐弱化，这有利于快速准确定量预测鸡肉中不同大豆蛋白的掺假含量梯度。

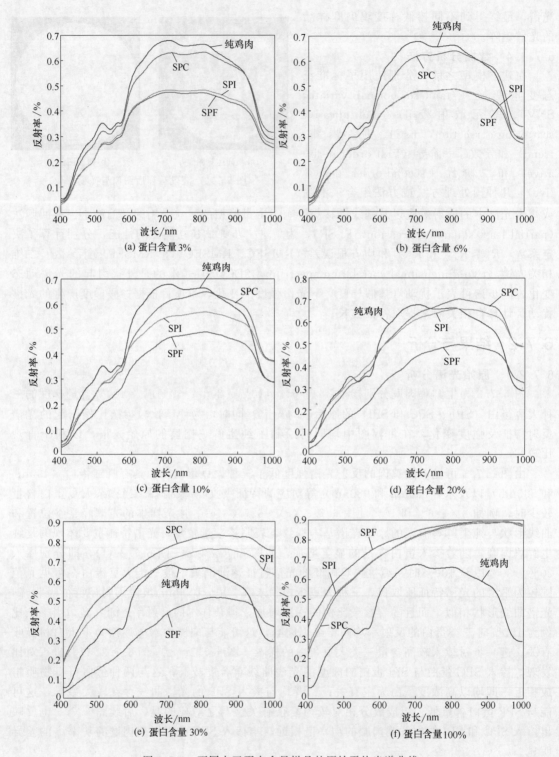

图 6.7.3   不同大豆蛋白含量样品的原始平均光谱曲线

6.7.2.2 全光谱定量模型建立

为在掺假样品中定量分析大豆蛋白含量，随机选取 96 个样品加入训练集（16 梯度×6

样品），剩余 32 个样品作为预测集（16 梯度×2 样品），针对 3 种不同大豆蛋白分别建立了基于原始光谱及预处理全光谱的 PLSR 模型，每个模型均采用"留一法"进行交叉验证，所有建模结果均展示在表 6.7.1 中。通过比较不同的预处理方法，得到总体上无论掺入何种大豆蛋白种类，全光谱的预测精度均令人满意，可以达到 $R_2 \geqslant 0.98$，RMSE $\leqslant 1.41\%$。通过对三种大豆蛋白预测性能的横向比较发现，SPC 的预测效果最好，原始光谱的模型预测精度可达 $R_P^2 = 0.9984$，RMSEP $= 0.37$，且预测与偏差之比（ratio of prediction to deviation，RPD）为 23.89。对于 SPF，二阶导预处理后的全光谱模型性能最优，$R_P^2 = 0.9916$，RMSEP $= 0.81$，且 RPD $= 10.91$。而 SPI 的预测模型中，不采用预处理的全光谱建立的模型可达 $R_P^2 = 0.9837$，RMSEP $= 1.16$，且 RPD $= 7.62$。

表 6.7.1　基于原始光谱及预处理全光谱建立的 PLSR 模型性能

种类	预处理	潜变量	训练集		交叉验证集		预测集		RPD
			R_C^2	RMSEC/%	R_{CV}^2	RMSECV/%	R_P^2	RMSEP/%	
SPF	无	10	0.9954	0.59	0.9932	0.71	0.9902	0.87	10.16
	SNV	11	0.9968	0.49	0.9942	0.66	0.9900	0.90	9.82
	SNV+Detrend	8	0.9920	0.77	0.9942	0.95	0.9892	0.94	9.41
	MSC	9	0.9950	0.62	0.9918	0.78	0.9884	0.95	9.31
	一阶导	10	0.9956	0.58	0.9930	0.73	0.9906	0.84	10.53
	二阶导	10	0.9938	0.69	0.9892	0.90	0.9916	0.81	10.91
SPC	无	9	0.9962	0.54	0.9946	0.63	0.9984	0.37	23.89
	SNV	9	0.9976	0.42	0.9966	0.51	0.9978	0.45	19.64
	SNV+Detrend	9	0.9966	0.51	0.9950	0.62	0.9980	0.45	19.64
	MSC	11	0.9974	0.43	0.9956	0.57	0.9972	0.48	18.42
	一阶导	11	0.9980	0.39	0.9964	0.52	0.9962	0.56	15.79
	二阶导	11	0.9978	0.40	0.9960	0.55	0.9932	0.76	11.63
SPI	无	7	0.9890	0.91	0.9845	1.09	0.9837	1.16	7.62
	SNV	8	0.9906	0.84	0.9847	1.07	0.9797	1.33	6.65
	SNV+Detrend	9	0.9906	0.84	0.9849	1.07	0.9815	1.34	6.60
	MSC	7	0.9902	0.86	0.9853	1.06	0.9803	1.25	7.07
	一阶导	10	0.9912	0.81	0.9843	1.09	0.9804	1.30	6.80
	二阶导	5	0.9831	1.13	0.9765	1.33	0.9811	1.41	6.27

6.7.2.3　特征波长选取

进一步以优选全光谱模型为基础，应用 2DCOS 提取特征波长。掺入三种不同大豆蛋白（掺假梯度 0%～30%）样品的 2DCOS 同步谱及对应的三维立体图如图 6.7.4 所示。在 SPF 的 2DCOS 谱图 [图 6.7.4（a）] 中，对角线上产生了 6 个自动峰（515nm，617nm，661nm，809nm，871nm 和 980nm），这些波长点处的微小变化在相应的功率谱图上可以观测得更明显，这说明随着掺入量的增加，这些波段下的反射强度出现了显著变化，因此推断这些波长用来定量分析 SPF 掺假梯度时是有效的。这些显著变化也反映出不同掺假梯度下的样品中颜色变化（515nm，617nm 和 661nm）和含水率（980nm）是有差异的。同理，针对 SPC 和 SPI 两种大豆蛋白，也用此种方法分别选出了 5 个波长 [图 6.7.4（b）和图 6.7.4（c）]，所有选取的特征波长汇总于表 6.7.2 中。

进而，对比掺杂的功率谱图 6.7.5 发现，SPC、SPI 的功率谱形状相近，而 SPF 与这两者的功率谱差别较为明显，原因在于：首先，SPC、SPI 三种大豆蛋白内部组成不同，大豆蛋白粉（SPF）为大豆除去油脂后的豆粕直接加工而成，其蛋白含量约为 43%；而大豆浓缩蛋白（SPC）是去除大豆粉中的低聚糖以及水溶性小分子蛋白，将大豆蛋白中的粗蛋白进一步浓缩所得到，其蛋白含量高达 70%左右；大豆分离蛋白（SPI）是在大豆浓缩蛋白（SPC）

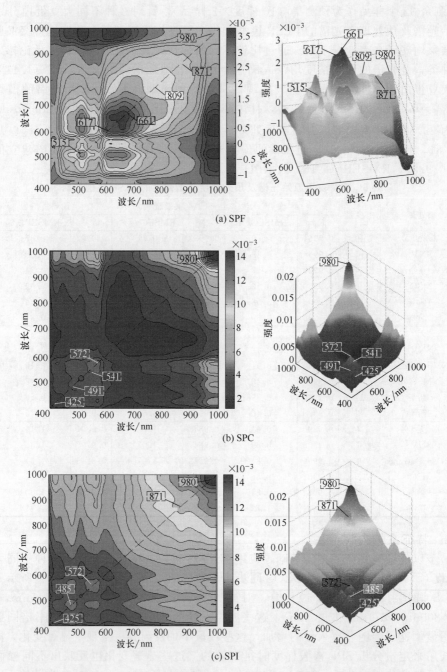

(a) SPF

(b) SPC

(c) SPI

图 6.7.4　基于 2DCOS 同步谱等高线图与对应三维立体图的自动峰选取特征波长

的基础上，进一步去除掉大分子粗蛋白后得到，其蛋白含量更是高达 90％左右。因此，相比 SPF，SPC 和 SPI 的光谱特征更为接近。其次，SPF 功率谱［图 6.7.5（a）］所呈现的位于可见光范围的特征波长 517nm、617nm、661nm 的相对峰值较高，是因为 SPF 蛋白为深黄色甚至橙色，相比较 SPC、SPI 两种蛋白而言，颜色偏深。同样地，SPF 功率谱所呈现的特征波长 809nm 对应 RNH2 键，表征 SPF 中的糖类。因此，当三种蛋白分别掺入生鲜鸡肉糜中时，SPF 的功率谱与 SPC、SPI 明显不同。

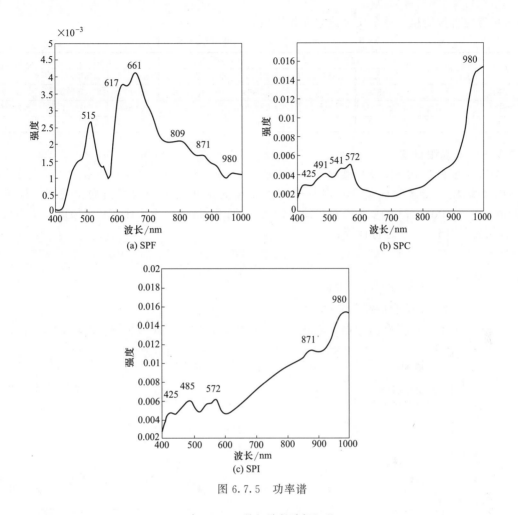

图 6.7.5 功率谱

表 6.7.2 特征波长选择汇总

大豆蛋白	特征波长个数	特征波长/nm
SPF	6	515,617,661,809,871,980
SPC	5	425,491,541,572,980
SPI	5	425,485,572,871,980

进一步分析表 6.7.2 可看出，三种大豆蛋白选取特征波长均包含了 980nm，表明无论何种大豆蛋白，掺入梯度越高的情况下水分含量占比会越低。干粉末掺入量越多，整个样品水分总体占比越少，这与我们的认知相一致。除此之外，SPF 和 SPI 样品中选取的特征波长都有 871nm，而 SPC 和 SPI 样品中选取的波长都有 425nm 和 572nm，其他选取出的波长不相同，这表明不同种类大豆蛋白的掺入对整个样品系统的影响具有一定的相似性，又因成分不同具有一定差异。

6.7.2.4 多光谱定量预测模型

本项目以所选取特征波长为模型输入量，建立鸡肉糜中大豆蛋白掺假梯度的简化 PLSR 预测模型，模型性能如表 6.7.3 所示。与建立的全光谱模型相比，多光谱 PLSR 模型性能均有所降低，说明在提取特征波长过程中其他波长下的信息被遗漏掉了，但整体仍维持了较高的模型精度（$R_P^2 \geqslant 0.97$，RMSEP$\leqslant 0.91\%$且 RPD$\geqslant 5.56$），说明选择的特征波长包含足够的大豆蛋白含量信息，适合用来建立简化模型。

表 6.7.3　基于选择波长建立的 PLSR 模型性能

大豆蛋白	潜变量	训练集		交叉验证集		预测集		RPD
		R_C^2	RMSEC/%	R_{CV}^2	RMSECV/%	R_P^2	RMSEC/%	
SPF	4	0.9880	0.95	0.9864	1.01	0.9874	1.03	8.58
SPC	5	0.9904	0.85	0.9890	0.91	0.9896	0.91	9.72
SPI	5	0.9773	1.31	0.9702	1.50	0.9720	1.59	5.56

6.7.2.5　检测限计算

　　为进一步观察 PLSR 多光谱预测模型性能，分别绘制了如图 6.7.6 所示的三种大豆蛋白模型中训练集、交叉验证集和预测集带有误差棒的预测数据与真实数据相关图。检测限（limit of detection，LOD）是衡量检测方法能力的重要指标，为了评估其灵敏度，本项目中LOD 用公式（6.7.2）进行计算：

$$LOD = \frac{2\delta}{S} \tag{6.7.2}$$

式中　δ——空白样本预测的标准偏差；

　　　S——训练集拟合曲线的斜率。

　　从图 6.7.6 中可以看出，训练集和交叉验证集具有相差无几的检测误差，表明了模型的

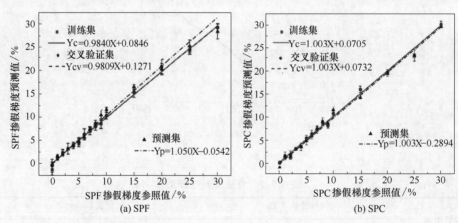

(a) SPF　　　　　　　　　　(b) SPC

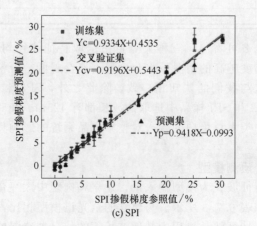

(c) SPI

图 6.7.6 彩色图形

图 6.7.6　检测鸡肉糜中掺假大豆蛋白 SPF、SPC 和 SPI 的简化模型性能

可靠稳定性。为了严谨地验证检测方法，本项目中仅针对未参与建模的独立预测集的 LOD 进行了计算，得到了应用该方法预测鸡肉糜中 SPF、SPC 和 SPI 的 LOD 分别为 0.53％，0.58％和 1.02％（w/w）。可以看出 SPF 和 SPC 的 LOD 均在 1％以下，而 SPI 的 LOD 在 1％左右，现实生活中以盈利为目的的肉类掺假，掺假率一般都会高于 10％，因此使用高光谱成像检测鸡肉糜中大豆蛋白含量是可满足需求的，尤其对掺假率在 1％以上样品的定量检测效果更佳。

6.7.2.6 掺假梯度可视化表征

将 SPF、SPC 和 SPI 对应的最优简化 PLSR 预测模型应用到原始多光谱图像上，针对每一个像素点的大豆蛋白掺入含量进行定量预测，最终拼接成一幅预测分布图。

如图 6.7.7 所示，选择了 10 个跨度梯度（0％，2％，4％，6％，8％，10％，15％，20％，

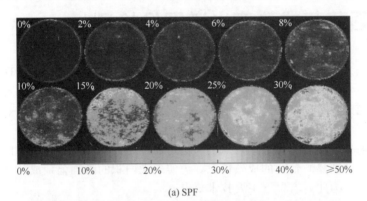

图 6.7.7 彩色图形

(a) SPF

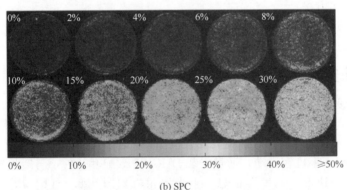

(b) SPC

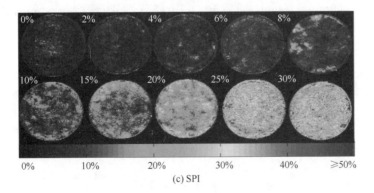

(c) SPI

图 6.7.7　鸡肉糜中大豆蛋白的可视化分布图

25％和30％）进行示例展示。可视化图中背景用黑色、低梯度用蓝色、高梯度用红色表示，可见采用此种线性颜色能够看到不同大豆蛋白梯度下的整体颜色变化，随梯度的升高样品由蓝色向黄红色转变，可清晰看出是否掺假及其掺假水平。样品内各像素点颜色有差异预示着不同点处的掺假情况也有不同，证实大豆蛋白粉在鸡肉糜中分布也是不均匀的。值得注意的是，在 SPF 和 SPC 的可视化图中，0％的样品几乎全是深蓝色，而 SPI 中梯度 0％与 2％的样品可视化效果接近，说明该方法对 SPF 和 SPC 的定性检测以及微量的定量检测效果要优于 SPI，这也与表 6.7.3 中最优模型预测结果相一致。通过构建大豆蛋白掺假梯度可视化分布图的方法，可直观展示与鸡肉颜色相近的大豆蛋白粉的掺入状况，为鸡肉糜的品质安全检测提供了参考。

6.8　酿酒葡萄成熟度光谱图像检测

目前，利用多光谱成像设备获取不同谱段的遥感资料，结合计算机图像处理，可以获得更为丰富的图像资源，为基于计算机的识别与分类提供了支撑。随着无人机的不断发展，轻量化、集成化的多光谱采集设备可装载于无人机上，便于实现机动、快速、高效的光谱信息采集作业。

以近地面酿酒葡萄多光谱图像采集与识别为例，通过建立无人机多光谱图像数值与葡萄成熟度指标的关系，判别酿酒葡萄的成熟情况，为实现大面积的酿酒葡萄成熟度检测提供一种高效、便捷的方法。为此，有以下主要技术要点：

① 多光谱图像采集方法；
② 多光谱图像处理与指标选择；
③ 多光谱图像指标与酿酒葡萄成熟度的关系模型建立。

6.8.1　酿酒葡萄多光谱图像采集

6.8.1.1　图像采集设备

如图 6.8.1 所示，检测系统由无人机飞行平台、多光谱相机、移动端、计算机等构成。飞行平台采用大疆精灵 DJI Phantom 四旋翼无人机 [图 6.8.2 (a)]，有效载荷约 2kg，续航时间约 20min；移动端为手机客户端，通过安装 DJIGS Pro 配套软件，与遥控器相连，实时获取无人机拍摄图像、速度、高度等信息；多光谱相机如图 6.8.2 (b) 所示，选用 ADC Micro 型，尺寸 75mm×59mm×33mm，重量 90g，光谱范围 520～920nm，镜头焦距 8.43m，

图 6.8.1　检测系统组成
1—DJI Phantom 四旋翼无人机；2—ADC Micro 多光谱相机；3—16GB SD 卡；4—计算机

光圈 F 3.2，镜头水平视角 37.67°、垂直视角 28.75°，图像尺寸 320 万像素（2048×1536），3 通道输出（红、绿、近红外波段），采集时间 0.5～6s。

(a) 大疆精灵 DJI Phantom 四旋翼无人机　　　　　(b) ADC Micro 多光谱相机

图 6.8.2　飞行平台与多光谱相机

6.8.1.2　图像采集方案

在山东省蓬莱市君顶酒庄酿酒葡萄种植片区，选取龙蛇珠为采集对象。该品种的特点是在转熟期，叶片会由绿色变为红色。近地面图像在天气晴朗、能见度较好时采集，采集时间为 20 天，每 2～3 天进行 1 次，无人机作业时与冠层顶端平均距离 0.8～1m，拍摄一小片区域内龙蛇珠植株。

近地面图像采集过程如图 6.8.3 所示。

图 6.8.3　近地面图像采集过程

采样采取 S 形采样法，具体过程如下：

① 选取四行葡萄藤，分别标记为第Ⅰ行、第Ⅱ行、第Ⅲ行、第Ⅳ行，再分别标记每行的第 10 棵、第 20 棵、第 30 棵、第 40 棵葡萄藤；

② 在第一次取样时，从第Ⅰ行第 10 棵葡萄藤开始，依次采集第Ⅱ行第 20 棵、第Ⅰ行第 30 棵、第Ⅱ行第 40 棵葡萄藤；从第Ⅲ行第 10 棵葡萄藤开始，依次采集第Ⅳ行第 20 棵、第Ⅲ行第 30 棵、第Ⅳ行第 40 棵葡萄藤。每个取样点分别选取葡萄藤两侧新梢中部的酿酒葡萄 2 穗，每穗分别取上中下部位 2 粒，每次取样共计 192 粒。

③ 第二次取样时，则从第Ⅱ行第 10 棵葡萄藤开始，依照 S 形选取第一次未选取的葡萄藤。采集时间为下午 2：00—3：00，镜头垂直向下，拍摄时间 5s 一张。采集前，用给定的白色板进行标定，采集图像如图 6.8.4 所示。

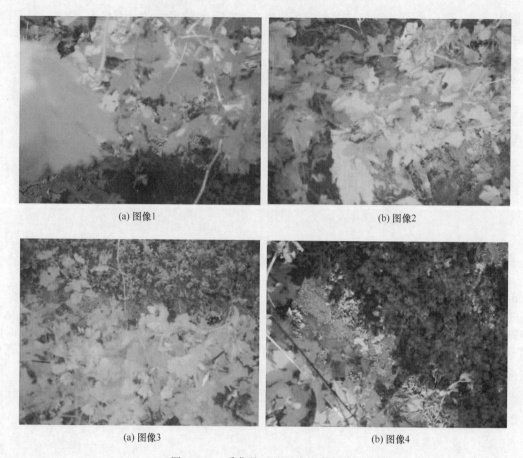

(a) 图像1   (b) 图像2

(a) 图像3   (b) 图像4

图 6.8.4   采集的近地面多光谱图像

6.8.2   酿酒葡萄成熟度检测指标与传统方法

葡萄酒的质量不仅取决于酿酒葡萄的品质,且与采收时期密切相关。在酿酒葡萄浆果内,很多理化成分共同决定着葡萄的品质质量,其中主要有糖、酸、酚类物质等。这些理化成分在葡萄成熟的过程中呈现出不同的含量及比例,因此酿酒葡萄采摘期将直接影响到葡萄浆果的品质质量。本项目主要分析糖、酸、酚类物质对酿酒葡萄果实品质和所酿葡萄酒的影响,综合讨论各类指标获取的难易程度、成本及其价值,结合相关性分析,选取最具代表性的理化指标作为预测依据,进行预测模型的构建。

6.8.2.1   检测理化指标

表 6.8.1 为葡萄浆果内糖、酸、酚类物质预测指标对比。

表 6.8.1   糖、酸、酚类物质预测指标对比

理化指标	成熟期代表性	检测流程可操作性	成本	备注
总糖	传统的代表性指标,对成熟期具有较强代表性,影响葡萄酒酒度及其他理化物质的合成	检测方法较简单,操作性强	低	可滴定
总酸	与总糖含量具有一定相关性,影响葡萄酒 pH 和酸涩味	检测方法较简单,操作性强	低	可滴定
酚类物质	新兴评价指标,影响葡萄酒的口感复杂程度	检测方法复杂,仪器精度要求高	较高	可滴定

从理化指标与葡萄酒质量的关系来看，果实含糖量和葡萄酒的关系最为密切，因此往往首先将其作为葡萄的成熟指标。果实转色后可溶性固形物含量的变化和含糖量逻辑斯蒂增长曲线也常用于酿酒葡萄成熟度判断和采收期预测的指标。

综合分析以上 3 种理化指标的检测价值、数据获取难度、成本，并根据后续的试验对多种理化指标进行的相关性分析以及预测模型建立过程中需要结合大量真实值数据进行建模的实际需求，最终决定选取检测难度低、成本低、参数代表性较强的总糖指标作为建模参数。

6.8.2.2　总糖指标传统检测方法

采用 PAL-1 手持式糖度仪 [如图 6.8.5（a）所示] 对葡萄粒的总糖进行检测。

将采集到的葡萄利用榨汁机进行带皮榨汁；得到葡萄汁后，采用胶头滴管吸取并滴在 PAL-1 手持式糖度仪的检测镜上；按下 "START" 键得到总糖检测数值，读数并记录。在每次检测结束后，采用蒸馏水对检测镜进行冲洗。

(a) PAL-1手持式糖度仪　　　　　(b) PAL-1手持式糖度仪检测葡萄汁总糖

图 6.8.5　PAL-1 手持式糖度仪及其检测应用

6.8.3　多光谱图像处理与指标选择

6.8.3.1　多光谱图像处理

利用多光谱相机配套的 PixelWrench2 x64 图像处理软件，对所采集的多光谱图像进行处理。每张图像可得到红色（R）分量、绿色（G）分量、近红外（NIR）分量三种不同的图像。图 6.8.4（a）所示的图像经该软件处理得到的结果如图 6.8.6 所示。

(a) 多光谱图像R分量图像　　　(b) 多光谱图像G分量图像　　　(c) 多光谱图像NIR分量图像

图 6.8.6　多光谱图像的 R/G/NIR 分量图像

　　利用该软件，选取并得到植物叶片区域和整张图像的各分量值作为分析指标，得到的指标数据如图 6.8.7 所示。

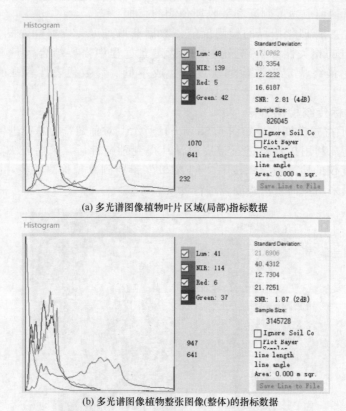

(a) 多光谱图像植物叶片区域(局部)指标数据

(b) 多光谱图像植物整张图像(整体)的指标数据

图 6.8.7　多光谱图像植物叶片区域（局部）和整张图像（整体）的指标数据

　　将每日各采样点采集到的数据取平均值，得到全部的植物叶片区域和整张图像的各分量值，结果如表 6.8.2 所示。

表 6.8.2　植物叶片区域和整张图像的各分量值

日期	局部 R 分量	局部 G 分量	局部 NIR	整体 R 分量	整体 G 分量	整体 NIR
2016 年 9 月 24 日	6.5	52.3	163.8	7.0	44.5	136.7
2016 年 9 月 26 日	3.8	48	140.0	5.4	40.8	113.8
2016 年 9 月 28 日	8.8	47.8	156.7	12.2	39.8	123.0
2016 年 9 月 30 日	8.3	50.8	149.5	10.0	41.2	117.3
2016 年 10 月 3 日	10.2	53.8	161.7	8.3	40.0	123.3
2016 年 10 月 5 日	14.7	47.4	148.9	12.1	36.0	113.3
2016 年 10 月 8 日	16.5	61.7	144.3	16.0	49.7	110.8
2016 年 10 月 10 日	29.0	63.3	135.3	28.0	45.5	91.0
2016 年 10 月 12 日	32.6	81.6	128.4	27.6	55.6	128.4

6.8.3.2　颜色指标的选择

　　利用表 6.8.2 的数据绘制日期-颜色分量指标数据点图，得到图 6.8.8 的检测结果。

　　由图 6.8.8 可知，各分量指标均呈现一定的上升或下降规律。为选出更加适合的分量指标，采用线性回归方法进行拟合，观察其得出的回归公式、R^2、F 值、P 值四个指标，如图 6.8.9 所示，全部结果如表 6.8.3 所示。

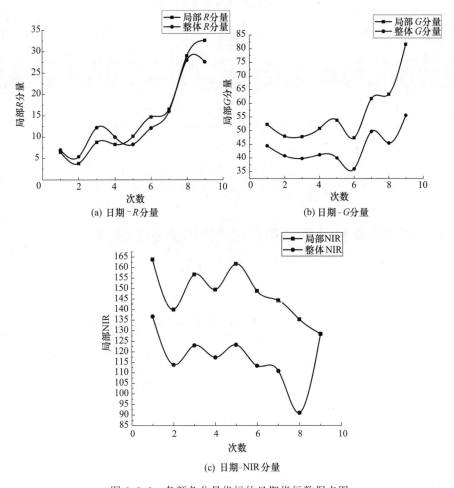

图 6.8.8　各颜色分量指标的日期指标数据点图

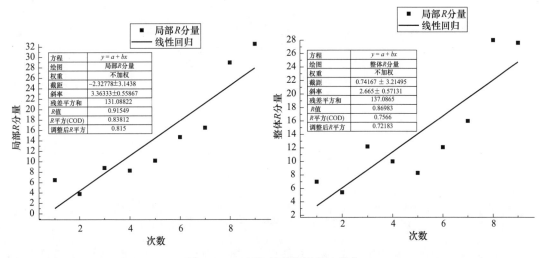

图 6.8.9　日期-颜色指标线性拟合

表 6.8.3　各颜色指标的回归拟合统计

颜色分量	回归公式	调整后 R^2 值	F 值	P 值
局部 R 分量	$y = 3.363x - 2.338$	0.815	36.24311	5.31444E-4
整体 R 分量	$y = 2.665x + 0.742$	0.72183	21.75951	0.0023
局部 G 分量	$y = 3.125x + 40.675$	0.5328	10.12325	0.01545
整体 G 分量	$y = 1.218x + 37.586$	0.215	3.19252	0.11713
局部 NIR	$y = -3.019x + 162.714$	0.40613	6.4709	0.03845
整体 NIR	$y = -2.167x + 128.344$	0.0992	1.88103	0.21256

由图 6.8.9 与表 6.8.3 可知，R 分量随着葡萄的成熟，与成熟日期呈非常显著的正相关。这可由龙蛇珠在逐渐成熟时叶片变红密度增加证明。虽然局部 G 分量的 P 值也小于 0.05，但是整体 G 分量并不显著。综上所述，根据显著性水平，选取局部 R 分量为颜色评价指标。

6.8.4　多光谱图像 R 分量与葡萄成熟度的关系模型

利用 PAL-1 手持式糖度仪测得各样本葡萄总糖含量（单位：%），选取其中 80% 的数据求出平均值，作为模型集；其余 20% 数据的平均值作为当天总糖含量的验证集。

模型集的结果如表 6.8.4 所示。

表 6.8.4　模型集的葡萄总糖含量

日期	总糖含量/%	日期	总糖含量/%
2016 年 9 月 24 日	18.4	2016 年 10 月 5 日	20.8
2016 年 9 月 26 日	17.1	2016 年 10 月 8 日	21.6
2016 年 9 月 28 日	19.9	2016 年 10 月 10 日	22.0
2016 年 9 月 30 日	19.7	2016 年 10 月 12 日	21.9
2016 年 10 月 3 日	19.9		

将表 6.8.4 内日期对应的总糖含量与表 6.8.3 内的局部 R 分量对应，然后进行线性回归和对数回归，得到图 6.8.10 与表 6.8.5 的结果。

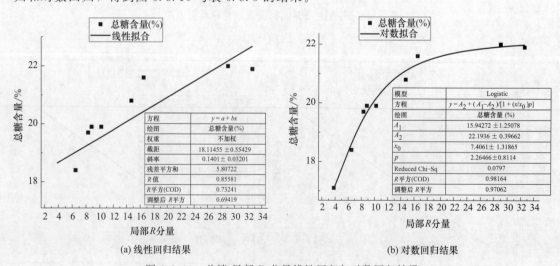

(a) 线性回归结果　　　　　　　　　(b) 对数回归结果

图 6.8.10　总糖-局部 R 分量线性回归与对数回归结果

由表 6.8.5 与图 6.8.10 知，相比于线性拟合方式，总糖含量变化更符合对数增长方式，且对数拟合的显著性水平、R^2、F 值等关键指标明显高于线性拟合。因此，选取对数拟合公式作为最终的多光谱图像 R 分量与葡萄成熟度的关系模型，如式（6.8.1）所示。

表 6.8.5　拟合结果统计

拟合方式	拟合公式	调整后 R^2	F 值	P 值
线性拟合	$y=0.1401x+18.115$	0.69419	19.15976	0.00325
对数拟合	$y=22.194-\dfrac{6.25}{1+\left(\dfrac{x}{7.406}\right)^{2.265}}$	0.97062	11522.40265	5.12407E-10

$$y=22.194-\frac{6.25}{1+\left(\dfrac{x}{7.406}\right)^{2.265}} \tag{6.8.1}$$

式中　x——局部 R 分量值；

　　　y——总糖含量。

利用式（6.8.1），将验证集的多光谱图像 R 分量数据代入，与实际检验的总糖含量（作为标准值）进行对比，验证模型的精度，其结果如表 6.8.6 所示。

表 6.8.6　验证集葡萄总糖含量与模型误差

日期	多光谱图像 R 分量	模型预测总糖含量/%	实际检测总糖含量/%	误差
2016 年 9 月 24 日	5.7	18.2	18.4	-1.09%
2016 年 9 月 26 日	4.0	17.2	17.1	+0.58%
2016 年 9 月 28 日	9.7	20.0	19.9	+0.50%
2016 年 9 月 30 日	11.7	20.6	19.7	+4.57%
2016 年 10 月 3 日	8.3	19.5	19.9	-2.01%
2016 年 10 月 5 日	11.3	20.5	20.8	-1.44%
2016 年 10 月 8 日	16.0	21.3	21.6	-1.39%
2016 年 10 月 10 日	31.2	21.9	22.0	-0.45%
2016 年 10 月 12 日	31.5	22.0	21.9	+0.46%

根据表 6.8.6 所示，经验证，模型的预测误差≤4.6%，证明模型具有较高精度，能够满足预测要求。在实际采集图像过程中，图像可能受到太阳光线强度的影响，因而对模型与回归结果有一定影响。模型的各项参数和样本数量还需不断优化。

在本次试验结束时，经君顶酒庄化验室检测，龙蛇珠已成熟，于 2016 年 10 月 13 日开始全面采收。采收时的总糖含量约为 22%。因此，选取 22% 为龙蛇珠成熟度的判别指标。由式（6.8.1）可知，当利用无人机搭载多光谱相机获得龙蛇珠图像后，可将多光谱图像的局部 R 分量代入式（6.8.1），得出总糖含量。若经计算后的总糖含量≥22%，即可满足采收条件，使得成熟度的判定工作可依靠多光谱图像处理技术完成，不再需要大面积采集样品后进行实验室滴定测量，大幅度降低了人工的工作量，为酒庄的龙蛇珠品种成熟判定提供了技术基础和新的技术方案。

第7章

图像检测与控制实例

7.1 农田视觉检测与导航系统

7.1.1 项目目标与准备工作

农田作业机器人的自动导航，长期以来一直是国内外研究热点。目前主要有精密全球导航卫星系统（Global Navigation Satellite System，GNSS）（包括美国的 GPS、俄罗斯的 Glonass、欧洲的 Galileo 和中国的北斗卫星导航系统）导航、机器视觉导航及多传感器融合导航等方式。虽然农田视觉导航的研究始于 20 世纪 70 年代，但是直到 GPS 民用化之前，由于计算机、摄像机和图像采集卡等机器视觉硬件设备一直都很昂贵，再加上当时计算机针对农田复杂自然环境图像处理能力不足，农田视觉导航一直没有形成产品。20 世纪 90 年代中期，由于 GPS 系统的硬件成本低于机器视觉系统，而且对计算机处理能力要求不高，因此国际上农田导航研究均转向了 GPS 导航系统。现在，经过 20 多年的发展，精密 GNSS 农田导航产品已日趋成熟，但由于成本原因，一直不能大面积推广使用，中国仅在新疆和东北开始批量销售，在其他地区除了研究试验以外，还很少有市场销售。国外精密 GNSS 农田导航产品也由于成本原因遭遇了推广瓶颈。

基于机器视觉的导航技术，由于能够适应复杂的田间作业环境、探测范围宽、信息丰富完整，所以受到国内外研究者的广泛关注。本项目将介绍各种农田作业视觉导航线的图像检测算法。农田作业包括插秧、水田管理、耕作、播种、施肥、收割、田间管理等。

试验准备如下：对于算法开发用的静态图像，假设将相机置于导航目标线上方 1m、向下倾斜 15°左右的位置，进行图像采集，采集到的图像视野长度约 10m。对于现场模拟用的动态视频图像，将摄像机安装在车辆前方，在操作人员进行驾驶作业同时，录制导航线视频图像，在实验室对这些视频图像进行动态检测。对于田间管理，分别在不同时期采集研究用图像。

编程工具采用 Microsoft Visual C++，检测算法在北京现代富博科技有限公司的通用图像处理系统 ImageSys 平台上开发完成。

设想农田作业机器人的工作流程如下：刚下田时，沿着田埂自动行走作业；到田头后回转，沿着已作业地与未作业地的分界线直线行走；反复作业多次，当另一侧田埂进入视野时，检测机器人到田埂的距离，判断本次作业后能否回转，如果不能回转，作业到田头后停止作业。

7.1.2　插秧环境导航线检测

7.1.2.1　目标苗列线检测

在检测目标苗列线之前，首先需要将苗从水田的图像中提取出来，然后确定目标苗列，再对目标苗列线进行检测。

（1）水田苗的提取

提取水田苗的方法包括亮度分割法、边缘检测（微分处理）法、线亮度解析法和线颜色解析法等，其方法和提取效果如下。

① 亮度分割法。该方法的基本思想是，在一定的亮度范围内（例如白天环境），图像上各个物体之间的亮度关系是一定的。由此，首先将图像的直方图计算出来，然后找出直方图的最大值和最小值，也就是图像上最亮的像素值和最暗的像素值，将直方图由暗到亮分成 4 等份。通过研究发现，苗的亮度处在从暗侧起的第 2 等份中，将该区域的像素提取出来，即可把苗从图像上提取出来。

② 微分处理法。水田图像虽然在整体上亮度并不均匀，但是在局部，苗与背景的水面和泥块还是存在亮度差别。微分处理法就是基于目标像素与其周围像素的亮度关系的提取方法。由于在图像上苗列是垂直向上的，这里选用图 7.1.1 所示的 Kirsch 算子中检测左右边缘的 M3 和 M7 两个微分算子，对微分图像再用以直方图上位 5% 作为阈值的 p 参数法进行二值化处理。

M1			M2			M3			M4			M5			M6			M7			M8		
5	5	5	−3	5	5	−3	−3	5	−3	−3	−3	−3	−3	−3	−3	−3	−3	5	−3	−3	5	5	−3
−3	0	−3	−3	0	5	−3	0	5	−3	0	5	−3	0	−3	5	0	−3	5	0	−3	5	0	−3
−3	−3	−3	−3	−3	−3	−3	−3	5	−3	5	5	5	5	5	5	5	−3	5	−3	−3	−3	−3	−3

图 7.1.1　Kirsch 算子

③ 线亮度解析法。本方法是以各个扫描线为单位，分析扫描线上苗与环境的亮度关系，然后将苗的像素提取出来，属于目标像素与局部区域像素的比较。在镜头远方，苗的亮度小于环境的亮度；在镜头的正前方，苗的亮度大于环境的亮度。但是，无论哪种情况，苗的亮度总是在线剖面平均亮度的偏差之外。因此，计算每条线剖面亮度的平均值和标准偏差，将偏差外的像素提取出来即可。

④ 线颜色解析法。本方法是以各个扫描线为单位，分析扫描线上苗与环境的红（R）、绿（G）、蓝（B）颜色的关系，然后将苗的像素提取出来，属于目标像素与局部区域像素的比较。在苗的位置，G、B 较大，而且 $R+B$ 较小。因此，计算每条线剖面上 $G-B$ 以及 $R+B$ 的平均值和标准偏差，将 $G-B$ 和 $R+B$ 分别在其偏差外的像素提取出来即可。

比较上述 4 种苗列检测方法，基于局部像素值差别的微分处理法、线亮度解析法和线颜色解析法比基于整体亮度差的亮度分割法效果好。其中，线颜色解析法的检测效果又好于微分处理法和线亮度解析法，但是线颜色解析法相当于同时处理了 3 个灰度图像，处理时间比其他两种方法长，因此在实时处理时微分处理法和线亮度解析法比较实用。本项目采用微分法检测苗列。

　　图 7.1.2 是对苗列的灰度原图像利用上述微分法及二值化处理后的结果图像,可以看出苗和泥块被很好地检测出来了,并且不受天气情况影响。

(a) 晴天原图像　　　　　　　　　　　　　(b) 阴天原图像

(c)(a) 处理结果　　　　　　　　　　　　　(d)(b) 处理结果

图 7.1.2　原图像及微分二值图像

（2）目标苗列确定

　　在上述提取后的二值图像中,目标苗列是靠近图像中心的苗列,但是并不是图像中最长的苗列,最长的苗列应该是倾斜的离开图像中心的第 2 列。Hough 变换一般是检测处理区域中的最长线,为了利用 Hough 变换来检测目标苗列线,本项目设定图像中心 1/3 区域为处理窗口。设定处理区域以后,不仅保证了目标苗列在处理区域内属于最长线,而且可以大幅度减少处理时间,提高处理效率。带来的问题是,在将来的实时处理过程中,需要保证处理窗口能够自动跟踪目标苗列。这个问题留待实时处理时再解决。

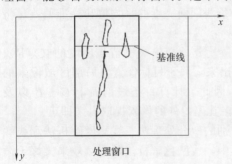

图 7.1.3　已知点的确定

（3）目标苗列线检测

　　本项目利用过已知点 Hough 变换进行目标苗列线的检测。过已知点 Hough 变换的核心问题是已知点的确定。如图 7.1.3 所示,本项目在处理窗口内设定一条基准线,然后检测基准线周围白色像素区域的中心。首先,以每个白色像素区域的中心分别为已知点,进行一次 Hough 变换;然后,找到其中投票数最多的区域及其已知点;最后,再以该已知点和区域为对象进行反复投票,直到 0.05 的斜率精度为止。

　　图 7.1.4 是利用亮度分割法提取目标苗列图像的苗列线检测结果。在实际操作中,首先

设基准线为 $y=40$，如果判断出区域太宽（例如大于处理窗口宽度的 $1/2$），即代表基准线设在了反光区域，这时改设 $y=380$ 重新开始检测。可以看出，虽然图像上噪声很多，但是目标苗列线都被有效地检测出来了。对这么复杂的图像都能检测出目标苗列线，对图 7.1.2 那样噪声不太多的图像，就会更容易检测。

(a) 例图1　　　　　　　　　　　　　　　　(b) 例图2

图 7.1.4　目标苗列线检测结果

Px—初始已知点的 x 坐标；posi_x—确定的已知点 x 坐标；slope—检测出的目标线斜率

7.1.2.2　目标田埂线检测

（1）目标田埂的二值化处理

田埂与水面的分界线是导航的目标线，目标田埂线在图像上是垂直向上，因此选用 Kirsch 算子（图 7.1.1）中检测左右边缘的 M3 和 M7 进行微分运算，对微分图像再用直方图上位 5％作为阈值的 p 参数法进行二值化处理。图 7.1.5 和图 7.1.6 分别是对土田埂（图 7.1.9）和水泥田埂（图 7.1.12）利用上述方法对中间 $1/3$ 区域处理的二值化图像。可以看出，水泥田埂线处有长连接成分，而土田埂的田埂线处（水与田埂的分界线）没有长连接成分。根据这个特点，可以对两种情况分别研究田埂线处像素的提取方法。通过区域标记，测量二值图像上最大长度的目标，如果最大长度大于 50 像素，则认为该二值图像是水泥田埂，否则被看作土田埂。

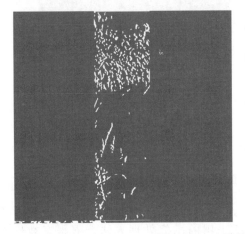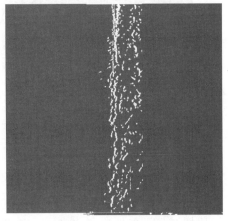

图 7.1.5　土质目标田埂二值图像

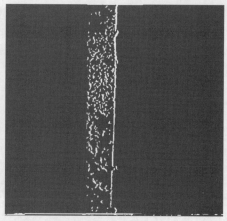

图 7.1.6 水泥目标田埂二值图像

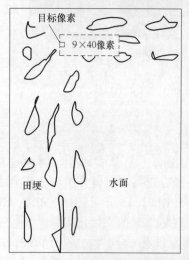

图 7.1.7 土田埂目标像素提取

（2）土质目标田埂线检测

判断是土质田埂（也就是没有长连接成分）时，利用下述方法提取田埂线处的像素。从上到下、从田埂到水面扫描图像，当遇到白像素时，以该像素为目标，在其前方设定 9×40 像素的区域，如图 7.1.7 所示，搜查该区域内还有没有其他白像素。如果有，将目标像素变为黑像素；否则，保持目标像素不变。这样可以消除田埂上的白像素，只留下田埂线处的白像素。

图 7.1.8 是图 7.1.5 土田埂的二值图像经过上述处理后的结果，由图 7.1.8 可以看出，田埂上的白像素被去除了，只留下了田埂线处的像素，而且田端上的白像素也都被去除了，由此可以判断出田端的位置。然后，利用过已知点 Hough 变换即可检测出田埂线，已知点的设定方法同目标苗列线的检测。

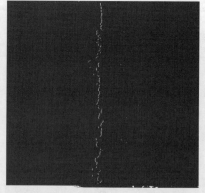

图 7.1.8 图 7.1.5 中土田埂目标像素的提取结果

图 7.1.9 是土质目标田埂线的最终检测结果，由图 7.1.9 可知，无论是晴天还是阴天，目标田埂线都正确地检测出来了，说明所采用的图像处理方法能够很好地检测目标田埂线。

(a) 晴天　　　　　　　　　　　　　　(b) 阴天

图 7.1.9　土质目标田埂线检测结果

（3）水泥目标田埂线检测。

① 目标田埂线处像素的提取。

如果判断是水泥田埂，则将最大连接成分的上下端分别向左、向右扩展 5 个像素范围，分别向上和向下进行区域合并处理。所谓区域合并处理，即将检测范围内其他不为 0 的像素值设定为最大连接成分的像素值。然后，将最大连接成分像素值的像素提取出来，即可将田埂线处的目标像素提取出来。图 7.1.10 是图 7.1.6 的二值图像，经过区域标记和区域合并，然后提取最大连接成分像素的结果，田埂线处的像素被很好地提取出来了。

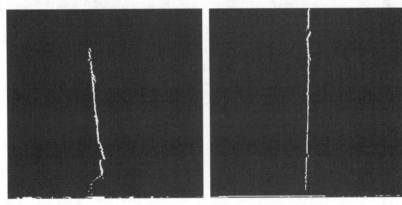

图 7.1.10　图 7.1.6 田埂线处像素提取结果

② 田端位置的判断。

以二值图像为处理对象，如图 7.1.11 所示，在最大连接成分的上端，在水面一侧设定一个高和宽分别为 9 像素和水面一侧宽度的矩形区域，一个像素一个像素地向上移动该区域，直到图像上端为止，同时累加各个区域中的目标（白色）像素数，获得处理区域的像素数分布图。由于水面的白色像素很少，而田端上白色像素很多，所以在田端与水面分界处一定有个像素数的突变位置，检测出该位置即为田端的位置。如果检测区域的像素数没有突变，表示图像上没有田端。

③ 目标田埂线检测。

检测出田端后，对于提取出田埂线处像素的图像（如图 7.1.10），利用过已知点 Hough

变换即可检测出田埂线，已知点设在最大连接成分的中心点，目标线的上端检测到田端田埂。图 7.1.12 是水泥田埂线的最终检测结果，田端的横线是检测出的田端位置，可以看出田埂上检出的白色细线与实际田埂线非常吻合。

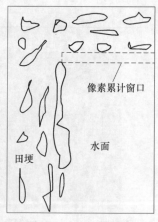

图 7.1.11 田端检测

7.1.2.3 田端田埂线检测

田端田埂线在图像上是水平的，因此选用 Kirsch 算子（图 7.1.1）中检测水平边缘的 M1 和 M5 进行微分运算，对微分图像再用直方图上位 5％作为阈值的 p 参数法进行二值化处理。由于田埂处一般会有阴影，阴影的位置会随着太阳的方位和田埂的高度而变化，因此在检测田埂线之前需要首先检测出阴影的位置，然后再在阴影位置以上检测田端田埂线。

(a) 晴天   (b) 阴天

图 7.1.12 水泥目标田埂线检测结果

（1）阴影线检测

由于阴影的亮度比水面暗，因此可以用检测下方亮、上方暗的 Kirsch 算子（图 7.1.1）中的 M5 来检测阴影。图 7.1.13 分别是土质和水泥田端田埂利用上述方法对中间 1/3 区域处理的二值化图像，可以看出，无论是土质还是水泥的田端田埂，在阴影处的田埂线处都检测出了长连接成分。

为了检测阴影位置，本项目设定一个高度为 4 像素、宽度为处理区域的移动区域，从图像的上端到下端，移动处理区域，同时计算移动区域中的白色像素数。然后，分析移动区域中的像素分布情况，阴影处在像素数分布的突变处。这样，找到像素数分布图的突变处，提取该突变处的像素即可。提取方法与水泥目标田埂线处像素的提取方法相似，只是改提取垂直方向为水平方向。

图 7.1.14 是对图 7.1.13 图像阴影处像素的提取结果，可以看出，阴影处像素被完整地提取出来。对于该图像，利用过已知点 Hough 变换即可检测出阴影线，已知点设置在最大连接成分的中心位置。

（2）田埂线检测

由于在田端田埂与水面的交界处，存在有水阴湿的痕迹，田埂上干燥部位比阴湿部位亮度高，因此可以用检测下方暗、上方亮的 Kirsch 算子（图 7.1.1）中的 M 1 来检测田端田

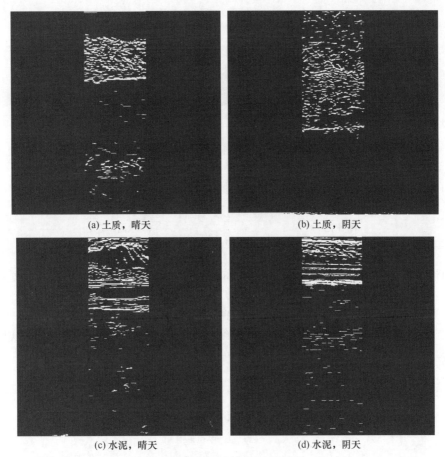

(a) 土质，晴天   (b) 土质，阴天

(c) 水泥，晴天   (d) 水泥，阴天

图 7.1.13 阴影检测二值图像

埂。与检测阴影位置相同，设定一个高度为 4 像素、宽度为处理区域的移动区域，对上述二值图像，从上端到下端，移动处理区域，同时计算移动区域中的白色像素数。对于土质田端，分布的最大值位置不确定；对于水泥田端，最大值的位置在水和田端分界处或者上表面边缘处，最大值附近有像素数趋于零的区域。

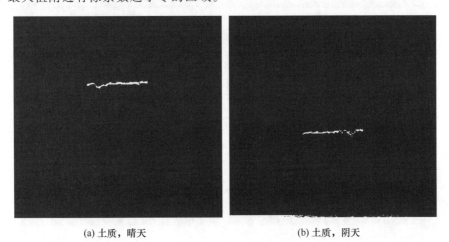

(a) 土质，晴天   (b) 土质，阴天

图 7.1.14

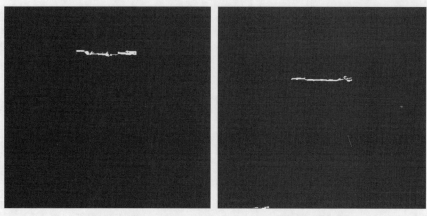

(c) 水泥，晴天　　　　　　　　　　(d) 水泥，阴天

图 7.1.14　图 7.1.13 对应阴影处像素提取结果

　　利用像素数分布图，检测出田端田埂处的像素，然后利用过已知点 Hough 变换即可检测出田端田埂线。对于土质田埂，已知点设置在白色像素的分布中心位置。对于检测出连接成分的水泥田埂，已知点设置在最大连接成分的中心位置。

　　图 7.1.15 是利用上述方法检测出的阴影线和田埂线，可以看出检测结果与实际线位置非常吻合。

(a) 土质，晴天　　　　　　　　　　(b) 土质，阴天

(c) 水泥，晴天　　　　　　　　　　(d) 水泥，阴天

图 7.1.15　土质/水泥田端田埂线及阴影线在不同天气的检测结果

7.1.2.4 侧面田埂线检测

在二值处理时，侧面田埂线利用检测左上角或者右上角的 Kirsch 算子（图 7.1.1）中的 M2 和 M8 进行检测，其他步骤与目标田埂线的检测方法完全一样，图 7.1.16 是侧面田埂线最终检测结果图像。

(a) 土质，晴天
(b) 土质，阴天

(c) 水泥，晴天
(d) 水泥，阴天

图 7.1.16 土质/水泥侧面田埂线在不同天气的检测结果

7.1.2.5 试验验证

将摄像机安装在插秧机的一侧，驾驶员驾驶插秧机在水田里边插秧边录制水泥田埂、土质田埂和苗列的视频图像。然后，在实验室将模拟的视频图像转换为数字视频图像。利用转换的数值视频图像对上述检测算法进行试验验证。对上述各种算法都进行了 5000 帧以上检测试验，正确率都在 98% 以上，证明了本研究算法的可行性。

7.1.3 水田管理机器人导航路线检测

水稻在插秧之后，从幼苗到成熟期间，需要使用水稻管理机器人进行施肥、喷药、除草和生长调查等水田管理工作，在工作过程中水田管理机器人需要沿着苗列间行走（图 7.1.17）。

随着水稻从幼苗到成熟，水田图像中的水面部分逐渐减少，秧苗部分逐渐增多，行走路线的图像检测算法，需要能够适应水田环境的这种变化。因此，相对于插秧环境而言，水田管理的图像检测环境更加复杂多变，其图像检测算法需要有新的思路。这里研究一种导航路线的检测算法，可应用于作物从幼苗到成熟的整个生长时期，并研究一种稻田田端位置的检测方法。

7.1.3.1　目标苗列间定位

这里所提出的方法是基于目标空间的宽度大于其他空间（即没有水稻苗的空间）的假设。对于彩色稻田图像，采用图像的蓝色（B）分量累计分布来判断目标空间的位置。将彩色图像中位于同一垂直线上的各个像素的 B 分量值相加即可得到图像的 B 分量分布图 $b(x)$（x 为图像的横坐标），求其平均值 A 和标准差 D。由 $b(x)$ 曲线与直线 $b=A$、$b=A+D/2$ 和 $b=A+D$ 的交点间的距离来确定目标空间的位置。如图 7.1.18 所示，x 轴为图像轴（像素），b 轴为总 B 分量值。

图 7.1.17　水田管理机械作业场景

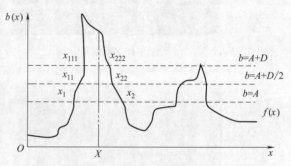

图 7.1.18　检测目标空间

7.1.3.2　水平扫描线上方向候补点检测

在彩色图像中，用扫描线颜色分析的方法来检测行驶方向的候补点。从顶部到底部逐行扫描图像，计算出每个像素的 $G-B$ 值。如果一行中所有像素都满足 $G-B>0$，那么该行就被判定为大水稻苗行；否则，该行被判定为小水稻苗行或中水稻苗行。对于小水稻苗行或中等水稻苗行，首先计算出该行中 B 分量的平均值 A 和标准偏差 D。建立一个参数 A_D，如果 $A-D>0$，那么令 $A_D=A-D$。如果 $A-D<0$，那么令 $A_D=A+D$。随后在每条水平扫描线的 B 分量分布图上，在点 X（即目标空间的位置）的两边分别找到 $B=A_D$ 的点，将这两个点分别记为 x_1 和 x_2，则点 $X=(x_1+x_2)/2$ 即为小水稻苗行或中水稻苗行的方向候补点 p 的位置。

对于大水稻苗行，首先，确定 B 分量值为最大值 M_B 时的像素位置 X_{MB}。然后，以点 X_{MB} 为中心，在宽度为 170（即 512/3）个像素的区域内，在点 X_{MB} 的两侧，分别找到一个 B 分量值为 $M_B/2$ 的点 x_{11} 和 x_{22}，那么点 $X_X=(x_{11}+x_{22})/2$ 即为大水稻苗行的方向候选点 p 的位置。

7.1.3.3　田端检测

利用穿过目标空间位置的垂直线（即直线 $x=X$）上的亮度变化来判断稻田的末端。

（1）计算亮度线剖面

设定一个宽度×高度为 50×5 像素的掩模，用来建立亮度直方图，对 G 分量图像进行计算。掩模的平均亮度获得方法如下所述。亮度直方图通过式（7.1.1）和图 7.1.19 表示。

$$n=f(v) \tag{7.1.1}$$

如图 7.1.19 所示，将亮度直方图分为面积相等的 3 个区域：S_1、S_2 和 S_3，计算出 3 个区域分界点 ν_1 和 ν_2 的位置，并计算出每个区域的平均亮度值。图中 ν 取值范围为 $0 \sim 255$。

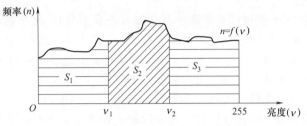

图 7.1.19　计算掩模的平均亮度

（2）判断田端

随着掩模沿着图像的中垂线逐像素从顶部到底部移动，计算出每个掩模的平均亮度，创建中垂线上的亮度线剖图 $F(y)$，如图 7.1.20 所示。

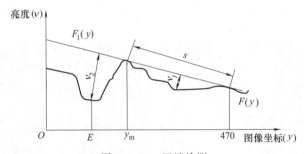

图 7.1.20　田端检测

如图 7.1.20 所示，找到亮度线剖面上最大值的位置（y_m），连接 $F(y_m)$ 和 $F(470)$ 两点，得到一条近似线 $F_1(y)$。计算出 $F_1(y)$ 与 $F(y)$ 的差值 $F_2(y)$，并找到从 y_m 到图像底端的最大差值 ν_1 和从 y_m 到图像顶部的最大差值 ν_2。图中，y 的取值范围为 $0 \sim 479$ 像素，ν 的取值范围为 $0 \sim 255$。

如果 $\nu_1 > 50$，则计算出 ν_1 两侧交点间的距离 s。如果 $\nu_1/s > 0.25$，那么将 ν_1 作为稻田末端点 E。否则，如果 $\nu_2 > 50$ 并且 $\nu_2 > \nu_1$，那么将 ν_2 作为田端点 E。对于其他所有情况，如果图像中不存在田端，那么将 E 设置为 0。

7.1.3.4　已知点的确定及方向线检测

在使用过已知点 Hough 变换方法确定行驶方向时，首先须确定一个已知点 N。为了确定这个已知点 N，用式（7.1.2）与式（7.1.3）计算出从田端 E 到 $E+49$ 区域候选点的离散度 σ^2。

$$\overline{x} = \frac{1}{50} \sum_{y=E}^{E+49} x(y) \tag{7.1.2}$$

$$\sigma^2 = \frac{1}{50} \sum_{y=E}^{E+49} \left[\overline{x} - x(y) \right]^2 \tag{7.1.3}$$

式中　$x(y)$——候选点的横坐标；

　　　$\overline{x}$——候选点横坐标的平均值。

如果 $\sigma^2 < 100$，那么将点 $(\bar{x}, E+25)$ 作为已知点；否则，将点 $(X, E+25)$ 作为已知点。

对上述从田端 E（靠近图像顶部）至图像底端的方向候选点群和已知点，执行过已知点 Hough 变换，即可计算出方向线。

7.1.3.5 目标线检测

以上检测算法对 94 个稻田样本图像进行了测试，其中包括 32 个带有田端的样本。这些图像从插秧后的第 2 天起每周都进行图像采集，共包括第 0~9 周 10 组样本。方向线在每个样本中都能够被正确地检测出来。田端在第 0~5 周样本中能够被正确地检测出来，但在第 6~9 周（田端明显地被水稻覆盖）样本中检测失败了。

部分稻田样本图像和检测结果如图 7.1.21 所示，从插秧后的第 2 天（第 0 周）到第 9 周，给出了 4 个检测实例。在这些图像中，分散的点代表方向候补；实线表示检测出的方向线，从图像底端延伸到检测出来的稻田末端；"＋"表示已知点。

过已知点 Hough 变换，首先需要确定方向线上的一个已知点，本项目中将目标空间线的顶点作为已知点是普遍适用的。但是，当存在田端时，该确定已知点的处理方法可以增强方向线的检测精度，特别是对处于生长中期的水稻田。因为处理的对象最多包括 480 个像素点，所以过已知点 Hough 变换的速度很快，读入彩色图像之后，检测并绘制出方向线的时间仅为 0.1s 左右。

(a) 第0周   (b) 第3周

(c) 第6周   (d) 第9周

图 7.1.21 稻田导航直线检测实例

7.1.4　旱田作业机器人导航路线检测

本项目对不同的旱田农田作业环境，探讨其导航路线的图像检测算法。在插秧机器人视觉系统研究中，开发出了过已知点 Hough 变换的算法，这使得其他作业机器人导航路线图像检测的重点转移到了已作业地与未作业地分界处像素的检测，这也是本项目技术要点。由于不同作业环境的图像特征不同，特别是像小麦播种类导航线信号微弱的环境，为分界线处像素的提取带来较大困难。

7.1.4.1　小麦播种行走路线检测

由于小麦播种的已作业地与未作业地分界线的信号比较弱，所以首先以小麦播种环境为对象，开发目标导航线的图像检测算法。

（1）目标直线检测

① 第 1 帧田埂图像的检测。

对于摄像机采集到的彩色田埂视频的第 1 帧图像，首先在图像中心确定处理窗口，获得主颜色发生变化的位置。之后，找出图像中的最大颜色分量并对该分量图像进行小波平滑处理。最后，针对平滑后的分量图像，从主颜色发生变化的位置开始，自下而上逐行分析线形特征，寻找候补点，完成导航直线的检测。

② 非第 1 帧田埂图像的检测。

从第 2 帧图像开始，以后各帧图像均和前一帧进行关联，利用上一帧的候补点群分段进行 Hough 变换，根据 Hough 变换获得的直线重新确定各行的处理区域并进行小波平滑处理。其中，进行小波平滑的图像仍为第 1 帧确定的 X 分量图像。之后，在平滑后的图像行内分析线形特征，寻找当前帧的候补点群，完成导航直线的检测。

③ 检测结果分析。

图 7.1.22 为从视频中截取的不同作业环境下的第 1 帧图像。田埂线与播种线大致位于图像中心处。从图中可以看出田埂与田间、已播种地与未播种地的区分均很小，图像中含有的导航信息十分微弱。此外，从数据波形图可以看出，经小波处理后高频噪声被去除，数据获得了很好的平滑效果。

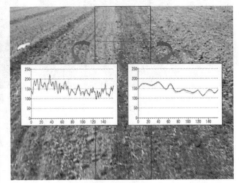

(a) 田埂线图像　　　　　　　　　　　　　(b) 播种线图像

图 7.1.22　线剖数据及小波平滑效果

注：每个图像上的左右波形图，分别为指示扫描线的线剖图原数据和小波平滑数据

图 7.1.23 为图 7.1.22 的处理窗口区域在垂直方向上的累计直方图的小波平滑数据。从图 7.1.23（a）中可以看出，处理窗口内图像的主颜色为蓝色，其发生变化的位置在 $x_v =$

295 处；在图 7.1.23（b）中，其波谷位置为 $x_v = 310$。通过与图 7.1.22 中原图像进行比较发现，位置 x_v 大致对应图像底端田埂与田间、已播种地与未播种地的分界位置。

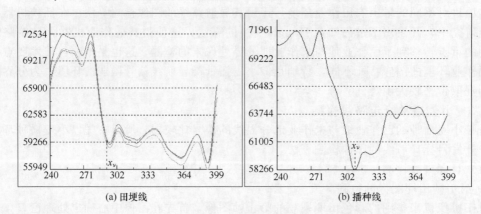

(a) 田埂线　　　　　　　　　　(b) 播种线

图 7.1.23　图 7.1.22 处理窗口在垂直方向上的累计直方图

　　当获得 x_v 后，便开始在第 1 帧内寻找候补点群及导航直线。图 7.1.24 所示为图 7.1.22 的检测结果，其中曲线表示候补点群，十字表示进行 Hough 变换所用的已知点，直线表示经 Hough 变换后获得的导航直线。从图 7.1.24 中可以看出，经小波平滑、前 p 行数据相关联及波形分析等操作后获得的各行候补点基本分布在区域分界线处。之后利用过已知点 Hough 变换，去除了个别错误点的影响，获得了第 1 帧图像的导航直线。此外，在进行田埂线候补点群检测过程中，由于需要计算每行上下各 p 行范围内的累计直方图，故在图像上、下两端各 p 行范围内没有寻找候补点。

(a) 田埂线图像　　　　　　　　　　(b) 播种线图像

图 7.1.24　图 7.1.22 的候补点群及导航直线的检测结果

（2）田端检测

　　从第 2 帧图像开始，需要考虑播种机是否到达田端。由于田端处有一段没有播种区域，检测不到导航目标线，故可以利用该特征完成田端的检测，具体方法如下。

图 7.1.24 彩色图形

　　如图 7.1.25 所示，设图像高度为 y_{size}，完成导航目标线检测处理后，查看当前帧 y 方向上 $y_{size}/4$ 处上下各 p 行的候补点群数据。计算其 x 坐标的平均值，并分别记为 x_t 及 x_d。若 $|x_t - x_d| > 2m$ 个像素（m 为候补点分布宽度的一半），则认为到达了田端，停止检测。否则继续执行相应导航直线的检测。

图 7.1.26 为田端检测的结果。图中水平直线表示检测出的田端位置，即满足 $|x_t - x_d| > 2m$ 停止条件时的位置。从图中可以看出，当田端区域进入图像后，图像上方将出现区域分界线的末端，本项目的检测方法判断出了此末端的位置。

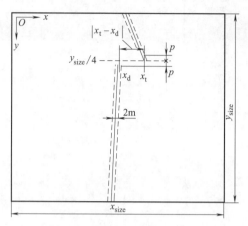

图 7.1.25　田端检测示意图

图 7.1.26　田端检测结果

（3）试验验证

为了验证检测方法的准确性及稳定性，利用在不同环境下、不同田地中采集到的田埂线视频、播种线视频各 10 段（约 4 万帧图像）进行了测试。在田埂线检测试验中，其中 2 段视频检测失败，其余 8 段均正确完成检测。在播种线检测过程中由于没有杂草的干扰，10 段视频均正确检测。此外，对于导航线检测正确的视频，其田端的检测也

图 7.1.26 彩色图形

均正确。最后，通过统计正确检测视频的帧数及检测时间，计算得出田埂检测的速度为 45.7 ms/帧，播种线检测的速度为 40.1 ms/帧。

7.1.4.2　麦田多列目标线图像检测

小麦从出苗到灌浆，需要进行许多田间管理作业，其中包括松土、施肥、除草、喷药、喷灌、生长检测等。不同的管理作业又具有不同的作业对象。例如，在喷药、喷灌、生长检测等作业中，作业对象为小麦列（以后简称苗列）；在松土、除草等作业中，作业对象为小麦列之间的区域（以后简称列间）。无论何种作业，机器人的导航线都应该是列间。而且，由于小麦的密度大、列间小，为了提高作业效率，田间管理时需要同时进行多列作业。可见小麦的田间管理不仅工作量大、延续时间长，而且情况复杂，因此有必要进行机器人化作业的研究。

本项目的目标如下：

① 开发一种能够普遍适应不同生长阶段、不同天气状况的苗列或者列间的提取算法；

② 开发一种能够同时检测视野中所有目标对象直线的检测算法，目标对象可以是苗列也可以是列间。

③ 试验验证上述算法的有效性。

（1）图像采集

采集到的部分麦田原图像如图 7.1.27 所示，图 7.1.28（a）为 11 月（秋季）小麦生长初期阴天的图像，土壤比较湿润；图 7.1.28（b）为 2 月（冬季）晴天的图像，土壤干旱，发生干裂；图 7.1.28（c）为 3 月（春季）小麦返青时节阴天的图像，土壤比较松软；图 7.1.28（d）~图 7.1.28（f）分别为以后不同生长阶段不同天气状况的图像，在图 7.1.28

(f) 中，麦苗顶部已经开始交叉重叠。这 6 幅图分别代表了小麦的不同生长阶段和不同的天气状况。

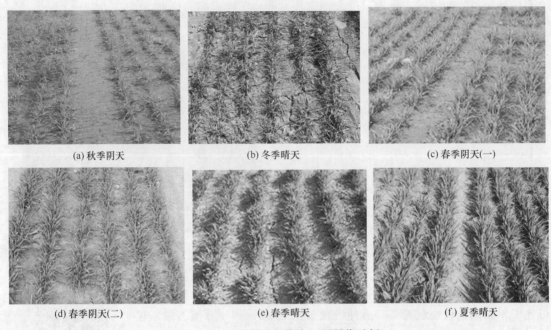

(a) 秋季阴天   (b) 冬季晴天   (c) 春季阴天(一)

(d) 春季阴天(二)   (e) 春季晴天   (f) 夏季晴天

图 7.1.27   不同生长期麦田原图像示例

（2）麦苗的强调和提取

由于麦苗的绿色成分大于其他两个颜色成分，为了提取绿色的麦苗，采用 $2G-R-B$ 把农田彩色图像变化为灰度图像。灰度化结果如图 7.1.28 所示，在苗列被强调的同时列间

(a) 秋季阴天   (b) 冬季晴天   (c) 春季阴天(一)

(d) 春季阴天(二)   (e) 春季晴天   (f) 夏季晴天

图 7.1.28   图 7.1.27 的麦苗强调结果

几乎变成了纯黑色，对不同生长阶段和不同天气状况的麦田图像都能获得良好的处理效果。

对图 7.1.28 的灰度图像计算其灰度平均值，作为初始阈值，利用改进的大津法，进行二值化处理，获得了很好的分割效果，如图 7.1.29 所示。

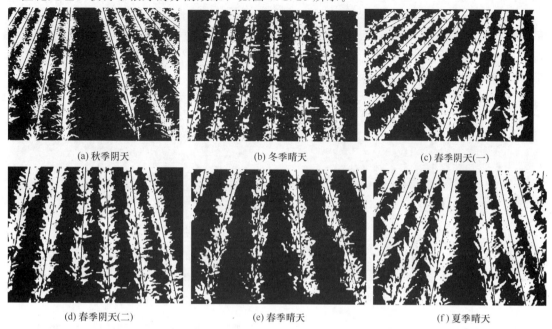

(a) 秋季阴天　　　　　　　(b) 冬季晴天　　　　　　　(c) 春季阴天(一)

(d) 春季阴天(二)　　　　　(e) 春季晴天　　　　　　　(f) 夏季晴天

图 7.1.29　不同生长期苗列线的检测结果

（3）目标线检测

利用过已知点 Hough 变换（PKPHT）来检测导航信息。为了进一步减少 PKPHT 的数据处理量，本项目首先提取每个目标列上的目标点群，分别对每个目标列的目标点群进行 PKPHT 处理，最终获得各个目标列的直线。在二值化处理以后的阶段，如果设定处理对象为白像素，即可检测出苗列线，如图 7.1.30 所示；如果设定处理对象为黑像素，即可检测出列间线。

7.1.4.3　其他农田作业的导航线及田端检测

利用小麦播种的导航线检测方法，分别对耕作、玉米播种、棉花播种、小麦收获、玉米收获和棉花采摘的环境进行了导航线检测试验。试验表明，上述环境一般都可以检测，只是

图 7.1.30　深耕环境的导航线检测结果　　　　图 7.1.31　玉米免耕播种环境的导航线检测结果

小麦收获环境和棉花采摘环境有些特殊。对于小麦收获环境，田埂线和周围相比发亮、收获线发暗。在河南等地区，麦田都有用于灌溉的垄格（相当于田埂线），也就是说在收获过程中田埂线和收获线会频繁交替，需要考虑自动适应的问题。另外，在收获小麦时，有时会出现很大的灰尘，这些都会影响检测效果。对于棉花采摘，导航线发白（白色棉花的边缘），而不是发黑，需要进行特殊处理。以下分别给出导航线检测结果，不再详细论述。图 7.1.30～图 7.1.36 分别是深耕、玉米免耕播种、棉花播种、小麦收获、玉米收获、棉花采摘的导航线和田端线的图像检测结果。

图 7.1.32　棉花播种环境的导航线检测结果

图 7.1.33　小麦收获环境的导航线检测结果

图 7.1.34　玉米收获环境的导航线检测结果

图 7.1.35　棉花采摘环境的导航线检测结果

图 7.1.36　田端检测

7.1.5　农田作业视觉导航系统

7.1.5.1　视觉导航系统的硬件

如图 7.1.37 所示，本项目视觉导航系统的硬件包括车载工控机、触摸屏、角度传感器、信号采集卡、摄像头、电机驱动器、电机和方向盘旋转机构。图 7.1.38 是方向盘旋转机构 3D 图和安装在拖拉机上的实物图。

7.1.5.2　视觉导航系统的软件

视觉导航系统需要图像信号采集与处理及方向盘旋转控制软件。图像采集与处理主要以农田作业导航目标线的检测为对象，在前文中分别介绍了各种农田作业环境的导航目标线检测方法。除了导航目标线检测之外，本系统还通过角度传感器采集导向轮的旋转角度，通过组合导航目标直线的方向角、中心偏移量和前轮旋转角度，决策出控制电机的转动方向和旋转量，然后通过电机控制方向盘的转向和转角大小。

图 7.1.37　视觉导航系统示意图

7.1.5.3　导航试验及性能测试比较

图 7.1.39 是不同环境的导航试验图，其硬件设备完全相同，只是不同的导航环境选用了不同的导航线检测软件。

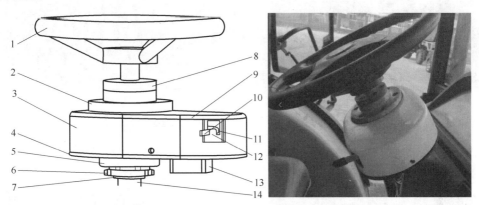

图 7.1.38　方向盘旋转机构 3D 图及实物图

1—方向盘；2—下法兰；3—上壳体；4—下壳体；5—开口套筒；6—芯轴锁紧螺母；7—开口螺纹套筒；8—上法兰；9—壳体；10—拨杆；11—螺纹杆；12—小龙门；13—步进电机；14—方向盘转向柱管

(a) 公路车道实线

(b) 公路车道虚线

图 7.1.39

(c) 公路车道弯线

(d) 公路车道偏置线

(e) 耕地

(f) 小麦播种

(g) 棉花播种

(h) 棉田喷药

(i) 联合收割机地缝导航

(j) 激光导航

图 7.1.39　不同环境的视觉导航试验

2015 年 7 月，本视觉导航设备在新疆石河子市做棉花地喷药导航试验，经新疆建设兵团农业机械检测测试中心检测，车速 4.7 km/h，路径跟踪误差 20mm。表 7.1.1 为本视觉导航系统与目前使用的精密 GPS 农田导航装置的性能比较。

表 7.1.1 本视觉导航系统与精密 GPS 导航比较

对比性能	本视觉导航系统	精密 GPS
导航特点	仿生驾驶员，可以走弯道，可以用于室内	室外按规划路径直线行走
适应范围	所有农田作业及公路	不适应苗田管理和公路
导航误差	2 cm（实测精度）	5 cm（理论定位精度）
辅助设施	没有	需要建基站
天气影响	无	有时信号不好
地理信息	不需要	需要获取和导入

本项目研究了各种农田作业环境导航线的图像检测算法，开发了视觉导航装置，并进行了试验验证和性能检测。主要研究了水田插秧、水田管理、小麦播种和小麦管理的导航线检测算法，展示了耕作、玉米播种、棉花播种、小麦收割、玉米收获、棉花收获的导航线检测结果及地头的检测结果。对开发的样机进行了性能检测，结果是在车速 4.7 km/h 的条件下，苗列跟随误差 2 cm，没有压苗现象，验证了本项目成果的实用性。

精密 GNSS 农田导航系统由于怕压苗，目前主要用于耕作、播种等没有农作物的农田作业，而且由于其价格较高不能大面积推广使用，而价格便宜、定位精度约 10m 的一般 GNSS 不能单独用于农田作业导航。视觉导航的导航精度远高于精密 GNSS 的定位精度，而且仿形导航目标行走，可以用于包括植保喷药在内的所有农田作业。可以看出，农田作业无人驾驶的发展方向应该是，采用一般 GNSS 定位系统和机器视觉技术，融合 GNSS 定位远距离预测和视觉近距离精密检测的各自优势，模仿驾驶员，实现农田作业的机器人化。

7.2 玉米种粒图像精选及定向定位装置

7.2.1 项目目标

分析定向播种对玉米种粒合格性与摆放方位的要求，设计装置的整体结构方案，整个装置的结构按功能主要包括分粒喂料部件、输送部件、图像采集处理部件、吹除部件以及调向分面摆放部件五部分。基于装置的工作原理，分析装置各部分协调有序运行的工作条件，并对其运行误差进行预测和分析，为装置关键部件结构参数的设计、图像检测算法的开发、控制系统软硬件的设计以及系统运行参数的设置等提供参考和依据。

选取黄色玉米品种中个头较大的"金博士郑单 958"种粒样本作为设计依据。根据总体设计方案，结合种粒样本的几何特征参数，对关键部件的结构参数进行详细的设计计算，包括分粒喂料部件中的导向定位管、吹除部件以及调向分面摆放部件中的凹形定位槽和调向分面摆放机构等。在设计导向定位管时，需对分粒喂料部件中排种器喂出种粒的过程进行动力学分析，确定排种器喂出种粒的位置范围等信息，为导向定位管的结构尺寸以及安装方位的设计提供参考，且在设计完成后，需分析并确定通过导向定位后种粒喂入输送带的实际位置分布情况。针对吹除部件，需依据喂种情况，设计有效的在线吹除方案。另外，需针对凹形定位槽定位种粒的过程中种粒的受力情况、运动状态以及运动规律进行分析，确定凹形定位槽对种粒连续进行有效定位的条件。

　　根据定向播种用的玉米种粒图像精选及定向定位装置对种粒合格性、胚芽方向以及种粒位置等信息的需求，组建图像检测硬件设备，设计玉米种粒动态图像检测方法。观察"金博士郑单 958"种粒样本的外观特征，依据其形态学特征和 RGB 颜色特征，建立种粒的检测判断指标，并测试统计和确定各指标参数的合格范围，最终以此为依据完成以下检测判断：霉变、破损、虫蚀等发芽率低的种粒以及小型、圆形等不符合定向播种要求的畸形种粒，种粒中心位置，胚芽正反面和尖端朝向。另外，分析粘连种粒的几何特征，建立粘连性判断参数，并设计相应的判断方案实现种粒粘连性的检测判断。

　　依据装置有效运行条件以及运行误差的可能来源，分析控制功能需求，设计动力驱动系统，完成玉米种粒图像精选及定向定位装置控制系统软硬件的设计，包括上位机图像采集与处理系统和下位机动力控制系统两部分。其中，上位机图像采集与处理系统包括图像检测硬件设备和软件系统两部分，具备图像采集、种粒离线检测、种粒实时精选及定向定位控制、检测结果实时显示与传送以及控制参数设置等功能。下位机动力控制系统接收上述检测结果数据和控制参数信息，完成对装置中运动机构的有序控制。另外，通过理论分析和试验验证依次确定装置的排种运转、种粒输送、气动吹除以及调向分面摆放等关键运行参数值。

　　依照理论分析获得装置的结构参数，试制玉米种粒图像精选及定向定位试验装置，搭载上述控制系统，进行种粒精选以及定向定位摆放试验，检测各部件及整机的作业性能，提出优化改进建议。

7.2.2　种粒动态图像精选装置结构与工作原理

　　为了实现定向播种，一方面需要在播种前对种子进行精选，在保障种子发芽率的同时挑选出适合定向播种的形状规则的籽粒，另一方面需要在播种时按照定向播种的方位要求将种子定向有序地排列在备播沟中。其中本项目以胚面平行于地面朝上且种子长轴垂直于垄向的播种姿态作为种粒的定向播种方位。据此，基于机器视觉技术以及种带式播种模式，设计用于定向播种的玉米种粒图像精选及定向定位摆放装置结构，在精选出适合定向播种的玉米种粒的同时完成种粒的定向定位摆放，以便后续定向种子带的包装，为实现种带式定向播种模式提供前期技术基础，为实现玉米种子机械化、自动化定向播种提供有效的解决途径。

　　（1）玉米种粒图像精选装置

　　本装置按功能主要分为喂料装置、输送装置、图像采集处理装置以及吹除装置，结构如图 7.2.1 所示。喂料装置由储种箱、输种管、排种器、滚轮、导向定位管、排种电动机、台架等组成。排种部件如图 7.2.1（b）所示，排种器采用较成熟的强制夹持式玉米精量排种器。滚轮固定于排种器一侧下方，排种器旋转时滚轮打开鸭嘴，喂出种粒。导向定位管主要由梯形导引斜槽、扇形罩、塑料定位圆管、缓冲定位舌片、U 形导向板和安装架组成，结构如图 7.2.1（c）所示。导向定位管固定于滚轮和排种器下方，种粒从鸭嘴中喂出，顺着梯形导引斜槽滑入塑料定位圆管，落至内部缓冲定位舌片之上后，顺着缓冲定位舌片方向滑入塑料定位圆管后侧壁底部的输送带上。输送装置采用黑色输送胶带，由输送步进电动机驱动，将种粒传送至各工位。图像处理采用台式计算机，图像采集系统由相机、光源、光源箱、升降调节架等组成。升降调节架上设置有 2 根竖直导轨柱和 1 根横向导轨梁，横向导轨梁可沿竖直导轨上下移动。光源箱固定于横向导轨梁上，底部开口，以下方黑色输送带为图像采集背景。相机位于光源箱上部中央，镜头光轴与输送带垂直，两组光源对称分布于相机两侧。吹除装置安装于图像采集系统之后，由气吹嘴、挡向曲滑槽、回收箱等组成，吹除和回收不合格种粒。集种箱位于输送带另一端，收集合格种粒。

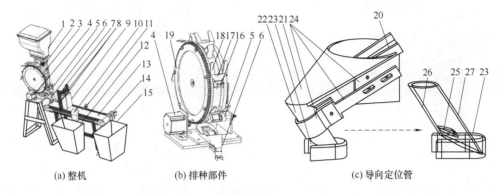

(a) 整机　　　　　　　(b) 排种部件　　　　　　　(c) 导向定位管

图 7.2.1　玉米种粒图像精选装置结构简图

1—储种箱；2—输种管；3—排种器；4—排种电动机；5—滚轮；6—导向定位管；7—横向导轨梁；8—竖直导轨柱；
9—光源箱；10—挡向曲滑槽；11—气吹嘴；12—回收箱；13—输送带；14—输送步进电动机；15—集种箱；
16—鸭嘴定嘴板；17—鸭嘴动嘴板；18—动嘴单侧翼板；19—齿轮；20—梯形导引斜槽；21—扇形罩；
22—定位圆管；23—U 形导向板；24—安装架；25—缓冲定位舌片；26—定位管前侧壁；27—定位管后侧壁

（2）工作原理

装置启动后，储种箱内的玉米种粒因重力而源源不断地填充到排种器内部的种子室，排种器匀速旋转，滚轮顺次打开各个鸭嘴，种粒先后滑出，落入导向定位管，导向定位之后，喂至输送带的同一输送起点。输送装置匀速运行，喂入输送带的种粒每经过一次排种周期，就会随同输送带前行固定距离，由此等间隔地均匀分布于输送带上，并进入后续工作区。当种粒经过固定个排种周期输送至图像采集区域时，相机定时采集并传送种粒图像，计算机处理并判断图中种粒的合格性。若判断为不合格种粒，则当其抵达吹除工位时，启动吹除装置，吹除并回收。若判断为合格种粒，则继续随同输送带前行，直至落入末端的集种箱中。

另外，排种器单次喂种实际会出现多粒情况，设喂出种粒经过导向定位管喂入输送带的位置范围为 $L_x \times L_y$，其中 L_y 为沿输送方向范围，L_x 为垂直输送方向范围，排种试验测得 L_x 为 44mm，L_y 为 54mm。

（3）图像采集处理部件

本系统所用计算机配置为 Intel（R）Core（TM）i3-3240 CPU，主频 3.40 GHz，内存 8 GB。相机选用 Basler A602fc 型高速彩色工业数字摄像机，镜头型号为 Computer ComputarM1214-MP，焦距为 12mm，光圈为 F 1.4，安装时镜头光轴距输送带高度为 93mm，定时进行图像采集，图像尺寸为 640×480 像素，设实际范围为 $L_{cx} \times L_{cy}$，测得 L_{cx} 为 83mm，L_{cy} 为 62mm。光源选用 2 个 1W 的组合光源，每组光源由 3 个白光 LED 均匀排成一行，2 组光源对称分布于相机两侧。利用 Microsoft Visual Studio 2010 软件开发工具，基于北京现代富博科技有限公司的 ImageSys 平台完成种粒合格性图像检测算法的开发。

7.2.3　吹除装置设计

7.2.3.1　吹除装置结构设计

吹除装置主要由气吹嘴、挡向曲滑槽、回收箱、固定座等组成。气吹嘴和挡向曲滑槽相对固定于输送装置的两侧，回收箱位于挡向曲滑槽的正下方，如图 7.2.2（a）所示。气吹嘴选用 F 型铝制喷嘴，即多孔并排直线形吹风喷嘴，气路的通断通过控制电磁阀的启停来实现。挡向曲滑槽由挡向曲面板和固定板组成，且两者围成一落槽，如图 7.2.2（b）所示。工作时，开启电磁阀，压缩空气通过，从气吹嘴中喷出，将不合格种粒从输送带上侧向吹

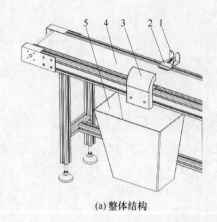

(a) 整体结构　　(b) 挡向曲滑槽

图 7.2.2　吹除装置结构简图

1—固定座；2—气吹嘴；3—挡向曲滑槽；4—输送带；
5—回收箱；6—挡向曲面板；7—固定板；8—落槽

出，经过对侧挡向曲面板的遮挡，折向后通过落槽滑落至下方的回收箱中。

7.2.3.2　吹除方案

如图 7.2.3 所示，种粒喂入输送带的位置范围为 $L_x \times L_y$，v_s 为输送速度，图像采集区域尺寸为 $L_{cx} \times L_{cy}$，设其中心为 O_c，单次图像采集获得单次喂出的所有种粒的单帧图像，吹除工位有效吹除长度为 L_1，O_c 与吹除工位距离为 L_2，图中种粒分别用浅色和深色代表合格与不合格。若种粒间仅沿输送方向的距离为零，则认为种粒重叠，若所有种粒间均重叠，则认为全重叠，否则为部分重叠，若重叠种粒垂直输送方向的距离也为零，则认为种粒粘连。

（1）单次喂出单粒或单次喂出全重叠种粒

单次喂出单粒或单次喂出全重叠种粒，且至少有 1 粒不合格时，如图 7.2.3 中喂出区域①所示，设种粒区间长度为 L_3，O_1 为种粒区间垂直中线上一点，O_1 与 O_c 沿输送方向距离为 L_4（若 O_1 位于 O_c 右侧，则 L_4 取正，否则取负，下同），图像采集时刻为 T_1。若 $L_3 \leqslant L_1$，则在 $T_3 = T_1 + (L_2 - L_4 + L_1/2)/v_s$ 时刻，启动电磁阀，吹除装置吹除单粒或全重叠种粒；若 $L_3 > L_1$（多粒时），则将 L_3 分割为小于 L_1 的几个区间，逐个区间进行吹除。另外，若喂出种粒部分重叠，则可分割为单粒、全重叠的组合形式，再按照上述方式依次处理；若喂出粘连种粒，则视为不合格，全部吹除。

（2）单次喂出多粒不重叠种粒

单次喂出多粒不重叠种粒，且全部不合格时，如图 7.2.3 中喂出区域②所示，设 O_2 为种粒区间垂直中线上一点，O_2 与 O_c 沿输送方向距离为 L_5，图像采集时刻为 T_2。则当 $L_3 \leqslant L_1$ 时，在 $T_5 = T_2 + (L_2 - L_5 + L_1/2)/v_s$ 时刻，吹除全部种粒；当 $L_3 > L_1$ 时，则按照方案（1）中方式分割后逐步吹除。

（3）单次喂出多粒不重叠种粒

单次喂出多粒不重叠种粒，且相邻两粒合格性不一致时，如图 7.2.3 中喂出区域③所示，设 O_3 为相邻种粒（前粒不合格，后粒合格）之间垂直中线上一点，O_4 为另一相邻种粒（前粒合格，后粒不合格）之间垂直中线上一点，O_3、O_4 与 O_c 沿输送方向的距离分别为 L_6、L_7，图像采集时刻为 T_4。则在 $T_6 = T_4 + (L_2 - L_6)/v_s$ 时刻，吹除前粒不合格种子，在 $T_7 = T_4 + (L_2 - L_7 + L_1)/v_s$ 时刻，吹除后粒不合格种子。

（4）单粒合格或重叠全合格种粒

单粒合格或重叠全合格种粒，则保留，图 7.2.3 中 T_8 时刻，区域①~③均完成了吹除工作。

7.2.4　种粒合格性动态检测方法

（1）动态检测方案

如图 7.2.4 所示，v_s 为输送速度，种粒喂入输送带的位置范围为 $L_x \times L_y$，设其中心为

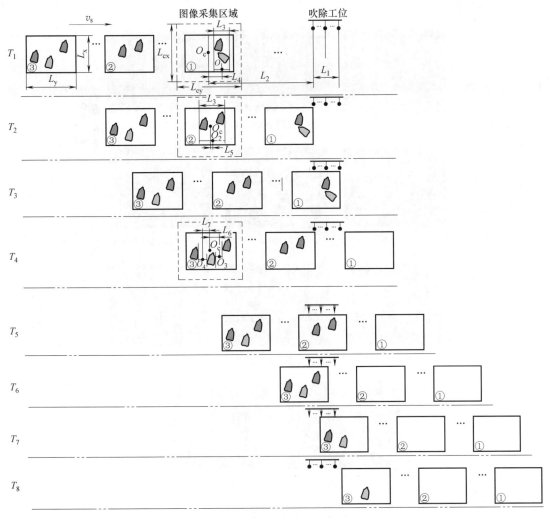

图 7.2.3　吹除过程示意图

O_f，图像采集区域大小为 $L_{cx} \times L_{cy}$，设其中心为 O_c，设排种器每秒喂种 n 次，输送带匀速运行，O_f 与 O_c 沿输送方向的距离为 L_{fc}，图像定时采集时间间隔为 t_c，图像处理时间为 t_0，若设置 $v_s/n > L_y$，$t_c = 1/n > t_0$，$L_{fc} = m \times (v_s/n)$（$m$ 为正整数），则单次图像采集可获得单次喂入输送带的所有种粒的单帧图像，且可保证下一帧采集前上一帧已处理完毕。由此排种器匀速转动，逐次喂出种粒，输送带匀速前行，等间距地接收各次喂入的种粒，并依次输送至图像采集区域，最后通过定时图像采集和处理，实现各次喂入种粒的动态图像检测。

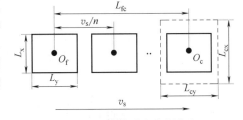

图 7.2.4　图像动态检测方案

　（2）种粒样本外观特征

　观察金博士郑单 958 种粒样本，如图 7.2.5 所示，主要包括常见型、尖端附着深色红衣的合格种粒以及小型、圆形、尖端轻度虫蚀、破损或重度虫蚀、轻度暗黄色霉变、中度红色霉变和深度灰黑色霉变的不合格种粒，且视尖端露黑色胚部种粒为不合格种粒。此外还包括粘连种粒，一旦判断发生粘连，不进行后续检测，对粘连种粒全部吹除。

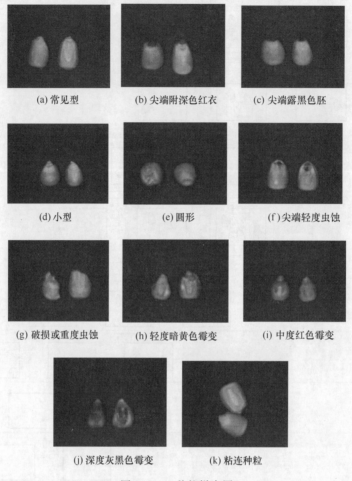

(a) 常见型 (b) 尖端附深色红衣 (c) 尖端露黑色胚

(d) 小型 (e) 圆形 (f) 尖端轻度虫蚀

(g) 破损或重度虫蚀 (h) 轻度暗黄色霉变 (i) 中度红色霉变

(j) 深度灰黑色霉变 (k) 粘连种粒

图 7.2.5 种粒样本图

如图 7.2.6 所示，分析种粒形态特征，P_a 为尖端顶点，P_o 为形心，P_aP_b 为长轴，P_cP_d 为短轴，$P_aP_cP_bP_d$ 为轮廓曲线，$R_aR_bR_cR_d$ 为长轴方向外接矩形（记其面积为 S_T），长短轴及其延长线将种粒区域和矩形 $R_aR_bR_cR_d$ 均划分为 4 个子区域，种粒子区域分别为尖端左侧和右侧以及宽端左侧和右侧，如图中水平、垂直、右斜、左斜虚线覆盖区域，记其面积依次为 S_1、S_2、S_3、S_4，矩形子区域分别为 $R_aP_aP_oP_c'$、$P_aR_bP_d'P_o$、$P_c'P_oP_b'R_d$、$P_oP_d'R_cP_b'$，记其面积依次为 S_{T1}、S_{T2}、S_{T3}、S_{T4}。此外，矩形 $P_c'P_d'R_cR_d$ 内除去种粒区域之外部分称为底部间隙区，如图中阴影部分，则其面积计算公式如式（7.2.1）所示。

$$S_g = S_{T3} + S_{T4} - S_3 - S_4 \tag{7.2.1}$$

式中，S_g 为底部间隙区域面积。

分析常见型种粒颜色特征，可将种粒分为黄色和白色胚区域，记其面积和形心分别为 S_y 和 S_w 以及 P_{oy} 和 P_{ow}，长轴又将其划分为 4 个区域：黄色区域左、右侧和白色胚区域左、右侧，记其面积依次为 S_{y1}、S_{y2}、S_{w1}、S_{w2}，$|P_aP_{GL}|$ 为长轴上白色胚像素数，若种粒发生霉变、虫蚀等，导致外观颜色发生改变，则还存在变色区域。

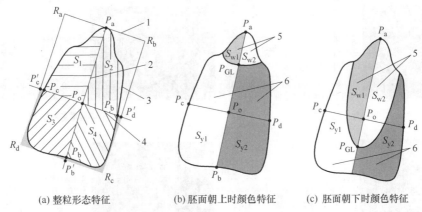

图 7.2.6　正常种粒外观特征示意图

1—长轴方向外接矩形；2—长轴；3—轮廓；4—短轴；5—白色胚区域；6—黄色区域

7.2.5　图像检测算法

7.2.5.1　基于 RGB 特征的种粒各颜色区域分割

在 ImageSys 平台上分析不同种粒图像的颜色特征，如图 7.2.7（a）～图 7.2.7（h）所示，左侧为种粒彩色图像，各图像上均标有一段通过不同颜色特征区域的剖线轨迹，右侧为原图像在剖线位置的 RGB 像素值分布情况，纵坐标表示像素值，横坐标表示剖线上的坐标位置，其中剖线上部端点为坐标起点。

观察图 7.2.7（a）、（c）、（e）～（h）可知，背景区域的 R、G、B 分量分布较平坦，取值均较小，种粒区域相对背景区域，R 值变化最明显，故选取 R 帧灰度图像获取种粒区域。另外，相对种粒其他区域，深色红衣区域、霉变区域 R 值偏小，但略大于背景区域，而轻度虫蚀破孔区域的 R 值虽也偏小，但由于位于种粒内部，并不影响种粒区域的边缘提取。由此，若设背景区域的 R 帧像素最大值为 R_{am}，则以阈值 R_{am} 分割种粒 R 帧灰度图像，补洞填充虫蚀破孔区域后，再进行腐蚀膨胀、200 像素去噪等处理，可获得种粒区域二值图

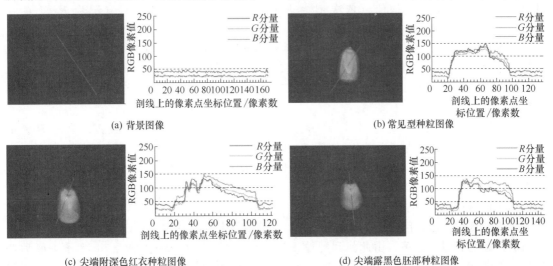

图 7.2.7

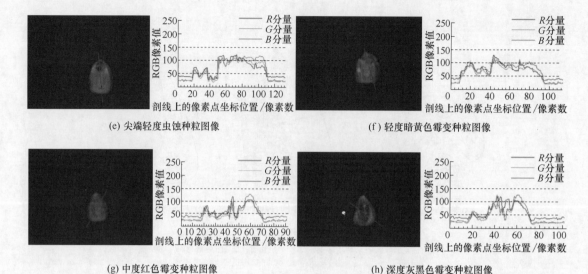

(e) 尖端轻度虫蚀种粒图像　　　　　　　　(f) 轻度暗黄色霉变种粒图像

(g) 中度红色霉变种粒图像　　　　　　　　(h) 深度灰黑色霉变种粒图像

图 7.2.7　不同种粒颜色特征区域在剖线上的 RGB 像素分布图

像（记为 M_a）。对于 R_{am} 的取值，采集若干帧背景样本图像，针对 R 帧灰度图像，利用 ImageSys 平台分析并计算背景区域的 R 帧像素最大值，测得 $R_{am}=30$。

图 7.2.7 彩色图形

观察图 7.2.7（b）～（h）可知，种粒黄色区域和尖端深色红衣区域的 R 值大于 B、G 值，且黄色区域 G 值远大于 50，而深色红衣区域 G 值趋近 50；种粒其他区域的 R 值、B 值较接近，略大于 G 值，而背景区域的 R 值、G 值较接近，均小于 B 值。由此，针对原彩色图像的每个像素点，进行如下计算：若 $R>B$ 且 $G>50$，则计算 $2R-G-B$ 值；若 $R>B$ 且 $G\leqslant50$ 或 $R\leqslant B$，则计算 $R+G-2B$ 值。若计算值大于 255，则令其为 255，若计算值小于 0，则令其为 0，由此得到黄色区域加强后的灰度图像，进行大津法二值化、100 像素去噪、膨胀腐蚀、补洞等处理后，获得黄色区域的二值图像（记为 M_y）。此外，分别针对 R、G、B 帧灰度图像，分析并计算黄色区域的像素平均值（依次记为 R_{ym}、G_{ym}、B_{ym}）和标准差（记为 R_{yd}、G_{yd}、B_{yd}）。

观察图 7.2.7（b）、（e）～（h）可知，种粒白色区域相对黄色区域，B 值和 G 值偏大，B 值尤为明显，R 值变化不明显，相对变色区域，R、G、B 值均偏大，且白色区域的 R、G、B 均值大于或接近 100，而变色区域小于 100。此外，将尖端深色红衣区域列入白色区域。

观察图 7.2.7（c）、（e）～（h）可知，深色红衣区域 $R>B$、$G\leqslant50$ 且 $2R-G-B$ 差值较明显，而其他变色区域 $2R-G-B$ 值较小，接近 0。将图像 M_a 补洞后，与 M_y 差分，进行 100 像素去噪、补洞等处理后，获得种粒非黄色区域（称为准白色区域）的二值图像（记为 M_q）。设 $T_m=(R+G+B)/3$，$T_d=2R_{ym}-G_{ym}-B_{ym}$。基于上述分析，若原彩色图像上准白色区域中像素点满足 $R\geqslant R_{ym}$、$G>G_{ym}+G_{yd}$ 且 $B>B_{ym}+B_{yd}$，或者 $T_m\geqslant100$，或者满足 $R>B$、$G\leqslant50$ 且 $2R-G-B>T_d/2$，则保持图像 M_q 中对应像素点处的值不变，否则将其值置为背景像素值，由此找到种粒正常白色区域，进行腐蚀膨胀、50 像素去噪后获得其二值图像（记为 M_w）。将图像 M_q 与 M_w 差分，获得种粒变色区域的二值图像（记为 M_m）。

7.2.5.2 检测指标及不合格种粒判断

（1）主要检测指标

基于本项目组前期研究方法以及上述处理所获得的种粒各颜色区域的二值图像 M_a、M_y、M_w、M_m，针对单个种粒区域，结合前述种粒外观特征，按序检测如表 7.2.1 所示指标参数。

表 7.2.1　主要检测指标

编号	检测指标	参数	编号	检测指标	参数
1	周长	L_a	11	宽端对称度	S_3/S_4
2	面积	S_a	12	长轴两侧白色区域面积对称度	S_{w1}/S_{w2}
3	周长面积比	L_a/S_a	13	长轴两侧黄色区域面积对称度	S_{y1}/S_{y2}
4	圆形度	$4\pi S_a/L_a^2$	14	总矩形度	S_a/S_T
5	黄色区域占比	S_y/S_a	15	尖端左侧矩形度	S_1/S_{T1}
6	准白色区域正常白色占比	$S_w/(S_a-S_y)$	16	尖端右侧矩形度	S_2/S_{T2}
7	长轴长	$|P_aP_b|$	17	宽度左侧矩形度	S_3/S_{T3}
8	短轴长	$|P_cP_d|$	18	宽度右侧矩形度	S_4/S_{T4}
9	伸长度	$|P_aP_b|/|P_cP_d|$	19	底部间隙区域面积	S_g
10	尖端对称度	S_1/S_2	20	长轴上准白色胚像素占比	$|P_aP_{GL}|/|P_aP_b|$

（2）不合格种粒的判断

针对尖端露黑色胚部、小型、圆形、虫蚀、破损、霉变等不合格种粒，分析其特征，获得判断各自合格性所依据的检测指标数，如表 7.2.2 所示。

表 7.2.2　不合格种粒特征分析及其判断指标

不合格种粒类型	特征	所依据的判断指标编号
尖端露黑色胚部	尖端丢失，露出黑色胚部 尖端点偏移至一侧，导致长短轴和外接矩形产生明显偏移，如图 7.2.8(a)所示	10~19 等
小型	形态尺寸较小	1、2、7 等
圆形	形态发生圆形畸变 平放时往往呈尖端朝上或朝下姿态，如图 7.2.5(e)所示，导致图像中种粒区域几乎为全黄或全白区域	3~6、9、14~18
虫蚀	往往始于胚芽正面尖端 轻度虫蚀：通常尖端中部破损，尖端内部呈现黑色孔洞，导致变色区域增加	6
虫蚀	重度虫蚀：破损严重，特征同严重破损种粒	
破损	往往始于种粒尖端，其中微小破损不影响发芽率 稍明显的破损，尖端点偏移至一侧残留的白色区域上，导致长短轴和外接矩形产生偏移，如图 7.2.8(b)所示 破损程度不同，面积、对称度等指标参数值会发生不同程度的非正常变化	2、3、5、10~19
霉变	往往始于种粒尖端 轻度暗黄色霉变：正常白色区域变得暗黄，导致变色区域增加，如图 7.2.5(h)所示 中度红色霉变：暗黄色区域变为深红色，且霉变区域扩大，导致变色区域增加，如图 7.2.5(i)所示 深度灰黑色霉变：深红色加深至灰黑色，霉变蔓延至整个种粒区域，导致变色区域进一步增加，如图 7.2.5(j)所示	5、6

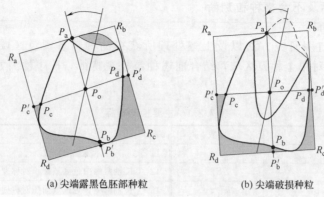

(a) 尖端露黑色胚部种粒   (b) 尖端破损种粒

图 7.2.8 种粒形态特征偏移示意图

（3）粘连种粒的判断

图 7.2.9 中轮廓线 1 为图 7.2.5（k）中粘连种粒的轮廓，如图 7.2.9（a）所示，P_i、P_j 为轮廓线上任意两点，P_a、P_b 分别为粘连处附近的两分界点，设 P_i、P_j 间直线距为 L_{i-j}，顺时针和逆时针沿轮廓线的距离分别为 L_{ijc}、L_{ijac}，且设 $L_{ij}=\min(L_{ijc}, L_{ijac})$，$R_{ij}=L_{ij}/L_{i-j}$，

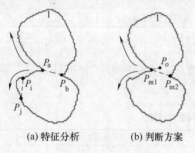

(a) 特征分析   (b) 判断方案

图 7.2.9 粘连种粒判断示意图

记 R_{ij} 为粘连性判断参数，设其编号为 21。

观察图 7.2.9 可知，若为粘连种粒，则在粘连处附近 R_{ab} 值较大，若为单个种粒，则轮廓线上任意两点的 R_{ij} 值均较小。由此，先确定轮廓形心 P_o，再找到离 P_o 最近的点 P_{m1}（若为粘连种粒，则该点为粘连处附近的点），然后以点 P_{m1} 为基准点，寻找轮廓线上满足 $R_{m1m2}>R_0$（R_0 为判断阈值）的另一点 P_{m2}，若存在满足条件的点，则可判断为粘连种粒，否则为单个种粒，如图 7.2.9（b）所示。

7.2.6 试验结果分析

7.2.6.1 种粒颜色区域分割及形态特征检测结果

针对图 7.2.5（a）～（j）中右侧各种粒，获得了各自对应的种粒区域二值图像 M_a（图 7.2.10）、黄色区域二值图像 M_y（图 7.2.11）和白色区域二值图像 M_w（图 7.2.12），图 7.2.13 显示了检测出的种粒方位的外接矩形。

图 7.2.10～图 7.2.12 将尖端点、长短轴、长轴方向外接矩形等关键形态特征检测区

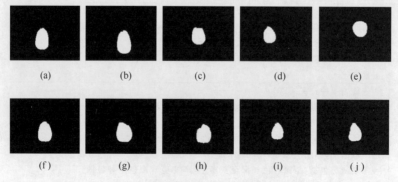

(a)   (b)   (c)   (d)   (e)

(f)   (g)   (h)   (i)   (j)

图 7.2.10 图 7.2.5 中各右侧种粒 M_a 图像

域、种粒黄色区域、种粒正常白色区域很好地提取了出来，同时图 7.2.12（c）显示尖端深色红衣区域也被有效地提取并列入正常白色区域之内。

图 7.2.13（a）、（b）、（d）、（f）、（h）～（j）中尖端点、长短轴、长轴方向外接矩形均检测准确，图 7.2.13（c）、（g）中检测结果显示尖端露黑色胚部和尖端破损种粒的形态特征发生了偏移，图 7.2.13（e）中检测到圆形种粒的尖端点等形态特征随机无规律。

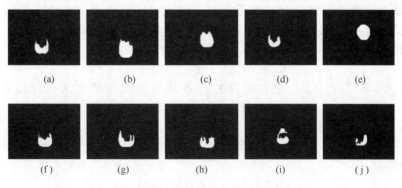

图 7.2.11　图 7.2.5 中各右侧种粒 M_y 图像

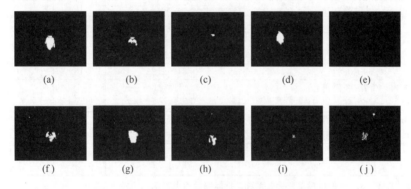

图 7.2.12　图 7.2.5 中各右侧种粒 M_w 图像

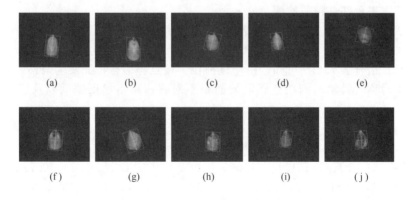

图 7.2.13　图 7.2.5 中各右侧种粒形态特征检测结果

7.2.6.2　指标参数合格范围确定

观察金博士郑单 958 合格种粒样本，据其形态尺寸，可分为较长较宽种粒、中等尺寸种粒、较短较宽种粒和较窄种粒 4 类，从中选取合格种粒 200 粒，各类 50 粒，测量各种粒的各指标参数，确定最大、最小值，初步统计其范围，再随机选取大量合格种粒，反复测试和微调该统计范围，最终获得表 7.2.3 中指标 1～21 的合格范围。

确定粘连性判断参数 R_{ij} 时，先单独测量上述 200 粒种粒，获得其中最大 R_{ij} 值，记为 R_{1max}，测得 R_{1max} 为 2.62，然后 4 类种粒各取 20 粒，各类内部随机组合为 10 对粘连籽粒，随后将每类剩余 30 粒随机平分为 3 组，共计 12 组，并以组为单位，类间两两组合，合成 6 组，然后每组类间随机组合为 10 对粘连种粒，测量以上共 10 组 100 对粘连种粒，并获得其中最小 R_{ij} 值，记为 R_{2min}，测得 R_{2min} 为 3.58。粘连性判断阈值 R_0 由式（7.2.2）设置。随机选取若干合格种粒进行验证，结果表明设置合理。

$$R_0 = (R_{2min} + R_{1max})/2 = 3.10 \tag{7.2.2}$$

测得图 7.2.5（a）、（b）中右侧种粒的各指标参数值依次为：290、5372、0.054、0.80、0.45、0.74、101、63、1.60、1.14、0.92、1.14、1.01、0.76、0.77、0.67、0.81、0.88、335、0.73、2.31 和 308、5784、0.053、0.77、0.72、0.53、109、64、1.70、1.24、0.93、1.13、0.92、0.75、0.76、0.65、0.83、0.89、387、0.32、2.44，均在表 7.2.3 所示的合格范围内。

表 7.2.3 合格种粒指标参数范围

指标编号	参数取值范围	指标编号	参数取值范围	指标编号	参数取值范围
1	249～329	8	50～82	15	0.51～0.84
2	4055～6671	9	1.14～1.95	16	0.51～0.84
3	0.048～0.065	10	0.66～1.51($L_{ls}>1.64$) 0.72～1.39($L_{ls}\leqslant1.64$)	17	0.73～0.94
4	0.69～0.84	11	0.81～1.23	18	0.73～0.94
5	0.35～0.70(胚面朝上) 0.62～0.90(胚面朝下)	12	0.28～3.51	19	<500
6	0.55～0.85(胚面朝上) 0.15～0.69(胚面朝下)	13	0.46～2.17(胚面朝上) 0.72～1.39(胚面朝下)	20	≥0.5(胚面朝上) 0～0.5(胚面朝下)
7	84～110	14	0.69～0.81	21	≥3.10(粘连种粒) 0～3.10(非粘连种粒)

注：编号 1、2、7、8、19 的指标单位为像素数。指标编号参考表 7.2.1。

7.2.6.3 不合格种粒检测结果

（1）尖端露黑色胚部种粒检测

测得图 7.2.5（c）中右侧种粒的各指标参数值依次如下：251、4092、0.061、0.82、0.89、0.35、81、67、1.21、1.43、0.88、0、0.99、0.68、0.77、0.57、0.67、0.83、585、0、2.03。结合表 7.2.3 可知，由于该种粒尖端点等形态特征发生偏移，检测到其长轴偏短，尖端不对称，长轴两侧白色胚区域面积不对称，总矩形度偏低以及底部间隙区域偏大，不满足表 7.2.3 所示范围。

（2）小型、圆形种粒检测

测得图 7.2.5（d）、（e）中右侧种粒的各指标参数值依次如下：233、3476、0.067、0.80、0.49、0.84、79、55、1.44、1.03、0.98、0.99、1.17、0.74、0.72、0.65、0.84、0.86、316、0.77、2.11 和 247、4176、0.059、0.86、0.86、0、75、68、1.10、1.08、0.94、0、1.01、0.74、0.76、0.70、0.79、0.84、567、0、1.84。结合表 7.2.3 可知，检测到小型种粒的周长、面积、长轴长偏小，且其周长面积比偏大，检测到圆形种粒的圆形度偏大，伸长度偏小，准白色区域正常白色占比和长轴两侧白色胚区域面积对称度均不正常，且其周长、面积、长轴长均偏小，均不满足表 7.2.3 所示范围。

（3）虫蚀、破损种粒检测

测得图 7.2.5（f）、（g）中右侧种粒的各指标参数值依次如下：282、5088、0.056、0.80、0.50、0.44、93、67、1.39、1.21、0.97、1.48、0.83、0.77、0.80、0.66、0.84、0.86、226、0.67、2.14 和 289、5472、0.053、0.82、0.49、0.70、95、73、1.30、1.00、1.06、0.55、2.02、0.71、0.66、0.66、0.82、0.78、572、0.72、1.95。结合表 7.2.3 可知，检测到尖端轻度虫蚀破孔种粒的正常白色占比偏小，而尖端轻度破损种粒，其形态特征发生偏移，虽未造成面积、周长面积比、对称度、矩形度、黄色区域占比等参数的不正常化，但是其底部间隙区域增大，不满足表 7.2.3 所示范围。

（4）霉变种粒检测

测得图 7.2.5（h）～（j）中右侧种粒的各指标参数值依次如下：276、4 824、0.057、0.80、0.50、0.31、89、69、1.29、0.94、1.08、1.11、0.96、0.76、0.71、0.75、0.88、0.82、93、0.74、1.88 和 233、3 404、0.068、0.79、0.59、0.13、77、55、1.40、1.10、1.03、0.71、1.26、0.74、0.73、0.67、0.86、0.83、145、0.39、2.14 以及 254、3 844、0.066、0.75、0.34、0.15、85、55、1.55、1.02、1.06、1.54、0.59、0.71、0.63、0.61、0.87、0.82、76、0.85、2.34。结合表 7.2.3 可知，3 粒霉变种粒的黄色区域占比和正常白色占比均偏小，均不满足表 7.2.3 所示范围。此外，该中度红色霉变种粒为小种粒，其周长、面积、周长面积比和长轴长均偏小，该深度灰黑色霉变种粒也为小种粒，其面积、周长面积比偏小。

（5）粘连种粒检测

针对图 7.2.5（k）中粘连种粒，测得 $R_{ij} = 6.55$，结合表 7.2.3 可判断为粘连种粒，符合实际情况。

7.2.6.4　整机试验结果与分析

所研制的装置样机如图 7.2.14 所示，使用台州市奥突斯工贸有限公司的 OTS-750 型无油空气压缩系统，压力可手动调节，试验中设置气吹压力为 $10^5 \mathrm{Pa}$，气流量为 $10\mathrm{m}^3/\mathrm{h}$，试验中使用足量无包衣的金博士郑单 958 成品种子。

在装置样机上进行试验，测得单次图像处理时间满足 $t_0 \leqslant 250\mathrm{ms}$，设置如下系统运行参数：排种器喂种速率为 1 次/s，输送速度为 70mm/s，种粒喂入中心与图像采集中心间距为 280mm，图像采集中心与吹除工位间距为 140mm，图像采集间隔时间为 1s。

图 7.2.14　装置样机

启动系统运行 1800 个周期，即排种器排种 1800 次，其中 1513 次喂出单粒，204 次喂出多粒不重叠或重叠合格种粒，15 次喂出重叠不合格种粒，68 次喂出粘连种粒。其中重叠不合格和粘连种粒直接吹除，剩余喂入输送带，共计 1982 粒种子（符合定向播种 1385 粒）。测试得：1982 粒种子合格性检测准确率为 96%，68 次粘连性检测准确率为 99%，装置吹除有效率为 98%。

装置运行产生误差的主要原因及后期改进方法如下：

（1）合格性检测误差

产生合格性检测误差的主要原因是本算法只检测种粒单面，通常小型、圆形、霉变、破损和重度虫蚀种粒两面情况一致，但是少数尖端轻度虫蚀种粒，仅在胚芽正面尖端存在微小孔洞，且少数露黑色胚部种粒，仅在胚芽反面能观察到黑色胚部，因此当其正常面朝上时，造成检测误差。该装置适用于与金博士郑单 958 具有相似形态尺寸和颜色特征的种粒精选，且仅适用于单面不合格较少的情况，若单面不合格较多，可增设翻面装置，进行双面检测。

（2）粘连性判断误差

产生粘连性判断误差的主要原因是部分种粒破损严重，仅残留一小块，或者种粒本身异常微小，贴附于其他种粒周围，粘连性判断参数值偏小，导致误判为单个种粒。后期可考虑优化喂料装置，保证单次只喂出单粒，则种粒粘连性、重叠性检测可省去，吹除方案也将大大简化。

（3）吹除有效率误差

产生吹除有效率误差的主要原因是少数圆形种粒从图像采集区域输送至吹除工位过程中，相对输送带产生了滞后滚动位移，导致吹除时刻到来时种粒未到位，造成吹除失败。可考虑将吹除装置前移，使吹除工位位于图像采集区域，图像检测为不合格种粒后，立即启动吹除装置吹除。

7.3　基于鹰眼视觉的仿生无人机避障控制

7.3.1　研究背景与目标

无人机进行路径规划时，通常采用 GPS、INS 等定位方法获取自身坐标信息，但在室内飞行时 GPS 信号丢失严重，而当采用 INS 时，INS 无法在定位过程中获取目标信息，且需要提前获取初始状态，并在定位过程中会产生误差累计，这极大影响定位的精度。利用视觉信息是无人机室内路径规划的较优选择。针对室内环境的无人机路径规划问题，可利用单目摄像头获取局部环境信息，通过部署避障和追踪算法，实现无人机在障碍物环境未知情况下的动态目标追踪。

自然界中老鹰视觉灵敏度排在诸多鸟类前列，其可通过独特的颜色视觉功能来实现远距离的目标识别。因此，采用仿鹰眼算法来解决无人机在飞行过程中动态目标区域难以搜索并容易丢失的问题。并采用神经网络算法和光流算法模拟高等动物后天学习行为与视觉机制，来解决无人机对目标追踪过程中障碍物环境未知问题，从而实现未知环境中障碍物的检测以及避障指令的输出。

本项目目标是利用视觉检测无需全局地图即可实现对动态目标的追踪，并在追踪过程中避开障碍物。利用单目视觉信息实现鹰眼算法、光流、神经网络算法的部署，鹰眼视觉算法负责检测目标区域位置，通过设计视轴约束实现无人机向目标区域逼近；光流算法和神经网络采用决策层融合，实现避障指令的输出。试验基于大疆 Tello 开源无人机平台进行开发，结果显示无人机可较好地完成在未知环境下的路径规划，算法框架如图 7.3.1 所示。

7.3.2　避障控制与动态路径规划方法

无人驾驶飞机是一种集多种智能技术于一体的系统，其不仅能够发挥自身特殊的无人驾驶飞行能力，而且具有重量轻、体积小、成本低的特点，近年来被广泛应用到安全、监测、灾难救援、农业等领域。随着无人机应用的推广和作业复杂性的提升，人们对无人机的"智能飞行"的要求也越来越高。无人机自主飞行需要正确的、实时的飞行路径的规划。传统的无人机自主飞行过程需要建立复杂的避障探测系统、信息处理系统和避障策略，同时需要多个昂贵的外置传感器实时感知全局信息，最终给出较优避障策略和飞行方向。本项目无需全局地图，只需利用无人机前视摄像头获取局部环境信息，利用仿鹰眼算法寻找目标区域，建

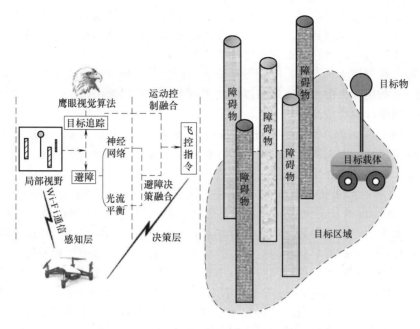

图 7.3.1　无人机路径规划算法框图

立视轴约束；同时利用光流和神经网络模拟动物后天学习行为判断障碍物方位给出避障策略。试验环境和控制流程分别如图 7.3.2 所示。

(a) 路径规划场景

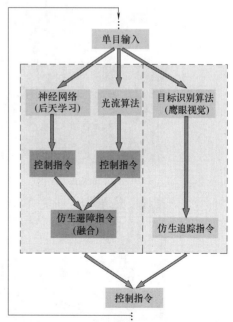

(b) 控制流程

图 7.3.2　算法流程图

7.3.2.1　避障控制策略

高等动物可以通过条件反射、尝试等方式逐渐形成一种可以适应不断变化的未知环境的新行为，这一过程称为后天学习。本项目通过神经网络模拟动物的后天学习行为，以实现对未知环境的感知，通过学习到的环境感知能力进行障碍物的躲避。高等动物视觉感知机制通常为"近大远小""近快远慢"，即在高等动物视野内，通常认为，在进行相对运动时，离自身较远的目标占视野较小且运动速度较慢，较近则反之。本项目通过光流平衡法模拟高等动物视觉机制，并利用两种仿生避障策略以特定规则融合进行避障决策。

（1）神经网络障碍物检测

本项目采用 Inception V3 神经网络实现障碍物远近方位判别，Inception 神经网络替代了人工设计网络结构，即无需人为决定使用卷积还是池化，由网络自行决定。通过给网络添加所有可能值，并将输出连接，网络就可以自己学习需要什么结构。通过网络的上述特性实现了用密集成分来近似最优的局部稀疏连接。Inception V3 首次引入了小回旋因子分解（factorization into small convolutions），将一个较大的二维卷积拆成两个较小的一维卷积，这种引入一方面节约了大量参数，加速运算并减轻了过拟合，同时增加了一层非线性扩展模型表达能力，这种非对称的卷积结构拆分，其结果比对称地拆为若干个相同的小卷积核效果明显，可以处理更多、更丰富的空间特征，增加特征多样性。同时 Inception V3 优化了 Inception Module 的结构，Inception Module 有 35×35、17×17 和 8×8 三种不同卷积结构。此外 Inception V3 中除了 Inception Module 中使用分支，还在分支中使用了分支。这加速了计算，并提高了网络的泛化性，减少了过拟合的概率。

采集的图像样本分为 4 类，分别为"右近""左近""中近""远"，其中"右近"表示障碍物在视野右侧较近处，"左近"表示障碍物在视野左侧较近处，"中近"表示障碍物在视野

(a) 右近

(b) 左近

(c) 中近

(d) 远

图 7.3.3　各样本图片

前方较近处，"远"表示障碍物在视野较远处，各类样本如图 7.3.3 所示，各类样本数量如表 7.3.1 所示。为了验证神经网络泛化性能，本项目只运用单一纹理颜色的障碍物对神经网络进行训练，用多种纹理和颜色的障碍物进行试验验证。

表 7.3.1　数据集

样本	右近	左近	中近	远
训练集	145	179	204	322
测试集	44	54	61	97

采用基于 Inception V3 的迁移学习，在训练神经网络过程中，需要对迁移层进行微调，对新加层快速调整。由此对网络层的学习率因子设置上，新加层需要设置较大学习率因子参数，迁移层需设置较小学习率因子参数。在训练迁移神经网络过程中，对于新加层权重和偏置的学习率因子参数难以设置。这造成神经网络训练速度慢，不能很快收敛，或陷入局部最优。如果手动调节参数可能会导致设置的学习率因子过大，造成神经网络训练过程中，损失函数在最优处来回振荡，并可能跳过全局最优。采用蝙蝠算法对迁移神经网络新加层中权重和偏置的学习率因子参数进行优化。优化思想是通过在小样本训练集上进行训练优化得到最佳学习率因子参数组合，然后应用到大样本训练集训练神经网络的过程中。国内外将仿生优化与神经网络训练结合进行了大量研究，文献［183］提出改进磷虾群的优化神经网络，引入 NBN（neuron by neuron）和磷虾群优化方法，通过磷虾群优化神经网络的初始参数，再利用 NBN 算法对神经网络进行训练，最后得到良好的预失真性能。文献［184］采用改进蝙蝠算法优化 BP 神经网络，进行电网短期预测。文献［185］提出利用改进遗传算法，采用自适应交叉率替换原固定取值，实现 BP 神经网络权值和阈值初始化，减少训练时间提高训练精度。蝙蝠算法（bat algorithm，BA）属于群智能算法的一种，是剑桥大学学者 X. S. Yang 于 2010 年通过模拟蝙蝠回声定位进行食物探索的行为而提出的。

针对传统蝙蝠算法前期搜索范围小、后期算法深度挖掘能力不足的缺点，提出一种时间因子改进方法，具体如式（7.3.1）～式（7.3.6）所示。通过在位置更新方程中加入时间因子扰动以替代常数为 1 的隐含时间因子，提高算法整体搜索能力，时间因子扰动和改进位置更新如式（7.3.3）与式（7.3.4）所示。

（1）个体脉冲频率

$$f_i = f_{min} + (f_{max} + f_{min}) \text{rand} \tag{7.3.1}$$

式中　　f_i——第 i 只个体探寻目标时的脉冲频率；

f_{min}，f_{max}——脉冲频率上限和下限，rand 为 0～1 之间的随机数。

（2）个体飞行速度

$$v_i^t = v_i^{t-1} + (x_i^{t-1} - x^*) f_i \tag{7.3.2}$$

式中　　v_i^t，v_i^{t-1}——第 i 只个体在 t 时刻和 $t-1$ 时刻的飞行速度；

x_i^{t-1}——蝙蝠个体 i 在 $t-1$ 时刻的位置；

x^*——当前最优位置。

（3）个体位置、脉冲音强、脉冲频率更新

$$\beta = 1 + \sin\left(\frac{\pi}{2} - \frac{\pi t}{2t_{max}}\right) \tag{7.3.3}$$

$$x_i^t = x_i^{t-1} + \beta v_i^t \tag{7.3.4}$$

$$r_i^{t+1} = r_i^0 (1 - e^{-\gamma t}) \tag{7.3.5}$$

$$A_i^{t+1} = \alpha A_i^t \tag{7.3.6}$$

式中 t——当前迭代次数；

$t_{\max}$——最大迭代次数；

r_i^0——最大脉冲频度；

γ——脉冲频度的增加参数，且为大于零的常数；

A_i^t——t 时刻个体 i 的脉冲音量；

α——脉冲音量的减少参数，且为 0～1 的常数。

蝙蝠算法参数设置如表 7.3.2 所示。

表 7.3.2 蝙蝠算法参数设置

项目	$t_{\max}$	m	$f_{\min}$	$f_{\max}$	r_i^0	$A_{\max}$
参数	20	30	-1	1	0.85	0.1

迭代 20 次，重复两次试验，以每次优化迭代得到的学习率因子所训练的神经网络的准确度作为适应度函数。本项目优化的思想是先在小样本训练集上优化，然后将优化得到的学习率参数推广到大样本神经网络训练中，蝙蝠算法优化过程如图 7.3.4 所示。

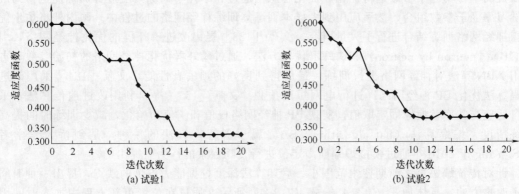

图 7.3.4 蝙蝠算法优化过程

从图 7.3.4 可以看出，两次试验约在 15 次迭代时适应度函数就已经收敛，此时解为全局最优。两次试验得出的最优解见表 7.3.3，为提高训练效率，学习率参数取两次试验平均数的四舍五入整数。

表 7.3.3 优化结果

项目	蝙蝠算法（BA）	
	学习率权重因子	学习率偏差因子
第一次试验	10.2354	7.6387
第二次试验	6.3334	9.4124
平均值	8	9

对网络最后一层进行改进，输出定义为集合 $O_{(i)}$，$i=$ L，R，G，M，每类概率为 0%～100%，其中对于"左近"$[O_{(L)}]$ 概率乘上单位负数，"右近"$[O_{(R)}]$ 概率乘上单位正数，"中近"$[O_{(M)}]$ 概率乘上单位负数，"远"$[O_{(G)}]$ 概率乘上 0，以实现与光流平衡法则的决策层融合。

（2）光流算法

光流（optical flow，OF）是空间运动物体在观察成像平面上的像素运动的瞬时速度。光流算法是利用像素在时间域上的变化，以及相邻帧之间的像素相关性，找到上一帧跟当前帧之间存在的对应关系，从而计算出相邻帧之间物体的运动信息的一种方法。光流算法假设条件是：①亮度恒定不变，即同一目标在不同帧间运动时，其亮度不会发生改变；②时间连续或运动是"小运动"，即时间的变化不会引起目标位置的剧烈变化，相邻帧之间位移比较小。

考虑一个像素 (x, y, t) 在第一帧的光强度 $I(x, y, t)$，像素在 dt 时间内移动 (dx, dy) 距离到下一帧，其光强度计算公式式（7.3.7）所示。

$$I(x, y, t) = I(x + dx, y + dy, t + dt) \tag{7.3.7}$$

将式（7.3.7）右端泰勒展开，得到式（7.3.8）。

$$I(x + dx, y + dy, t + dt) = I(x, y, t) + \frac{\partial I}{\partial x} dx + \frac{\partial I}{\partial y} dy + \frac{\partial I}{\partial t} dt + \varepsilon \tag{7.3.8}$$

式中，ε 为二阶无穷小项，可忽略不计。

将式（7.3.8）代入式（7.3.7）后同除 dt，可得式（7.3.9）。

$$\frac{\partial I}{\partial x} \times \frac{dx}{dt} + \frac{\partial I}{\partial y} \times \frac{dy}{dt} + \frac{\partial I}{\partial t} \times \frac{dt}{dt} = 0 \tag{7.3.9}$$

设 $\boldsymbol{u}$、$\boldsymbol{v}$ 分别为光流沿 x 轴与 y 轴的速度矢量，如式（7.3.10）所示。

$$\boldsymbol{u} = \frac{dx}{dt}, \boldsymbol{v} = \frac{dy}{dt} \tag{7.3.10}$$

令 $I_x = \frac{\partial I}{\partial x}$、$I_y = \frac{\partial I}{\partial y}$、$I_t = \frac{\partial I}{\partial t}$ 分别表示图中像素点的灰度沿 x、y、t 方向的偏导数，则式（7.3.9）可写为式（7.3.11）。

$$I_x \boldsymbol{u} + I_y \boldsymbol{v} + I_t = 0 \tag{7.3.11}$$

式中，I_x、I_y、I_t 由图像数据得到；$\boldsymbol{u}$、$\boldsymbol{v}$ 为所求光流矢量。

本项目采用稠密光流法，它是一种针对图像或指定的某一片区域进行逐点匹配的图像配准方法，它计算图像上所有点的偏移量，会形成一个稠密的光流场。通过这个稠密的光流场，可以进行像素级别的图像配准。

在利用光流场进行避障的过程中，如果无人机前视图像没有相对运动目标，即没有障碍物，则光流矢量在整个图像区域是连续变化的。当图像中有相对运动物体时，障碍物和背景存在相对运动。障碍物所形成的速度矢量必然和背景的速度矢量有所不同，如此可以计算出当前视野是否存在障碍物。

在无人机向前运动过程中，反映在图像序列上，即靠近的潜在障碍物会相对于较远处的背景产生更大的运动，也因此产生更大的光流。无人机在飞行过程中通过避开光流幅值大的一侧来平衡两侧的光流，以此来规避障碍物。本项目通过无人机左右平飞避开障碍物，分别计算前视左右视野的平均光流值，当一侧的平均值大于另一侧并超过给定阈值 T 时，则向光流较小的一侧靠近来躲避另一侧潜在的障碍物，计算如式（7.3.12）所示。

$$\Delta F = 1 - \frac{m \sum \| w_{\min} \|}{n \sum \| w_{\max} \|} \tag{7.3.12}$$

式中　$\sum \| w_{\max} \|$ ——光流大的一侧的光流向量模总和；

$\qquad m$ ——光流大的一侧光流向量数；

$\qquad \sum \| w_{\min} \|$ ——光流小的一侧的光流向量模总和；

$\qquad n$ ——光流小的一侧光流向量数。

计算得到 ΔF，设定需采取避障动作时的阈值 $T = 0.5$。当 $\Delta F \geqslant T$ 时，则光流大的一侧认为出现障碍物，应向光流小的一侧靠近；当 $\Delta F < T$ 时，则判定障碍物较远，无需避障。判断需要避障后，采用无人机左右平飞的方式避障，避障依据为左右视野光流向量模之差，

其对应无人机控制的公式如式（7.3.13）。

$$Q' = \frac{\sum \|w_R\| - \sum \|w_L\|}{\sum \|w_R\| + \sum \|w_L\|} \tag{7.3.13}$$

式中，Q' 为左右视野光流向量模之差，$-1 \leqslant Q' \leqslant 1$。

当 $0 \leqslant Q' \leqslant 1$ 时，右侧障碍物较近，无人机向左平飞；当 $-1 \leqslant Q' < 0$ 时，左侧障碍物较近，无人机向右平飞。

光流算法和神经网络的决策层融合规则如表 7.3.4 所示，避障运动规则如表 7.3.5 所示。

表 7.3.4　避障算法决策融合

光流平衡法则	光流＋神经网络决策融合	决策结果
$\Delta F \geqslant T \quad Q = Q'$	$0.3 < \max \|0.3 \times Q + 0.7 \times O_{(L,R,M,G)}\| < 1$	有障碍物
	$0 \leqslant \max \|0.3 \times Q + 0.7 \times O_{(L,R,M,G)}\| \leqslant 0.3$	无障碍物
$\Delta F < T \quad Q = 0$	$0.3 < \max \|0.3 \times Q + 0.7 \times O_{(L,R,M,G)}\| < 1$	有障碍物
	$0 \leqslant \max \|0.3 \times Q + 0.7 \times O_{(L,R,M,G)}\| \leqslant 0.3$	无障碍物

表 7.3.5　避障运动规则

融合输出	$\max \|0.3 \times Q + 0.7 \times O_{(L,R,M,G)}\|$			
避障输出	$O_{(L)}$	$O_{(R)}$	$O_{(G)}$	$O_{(M)}$
运动规则	向右平飞	向左平飞	维持当前状态	向左平飞

注：$O_{(L,R,M,G)} = \{O_{(L)}, O_{(R)}, O_{(M)}, O_{(G)}\}$。

7.3.2.2　基于鹰眼视觉的动态目标追踪

自然界中老鹰在观察物体时更倾向于利用单目视觉观察目标，这个行为证实了正中央凹的视觉灵敏度比侧中央凹的视觉灵敏大的事实，即鹰眼的侧向视觉具有最大的空间分辨率能力。本项目基于鹰眼视觉建立仿鹰眼视觉显著性目标检测算法，由此从图像中得到感兴趣区域作为目标完成仿生追踪。

鹰眼算法模拟鹰眼中含 3 个维度的 HSV 色彩空间，即任意颜色在鹰眼算法中均可以用一个三维矢量进行表示。该三维矢量中，方位角表示色调值 H；方位与等亮度平面形成的偏角表示不同的亮度 I，取值范围为 $-180° \sim 180°$；颜色的饱和度用颜色矢量模型 S 表示，其中最大的饱和度为 1，而原点的饱和度为 0。假设两个像素点 $P_1 = (H_1, S_1, V_1)$，$P_2 = (H_2, S_2, V_2)$，则两像素点之间的色彩差异可用式（7.3.14）计算。

$$\Delta_{HSV}(P_1, P_2) = \sqrt{(\Delta_1)^2 + (\Delta_C)^2} \tag{7.3.14}$$

式中

$$\Delta_1 = |V_1 - V_2| \tag{7.3.15}$$

$$\Delta_C = \sqrt{S_1^2 + S_2^2 - 2S_1 S_2 \cos\theta} \tag{7.3.16}$$

$$\theta = \begin{cases} |H_1 - H_2|, & |H_1 - H_2| \leqslant \pi \\ 2\pi - |H_1 - H_2|, & |H_1 - H_2| > \pi \end{cases} \tag{7.3.17}$$

则两点间的颜色差异可用式（7.3.18）计算。

$$C_{CM}(x, y) = \frac{1}{N-1} \Big[\sum_{n=1}^{N-1} \Delta_{HSV}(P(x, y), P_n) \Big] \tag{7.3.18}$$

式中　$N = (2k+1) \times (2k+1)$——每个窗口的像素个数；

$\qquad P(x, y)$——目标窗口；

$\qquad P_n$——滑动窗口。

根据 HSV 色彩空间颜色差异的计算，能得到不同颜色差异的显著图，由颜色差异计算出特征显著图，能在未知环境中快速且稳定地识别出目标物。对于动态目标物，若只存在位置的变化，不存在颜色变化，则鹰眼算法可以利用目标物与环境的颜色差异迅速稳定识别出目标物，即模拟出鹰在观察周围环境时，与周围环境具有更大的颜色差异的目标，更容易引起鹰的注意。

仿鹰眼视觉目标检测分成 4 个阶段：

① 对源图像进行线性滤波，获得不同分辨率下的图像信息；

② 根据鹰眼视网膜颜色视觉模型，将输入图像信号转化为三种颜色波段信号和一种亮度信号；

③ 根据视觉通路中"感受野"（视网膜的某一特定区域，在该区域上的光照能影响该神经元的活动）提取不同尺度下的目标特征；

④ 最后将这些信号线性融合可得到目标显著图。

算法如图 7.3.5（a）所示，提取目标区域结果如图 7.3.5（b）所示。

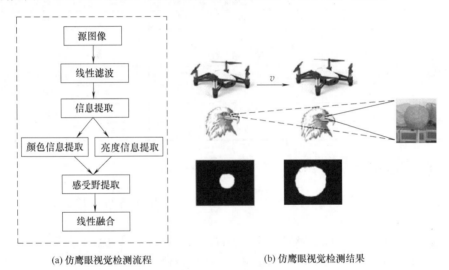

(a) 仿鹰眼视觉检测流程　　　　　　　　(b) 仿鹰眼视觉检测结果

图 7.3.5　仿鹰眼算法

提取出目标位置后，则无人机需要向目标位置逼近，以完成追踪任务，为此需要设计目标逼近规则。图 7.3.6 为无人机飞行时单目摄像头获取的前视视野，以左下角为原点建立坐标系，x_a、x_b、x_c、x_d 分别为目标点方框四个顶点横坐标。中心轴约束区域宽度为 2α，建立目标检测运动规则如表 7.3.6 所示。

实现无人机对目标位置的检测和逼近，与无人机避障运动规则进行融合，给出最终的运动控制规则融合输出，如表 7.3.7 所示。

当目标物像素在视野像素占比达到阈值时，无人机就完成了对目标的追踪，可结束本次飞行任务，此时无人机停止飞行，准备降落。

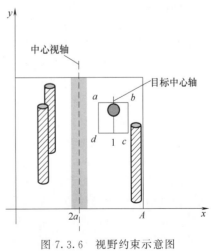

图 7.3.6　视野约束示意图
▨中心视轴约束区域

表 7.3.6　目标检测运动规则

$x_b - \dfrac{x_b - x_a}{2} > \dfrac{A}{2} + \alpha$	目标在视轴右侧,向右平飞
$\dfrac{A}{2} - \alpha \leqslant x_b - \dfrac{x_b - x_a}{2} \leqslant \dfrac{A}{2} + \alpha$	目标在视轴中心区,向前平飞
$x_b - \dfrac{x_b - x_a}{2} < \dfrac{A}{2} - \alpha$	目标在视轴左侧,向左平飞

表 7.3.7　运动控制融合输出

目标位置	避障输出	最终输出指令
左	$O_{(G)}$	向左平飞
左	$O_{(L)}$	向右平飞
左	$O_{(M)}$	向左平飞
左	$O_{(R)}$	向左平飞
中	$O_{(G)}$	向前平飞
中	$O_{(L)}$	向右平飞
中	$O_{(M)}$	向右平飞
中	$O_{(R)}$	向左平飞
右	$O_{(G)}$	向右平飞
右	$O_{(L)}$	向右平飞
右	$O_{(M)}$	向右平飞
右	$O_{(R)}$	向左平飞

7.3.3　试验与分析

在大疆 Tello 开源无人机平台部署避障和目标追踪算法进行试验验证,共进行三组试验。

第一组试验,目标区域位于障碍物外侧,目标点在目标区域内循线往复运动,并改变障碍物方位,实现障碍物未知环境的搭建,验证无人机路径规划算法。

第二组试验,目标区域与障碍物区域重叠,目标点在障碍物环境内循线运动,无人机实现对目标的实时追踪并避障。

第三组试验,通过人为实时添加不同纹理颜色的障碍物搭建动态、未知环境,验证本项目算法对于未知、动态障碍物的适应能力。

对三组试验分别选取起飞后 5s、15s、25s、35s 的飞行图像,分别如图 7.3.7～图 7.3.9 所示。无人机在飞行过程中只通过定高平移进行避障和对于目标位置的逼近。图 7.3.7 障碍物区域黑色巡线标志不涉及第一组试验,该巡线标志在试验二中应用于模拟障碍物区域与目标区域重叠环境。

图 7.3.7 展示了目标区域在障碍物区域外的无人机路径规划过程,第一组试验障碍物区域长宽约为 270cm×80cm。在起飞 5s 后无人机前方无障碍物,成功检测到目标物,并向前平飞;起飞 15s 后,视野中出现障碍物,向右平飞成功躲避障碍物;起飞 25s 后,视野无障碍物,但此时目标物被遮挡,无人机悬停,等待目标物出现;起飞 35s 后,无人机成功避开所有障碍物,进入目标区域,继续追踪目标物;起飞 45s 后,无人机完成追踪,此时目标物像素达到视野占比阈值,无人机降落。第一组试验无人机成功进行了避障,并完成了追踪目标物球的任务,实现了未知环境的动态路径规划。

(a) 起飞5s无人机位置

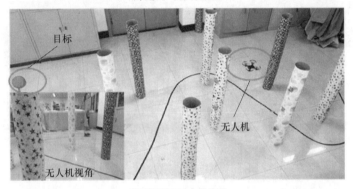

(b) 起飞15s无人机位置

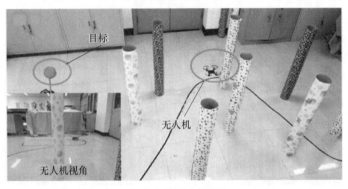

(c) 起飞25s无人机位置

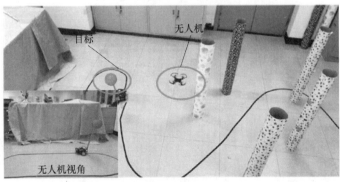

(d) 起飞35s无人机位置

图 7.3.7　第一组试验目标区域与障碍物区域不重叠

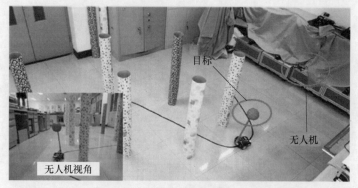

(a) 起飞5s无人机位置

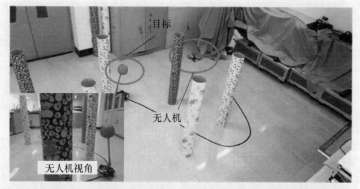

(b) 起飞15s无人机位置

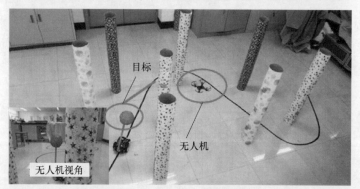

(c) 起飞25s无人机位置

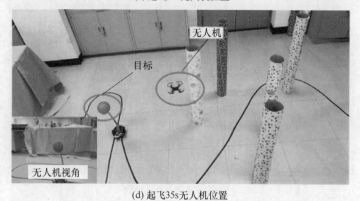

(d) 起飞35s无人机位置

图 7.3.8 第二组试验目标区域与障碍物区域重叠

  图 7.3.8 展示了目标区域与障碍物区域重叠的情景，同时对第一组试验障碍环境进行改变以验证神经网络对未知障碍物环境的适应能力，整体环境尺寸约为 320cm×120cm。同样在起飞 5s 后如图 7.3.8（a）所示，无人机视野开阔，目标物位于视轴右侧，无人机向右平飞；起飞 15s 后，视野左侧有障碍物，目标物位于视轴右侧，无人机向右平飞躲避障碍物；起飞 25s 后，无人机左侧有障碍物，目标物位于视轴中间区域，此时无人机相较前面时刻更靠近目标物，无人机向右平飞；起飞 35s 后，目标物载体小车已行进开阔区域，无人机也离开障碍物区域，前方视野开阔，进一步逼近目标红球；起飞 45s 后，目标物占据无人机视野的面积进一步加大，即将完成目标追踪。

  图 7.3.9 展示了人为搭建未知环境的场景，通过人为实时添加不同纹理颜色的障碍物搭

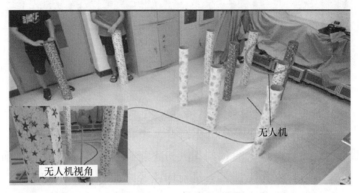

(a) 起飞5s无人机位置

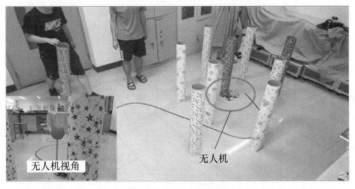

(b) 起飞15s无人机位置

(c) 起飞25s无人机位置

图 7.3.9

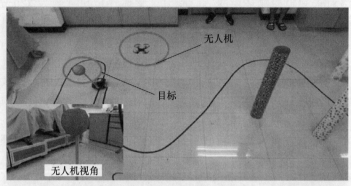

(d) 起飞35s无人机位置

图 7.3.9　第三组未知环境障碍物躲避试验

建动态、未知环境，验证本项目算法对于未知、动态障碍物的适应能力，整体环境尺寸
320cm×120cm。在起飞5s后，无人机首先避开两个预先摆放的静态障碍物，在无人机飞出
静态障碍物区域时，本试验通过人为预判无人机飞行路径，在预判路径上面连续添加两个不
同纹理颜色的未知障碍物，人为阻挡无人机前向路径来验证对于未知、动态环境下的适应能
力，在15s与25s后，无人机成功躲避人为添加的障碍物，并且在35s时成功完成对运动目
标的追踪。

本项目进行了障碍物与目标区域不同位置的三组试验，并在三组试验中采取障碍物方位
完全不同的设计，以验证在障碍物环境未知的情况下，无人机的避障性能。同时设计了障碍
物与目标区域的分离与重叠的三组试验，以验证仿鹰眼视觉算法的有效性，三组试验无人机
都成功追踪并逼近了目标物，完成了障碍物未知环境下的动态目标逼近，实现了未知环境下
无人机的动态路径规划。

7.3.4　结论

（1）利用仿鹰眼视觉算法实现仿生追踪策略

鹰眼算法利用目标物与环境的颜色差异迅速稳定识别出动态目标物。本项目模拟鹰在观
察周围环境时，与周围环境具有较大颜色差异的目标更容易引起鹰的注意机制，以实现实时
动态目标检测。

（2）利用后天学习行为和光流算法进行决策层的融合实现仿生避障策略

后天学习行为采用卷积神经网络模拟，卷积神经网络实现图像特征的自动提取，可实现
最优特征分类，实现对未知环境的感知；光流算法无需了解场景信息即可准确检测出运动对
象，对未知环境的避障具有较好效果。通过两种算法的决策层融合可构建鲁棒性更好的避障
算法。

（3）利用仿生算法优化迁移神经网络参数

针对迁移神经网络新加层学习率参数设置问题，采用改进蝙蝠算法进行优化，本项目算
法前期搜索范围大，后期挖掘能力强，通过改进蝙蝠算法优化后的神经网络可达到更高障碍
物识别准确率。

7.4 谷物联合收割机视觉导航

7.4.1 项目背景与目标

农业车辆自动导航技术在很多发达国家和地区都有很深入的研究，有的国家已经商品化，并应用于生产实际中。农业车辆自动导航技术不仅能使农民从单调繁重的劳动中解放出来，而且还是精细农业的基础平台。作为"精细农业"的一个重要分支，农田作业机械智能导航技术越来越受到关注。为了提高我国农业机械化装备水平，改变我国目前的农田作业模式，借助先进传感技术、通信技术，开展针对农田作业机械智能导航系统的研究是十分必要的。

随着农业现代化的发展，谷物联合收割机已被广泛地应用于农业收获中，不仅提高了生产率而且减轻了劳动强度，特别是在抢收抢种的过程中扮演着重要角色。缓解农用车辆驾驶员疲劳的联合收割机辅助驾驶已成为社会各界普遍关注的问题，而实现联合收割机辅助驾驶的关键问题是对其行驶路径进行检测，即导航技术。目前对农业机械的导航研究主要集中在机器视觉导航和 GPS 导航这两种最具发展前途的方式上。与 GPS 导航这种绝对坐标导航方式相比，采用相对坐标的机器视觉导航具有更加灵活、实时性和导航精度更高的优点。为改善收割机驾驶员的作业环境，减轻劳动强度，开展对联合收割机作业路径的视觉检测及转向控制的智能导航技术研究成为联合收割机智能化领域的研究重点。

项目研究目标：

① 分析基于达芬奇技术的软件框架，开发该软件框架下联合收割机视觉导航图像处理算法试验系统的 ARM 侧软件、DSP 侧软件及位于二者之间的通信传输软件。

② 采用联合收割机视觉导航图像处理算法试验系统采集收割小麦田间试验现场视频，分析田间收获小麦视频图像纹理特征，确定联合收割机视觉导航系统路径识别算法。

③ 联合收割机视觉导航系统摄像机安装及标定，调整路径识别算法参数，搭建基于单片机的转向控制器，通过达芬奇平台 DM6446 I2C 总线实现数据传输，并实现单片机基于模糊控制算法的转向控制软件。

④ 在新疆-2A 型联合收割机上搭建视觉导航系统试验平台，首先在具有标线的道路上进行联合收割机路径跟踪试验，确保转向控制算法的有效性；然后进行田间收割机收获小麦导航试验，在分析试验数据之后对导航系统进行优化，确保系统的实用性。

7.4.2 联合收割机视觉导航系统总体方案

7.4.2.1 系统构成

本项目以新疆-2A 型联合收割机收获小麦过程为研究对象，采用安装于驾驶室顶部的摄像机采集收获小麦的视频信息，通过达芬奇平台的路径识别系统获取收割边界，并由路径决策模块确定行驶路径，再根据车速及方向盘位置信号控制步进电机操纵转向系统，实现视觉导航路径实时跟踪。

联合收割机视觉导航系统分为两个部分：①联合收割机视觉导航路径识别系统；②联合收割机视觉导航转向控制系统，具体结构框图如图 7.4.1 所示。

7.4.2.2 联合收割机视觉导航路径识别系统方案

本项目采用基于达芬奇技术的数字媒体开发平台作为其核心系统，该平台是 TI 公司开

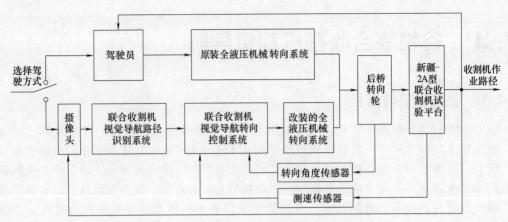

图 7.4.1　联合收割机视觉导航系统结构框图

发的一种基于 C64X＋的片上系统（SOC），通过该硬件平台可实现图像采集、图像处理及路径识别算法，可有效地提取复杂环境下收割边界，进而实现联合收割机实时路径识别和显示。

该视觉导航路径识别系统要实现的功能如图 7.4.2 所示，主要包括视频图像采集、视频图像处理、路径识别、作业路径规划、视频图像的显示及通过 I2C 总线实现转向控制信号的输出等功能。

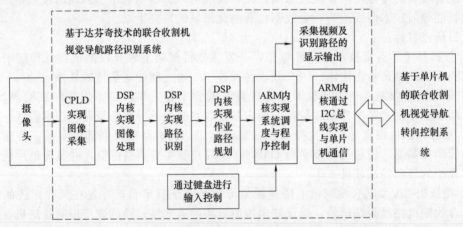

图 7.4.2　联合收割机视觉导航路径识别系统功能框图

① 视频图像采集：通过芯片 TVP5146 实现摄像机捕获收割小麦的视频图像模数采集，并通过 CPLD 逻辑电路传输到由 ARM 和 DSP 内核可共享的视频图像缓存中；

② 视频图像处理：由 ARM 内核调用 DSP 内核的图像处理算法实现收割小麦边界图像的处理；

③ 路径识别：由 ARM 内核调用 DSP 内核的路径识别算法实现小麦收割边界的特征值提取；

④ 作业路径规划：由 DSP 内核根据提取的小麦收割边界计算收割机车身航向偏差信号；

⑤ 图像显示：由 ARM 内核实现识别路径的视频图像输出到电视上进行实时显示，并根据键盘输入命令控制程序的运行；

⑥ 转向控制信号输出：ARM 内核调用 I2C 驱动程序实现与单片机数据通信，把识别的

车身航向偏差信号输出给单片机，用于控制收割机转向。

7.4.2.3　联合收割机视觉导航转向控制系统方案

联合收割机视觉导航转向控制系统是由实时性好、控制性能优越的单片机实现的，其结构框图如图 7.4.3 所示。该转向控制系统主要由读取航向偏差数据的通信电路、获取车速和转向轮转角信号的采集电路和步进电机驱动控制信号输出电路等部分组成。

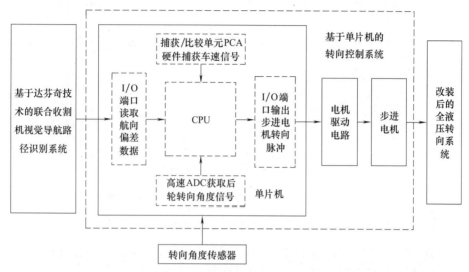

图 7.4.3　联合收割机视觉导航转向控制系统结构框图

其转向控制过程为：

① 经过联合收割机视觉导航路径识别系统获取车身航向偏差信号后，ARM 内核控制 I2C 总线不断发出当前车身的航向数据；该数据通过 I2C 总线并行口扩展电路后传送至单片机的 I/O 端口。

② 转向控制系统根据车身航向偏差信号、车速信号以及转向轮转角信号，通过智能模糊控制算法计算得出转向轮转角偏差信号及方向；然后根据该偏差信号及方向确定步进电机的脉冲频率及脉冲数。

③ 通过单片机 I/O 端口输出相应脉冲的信号到步进电机驱动电路，实现联合收割机转向控制。

7.4.3　联合收割机视觉导航系统平台设计

联合收割机视觉导航系统主要实现路径识别和转向控制两大功能，其控制系统硬件主要由基于达芬奇平台的视觉导航路径识别子系统和基于单片机的转向控制子系统构成。为提高系统的实时性和实用性，路径识别子系统采用了基于达芬奇技术的嵌入式硬件平台；转向控制子系统采用了单片机作为硬件控制平台。联合收割机视觉导航系统硬件结构如图 7.4.4 所示。

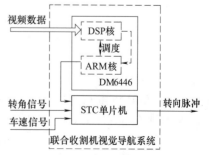

图 7.4.4　联合收割机视觉导航系统硬件结构图

7.4.3.1　达芬奇平台系统设计

（1）达芬奇平台硬件系统设计

达芬奇平台硬件系统以 DM6446 处理器为核心，其电路原理图如图 7.4.5 所示，其主要充当的角色及实现的功能有：①DM6446 最小硬件系统；②视频数据的采集与输出；③与单片机进行数据传输；④扩展外部存储器；⑤CPLD 逻辑控制模块；⑥晶振电路；⑦通信与调试接口。

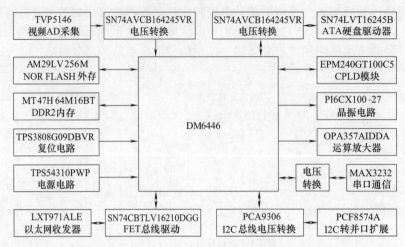

图 7.4.5　以 DM6446 处理器为核心的电路原理图

联合收割机视觉导航路径识别系统的硬件平台实物如图 7.4.6 所示。

图 7.4.6　联合收割机视觉导航路径识别系统的硬件平台

（2）达芬奇平台软件组成

达芬奇处理器是一个包含 ARM 内核和 DSP 内核的双核处理器，因此达芬奇平台软件系统可分为运行在 ARM 核上的嵌入式实时操作系统及设备驱动程序和共同运行在 ARM＋DSP 核上的达芬奇软件系统。其中前者是后者的基础，达芬奇软件系统必须运作在嵌入式操作系统及其设备驱动程序之上，而操作系统则为达芬奇软件系统提供系统调用接口，设备驱动程序完成对硬件的操作。

7.4.3.2　单片机系统设计

本项目选用 STC12C5A60S2 系列单片机作为联合收割机转向控制系统的处理芯片。

（1）单片机与 DM6446 数据传输电路

本项目采用 P2 口作为输入/输出口与 PCF8574A 通过 I2C 总线扩展的并口进行并行通信，由于 PCF8574A 扩展并口输出高电平电压为 3.3V，而单片机的 I/O 口电压为 5V，因此二者之间通过芯片 SN74AVCB164245VR 进行电平转换。单片机通过 INT0 引脚响应每次发送数据中断，并通过中断处理程度读取 I2C 传输数据，具体电路原理图如图 7.4.7 所示。

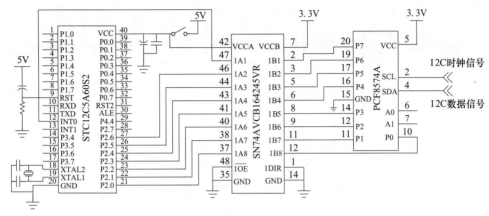

图 7.4.7　单片机与 DM6446 数据传输电路原理图

（2）转角信号采集电路

STC12C5A60S2 单片机拥有 8 路 10 位高速 A/D，速度可达 25 万次/s，1 路采集拉绳式位移传感器输出的转向轮转角信号，1 路采集基准参考电压源，提高采集数据的准确性。转角信号采集电路原理图如图 7.4.8 所示。

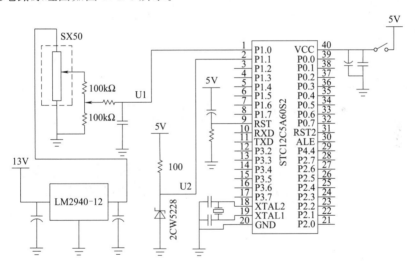

图 7.4.8　转角信号采集电路原理图

（3）步进电机驱动控制电路

步进电机的驱动型号为 SH-20504，其驱动方式为恒相流 PWM 控制，步进电机驱动控制电路原理图如图 7.4.9 所示。本系统采用单片机 P3 口输出具有一定占空比的 PWM 方波来实现对驱动器的控制。驱动器需要三种输入信号，分别为脉冲信号输入、方向信号输入以及脱机信号输入。每个输入信号端内部内置光耦，对共阴极驱动器而言输入信号低电平有效，为保证驱动器的正确运行要求，有效电平信号应在 50% 以下。脉冲信号输入端口通过接收一个有效脉冲指令，实现步进电机运行一步；方向信号输入端口的作用为在本项目采用的双脉冲模式下，接收反转脉冲实现步进电机反转；脱机信号输入通过输入有效信号使步进电机转子处于自由状态，在本系统的实际开发过程中该端口没有使用。

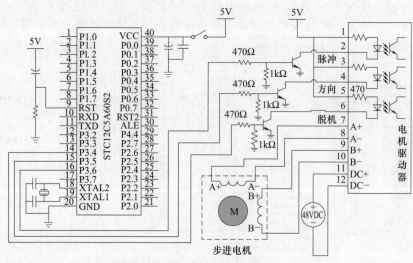

图 7.4.9 步进电机驱动控制电路原理图

为了解决在 I/O 口上电复位时为高电平，可能造成步进电机误动作的问题，在电路中使用图 7.4.9 中所示的 470Ω 和 1kΩ 的电阻共同作用，使得三极管的基极复位时自动拉低为低电平；同时在软件设计时也应将相应控制口初始化为低电平。另外在硬件电路布线时，为防止控制信号干扰，应按照功率线（电机相线、电源线）与弱电信号线分开的原则进行设计。

（4）单片机软件设计

单片机软件主要实现四大功能，分别为：①与 DM6446 进行数据通信获取车身航向偏差信号；②获取车速信号；③采集后桥转向轮转角信号；④输出用于控制步进电机转动的脉冲个数和频率信号。

具体单片机软件系统的流程图如图 7.4.10 所示。

7.4.4 联合收割机视觉导航图像处理算法研究

本项目采用基于达芬奇技术的数字视频处理器，开发谷物联合收割机视觉导航图像处理算法软件，用以实现收割机田间试验视频图像的采集、编码与存储，并能在室内对已编码试验视频数据进行解码和各种图像处理算法试验。

7.4.4.1 图像采集

图像采集与处理硬件以 DM6446 数字视频评估板（DVEVM）为硬件平台，以内核版本为 2.6.10 的 MontaVista Linux 专业版为实时操作系统，其软件开发平台为红帽企业版 Linux4.8。图 7.4.11 所示为图像采集与处理算法硬件框图，主要包括田间试验视频图像采集和室内视频图像处理两个模块。由于两个模块

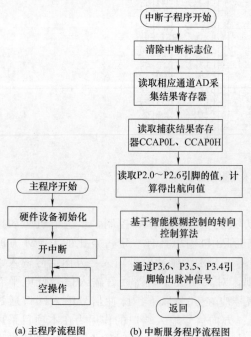

图 7.4.10 单片机软件系统的流程图

不会同时工作，因此可将二者同时集成在同一硬件平台上，具体应用时可根据实际需要调用相应程序即可。该处理器拥有强大的控制与运算功能，可满足图像编解码、视频存储以及实时图像处理的需要。

田间试验视频图像采集模块主要用于在各种环境下采集田间试验现场的视频图像，并进行基于 H.264 算法的视频编码与存储，通过编码可有效节省数据传输带宽及存储空间。室内视频解码与图像处理模块主要是把田间采集的试验视频进行基于 H.264 算法的视频解码，并在 DSP 上进行各种图像的处理算法试验，直到视觉信息的处理效果达到最佳为止，满足视觉导航的需要。

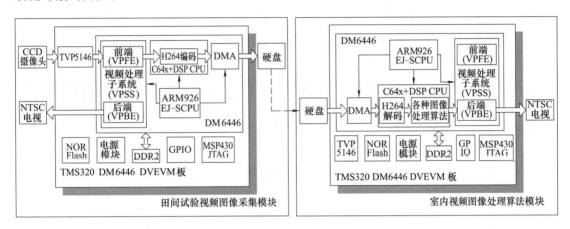

图 7.4.11　图像采集与处理算法硬件框图

7.4.4.2　图像处理算法设计

该系统软件的关键程序包括 CE 算法、CE 服务器以及 ARM 侧应用程序。

（1）CE 算法

系统由 2 个模块组成，其中视频采集模块需要 H.264 的编码算法；视频解码与图像处理模块需要 H.264 解码算法及多种图像处理算法。

① H.264 编码算法实现。

H.264 编码算法采用的是帧间预测或帧内预测与变换编码相结合的混合编码方式。编码时，第一帧采用帧内编码（I 帧），然后每隔 1s 对一帧进行帧内编码，其他帧采用帧间编码（P 帧）。具体 H.264 编码器的工作原理如图 7.4.12 所示。

当前帧（F_n）为需要编码帧，参考帧（F_{n-1}）为前一帧或前某帧，重建帧（F_n'）为以后编码帧的参考帧。当前帧是以宏块为单位进行处理的，首先要获得每个宏块的预测值，如果采用帧内编码则由当前帧的已编码块预测获得；如果采用帧间编码，则对参考帧进行运动估计得到运动矢量，并通过运动补偿模块获得当前编码帧的预测值。然后，将当前编码帧和预测值相减得到预测误差，对其进行变换编码、量化编码和变长编码（熵编码）。其中，变长编码包括行程编码和基于上下文自适应可变长编码（CVLVC），同时通过率控制可自动优化量化参数（QP）。将编码后数据进行解码即可获得重建帧，量化后的系数通过反量化和反变换后，得到预测误差，再把它与当前帧的预测值相加后，得到滤波前的重建帧（$\mu F_n'$），再通过环路滤波块消除效应即可得到重建帧 F_n'。

根据以上原理编写 H.264 编码算法源代码、头文件及相应包定义文件，编译后可生成相应算法包 h264venc _ ti.l64P，其中包含了 H.264 编码算法的具体实现。

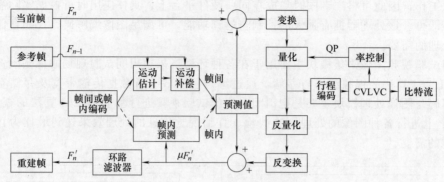

图 7.4.12   H.264 编码算法框图

QP—自动优化量化参数；$\mu F_n'$—滤波前的重建帧；CVLVC—基于上下文自适应可变长编码

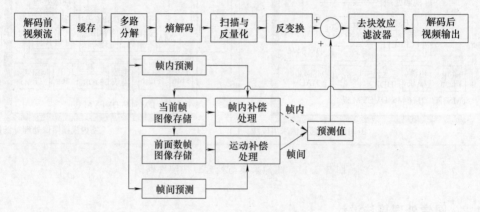

图 7.4.13   H.264 解码算法框图

② H.264 解码算法实现。

H.264 解码器算法与其编码器算法工作过程相反，H.264 解码器工作原理如图 7.4.13 所示。

程序首先从介质中获取视频数据流至缓存中，该数据流中包括预测模式、运动矢量及量化系数等参数。通过多路分解后，一路进行熵解码，得到量化系数，经过反量化和反变换模块后，得到预测误差；另外一路计算当前帧的预测值。当预测模式为帧内预测时，则采用帧内补偿处理获取当前帧的预测值；当预测模式为帧间预测时，首先确定前面的某帧为参考帧，再结合运动矢量进行运动补偿处理，从而获得当前帧的预测值。最后，将当前帧预测误差和预测值相加得到解码信息，再经过去块效应的滤波处理，最终得到解码后的当前帧图像。

根据该原理编写 H.264 解码算法源代码、头文件及相应包定义文件，编译后可生成相应算法包 h264vdec_ti.164P，其中包含了 H.264 解码算法的具体实现。

③ 图像处理算法实现。

根据谷物联合收割机视觉导航系统图像信息处理需要，可开发各种图像处理算法，各算法之间彼此独立，并可按模块化进行组合以适合复杂图像处理需要的图像处理算法，用以验证平台的可行性，其中包括图像直方图、二值化、中值滤波、膨胀与腐蚀和用于直线检测的 Hough 变换等。

图像处理算法实现步骤如下：

　　a. 实现算法包定义文件 package. xdc、package. xs；

　　b. 实现算法模块定义文件 MODULE. xdc、MODULE. xs；

　　c. 根据模块定义文件，实现应用程序调用接口函数，包括 MODULE _ USER _ alloc （）（其中 USER 为自定义名称，下同）、MODULE _ USER _ free（）、MODULE _ USER _ initobj（）、MODULE _ USER _ control（）和 MODULE _ USER _ process（）。函数 MODULE _ USER _ process（）可实现具体图像处理算法。

　　完成以上步骤后，可编译生成相应图像处理算法库文件 algName. a64P（algName 代表具体算法名称）。

　　（2）CE 服务器

　　CE 服务器主要是在 severName. cfg 文件中添加或修改所要用到的算法包与模块。如视频解码与处理功能模块的 CE 服务器文件 decodeProcess. tcf 中增加语句“var H264DEC = xdc. useModule（'ti. sdo. codecs. h264dec. ce. H264DEC'）；var MODULE = xdc. useModule（'codecs. xxx. MODULE'）；”，用以添加所要使用的算法模块。另外，还需设定 CE 服务器每个算法的属性，如算法包名、模块名、组 ID 及线程属性等等。

　　（3）ARM 侧应用软件

　　按照模块功能，该部分程序可分为视频采集编码程序和视频解码与图像处理程序。前者实现 ARM 端视频的捕获、显示和对压缩后数据的存储，并通过所集成的 CE 调用远程 DSP 端 CE 服务器，实现视频的编码；后者实现 ARM 端视频的读取和显示，并通过所集成的 CE 调用远程 DSP 端 CE 服务器，实现对已采集视频的解码，并对解码后的视频帧进行图像算法处理。

　　① 视频采集编码程序实现。

　　主要功能模块包括视频捕获子模块、视频显示子模块、数据存储子模块、视频编码子模块以及控制子模块。如图 7.4.14 所示的是视频采集与编码程序的流程图。

　　② 视频解码与图像处理程序实现。

　　该程序应用已完成视频解码及图像处理算法 CE 对所采集的视频进行解码和各种图像处理算法试验，主要功能模块包括视频显示子模块、视频解码及图像处理子模块以及控制子模块。视频解码及图像处理子模块首先读取硬盘编码后的视频数据帧到缓冲区，然后对该缓冲区数据通过 H. 264 解码器算法进行解码，并对解码后图像帧进行图像处理，最后把处理后视频数据送入显示缓冲区。其他两个子模块与视频采集与存储程序中的功能相同，该程序与视频采集与存储功能模块软件相同。

7.4.4.3　试验及结果分析

　　试验收割机的机型为新疆-2A 型，谷物为小麦，试验场地为黑龙江佳木斯某农场，试验时间为 2011 年 9 月 23 日。试验所采用摄像头为 NTSC 制式，分辨率为 720×480 像素。试验采用 MontaVista linux 操作系统，在基于达芬奇视频处理器的 DVEVM 硬件平台上，运行田间视频编码与采集模块的应用程序即可进行田间视频采集与编码试验，运行室内视频解码与图像处理算法模块的应用程序即可进行室内视频图像解码与多种图像处理算法试验。

　　表 7.4.1 为在田间现场进行的视频编码与采集的试验数据。从中可以看出，该试验采集时间除受硬盘容量限制外，可达若干小时以上；平均每秒会出现 1 个 I 帧，30 个 P 帧，与 H. 264 算法的实现相一致；采集视频数据压缩比在 47～103 倍，压缩效果显著，使得长时间视频数据的存储成为可能；由于摄像头安装角度不同，视频帧的运动矢量不同，最终编码后视频数据的平均位率不同。

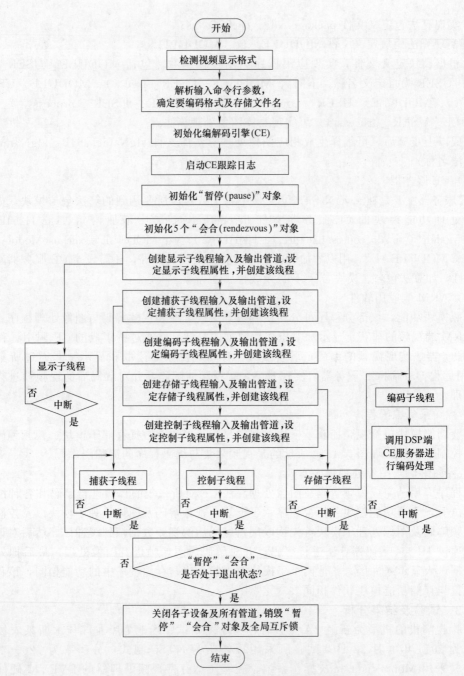

图 7.4.14　视频采集编码模块程序流程图

表 7.4.1　田间视频编码与采集试验结果

采集时长 /s	视频帧率 /s⁻¹	I 帧	P 帧	编码视频大小 /MB	平均位率 /(Mb/s)	未压缩数据率 /(Mb/s)	压缩比
72	30	74	2149	13.9	1.544	158.2	102.46
151	30	153	4447	29.6	1.568	158.2	100.89
445	30	445	12933	109.1	1.961	158.2	80.67
1805	30	1804	52334	755.6	3.349	158.2	47.24
3600	30	3596	104296	947.8	2.107	158.2	75.08

注：平均位率＝编码视频大小×8/采集时长；压缩比＝未压缩数据率/平均位率。

　　图 7.4.15 显示的是一组室内视频解码与图像处理试验的输出视频截图。

　　图 7.4.15（a）显示的是对田间试验所采集视频进行 H.264 解码试验的输出结果，该图像包括田间试验图像、屏上菜单（OSD）显示以及视频解码的数据统计结果。图中显示此时刻 ARM CPU 占用率为 23%，DSP CPU 占用率为 87%，视频帧位率为 30 帧/s。从图7.4.15a 前景中显示的统计结果中可以看出，视频解码平顺，实时性高，资源占用率未达到满负荷，为进行图像处理提供了必要的条件。

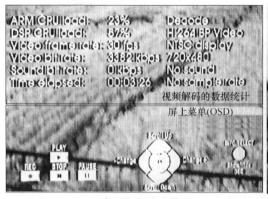

(a) H.264 解码试验的视频输出

(b) 解码后视频的直方图统计

(c) 解码后视频的二值化处理

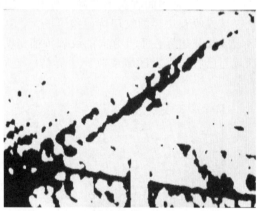

(d) 对二值化视频的中值滤波处理

(e) 对二值化视频的腐蚀和膨胀处理

(f) 对图像处理后的视频进行哈夫变换

图 7.4.15　视频解码及图像处理算法试验截图

图 7.4.15（b）显示的是对解码后的视频数据进行直方图统计的结果。其中背景为解码后的视频图像，前景为白色的直方图。图 7.4.15（c）显示的是对解码后的视频数据进行二值化处理后的结果。图 7.4.15（d）显示的是对解码后的视频数据进行二值化处理后，又对其进行中值滤波操作后的结果。图 7.4.15（e）显示的是对解码后的视频数据进行二值化处理后，又对其分别进行腐蚀和膨胀操作后的结果。图 7.4.15（f）显示的是对解码后的视频数据进行二值化处理和高斯滤波后，又对处理后图像进行 Hough 变换操作后所得的直线检测结果。

图 7.4.15 田间现场编码和室内解码试验结果表明，基于达芬奇技术的谷物联合收割机视觉导航算法可实现田间试验的视频采集与编码和室内视频解码与图像处理算法试验两大功能，编码后视频压缩率高，存储容易，解码后视频播放位率可达 30 帧/s，系统剩余资源可满足多种图像处理算法需要。

7.4.5　联合收割机视觉导航系统路径识别算法研究

本项目采用达芬奇平台作为路径识别算法的软硬件平台，通过 MATLAB 软件分析收获小麦视频图像的特点，提出基于改进平滑度纹理特征的视觉导航路径识别算法，并在小麦收获环境下对该算法进行试验验证。

7.4.5.1　基于 MATLAB 的图像区域纹理度量分析

图 7.4.16 是田间收获小麦视频截图，从图中可看出，未收获小麦区域的纹理特征与已收获区域或收获边界的纹理特征差异很大，其中未收获小麦区域无明显的纹理特征，而已收获区域或收获边界在垂直方向的纹理特征呈明显的条带状分布。因此，可通过提取未收获小麦区域与已收获小麦区域或收获边界的纹理特征，确定收获边界，即可完成导航系统路径识别。

(a) 视频截图一　　　　　　　　　　　　　　(b) 视频截图二

图 7.4.16　田间收获小麦视频截图

描述区域纹理特征的方法可分为统计法、结构法和频谱法。考虑算法的复杂度和实时性，本项目采用基于统计的纹理特征提取方法，其中最简单的统计特征是基于图像区域灰度级直方图的统计量来描述纹理。根据参考文献［197］，令 z 为表示某区域图像亮度的随机变量，$p(z_i)$ 为该区域对应的直方图，$i=0, 1, 2, \cdots, L-1$，其中 L 是可能的灰度级数，则关于 z 的平均亮度为

$$m = \sum_{i=0}^{L-1} z_i p(z_i) \tag{7.4.1}$$

平均对比度为

$$\delta(z)=\sqrt{\sum_{i=0}^{L-1}(z_i-m)^2 p(z_i)} \tag{7.4.2}$$

相对平滑度为

$$R=1-\frac{1}{1+\delta^2(z)} \tag{7.4.3}$$

熵为

$$e=-\sum_{i=0}^{L-1}p(z_i)\ln p(z_i) \tag{7.4.4}$$

由于以上纹理度量的提取都是基于图像区域的灰度级直方图进行统计的，因此统计区域窗口的选择会影响被提取特征的判别力。图像区域窗口可通过重叠或非重叠的 2 种方式扫描图像。所谓重叠方式即为选择一个大小合适的统计窗口，在待处理图像上逐点移动统计窗口，最后可得出与原图像大小相同的纹理特征值图像；非重叠方式需要把整个图像分成若干大小相同的非重叠区域窗口进行统计，每个窗口的纹理特征为该窗口内所有点的纹理度量。由于基于直方图作为图像的纹理特征不能反映像素间空间分布信息，非重叠方式的窗口划分会直接影响分割边界的位置信息，然而基于逐点的区域窗口统计方式可有效克服以上困难，因此本项目采用重叠的扫描方式确定统计窗口。

选取统计窗口大小为 40×40 像素，采用重叠方式确定图像区域窗口，通过 MAT-LAB 软件编程实现如图 7.4.17 所示图像纹理度量的提取结果。图 7.4.17（a）～（c）分别为图 7.4.16（a）的亮度图像转换为相应的对比度图像、平滑度图像以及熵图像；图 7.4.17（d）～（f）分别为图 7.4.16（b）亮度图像转换为相应的对比度图像、平滑度图像以及熵图像。

(a) 视频截图一的对比度图像

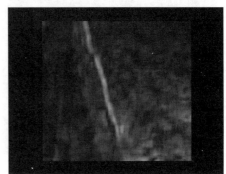

(b) 视频截图一的平滑度图像

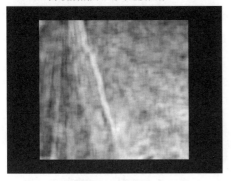

(c) 视频截图一的熵图像

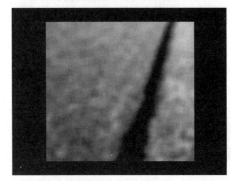

(d) 视频截图二的对比度图像

图 7.4.17

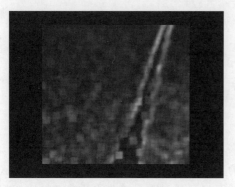 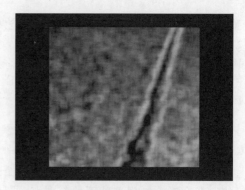

(e) 视频截图二的平滑度图像　　　　　　　　　(f) 视频截图二的熵图像

图 7.4.17　提取后的图像纹理度量

从图 7.4.17（a）和图 7.4.17（d）中可看出未收获区域与已收获区域或边界区域的方差（对比度）存在较大差异，基于此为采用纹理特征提取收获边界提供了重要保证。从图 7.4.17（b）、图 7.4.17（c）、图 7.4.17（e）和图 7.4.17（f）中可看出把图像的平滑度和熵作为其纹理特征值可有效提取收割边界。

由于达芬奇平台处理器芯片 TMS320DM6446 的 DSP 核为 32 位定点处理器，做浮点运算效率较低，而纹理特征度量公式中存在对数运算，会影响算法在 DSP 上的运行速度，因此本项目路径识别算法宜选用平滑度作为图像的纹理特征度量。

图 7.4.18 是基于平滑度纹理特征图像的路径识别结果。其中图 7.4.18（a）和图

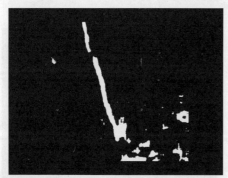 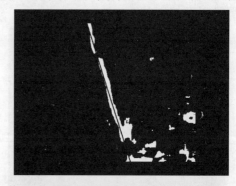

(a) 对图7.4.17(b)自适应阈值处理后的二值图像　　　(b) 对图7.4.18(a)进行Hough变换后得到的图像

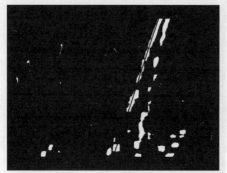 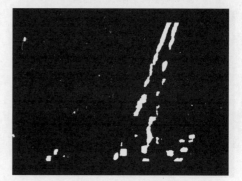

(c) 对图7.4.17(e)自适应阈值处理后的二值图像　　　(d) 对图7.4.18(c)进行Hough变换后得到的图像

图 7.4.18　基于平滑度纹理特征图像的路径识别结果

7.4.18（c）分别显示了对图 7.4.17（b）和图 7.4.17（e）进行自适应阈值处理后得到的二值图像，图 7.4.18（b）和图 7.4.18（d）分别显示了对处理后的二值图像图 7.4.18（a）、图 7.4.18（c）进行 Hough 变换后得到的直线检测结果。从图 7.4.18（a）和图 7.4.18（c）中可看到二值化后平滑度纹理特征图像可有效获得大部分的边界点，滤除绝大部分的非边界点。这为进行 Hough 变换得到准确的边界直线提供了有力保障，同时使得 Hough 变换有效数据点减少，提高了 Hough 变换的速度。把图 7.4.18（b）和图 7.4.18（d）中检测得到的黑色直线与原图 7.4.16 收获边界线相比较可得出，通过平滑度纹理特征最终检测得到的直线路径可有效地表征收获边界。

　　本项目通过 MATLAB 软件编程实现该算法，并计算测试算法运行消耗的时间。算法中用于提取平滑度纹理特征所耗费的时间是 Hough 变换所消耗时间的 96 倍左右，每识别一帧图像需要耗费约 47.14s，该算法实时性较差。

7.4.5.2　基于改进的平滑度纹理特征路径识别算法

　　经过研究发现基于平滑度纹理特征算法中最耗时的部分为逐点扫描方式进行的区域窗口直方图统计，因此改进后算法应避免涉及直方图统计计算。考虑收获图像的结构化特点，本项目采用了适合达芬奇平台的基于改进的平滑度纹理特征的路径识别算法。该算法实际上是一种统计滤波器，其响应是基于图像窗口区域水平方向平滑度的统计值，然后用该统计值作为区域窗口中心像素的亮度。具体工作原理如图 7.4.19 所示。

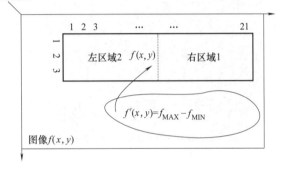

图 7.4.19　基于水平方向平滑度空间滤波原理图

　　改进的平滑度纹理特征路径识别方法的具体步骤为：

　　① 确定窗口区域大小。考虑图像的纹理特性，选取的窗口大小为 3×21 像素。

　　② 以过中心点坐标（x，y）的垂直线为边界，把区域分为左、右两部分，分别求出右区域 1 最大值 f_{max} 和左区域 2 的最小值 f_{min}。

　　③ 由公式 $f'(x，y) = f_{max} - f_{min}$，得到坐标（$x$，$y$）处的水平方向平滑度 $f'(x，y)$。

　　④ 计算有效区域内（所定义收获边界的最大范围）每个点的水平方向平滑度，最后得到空间滤波后水平方向平滑度纹理特征图像 $f'(x，y)$。

　　⑤ 求出图像 $f'(x，y)$ 的最大灰度，自适应阈值处理该图像后得到二值图像。

　　⑥ 对二值化后的水平方向平滑度纹理特征图像通过 Hough 变换确定收获边界，即为导航系统要所识别的规划路径。

　　通过 MATLAB 软件完成以上算法，对图 7.4.16 中视频图像进行路径识别后的处理结果如图 7.4.20 所示。其中图 7.4.20（a）、图 7.4.20（c）显示的是分别对图 7.4.16（a）、图 7.4.16（b）进行基于方向平滑度纹理特征提取后的图像，从中可以看出该算法提取的纹理特征在边界处亮度最大；同时，对图 7.4.16（b）存在较宽边界情况时，该算法可准确保留收获边界点，去除非收获边界点，避免图 7.4.18（c）中出现两条明显的收获边界。图 7.4.20（b）、图 7.4.20（d）显示的是分别对图 7.4.20（a）、图 7.4.20（c）通过 Hough 变换后检测直线后的结果，从图中可看出，虽然相比较图 7.4.18（b）、图 7.4.18（d）非边界点数量有所增多，但并不影响 Hough 变换直线检测结果；对比图 7.4.20（d）和图 7.4.18

（d），该算法检测结果更准确，能够确定导航系统所需的收获路径。

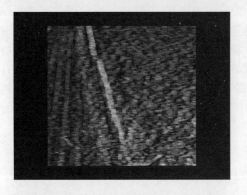

(a) 基于方向平滑度纹理特征提取图7.4.16(a)的图像

(b) 对图7.4.20(a)进行Hough变换后得到的图像

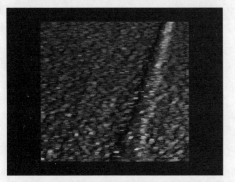

(c) 基于方向平滑度纹理特征提取图7.4.16(b)的图像

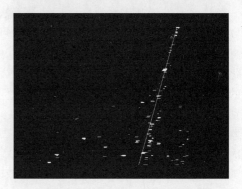

(d) 对图7.4.20(c)进行Hough变换后得到的图像

图 7.4.20 基于改进算法的路径识别结果

表 7.4.2 所示的是改进算法运行时间测试结果，对比 7.4.5.1 节算法可看出逐点计算图像的纹理特征部分的消耗时间减小了 29 倍，算法累计运行时间由原来的 47.1s 减少到 1.9s，该算法改进后的运算速度明显增加。

表 7.4.2 基于改进的平滑度纹理特征路径识别算法消耗时间

图像编号	算法运行时间/s		
	水平方向平滑度纹理特征提取	Hough 变换	合计
图 7.4.16(a)	1.63	0.32	1.95
图 7.4.16(b)	1.59	0.27	1.86

7.4.5.3 基于达芬奇平台改进平滑度纹理特征路径识别软件实现

7.4.5.1 节与 7.4.5.2 节都是基于计算机平台通过 MATLAB 软件进行的算法分析，为了测试该算法基于达芬奇平台的运行性能，需要在达芬奇平台上实现基于该算法的路径识别软件。

基于达芬奇平台的路径识别软件包括以下几个部分：

（1）ARM 端应用程序

（2）DSP 端数字图像处理算法

① 基于方向平滑度纹理特征提取算法。

② 自适应阈值门限处理及 Hough 变换检测导航路径算法。

（3）DSP 端代码引擎服务器生成

实现该软件的详细流程图如图 7.4.21 所示。

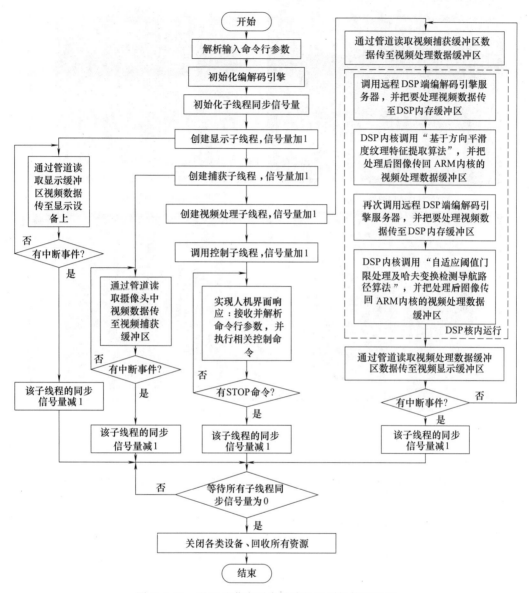

图 7.4.21　基于达芬奇平台的路径识别软件流程图

7.4.5.4　试验与结果分析

试验收割机为新疆-2A 型，谷物为小麦，试验地点为国家精准农业研究示范基地，试验时间为 2012 年 6 月 15 日。所采用摄像头为 NTSC 制式的彩色监控镜头，焦距为 8mm，最大光圈为 1.2，靶面尺寸为 1/3in，平台采集和输出图像分辨率为 720×480 像素。

图 7.4.22 为试验过程中液晶电视输出视频图像截图。从图 7.4.22（a）可看出当前软件持续运行了 3 小时 11 分 06 秒，经试验验证该软件可长时间持续可靠运行，无具体时长限制。图 7.4.22（b）为光线偏强条件下的路径识别结果，图 7.4.22（c）为光线正常条件下的路径识别结果，图 7.4.22（d）为光线偏弱条件下的路径识别结果。对比每帧路径识别的无效区域，可看出不同光线条件下该算法的路径识别效果良好。

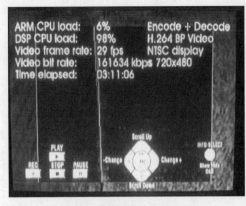

(a) 软件运行中的信息数据

(c) 正常光线条件下的路径识别

(b) 光线偏强条件下的路径识别

(d) 光线偏弱条件下的路径识别

图 7.4.22　不同光线条件下路径识别软件输出的视频截图

通过基于达芬奇平台的路径识别算法试验，可得出如下结论：

① 研究了基于达芬奇平台的路径识别算法，从而实现了嵌入式技术应用于联合收割机视觉导航系统，提高了联合收割机视觉导航系统的实用价值。

② 提出了基于改进的平滑度纹理特征路径识别算法，降低了软件的复杂度，避免了大量的浮点运算，为该算法可靠地应用在定点 DSP 上提供了可能。

③ 该算法运行在达芬奇平台上，具有运行速度快、实时性高，对多种环境下的路径识别具有较好的适应性，鲁棒性好，工作稳定可靠，可长时间连续工作等优点。

④ 通过试验验证，该算法的路径识别结果为：像平面坐标系内路径识别的航角偏差均值为 1.29°，水平位移偏差均值为 7.7 像素，实际导航线的水平位移偏差均值约为 5.3cm。基本满足联合收割机视觉导航精度需要。

7.4.6 联合收割机视觉导航系统试验

7.4.6.1 利用 MATLAB 相机标定工具箱进行相机标定

（1）采集标定图像

首先制作一个具有 21×17 个方格标志的标定板，每个方格的尺寸为 30mm×30mm，以每个方格的角点为标定点。自制的标定板图案如图 7.4.23 所示。待标定摄像机为达芬奇开发平台配套使用的 DSP DIGITAL CCD 摄像机，制式为 NTSC，分辨率为 720×480 像素，其镜头为 CCTV LENS 8mm 1/3″F。

　　然后在实验室内使用待标定摄像机，通过达芬奇平台采集 30 张用于标定摄像机内参数的标定板处于不同位置的图像，分别命名为 ImageNei1.jpg、ImageNei2.jpg、…、ImageNei30.jpg。具体采集到的图像如图 7.4.24 所示。

　　最后将摄像机安装在收割机驾驶室顶部指定位置，采集一幅包含更多方格标定板的图像 ImageWai1.jpg，用于标定摄像机外部参数，具体采集到的图像如图 7.4.25 所示。

　　（2）标定相机内参数

　　① 运行 MATLAB 的相机标定工具箱的标定主函数 calib_gui，界面如图 7.4.26 所示。

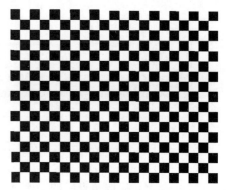

图 7.4.23　标定模板

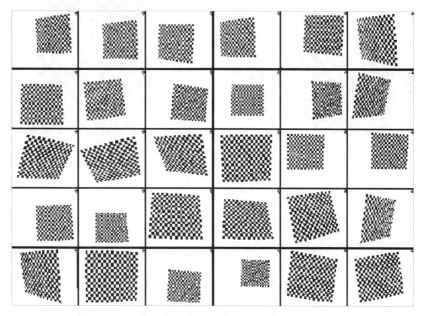

图 7.4.24　待标定摄像机采集的实验室内标定板图像

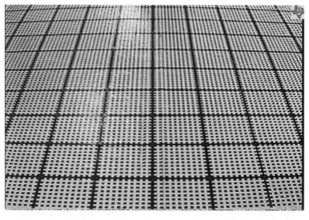

图 7.4.25　待标定摄像机安装目标位置后采集的标定板图像

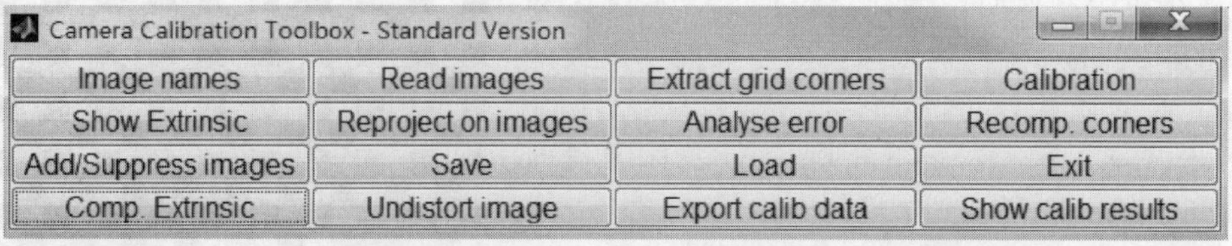

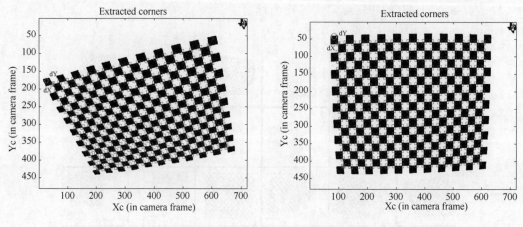

图 7.4.26 MATLAB 相机标定工具箱的标定主界面

② 点击 Read Images 按钮，读入用于标定摄像机内参数的 20 张图像。

③ 点击 Extract corners 按钮，依次提取标定板图像角点。以 ImageNei14.jpg 和 Image-Nei16.jpg 为例，提取角点后的图像显示如图 7.4.27 所示。

图 7.4.27 提取角点后的标定图像

④ 点击 Calibration 按钮，标定摄像机内参数，在 MATLAB 主界面计算结果如下：

```
Calibration results after optimization (with uncertainties):
Focal Length:      fc= [ 1162.33125  1056.49791 ] ? [ 2.12421  1.90413 ]
Principal point:   cc= [ 345.85466  214.37049 ] ? [ 3.38917  2.51902 ]
Skew:     alpha_c= [ 0.00000 ] ? [ 0.00000  ]  = > angle of pixel axes= 90.00000 ?
0.00000 degrees
  Distortion:       kc = [ - 0.42800  0.26918  0.00112  0.00023  0.00000 ] ? [
0.01268  0.13959  0.00044  0.00042  0.00000 ]
  Pixel error:      err= [ 0.38120  0.36983 ]
```

至此最终得到摄像机的内参数 $\boldsymbol{KK} = \begin{bmatrix} 1162.3 & 0.00 & 345.9 \\ 0 & 1056.5 & 214.3 \\ 0 & 0 & 1 \end{bmatrix}$；

镜头畸变参数 $\boldsymbol{k}_c = (-0.428 \quad 0.269 \quad 0.00112 \quad 0.00023 \quad 0)$。

(3) 标定相机外参数

首先点击 Add/Suppress images 按钮，增加用于标定摄像机外部参数的图像 ImageWail.jpg；然后点击 Comp.Extrinsic 按钮，进行在已知摄像机内部参数的情况下通过一幅图像计算摄像机的外部参数，图 7.4.28 显示的是标定相机外参数时提取角点后图像。

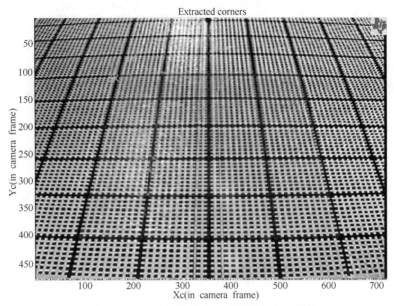

图 7.4.28 标定相机外参数时提取角点后图像

最终在 MATLAB 主界面计算得出的摄像机外参数结果下：

```
Extrinsic parameters:
Translation vector:Tc_ext= [ - 1183. 057285 - 767. 828672 6998. 307768 ]
Rotation vector:   omc_ext= [ 1. 957786 1. 961366 - 0. 553228 ]
Rotation matrix:    Rc_ext= [ - 0. 014389 0. 998691 - 0. 049091
                              0. 877144 - 0. 010962 - 0. 480102
                              - 0. 480012 - 0. 049968 - 0. 875838 ]
Pixel error:        err= [ 9. 70136 6. 42400 ]
```

则得到摄像机的外参数的旋转矩阵

$$\boldsymbol{R} = \begin{bmatrix} -0.0144 & 0.9991 & -0.0491 \\ 0.877 & -0.011 & -0.48 \\ -0.48 & -0.05 & -0.876 \end{bmatrix}$$

平移向量

$$\boldsymbol{T} = \begin{pmatrix} -1183.057285 \\ -767.828672 \\ 6998.307768 \end{pmatrix}$$

7.4.6.2 联合收割机视觉导航试验

（1）联合收割机道路视觉导航试验

在中间具有标线的道路上进行试验，在常用的联合收割机收割挡位下，即Ⅰ挡快和Ⅱ挡慢，通过达芬奇平台检测道路中心标线作为收割机跟踪路径，通过模糊转向控制器及步进电机自整定 PID 控制器控制转向系统进行联合收割机道路视觉导航试验。图 7.4.29 为道路试验现场照片。

试验结果与分析：

在车速为 6km/h 时，进行联合收割机视觉导航系统道路试验所得航向偏差及转角传感器采集数据曲线如图 7.4.30 所示。

由图 7.4.30 可得出如下结果：

图 7.4.29 基于达芬奇技术的联合收割机导航系统进行道路试验

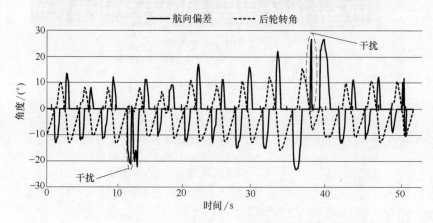

图 7.4.30 道路试验所采集的航向偏差及转角传感器数据曲线

① 当航向偏差在 [−25°, 25°] 范围变化时, 联合收割机后桥转向轮转角 (图中虚线所示) 能够有效跟踪路径识别系统得出的航向偏差 (图中实线所示); 当识别路径航向偏差在路径跟踪误差范围内时, 从图中可看出后轮转角回正实时性好; 当识别路径超过路径跟踪范围时, 转向控制系统会及时控制转向轮向相反方向转动, 因此从中可得系统导航效果良好。

② 航向偏差数据不代表世界坐标系下联合收割机前进方向与目标路径之间的航向偏差, 该数据是通过 2.5D 混合视觉控制及路径规划决策算法计算得出的航向偏差, 与实际航向偏差并非线性关系, 因此从该图中不能得出实际跟踪误差及超调量结果。

③ 每个数据点时间间隔为 0.33s, 因此可认为当航向偏差信号为输入信号, 后轮转向角度变化为输出信号时, 其响应时间为 0.33s, 即系统整个大闭环控制系统的延迟时间为 0.33s, 该延迟时间可基本满足系统需求。

④ 航向偏差在正向的均值大小为 12.2°, 负向的均值大小 11.7°, 其比值为 1.04; 而后轮转角负向的均值大小为 6.32°, 正向的均值大小为 4.4°, 其比值为 1.43。消除航向偏差在两个方向的影响, 将二值比值相除得到联合收割机直线行驶时后轮左右方向的转角比值为 1.37, 该结果与文献 [216] 给出的左右转向速比 1.333 基本吻合, 从而表明直线行走控制效果良好。

⑤ 两处椭圆标示的为路径识别系统输出的航向偏差干扰, 从图中曲线可看出导航系统

在干扰作用下仍可稳定进行回正工作，转向控制算法鲁棒性好，抗干扰能力强。

由表中可知，收割机最大横向偏差大小为 0.174m，平均横向偏差为 0.003m，其均方根值为 0.149m，因此可认为本项目设计的导航系统的导航精度为 0.149m。

（2）联合收割机小麦视觉导航田间试验

① 试验方法。

试验地点为国家精准农业研究示范基地，试验时间为 2012 年 6 月 15 日，地形为长方形，长度约 220m，小麦收割边界长度约 200m。

在已收割出一段完整直线边界的长方形小麦田块中，人工驾驶收割机使得割台左侧边缘对准小麦收割边界，并确保车速约为 6km/h，开启基于达芬奇技术的联合收割机视觉导航系统，联合收割机根据图像采集和路径识别控制转向始终跟踪收割边界，实现联合收割机的自动导航驾驶，田间试验现场图片如图 7.4.31 所示。

图 7.4.31　基于达芬奇技术的联合收割机视觉导航系统田间试验现场

② 试验结果及分析。

联合收割机收割小麦视觉导航田间试验主要是验证视觉导航系统是否可以实现导航功能，从定性角度看所研制的视觉导航基本达到了预期的目标。为了定量分析视觉导航的效果，通过录像形式记录了试验情况，如图 7.4.32 所示的在南北和东西两个方向的收割视频截图，说明导航效果良好。

(a) 南北方向　　　　　　　　　　　　　　　　(b) 东西方向

图 7.4.32　在不同方向上联合收割机视觉导航试验图片

图 7.4.33 所示是联合收割机视觉导航路径识别后输出至电视屏幕的视频截图。

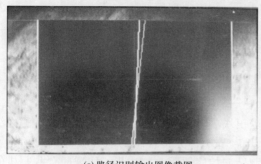 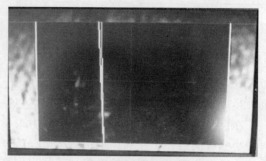

(a) 路径识别输出图像截图一　　　　　　　　(b) 路径识别输出图像截图二

图 7.4.33　视觉导航田间试验电视屏幕输出的路径识别结果

由图 7.4.32 和图 7.4.33 可得出如下结论：

① 田间试验结果表明，所设计的基于达芬奇技术的联合收割机视觉导航系统跟踪收割机小麦收割边界性能整体达到预期目标，但与道路试验相比精度有所下降。

② 借助于达芬奇平台开发的联合收割机视觉导航路径识别图像处理算法基本上能够有效识别收割小麦边界，每秒可处理 30 帧视频图像，算法实时性好；但是由于田间环境复杂，特别是田间出现较多面积较大的深绿色青草斑块，对于路径识别系统有较大干扰，降低了系统的路径识别效率。

③ 基于达芬奇技术的联合收割机视觉导航转向控制系统所采用的模糊控制器及步进电机的模糊自整定 PID 控制器的控制效果较好，能够有效地跟踪导航路径，鲁棒性高。

7.5　穴盘苗图像识别与补栽控制

7.5.1　项目背景与技术要点

在设施农业穴盘育苗初期，需要将未出苗的穴格进行补栽。针对温室移栽机中穴盘缺苗识别的问题，目前已有应用图像处理方法进行识别的相关研究。Ryu 等设计的机器视觉系统，通过检测幼苗叶面信息，与预先设计幼苗叶面所代表的像素点值进行比较，进而识别是否缺苗。蒋焕煜等以番茄幼苗作为试验样本，使用基于形态学的分水岭算法处理来完成叶片边缘分割，提取每个穴格中幼苗的叶片面积和叶片周长来识别幼苗，识别准确率达到 98%。汪小旵等采用颜色分量差（2G-R-B）实现幼苗与穴盘背景分割，进而以穴格中幼苗叶面积和叶面颜色为主要特征来识别幼苗。Feng 采用结构光与工业相机，通过检测幼苗叶面积和茎秆高度来识别幼苗，识别准确率在 90% 以上。Tong 等针对穴盘幼苗叶片重叠情况，采用伸出穴格叶片区域中心信息和改进的分水岭法相结合的决策方法进行分割，进而计算幼苗叶面积来实现幼苗识别判断，识别准确率在 95% 以上。传统图像处理识别方法在无侵入或者侵入情况不明显的情况下识别效果较好，但在侵入面积较大的情况下识别效果不佳。

在传统图像处理过程中，利用特征对信息的描绘在一定程度上会有所丢失，并且人工提取某些特征算法复杂，识别准确率很大程度上依赖于先导特征的判断，因此会很大程度上影响识别的准确度。卷积神经网络（convolutional neural networks，CNN）是一种带有卷积结构的神经网络，卷积结构可以减少深层网络占有的内存量，也可以减少网络的参数个数，缓解模型的过拟合问题。这个优点在网络的输入是多维图像时表现得更为明显，图像可以直接作为网络的输入，避免了传统识别算法中复杂的特征提取和数据重建过程。

穴盘育苗过程中，由于穴盘中的穴盘苗所处的环境例如光照、温度、水分等因素不同，导致穴盘苗的生长形态各不相同。如果采用末端执行器对于穴盘苗采用统一的抓取方式，将对部分穴盘苗本体造成一定的机械损伤。种苗本体损伤将直接影响育苗产品质量及生长发育。因此，减少末端执行器抓取穴盘苗时对种苗的机械损伤对提高补栽作业质量具有重要意义。本书通过对穴盘苗图像进行处理，检测出穴盘苗最优抓取角度，进而控制末端执行器运动到最优抓取点，实现对穴盘苗的低损伤抓取。此外，基于穴盘苗补栽试验平台，本书设计了以计算机＋运动控制器为控制核心的穴盘补栽控制系统。

本项目主要技术要点：

① 提出一种基于深度卷积神经网络 GoogLeNet 的穴盘缺苗识别方法。

② 建立了基于深度卷积神经网络的穴盘缺苗识别模型。

③ 利用所采集样本进行试验验证。结果表明该方法对于有无侵入情况下的穴盘缺苗都具有很好的识别能力，该方法对于其他温室培育的果蔬花卉穴盘缺苗识别具有一定的理论借鉴意义。

④ 基于图像处理技术，提出了一种穴盘苗最优抓取角度算法。

⑤ 以计算机＋运动控制器为控制核心，进行了穴盘补栽控制系统设计。

7.5.2　图像采集与预处理

7.5.2.1　图像采集样本

为实现工厂化育苗生产，辣椒苗在两叶一心期应该进行补栽，补栽时间大概在 15～20 天左右。如果补栽太早，有些幼苗尚未发育完全，如果补栽太晚，缺苗占用穴格资源，影响后续培育环节。在辣椒苗培育 15～20 天这段时期，穴盘中已经存在辣椒幼苗侵入临近穴格的情况，且越往后期，侵入比例越大。补栽期前期穴盘中存在侵入临近穴格的情况，但是样本数较少，移栽期后期穴盘中侵入临近穴格样本较多，为有效验证本方法对有侵入情况的识别效果，本研究选择培育 20 天的辣椒穴盘作为试验样本。试验时间为 2018 年 5 月，培育公司为北京中农富通有限责任公司。穴盘尺寸规格为 540mm×280mm，共有 6×12＝72 个穴格。基质成分为草炭、蛭石、珍珠岩等轻基质无土材料。

7.5.2.2　图像采集设备

本研究所使用的工业相机采用大恒图像公司研发的水星系列产品，型号 MER-500-7UM/UC，500 万像素，分辨率为 2592×1944 像素，镜头焦距 8mm，光圈 2.4。采用两个阵列式 LED 光源，对称分布在顶部工业相机两侧，为图像的采集提供照明。为防止自然光等不定因素的干扰，使用光照箱对穴盘幼苗进行图像采集。工业相机安装在光照箱的顶部中间位置，对穴盘幼苗进行俯视拍摄，工业相机镜头距离穴盘 860mm。

7.5.2.3　图像预处理

试验采集 48 盘辣椒穴盘幼苗图像，如图 7.5.1 所示。利用 MATLAB2014a 对其按穴格进行分割，得到各个穴格图像样本。每个穴格图像尺寸为 186×186 像素，将其归一化为 128×128 像素，如图 7.5.2 所示。

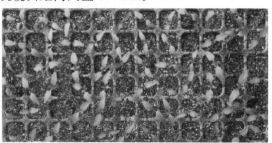

图 7.5.1　穴盘图片样本

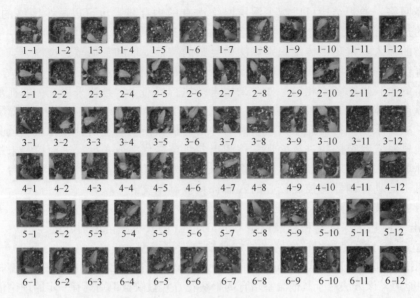

图 7.5.2 穴格图片样本

7.5.3 基于深度卷积神经网络的穴盘缺苗识别

7.5.3.1 深度卷积神经网络模型构建

深度卷积神经网络 GoogLeNet 模型中带参数的层数有 22 层（如果包含池化层共有 27 层）。其中包含了卷积层、池化层、Inception-V3 模块、全连接层和 Softmax 层。网络结构如图 7.5.3 所示。

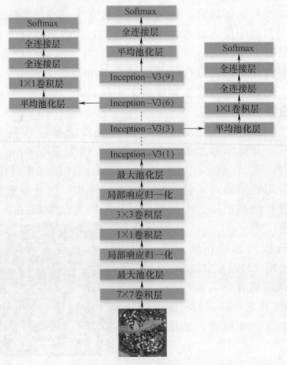

图 7.5.3 GoogLeNet（Inception-V3）网络结构图

该网络模型中包含 9 个 Inception-V3 模块。每个 Inception-V3 模块结构如图 7.5.4 所示。该模块采用了将大卷积核分解成小卷积核以及将卷积核分解成非对称卷积核的方法对网络模型进行优化，例如将一个 5×5 卷积核分解为两个 3×3 卷积核，或者将一个 3×3 卷积核拆成一个 1×3 卷积核和一个 3×1 卷积核，如图 7.5.5、图 7.5.6 所示。该方法一方面节约了大量参数，加速运算并减轻了过拟合，同时增加了一层非线性扩展模型表达能力。

7.5.3.2　数据批正则化处理

模型中每一层输入均采用批正则化（batch normalization）算法进行优化，该方法可以极大地提高模型训练速度，并允许模型使用较大的学习率进行模型训练。

该算法计算步骤为：

① 式（7.5.1）是 batch 的均值计算

$$\mu_{\mathrm{B}} = \frac{1}{m} \sum_{i=1}^{m} x_i \tag{7.5.1}$$

式中　x_i——batch 中第 i 维数据；

　　　m——batch 的维数；

　　　μ_{B}——该 batch 的平均值。

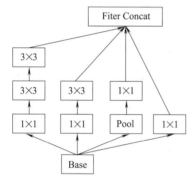

图 7.5.4　Inception-V3 模块结构

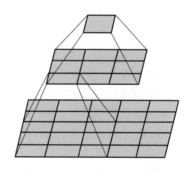

图 7.5.5　一个 5×5 卷积核等分解为两个 3×3 卷积核

② 式（7.5.2）是 batch 的方差计算

$$\sigma_{\mathrm{B}}^2 = \frac{1}{m} \sum_{i=1}^{m} (x_i - \mu_{\mathrm{B}})^2 \tag{7.5.2}$$

③ 式（7.5.3）是对 x_i 正则化

$$\hat{x}_i = \frac{x_i - \mu_{\mathrm{B}}}{\sqrt{\sigma_{\mathrm{B}}^2 + \grave{o}}} \tag{7.5.3}$$

式中，$\grave{o}$ 为为了避免除数为 0 所使用的微小正数。

④ 根据③将数据正则化后使得模型所学习的特征被破坏。为解决该问题，引入两个新的参数 γ 和 β，利用式（7.5.4）对正则化之前所提取的特征进行还原，这两个参数在训练时网络通过自身学习得到，y_i 为批正则化后的输出。

图 7.5.6　一个 3×3 卷积核分解为一个 3×1 卷积核和一个 1×3 卷积核

$$y_i = \gamma \hat{x}_i + \beta \equiv \mathrm{BN}_{\gamma, \beta}(x_i) \tag{7.5.4}$$

7.5.3.3　图像处理试验结果与分析

本试验软件环境为 Ubuntu 16.04 LTS 64 位系统，采用 tensorflow 深度学习开源框架，使用 Python 作为编程语言。计算机内存为 16 GB，搭载 Intel®Xeon（R）CPU E5-2603 v4

@1.7GHz×12 处理器，并采用英伟达 GeForce GTX 1080/PCle/SSE2 显卡加速图像处理。

试验共使用 3400 个图片样本，其中有苗样本 2476 个，无苗样本 924 个。从中分选出 400 个样本作为模型效果验证测试样本，剩余 3000 个样本作为模型训练、验证和测试样本。

模型效果验证测试样本中无侵入情况的测试样本 200 个，分为有苗和无苗样本各 100 个。有侵入情况测试样本 200 个，分为四种情况，各 50 个。

模型训练、验证和测试样本以 10%（300 个）的随机样本作为模型测试样本，10%（300 个）的随机样本作为模型验证样本，其余的 80%（2400 个）作为模型训练样本，样本结构如表 7.5.1 所示。

表 7.5.1　样本结构

总样本 （3400 个）	模型训练、验证及 测试样本（3000 个）		模型训练样本（2400 个）
			模型验证样本（300 个）
			模型测试样本（300 个）
	模型效果验证测试 样本（400 个）	无侵入情况测试样本	有苗样本（100 个）
			无苗样本（100 个）
		有侵入情况测试样本	情况 1（50 个）
			情况 2（50 个）
			情况 3（50 个）
			情况 4（50 个）

采用 GoogLeNet（Inception-V3）深度卷积神经网络模型，为增强模型泛化能力，调整输入训练图片样本裁剪变换比例为 10%，尺寸变换比例为 10%，亮度变换比例 10%，以及增加图片翻转变换。

基于数据批正则化处理，本研究采用的深度卷积神经网络模型可以使用较大的学习率进行模型训练。本试验采用 0.001、0.01、0.1 三种不同的学习率分别进行模型训练。batch 设置为 100，迭代次数设置为 6000 步。参数调整后，对本研究所建模型进行训练、验证及测试，试验结果见表 7.5.2。

表 7.5.2　深度卷积神经网络模型试验结果

网络模型	学习率	测试准确率
GoogLeNet(Inception-V3)	0.001	93.7%
GoogLeNet(Inception-V3)	0.01	94.5%
GoogLeNet(Inception-V3)	0.1	93.1%

由表 7.5.2 结果可知，调整不同的学习率参数，模型识别准确率有所差异，但都保持在 93% 以上。当学习率为 0.01，batch 为 100，迭代次数为 6000 时，本研究所建立的 GoogLeNet（Inception-V3）识别模型能达到最优效果，测试准确率为 94.5%。所建模型训练准确率随迭代次数变化如图 7.5.7 所示，训练交叉熵随迭代次数变化如图 7.5.8 所示。

从图 7.5.7 可以看出该模型在迭代 1000 步时训练准确率已经基本达到 90%，迭代 4000～6000 步时训练准确率稳定在 95% 左右。从

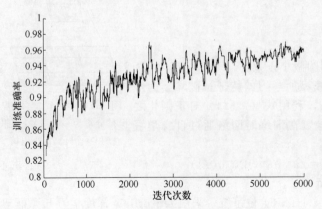

图 7.5.7　训练准确率迭代图

图 7.5.8 可以看出交叉熵随着迭代次数的增加而不断降低，在迭代 4000 步之后基本稳定在 0.1~0.2 之间。

为进一步验证本研究方法对幼苗的识别效果，采用 400 个特定的测试样本，分为无侵入情况样本和有侵入情况样本分别进行测试。

（1）无侵入情况样本测试

无侵入情况样本有两种情形：穴格本身有苗，并且该穴格幼苗没有侵入其他临近穴格的样本；穴格本身无苗，也无其他临近幼苗侵入该穴格的样本。无侵入情况样本如图 7.5.9 所示。

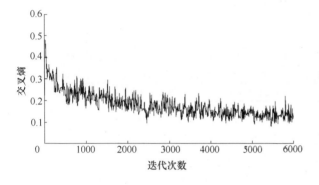

图 7.5.8　交叉熵迭代图

(a) 穴格有苗　　(b) 穴格无苗

图 7.5.9　无侵入情况样本举例

利用训练好的深度神经网络模型，对 100 个穴格有苗和 100 个穴格无苗且无侵入情况的样本分别进行测试，测试数据如表 7.5.3 所示。

表 7.5.3　无侵入情况样本试验数据表

序号	穴格幼苗情况	测试样本数量/个	正确识别样本数量/个	正确识别率/%
1	穴格有苗	100	100	100
2	穴格无苗	100	100	100
总计	无侵入情况	200	200	100

由表 7.5.3 测试结果可以看出，本研究所建立的深度卷积神经网络模型对于无侵入情况的穴格是有苗还是无苗都可以实现准确识别，识别准确率为 100%。

（2）有侵入情况样本测试

针对穴盘中幼苗叶片侵入相邻穴格的现象分成四种情况，分别是：情况 1，穴格无苗，单个临近幼苗叶片侵入（侵入叶面积＜1/2 侵入幼苗总叶面积）；情况 2，穴格无苗，单个临近幼苗叶片侵入（侵入叶面积≥1/2 侵入幼苗总叶面积）或者有多个临近幼苗叶片侵入；情况 3，穴格有苗，并且幼苗叶片侵入临近穴格（侵入叶面积＜1/2 该幼苗总叶面积）；情况 4，穴格有苗，并且幼苗叶片侵入临近穴格（侵入叶面积≥1/2 该幼苗总叶面积）。四种不同侵入情况测试样本案例如图 7.5.10 所示，四种侵入情况测试样本描述见表 7.5.4。

利用本研究已训练好的深度神经网络模型以及传统图像处理方法（首先将穴格图片中的幼苗与背景进行图像分割、二值化处理；其次通过像素占比计算叶面积；最后通过叶面积取阈值进行判断是否缺苗），对上述四种情况样本分别进行测试，测试数据如表 7.5.5 所示。

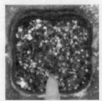

(a) 情况1   (b) 情况2   (c) 情况3   (d) 情况4

图 7.5.10　四种不同情况举例

表 7.5.4　有侵入情况样本情况描述

序号	情况描述
情况 1	穴格无苗，单个临近幼苗叶片侵入（侵入叶面积＜1/2 侵入幼苗总叶面积）
情况 2	穴格无苗，单个临近幼苗叶片侵入（侵入叶面积≥1/2 侵入幼苗总叶面积）或者有多个临近幼苗叶片侵入
情况 3	穴格有苗，并且幼苗叶片侵入临近穴格（侵入叶面积＜1/2 该幼苗总叶面积）
情况 4	穴格有苗，并且幼苗叶片侵入临近穴格（侵入叶面积≥1/2 该幼苗总叶面积）

表 7.5.5　有侵入情况样本试验数据表

序号	穴格苗情况	样本数量/个	传统方法正确识别数/个	本研究法正确识别数/个	传统方法识别准确率/%	本研究法识别准确率/%
1	情况 1	50	41	46	82	92
2	情况 2	50	23	38	46	76
3	情况 3	50	40	43	80	86
4	情况 4	50	27	36	54	72
总计	有侵入情况	200	131	163	65.5	81.5

　　从表 7.5.5 可以看出，当临近穴格幼苗叶片侵入叶面积较小时（情况 1 和情况 3），本方法识别准确率仍然较高。情况 1 的识别准确率为 92%，情况 3 的识别准确率为 86%。当临近穴格幼苗叶片侵入叶面积较大时（情况 2 和情况 4），本研究方法识别准确率有所下降，但依然保持在 70% 以上。情况 2 的识别准确率为 76%，情况 4 的识别准确率为 72%。有侵入情况下，采用本方法的平均识别准确率为 81.5%。相比传统图像处理方法，在侵入临近穴格叶面积较小的情况下（情况 1 和情况 3），本研究方法较传统方法识别准确率有所提高。当临近穴格幼苗叶片侵入叶面积较大时（情况 2 和情况 4），本研究方法要明显优于传统的图像识别方法。从试验数据可知，在有侵入情况下，本研究方法相比传统识别方法的平均识别准确率提高了 16%。

　　通过对试验中采用深度卷积神经网络模型识别产生误判的测试样本进行分析，发现产生误判的原因主要是有侵入情况的训练样本相对较少，特别是情况 2 和情况 4 的训练样本数量，在较少的训练样本下，识别模型不能学习得到较为完善的识别特征，因此导致该方法识别准确率降低。

7.5.4　穴盘苗抓取角度检测

7.5.4.1　穴盘苗低损伤抓取需求分析

　　由于穴盘苗本身存在的差异性，并且在穴盘育苗过程中，每一颗穴盘苗接受外界光照、水分、养料等等具体情况不同，因此导致每颗穴盘苗的生长形态也不同。穴盘补栽机械的末端执行器在下行抓取穴盘苗时，挤压、戳伤种苗叶片及本体的情况时有发生，如图 7.5.11（a）所示。种苗叶片及本体的损伤将直接影响育苗产品质量及生长发育，带来一定的经济损失。因此减少末端执行器抓取穴盘苗时对种苗的机械损伤对提高补栽作业质量具有重要意义。

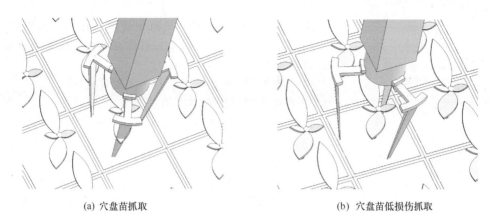

(a) 穴盘苗抓取   (b) 穴盘苗低损伤抓取

图 7.5.11 穴盘苗抓取示意图

7.5.4.2 穴盘苗低损伤抓取方案设计

本研究提出了一种基于机器视觉技术的穴盘苗低损伤抓取方法。使用工业相机对穴盘苗图像进行采集，通过计算机进行图像处理，计算出最优抓取角度。计算机将最优抓取角度发送给下位机运动控制器，控制末端执行器旋转到最优抓取角度，对穴盘苗进行抓取，如图7.5.11（b）所示。穴盘苗低损伤抓取方案设计如图7.5.12所示，穴盘苗低损伤抓取方案工作流程图如图7.5.13所示。

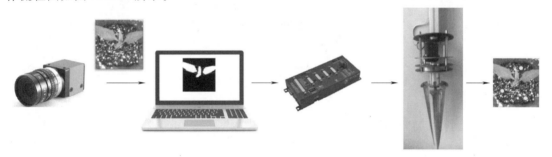

图 7.5.12 穴盘苗低损伤抓取方案

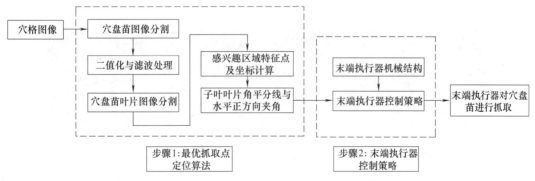

图 7.5.13 穴盘苗低损伤抓取方案工作流程图

7.5.4.3 穴盘苗最优抓取角度检测

（1）穴盘苗最优抓取角度算法流程设计

从上述穴盘苗最优抓取角度分析可知，穴盘苗的最优抓取点在穴盘苗子叶叶片角平分线上。因此，求解穴盘苗图像中穴盘苗子叶叶片角平分线与水平正方向夹角，是指导末端执行器低损伤抓取的重要信息。

算法开始

↓

穴格图像聚类分割,获得
穴盘苗区域图像

↓

二值化处理与中值滤
波去燥

↓

对穴盘苗图像进行形态学
分割,获得穴盘苗子叶叶片、
苗芯区域图像

↓

感兴趣区域特征点
提取与定位计算

↓

穴盘苗子叶叶片角平分线与
水平正方向夹角计算(穴盘
苗最优抓取角度)

↓

算法结束

图 7.5.14   算法设计流程图

本研究应用图像分割、二值化处理、滤波、感兴趣区域特征点提取等图像处理手段,设计穴盘苗最优抓取角度算法,算法设计流程如图 7.5.14 所示。

(2) 穴盘苗最优抓取角度检测实现过程

① 育苗穴盘中的穴格图像。

根据穴盘规格,将育苗穴盘划分成穴格图像样本,如图 7.5.15 所示。

② 穴格图像 K-means 算法聚类分割及二值化处理。

为实现穴盘苗分割,本研究首先将穴格 RGB 图像转换成 Lab 图像,然后对图像中每个像素点取其 a、b 分量数值,最后采用 K-means 聚类算法进行 3 部分聚类分割。

将穴格图像从 RGB 转到 Lab 空间,需要 XYZ 作为中间模式,其中 RGB 和 XYZ 空间转化如公式 (7.5.5) 所示。

$$[X,Y,Z]=M*[R,G,B] \tag{7.5.5}$$

式中

$$M=\begin{bmatrix} 0.4125 & 0.3576 & 0.1805 \\ 0.2126 & 0.7152 & 0.0722 \\ 0.0193 & 0.1192 & 0.9505 \end{bmatrix}$$

XYZ 空间转化到 Lab 空间如公式 (7.5.6) 所示。

$$L=116f(Y/Y_n)-16$$
$$a=500[f(X/X_n)-f(Y/Y_n)]$$
$$b=200[f(Y/Y_n)-f(Z/Z_n)] \tag{7.5.6}$$

式中

$$f(t)=\begin{cases} t^{1/3} & 如果\ t>\left(\dfrac{6}{29}\right)^3 \\ \dfrac{1}{3}\times\left(\dfrac{29}{6}\right)^2 t+\dfrac{4}{29} & 其他情况 \end{cases} \tag{7.5.7}$$

$X_n=0.95045$,$Y_n=1.0$,$Z_n=1.08892$。

   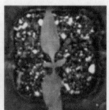

图 7.5.15   穴盘苗的穴格图像

使用最大间类方差法找到图片的一个合适的阈值 TH,通过该阈值对分割后的穴盘苗图像进行二值化处理,计算公式如式 (7.5.8) 所示,处理后的穴盘苗二值化图像如图 7.5.16 所示。

$$\begin{cases} I(x,y)=255 & B(x,y)>TH \\ I(x,y)=0 & B(x,y)<TH \end{cases} \tag{7.5.8}$$

③ 穴盘苗形态学分割。

通过对穴盘苗生长形态进行分析发现,子叶和真叶所占图像面积较大,子叶和真叶的连接杆相对较细,因此可以采用形态学方法对其进行分割,进而获得子叶叶片和苗芯分割图

图 7.5.16　穴盘苗二值化图像

像。并且利用该方法可以消除穴盘苗中细小的杂草区域，如图 7.5.17 所示。

形态学方法中的开运算是对图像进行先腐蚀后膨胀。使用结构元素 S 对 A 进行开运算，记作 $A \circ S$，计算公式如式（7.5.9）所示。

$$A \circ S=(A \ominus S) \oplus S \tag{7.5.9}$$

图 7.5.17　形态学分割

④ 穴盘苗最优抓取角度几何计算。

通过计算穴盘苗叶片最小外接矩形中线之间的夹角，进而计算出角平分线。角平分线与水平正方向的夹角即为最优抓取角度。穴盘苗叶片最小外接矩形如图 7.5.18 所示。

图 7.5.18　穴盘苗叶片最小外接矩形

⑤ 根据穴盘苗最优抓取角度确定末端执行器抓取点。

根据计算所得穴盘苗最优抓取角度，进而可以确定可旋转三爪式末端执行器抓取点位置，如图 7.5.19 所示。

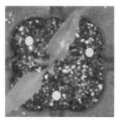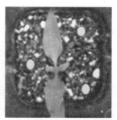

图 7.5.19　最优抓取点示意图
注：圆点为末端执行器抓取点

7.5.5 穴盘补栽控制方法

7.5.5.1 穴盘补栽试验平台

穴盘补栽试验平台主要由两部分组成：一是穴盘苗信息获取部分；二是穴盘补栽工作部分。穴盘苗信息获取部分，主要是通过机器视觉技术，对穴盘规格、缺苗位置信息进行检测，获取合格苗最优抓取角度信息等。补栽工作部分，主要通过控制直线模组和补栽机械手实现对目标盘进行补栽。

穴盘补栽试验平台总体结构如图 7.5.20 所示。传送带 2 上为供苗盘 14、18，依次经过机器视觉检测区域。固定支架 3 上为待补栽目标盘 7，其中缺苗穴格位置已知。下位机控制器 15 控制末端执行器 10，从供苗盘中抓取合格的穴盘苗，对目标盘进行补栽。

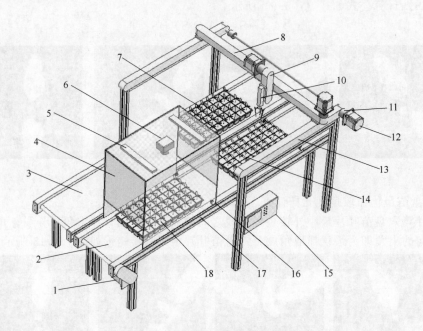

图 7.5.20 补栽试验平台机械结构

1—传送带电机；2—传送带；3—固定支架；4—光照箱；5—光源；6—相机；7—目标盘；8—Y 轴直线模组；
9—Z 轴直线模组；10—末端执行器；11—减速器；12—电机；13—X 轴直线模组；14—补栽区域的供苗盘；
15—下位机控制器；16—光电开关；17—支架；18—图像采集区域的供苗盘

7.5.5.2 可旋转三爪式末端执行器

为实现对穴盘苗进行低损伤抓取，设计了一种可旋转三爪式末端执行器，如图 7.5.21 所示。该末端执行器的主要结构包括手爪、连接板、气缸、轴承、步进电机、固定杆、连接杆、固定板、伸出杆等。其中手爪连接板与气缸伸出杆之间通过螺钉连接，如图 7.5.21 (b) 所示，手爪连接板和伸出杆相对位置 0~15mm 可调，因此三爪抓取直径范围为 35~50mm，以适用于不同规格穴盘中的穴盘苗抓取。步进电机可带动手爪和气缸部件按要求旋转，以避免抓取穴盘苗时产生机械损伤。

试制该可旋转三爪式末端执行器，如图 7.5.22 所示。

7.5.5.3 穴盘补栽试验平台控制系统

（1）控制系统硬件组成框架

穴盘补栽试验平台控制系统主要由上位机、下位机、传感器和执行器等组成。控制系统

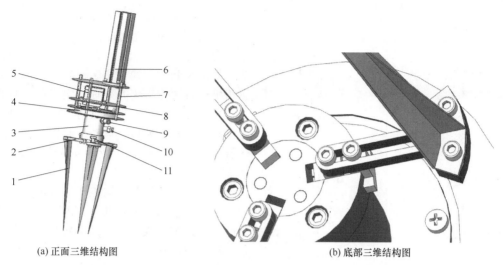

(a) 正面三维结构图　　　　　　　　　　　(b) 底部三维结构图

图 7.5.21　可旋转三爪式末端执行器

1—手爪；2—连接板；3—气缸；4—轴承；5—步进电机；6—固定杆；7—连接杆；
8—固定板；9—进气口；10—出气口；11—伸出杆

图 7.5.22　可旋转三爪式末端执行器

硬件组成框架如图 7.5.23 所示。

工业相机通过 USB 接口与计算机相连，采集穴盘苗图像后传输至计算机进行图像处理。计算机通过网线与下位机 Galil 运动控制器进行通信。计算机使用穴盘补栽试验平台控制系统软件界面进行人机互动。

下位机 Galil 运动控制器通过驱动器控制四个电机进行运动。通过通用 I/O 口对传动带、限位开关、末端执行器气阀开关、光电开关等进行控制。

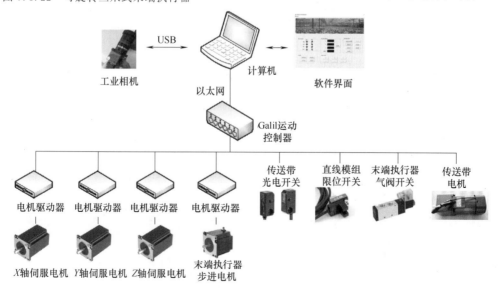

图 7.5.23　控制系统硬件组成框架图

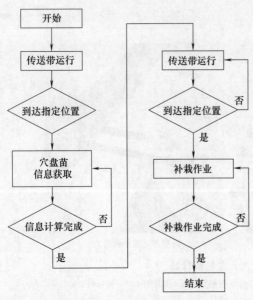

图 7.5.24　控制系统总流程图

（2）控制系统总流程设计

控制系统总流程如图 7.5.24 所示。系统开始后，传送带开始运行，带动供苗盘向前运动。供苗盘到达图像采集区域后，系统控制工业相机进行图像采集并处理，穴盘苗信息计算完毕后，传送带继续带动供苗盘向前运动。供苗盘到达补栽区域后，运动控制器控制末端执行器完成目标盘补栽作业，补栽作业完成后，系统结束。

（3）穴盘苗信息获取工作流程设计

穴盘苗信息主要包括三个内容：穴盘中每个位置穴盘苗等级信息、合格穴盘苗最优抓取角度和补栽路径。

穴盘苗信息获取工作流程如图 7.5.25 所示。计算机控制工业相机采集图像后，对穴盘规格进行识别，然后根据穴盘规格将穴盘图片分割为穴格图片。使用卷积神经网络模型对每张穴格图片进行测试，获得穴盘苗缺苗信息。使用最优抓取角度算法计算每个合格穴盘苗的最优抓取角度。根据已知的目标盘待补栽位置信息和已计算所知的供苗盘合格苗位置信息进行规划，得到补栽路径。

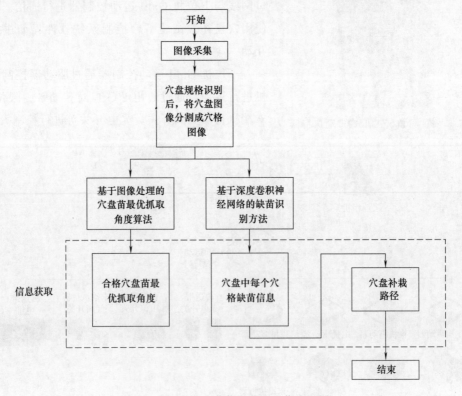

图 7.5.25　穴盘苗信息获取工作流程图

（4）穴盘补栽作业流程设计

穴盘补栽作业流程如图 7.5.26（a）所示。补栽作业开始后，根据计算所得的补栽路径（一维数组），补栽机械手从原点位置出发，按补栽路径运动到供苗盘第 1 个位置，完成取苗动作，然后补栽机械手运动到目标盘第一个位置，完成放苗动作。之后补栽机械手运动到供苗盘第 2 个取苗位置，重复以上动作，直至路径中所有位置序号完成，回到原点，补栽作业结束。补栽机械手取苗工作流程如图 7.5.26（b）所示，取苗动作开始后，根据取苗位置穴格的最优抓取角度旋转末端执行器，然后补栽机械手沿 Z 轴下行固定距离插入基质，气缸收缩夹紧穴盘苗，补栽机械手沿 Z 轴上行回到固定高度，至此取苗结束。补栽机械手放苗工作流程如图 7.5.26（c）所示，放苗动作开始后，补栽机械手沿 Z 轴下行固定距离，气缸伸出释放穴盘苗，补栽机械手沿 Z 轴上行回到固定高度，末端执行器回到初始角度，至此放苗结束。

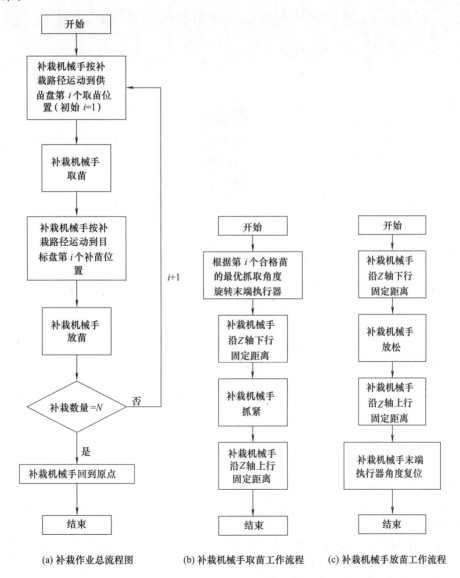

(a) 补栽作业总流程图　　　(b) 补栽机械手取苗工作流程　　　(c) 补栽机械手放苗工作流程

图 7.5.26　穴盘补栽作业流程图

（5）控制系统软件界面设计

在 Visuo Studio 2010 MFC 开发环境下，设计了穴盘补栽试验平台控制系统软件界面，穴盘补栽控制主界面如图 7.5.27 所示。

穴盘补栽控制界面中包含补栽试验平台基本信息监测功能，包括限位状态监测和电机当前位置脉冲。补栽控制操作部分包括手动控制和自动控制两部分。手动控制部分可以实现对 XYZ 直线模组的电机、传送皮带电机、末端执行器等执行机构进行独立控制，自动控制通过补栽运行按钮进行触发。

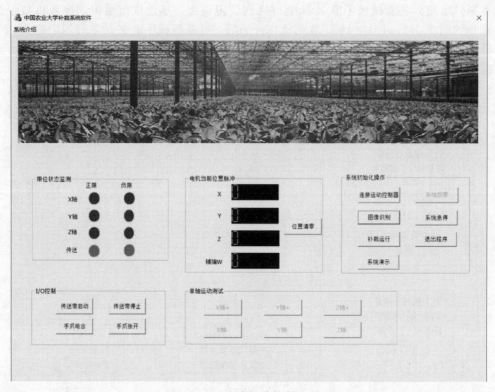

图 7.5.27　穴盘补栽控制主界面

7.5.6　研究结论

① 针对温室育苗过程中补栽作业需求，提出一种基于深度卷积神经网络的穴盘缺苗识别方法。该方法直接以经培育的幼苗穴格图片作为输入，利用大量穴格图片样本进行训练，通过网络模型自主学习穴盘有苗无苗的有效特征，避免了传统识别算法中复杂的特征提取过程、弥补了人为选择特征不佳、特征提取效果不好等缺点。

② 本节以辣椒幼苗为例，设计了图像采集装置，并采集了 3400 张试验样本，建立了 GoogLeNet 模型的深度卷积神经网络预测模型，调整模型参数，当学习率为 0.01，batch 为 100，迭代次数为 6000 次时得到最优识别模型，穴盘幼苗识别准确率为 94.5%，满足温室补栽作业的工作需求。

③ 为进一步验证该深度卷积神经网络识别模型在穴格被临近幼苗侵入情况下的识别能力，本节对无侵入和有侵入情况的幼苗穴格样本分别进行测试。无侵入情况下的识别准确率为 100%。有侵入情况的平均识别准确率为 81.5%，相比传统图像处理方法，该方法在有侵入情况下平均识别准确率提升了 16%。研究结果表明，本研究方法不仅对无侵入情况的穴

盘具有准确的识别能力，并且对于有侵入情况下的穴盘也具有很高的识别能力。本研究对于其他温室培育的果蔬花卉穴盘缺苗识别具有一定的理论借鉴意义。

④ 研究了一种穴盘苗最优抓取角度算法。该算法采用 K-means 聚类算法对包含穴盘苗的穴格图像进行分割，对得到的穴盘苗图像进行二值化和中值滤波去噪处理，采用形态学方法对穴盘苗子叶叶片和苗芯进行分割，对感兴趣区域特征点定位坐标进行计算，进而计算出穴盘苗子叶叶片角平分线与水平正方向的夹角，即穴盘苗最优抓取角。

⑤ 设计了穴盘补栽试验平台及其控制系统。穴盘补栽试验平台包括图像采集装置、直线模组、传送带、末端执行器等。基于计算机＋运动控制器为控制核心，设计了平台控制系统。

参 考 文 献

[1] 陈兵旗. 机器视觉技术 [M]. 北京：化学工业出版社，2018.

[2] 姜洪喆. 基于近红外光谱及成像技术的生鲜鸡肉多品质无损检测研究 [D]. 北京：中国农业大学，2019.

[3] 褚璇. 谷物霉菌的高光谱成像辨识方法和霉变玉米籽粒检测方法研究 [D]. 北京：中国农业大学，2018.

[4] 褚小立. 化学计量学方法与分子光谱分析技术 [M]. 北京：化学工业出版社，2011.

[5] Nicolaï B M，Defraeye T，De Ketelaere B，et al. Nondestructive measurement of fruit and vegetable quality [J]. Annual review of food science and technology，2014，5：285-312.

[6] 刘琼磊，谭保华. 苹果近红外无损检测实验研究 [J]. 湖北工业大学学报，2017 (4).

[7] Basri K N，Hussain M N，Bakar J，Sharif Z，Khir M F A，Zoolfakar A S. Classification and quantification of palm oil adulteration via portable NIR spectroscopy [J]. Spectrochimica Acta Part A：Molecular and Biomolecular Spectroscopy，2017，173：335-342.

[8] Jiménez-Carvelo A M，Osorio M T，Koidis A，González-Casado A. Chemometric classification and quantification of olive oil in blends with any edible vegetable oils using FTIR-ATR and Raman spectroscopy [J]. LWT-Food Science and Technology，2017，86：174-184.

[9] Tallada J G，Wicklow D T，Pearson T C，et al. Detection of fungus-infected corn kernels using near-infrared reflectance spectroscopy and color imaging [J]. Transactions of the ASABE，2011，54 (3)：1151-1158.

[10] Jiang H，Yoon S C，Zhuang H，Wang W. Predicting color traits of intact broiler breast filletsusing visible and vear-infrared spectroscopy [J]. Food Analytical Methods，2017，10 (10)：3443-3451.

[11] Wold J P，Veiseth-Kent E，Hφst V，Lφvland A. Rapid on-line detection and grading of wooden breast myopathy in chicken fillets by near-infrared spectroscopy [J]. Plos One，2017，12 (3)：e173384.

[12] 刘琼磊. 近红外光谱技术的水果检测研究 [D]. 武汉：湖北工业大学，2017.

[13] 樊玉霞. 猪肉肉糜品质与安全可见/近红外光谱快速检测方法的实验研究 [D]. 杭州：浙江大学，2011.

[14] 褚小立，许育鹏，陆婉珍. 用于近红外光谱分析的化学计量学方法研究与应用进展 [J]. 分析化学，2008，36 (5)：702-709.

[15] 戚淑叶. 可见近红外光谱检测水果品质时影响因素的研究 [D]. 北京：中国农业大学，2016.

[16] 张倩. 高分子近代分析方法 [M]. 成都：四川大学出版社，2010.

[17] Siesler H W，Ozaki Y，Kawata S，et al. chapter 2. origin of Near-Infrared Absorption Baikis [M]. Near-Infrared spectroscopy：Principles，Instruments，Applications Wiley-VCH Verlag GmbH.

[18] 武汉大学. 分析化学 [M]. 5 版下. 北京：高等教育出版社，2009.

[19] 冯新沪，史永刚. 近红外光谱及其在石油产品分析中的应用 [M]. 北京：中国石化出版社，2002.

[20] 张斌，沈飞，章磊. 面粉品质近红外光谱在线检测系统开发与应用 [J]. 现代食品科技，2019，35 (2)：237，247-252.

[21] 赵昕. 基于近红外光谱及光谱成像技术的粮油食品掺假无损检测方法研究 [D]. 北京：中国农业大学，2019.

[22] 郭志明. 基于近红外光谱及成像的苹果品质无损检测方法和装置研究 [D]. 北京：中国农业大学，2015.

[23] Woodcock T，Downey G，O'Donnell C P. Confirmation of declared provenance of European extra virgin olive oil samples by NIR spectroscopy [J]. Journal of agricultural and food chemistry，2008，56 (23)：11520-11525.

[24] 陆婉珍. 现代近红外光谱分析技术 [M]. 2 版. 北京：中国石化出版社，2007.

[25] Kammies T L，Manley M，Gouws P A，et al. Differentiation of foodborne bacteria using NIR hyperspectral imaging and multivariate data analysis [J]. Applied microbiology and biotechnology，2016，100 (21)：9305-9320.

[26] 杨忠东，李军伟，陈艳，等. 红外高光谱成像原理及数据处理 [M]. 北京：国防工业出版社，2015.

[27] 张宗贵，王润生，郭小方，等. 基于地物光谱特征的成像光谱遥感矿物识别方法 [J]. 地学前缘，2003，10 (2)：437-443.

[28] 童庆禧，张兵，郑兰芬. 高光谱遥感：原理技术与应用 [M]. 北京：高等教育出版社，2006.

[29] Wu D，Sun D W. Advanced applications of hyperspectral imaging technology for food quality and safety analysis and assessment：A review——Part I：Fundamentals [J]. Innovative Food Science & Emerging Technologies，2013，19：1-14.

[30] 张保华，李江波，樊书祥，等. 高光谱成像技术在果蔬品质与安全无损检测中的原理及应用 [J]. 光谱学与光谱分析，2014，10 (2)：743-2.

［31］ Qin J，Chao K，Kim M S，et al. Hyperspectral and multispectral imaging for evaluating food safety and quality ［J］. Journal of Food Engineering，2013，118（2）：157-171.

［32］ Nicolai B M，Beullens K，Bobelyn E，et al. Nondestructive measurement of fruit and vegetable quality by means of NIR spectroscopy：A review ［J］. Postharvest biology and technology，2007，46（2）：99-118.

［33］ Moghaddam T M，Razavi S M A，Taghizadeh M. Applications of hyperspectral imaging in grains and nuts quality and safety assessment：a review ［J］. Journal of Food Measurement and Characterization，2013，7（3）：129-140.

［34］ 王欣. 近红外分析中光谱预处理方法的研究与应用进展 ［J］. 科技资讯，2013（15）：2.

［35］ Dai Q，Sun D W，Cheng J H，Pu H B. Recent advances in de-noising methods and their applications in hyperspectral image processing for the food industry ［J］. Comprehensive Reviews in Food Science and Food Safety，2014，13（6）：1207-1218.

［36］ 高荣强，范世福，严衍禄，等. 近红外光谱的数据预处理研究 ［J］. 光谱学与光谱分析，2005，24（12）：1563-1565.

［37］ 李民赞. 光谱分析技术及其应用 ［M］. 北京：科学出版社，2006.

［38］ 芦永军. 近红外光谱分析技术及其在人参成份分析中的应用研究 ［D］. 长春：中国科学院研究生院（长春光学精密机械与物理研究所），2005.

［39］ Barnes R J，Dhanoa M S，Lister S J. Standard normal variate transformation and de-trending of near-infrared diffuse reflectance spectra ［J］. Applied spectroscopy，1989，43（5）：772-777.

［40］ Lawrence KC，Park B，Windham WR，Mao C. Calibration of a pushbroom hyperspectral imaging system for agricultural inspection ［J］. Trans ASAE，2003，46（2）：513-521.

［41］ Jia B，Yoon S C，Zhuang H，Wang W，Li C. Prediction of pH of fresh chicken breast fillets by VNIR hyperspectral imaging ［J］. Journal of Food Engineering，2017，208：57-65.

［42］ Yoon SC，Lawrence KC，Siragusa GR，Line JE，Park B，Feldner PW. Hyperspectral reflectance imaging for detecting a foodborne pathogen：campylobacter ［J］. Trans ASABE，2019，52（2）：651-662.

［43］ Yoon SC，Windham WR，Ladely S，Heitschmidt GW，Lawrence KC，Park B，Narang N，Cray W. Hyperspectral imaging for differentiating colonies of non-O157 Shiga-toxin producing Escherichia coli（STEC）serogroups on spread plates of pure cultures ［J］. Near Infrared Spectrosc，2013，21：81-95.

［44］ Chang C-I. Hyperspectral data processing：algorithm design and analysis ［J］. Wiley-Interscience，Hoboken，2013.

［45］ Pontes M J C，Galvao R K H，Araújo M C U，Moreira P N T，Neto O D P，José G E，Saldanha T C B. The successive projections algorithm for spectral variable selection in classification problems ［J］. Chemometrics and Intelligent Laboratory Systems，2005，78（1-2）：11-18.

［46］ Li Y K. Determination of diesel cetane number by consensus modeling based on uninformative variable elimination ［J］. Analytical Methods，2012，4（1）：254-258.

［47］ He H J，Sun D W，Wu D. Rapid and real-time prediction of lactic acid bacteria（LAB）in farmed salmon flesh using near-infrared（NIR）hyperspectral imaging combined with chemometric analysis ［J］. Food Research International，2014，62：476-483.

［48］ Guo Q，Wu W，Massart D L，Boucon C，De Jong S. Feature selection in principal component analysis of analytical data ［J］. Chemometrics & Intelligent Laboratory Systems，2002，61（1）：123-132.

［49］ Theanjumpol P，Self G K，Rittiron R，Pankasemsu T，Sardsud V. Selecting variables for near infrared spectroscopy（NIRS）evaluation of mango fruit quality ［J］. Journal of Agricultural Science，2013，5（7）：146-159.

［50］ 赵杰文，林颢. 食品、农产品检测中的数据处理和分析方法 ［M］. 北京：科学出版社，2012.

［51］ Chù X，Wang W，Li C，et al. Identifying camellia oil adulteration with selected vegetable oils by characteristic near-infrared spectral regions ［J］. Journal of Innovative Optical Health Sciences，2018，11（02）：1850006.

［52］ Noda I，Ozaki Y. Two-dimensional correlation spectroscopy：applications in vibrational and optical spectroscopy ［M］. Chichester，UK：John Wiley&Sons Ltd.，2005.

［53］ Ruiz J R R，Canals T，Gomez R C. Comparative study of multivariate methods to identify paper finishes using infrared spectroscopy ［J］. IEEE Transactions on Instrumentation and Measurement，2012，61（4）：1029-1036.

［54］ Zhao X，Wang W，Ni X，et al. Utilising near-infrared hyperspectral imaging to detect low-level peanut powder contamination of whole wheat flour ［J］. Biosystems Engineering，2019，184：55-68.

［55］ Berman M，Phatak A，Traylen A. Some invariance properties of the minimum noise fraction transform ［J］. Chemometrics & Intelligent Laboratory Systems，2012，117（117）：189-199.

［56］ Pu H，Sun D，Ma J，Cheng J. Classification of fresh and frozen-thawed pork muscles using visible and near infrared hyperspectral imaging and textural analysis [J]. Meat Science，2015，99：81-88.

[57] Jiang H，Yoon S C，Zhuang H，Wang W，Lawrence K C，Yang Y. Tenderness classification of fresh broiler breast fillets using visible and near-infrared hyperspectral imaging [J]. Meat Science，2018，139：82-90.

[58] Jia B，Wang W，Yoon S C，et al. Using a Combination of Spectral and Textural Data to Measure Water-Holding Capacity in Fresh Chicken Breast Fillets [J]. Applied Sciences，2018，8（3）：343.

[59] Peng Y，Zhang J，Wang W，et al. Potential prediction of the microbial spoilage of beef using spatially resolved hyperspectral scattering profiles [J]. Journal of Food Engineering，2011，102（2）：163-169.

[60] Jiang H，Wang W，Zhuang H，et al. Hyperspectral imaging for a rapid detection and visualization of duck meat adulteration in beef [J]. Food Analytical Methods，2019，12（10）：2205-2215.

[61] Yi Y，Wei W，Hong Z，Seungchul Y，Hongzhe J. Fusion of spectra and texture data of hyperspectral imaging for the prediction of the water-holding capacity of fresh chicken breast filets [J]. Applied Sciences，2018（4）：640-652.

[62] Yang Y，Zhuang H，Yoon S C，et al. Rapid classification of intact chicken breast fillets by predicting principal component score of quality traits with visible/near-infrared spectroscopy [J]. Food chemistry，2018，244：184-189.

[63] Chu X，Wang W，Yoon S C，et al. Detection of aflatoxin B1（AFB1）in individual maize kernels using short wave infrared（SWIR）hyperspectral imaging [J]. Biosystems engineering，2017，157：13-23.

[64] 武小红，潘明辉，武斌，等. 广义模糊 K 调和均值聚类的近红外光谱生菜储藏时间鉴别 [J]. 光谱学与光谱分析，2016，36（6）：1721-1725.

[65] Little A，Maggioni M，Murphy J M. Path-based spectral clustering：Guarantees，robustness to outliers，and fast algorithms [J]. arXiv preprint arXiv，2017，6（206）：1712.

[66] Jiang H，Wang W，Zhuang H，et al. Visible and near-infrared hyperspectral imaging for cooking loss classification of fresh broiler breast fillets [J]. Applied Sciences，2018，8（2）：256.

[67] Jiang H，Yoon S C，Zhuang H，et al. Integration of spectral and textural features of visible and near-infrared hyperspectral imaging for differentiating between normal and white striping broiler breast meat [J]. Spectrochimica Acta Part A：Molecular and Biomolecular Spectroscopy，2019，213：118-126.

[68] 褚璇，王伟，张录达，等. 高光谱最优波长选择及 Fisher 判别分析法判别玉米颗粒表面黄曲霉毒素 [J]. 光谱学与光谱分析，2014，34（7）：1811-1815.

[69] 李乡儒，胡占义，赵永恒，等. 基于 Fisher 判别分析的有监督特征提取和星系光谱分类 [J]. 光谱学与光谱分析，2007，27（9）：1898-1901.

[70] Zhao X，Wang W，Chu X，et al. Early detection of Aspergillus parasiticus infection in maize kernels using near-infrared hyperspectral imaging and multivariate data analysis [J]. Applied Sciences，2017，7（1）：90.

[71] Karimi Y，Prasher S O，Patel R M，et al. Application of support vector machine technology for weed and nitrogen stress detection in corn [J]. Computers and Electronics in Agriculture，2006，51（1-2）：99-109.

[72] Dong L，Qinying Y，Wenjiang H. Estimation of leaf area index based on wavelet transform and support vector machine regression in winter wheat [J]. Infrared and Laser Engineering，2015，44（1）：335-340.

[73] Yuan H，Yang G，Li C，et al. Retrieving soybean leaf area index from unmanned aerial vehicle hyperspectral remote sensing：Analysis of RF，ANN，and SVM regression models [J]. Remote Sensing，2017，9（4）：309.

[74] Li H，Chen Q，Zhao J，et al. Nondestructive detection of total volatile basic nitrogen（TVB-N）content in pork meat by integrating hyperspectral imaging and colorimetric sensor combined with a nonlinear data fusion [J]. LWT-Food Science and Technology，2015，63（1）：268-274.

[75] Wang L，Liu J，Xu S，et al. Forest above ground biomass estimation from remotely sensed imagery in the mount tai area using the RBF ANN algorithm [J]. Intelligent Automation & Soft Computing，2017：1-8.

[76] Sawarkar A，Chaudhari V，Chavan R，et al. HMD vision-based teleoperating UGV and UAV for hostile environment using deep learning [J]. ArXiv Preprint，2016.

[77] Kim H，Kim D，Jung S，et al. Development of a UAV-type jellyfish monitoring system using deep learning [C]. International Conference on Ubiquitous Robots and Ambient Intelligence. IEEE，2015：495-497.

[78] Kim N V，Chervonenkis M A. Situation Control of Unmanned Aerial Vehicles for Road Traffic Monitoring [J]. Modern Applied Science，2015，9（5）.

[79] Bejiga M，Zeggada A，Nouffidj A，et al. A Convolutional Neural Network Approach for Assisting Avalanche Search and Rescue Operations with UAV Imagery [J]. Remote Sensing，2017，9（2）：100.

[80] Hung C，Zhe X，Sukkarieh S. Feature learning based approach for weed classification using high resolution aerial

images from a digital camera mounted on a UAV [J]. Remote Sensing，2014，6（12）：12037-12054.

[81] Li L，Fan Y，Huang X，Tian L. Real-time UAV weed scout for selective weed control by adaptive robust control and machine learning algorithm [C]. 2016 American Society of Agricultural and Biological Engineers Annual International Meeting，2017.

[82] Li W，Fu H，Yu L，et al. Deep Learning Based Oil Palm Tree Detection and Counting for High-Resolution Remote Sensing Images [J]. Remote Sensing，2016，9（1）：22.

[83] 吴林煌，陈志峰，苏凯雄，郭里婷，王卫星. 改进磷虾群与 NBN 联合优化神经网络的 HPA 预失真方法 [J]. 四川大学学报（工程科学版），2016，48（06）：149-159.

[84] 吴云，雷建文，鲍丽山，李春哲. 基于改进灰色关联分析与蝙蝠优化神经网络的短期负荷预测 [J]. 电力系统自动化，2018，42（20）：67-74.

[85] 杨洁，穆彦斌，程晓健. 基于优化神经网络的压制干扰分类方法 [J]. 西安邮电大学学报，2018，23（01）：92-96. Yang，X. S. A new metaheuristic Bat-inspired algorithm [J]. Computer Knowledge & Technology. 2010，284，65-74.

[86] 杨叔子，杨克冲，吴波，熊良才. 机械工程控制基础 [M]. 武汉：华中科技大学出版社，2017.

[87] 邹伯敏. 自动控制理论 [M]. 北京：机械工业出版社，2004.

[88] 周俊杰. Matlab/Simulink 实例详解 [M]. 北京：中国水利水电出版社，2014.

[89] 李献，骆志伟，于晋臣. MATLAB/Simulink 系统仿真 [M]. 北京：清华大学出版社，2017.

[90] 薛定宇，陈阳泉. 基于 MATLAB/Simulink 系统仿真技术与应用 [M]. 北京：清华大学出版社，2011.

[91] 刘金琨，先进 PID 控制 MATLAB 仿真 [M]. 北京：电子工业出版社，2016.

[92] 杨平，邓亮，徐春梅，李芹. PID 控制器参数整定方法及应用 [M]. 北京：中国电力出版社，2016.

[93] 陈兵旗. 机器视觉技术及应用实例详解. 北京：化学工业出版社，2014.

[94] 田芳. 马铃薯种薯的点云模型重构及切块方法研究 [D]. 北京：中国农业大学，2019.

[95] 郝敏. 基于机器视觉的马铃薯外部品质检测技术研究 [D]. 呼和浩特：内蒙古农业大学，2009.

[96] 杨红亚，赵景秀，徐冠华，刘爽. 彩色图像分割方法综述 [J]. 软件导刊，2018，17（04）：1-5.

[97] 黄文倩，李江波，张驰，李斌，陈立平，张百海. 基于类球形亮度变换的水果表面缺陷提取 [J]. 农业机械学报，2012，43（12）：187-191.

[98] Jain P，Tyagi V. A survey of edge-preserving image denoising methods [J]. Information Systems Frontiers，2016，18（1）：159-170.

[99] Geng J. Structured-light 3D surface imaging：a tutorial [J]. Advances in Optics and Photonics，2011，3（2）：128-160.

[100] 谭晓波. 摄像机标定及相关技术研究 [D]. 长沙：国防科学技术大学，2004.

[101] 路红亮. 机器视觉中相机标定方法的研究 [D]. 沈阳：沈阳工业大学，2013.

[102] Zhang Z. A flexible new technique for camera calibration [J]. IEEE Transactions on Pattern Analysis and Machine Intelligence，2000，22.

[103] 尹茂东. 基于转台的物体表面三维重建研究 [D]. 青岛：青岛大学，2007.

[104] 郑永军. 基于图像处理的蝗虫识别方法研究 [D]. 中国农业大学. 2010.

[105] 朱恩林. 中国东亚飞蝗发生与治理 [M]. 北京：中国农业出版社，1999：1-132.

[106] 郝树广，秦启联，王正军，等. 国际蝗虫灾害的防治策略和技术：现状与展望 [J]. 昆虫学报，2002，45（4）：531-537.

[107] 牟吉元，徐洪富，李火苟. 昆虫生态与农业害虫预测预报 [M]. 北京：中国农业出版社，1997.

[108] 乔静波，乔春炜，刘桂香. 蝗虫的防治方法 [J]. 内蒙古草业，2002，14（3）：12.

[109] 任春光，张彦刚，汤志忠. 蝗虫测报调查技术规范 [J]. 植物保护，2001，27（4）：20-22.

[110] 马建文，韩秀珍，哈斯巴干，等. 东亚飞蝗灾害的遥感监测实验 [J]. 国土资源遥感，2003.

[111] FAO. Desert locust Bulletin [EB]. 2001，（2）：p272.

[112] Australian plague locust commission-department of Agriculture [OL]. http：//www. agriculture. gov. au/pests-diseases-weeds/locusts，2019.

[113] Hielkema J U，Roffey J，Tucker CJ. Assessment of ecological conditions associated with the 1980P81 desert locust plague upsurge in West Africa using environmental satellite data. Int [J]. Remote Sensing，1986，（11）：1609-1622.

[114] Tappan GG，Moore D G，KnausenbergerWI. Monitoringgrasshopper and Locust habitats in Sahelian Africa using GIS and remote sensing technology [J]. International Journal of Remote Sensing，1991，5（1）：123～135.

[115] Liu H，Zhu H. Evaluation of a laser scanning sensor in detection of complex-shaped targets for variable-rate spray-

er development [J]. Transactions of the ASABE, 2016, 5 (59): 1181-1192.

[116] 王晓松. 复杂背景下树木图像提取研究 [D]. 北京: 北京林业大学, 2010.

[117] 吴要领. 基于 YCrCb 色彩空间的人脸检测算法的设计与实现 [D]. 成都: 电子科技大学, 2013.

[118] 张凯兵, 章爱群, 李春生. 基于 HSV 空间颜色直方图的油菜叶片缺素诊断 [J]. 农业工程学报, 2016 (19): 179-187.

[119] Hamuda E, Glavin M, Jones E. A survey of image processing techniques for plant extraction and segmentation in the field [J]. Computers and Electronics in Agriculture, 2016, 125: 184-199.

[120] Sabzi S, Abbaspour-Gilandeh Y, Javadikia H. Machine vision system for the automatic segmentation of plants under different lighting conditions [J]. Biosystems Engineering, 2017, 161: 157-173.

[121] 梁烨炜. K-均值聚类算法的改进及其应用 [D]. 长沙: 湖南大学, 2012.

[122] Evar M H, Irok B, I V J, et al. Design and testing of an automated system for targeted spraying in orchards [J]. Journal of Plant Diseases and Protection, 2010, 2 (117): 71-79.

[123] 李翠, 冯冬青. 基于改进 K-均值聚类的图像分割算法研究 [J]. 郑州大学学报 (理学版), 2011, 43 (1): 109-113.

[124] 丁为民, 赵思琪, 赵三琴, 等. 基于机器视觉的果树树冠体积测量方法研究 [J]. 农业机械学报, 2016 (06): 1-10.

[125] 李南, 陈子文, 朱成兵, 等. 电驱锄草机器人系统设计与试验 [J]. 农业机械学报, 2016 (5): 15-20.

[126] Ge L, Yang Z, Sun Z, et al. A Method for Broccoli Seedling Recognition in Natural Environment Based on Binocular Stereo Vision and Gaussian Mixture Model [J]. Sensors, 2019, 19 (5).

[127] 董爱军. 苹果糖度的可见/近红外光谱检测装置研究 [D]. 中国农业大学, 2019.

[128] 王伟, 彭彦昆, 马伟, 等. 冬小麦叶绿素含量高光谱检测技术 [J]. 农业机械学报, 2010 (5): 172-177.

[129] 黄慧, 王伟, 彭彦昆, 等. 利用高光谱扫描技术检测小麦叶片叶绿素含量 [J]. 光谱学与光谱分析, 2010 (7): 1811-1814.

[130] 姜洪喆. 基于近红外光谱及成像技术的生鲜鸡肉多品质无损检测研究 [D]. 北京: 中国农业大学, 2019.

[131] Honikel K O, Hamm R. Measurement of water-holding capacity and juiciness. In Quality Attributes and their Measurement in Meat, Poultry and Fish Products [M]. US: Springer, 1994.

[132] Kauffman R G, Eikelenboom G, Van Der Wal P G, Engel B, Zaar M. A comparison of methods to estimate water-holding capacity in post-rigor porcine muscle [J]. Meat Science, 1986, 18 (4): 307-322.

[133] Wardlaw F B, Mccaskill L H, Acton J C. Effect of postmortem muscle changes on poultry meat loaf properties [J]. Journal of Food Science, 1973, 38 (3): 421-423.

[134] De Marchi M, Penasa M, Battagin M, Zanetti E, Pulici C, Cassandro M. Feasibility of the direct application of near-infrared reflectance spectroscopy on intact chicken breasts to predict meat color and physical traits [J]. Poultry Science, 2011, 90 (7): 1594-1599.

[135] Samuel D, Park B, Sohn M, Wicker L. Visible-near-infrared spectroscopy to predict water-holding capacity in normal and pale broiler breast meat [J]. Poultry Science, 2011, 90 (4): 914-921.

[136] Barbin D F, Kaminishikawahara C M, Soares A L, Mizubuti I Y, Grespan M, Shimokomaki M, Hirooka E Y. Prediction of chicken quality attributes by near infrared spectroscopy [J]. Food Chemistry, 2015, 168: 554-560.

[137] Swatland H J. How pH causes paleness or darkness in chicken breast meat [J]. Meat Science, 2008, 80 (2): 396-400.

[138] Qiao M, Fletcher D L, Smith D P, Northcutt J K. The effect of broiler breast meat color on pH, moisture, water-holding capacity, and emulsification capacity [J]. Poultry Science, 2001, 80 (5): 676-680.

[139] Zhang L, Barbut S. Rheological characteristics of fresh and frozen PSE, normal and DFD chicken breast meat [J]. British Poultry Science, 2005, 46 (6): 687-693.

[140] Zhuang H, Savage E M. Comparisons of sensory descriptive flavor and texture profiles of cooked broiler breast fillets categorized by raw meat color lightness values [J]. Poultry Science, 2010, 89 (5): 1049-1055.

[141] Li X, Feng F, Gao R, Wang L, Qian Y, Li C, Zhou G. Application of near infrared reflectance (NIR) spectroscopy to identify potential PSE meat [J]. Journal of the Science of Food & Agriculture, 2016, 96 (9): 3148-3156.

[142] Bowker B, Hawkins S, Zhuang H. Measurement of water-holding capacity in raw and freeze-dried broiler breast meat with visible and near-infrared spectroscopy [J]. Poultry Science, 2014, 93 (7): 1834-1841.

［143］ Prevolnik M，Čandek-Potokar M，Škorjanc D. Predicting pork water-holding capacity with NIR spectroscopy in relation to different reference methods ［J］. Journal of Food Engineering，2010，98（3）：347-352.

［144］ 王伟，彭彦昆，等. 基于高光谱成像的生鲜猪肉细菌总数预测建模方法研究 ［J］. 光谱学与光谱分析，2010（2）：411-415.

［145］ 褚璇. 谷物霉菌的高光谱成像辨识方法和霉变玉米籽粒检测方法研究 ［D］. 北京：中国农业大学，2018.

［146］ Trinci A P J. A kinetic study of the growth of Aspergillus nidulans and other fungi ［J］. Microbiology，1969，57（1）：11-24.

［147］ Georgiou G，Shuler M L. A computer model for the growth and differentiation of a fungal colony on solid substrate ［J］. Biotechnology and Bioengineering，1986，28（3）：405-416.

［148］ Gao S，Lewis G D，Ashokkumar M，et al. Inactivation of microorganisms by low-frequency high-power ultrasound：1. Effect of growth phase and capsule properties of the bacteria ［J］. Ultrasonics Sonochemistry，2014，21（1）：446-453.

［149］ 肖慧，王振杰，孙晔，等. 高光谱图像法对稻谷贮藏中五种常见真菌生长拟合及区分 ［J］. 食品工业科技，2016，13：52.

［150］ Wang W，Heitschmidt G W，Windham W R，et al. Feasibility of detecting aflatoxin B1 on inoculated maize kernels surface using Vis/NIR hyperspectral imaging ［J］. Journal of food science，2015，80（1）.

［151］ Gifford D R，Schoustra S E. Modelling colony population growth in the filamentous fungus Aspergillus nidulans ［J］. Journal of theoretical biology，2013，320：124-130.

［152］ Lew R R. How does a hypha grow? The biophysics of pressurized growth in fungi ［J］. Nature Reviews Microbiology，2011，9（7）：509.

［153］ 韩北忠. 发酵工程 ［M］. 北京：中国轻工业出版社，2013.

［154］ Edelstein L，Segel L A. Growth and metabolism in mycelial fungi ［J］. Journal of Theoretical Biology，1983，104（2）：187-210.

［155］ Manley M，Du Toit G，Geladi P. Tracking diffusion of conditioning water in single wheat kernels of different hardnesses by near infrared hyperspectral imaging ［J］. Analytica Chimica Acta，2011，686（1-2）：64-75.

［156］ Manley M，McGoverin C M，Engelbrecht P，et al. Influence of grain topography on near infrared hyperspectral images ［J］. Talanta，2012，89：223-230.

［157］ Shahin M A，Symons S J. Detection of Fusarium damaged kernels in Canada Western Red Spring wheat using visible/near-infrared hyperspectral imaging and principal component analysis ［J］. Computers and Electronics in Agriculture，2011，75（1）：107-112.

［158］ Manley M，Williams P，Nilsson D，et al. Near infrared hyperspectral imaging for the evaluation of endosperm texture in whole yellow maize（Zea maize L.）kernels ［J］. Journal of agricultural and food chemistry，2009，57（19）：8761-8769.

［159］ 王伟，赵昕，褚璇，鹿瑶，贾贝贝. 基于可见/近红外高光谱的八角茴香与莽草无损鉴别 ［J］. 农业机械学报，2019，50（11）：373-379.

［160］ 姜洪喆. 基于近红外光谱及成像技术的生鲜鸡肉多品质无损检测研究 ［D］. 北京：中国农业大学，2019.

［161］ Blanco M，Villarroya I. NIR spectroscopy：a rapid-response analytical tool ［J］. Trends in Analytical Chemistry，2002，21（4）.

［162］ 李华. 葡萄酒工艺学 ［M］. 北京：科学出版社，2013.

［163］ 冷翔鹏，慕茜，房经贵，等. 葡萄浆果中的糖成分以及相关代谢研究的进展 ［J］. 江苏林业科技，2011，38（02）：40-43.

［164］ 王敏，王恢，黄丽萍，马小河. 酿酒葡萄果实成熟特征观察研究 ［J］. 安徽农学通报，2017，23（15）：46-47.

［165］ 陈兵旗. 农田作业视觉导航系统研究 ［J］. 科技导报，2018，36（11）：66-81.

［166］ 王侨，陈兵旗，寇春荣，朱德利，耿百鹏. 基于机器视觉的玉米种粒定向定位摆放装置研制 ［J］. 农业工程学报，2017，33（11）：19-28.

［167］ Sawarkar A，Chaudhari V，Chavan R，et al. HMD Vision-based Teleoperating UGV and UAV for Hostile Environment using Deep Learning ［J］. 2016.

［168］ Kim H，Kim D，Jung S，et al. Development of a UAV-type jellyfish monitoring system using deep learning ［C］. International Conference on Ubiquitous Robots and Ambient Intelligence. IEEE，2015：495-497.

［169］ Kim N V，Chervonenkis M A. Situation Control of Unmanned Aerial Vehicles for Road Traffic Monitoring ［J］.

Modern Applied Science, 2015, 9 (5).

[170] Bejiga M, Zeggada A, Nouffidj A, et al. A Convolutional Neural Network Approach for Assisting Avalanche Search and Rescue Operations with UAV Imagery [J]. Remote Sensing, 2017, 9 (2): 100.

[171] Hung C, Zhe X, Sukkarieh S. Feature learning based approach for weed classification using high resolution aerial images from a digital camera mounted on a UAV [J]. Remote Sensing, 2014, 6 (12): 12037-12054.

[172] Li W, Fu H, Yu L, et al. Deep Learning Based Oil Palm Tree Detection and Counting for High-Resolution Remote Sensing Images [J]. Remote Sensing, 2016, 9 (1): 22.

[173] 吴林煌, 陈志峰, 苏凯雄, 郭里婷, 王卫星. 改进磷虾群与 NBN 联合优化神经网络的 HPA 预失真方法 [J]. 四川大学学报（工程科学版）, 2016, 48 (06): 149-159.

[174] 吴云, 雷建文, 鲍丽山, 李春哲. 基于改进灰色关联分析与蝙蝠优化神经网络的短期负荷预测 [J]. 电力系统自动化, 2018, 42 (20): 67-74.

[175] 杨洁, 穆彦斌, 程晓健. 基于优化神经网络的压制干扰分类方法 [J]. 西安邮电大学学报, 2018, 23 (01): 92-96.

[176] Yang X. S. A new metaheuristic Bat-inspired algorithm [J]. Computer Knowledge & Technology, 2010, 284, 65-74.

[177] 张成涛. 基于达芬奇技术的谷物联合收割机视觉导航系统研究 [D]. 北京: 中国农业大学. 2013.

[178] 田海清, 应义斌, 张方明. 农业车辆导航系统中自动控制技术的研究进展 [J]. 农业机械学报, 2005 (07): 148-152.

[179] 孟志军, 刘卉, 付卫强, 黄文倩, 王秀. 农田作业机械测速方法试验 [J]. 农业工程学报, 2010, (06): 141-145.

[180] 伦冠德. 农业机械视觉导航系统技术研究 [J]. 农机化研究, 2007, (09): 235-237.

[181] 李强, 李永奎. 我国农业机械 GPS 导航技术的发展 [J]. 农机化研究, 2009, (08): 242-244.

[182] 邵刚, 毛罕平. 农业机械机器视觉导航研究进展 [J]. 安徽农业科学, 2007, (14): 4394-4396.

[183] 杨为民, 李天石, 贾鸿社. 农业机械机器视觉导航研究 [J]. 拖拉机与农用运输车, 2004, (01): 13-18.

[184] SPECTRUM DIGITAL, INC. DaVinci-DM644x Evaluation Module Technical Reference [OL]. http: //support. spectrumdigital. com, 2007.

[185] Texas Instruments Incorporated. Encode Demo for the DVEVM/DVSDK 1. 2 [OL]. http: //www. ti. com/lit/ug/spraa96a, 2007.

[186] 赵博, 王猛, 毛恩荣, 张小超, 宋正河. 农业车辆视觉实际导航环境识别与分类 [J]. 农业机械学报, 2009, (07): 166-170.

[187] Gonzalez R C, Woods R E. 阮秋琦, 阮宇智, 等译. 数字图像处理 [M]. 2 版. 北京: 电子工业出版社, 2009.

[188] Latif-Amet A, Ertuzun A, Ercil A. An efficient method for texture defect detection: sub-band domain cooccurrence matrices [J]. Image and Vision Computing, 2000, 18 (6-7): 543-553.

[189] 王晓燕, 陈媛, 陈兵旗, 李洪文, 孙浩. 免耕覆盖地秸秆行茬导航路径的图像检测 [J]. 农业机械学报, 2009, (06): 158-163.

[190] 吴刚, 谭彧, 郑永军, 王书茂. 基于改进 Hough 变换的收获机器人行走目标直线检测 [J]. 农业机械学报, 2010, (02): 176-179.

[191] 宋立新, 于伏亮. 基于 DSP 的驾驶员疲劳检测系统 [J]. 计算机工程与设计, 2012, (02): 519-522.

[192] 张成涛, 谭彧, 吴刚, 王书茂. 基于达芬奇技术的收割机视觉导航图像处理算法试验系统 [J]. 农业工程学报, 2012, (22): 166-173.

[193] Ryu K H, Kim G, Han J S. AE——automation and emerging technologies: development of a robotic transplanter for bedding plants [J]. Journal of Agricultural Engineering Research, 2001, 78 (2): 141-146.

[194] 蒋焕煜, 施经挥, 任烨, 等. 机器视觉在幼苗自动移钵作业中的应用 [J]. 农业工程学报, 2009, 25 (5): 127-131.

[195] Feng Q, Zhao C, Jiang K, et al. Design and test of tray-seedling sorting transplanter [J]. International Journal of Agricultural and Biological Engineering, 2015, 8 (2): 14-20.

[196] Tong J H, Li J B, Jiang H Y. Machine vision techniques for the evaluation of seedling quality based on leaf area. Biosystems Engineering [J]. 2013, 115 (3): 369-379.

[197] 常亮, 邓小明, 周明全, 等. 图像理解中的卷积神经网络 [J]. 自动化学报, 2016, 42 (9): 1300-1312.

[198] 周飞燕, 金林鹏, 董军. 卷积神经网络研究综述 [J]. 计算机学报, 2017, 40 (6): 1229-1251.

[199] Szegedy C, Liu W, Jia Y, et al. Going deeper with convolutions [J]. 2014: 1-9.

[200] Szegedy C, Vanhoucke V, Ioffe S, et al. Rethinking the Inception Architecture for Computer Vision [J]. Com-

puter Science，2015：2818-2826.

[201]　Ioffe S，Szegedy C. Batch Normalization：Accelerating Deep Network Training by Reducing Internal Covariate Shift [J]. ArXiv Preprint，1502. 03167，2015：448-456.

[202]　Szegedy C，Ioffe S，Vanhoucke V，et al. Inception-v4，Inception-ResNet and the Impact of Residual Connections on Learning [C]. San Francisco：Thirty-First AAA I Conference on Artificial Intelligence，2017.

[203]　Zhou Feiyan，Jin Linpeng，Dong Jun. Review of convolutional neural network [J]. Chinese Journal of Computers，2017，40（6）：1229-1251.

[204]　孙俊，谭文军，毛罕平，等. 基于改进卷积神经网络的多种植物叶片病害识别 [J]. 农业工程学报，2017，33（19）：209-215.

[205]　肖章. 基于机器视觉的穴盘补栽关键技术研究 [D]. 中国农业大学，2020.

[206]　赵军，王智敏. 谷物联合收割机等速转向初探 [J]. 现代化农业，2001，（12）：26.